Excel – Das Sp

Excel

Das Sparbuch

Finanzen im Griff

J. FLECKENSTEIN B. GEORGI

Markt+Technik

Bibliografische Information der Deutschen Nationalbibliothek
Die Deutsche Nationalbibliothek verzeichnet diese Publikation in der Deutschen Nationalbibliografie; detaillierte bibliografische Daten sind im Internet über *http://dnb.d-nb.de* abrufbar.

Umwelthinweis:
Dieses Buch wurde auf chlorfrei gebleichtem Papier gedruckt.
Um Rohstoffe zu sparen, haben wir auf Folienverpackung verzichtet.

10 9 8 7 6 5 4 3 2 1

11 10 09

ISBN 978-3-8272-4361-4

ein Imprint der Pearson Education Deutschland GmbH,
Martin-Kollar-Straße 10–12, D-81829 München/Germany

Umschlaggestaltung: Marco Lindenbeck, webwo GmbH (mlindenbeck@webwo.de)
Lektorat: Jürgen Bergmoser, jbergmoser@pearson.de
Herstellung: Martha Kürzl-Harrison, mkuerzl@pearson.de
Korrektorat: Sandra Gottmann
Satz und Layout: mediaService, Siegen (www.media-service.tv)
Druck und Verarbeitung: Druckerei Wilco, Amersfoort, NL
Printed in the Netherlands

Inhaltsverzeichnis

Vorwort 11

1 Formeln und Funktionen 15

1.1 Formel oder Funktion? 16
1.2 Funktionen 17
1.2.1 Parameter und Rückgabewerte 19
1.2.2 Datentypen 23
1.2.3 Funktionsverschachtelungen 29
1.2.4 F9 – (Teil-)Auswertungen 31
1.3 Komplexe Formeln gibt es nicht 36
1.4 Alles ist relativ? 40
1.4.1 A1-Bezugsart 41
1.4.2 Z1S1-Bezugsart 45
1.5 Bedingte Formatierung 46
1.5.1 Formatieren bis zum Abwinken 46
1.5.2 Ampelfunktionen 48
1.5.3 Formelbedingungen 50
1.5.4 Regeln verwalten 51
1.6 Datenüberprüfung 53
1.7 Nichts ist, wie es scheint – Zahlenformate 57
1.7.1 Datum und Uhrzeiten 60

2 Pro-Add-In: neue Freunde 63

2.1 Warum wir Add-in-Funktionen nicht mochten 64
2.2 Wie Sie Add-In-Funktionen vermeiden können 66
2.3 Neue Freundschaften schließen 69

3 Das Funktionen-Konzentrat 73

3.1 Befreiung vom Dogma der Funktionskategorien 74
3.2 Datumsfunktionen 77
3.3 Zeitfunktionen 79
3.4 Textfunktionen 79

3.5 Datentypbeschreibung und -umwandlung 82
3.6 Rechnen mit Bedingungen 84
3.7 Rundungs- und Formatierungsfunktionen 86
3.8 Verweisfunktionen 88
3.9 Bereichsrückgabefunktionen 90
3.10 Mathematik allgemein 92
3.11 Lageparameter 93
3.12 Streuungsmaße 95
3.13 Regressionsrechnung 97
3.14 Kombinatorik 101
3.15 Statistische Verteilungen 102
3.16 Matrizenrechnung 106
3.17 Trigonometrie 109
3.18 Zinseszins- und Rentenrechnung 110
3.19 Abschreibungsmethoden 113
3.20 Wertpapierfunktionen 114
3.21 Umwandlung von Zahlensystemen 119
3.22 Rechnen mit komplexen Zahlen 122
3.23 Exoten 125
3.24 Alphabetisches Register 128

4 Die Dinge beim Namen nennen 145

4.1 Wozu sind Namen gut? 146
4.2 Wie werden Namen vergeben? 148
4.3 Namen nachträglich anwenden 150
4.4 Reichweite von Namen 151
4.5 Worauf können sich Namen beziehen? 152
4.6 Verwaltung von Namen mit dem Namens-Manager 155
4.7 Dynamische Datenreihen in Diagrammen 156
4.8 Verwendung von Namen in Visual Basic 158

5 Matrix Reloaded 159

5.1 Was ist die Matrix? 160
5.1.1 Tabellenbereich versus Matrix 160
5.1.2 Wie wird eine Matrix erzeugt? 161
5.1.3 Berechnungsreihenfolge von Zellen und Arrays 163
5.1.4 Zugriff auf Elemente eines Arrays 163

5.2 Operationen mit Arrays 164
5.3 Array-Formeln 167
5.3.1 Wie es in den Wald hinein ruft ... 167
5.3.2 Bereich mal x gleich Matrix 171
5.3.3 Gut argumentiert?! 173
5.4 Nichts als die Wahrheit 177
5.5 Die Ganzzahlen-Fabrik 182
5.5.1 Zwei Funktionen als Allzweckwaffe 182
5.5.2 Jetzt wird's dynamisch 186
5.5.3 Perfekt durchnummeriert 187
5.6 Übrigens 188
5.6.1 Neu in XL2007 188
5.6.2 Array-Formeln in Excel-Features 189

6 Grundlagen der Finanzmathematik 191

6.1 Folgen und Reihen 192
6.1.1 Zahlenfolgen 192
6.1.2 Arithmetische und geometrische Folgen 194
6.1.3 In Reih und Glied 195
6.1.4 Folgen und Reihen in Excel einsetzen 196
6.1.5 Bildungsgesetze von Reihen 199
6.2 Zeit ist Geld 202
6.2.1 Verstrahlte Zeit 202
6.2.2 Vorschüssig oder nachschüssig? 207
6.3 Zinsen – der Preis für Geld 208
6.3.1 Einfache Verzinsung 209
6.3.2 Tagesgenaue Zinsen 211
6.3.3 Zinseszinsrechnung 216

7 Vom Sparen und Abstottern 219

7.1 Herleitung finanzmathematischer Formeln 220
7.1.1 Nachschüssige Zahlungen 220
7.1.2 Vorschüssige Zahlungen 224
7.1.3 Unterjährige Zinsperioden 226
7.2 Sparbrötchen 227
7.2.1 Zahlungsintervalle = Zinsperioden 227
7.2.2 Zahlungsintervalle < Zinsperioden 230

7.2.3 Dynamischer Sparplan 233
7.2.4 Unregelmäßige Zahlungen – das klassische Sparbuch 235
7.3 Auf Pump 239
7.3.1 Annuitätische Tilgung 239
7.3.2 Diskontierung 241
7.3.3 Tilgungsplan 245
7.3.4 Monatliche Tilgung bei jährlicher Zinsgutschrift 249
7.3.5 Prozenttilgung 250
7.4 Funktion ZEILE als Finanzjongleur 253
7.5 Rentenrechnung 256
7.6 Peter Zwegat*-Gedächtnisformular 262

8 Rendite – das Maß aller (Finanz-)Dinge 269

8.1 Lösung von Gleichungen: Galois & Co. 270
8.2 Nominalzins versus Effektivzins 275
8.3 Interner Zinsfuß 278
8.3.1 Charmante Annäherungsversuche 280
8.3.2 Dynamische und schwankende Zahlungen 283
8.4 IKV – eine Funktion macht Karriere 286
8.4.1 Polynomnullstellen finden 287
8.4.2 Ableitungen und Extrempunkte 291
8.4.3 Negative Nullstellen 293
8.5 Die Zielwertsuche 296
8.6 Immer auf Kurs – Disagio & Co 301
8.7 Interner Zinsfuß für aperiodische Zahlungen 306

9 Die Qual der Wahl – investieren oder sparen? 309

9.1 Dynamische Investitionsrechnung 310
9.2 Kapitalwertmethode 312
9.3 Methode des internen Zinsfußes 314
9.4 Modifizierter interner Zinsfuß 317
9.5 Modifizierter Kapitalwert 321
9.6 Amortisationsrechnung 322
9.7 Duration 326

10 No Risk, no Fun – Szenarien 333

10.1 Mehrfachoperationen 334
10.1.1 Eindimensional 335
10.1.2 Zweidimensional 336
10.1.3 Multidimensional 340
10.2 Szenario-Manager 343
10.3 Mehrfachoperation vs. Szenario-Manager 347
10.4 Sensitivitätsanalyse und Tornado-Diagramm 349
10.5 Eigen entwickeltes Szenario-Management 353

11 Abschreibungen 357

11.1 Lineare Abschreibung 359
11.2 Arithmetisch-degressive Abschreibung 360
11.3 Geometrisch-degressive Abschreibung 362
11.4 Geometrisch-degressive Abschreibung mit Methodenwechsel 364
11.5 Investitionsrechnung mit AfA und Restwert 366
11.6 Abschreibung mehrerer Anlagen 367

12 Für die Zocker: stochastische Finanzmathematik 371

12.1 Wie stehen die Aktien? 373
12.2 Exkurs: Von Wachstum und stetiger Verzinsung 376
12.3 Regelmäßiger Aktienzukauf 378
12.4 Jetzt wird gezockt: Aktienkursprognose 383
12.5 Chance-Risiko-Optimierung mit Aktienportfolios 391
12.5.1 Angsthase, Zocker oder Narr? 391
12.5.2 Die Guten ins Töpfchen – die Schlechten ins Kröpfchen 396
12.5.3 Es kann nur eines geben: optimales Solver-Portfolio 402
12.6 Das Auge isst mit 408

13 Finanzmathematik mit VBA 413

13.1 Entdecke die Möglichkeiten 414
13.2 Der Makrorekorder 415
13.3 Vom Aufzeichnen zum Programmieren 422

13.4 Allgemeinbildung – was Sie wissen müssen 426
13.4.1 Visual Basic für Applikationen (VBA) 426
13.4.2 Applikationsübergreifende Komponenten 427
13.4.3 Excel-spezifische Objekte 444
13.5 Alles meins – eigene Funktionen definieren 451
13.5.1 Zielsetzung 451
13.5.2 Die Finanzabteilung von VBA 453
13.5.3 Zielwert Spezial 457
13.5.4 Verwaltung eigener Funktionen 461
13.5.5 Laufzeit Spezial 464
13.6 Mundgerecht und formvollendet 468
13.6.1 ActiveX-Steuerelemente 471
13.6.2 Nebenbei: Funktionen unsichtbarer Steuerelemente nutzen 474
13.6.3 Steuerelemente des Zinsrechners 476
13.6.4 Programmierung der Userform 479
13.6.5 Optimierte Textfelder 484
13.6.6 Optimierte Ereignisse mit ControlGroup-Klasse 487
13.7 Tuning von Excel-Features 488
13.7.1 Mehrfachoperationen 489
13.7.2 Szenario-Managers Assistent 492

14 Finanzmathematisches Glossar 501

Stichwortverzeichnis 515

Vorwort

Erst wurde gezaubert, dann gerätselt, und nun geht es an's Sparen. Nein, gemeint ist nicht der weltweit zerrüttete Finanzmarkt, sondern Excel-Bücher.

Es ist nicht schwerer, mit Excel das zukünftige Kapital regelmäßiger Zahlungen auszurechnen, als für ein Tabellenblatt die Druckoptionen einzustellen, Zellen zu formatieren oder irgendeine andere Standardaktion auszuführen. Letzteres würde sich wahrscheinlich jeder Excel-Benutzer zutrauen, es ohne Mühe zu erlernen. Warum nicht auch die finanzmathematische Berechnung? Warum löst der Begriff Finanzmathematik bei vielen so unbehagliche Gefühle, eventuell schlechte Erinnerungen an Schule oder Studium aus? Weil wir dort leider kein Excel hatten.

Ein zukünftiges Kapital oder einen Barwert zu ermitteln bedeutete, Formeln anzuwenden, die man nicht verstand, und den Taschenrechner mit langen Zahlenkolonnen zu malträtieren. Das Ergebnis war meistens falsch, weil man sich bei mindestens einer der vielen auf oder ab zu zinsenden Zahlungen vertippt hatte.

In Excel hingegen wird Finanzmathematik fast zum Selbstläufer. Keine andere mathematische Disziplin ist dermaßen prädestiniert dazu, von Excel zelebriert zu werden. Ein winziges Beispiel wird sofort einen bestechenden Eindruck davon vermitteln: Ein Sparer zahlt fünf Jahre lang jedes Jahr 100 € auf ein Sparbuch, das zu 3% verzinst wird. Welches Endvermögen hat sich nach Ablauf des Zeitraumes angesammelt?

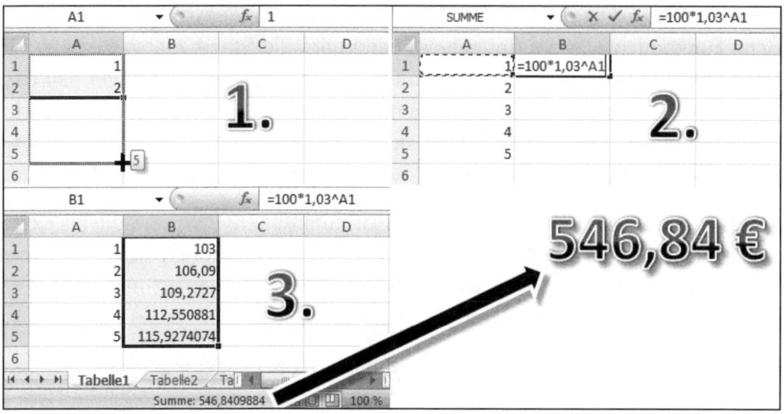

Abbildung V.1: Drei Schritte zum Finanzmathematiker

Die Abbildung beweist, die Lösung lässt sich blitzschnell in drei Schritten ermitteln:

1. Erzeugen Sie in A1:A5 durch Runterziehen die Ziffern von 1 bis 5.
2. Schreiben Sie in B1 die Formel `=100*1,03^A1`.
3. Kopieren Sie die Formel bis B5, und Sie können das Endergebnis direkt in der Statusleiste ablesen.

Mit dieser trivialen Excel-Standardtechnik haben Sie bereits die erste Lektion zum Finanzmathematiker bewältigt. Das war doch wirklich nicht schwer, oder? Ergo: Mit der komfortablen Gehhilfe Excel wird selbst dem weniger ambitionierten Rechenkünstler das Tor in die Welt der Zins- und Zinseszinsrechnung weit geöffnet.

Auch das dritte Buch der Reihe gliedert sich in bewährter Form in zwei Teile. Im ersten Teil werden Sie mit den wichtigen Excel-Werkzeugen ausgerüstet, die Sie als finanzmathematisch orientierter Excel-Anwender benötigen. Ein grundsätzliches und tiefgehendes Verständnis für den Umgang mit Formeln, Funktionen und den „formelnahen" Features wie Excel-Namen, bedingte Formatierung, Datenüberprüfung und Zahlenformate wird Ihnen vermittelt. Vorausgesetzt wird die Beherrschung der üblichen Bedienung von Excel. Wie man beispielsweise eine Zeile oder Spalte einfügt und mit welchem Tastenkürzel man ans Ende einer Tabelle gelangt, erklären wir nicht. Wie Sie relevante Funktionen und Features in der neuen Menüführung von XL2007 finden, zeigen wir selbstverständlich.

Um mit Excel Finanzmathematik zu betreiben, genügt es natürlich nicht, sich nur mit der gleichnamigen Funktionskategorie zu beschäftigen. Ob Logikfunktionen, Verweisfunktionen, Berechnungen von Datums- & Zeitangaben, Rundungsfunktionen oder gar statistische Funktionen wie die Normalverteilung oder die Standardabweichung: Sie alle werden benötigt, das wird sich im Verlauf des Buches zeigen. Deshalb enthält das 3. Kapitel einen kompakten Rundflug über den vollständigen Funktionskatalog. Für ein besseres Verständnis haben wir das Dogma der integrierten Funktionskategorien aufgebrochen und die Funktionen so gruppiert, wie es thematisch sinnvoller ist.

Dabei wurde nun auch die große Palette an Zusatzfunktionen integriert, die bis Excel 2003 über ein Add-In installiert werden mussten. Diese Funktionen zählen in Excel 2007 zum Standard. Dazu gehören vor allem auch viele Wertpapierfunktionen. Auf die Interessantesten davon wird detailliert eingegangen.

Natürlich kann Finanzmathematik auch kompliziert und spektakulär sein, sodass auch die Formelakrobaten voll und ganz auf ihre Kosten kommen. Gezaubert wird also auch in diesem Buch mit einer ganzen Reihe von {Matrixformeln}. Deshalb widmen wir ein Kapitel dem ausführlichen Erlernen dieser Königsdisziplin im „Formelieren". (Nie vergessen: geschweifte Klammern nicht manuell eingeben, sondern Formeleingabe mit [Strg]+[⇧]+[↵] abschließen um die geschweiften Klammern zu erzeugen.)

Im zweiten Teil des Buches dreht sich alles um Finanzmathematik und vor allem ihre praktische Umsetzung in Excel. Zunächst werden Sie behutsam an die finanzmathematischen Grundlagen herangeführt. Vorkenntnisse sind nicht erforderlich. Danach folgt eine sehr ausführliche Darstellung aller Excel-Funktionen, die sich mit der Zinseszins- und Rentenrechnung beschäftigen. Diese Funktionen sind leider nicht so flexibel, wie es für die Praxis wünschenswert wäre, deshalb werden wir zeigen, wie die Grenzen dieser Funktionen ausgehebelt werden.

Die wohl prominenteste und einflussreichste Kennzahl der Finanzwelt ist die Rendite, die gleichzeitig eine hohe mathematische Herausforderung darstellt, der wir ein eigenes Kapitel widmen. Es gibt unermesslich viele Möglichkeiten, ihr Kapital zu investieren. Wer die Wahl hat, hat die Qual. Die Rendite ist dabei nur eines von vielen möglichen Kriterien. Darüber hinaus gibt es die dynamische Investitionsrechnung, die Amortisationsdauer oder die Duration, die Sie im darauffolgenden Kapitel kennenlernen werden.

Unsere Welt ist nicht vollständig determiniert, nicht berechenbar. Aus dieser Unsicherheit entstehen Chance und Risiko. Wie man zurzeit sieht, laufen die komplexen Finanzsysteme manchmal ganz aus dem Runder, und das Chaos übernimmt das Kommando. Excel kann zwar keine Kristallkugel bieten, um in die Zukunft zu blicken, es stellt aber mit Szenario-Manager, Mehrfachoperationen, Zielwertsuche und Solver tolle Features zur Verfügung, die etwas Licht ins Dunkel bringen und damit Entscheidungshilfen liefern können. Lernen Sie in diesem Zusammenhang pfiffige Anwendungen wie Sensitivitätsanalysen, Tornado-Diagramme, Aktienkursprognosen oder Solver-optimierte Wertpapierportfolios kennen.

In „Excel – das Zauberbuch" war es ein wesentliches Ziel zu zeigen, was mit Excel-Bordmitteln ohne Zugabe von VBA-Code (Visual Basic for Applications) möglich ist. Dieses Motto haben wir diesmal über Bord geworfen. Vielmehr geht es nun darum, durch VBA-Automation noch effektivere und komfortablere Anwendungen zu ermöglichen. Auch als radikaler Formelliebhaber muss man eingestehen, dass manches eben doch nur sehr umständlich oder gar nicht ohne VBA machbar ist. (Und wenn Tim Mälzer ein vegetarisches Kochbuch schreibt, heißt dies ja nicht, dass er nie wieder Fleisch zubereiten darf.)

Und zum Schluss des Vorwortes noch ein wichtiger Hinweis: Auf unserer Webseite **www.Excelformeln.de** wird es ein für Leser **exklusives Download-Portal** geben, über das die behandelten Beispieldateien kostenlos heruntergeladen werden können. Und für Fragen, Anregungen oder Fehlerhinweise schreiben Sie uns oder besuchen Sie unser, an die Webseite angebundenes, Forum.

Viel Spaß beim Lesen und Kalkulieren wünschen
{Boris + Jens}

P.S.

Wir bedanken uns bei unseren kompetenten und super hilfsbereiten Probelesern Matthias Senkbeil und Klaus Kühnlein sowie allen, die zur Entstehung des Buches beigetragen haben.

Kapitel 1

Formeln und Funktionen

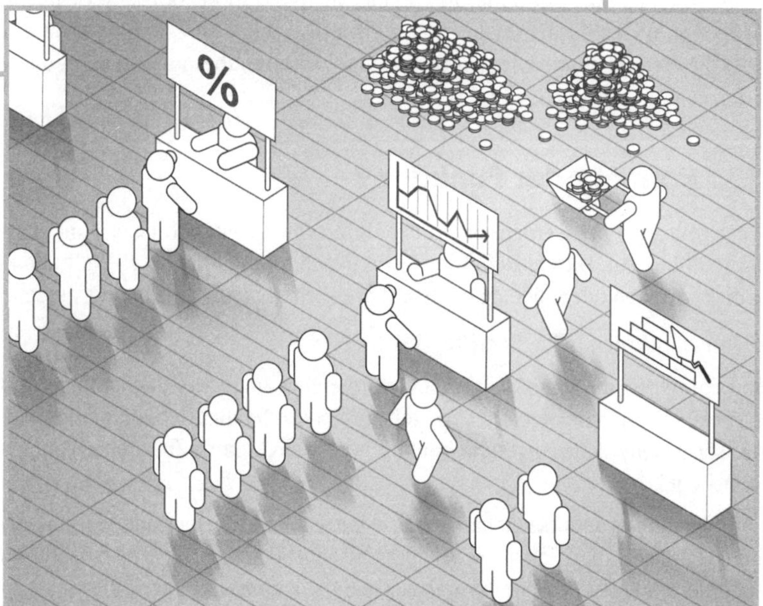

„Kennst Du einen, kennst Du alle!" Was in Bezug auf Männer nur böses Klischee, trifft auf Excel-Funktion doch teilweise zu. In diesem Kapitel lernen Sie die Grundlagen über Formeln und Funktion, die Sie benötigen, um mit Excel das tun zu können, wozu es geschaffen wurden: zu rechnen. Haben Sie einmal die Prinzipien verstanden, nach denen eine Funktion „tickt", können Sie diese auf fast alle integrierten Funktionen anwenden.

Hier erlernen Sie die Technik, die Grammatik des „Formelierens". Doch ohne Wortschatz nützt die beste Grammatik nichts. Welche Funktionen es gibt, auf die Sie die erlernten Techniken anwenden können, erfahren Sie dann im vollständigen Funktionsüberblick des 3. Kapitels. Garniert mit etwas Übung und Lektüre der integrierten Excel-Hilfe, steht Ihrem Weg zum Formelprofi dann nichts mehr im Wege.

Die Excel-Features, die Sie beim Arbeiten mit Formeln unterstützen, runden dieses Kapitel ab. Die bedingte Formatierung (in die Microsoft in XL2007 jede Menge neue Möglichkeiten gepackt hat) sowie Zahlenformate machen Ihre Zahlen lesbarer und aussagekräftiger. Das Auge isst schließlich mit. Die Datenüberprüfung sorgt dann für valide Berechnungen ...

1.1 Formel oder Funktion?

Zunächst sollte geklärt werden, worin der Unterschied zwischen einer Funktion und einer Formel besteht. Unsere Definition bezieht sich rein auf die Excel-Welt und kann im mathematischen oder allgemein wissenschaftlichen Sinne ganz anders aussehen.

Bei Wikipedia werden beide Begriffe so definiert:

- Eine Formel ist im wissenschaftlichen Sinne eine Folge von Buchstaben, Zahlen, Formelzeichen, Symbolen oder Worten zur verkürzten Bezeichnung eines mathematischen, physikalischen oder chemischen Sachverhalts, Zusammenhangs oder einer Regel.
- Eine Funktion drückt die Abhängigkeit einer Größe von einer anderen aus. Traditionell wird eine Funktion als Regel oder Vorschrift definiert, die eine Eingangsgröße (Argument, meist x) in eine Ausgangsgröße (Funktionswert, meist y) transformiert (überführt).

Aus den Definitionen kann man zum Beispiel schließen, dass

$$f(x) = ax^1 + bx^2 + cx^n$$

eine Formel ist, die eine Funktion darstellt.

In Excel unterscheiden wir die Begriffe anders. Excel bietet ca. 340 Funktionen an, die eine oder mehrere Eingangsgrößen nach Anwendung von Bildungsregeln in einen Funktionswert überführen. Daher passt die Definition der Funktion gut zur oben genannten wissenschaftlichen.

Eine Excel-Formel ist das, was Sie daraus machen, wenn Sie Funktionen anwenden. Funktionen sind der abstrakte Baustein, Excel-Formeln sind die konkrete „Instanz“, die in den Excel-Zellen verwendet wird.

Es gibt nur eine SUMME-Funktion. Aber Ihre Excel-Tabelle kann Tausend Formeln enthalten, die diese SUMME-Funktion beinhalten.

Der Begriff der Formel unterscheidet sich damit in Excel von der Formel im wissenschaftlichen Sinne.

1.2 Funktionen

Ohne die Funktionen wäre Excel ein schlechtes Textverarbeitungsprogramm oder eine minderwertige Datenbank. Eine Funktion ermittelt, unter Zugabe verschiedener Informationen, ein Ergebnis. Die dahinter liegenden Berechnungen sind teilweise hoch kompliziert und für unser Auge nicht sichtbar. Wollen Sie beispielsweise den internen Zinsfuß einer Zahlungsreihe ermitteln, müssen Sie entweder über fundierte mathematische Kenntnisse verfügen oder sich „einen Wolf rechnen“. Viel eleganter ist es aber, die Arbeit Excel zu überlassen. Stellen Sie der Funktion IKV die Werte Ihrer Zahlungsreihe zur Verfügung, und den Rest erledigt sie im Hintergrund und liefert das gewünschte Ergebnis.

Ein weiteres Beispiel verdeutlicht dies (Abbildung 1.1):

B12 =STABWN(C3:C8)

	A	B	C	D	E
1		Aktie A			
2	Jahr	Schluss	Rendite		
3	0	145			
4	1	160	10,34%		
5	2	135	-15,63%		
6	3	165	22,22%		
7	4	190	15,15%		
8	5	210	10,53%		
9					
10		Standardabweichung			
11		12,82%	<= Mathematisch (Formel)		
12		12,82%	<= Mit der Funktion STABWN		
13					

Abbildung 1.1: Excel-Funktion verbirgt aufwendige Berechnung

Die Aktie A hat in den Jahren 0 bis 5 die angegebenen Schlusskurse in Spalte B. In Spalte C stehen die Kursgewinne oder Verluste:

```
C4: =(B4-B3)/B3
```

bis C8 herunterkopiert. Sie interessieren sich für die Standardabweichung der Kursrenditen. Dazu benötigen Sie die Funktion:

STABWN(Zahl1;Zahl2;...)

Mit der Formel in B12

```
=STABWN(C3:C8)
```

gelangen Sie zum gewünschten Ergebnis. Alternativ können Sie die Standardabweichung auch mit folgendem kleinen „Förmelchen" mathematisch berechnen:

```
B11:=(((C4-(C4+C5+C6+C7+C8)/5)^2+(C5-
(C4+C5+C6+C7+C8)/5)^2+(C6-(C4+C5+C6+C7+C8)/5)^2+(C7-
(C4+C5+C6+C7+C8)/5)^2+(C8-(C4+C5+C6+C7+C8)/5)^2)/5)^0,5
```

Und gar nicht daran zu denken, wenn es sich um noch mehr Jahre handelt. Dagegen macht `=STABWN(C3:C8)` doch wirklich einen schlanken Fuß! Lernen Sie also die Funktionen kennen und anwenden – Sie werden sich das Excel-Leben damit um ein Vielfaches erleichtern!

Bis zur Version Excel 2003 gibt es 226 Standardfunktionen. Zu den geläufigsten gehören die Funktionen WENN, SUMME etc. Überdies gibt es noch die sogenannten Analysefunktionen, die separat als eigenständiges Add-In über den Menüpunkt *Extras>Add-Ins...* eingebunden werden müssen. Zu ihnen zählen unter anderem die Funktionen MONATSENDE, NETTOARBEITSTAGE sowie die stets Irritationen auslösende KALENDERWOCHE-Funktion, welche die Kalenderwoche leider nicht nach deutschem, sondern nach amerikanischem Standard berechnet (was eigentlich nicht verwunderlich ist, da Billy nun mal Ami ist – aber mehr dazu später).

In der rundum erneuerten Version 2007 sind die Analysefunktionen begrüßenswerter Weise fester Bestandteil des Funktionskataloges geworden. Sie brauchen also nicht mehr gesondert aktiviert zu werden. Solange aber noch Versionen vor 2007 auf den Rechnern dieser Welt installiert sind (und das wird sicherlich noch die nächsten geschätzten fünf bis zehn Jahre der Fall sein), hat unser Kapitel „Anti-Add-Ins" aus „Excel – Das Zauberbuch" weiterhin seine Daseinsberechtigung, da es ständig zu Installations- und Sprachkonflikten kommen kann, sobald Mappen auf verschiedenen Rechnern bzw. mit verschiedenen Excel-Versionen genutzt werden.

Die Funktionen wurden von Microsoft in elf Kategorien eingeteilt (Finanzmathematik, Datum & Zeit, Statistik, Matrixfunktionen etc.). Diese Einteilung ist unseres Erachtens extrem suboptimal und ein Hauptgrund dafür, dass sich die wenigsten an den kompletten Funktionsumfang heranwagen. Daher haben wir sie in dem Kapitel „Das Funktionenkonzentrat" in 22 logischere Kategorien gegliedert. Doch zunächst beginnen wir mit dem ersten Schritt zum grundsätzlichen Verständnis von Funktionen:

1.2.1 Parameter und Rückgabewerte

Eine Funktion folgt immer einer festgeschriebenen Syntax. Sie hat einen eindeutigen Namen und braucht in der Regel mindestens einen sogenannten *Parameter* oder *Argumente*. Mithilfe dieser Parameter (= Input) gibt sie irgendeinen Wert (= Output oder Rückgabewert) zurück. Zum Beispiel benötigt die Funktion RUNDEN genau zwei Parameter: Der erste betrifft die zu rundende Zahl, der zweite die Anzahl der Nachkommastellen, auf die gerundet werden soll. Demnach ergibt sich die Funktionssyntax

RUNDEN(Zahl;Anzahl_Stellen)

Die einzelnen Parameter werden unter der deutschen Ländereinstellung immer durch ein Semikolon getrennt (die englische Schreibweise trennt mit einem Komma). Abbildung 1.2 zeigt alle Bestandteile einer Excel-Funktion.

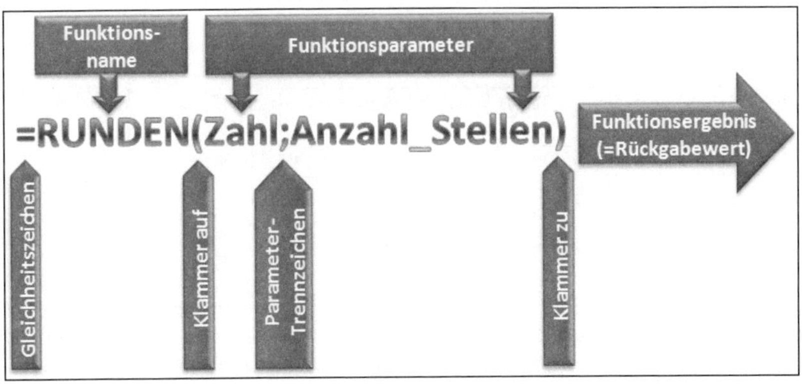

Abbildung 1.2: Bestandteile einer Excel-Funktion

In diesem Fall sind die Bezeichnungen der beiden benötigten Parameter selbstredend, was leider nicht für alle Funktionen und deren Parameter gilt. Man übergibt der Funktion eine Zahl oder einen Bezug auf eine Zelle, die wiederum eine Zahl enthält, und teilt ihr mit dem 2. Parameter mit, auf wie viele Stellen diese Zahl gerundet werden soll. Dabei kann der 2. Parameter auch wieder als fixe Zahl oder aber auch als Bezug auf eine Zelle, die diese Zahl enthält, vorgegeben werden.

```
=RUNDEN(3,14159;2)
```

rundet die Zahl 3,14159 kaufmännisch auf zwei Nachkommastellen auf oder ab. Hier ist das Ergebnis 3,14 (= Output oder Rückgabewert). Belegen Sie den Parameter *Anzahl_Stellen* hingegen mit der Zahl 4

```
=RUNDEN(3,14159;4)
```

dann wird kaufmännisch auf vier Nachkommastellen aufgerundet: 3,1416. Steht die Zahl in Zelle A2 und die Anzahl der zu rundenden Nachkommastellen in B2, dann lautet die Funktion:

```
=RUNDEN(A2;B2)
```

Zusammengefasst sieht das aus wie in Abbildung 1.3:

C2 | fx =RUNDEN(A2;B2)

	A	B	C	D
1	**Zahl**	**Anzahl_Stellen**	**Ergebnis**	**Formel**
2	3,1416	3	3,142	=RUNDEN(A2;B2)
3	3,1416	2	3,14	=RUNDEN(A3;B3)
4	3,1416	4	3,1416	=RUNDEN(A4;B4)
5				
6		**Mit Konstanten**	3,1416	=RUNDEN(3,14159;4)
7		**Gemischt 1**	3,1416	=RUNDEN(A2;4)
8		**Gemischt 2**	3,1416	=RUNDEN(3,14159;B4)
9				

Abbildung 1.3: Anwendung einer Excel-Funktion

Wie bereits angedeutet, gibt es auch eine Vielzahl von Funktionen, die weniger „sprechende" Parameterbezeichnungen haben. Exemplarisch sei die Funktion `BW` genannt, die den Barwert einer Investition berechnet. Sie besitzt fünf Parameter:

BW(Zins;Zzr;Rmz;[Zw];[F])

Der Parameter *Zins* spricht für sich. Die Bedeutung der restlichen Parameter erschließt sich jedoch nicht auf Anhieb.

Zins = **Zins**satz pro Periode

Zzr = Zahlungszeitraum

Rmz = Regelmäßige Zahlung

Zw = Zukunftswert

F = Fälligkeit

Dem geübten Finanzmathematiker werden diese Angaben vielleicht bereits reichen, um die Funktion korrekt einsetzen zu können. Für alle anderen empfiehlt sich der Blick in die integrierte Excel-Hilfe, um mehr über die einzelnen Parameter zu erfahren.

Innerhalb der Funktionsparameter wird unterschieden zwischen:

- erforderlichen und
- optionalen

Parametern. Erforderlich ist ein Parameter immer dann, wenn die Funktion ohne dessen Angabe den Dienst gänzlich verweigert. Excel quittiert einen derartigen Versuch mit der Fehlermeldung in Abbildung 1.4.

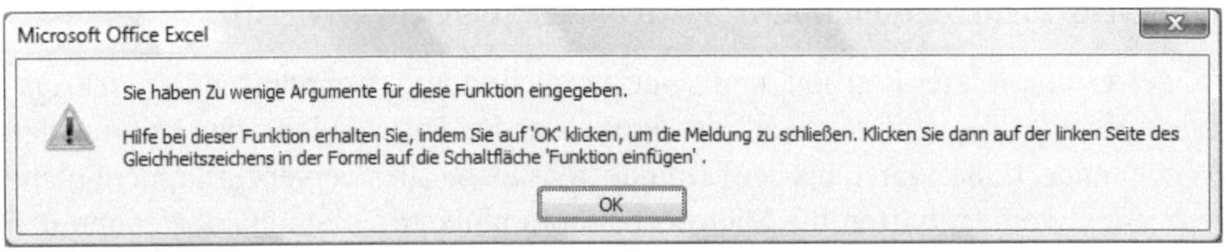

Abbildung 1.4: Fehlermeldung bei falscher Argumentenanzahl

Optionale Parameter werden in [eckigen Klammern] dargestellt und können, ganz ihrer Wortherkunft entsprechend (lat. optio = freie Wahl), auch weggelassen werden. In diesem Fall nehmen Sie einen Standardwert (sogenannter Default-Wert) an. Die Eingabe einer Funktion ohne Angabe der *optionalen* Parameter zieht nicht die vorgenannte Fehlermeldung nach sich. Innerhalb aller Parameter einer Funktion stehen die optionalen Parameter – sofern denn welche vorhanden sind – immer am Ende der Parameterkette. Beispielsweise verlangt die Funktion

KÜRZEN(Zahl;[Anzahl_Stellen])

zwei Parameter. Dabei ist der erste Parameter *Zahl* zwingend erforderlich, während der zweite Parameter *Anzahl_Stellen* optional ist. Sein Standardwert beträgt 0. Damit werden ohne dessen explizite Angabe alle Nachkommastellen der Zahl abgeschnitten (gekürzt). Wollen Sie die Zahl hingegen exemplarisch auf zwei Nachkommastellen kürzen, dann belegen Sie den Parameter *Anzahl_Stellen* mit 2 (Abbildung 1.5).

B2 | fx =KÜRZEN(A2)

	A	B	C	D
1	**Zahl**	**Ergebnis**	**Formel**	
2	3,14159	3	=KÜRZEN(A2)	
3	3,14159	3,14	=KÜRZEN(A3;2)	
4				

Abbildung 1.5: Funktionseingabe ohne optionalen Parameter

Aber Achtung: Seien Sie sich über diesen Standardwert im Klaren! Nicht überall ist er so unkritisch und leicht prüfbar wie bei der Funktion KÜRZEN. Tatsächlich gibt es unter den optionalen Parametern welche mit Standardbelegungen, die den ahnungslosen Anwender in den Wahnsinn treiben können. Spitzenkandidat dafür ist der mit dem Wert WAHR bzw. 1 vorbelegte optionale Parameter *Bereich_Verweis* der Funktion SVERWEIS. Er tummelt sich innerhalb der gesamten Funktionssyntax

SVERWEIS(Suchkriterium;Matrix;Spaltenindex;[Bereich_Verweis])

an vierter und letzter Position, und seine Bezeichnung hat mindestens so viel Aussagekraft wie die Verlässlichkeit der Prognose der Lottozahlen vom kommenden Wochenende. Dabei wären bis heute mindestens 99 % aller Nervenzusammenbrüche vermieden worden, hätten die Microsoft-Programmierer als Standardbelegung den Wert FALSCH bzw. 0 zugewiesen. Hätte, wäre, wenn: Es nützt nichts – Sie müssen es einfach wissen bzw. lernen.

Abschließend zu den Funktionsparametern zeigen wir die Wirkungsweise noch einmal anhand eines abstrakten Falles. Stellen Sie sich vor, es gäbe eine Funktion KUCHEN. Der Einfachheit halber besteht der Kuchen nur aus folgenden *erforderlichen* Zutaten (Parametern):

- Eier
- Zucker
- Mehl

Eine weitere Zutat ist *optional*:

- Safran

Die Funktion würde wie folgt programmiert werden:

```
Function KUCHEN(Eier, Zucker, Mehl, Optional Safran = 1)
Kuchen = Eier + Zucker + Mehl + Safran
End Function
```

Die Funktionssyntax lautet:

```
=KUCHEN(Eier;Zucker;Mehl;[Safran])
```

Ohne die *erforderlichen* Parameter Eier, Zucker und Mehl verweigert die Funktion ihren Dienst. Im Gegensatz zu den Excel-eigenen Funktionen erscheint zwar nicht die Fehlermeldung „Zu wenige Argumente", aber das Formelergebnis ist auf jeden Fall #WERT!, und Sie erhalten keinen fertigen Kuchen. Lassen Sie hingegen nur die Angabe der *optionalen* Zutat Safran weg, dann erscheint das Formelergebnis – und der Kuchen wird auf jeden Fall „gel" (sprich: gelb), da die Menge für Safran mit 1 vorbelegt wurde (Default-Wert). Soll Ihr Kuchen keinen Gelbstich haben, dann müssen Sie im Beispiel den Parameter Safran explizit mit 0 belegen.

Genau nach diesem Prinzip verfahren viele Excel-interne Funktionen. Achten Sie also stets auf *alle* Parameter!

1.2.2 Datentypen

Zum Elementarwissen eines Programmierers gehört die umfassende Kenntnis der Datentypen: *Integer, Long, Double, String, Variant, Currency, Object* – um nur einige zu nennen. Beispielsweise kann eine Variable des Typs Integer Ganzzahlen zwischen -32.768 und +32.767 aufnehmen. Zahlen außerhalb dieser Bandbreite führen unweigerlich zum sogenannten Überlauf der Variablen, ohne entsprechende Vorkehrungen also zum Programmabsturz und im Extremfall sogar zur Eliminierung einer Rakete:

Weil im Jahr 1996 beim Programmcode der Ariane-5-Trägerrakete teilweise Codefragmente der Vorgängerversion Ariane-4 übernommen wurden, lief eine Variable des Typs Integer, welche die Horizontalgeschwindigkeit der Rakete verarbeitete, hoffnungslos über. Man hatte schlichtweg nicht bedacht, dass die Beschleunigung von Ariane-5 ca. fünf Mal höher war als bei der Vorgängerversion. Durch den Überlauf wurden falsche Flugdaten an das Steuermodul übermittelt, die Rakete kam von ihrer Flugbahn ab, und es wurde schließlich der Selbstzerstörungsmodus aktiviert. Mehr als 11 Milliarden DM

Entwicklungskosten lösten sich gleichzeitig in Weltraumschrott auf. Das alles wäre nicht passiert, hätte man die Integer-Variable für die neue Rakete durch einen passenden Variablentyp – z.B. Double – ausgetauscht. Ein wahrlich teueres Versäumnis ...

(siehe u.a.: *http://www-aix.gsi.de/~giese/swr/ariane5.html*)

Für den reinen Excel-Anwender reichen allerdings wenige Kenntnisse über Datentypen aus. Es gibt lediglich sechs relevante Datentypen:

- Zahl
- Text
- Wahrheitswert
- Matrix
- Bezug
- Fehlerwert

Gehen wir sie einzeln durch:

- **Zahl**

Eine Zahl wird innerhalb einer Excel-Zelle standardmäßig *rechtsbündig* dargestellt. Ist es für einen Programmierer interessant, zwischen Ganz- und Dezimalzahlen sowie Größenordnungen zu unterschieden, so kann Ihnen das als Excel-Anwender ganz egal sein: Es wird immer automatisch der richtige „Zahl-Datentyp" zugewiesen. Einen Raketenabsturz können Sie keinesfalls herbeiführen.

Zahlen werden stets „nackt" eingegeben, also niemals in Anführungszeichen oder Ähnliches gekleidet (nicht "1", sondern nur 1). Je nach Ländereinstellung sind Punkt oder Komma das Dezimaltrennzeichen (deutsch: Komma, englisch: Punkt).

- **Text**

Ein Text wird innerhalb einer Excel-Zelle standardmäßig *linksbündig* dargestellt. Der Text kann dabei beliebig lang sein, allerdings ist dessen Anzeige innerhalb einer Zelle begrenzt. Text, der direkt einem Funktionsparameter zugewiesen wird, muss in "Anführungszeichen" gesetzt werden:

```
=WENN(A1=1;"Eine 1";"Keine 1")
```

- **Wahrheitswert**

Es gibt die Wahrheitswerte

- WAHR
- FALSCH

Nicht mehr, und nicht weniger. Die Wahrheitswerte sind – so simpel sie auch anmuten – das Herzstück der gesamten Formelwelt. Die gesamte Computertechnologie besteht nur aus WAHR oder FALSCH , an oder aus, sein oder nicht sein (Shakespeare ahnte es bereits).

Wahrheitswerte werden in einer Zelle standardmäßig *mittig* dargestellt.

WAHR entspricht innerhalb der Excel-Anwendung (vereinfacht gesagt) der Zahl 1, FALSCH der Zahl 0 (die Programmierer kennen den Wert WAHR hingegen als minus 1). Demnach ist der Datentyp *Wahrheitswert* eng mit dem Datentyp *Zahl* verbunden:

Verbindet man die Wahrheitswerte WAHR und FALSCH mit irgendwelchen mathematischen Operationen, werden sie in Zahlen umgewandelt:

`=WAHR+0=0`

`=FALSCH-WAHR=-1`

`=1/FALSCH=#DIV/0!` – denn eine Division durch null ist mathematisch nicht zulässig

Speziell im Umgang mit Matrixformeln werden Ihnen die Wahrheitswerte im Rudel begegnen. Mehr dazu erfahren Sie im Kapitel *Matrix Reloaded.*

- **Matrix**

Eine Matrix ist eine Auflistung mehrerer Daten. Hierbei kann unterschieden werden zwischen einer Matrixkonstanten, welche die Daten der Matrix direkt enthält, und einem Zellbereich, dessen Inhalte ebenfalls eine Matrix darstellen.

Matrixkonstante: `{3.4.5.6.}`

Zellbereich: `C2:F15`

Genauso kann der Rückgabewert einer Funktion eine Matrix oder ein Zellbereich sein.

- **Bezug**

Der Datentyp Bezug lässt ausschließlich einen Bezug auf Zellbereiche zu. Die Inhalte der Zellen eines Bereiches stellen eine Matrix dar – aber eine Matrix ist noch lange kein Bezug oder Bereich. Manche Funktionen verlangen zwingend einen *Bezug*, beispielsweise:

ZÄHLENWENN(Bereich;Suchkriterien)

Der Versuch, eine Matrix für den Parameter *Bereich* zu verwenden

```
=ZÄHLENWENN({1.2.2.3};2)
```

schlägt fehl. Es erscheint die Fehlermeldung: „Die eingegebene Formel enthält einen Fehler".

```
=ZÄHLENWENN(A1:D1;2)
```

ist dagegen eine funktionsfähige Syntax, da A1:D1 ein Zell*bezug* ist. Genauso verhält es sich mit SUMMEWENN, RANG und noch ein paar anderen Kandidaten.

- **Fehlerwert**

Es gibt folgende Fehlerwerte:

- #NV
- #WERT!
- #NAME?
- #BEZUG!
- #DIV/0!
- #NULL!
- #ZAHL!

Fehlerwerte werden in einer Zelle ebenfalls *mittig* ausgerichtet. An dieser Stelle sei noch gesagt, dass Sie Fehlerwerte tunlichst vermeiden sollten, da nahezu alle Standardberechnungsmethoden vor ihnen kapitulieren. Soll heißen, wenn Sie einen Bereich beispielsweise mit der Formel

```
=SUMME(A:A)
```

summieren wollen und irgendeine Zelle in Spalte A enthält einen Fehlerwert, liefert die Funktion ebenfalls nur einen Fehlerwert.

Nur einige wenige Funktionen können mit Fehlerwerten umgehen, z.B. alle Logikfunktionen (ISTTEXT, ISTZAHL, ISTFEHLER, ISTFEHL, ISTNV) sowie unter anderem die Funktionen ANZAHL und ZÄHLENWENN. Seit der Excel-Version 2007 gibt es zudem eine extrem nützliche Funktion zur Fehlervermeidung: WENNFEHLER.

Für das Verständnis aller Datentypen ist die Funktion `TYP(Wert)` sehr hilfreich. Sie gibt Aufschluss über den Datentyp eines Arguments:

E2 | fx =TYP(D2)

	A	B	C	D	E	F
1	**Wert**	**Typ**		**Wert**	**Typ**	**Formel**
2	1	Zahl		333	1	=TYP(D2)
3	2	Text		Hallo	2	=TYP(D3)
4	4	Wahrheitswert		FALSCH	4	=TYP(D4)
5	16	Fehlerwert		#NV	16	=TYP(D5)
6	64	Matrix			64	=TYP({1.2.3})
7					64	{=TYP(B11:C13)}
8						

Abbildung 1.6: Verschiedene Datentypen mit der Funktion TYP identifizieren

Wie Ihnen vielleicht auffällt, gibt es hier den Datentyp *Bezug* nicht. Er wird behandelt wie der Datentyp *Matrix* (64). Aber glauben Sie uns: Es gibt genügend Fälle, wo Sie zwingend einen Zellbezug angeben müssen, um ein brauchbares Ergebnis zu erhalten! Daher halten wir die begriffliche Trennung für sinnvoll und notwendig.

Excel hat eine eigene Logik, die der Sortierreihenfolge von Datentypen. Sie passt zu den in Abbildung 1.6 gezeigten Rückgabewerten der Funktion TYP. Im *direkten* Vergleich gilt:

Ein Wahrheitswert ist größer als ein Text, und ein Text ist größer als eine Zahl:

```
=WAHR>"Text">2
```

`WAHR` hat den Typ 4, Text den Typ 2 und Zahl den Typ 1. Demnach ergibt sich folgerichtig:

```
=4>2>1
```

Gleiches gilt für:

```
=FALSCH>"Text">5
```

Innerhalb ein und desselben Datentyps gibt es auch eine Rangordnung. `WAHR` ist größer als `FALSCH`, Buchstaben, die weiter hinten im Alphabet beginnen, sind größer als Buchstaben zu Beginn des Alphabets, und bei Zahlen liegt natürlich auf der Hand, welche größer ist. Demnach gilt die Sortierreihenfolge der Abbildung 1.7:

Abbildung 1.7: Sortierreihenfolge verschiedener Datentypen

Diese Rangordnung gilt sowohl beim Vergleich in Formeln als auch beim Sortieren einer Liste mit dem entsprechenden Feature unter dem Menüpunkt *Daten*.

Fassen wir noch einmal zusammen:

Eine Funktion besteht aus dem Funktionsnamen (z.B. RUNDEN, WENN etc.) gefolgt von einer öffnenden Klammer. Es folgen die benötigten Funktionsparameter – jeweils mit einem Semikolon voneinander getrennt. Dabei gibt es sowohl *erforderliche* als auch *optionale* Parameter. Eine schließende Klammer signalisiert das Ende der Funktion.

Mithilfe der Parameter führt die Funktion ihre Berechnung aus und gibt ein Funktionsergebnis weiter – den Rückgabewert. Sowohl die Funktionsparameter als auch der Rückgabewert haben einen bestimmten Datentyp (Zahl, Text, Matrix etc.). Über diese Datentypen muss man sich immer im Klaren sein.

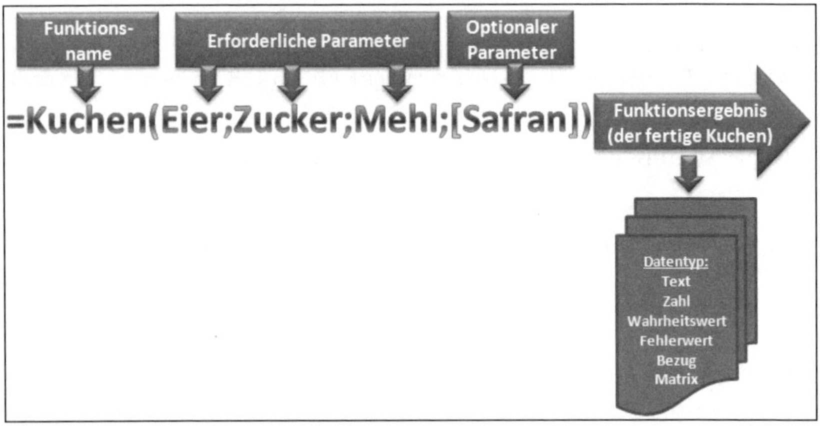

Abbildung 1.8: Bestandteile einer virtuellen Funktion KUCHEN

1.2.3 Funktionsverschachtelungen

Nachdem wir uns den Aufbau einer Funktion angesehen haben, gehen wir einen Schritt weiter. Ein Funktionsparameter muss nicht statisch angegeben, sondern kann auch mittels einer weiteren Funktion errechnet werden. Den Rückgabewert, den die zweite Funktion liefert, verwendet die erste Funktion somit als Parameter.

Erinnern wir uns an die sinnbildliche Funktion KUCHEN. Ihr Funktionswert (das Endprodukt) könnte selbst wiederum Eingabeparameter einer Funktion MENÜ mit der Syntax

```
MENÜ(Vorspeise;Hauptgericht;Dessert)
```

sein. Am besten passt der Kuchen wohl zum Dessert, also servieren wir:

```
MENÜ(Vorspeise;Hauptgericht;KUCHEN(Eier,Zucker,Mehl,Safran))
```

Dazu ein praxisnäheres Beispiel (Abbildung 1.9):

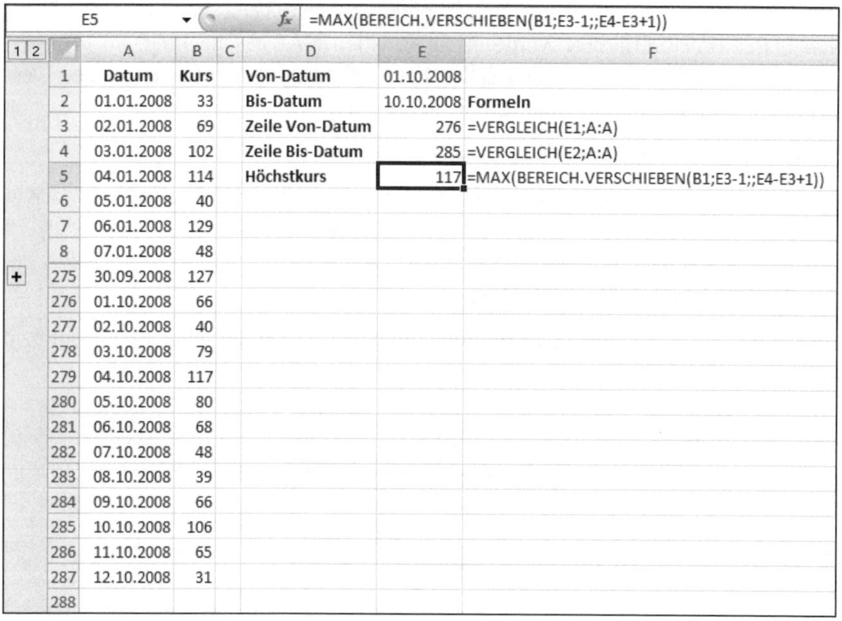

E5 | =MAX(BEREICH.VERSCHIEBEN(B1;E3-1;;E4-E3+1))

	A	B	C	D	E	F
1	Datum	Kurs		Von-Datum	01.10.2008	
2	01.01.2008	33		Bis-Datum	10.10.2008	Formeln
3	02.01.2008	69		Zeile Von-Datum	276	=VERGLEICH(E1;A:A)
4	03.01.2008	102		Zeile Bis-Datum	285	=VERGLEICH(E2;A:A)
5	04.01.2008	114		Höchstkurs	117	=MAX(BEREICH.VERSCHIEBEN(B1;E3-1;;E4-E3+1))
6	05.01.2008	40				
7	06.01.2008	129				
8	07.01.2008	48				
275	30.09.2008	127				
276	01.10.2008	66				
277	02.10.2008	40				
278	03.10.2008	79				
279	04.10.2008	117				
280	05.10.2008	80				
281	06.10.2008	68				
282	07.10.2008	48				
283	08.10.2008	39				
284	09.10.2008	66				
285	10.10.2008	106				
286	11.10.2008	65				
287	12.10.2008	31				
288						

Abbildung 1.9: Funktionen verschachteln am Beispiel einer Auswertung von Aktienkursverläufen

Es wird der Kursverlauf einer Aktie dargestellt. In Spalte A stehen die aufsteigenden Datumsangaben, in Spalte B die Kurse. Sie möchten nun wissen, welches der Höchstkurs innerhalb eines bestimmten Zeitraumes war. Der Zeitraum wird in E1 (Von-Datum) und E2 (Bis-Datum) eingeschränkt.

Zunächst ermitteln Sie die Zeilennummern der beiden gesuchten Daten in Spalte A mit den Formeln in E3 und E4. Mithilfe dieser so gefundenen Zahlen können Sie dann die Funktion

BEREICH.VERSCHIEBEN(Bezug;Zeilen;Spalten;[Höhe];[Breite])

mit den nötigen Angaben versorgen: Der Zeilenversatz (erforderlicher Parameter: *Zeilen*) ergibt sich aus `E3-1`, die Gesamthöhe des Bereiches (optionaler Parameter: *[Höhe]*) aus `E4-E3+1`. (Falls Ihnen diese Funktion nicht geläufig ist, blättern Sie kurz zum Kapitel *Das Funktionenkonzentrat*, Gruppe *Bereichsrückgabefunktionen* weiter.)

Die äußere umrandende MAX-Funktion liest aus diesem resultierenden Bereich `A276:A285` nun das Maximum aus. Dies ist bereits die erste Verschachtelung: Die Funktion BEREICH.VERSCHIEBEN wurde in die Funktion MAX geschachtelt. Im nächsten Schritt können Sie auf die beiden Zellen für die Ermittlung der Zeilennummern verzichten, indem Sie in der finalen Formel aus Zelle E5

```
E5:=MAX(BEREICH.VERSCHIEBEN(B1;E3-1;;E4-E3+1))
```

die Zellbezüge E3 und E4 durch die Formeln aus E3 und E4 ersetzen. Dies geht sehr einfach mit Copy&Paste. Das Endergebnis sieht dann so aus:

```
E5:=MAX(BEREICH.VERSCHIEBEN(B1;VERGLEICH(E1;A:A)-
1;;VERGLEICH(E2;A:A)-VERGLEICH(E1;A:A)+1))
```

Zum besseren Verständnis stellt die Abbildung 1.10 dieses Verschachtelungsprinzip noch einmal bildlich dar.

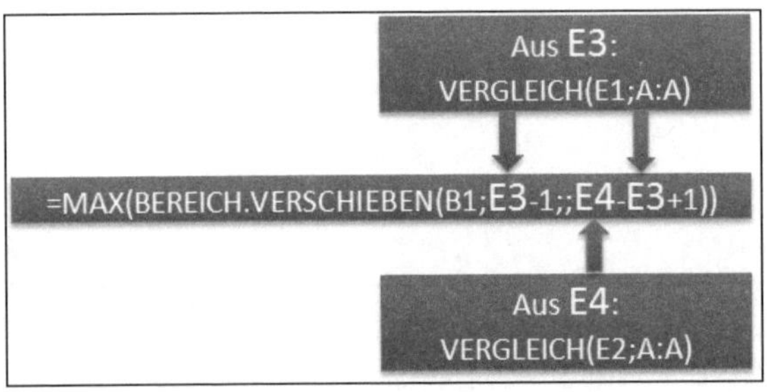

Abbildung 1.10: Verschachtelung von Funktionen

Das Verschachtelungsspielchen können Sie – bis Excel 2003 – maximal sieben Mal betreiben – danach erscheint die Fehlermeldung.

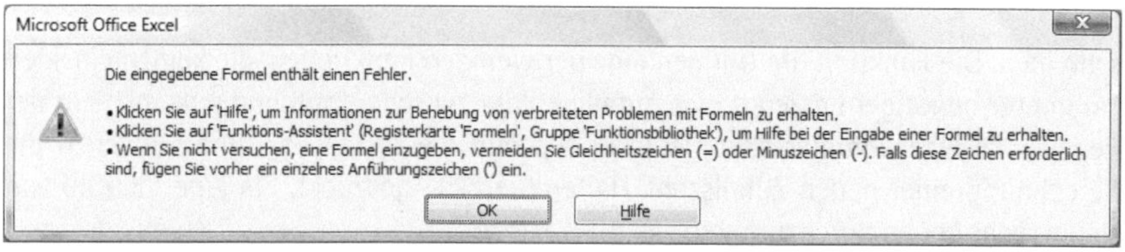

Abbildung 1.11: Fehlermeldung bei falscher Formeleingabe

Seit Excel 2007 ist die Grenze der maximalen Verschachtelungstiefe auf 64 angehoben worden.

Aus diesem Beispiel wird deutlich, dass Excel eine Formel immer von innen nach außen auflöst: Erst die inneren beiden VERGLEICH-Funktionen, dann die gesamte BEREICH.VERSCHIEBEN-Funktion und anschließend die umrandende MAX-Funktion.

Zu Beginn sollten Sie nicht versuchen, Formeln auf „Teufel komm heraus" zu verschachteln. Arbeiten Sie lieber mit ein paar Hilfszeilen und/oder Hilfsspalten, in denen Sie die Teilberechnungen vornehmen – wie im Beispiel die Zellen E3 und E4. Fangen Sie dann langsam an, die Teilergebnisse in die nächste Formel zu integrieren. Mit der Zeit werden Sie genügend Übung erlangen, um letztlich problemlos auch längere Formeln ohne Hilfszellen zu verschachteln.

Microsoft hat für den besseren Überblick ein ganz nützliches Feature eingebaut: Die Funktionsklammern werden innerhalb der Bearbeitungsleiste farbig dargestellt, wobei die öffnende und die schließende Klammer einer zusammengehörigen Funktion dieselbe Farbe haben. Sollten Sie also einmal im Verschachtelungschaos die Orientierung verlieren, richten Sie sich nach den Farben.

1.2.4 F9 – (Teil-)Auswertungen

Wer viel mit Formeln hantiert, wird früher oder später auf die Notwendigkeit stoßen, Teile einer Formel berechnen zu müssen, um entweder die Zusammenhänge nachvollziehen zu können oder aber mögliche Fehler zu entlarven. Die wichtigste Taste in diesem Zusammenhang ist die Funktionstaste [F9].

Durch Betätigen von F9 wird eine Neuberechnung der Arbeitsmappe ausgelöst. Testen Sie es, indem Sie in eine Zelle die Funktion

```
=ZUFALLSZAHL()
```

schreiben. Die Funktion (im Übrigen eine der wenigen Funktionen, die keinen einzigen Parameter benötigen) erzeugt eine zufällige Zahl zwischen null und eins mit - in der Regel - 15 Nachkommastellen. Drücken Sie nun die Taste F9, und Sie sehen die Berechnung einer neuen Zufallszahl. Halten Sie F9 gedrückt, um eine Vielzahl von Neuberechnungen durchzuführen.

Was auf diese Weise für die gesamte Arbeitsmappe möglich ist, lässt sich auch auf einzelne Teile einer Formel anwenden. Schreiben Sie nun folgende Formel in eine Zelle:

```
=SUMMENPRODUKT(ZEILE(1:10))
```

Es wird Ihnen das Ergebnis 55 angezeigt. Wie geht denn das? Markieren Sie in der Bearbeitungsleiste die innere Funktion `ZEILE(1:10)` (Abbildung 1.12).

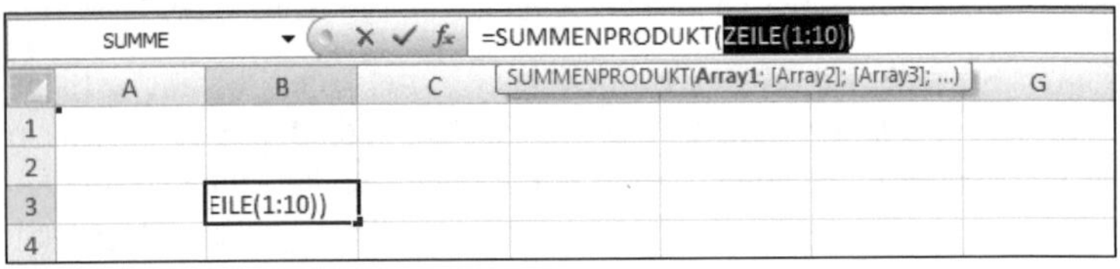

Abbildung 1.12: Formeln teilauswerten (1)

Jetzt drücken Sie die Taste F9, um diesen Formelteil auszuwerten (Abbildung 1.13):

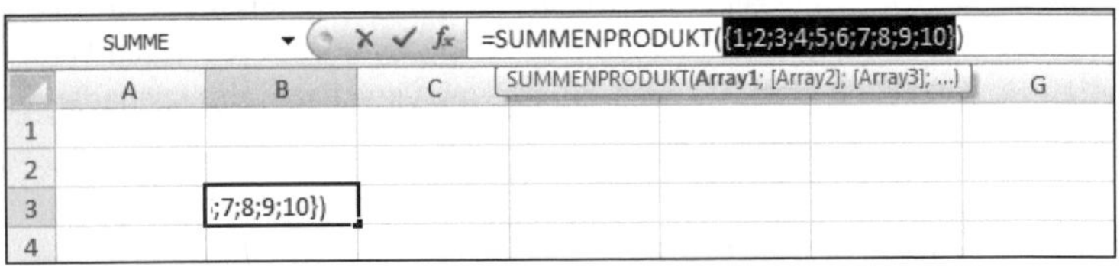

Abbildung 1.13: Formeln teilauswerten (2)

Und siehe da: Die Funktion `ZEILE(1:10)` verschwindet, und an deren Stelle tritt der Rückgabewert - also das Ergebnis - dieser Funktion, in diesem Fall ein Rückgabewert vom Typ *Matrix* mit den Zahlen von 1 bis 10. Ohne jetzt der noch folgenden Erläuterung der Matrizenrechnung vorgreifen zu wollen, wird klar, dass hier die Werte von 1 bis 10 summiert werden.

Mittels der Teilberechnung mit der F9-Taste lassen sich sämtliche logisch zusammenhängende Formelteile schrittweise berechnen. Sie hätten auch die gesamte Formel markieren und anschließend berechnen können. Dann wäre Ihnen das Gesamtergebnis 55 angezeigt worden.

Bei einem auf diese Art berechneten Formelteil wird durch Betätigen der ↵-Taste das ausgewertete Ergebnis in die Formel übernommen. Der ursprüngliche Formelteil wird ersetzt – in diesem Fall `ZEILE(1:10)` durch die Matrix `{1;2;3;4;5;6;7;8;9;10}`. Wollen Sie den ursprünglichen Formelteil rekonstruieren (und das wird in den allermeisten Fällen so sein), lässt sich die gesamte Berechnung durch Klick auf die Esc-Taste rückgängig machen. Mit dem Shortcut: Strg+Z lässt sich die jeweils letzte Berechnung wieder revidieren.

Weil diese Art der Formelauswertung von so großer Wichtigkeit ist, zeigen wir dies jetzt noch an einem weiteren Beispiel (Abbildung 1.14):

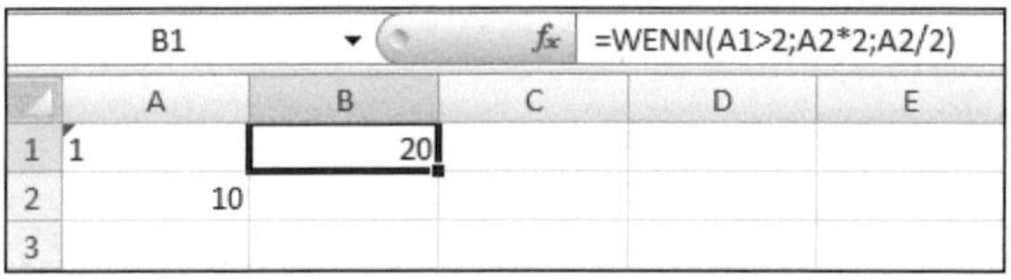

Abbildung 1.14: Formeln teilauswerten (3)

Es handelt sich um eine schlichte WENN-Funktion mit der Funktionssyntax:

WENN(Prüfung;Dann_Wert;Sonst_Wert)

Ist der Wert aus A1 größer als 2, dann soll A2 mit 2 multipliziert werden, andernfalls durch 2 dividiert werden. Da 1 für gewöhnlich nicht größer als 2 ist, darf man eigentlich davon ausgehen, dass der *Sonst-Wert* – also Division durch 2 – zum Tragen kommt. Doch weit gefehlt: Excel leidet anscheinend an einer Rechenschwäche, denn anders lässt sich nicht erklären, warum die Bedingung `A1>2` als WAHR interpretiert und daher der folgende *Dann-Wert* – Multiplikation mit 2 – ausgegeben wird.

Wer im bisherigen Verlauf gut aufgepasst hat, wird aufgrund der Abbildung vielleicht bereits stutzig geworden sein: Warum steht die Zahl 1 denn linksbündig? Zahlen werden doch standardmäßig stets rechtsbündig dargestellt! Diese Vermutung soll sich in dem Moment bestätigen, indem wir die Formel mit F9 teilauswerten. Zunächst markieren wir den Formelteil `A1>2` und berechnen ihn mittels F9. Das Ergebnis ist `WAHR`...? (Abbildung 1.15):

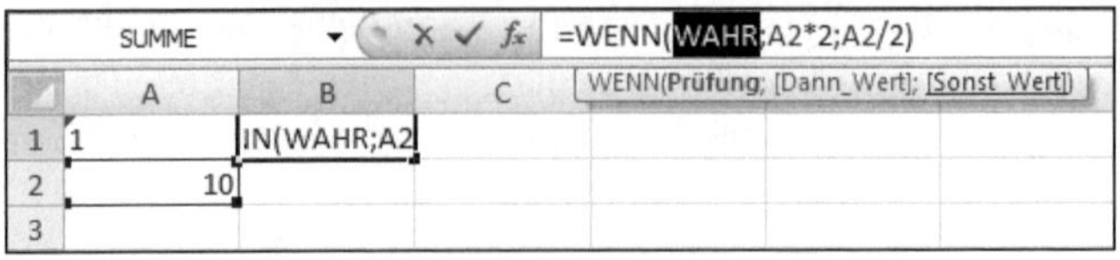

Abbildung 1.15: Formeln teilauswerten (4)

Da das offensichtlich nicht stimmen kann, revidieren wir unsere Teilberechnung, indem wir sie rückgängig machen (Strg+Z). Da haben wir anscheinend zu viel auf einmal markiert. Reduzieren wir unsere Markierung also zunächst auf das allererste A1 und berechnen erneut mit F9 (Abbildung 1.16):

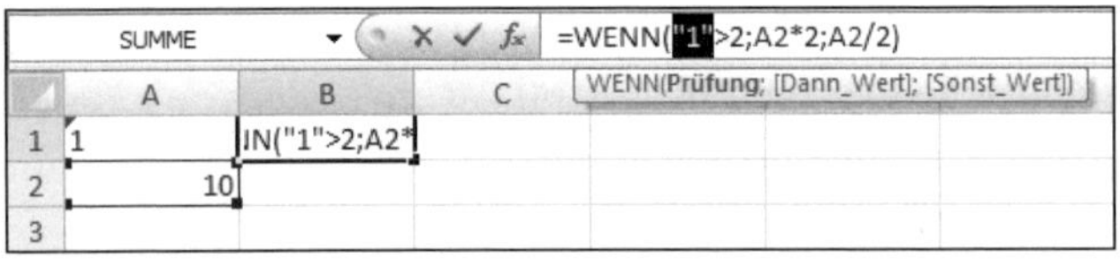

Abbildung 1.16: Teilauswertung entlarvt falschen Datentyp.

Und da haben wir den Übeltäter entlarvt: Die Zahl 1 liegt im Textformat vor, zu erkennen an den „Anführungszeichen". Das ließ ja auch bereits die linksbündige Darstellung der 1 in Zelle A1 vermuten. Und da – für Excel – im direkten Vergleich Text größer als eine Zahl ist, ist die Bedingung letztlich WAHR.

Falls Sie dieses Beispiel nachbilden möchten, müssen Sie die Zelle A1 zunächst mit dem Textformat ausstatten und dann die Zahl 1 hineinschreiben – nicht umgekehrt!

Einen winzigen Haken hat die F9-Berechnungsmethode allerdings: Innerhalb der Bearbeitungsleiste können nur ca. 8.000 Zeichen angezeigt werden (bis xl2003 waren es nur 1000). Wenn Sie einen Formelausdruck berechnen, dessen Rückgabewert aus einer zu großen Zeichenfolge besteht – z.B. `ZEILE(1:2000)` –, erhalten Sie die Fehlermeldung gemäß Abbildung 1.17:

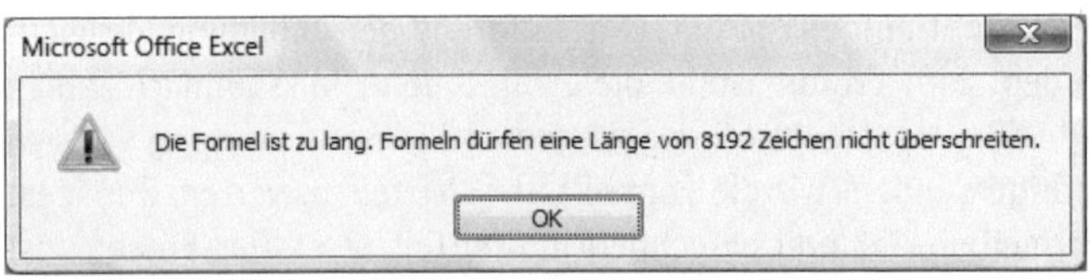

Abbildung 1.17: Fehlermeldung bei zu langer Formel

Zum Testen und Analysieren einer Formel empfiehlt es sich, den Formelteil auf ein Minimum zu reduzieren; in diesem Fall also z.B. auf ZEILE(1:20).

Excel bietet – seit Version XP – ein Feature an, das genau diese Teilberechnung simuliert: die *Formelauswertung* – zu finden im *Formeln*-Register der Multifunktionsleiste

Abbildung 1.18: Button, um das Feature Formelauswertung aufzurufen

Die Funktionsweise zeigen wir anhand des Beispiels in Abbildung 1.19.

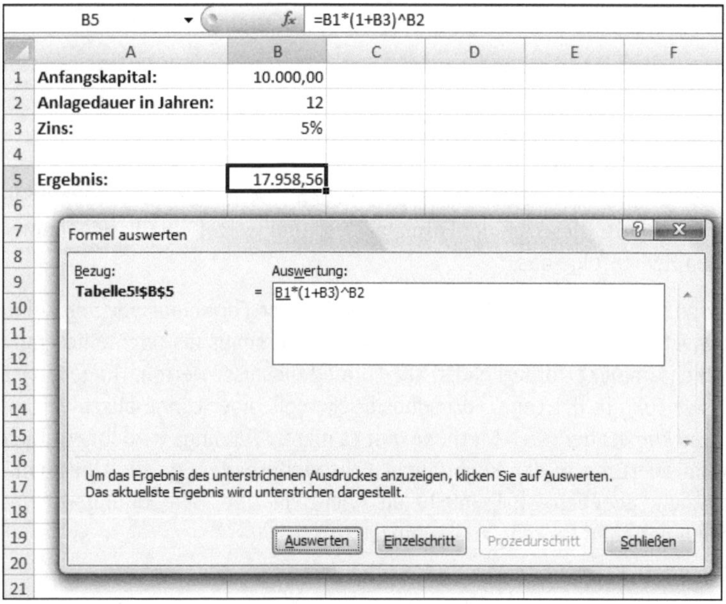

Abbildung 1.19: Formel schrittweise auswerten (1)

Die Formel in B5 errechnet mithilfe der Variablen in B1:B3 das Endkapital einer Einmalanlage mit jährlicher Zinsgutschrift. Sobald Sie die Zelle B5 markieren und die Formelauswertung aufrufen, erscheint der abgebildete Dialog. Der jeweils auszuwertende Formelteil wird unterstrichen. Ein Klick auf die Schaltfläche *Auswerten* zeigt das Ergebnis an: 10.000 (Abbildung 1.20):

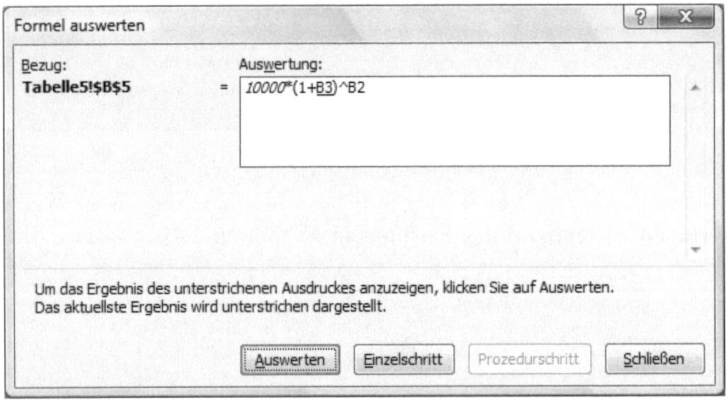

Abbildung 1.20: Formel schrittweise auswerten (2)

Als Nächstes ist B3 dran usw. Nach insgesamt sieben Auswertungen gelangen Sie zum Formelendergebnis. Diese Art der Formelauswertung wertet eine Formel immer in der logischen Reihenfolge aus.

Im Gegensatz zu der [F9]-Auswertung kann man bei der *Formelauswertung* keine beliebige Auswertungsreihenfolge festlegen, was wir durchaus als nachteilig empfinden, da es nicht immer erforderlich ist, alle Formelteile auszuwerten. Hingegen ist die *Formelauswertung* in der Lage, Formelausdrücke beliebiger Länge auszuwerten. Eine Begrenzung wie bei der [F9]-Methode gibt es nicht. Allerdings wird Ihnen solch eine Mammutauswertung in der Regel auch nicht weiterhelfen, da die Übersichtlichkeit nicht mehr gegeben ist. Es bleibt also bei dem Tipp, Berechnungen beim Testen auf einen geringen Umfang zu begrenzen.

1.3 Komplexe Formeln gibt es nicht

Haben Sie Angst vor komplexen Formeln? Falls ja, beruhigen Sie sich. Es gibt keine komplexen Formeln, sondern höchstens komplizierte Formeln.

Das Wesen eines komplexen Systems ist es, dass seine Eigenschaften und sein Verhalten nicht der Summe seiner Einzelteile entsprechen, sondern dass sie darüber hinausgehen.

Dies ist bei Formeln nicht der Fall. Es gibt keine Interdependenzen, keine Rückkoppelungen innerhalb **einer** Formel, mag sie auch noch so kompliziert verschachtelt sein. Die Betonung liegt auf **EINER** Formel. Im Gegensatz dazu kann eine Tabelle mit vielen Formelzellen durch Zirkelbezüge (Iterationen) ein komplexes Verhalten aufweisen. (Ein schönes Beispiel dazu zeigt das Kapitel *Spiel des Lebens* in *Excel – Das Zauberbuch.* Auf unserer Homepage gibt es auch einen Beitrag zum Spiel des Lebens)

Eine stark verschachtelte Formel besteht aus vielen Einzelberechnungen, die wie Bausteine aufeinander aufbauen und über mehrere Ebenen zu einem Endergebnis zusammengeführt werden. Die Teilberechnungen sind wie in einem Hierarchiebaum miteinander verbunden. Der funktionale Zusammenhang zwischen den Teilberechnungen erfolgt unidirektional, also auf Einbahnstraßen. Zwischen benachbarten Knoten (Teilberechnungen) gibt es keine Abhängigkeiten. Genauso wenig kann ein untergeordneter Knoten von einem Übergeordneten abhängig sein. Das wäre nämlich eine Rückkoppelung, und die gibt es nicht in Formeln. Das klingt jetzt sehr abstrakt. Das folgende Beispiel wird aber deutlich machen, was mit alledem gemeint ist.

Der indische Mathematiker Kaprekar erfand folgenden Algorithmus. Man nehme eine beliebige Zahl x und quadriere sie. Die Ziffern des Quadrates teilt man in zwei Hälften. Die eine Hälfte kommt nach links, und die zweite Hälfte kommt nach rechts. Ist die Anzahl Ziffern des Quadrates ungerade, kommt die mittlere Ziffer nach rechts. Nun addiert man beide resultierenden Zahlen. Entspricht das Ergebnis der Ausgangszahl x, ist sie eine Kaprekarzahl. Formal kann die Rechenregel so formuliert werden:

1. Schritt: x ^ 2 = abcd
2. Schritt: ab+cd – x = 0

Ist das Ergebnis *WAHR*, ist x eine Kaprekarzahl. Das Ganze mit Excel-Formel lautet:

```
=WENN(LINKS(zahl^2;KÜRZEN(LÄNGE(zahl^2)/2))+RECHTS(zahl^2;
LÄNGE(zahl))=zahl;"Kaprekarzahl";"")
```

Die Teilberechnungen der Formel sind hierarchisch aufgebaut. Wie konkret, zeigt die Abbildung 1.21 mit der Ausgangszahl `zahl=297`.

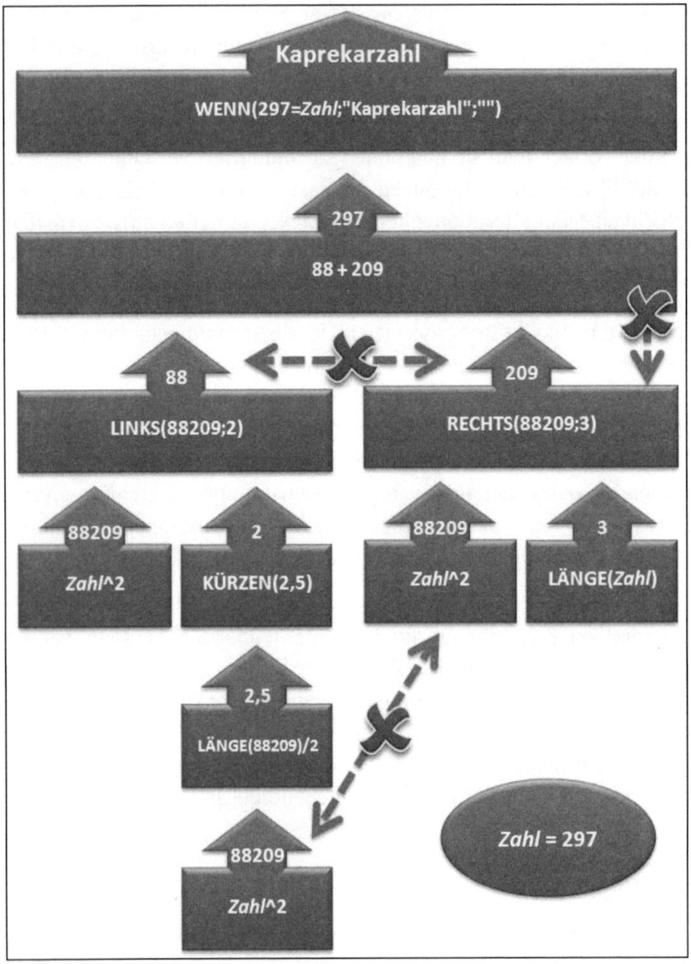

Abbildung 1.21: Verschachtelte Formel gliedert sich in hierarchisch angeordnete Teilberechnungen auf – Beispiel Kaprekarzahl.

Die Formel wurde bis in seine „atomaren" Bestandteile aufgedröselt. Man erkennt den angekündigten Hierarchiebaum, wobei jede Teilberechnung ein Knoten des Baumes ist. In jedem Kästchen sieht man die Teilberechnung, und in jeder Pfeilspitze steht der Funktionswert, der an den übergeordneten Knoten übergeben wird. Die oberste Pfeilspitze zeigt das Endergebnis der gesamten Formel. Dieses wird letztlich in der Zelle angezeigt, in der die Formel steht. Da die 297 eine Kaprekarzahl ist, steht der entsprechende Text in der Pfeilspitze bzw. der Zelle. Die durchgestrichenen Pfeile sollen symbolisieren, zwischen welchen Teilberechnungen niemals Abhängigkeiten bestehen können. Der Ausschluss dieser Abhängigkeiten verhindert jegliche Rückkoppelungseffekte und Komplexität.

Warum erzählen wir das überhaupt? Um Ihnen den Mut zu machen, jede Formel verstehen zu können, die Sie sehen. „Die Formel ist mir zu komplex ..." gibt es nicht. Auch wenn die Formel noch so kompliziert verschachtelt ist, Sie können sich grundsätzlich immer durch schrittweises Aufteilen des Gesamtergebnisses in immer kleinere Bausteine der Erleuchtung nähern. Eine Formel zu verstehen wird dann zur reinen Fleißarbeit.

Eine solche Formelanalyse verkommt geradezu zur Banalität im Vergleich zur Beurteilung einer verzwickten Schachstellung. Die ist nämlich oftmals nicht nur kompliziert, sondern wirklich komplex. Hier genügt es nicht, jede einzelne Figur hinsichtlich Position, Beweglichkeit und Materialwert zu beurteilen, sondern das Zusammenspiel, die gegenseitigen Abhängigkeiten mehrerer Figuren macht die Musik.

Bei einer Excel-Formel entfällt dieses Problem der Komplexität definitiv. Selbst Matrixformeln (Arrays) erzeugen kein bisschen Komplexität. Der einzige Unterschied ist die Weitergabe von mehreren Werten auf einmal. Bezogen auf die grafische Darstellung in Abbildung 1.22 kann eine Pfeilspitze dann mehrere Werte auf einmal enthalten, die an die nächste Ebene durchgereicht werden. Um dies zu bekräftigen, schauen wir uns noch ein Beispiel einer Formel an, die Teilberechnungen mit Arrays ausführt. Bekommen Sie bitte keinen Schreck: Mehr zu den Matrixformeln bzw. Arrays erfahren Sie im Kapitel „Matrix Reloaded".

Jede Dezimalzahl kann als Summe aus Zweierpotenzen dargestellt werden, auch bekannt als Binärzahl. Beispielsweise gilt:

`13 = 1*2^3 + 1*2^2 + 0*2^1 + 1*2^0 => 1101` im Binärzahlensystem

Die allgemein gültige Excel-Formel zur Umwandlung einer Dezimalzahl *zahl* in eine Binärzahl lautet:

```
{=SUMME(KÜRZEN(REST(zahl/2^{0.1.2.3};2))*10^{0.1.2.3})}
```

Die Formel funktioniert nur bis zur Dezimalzahl 15. Zur Umwandlung größerer Zahlen müsste das Array {0.1.2.3} verlängert werden, aber um das Prinzip zu erklären, genügt es. Die Auflösung dieser Formel in ihre Einzelteile übernimmt Abbildung 1.22.

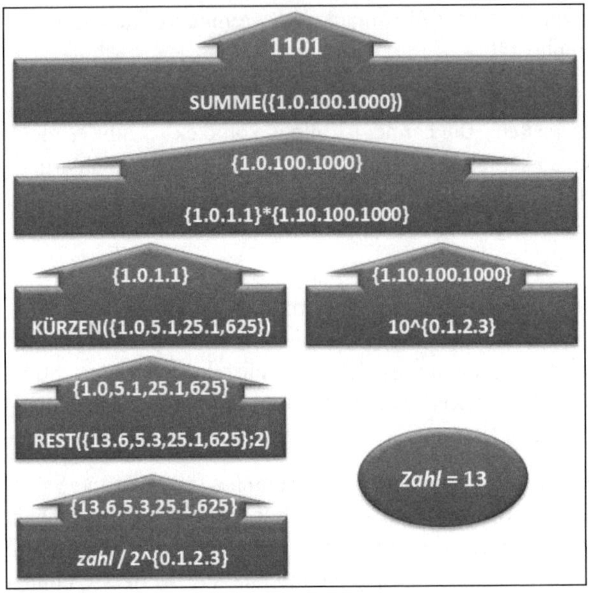

Abbildung 1.22: Verschachtelte Matrixformel gliedert sich in hierarchisch angeordnete Teilberechnungen auf – Beispiel Binärzahl.

Zugegeben, eine solche Matrixformel durch die hierarchische Aufgliederung verstehen lernen bedeutet noch nicht, selbst darauf zu kommen, aber es ist auf alle Fälle schon mal ein guter Anfang.

1.4 Alles ist relativ?

Excel bietet standardmäßig zwei Möglichkeiten der Adressierung (auch Referenzierung genannt) an:

- A1-Bezugsart
- Z1S1-Bezugsart

1.4.1 A1-Bezugsart

Die mit Abstand geläufigste von beiden ist die A1-Referenz. Den Bezug zu einer Zelle haben wir im vorangegangenen Abschnitt erläutert:

=A1

Diesen Bezug nennt man *Relativer Zellbezug*. Relativ deshalb, weil er sich im relativen Verhältnis zu der Zelle befindet, die den Aufruf startet. Steht in Zelle D5

=A1

dann heißt das übersetzt:

Nimm Bezug auf die Zelle, die sich vier Zeilen höher und drei Spalten weiter links befindet. Wird diese Zelle (D5) nun kopiert und beispielsweise in Zelle E12 eingefügt, dann wird nicht der Bezug A1 kopiert, sondern die Relation: Nimm Bezug auf die Zelle, die sich vier Zeilen höher und drei Spalten weiter links befindet. Und aus Sicht der Zelle E12 ist das nun nicht mehr die Zelle A1, sondern die Zelle B8 (Abbildung 1.23):

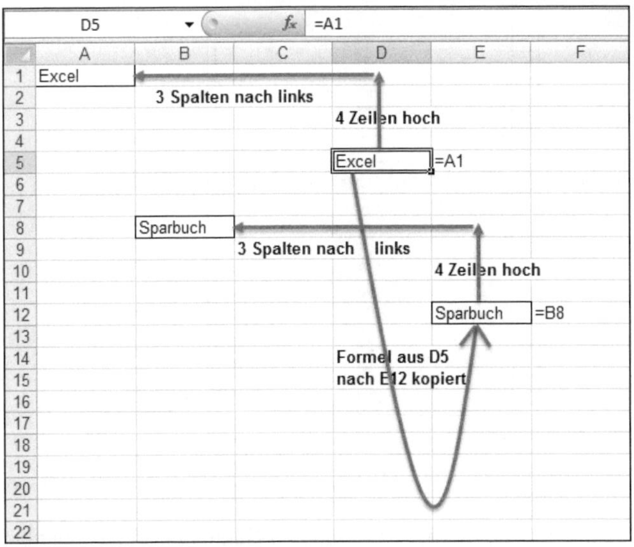

Abbildung 1.23: Relative Adressierung

Jetzt muss dieses relative Bezugsverhalten aber nicht immer gewollt sein, da es durchaus sein kann, dass man einen Bezug auf eine Zelle in andere Zellen kopieren möchte, ohne Änderung der Referenz zu erhalten. Dafür gibt es die Möglichkeit, die Bezüge zu fixieren. Dabei können sowohl nur die Spalte, nur die Zeile oder sowohl Spalte als auch Zeile fixiert werden. Das Symbol dafür ist das [$]-Zeichen direkt vor dem Spaltenbuchstaben und/oder der Zeilennummer eines Bezugs. Sind sowohl Zeile als auch Spalte fixiert, spricht man von einem *absoluten* Bezug. Ist entweder die Zeile *oder* die Spalte fixiert, spricht man von einem *gemischten* Bezug. Sind weder Zeile noch Spalte fixiert, spricht man – wie bereits eingangs beschrieben – von einem *relativen* Bezug. Zusammengefasst sieht das aus wie in Abbildung 1.24:

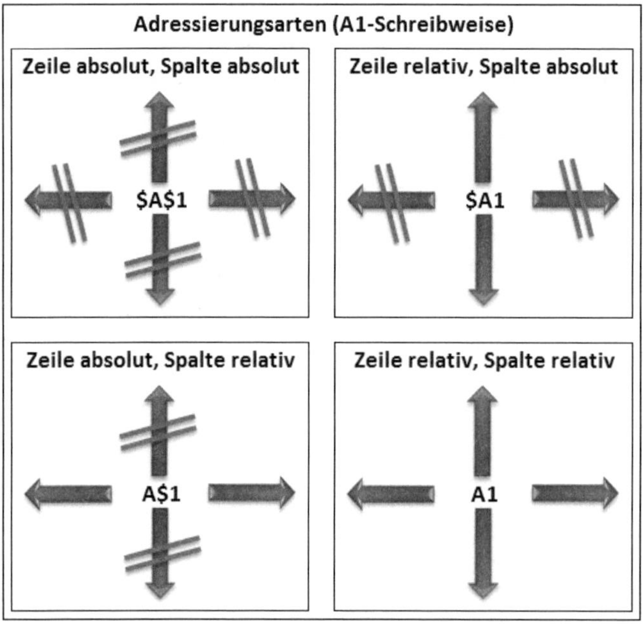

Abbildung 1.24: Übersicht aller Adressierungstypen

Während Sie sich die komplett absolute Referenzierung als Gummi mit Anker vorstellen können, haben Sie bei der gemischten Referenzierung eine Laufschiene vor Augen: Ist *nur* die Spalte absolut angegeben, verläuft diese Schiene vertikal – also von oben nach unten. Das Laufrad ist eingehakt, und eine Bewegung nach links und rechts ist nicht möglich, allerdings lässt es sich in *eine* Richtung, und zwar nach unten und oben, bewegen. Ist hingegen *nur* die Zeile absolut referenziert, verläuft die Schiene horizontal und lässt sich somit nur nach links und rechts, nicht aber von oben nach unten bewegen. Bei einer komplett relativen Referenzierung gibt es weder Anker und Gummiband noch Laufschiene: Der Bezug wird immer sowohl horizontal als auch vertikal versetzt, und zwar immer im gleichen Abstand.

Ein klassisches Anwendungsbeispiel für die verschiedenen Adressierungsarten bietet eine Kreuztabelle (Abbildung 1.25). Sie möchten wissen, wie hoch die monatliche Annuität für ein bestimmtes Darlehen bei einem bestimmten Zins und einer bestimmten Laufzeit ist. Das Ergebnis möchten Sie nicht für jede Konstellation einzeln errechnen.

B5 | fx =RMZ($A5/12;B$4*12;$A$1)

	A	B	C	D	E	F	G
1	200.000,00 €	=Darlehensbetrag					
2							
3				Laufzeit in Jahren			
4	Zins	10	15	20	25	30	
5	4%	-2.024,90 €	-1.479,38 €	-1.211,96 €	-1.055,67 €	-954,83 €	
6	4,50%	-2.072,77 €	-1.529,99 €	-1.265,30 €	-1.111,66 €	-1.013,37 €	
7	5%	-2.121,31 €	-1.581,59 €	-1.319,91 €	-1.169,18 €	-1.073,64 €	
8	5,50%	-2.170,53 €	-1.634,17 €	-1.375,77 €	-1.228,17 €	-1.135,58 €	
9	6%	-2.220,41 €	-1.687,71 €	-1.432,86 €	-1.288,60 €	-1.199,10 €	
10	6,50%	-2.270,96 €	-1.742,21 €	-1.491,15 €	-1.350,41 €	-1.264,14 €	
11	7%	-2.322,17 €	-1.797,66 €	-1.550,60 €	-1.413,56 €	-1.330,60 €	
12	7,50%	-2.374,04 €	-1.854,02 €	-1.611,19 €	-1.477,98 €	-1.398,43 €	
13	8%	-2.426,55 €	-1.911,30 €	-1.672,88 €	-1.543,63 €	-1.467,53 €	
14	8,50%	-2.479,71 €	-1.969,48 €	-1.735,65 €	-1.610,45 €	-1.537,83 €	
15	9%	-2.533,52 €	-2.028,53 €	-1.799,45 €	-1.678,39 €	-1.609,25 €	
16	9,50%	-2.587,95 €	-2.088,45 €	-1.864,26 €	-1.747,39 €	-1.681,71 €	
17	10%	-2.643,01 €	-2.149,21 €	-1.930,04 €	-1.817,40 €	-1.755,14 €	
18							

Abbildung 1.25: Relative, gemischte und absolute Adressierung in Kreuztabelle anwenden

In Zelle A1 geben Sie den Darlehensbetrag ein – hier 200.000 €. Die Funktion zur Errechnung der Annuität lautet:

```
=RMZ(Zins;Zzr;Bw;[Zw];[F])
```

Den Wert für den Parameter *Zins* entnehmen Sie der Spalte A (und dividieren ihn durch 12 aufgrund monatlicher Zahlungen), den Parameter *Zzr* (Zahlungszeitraum) füllen Sie mit den Angaben aus Zeile 4, der Laufzeit in Jahren (und multiplizieren mit 12, um die Anzahl der Monate zu erhalten). Der Barwert (Parameter *Bw*) ist der Darlehensbetrag aus Zelle A1. Die beiden [optionalen] Parameter *Zw* (Zukunftswert) und *F* (Fälligkeit) können Sie in diesem Fall weglassen, denn wir kennen (!) ihre Standardbelegungen:

Der Zukunftswert wird standardmäßig mit 0 belegt (das wollen wir hier ja, da wir das Darlehen am Ende der Laufzeit auch gänzlich getilgt haben möchten), und die Fälligkeit *F* ist ebenfalls mit 0 vorbelegt, dies bedeutet, dass die Zahlungen jeweils am Ende (und nicht am Anfang) einer jeden Periode erfolgen.

Aus Sicht der Zelle B5 (sie ist die aktive Zelle) formulieren Sie wie folgt:

```
=RMZ($A5/12;B$4*12;$A$1)
```

Diese Formel können Sie nun – dank der korrekten relativen/gemischten/absoluten Referenzierungen – problemlos kopieren und in die restlichen Zellen im Bereich B5:F17 einfügen. **Eine wichtige Anmerkung zum Einfügen und Löschen von Zeilen und Spalten:**

Sämtliche Referenzen auf Zellen, egal ob relativ, gemischt oder absolut, werden beim Einfügen oder Löschen von Zeilen und/oder Spalten automatisch angepasst. Steht beispielsweise in Zelle D5 der absolute Bezug `=$C$4` und Zeile 1 wird anschließend gelöscht, dann ändert sich der Bezug automatisch auf $C$3! Löschen Sie nun auch noch Spalte A, dann wandert der Bezug mit auf $B$3. Dieses Verhalten ist absolut sinnvoll und korrekt, führt aber immer wieder zu Irritationen nach dem Motto: „Ich habe doch den Bezug zur Zelle mit $D$5 absolut angegeben – warum bleibt der nicht da, wo er ist, sondern wandert mit, nachdem ich Zellen eingefügt/gelöscht habe?" Manchmal kommt es noch schlimmer: „Ich hatte einen absoluten Bezug auf Zelle $A$1. Jetzt habe ich Zeile 1 gelöscht, und da steht jetzt dieser Fehlerwert #BEZUG! Warum denn das?"

Wenn Sie wirklich in speziellen Fällen immer und unverwüstlich einen Bezug zu einer ganz bestimmten Zelle herstellen möchten, egal ob Zeilen/Spalten eingefügt oder gelöscht werden, dann müssen Sie diesen Zellbezug *indirekt* herstellen mit der gleichnamigen Funktion:

```
=INDIREKT("D5")
```

Damit bleibt der Bezug zur Zelle D5 stets erhalten, egal was Sie tun.

Es gibt übrigens eine hilfreiche Taste, die Ihnen das Schreiben der Zellbezüge erleichtert: [F4]. Markieren Sie in der Bearbeitungsleiste einen Zellbezug, und drücken Sie mehrfach die Taste [F4]. Der Bezug wird mit jedem Klick geändert:

Relativ>Absolut>Gemischt_1>Gemischt_2 und wieder von vorn

Sie brauchen also die $-Zeichen nicht manuell zu erzeugen respektive zu entfernen. Das übernimmt die [F4]-Taste für Sie!

1.4.2 Z1S1-Bezugsart

Die Z1S1-Bezugsart wird in Excel selten verwendet. Aktiviert wird Sie über *Excel-Optionen>Formeln>Arbeiten mit Formeln>Z1S1-Bezugsart* (Haken setzen).

In diesem Zustand sehen Sie auf dem Tabellenblatt keine Spaltenbuchstaben mehr, sondern diese sind genauso durchnummeriert wie die Zeilen. Auch bei der Z1S1-Bezugsart kann zwischen relativer und absoluter Referenzierung unterschieden werden. Soll auf bestimmte Zellbereiche absolut Bezug genommen werden, so kommt folgende „Übersetzung von der A1-Schreibweise zur Z1S1-Schreibweise" beispielhaft zur Anwendung:

- `$A$1 = > Z1S1`
- `$C$1 = > Z1S3`
- `$A$5 = > Z5S1`
- `$C$4:$D$11 = > Z4S3:Z11S4`

Die **relative** Adressierung wird mit dieser Syntax wörtlicher genommen, denn die Relation wird unmissverständlich sichtbar:

- `Z(1)S(1)` spricht die Zelle an, die sich aus Sicht der aufrufenden Zelle – welche auch immer das sein mag – eine Zeile weiter unten und eine Spalte weiter rechts befindet.
- `Z(1)S(-2)` zeigt auf: eine Zeile nach unten, zwei Spalten nach links.
- `Z(-2)S(2)` zeigt auf: zwei Zeilen nach oben, zwei Spalten nach rechts.

Natürlich werden auch gemischte Bezüge abgedeckt

- `Z(-5)S1` referenziert die Zelle in Spalte 1 (A), die sich fünf Zeilen oberhalb der aufrufenden Zelle befindet. Aus Sicht von B19 lautet dieser Bezug in der A1-Schreibweise $A19.
- `ZS(1)` zeigt auf die rechts von der aufrufenden Zelle benachbarte Zelle.
- `Z(-1)S` verweist auf den Nachbarn ein Stockwerk höher.

In der Praxis sieht man die Verwendung dieser Bezugsart sehr selten. Allerdings ist sie in der VBA-Welt geläufiger, was wohl auf den Makrorekorder zurückzuführen ist. Wenn Sie eine Formeleingabe mit dem Rekorder aufzeichnen, führt dieser eine Zuweisung an die *FormulaR1C1*-Eigenschaft der betreffenden Zelle aus. Diese Eigenschaft versteht die Z1S1-Schreibweise nur mit den englischen Abkürzungen R(*Row*) und C(*Column*).

1.5 Bedingte Formatierung

Mithilfe der bedingten Formatierung, zu finden unter *Start>Formatvorlagen> Bedingte Formatierung* (frühere Excel-Versionen: *Format>Bedingte Formatierung*), lassen sich Zellen, die vorgegebene Bedingungen erfüllen, mit einem anderen Zellformat versehen. Dadurch haben Sie die Möglichkeit, nackte Zahlen für den Adressaten lesbarer zu machen und ihre Aussagekraft zu erhöhen.

1.5.1 Formatieren bis zum Abwinken

Als Format kommen Rahmen, Hintergrundfarben, Schriftschnitt und neuerdings auch Zahlenformate infrage. Neu in Excel 2007 ist auch die Möglichkeit, über Symbole Ampelfunktionen und Ähnliches darzustellen.

Bis Excel 2003 lassen sich maximal drei verschiedene Bedingungen einstellen. Zudem liegt das Feature etwas versteckt im *Format*-Menü und wird von vielen, auch versierteren Excel-Nutzern gar nicht beachtet und gekannt. Seit Excel 2007 ist die Anwendung bedienerfreundlicher, und die Begrenzung für die Anzahl der Bedingungen wurde aufgehoben: Sie können so viele Bedingungen festlegen, wie der Arbeitsspeicher Ihres Computers es erlaubt.

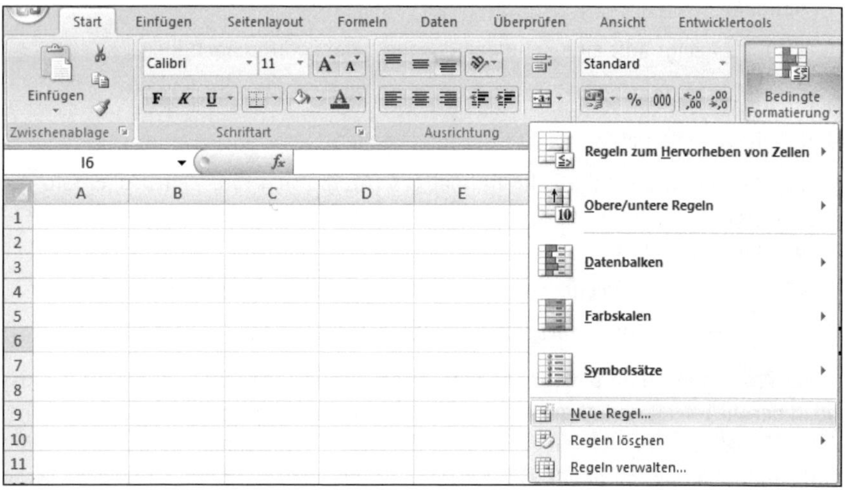

Abbildung 1.26: Menüpunkt Bedingte Formatierung

Unter dem Menüpunkt *Bedingte Formatierung* stehen zunächst die fünf Kategorien *Regeln* (größer als, kleiner als etc), *Obere/Untere Regeln* (Top 10), *Datenbalken*, *Farbskalen* und *Symbolsätze* zur besonders schnellen und bequemen Definition (Abbildung 1.26).

Alle diese Möglichkeiten werden aber auch unter dem Menüpunkt *Neue Regel...* subsummiert, unter dem Sie unzählige Formatierungen vornehmen können (Abbildung 1.27).

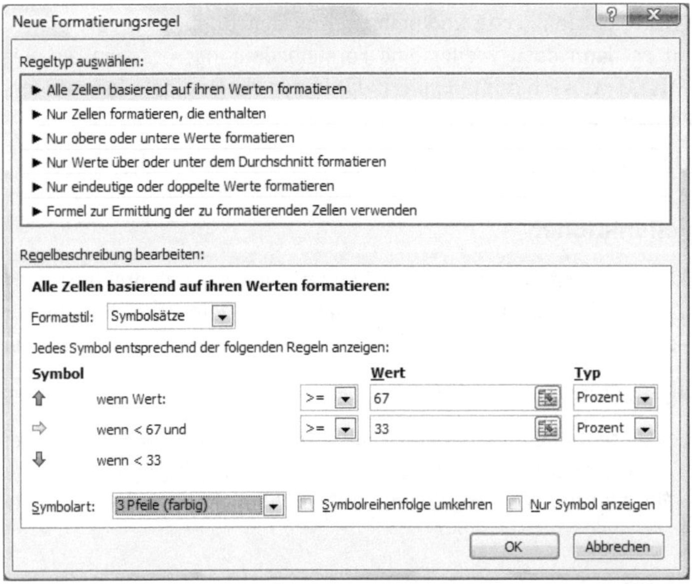

Abbildung 1.27: Dialog zum Definieren neuer Formatierungsregeln

In diesem Dialog können Sie zwischen sechs verschiedenen Kategorien wählen:

- *Alle Zellen basierend auf ihren Werten formatieren.* Diese Rubrik enthält die in XL2007 neuen Möglichkeiten, die man ganz allgemein gesprochen als Ampelfunktionen bezeichnen würde.
- *Nur Zelle formatieren, die enthalten.* Darüber werden Bedingungen definiert, die Zellwerte über die Operatoren >, <, = mit den definierten Vorgaben vergleichen. Ebenso können bestimmte Texte formatiert oder Fehlerwerte hervorgehoben werden. Ganz nett ist auch die Formatierung von Datumsfeldern, die im letzten, aktuellen oder nächsten Monat (oder Woche) liegen.

- *Nur obere oder untere Werte formatieren.* Formatiert die oberen/unteren x Elemente oder obere/unter x Prozent der Anzahl Elemente.
- *Nur Werte über oder unter dem Durchschnitt formatieren.* Das ist wohl selbsterklärend.
- *Nur eindeutige oder doppelte Werte formatieren.* Dies war bis XL2003 nur mit Formelbedingungen möglich. Die Option ist aber nicht so richtig hilfreich. Kommt ein Eintrag mehrfach vor, werden alle Treffer formatiert. Oft ist aber gewünscht, das Original (das erste Vorkommen) von den Duplikaten zu trennen. Dafür braucht es dann doch wieder eine Formelbedingung: Bezogen auf A1: `=ZÄHLENWENN(A$1:A1;A1)=1` herunterkopiert würde nur die Originale formatieren, aber nicht die Duplikate.
- *Flexible Formelbedingungen*

1.5.2 Ampelfunktionen

Unter Ampelfunktion versteht man die Kategorisierung von Werten in drei oder auch mehr Gruppen. Ziel ist eine möglichst schnelle Analyse der Daten zum Beispiel für Managementberichte. Der Chef möchte auf den ersten Blick wissen, ob eine Kennzahl

gut (grün), mäßig (gelb) oder schlecht(rot)

ist. In Excel gibt es diese Ampelfunktion nun in unzähligen Ausführungen. Statt drei Gruppen können auch vier oder fünf definiert werden. Zudem gibt es verschiedene Symbolsätze, um die Adjektive *gut, mäßig* und *schlecht* bildlich darzustellen (Abbildung 1.28).

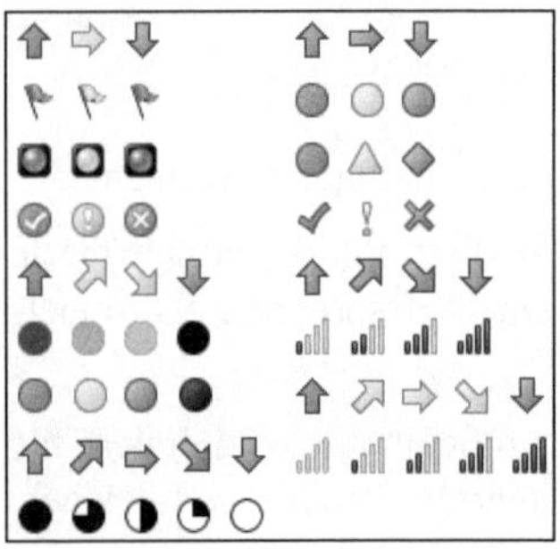

Abbildung 1.28: Verschiedene Symbolsätze für Ampelfunktionen

Die Abbildung 1.29 zeigt ein Beispiel mit Aktienkursen und Renditen, die mit Ampelfunktionen unterlegt sind:

	A	B	C	D
1	Monat	Kurs	Kurs	Rendite
2	Jan 07	510,76		
3	Feb 07	503,91		-1,341%
4	Mrz 07	539,73		7,108%
5	Apr 07	504,12		-6,598%
6	Mai 07	481,83		-4,422%
7	Jun 07	438,26		-9,043%
8	Jul 07	412,00		-5,992%
9	Aug 07	371,29		-9,881%
10	Mai 08	298,27		-19,667%
11	Jun 08	322,06		7,976%
12	Jul 08	348,79		8,300%
13	Aug 08	385,00		10,382%
14	Sep 08	394,30		2,416%
15	Okt 08	420,35		6,607%
16	Nov 08	417,00		-0,797%
17	Dez 08	460,20		10,360%
18	Jan 09	470,80		2,303%

Abbildung 1.29: Anwendung von Ampelfunktionen bei Aktienkursen

Innerhalb der Ampelfunktionen kann sogar noch die Berechnungslogik geändert werden. Die Rendite-Pfeile in der Spalte D sind nach vier Quantilen gruppiert. So gehören zu jeder Gruppe immer genau 1/4 der Werte. Je vier Pfeile zeigen nach oben, schräg oben, schräg unten und unten.

Die drei Gruppen der Werte in Spalte B sind nicht nach Quantilen gruppiert, sondern nach ihrer wertmäßigen Position zwischen Minimum und Maximum. Beträgt das Verhältnis

```
x - min / (max - min)
```

mehr als 67 Prozent, erscheint der grüne Haken. Bei mehr als 33 Prozent kommt das gelbe Ausrufezeichen, ansonsten das rote x. Wollte man in diesem Fall die Symbole berechnen, würde die nach unten kopierbare Formel wie folgt lauten:

```
E2:=WAHL(VERGLEICH((B2-MIN($B$2:$B$18))/(MAX($B$2:$B$18)-MIN($B$2:$B$18))*100;
{0.33.67});"rot";"gelb";"grün")
```

Die Steigerung zu den Ampelfunktionen über Symbolsätze stellen die *Datenbalken* und *Farbskalen* dar. Hierbei werden die Werte nicht in drei bis fünf Gruppen dargestellt, sondern die Werte des definierten Bereiches werden vom Minimum bis zum Maximum quasi stufenlos durch die Balkenlänge bzw. den Farbton dargestellt. Die Abbildung 1.29 zeigt in Spalte C ein solches Balkendiagramm ohne wirkliches Diagrammobjekt.

Besonders spektakulär sehen die zwei- oder dreistufigen Farbskalen aus. Zum Beispiel bei der dreistufigen Rot-Gelb-Grün-Skala, wird der niedrigste Wert in Rot, der Median (mittlerer Wert) in Gelb und der höchste Wert in Grün dargestellt. Die Werte dazwischen werden in Farbzwischentöne gefasst. Da XL2007 nicht mehr auf die 56 Farben je Palette einer Arbeitsmappe beschränkt ist, sondern alle der 16 Mio. Farbtöne auf einmal darstellen kann, sind wunderschön fließende Farbübergänge möglich. Aber das sind eher Spielereien für grafisch orientierte Anwendungen, die nicht viel mit Finanzmathematik zu tun haben.

1.5.3 Formelbedingungen

Besonders nützlich und erläuterungsbedürftig ist der letzte Regeltyp *Formel zur Ermittlung der zu formatierenden Zellen verwenden*. Hiermit können Sie das Format der ausgewählten Zelle von x-beliebigen Bedingungen innerhalb der Mappe abhängig machen – also nicht mit Bezug auf den Zellwert selbst, sondern in Abhängigkeit eines anderen Zellwertes (Abbildung 1.30):

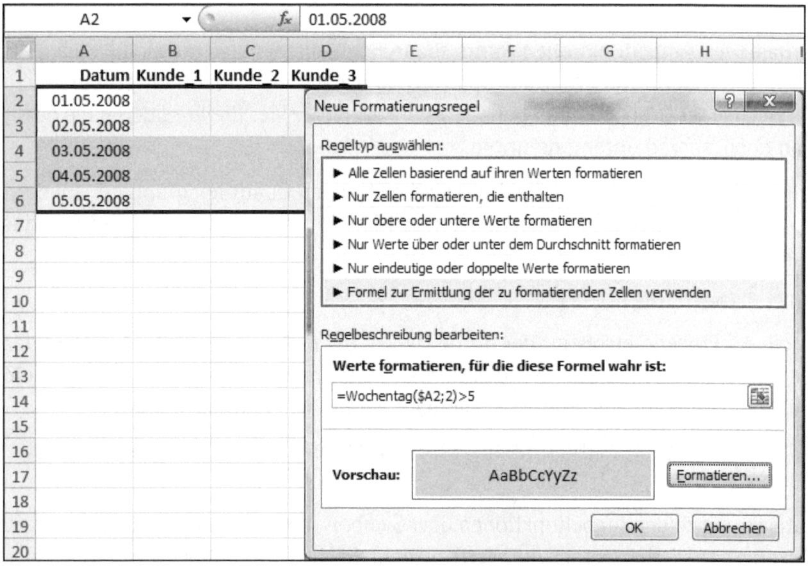

Abbildung 1.30: Formelbedingung zum Anzeigen von Wochenenden

Für den Zellbereich A2:D6 gilt die Bedingung: Ist der Wochentag des Datums in Spalte A ein Samstag (6) oder Sonntag (7), also größer als der Freitag (5), dann ändere die Hintergrundfarbe in Grau. Die Zellen werden also in Abhängigkeit von einer *anderen* Zelle eingefärbt. Und damit das auch einwandfrei funktioniert, muss man unbedingt auf die richtige Referenzierung achten und dabei auch berücksichtigen, welche Zelle gerade aktiv ist. Die im Beispiel gezeigte Formel

```
=WOCHENTAG($A2;2)>5
```

versteht sich aus Sicht der Zeile 2 und ist für alle Zellen im Bereich A2:D6 identisch. Der Bezug zu Spalte A muss für jede Zelle erhalten bleiben, daher wird die Spalte A absolut referenziert: $A

Der Bezug zur Zeile muss sich hingegen in der nächsten Zeile von 2 auf 3 ändern, daher wird die Zeile relativ angegeben, in Gänze also $A2.

Dieses Verhalten beim Anlegen der Formatierungsregel geschieht immer aus Sicht der gerade eben aktiven Zelle. Welche das ist, zeigt Ihnen im Zweifel das Namensfeld links oberhalb des Tabellenblattes an.

1.5.4 Regeln verwalten

Eine wesentliche Neuerung bei der Verwaltung von bedingten Formaten stellt der *Manager für Regeln zur bedingten Formatierung* dar, den Sie über den Menüpunkt *Bedingte Formatierung>Regeln verwalten...* erreichen. Doch was ist das Neue an diesem Manager?

In alten Excel-Versionen hatte jede Excel-Zelle seine eigenen (maximal drei) Bedingungen, die völlig unabhängig von den Bedingungen der anderen Zellen gespeichert wurden. Angenommen man hätte die Bedingung für A2:D6 wie zuvor beschrieben definiert. Dann hätte man für C5 die Bedingung ändern wollen (eine Extrawurst, warum auch immer). Zum Beispiel sollte C5 nur sonntags formatiert werden. Man hätte C5 selektiert, und die zu editierende Formel wäre aus Sicht von C5 angezeigt worden:

```
=WOCHENTAG($A5;2)>5
```

Dann hätte man >5 durch >6 ersetzen können. Diese Änderung wäre dann nur für die Zelle C5 wirksam geworden. Für die übrigen Zellen besteht weiterhin die alte Regel.

Nach der neuen Logik des Regel-Managers werden die Regeln zellunabhängig gespeichert. Im oben genannten Beispiel existiert **eine** Bedingung, die für den Bereich A2:D6 gültig ist, und deren Formel

```
=WOCHENTAG($A2;2)>5
```

lautet. In diesem Fall gilt die Formel nicht aus Sicht der aktiven Zelle, sondern für die erste Zelle des Bereichs A2:D6, also D6. Wenn Sie die Bedingung nun ändern wollen, ist es völlig schnuppe, welche Zelle gerade aktiv ist. Zum Beweis selektieren Sie C5 und starten den Regel-Manager (Abbildung 1.31).

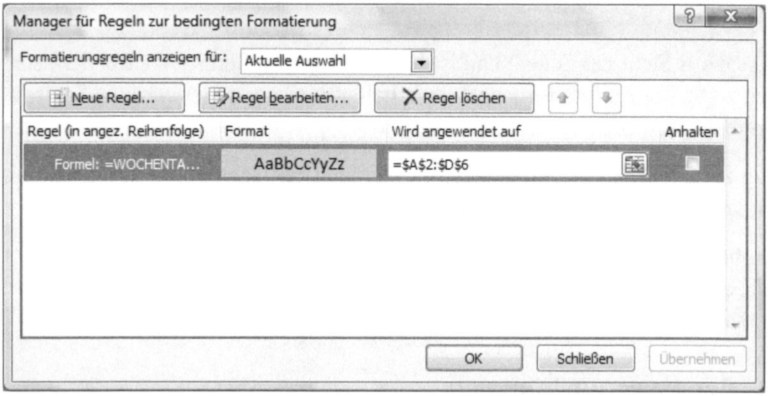

Abbildung 1.31: Manager für Regeln zur bedingten Formatierung

Klicken Sie auf *Regel bearbeiten*, und Sie sehen die Formel:

```
=WOCHENTAG($A2;2)>5
```

Obwohl das nicht die Formel aus Sicht von C5 ist, sondern aus A2. Ersetzen Sie nun >5 durch >6, und bestätigen mit *OK*. Damit wurde die Bedingung des kompletten Bereiches A2:D6 geändert, sodass nur noch die Zeile des Sonntags formatiert wird.

Falls dieses Ergebnis nicht gewünscht war, sondern wirklich nur für C5 eine Extrawurst definiert werden sollte, müssen Sie über bedingte *Formatierung>Neue Regel...* eine neue Formel mit der Prüfung

```
=WOCHENTAG($A2;2)>6
```

erfassen. Jetzt können Sie sich mit dem Regel-Manager alle definierten Regeln des Tabellenblattes anschauen. Wählen Sie im Auswahlfeld *Formatierungsregeln anzeigen für* den Eintrag *Dieses Arbeitsblatt*. Welche Zelle aktiv ist, ist völlig egal, dies kann auch eine Zelle sein, für die selbst gar keine Bedingung definiert ist. Abbildung 1.32 zeigt nun die zwei definierten Bedingungen, die eine, die nur für C5 gültig ist, und die andere für den kompletten Bereich A2:D6. Die angezeigte Formeldefinition gilt immer aus Sicht der ersten Zelle des jeweiligen Anwendungsbereiches.

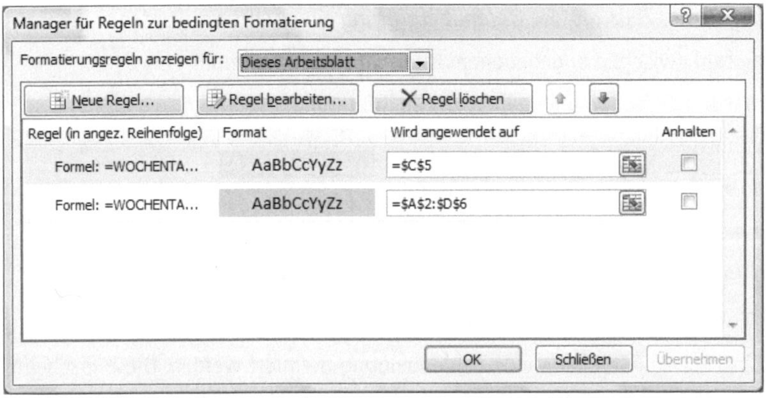

Abbildung 1.32: Regeln werden hierarchisch, aber zellunabhängig verwaltet.

Schön ist auch die nachträgliche Änderbarkeit der Regelreihenfolge (in XL2003 war das nicht möglich). Mit den beiden Pfeiltasten rechts neben der Schaltfläche *Regel löschen* können Sie die Reihenfolge ändern. Die Regeln werden von oben nach unten abgearbeitet. Falls für eine Zelle eine Bedingung erfüllt ist, werden für sie die folgenden Bedingungen ignoriert.

1.6 Datenüberprüfung

Auf der Registerkarte *Daten* der Multifunktionsleiste findet sich die *Datenüberprüfung*, die den Benutzer bzw. die Excel-Anwendung vor Fehleingaben schützen soll (Abbildung 1.33).

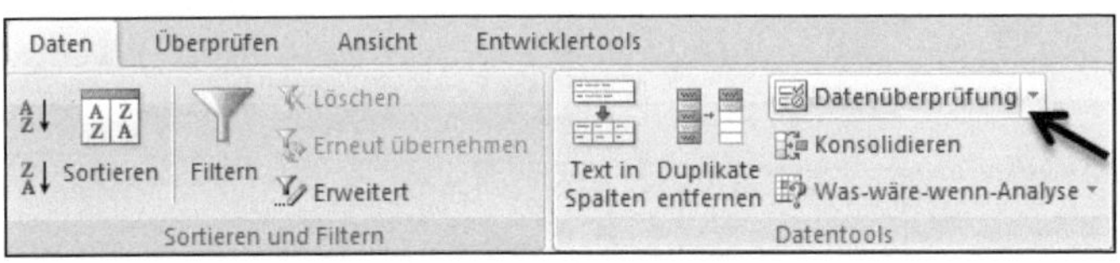

Abbildung 1.33: Menüpunkt zum Starten der Datenüberprüfung

Man darf sich von diesem Feature aber nicht zu viel erhoffen. Es bietet einen sehr löchrigen Schutz, der beabsichtigte Fehleingaben kaum verhindern kann. Somit fungiert es eher als Bedienungshilfe, die den Benutzer vor versehentlichen Tippfehlern bewahrt oder ihm eine Auswahl möglicher Eingaben anbietet. Nach folgenden Kriterien können die Eingaben einer Zelle mit der *Datenüberprüfung* eingeschränkt werden:

- Ganze Zahl zwischen angegebenem Minimum und Maximum
- Dezimalzahl zwischen angegebenem Minimum und Maximum
- Auswahlliste
- Datum zwischen Anfangs- und Enddatum
- Zeit zwischen Anfangs- und Endzeit
- Einschränkung der minimalen und maximalen Textlänge
- Beliebige Einschränkung über benutzerdefinierte Formel

Für alle Einschränkungen kann eine Fehlermeldung definiert werden. Diese erscheint, wenn der Anwender durch seine Eingabe gegen die Regel verstoßen würde. Die Eingabe ist dann nicht möglich. Aber wie gesagt, der Schutz ist sehr bröckelig. Wenn Sie den Wert nicht direkt in die Zelle eingeben, sondern per Kopieren und Einfügen aus einer anderen Zelle übertragen, ist dieses Feature bereits ausgehebelt.

Die häufigsten Eingaben bei finanzmathematischen Anwendungen sind Geldbeträge, Datumsangaben oder Prozentsätze. Bei einem Tilgungsplan wären zum Beispiel folgende Einschränkungen denkbar (Abbildungen 1.34 bis 1.36):

Abbildung 1.34: Nur positive Geldbeträge bis 999 Mio. zulassen

Abbildung 1.35: Prozentsätze zwischen 0 % und 100 % zulassen

Abbildung 1.36: Einschränkung von Terminangaben

Die Einschränkung auf Ganzzahlen wäre sinnvoll bei der Eingabe der Fälligkeit von 0 oder 1 sowie der Anzahl der Zinsverrechnungen pro Jahr. Falls nur monatliche, quartalsweise, halbjährliche oder jährliche Zinsverrechnungen erlaubt sein sollen, dürfen nur die Zahlen 1, 2, 4 und 12 gültig sein. Dies könnte man mit einer Gültigkeitsliste erreichen. Ist die Liste lang, kann man einen Bereich definieren, auf den die Liste Bezug nimmt. Bei nur wenigen Auswahlmöglichkeiten kann man diese aber auch direkt, semikolongetrennt in das Textfeld schreiben (Abbildung 1.37).

Abbildung 1.37: Auswahlliste der Zinsperioden pro Jahr

Besonders flexibel sind auch die benutzerdefinierten Regeln per Formel. Hier gilt das gleiche Prinzip wie bei der bedingten Formatierung. Die Formeleingabe, die Sie hier tätigen, geschieht auch stets aus Sicht der *aktiven* Zelle.

Angenommen, Sie benötigen zur Eingabe ein Emissionsdatum und ein Fälligkeitsdatum. Sie möchten aber kein fixes Datumsintervall zulassen, sondern sicherstellen, dass das Emissionsdatum in B1 in der Vergangenheit und das Fälligkeitsdatum in B2 in der Zukunft liegt. Die Gültigkeitskriterien für B1 zeigt Abbildung 1.38.

Abbildung 1.38: Einschränkung von Datumseingaben abhängig von heutigem Datum

Die Formel für das in die Zukunft gerichtete Fälligkeitsdatum lautet dann:

```
=B2>heute()
```

Das Feature Datenüberprüfung hat eine schöne Neuerung zu bieten. Endlich ist es möglich, für das Gültigkeitskriterium *Liste* einen Bereich auszuwählen, der sich auf einem anderen Tabellenblatt befindet. Für benutzerdefinierte Formelkriterien gilt dies nicht. Dort wird ggf. weiterhin die Fehlermeldung in Abbildung 1.39 angezeigt.

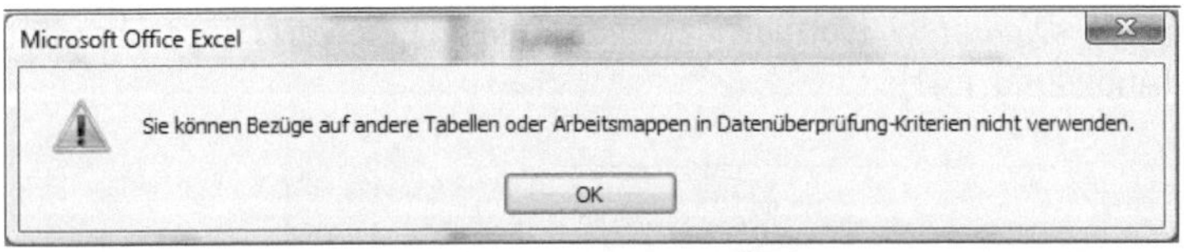

Abbildung 1.39: Fehlermeldung bei Referenz auf anderes Tabellenblatt

1.7 Nichts ist, wie es scheint – Zahlenformate

Eine der wichtigsten Regeln beim Erstellen einer Anwendung beschreibt der Engländer mit:

Form follows Function

was so viel bedeutet: Erst die Funktionalität der Anwendung sicherstellen, dann erst an der Optik schrauben.

Ein Zellinhalt kann auf vielfältige Art und Weise dargestellt werden. In Abbildung 1.40 steht in allen Zellen im Bereich A2:A11 die Dezimalzahl 26459,22. Aufgrund unterschiedlicher Zellformatierungen ist die Darstellung jedoch höchst verschieden:

B2 =A2

	A	B	C
1	**Anzeige**	**Zellinhalt**	**Verwendetes Zahlenformat**
2	26459,22	26459,22	Standard
3	05:16	26459,22	hh:mm
4	09.06.1972	26459,22	TT.MM.JJJJ
5	2,65E+04	26459,22	0,00E+00
6	2645922,00%	26459,22	0,00%
7	D-26459	26459,22	D-00000
8	Rübennase	26459,22	"Rübennase"
9	-26.459,220	26459,22	[>1]-#.##0,000;Standard
10	26459 11/50	26459,22	# ??/??
11	Freitag, 9. Juni 1972	26459,22	[$-F800]TTTT, MMMM TT, JJJJ
12			

Abbildung 1.40: Gleicher Zellwert in verschiedenen „Gewändern"

Die durchgängig rechtsbündige Darstellung der Zellinhalte zeigt, dass es sich hierbei durchweg – auch bei dem als „Rübennase" angezeigten Zellinhalt – um Zahlen handelt. Die „nackten" Wert zeigt Spalte B, der das Standardformat zugeordnet ist.

Sofern Sie also mit den Zellen A2:A11 weiterrechnen, rechnen Sie immer mit der Zahl 26459,22. Die unterschiedlichen Zellformate vernebeln letztlich diesen Wert, um verschiedenste Anzeigen zu ermöglichen: Datum, Uhrzeit, Text, Postleitzahlen, wissenschaftliche Formate etc. Alle Zahlenformatkategorien gehen aus dem Format-Dialog *Start>Zahl>Dialogfeld* (vormals: *Format>Zellen...*) hervor (Tipp: Shortcut [Strg]+[1]) (Abbildung 1.41):

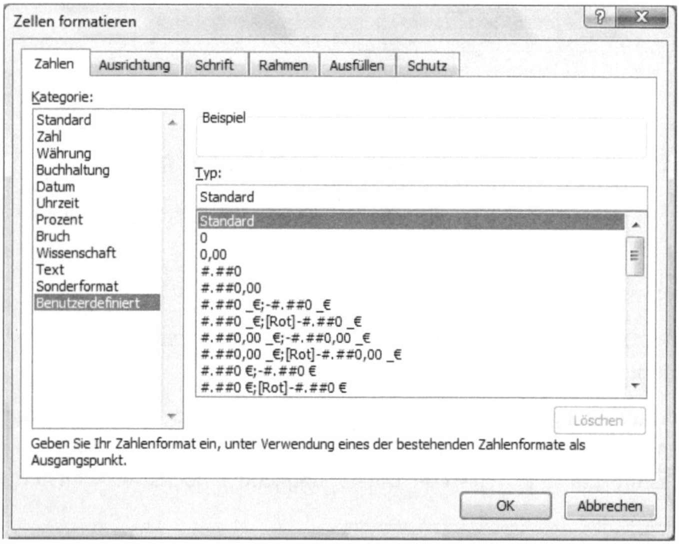

Abbildung 1.41: Dialog für benutzerdefinierte Zahlenformate

Speziell in der Kategorie *Benutzerdefiniert* können Sie ausgesprochen kreativ werden und eigene Zellformate erzeugen, wenn Sie sich dabei an die Formatregeln halten (Abbildung 1.42).

	A	B	C
1			**Zahlenformate - Syntaxregeln**
2	**Zeichen**	**Klartext**	**Bedeutung**
3	""	Anführungszeichen	Sind notwendig, um Texte in Formaten unterzubringen, z.B. "qm"
4	\	Backslash	Alternative zu den Anführungszeichen
5	0	Null	Dient als Platzhalter für eine Ziffer, die immer angezeigt werden soll. Z.B. wird 1,23 mit dem Format 000,00 zu 001,23
6	#	Raute	Ist ebenfalls ein Platzhalter für eine Ziffer, die aber nur bei Vorhandensein angezeigt wird. Z.B. wird 1,23 mit dem Format ###,## zu 1,23
7	?	Fragezeichen	Dient als Platzhalter für Ziffern und entspricht dem Zeichen 0. Für nichtsignifikante Nullen vor und nach dem Komma werden Leerzeichen eingefügt
8	/	Slash	Wird zur Darstellung von Brüchen genutzt
9	,	Komma	Wird als Dezimalpunkt genutzt
10	%	Prozentzeichen	Die Zeichen vor dem %-Zeichen werden mit 100 multipliziert und das %-Zeichen wird hinten angefügt
11	.	Punkt	Wird als Tausendertrennzeichen benutzt
12	E		Wird als Exponentialzeichen benutzt mit den Varianten E-, E+, e- und e+
13	*	Sternchen	Dient als Wiederholungszeichen
14	_	Unterstrich	Fügt eine Leerstelle in der Breite des darauffolgenden Zeichens ein
15	@	Klammeraffe	Dient als Platzhalter für Textformat
16	M / T / J		Sind in Datumsformaten Platzhalter für Monat / Tag / Jahr
17	h / m / s		Sind in Uhrzeitformaten Platzhalter für Stunde / Minute / Sekunde
18	[]	eckige Klammern	In Uhrzeitformaten: Wenn man Anzeigen benötigt, die außerhalb des entsprechenden Intervalls liegen, setzt man das entsprechende Kurzzeichen in eckige Klammern. Z.B. [h]:mm kann anzeigen: 180:20
19	[]	eckige Klammern	Werden ebenfalls in bedingten Formaten für Farben und Bedingungen verwendet

Abbildung 1.42: Sonderzeichen, die in benutzerdefinierten Zahlenformaten verwendet werden können

Jeder Zelle können maximal vier Formate zugeordnet werden, die durch Semikolons getrennt sind und für folgende Typen von Zahlen gelten:

```
Positive Zahlen;negative Zahlen;Nullwerte;Text
```

Wird nur ein Format definiert, gilt dieses auch für negative Zahlen und Nullwerte. Innerhalb dieser sogenannten Formatschablone können auch Bedingungen eingefügt werden. Dazu nutzt man die [eckigen Klammern] sowie folgende logische Zeichen:

```
>, >=, =, <, <=, <>
```

Die Verwendung des Formates

```
[>999]0,00 "kg";0,000 "g"
```

zeigt Einträge größer als 999 als „kg" mit zwei Nachkommastellen an, alle anderen Zahleinträge werden in „g" mit drei Nachkommastellen dargestellt.

Ebenfalls können Farben eingesetzt werden:

```
#.##0 €;[Rot]-#.##0 €;0,00 €;"Leer"
```

Hierbei werden positive Zahlen ohne Färbung im Format #.##0 €, negative Zahlen in roter Schrift im Format –#.##0 €, Nullwerte ohne Färbung im Format 0,00 € und jedweder Text als „Leer" angezeigt.

Farben und Bedingungen können auch kombiniert werden:

```
[Blau][>1000]0,00;[Rot][>0]000,00;"Nur positive Zahlen";"Kein Text zulässig"
```

Zahlen größer als 1000 werden blau im Format 0,00 und positive Zahlen bis 1000 rot im Format 000,00 dargestellt. Für alle anderen Zahlen erscheint der Text „Nur positive Zahlen", für Texte „Kein Text zulässig".

Also merken Sie sich: Das, was Sie sehen, ist nicht immer das, was tatsächlich in der Zelle steht!

1.7.1 Datum und Uhrzeiten

Die Datums- und Uhrzeitlogik bei Excel ist eigentlich völlig schlicht, und dennoch haben nach unserer Beobachtung viele Anwender damit Probleme, sodass wir hierauf nochmals eingehen möchten.

Ein Datum ist für Excel nichts anderes als eine ganze Zahl, beginnend bei 1. Die 1 ist dabei der 01.01.1900, die Zahl 2 der 02.01.1900 usw. Der 01.01.2008 ist demnach der 39.448ste Tag – also die Zahl 39.448. Ausschließlich aufgrund des Zellformats – z.B. TT.MM.JJJJ – wird in der Zelle ein Datum angezeigt. Dahinter verbirgt sich aber, wie soeben beschrieben, eine Zahl!

Mit den Uhrzeiten verhält es sich ähnlich, nur dass eine Uhrzeit als Bruchteil der Zahl 1 verstanden wird. Eine Stunde ist dabei ein 24ster Teil: 1/24. 24 Stunden sind 24 Teile, also 24/24 und somit 1. 12 Stunden sind 12/24 = 0,5 Teile. Demnach steht die Zahl 0,5 – im Uhrzeitformat formatiert – für 12:00. Steht in einer mit dem Uhrzeitformat `hh:mm` formatierten Zelle eine Dezimalzahl, die größer als 1 ist, werden nur die Nachkommastellen für die Berechnung der Uhrzeit herangezogen. Einige Beispiele haben wir in Abbildung 1.43 dargestellt:

A2 fx =N(B2)

	A	B	C	D
1	Zellwert	Anzeige	Zahlenformat Spalte B	
2	1	01.01.1900	TT.MM.JJJJ	
3	2	02.01.1900	TT.MM.JJJJ	
4	3	03.01.1900	TT.MM.JJJJ	
5	0,5	12:00	hh:mm	
6	0,2	04:48	hh:mm	
7	0,37	08:52	hh:mm	
8	30000,66	18.02.1982 15:50:24	TT.MM.JJJJ hh:mm:ss	
9	1,5	12:00	hh:mm	
10	1,5	36:00	[hh]:mm	
11				

Abbildung 1.43: Verschiedene Datumsformate

Es gibt lediglich ein einziges Excel-Feature, das in der Lage ist, das Format und nicht den Zellwert selbst auszuwerten: der AutoFilter. Beispielsweise können Sie eine Datumsliste mit MMMM formatieren (dadurch werden die Monatsnamen angezeigt) und anschließend nach einem Monatsnamen filtern, um z.B. alle Einträge aus dem Juni auszusieben. Alle anderen Funktionen und Features richten sich dagegen immer nach dem eigentlichen Zellinhalt und nicht nach dem Zellformat!

Kapitel 2

Pro-Add-In: neue Freunde

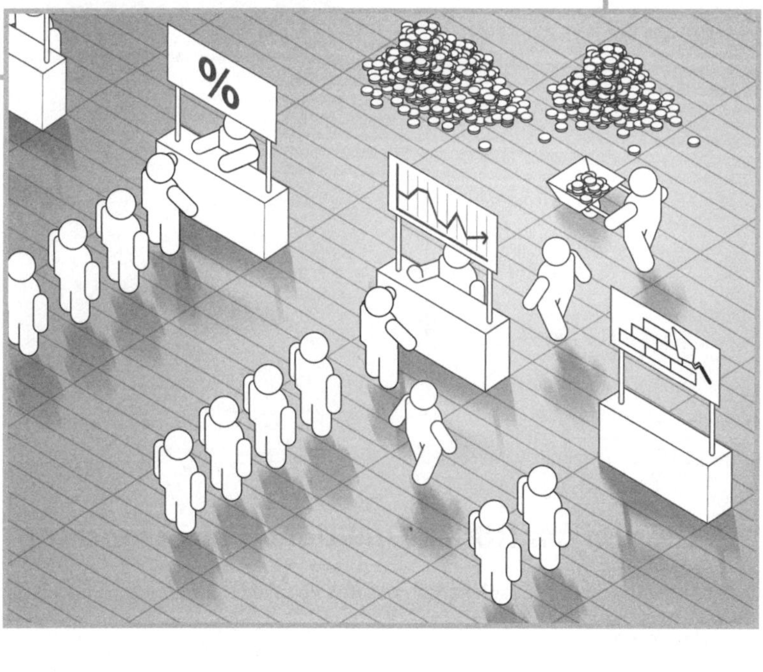

In unserem früheren Buch *Excel – Das Zauberbuch* sprachen wir noch von Anti-Add-In-Analysefunktionen, doch in der neuen Excel-Version 2007 kann man sich mit den zusätzlichen Funktionen durchaus anfreunden, weil sie eben nicht mehr zusätzlich aktiviert werden müssen, sondern immer an Bord sind. Um zu verstehen, was damit genau gemeint ist und welchen Vorteil das bringt, nun eine kleine Anekdote über vergangene Excel-Zeiten.

Excel bot bis XL2003 standardmäßig 226 Funktionen an. Seit vielen Excel-Versionen blieb diese Zahl leider konstant. Der Funktionskatalog wurde um sogenannte Analysefunktionen ergänzt, die man optional installieren konnte. Diese waren nützlich und rechneten richtig – falls sie denn rechneten. Aktiviert wurden sie über den Menüpunkt *Extras>Add-Ins.*

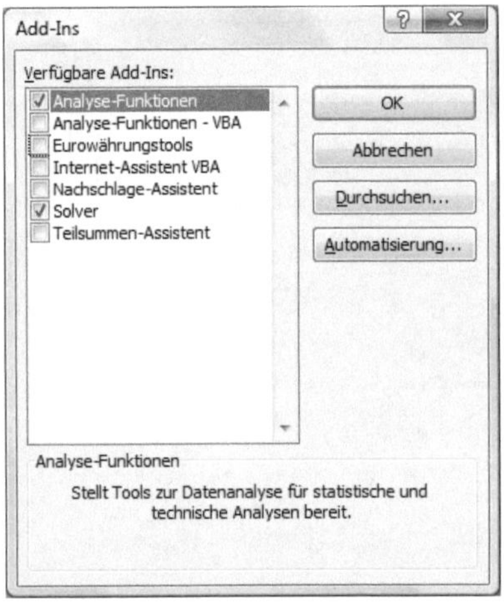

Abbildung 2.1: Dialog zum Aktivieren von Add-In-Funktionen

2.1 Warum wir Add-in-Funktionen nicht mochten

Immer wieder sahen wir in Excel-Foren Postings von Add-In-geplagten Excel-Usern:

„Hallo an das Forum,

folgende Frage:

In einer Excel-Datei tauchen an (sehr vielen) bestimmten Stellen Fehlermeldungen auf (#Name?). Die Ursache des Fehlers kann ich nicht feststellen, die verwendete

Funktion ist in der Version bekannt, und unter Einfügen>Funktion wird der korrekte Endwert angezeigt, obwohl die Zelle die Fehlermeldung auswirft.

Ich habe jetzt herausgefunden, dass die Fehlermeldung verschwindet, wenn ich in die jeweilige Zelle gehe, über Einfügen>Funktion in die Bearbeitung der Formel gehe und diese dann über OK wieder schließe obwohl ich nichts verändert habe. Da es sich aber um Hunderte von Zellen handelt, ist es unmöglich, das auf diese Weise für alle Fehlermeldungen zu machen.

Hat jemand eine Idee?"

Wenn Sie alleine mit Ihrem Rechner ohne Internetzugang auf einer einsamen Insel hocken, sind diese Analysefunktionen ungefährlich. Kommunizieren Sie aber auch mit anderen Rechnern (Mail, Firmennetzwerk etc.), kommt es häufig vor, dass dort das Ergebnis Ihrer umfangreichen Kalkulation auf ein niederschmetterndes `#NAME?` reduziert wird. Excel will jetzt nicht Ihren Namen wissen, sondern teilt auf seine ureigene Art mit, dass es mit den verwendeten Analysefunktionen nichts anfangen kann. Das kann zwei Ursachen haben:

1. Die Analysefunktionen sind nicht aktiviert.
2. Das Add-In ist in einer anderen Sprache vorhanden. Selbst wenn auf beiden Rechnern die gleichsprachige Excel-Version installiert ist, können Sie sich nicht sicher sein, dass die Add-In-Sprache auch identisch ist.

Was kann man dagegen tun?

Im ersten Fall mussten Sie bis XL2003 im Normalfall nur die Add-In-Funktionen aktivieren und eine Neuberechnung durchführen.

Im zweiten Fall eigentlich nichts, außer Sie besorgen sich das anderssprachige Add-In.

Aber auch der erste Fall barg eine böse Falle. Es ist nämlich wichtig, dass die Add-In-Funktionen aktiv sind, bevor Sie diese in eine Zelle eingeben. Wenn Sie dies nicht tun, Add-In-Funktionen in der Tabelle platzieren und `#NAME?` zunächst ignorieren, wird bei nachträglichem Aktivieren dieser unschöne Fehlerwert wacker die Stellung halten. Eine Neuberechnung mit [F9] bleibt erfolglos, selbst die erweiterte Berechnung mit [Strg]+[Alt]+[F9] geht ins Leere (die zweite Tastenkombination erzeugt eine erweiterte Berechnung der vollständigen Arbeitsmappe inklusive aller VBA-Funktionen – analog der CalculateFull-Methode in VBA). Selbst Beenden und Neuaufruf der Datei oder Beenden und Neustart von Excel bleiben wirkungslos. Die einzige Abhilfe sind das Editieren der entsprechenden Zelle und die Bestätigung mit [↵].

Stellen Sie sich vor, Sie benutzen deutsche Add-Ins und schreiben für einen Kunden eine Excel-Datei, von dem Sie wissen, dass er englische Add-Ins besitzt. Jetzt sind Sie besonders pfiffig und übersetzen Ihre Add-In-Funktionen, die Sie in Ihren Formeln verwenden, direkt ins Englische. Dann erhalten Sie zwar #NAME?, aber das stört Sie ja nicht. Ziel ist, dass der Engländer nach Erhalt der Datei korrekte Berechnungen vorfindet. Sehr schöner Ansatz, aber mit dem Abschluss wird es leider nicht klappen. Er wird vergeblich F9 drücken und kann die Formeln nur zum Leben erwecken, wenn er jede einzelne Zelle reanimiert (sprich: editiert).

Übrigens haben die Excel-Standardfunktionen mit unterschiedlichen Sprachen überhaupt kein Problem. Sie werden – außer bei Textargumenten wie z.B. `=ZELLE("Dateiname")` oder `=INDIREKT("Z1S1";0)` – automatisch übersetzt.

Die beste Lösung für alle Probleme: keine Analysefunktionen verwenden! Zumindest bis zur Excel-Version 2003.

2.2 Wie Sie Add-In-Funktionen vermeiden können

Für viele Add-Ins gibt es, zum Teil sehr einfache, Pendants in den Standardfunktionen. Diese sind nachfolgend aufgelistet. Komplexere Lösungen zur Umgehung von Add-In-Funktionen finden Sie auch noch in anderen Kapiteln dieses Buches.

Add-In-Funktion	Standardformel-Ersatz
Jahre mit Nachkommastellen zwischen zwei Datumsangaben	
=BRTEILJAHRE(A1;B1;2)	=(B1-A1)/360
Wenn Zahlen in zwei Zellen identisch sind, wird 1 ausgegeben – ansonsten 0	
=DELTA(A1;B1)	=(A1=B1)*1
Gibt 1 aus, wenn die erste Zahl nicht kleiner als die zweite ist	
=GGANZZAHL(A1;B1)	=(A1>=B1)*1
Prüft, ob eine Zahl gerade ist	
=ISTGERADE(A1)	=REST(KÜRZEN(A1);2)=0

Add-In-Funktion	**Standardformel-Ersatz**
Prüft, ob eine Zahl ungerade ist	
=ISTUNGERADE(A1)	=REST(KÜRZEN(A1);2)=1
Gibt das Monatsende eines Datums (A1) nach x Monaten (B1) aus	
=MONATSENDE(A1;B1)	=DATUM(JAHR(A1);MONAT(A1)+1+B1;)
Gibt den ganzzahligen Teil einer Division aus	
=QUOTIENT(A1;B1)	=KÜRZEN(A1/B1)
Gibt eine auf das gewünschte Vielfache gerundete Zahl aus	
=VRUNDEN(A1;B1)	=RUNDEN(A1/B1;0)*B1
Liefert die Fakultät einer Zahl mit Schrittlänge 2	
=ZWEIFAKULTÄT(A1)	{=PRODUKT(A1-ZEILE(INDIREKT ("1:"&AUFRUNDEN(A1/2;0)))*2+2)}
Liefert eine ganze Zufallszahl im festgelegten Bereich	
=ZUFALLSBEREICH(vonZahl; bisZahl)	=KÜRZEN(ZUFALLSZAHL()*bisZAHL)+ vonZahl
Gibt die Wurzel aus einer mit Pi multiplizierten Zahl zurück	
=WURZELPI(A1)	=(A1*Pi())^0,5

Tabelle 2.1: Beispiele zu Add-In-Funktionen

Wie Sie sehen, verbergen sich hinter den genannten Add-Ins teilweise Banalitäten. Manch eine Analysefunktion kann auch aufgrund ihrer Bezeichnung zu missverständlichen Ergebnissen führen. Beispielsweise liefert die Funktion ISTGERADE für die Zahl 4,63 im Ergebnis WAHR, was erst nach einem gründlichen Lesen der Excel-Hilfe verständlich wird, da die Funktion keine Nachkommastellen berücksichtigt. Andere Analysefunktionen haben nur dann eine Berechtigung, solange Sie einerseits die bereits genannten Fehlerquellen ausschließen können oder aber einfach nur auf die Schnelle eine Berechnung durchführen möchten. Als Beispiel sei die Funktion NETTOARBEITSTAGE genannt, deren Nachbau mit den Standardfunktionen zwar möglich, aber sehr kompliziert ist.

```
=NETTOARBEITSTAGE(A1;A2;C1:C20)
```

kann ersetzt werden durch die Array-Formel (mit Strg+⇧+↵ abschließen):

```
{=SUMME((WOCHENTAG(ZEILE(INDIREKT(A1&":"&A2));2)<6)*1)-
SUMME(WENN((C1:C20>=A1)*(C1:C20<=A2)*(WOCHENTAG(C1:C20;2)<6);1;0))}
```

A1 enthält das Startdatum, A2 das Enddatum und C1:C20 auszuschließende Feiertage.

Zu guter Letzt gibt es aber auch Analysefunktionen, die dermaßen leistungsstark sind, dass sie mit Bordmitteln kaum oder gar nicht nachzustellen sind. Beispielhaft sei hier die Funktion GGT genannt, die den größten gemeinsamen Teiler aus bis zu 255 Zahlen ermittelt. Diese mit Standardfunktionen nachzubauen ist nur unter Einschränkungen möglich und ziemlich kompliziert:

```
{=WENN(UND(REST(B1:E1;A1)=0);A1;MAX(WENN(MMULT(REST(A1:E1;ZEILE(INDIREKT("1:"&
GANZZAHL($A$1/2))));{1;1;1;1;1})=0;ZEILE(INDIREKT("1:"&GANZZAHL($A$1/2))))))}
```

Dagegen macht

```
=GGT(A1:E1)
```

doch 'nen richtig schlanken Fuß und ist außerdem leistungsstärker. Aber: Diese Analysefunktionen hatten bis XL2003 trotzdem ein Rad ab!

Gibt man eine „normale" Funktion ohne jeglichen Bezug in eine Zelle ein, erhält man beispielsweise bei =SUMME: :#NAME?

Bei =NETTOARBEITSTAGE oder =QUOTIENT oder =WURZELPI erhielt man z.B. tatsächlich „Ergebnisse": –1.335.885.768 und –643.039.222 und –1.707.081.719.

Unschön war außerdem, dass die Add-Ins überhaupt keine Kontrolle über eine valide Eingabesyntax hatten. Wenn man bei Standardfunktionen zu viele oder zu wenige Argumente eingibt, erscheint eine Fehlermeldung in Abbildung 2.2.

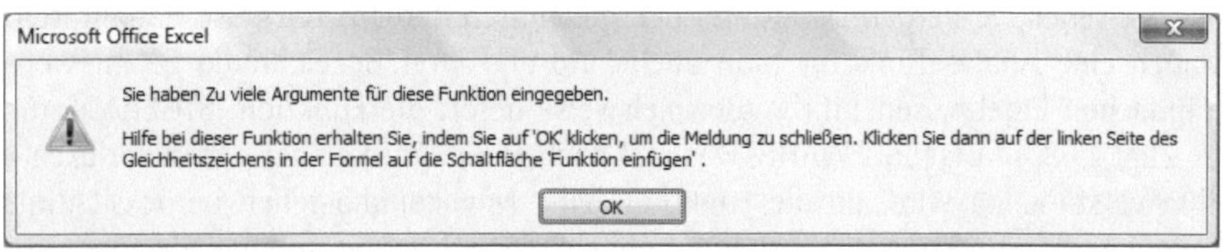

Abbildung 2.2: Fehlermeldung bei zu vielen (oder zu wenigen) Argumenten

Enthalten die Argumente verkehrte Datentypen, ist der resultierende Fehlerwert eigentlich immer sinnvoll. Nicht so bei den Add-Ins:

```
=QUOTIENT() =#NV
=QUOTIENT(1;2;3) = #WERT!
```

Aber man soll ja versuchen, in allem etwas Positives zu sehen. Falls Sie einmal in XL2003 (oder älter) nicht sicher waren, ob eine Funktion ein Add-In oder Standard ist, konnten Sie den Namen (mit Gleichheitszeichen) in eine Zelle schreiben. Wenn Sie eine abstruse Zahl sahen, war es eine Add-In-Funktion.

```
=WENN(ISTZAHL(DEZINBIN);"Hallo, ich bin ein Add-In";"")
```

2.3 Neue Freundschaften schließen

Microsoft hat uns nun endlich den Gefallen getan, die Analysefunktionen in den Standardkatalog aufzunehmen. Um den Nachweis zu erbringen, wählen Sie über die *Office-Schaltfläche* die *Excel-Optionen* und darin die Kategorie *Add-Ins...* (Abbildung 2.3).

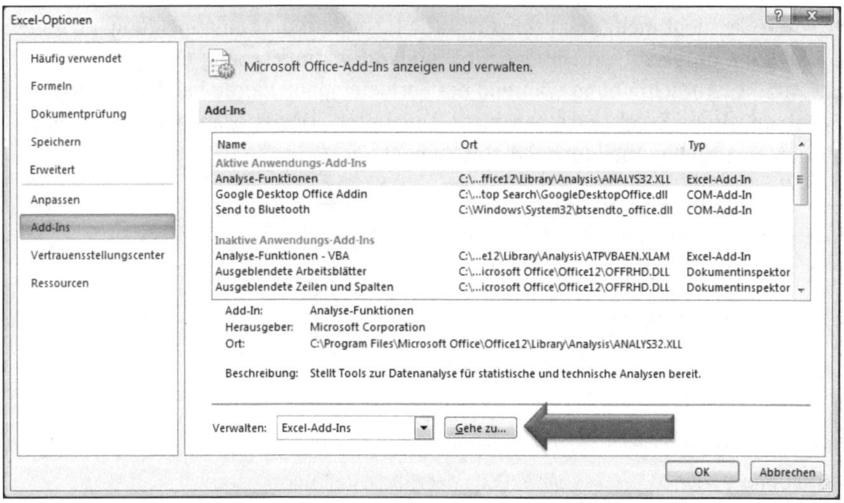

Abbildung 2.3: Wie man in XL2007 die Add-Ins findet

Dann wählen Sie den Eintrag *Gehe zu...*, um den Dialog zu sehen, den man früher über den Menüpunkt *Extras>Add-Ins...* zum Vorschein gebracht hat. Hier kann nach wie vor der *Solver* oder auch jedes andere Add-In geladen werden. Deaktivieren Sie jetzt mal alle Einträge, falls überhaupt einer aktiv ist. Danach verwenden Sie in Excel eine der Funktionen, die früher nicht zur Standardpalette gehört haben. Sie werden sehen, es klappt. Auch die Hilfe-Funktion dieser Funktion ist aktiv. Damit vergrößert sich der Standardkatalog, insbesondere auch im Bereich Finanzmathematik, erheblich. Dort heißen wir die Funktionen

```
EFFEKTIV, NOMINAL, ...
```

im erlauchten Kreis der Standardfunktionen willkommen. Sie sind wirklich nicht mehr von den alten Standardfunktionen zu unterscheiden. Schreibt man ihren Namen in eine Zelle

```
=EFFEKTIV
```

erhalten Sie keine abstruse Zahl mehr, sondern `#NAME?`, und bei Eingabe einer falschen Anzahl Argumente wie

```
=QUOTIENT(3;2;1)
```

erhalten Sie nicht mehr den Fehlwert `#WERT!`, sondern die Fehlermeldung, die Ihnen die Eingabe untersagt, so wie das für Standardfunktionen gang und gäbe ist. Auch die Parameterbeschreibung während der Formeleingabe wurde bei den Zusatzfunktionen in altern Excel-Versionen nicht angeboten. Dieses Manko wurde ebenfalls ausgemerzt, wie in Abbildung 2.4 zu sehen ist.

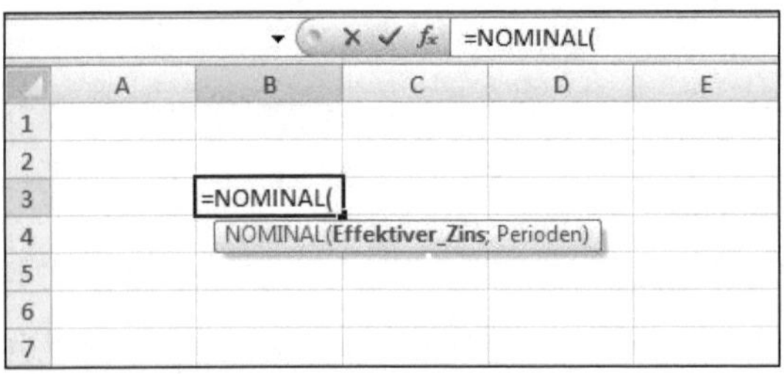

Abbildung 2.4: In XL2007 werden Parameterbeschreibungen auch bei ehemaligen Add-In-Funktionen angeboten.

Außerdem wurde eine weitere Schwäche der Zusatzfunktionen eliminiert. Wenn Sie den englischen Namen einer Funktion nicht kennen, können Sie ja die deutsche Funktion eingeben und dabei den Makrorekorder laufen lassen. In dem aufgezeichneten Makro finden Sie dann die englische Bezeichnung. Dies galt bis XL2003 nur für die Standardfunktionen, bei den Add-In-Funktionen klappte das nicht, dort wurde die deutschsprachige Bezeichnung aufgezeichnet. Auch dieses Phänomen gibt es nicht länger, die neuen Standardfunktionen gehorchen auch bei diesem Punkt. Auch das Übersetzungsproblem beim wechselseitigen Öffnen in deutschem oder englischem Excel wurde ad acta gelegt.

Die Analysefunktionen waren früher grundsätzlich nicht „matrixformelfähig". Soll bedeuten, eine Berechnung wie

```
=DEZINBIN({1.2.3.4.5})
```

die alle Binärzahlen von 1 bis 5 in einer Matrix liefern sollte, bringt bloß einen Fehlerwert. In XL2007 wird korrekterweise

```
{"1";"10";"11";"100";"101"}
```

produziert.

Trotzdem ist Vorsicht geboten. Mit Excel 20007 erstellte Dateien sind grundsätzlich abwärtskompatibel, wenn Sie sie unter dem Dateityp *Excel 97-2003-Arbeitsmappe* abspeichern. Wenn Sie eine Datei einem XL2003-Benutzer zur Verfügung stellen, in der Sie voller Euphorie die neuen Freunde zum Einsatz gebracht haben, steckt dieser natürlich in dem gleichen Dilemma, das wir zu Beginn des Kapitels beschrieben haben. Deshalb sollten Sie im Zweifelsfall weiterhin auf eine der neuen Funktionen verzichten, falls diese sich leicht mit den Veteranen ersetzen lässt. Aber im Laufe der Zeit wird sich das auswachsen, dann werden Excel-Versionen, die Analysefunktionen ausgrenzen, Schnee von gestern sein. Dann gilt endlich für alle Funktionen: „We are one family".

Übrigens, den Eintrag *Analysefunktionen* unter den Add-Ins gibt es ja immer noch. Dieser aktiviert die zusätzlichen statistischen Auswertungen, die Sie gegebenenfalls über den Menüpunkt *Daten>Datenanalyse* benutzen können (Abbildung 2.5).

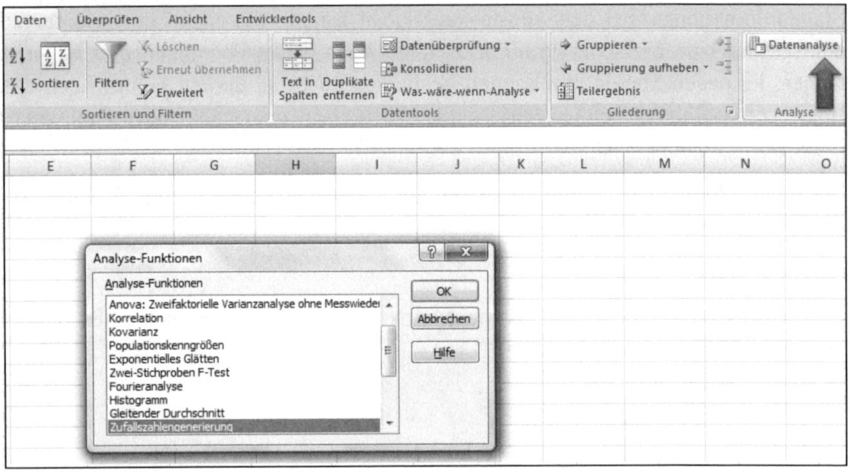

Abbildung 2.5: Statistische Sonderauswertungen werden nach wie vor über das Analyse-Add-In geladen.

Kapitel 3

Das Funktionen-Konzentrat

Wenn Sie jemand fragt „Was lässt sich denn mit Excel so alles berechnen?“, werden Sie wahrscheinlich ins Stocken geraten, auch wenn Sie ein versierter Excel-Anwender sind. „Alles Mögliche. Es gibt so viele verschiedene Excel-Funktionen, dass das fast keiner so genau sagen kann. Es gibt zum Beispiel unzählige statistische Funktionen, finanzmathematische Funktionen etc., da muss man schon Mathematiker sein, um da durchzublicken.“ So oder ähnlich könnte die Antwort sein.

3.1 Befreiung vom Dogma der Funktionskategorien

Obwohl die integrierte Excel-Hilfe zu den einzelnen Funktionen teilweise sehr ausführlich und viel besser als ihr Ruf ist, scheuen sich die meisten Anwender, sich wirklich durch den dichten Dschungel des Funktionskatalogs zu kämpfen. Stattdessen werden Berechnungen in VBA programmiert, obwohl für die aktuelle Problemstellung eventuell die passende Excel-Funktion standardmäßig verfügbar ist. Doch woran liegt das?

Ein Grund dafür könnte sein, dass die Kategorisierung der Funktionen nicht besonders hilfreich ist. *Statistische Funktionen*, was heißt das schon? Muss man Statistiker sein, um damit etwas anfangen zu können? Bei manchen Funktionen mag das der Fall sein, aber Funktionen wie MAX oder MIN kann eigentlich jeder Excel-Anwender gebrauchen. Trotz Kategorisierung sind die Funktionen so bunt durcheinandergewürfelt, dass es einfach nicht möglich ist, einen globalen Überblick zu behalten, geschweige denn, sie jemand anderem zu vermitteln. Ein Beispiel:

In der Kategorie *Statistische Funktionen* stehen die Funktionen VARIANZEN, VARIATION und VARIATIONEN unmittelbar untereinander und klingen sehr ähnlich. Funktional haben sie aber überhaupt nichts miteinander zu tun. Die erste ermittelt ein Streuungsmaß, die zweite Werte eines exponentiellen Trends, und die dritte gehört in den Bereich der Kombinatorik. Sie passt damit viel besser zur Funktion KOMBINATIONEN, die sich aber als völliger Außenseiter in der Kategorie *Math. & Trigonom.* tummelt. Auch der Begriff Matrixfunktionen ist kein aussagekräftiger Begriff für die Funktionen, die sich dahinter verbergen

Um diese Verwirrung zu beseitigen, wollen wir uns von dem Dogma der vorgegebenen Funktionskategorien befreien und Funktionen so gruppieren, wie sie wirklich zusammengehören. Dadurch wird unseres Erachtens ein übergreifendes Verständnis des vollen Funktionsumfangs der Standardfunktionen erheblich erleichtert. Für eine detaillierte Darstellung der kompletten Funktionspalette reicht ein Kapitel natürlich nicht aus. Dies soll nur ein grober Überblick sein und Ihr Interesse für die eine oder andere Gruppe von Funktionen wecken. Wenn Sie dann tiefer in die Materie einsteigen wollen, geben Sie der integrierten Excel-Hilfe eine Chance, und beherzigen Sie den abgedroschenen, aber dennoch wahren Satz: Probieren geht über Studieren.

Die Funktionen in Excel 2007 wurden insofern aufgewertet, als es nun eine Rubrik innerhalb der Multifunktionsleiste gibt, welche die verschiedenen Kategorien anzeigt (Abbildung 3.1).

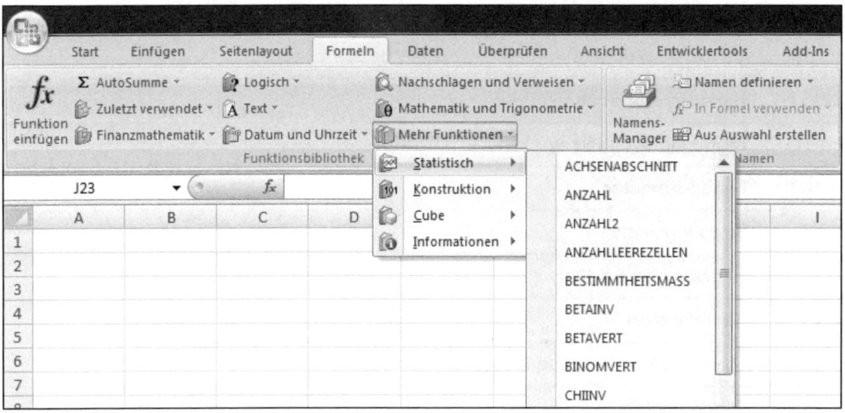

Abbildung 3.1: Funktionskategorien werden in Multifunktionsleiste angezeigt.

Abweichend von den vorgegebenen elf Funktionskategorien gliedern wir die Standardfunktionen in folgende 22 Fachgebiete (bei einzelnen Funktionen ist die Zuordnung nicht unumstritten und deshalb letztlich Geschmackssache – sie hätte auch anders erfolgen können). In unserem Erstlingswerk *Excel – Das Zauberbuch* waren es nur 19 Gruppen. Wirklich neue Funktionen gibt es mit SUMMEWENNS, ZÄHLENWENNS, MITTELWERTWENN, MITTELWERTWENNS und WENNFEHLER nur fünf. Diesmal integrieren wir aber die ehemaligen Add-In-Funktionen in den Rundflug. Diese sind in XI2007 in dem Sinne neu, nun zum Standardkatalog zu gehören. Einige davon ließen sich recht gut den vorhandenen 19 Gruppen zuordnen. Für die übrigen wurden drei eigene Pakete geschnürt. Eine davon behandelt ausschließlich Wertpapierfunktionen, ist also besonders für Finanzakrobaten interessant. Die Funktionen der Gruppe *Cube*, die ausschließlich für die Anbindung von OLAP-Datenbanken gedacht sind, behandeln wir nicht.

1.	Datumsfunktionen
2.	Zeitfunktionen
3.	Textfunktionen
4.	Datentypbeschreibung und -umwandlung
5.	Rechnen mit Bedingungen
6.	Rundungs- und Formatierungsfunktionen
7.	Verweisfunktionen
8.	Bereichsrückgabefunktionen
9.	Mathematik allgemein
10.	Lageparameter
11.	Streuungsmaße
12.	Regressionsrechnung
13.	Kombinatorik
14.	Statistische Verteilungen
15.	Trigonometrie
16.	Matrizenrechnung
17.	Zinseszins- und Rentenrechnung
18.	Abschreibungsmethoden
19.	Exoten
20.	Wertpapierfunktionen
21.	Komplexe Zahlen
22.	Umwandlung Zahlensysteme

Zur noch besseren Orientierung ergänzen wir diesmal am Ende des Kapitels eine Gesamtliste aller Funktionen mit Gegenüberstellung von herkömmlicher Funktionskategorie und unserer Zuordnung.

3.2 Datumsfunktionen

Die Funktion DATUM ermittelt aus den Bestandteilen *Jahr, Monat* und *Tag* ein Datum. In Excel steht hinter jedem Datum eine fortlaufende Ganzzahl, die der Anzahl der Tage entspricht, die zwischen dem 01.01.1900 und diesem Datum vergangen sind. Mit den Funktionen JAHR, MONAT und TAG kann dieses Datum wieder in die Einzelteile Jahr, Monat und Tag zerlegt werden.

Die Funktion DATWERT wandelt ein als String angegebenes Datum in die entsprechende fortlaufende Ganzzahl um.

Die Funktion HEUTE ermittelt bei jeder Neuberechnung die fortlaufende Ganzzahl des aktuellen Datums.

Die Funktion WOCHENTAG ermittelt eine Zahl von 1 bis 7, die den Tagen einer Woche entspricht.

Syntax	Beispiel	Wert	Datum
`=DATUM(Jahr;Monat;Tag)`	`=DATUM(2006;6;9)`	38877	09.06.2006
`=JAHR(Datum)`	`=JAHR(38877)`	2006	
`=MONAT(Datum)`	`=MONAT(38877)`	6	
`=TAG(Datum)`	`=TAG(38877)`	9	
`=DATWERT(Datumstext)`	`=DATWERT("09.06.2006")`	38877	09.06.2006
`=WOCHENTAG(Datum;Typ)`	`=WOCHENTAG("09.06.2006";2)`	5	

Tabelle 3.1: Beispiele zu herkömmlichen Datumsfunktionen

Darüber hinaus gibt es in der Kategorie *Datum* sechs neue Funktionen (ehemals Add-In Funktionen), die aber nicht wirklich Neues bieten, da man sie auch in früheren Versionen durch herkömmliche Funktionen ersetzen konnte. Diese Substitution durch die Veteranen ist zwar nicht mehr wirklich nötig, hilft aber nach wie vor, die Rechenlogik zu verstehen, die dahinter steht.

MONATSENDE liefert den letzten Tag des Monats eines angegebenen Datums, wobei noch eine bestimmte Anzahl Monate voraus oder zurück gerechnet werden kann.

```
=MONATSENDE(Datum;0)
```

ergibt dasselbe wie

```
=DATUM(JAHR(Datum);MONAT(Datum)+1;0)
```

In Worten gefasst: Der letzte Tag des laufenden Monats ist der „nullte" Tag des nächsten (+1) Monats. Wird noch ein Tag addiert, hat man stets den ersten Tag des Folgemonats. EDATUM addiert oder subtrahiert ebenfalls zu einem bestimmten Ausgangsdatum eine vorgegebene Anzahl Monate. `EDATUM(Datum;Monate)` ersetzt die herkömmliche Formel:

```
=MIN(DATUM(JAHR(A3);MONAT(A3)+B3+{1.0};{0.1}*TAG(A3)))
```

BRTEILJAHRE wandelt die Anzahl der ganzen Tage zwischen Ausgangsdatum und Enddatum in Bruchteile von Jahren um. Wie bei vielen finanzmathematischen Funktionen kann noch die Jahresbasis eingegeben werden. Bei einer Jahresbasis von 2 mit 360 Tagen gilt die Gleichung:

```
=BRTEILJAHRE(A1;E1;2)=(E1-A1)/360
```

Die Funktion NETTOARBEITSTAGE und deren komplizierte Herleitung mit herkömmlichen Funktionen haben wir bereits in Kapitel 3 „Pro-Add-In" demonstriert. Sie gibt die Anzahl Arbeitstage in einem Zeitintervall zurück. Feiertage in dem Intervall können subtrahiert werden. Welche Feiertage dies sind, muss man aber selbst definieren. ARBEITSTAG macht genau das Gegenteil. Hier wird eine Anzahl von Arbeitstagen vorgegeben, und Excel berechnet das resultierende Enddatum des Intervalls. Feiertage können ebenfalls definiert und berücksichtigt werden.

Schließlich gibt es die Funktion KALENDERWOCHE. Da die Funktion nach amerikanischem Standard rechnet, ist sie für Deutschland unbrauchbar. Wir definieren die erste Kalenderwoche eines Jahres als die Woche, in die mindestens vier Tage fallen (DIN 1355).

Der amerikanische (der weltweit am häufigsten verbreitete) Standard besagt, dass die erste Kalenderwoche eines Jahres die Woche ist, die den 01. Januar enthält. Der Wochentag des Beginns der nächsten Kalenderwochen in den USA ist der Sonntag. Das führt in manchen Jahren zu der kuriosen Situation, dass es an drei aufeinanderfolgenden Tagen drei unterschiedliche Kalenderwochen gibt. Freitag, der 31.12.1999, ist die KW 53, Samstag, der 01.01.2000, die KW 1 und Sonntag, der 02.01.2000, die KW 2. Die korrekte deutsche Berechnung lautet bei Datumsangabe in A1:

```
=KÜRZEN((-WOCHENTAG(A1;2)-DATUM(JAHR(A1+4-WOCHENTAG(A1;2));1;-10))/7)
```

3.3 Zeitfunktionen

Die Funktion ZEIT ermittelt aus den Bestandteilen *Stunde*, *Minute* und *Sekunde* eine Uhrzeit. In Excel steht hinter jeder Zeit eine Bruchzahl zwischen 0 und 1. 0,25 steht für 06:00 Uhr morgens, 0,5 steht für 12:00 mittags und 0,75 für 18:00 Uhr abends.

Die Funktionen STUNDE, MINUTE und SEKUNDE zerlegen diese als Bruchzahl ausgedrückte Uhrzeit wieder in ihre Bestandteile Stunde, Minute und Sekunde.

Die Funktion ZEITWERT wandelt eine als Zeichenkette angegebene Uhrzeit in die entsprechende Bruchzahl um.

Die Funktion JETZT ermittelt bei jeder Neuberechnung die fortlaufende Ganzzahl des aktuellen Datums, analog zu HEUTE zuzüglich der Bruchzahl der aktuellen Uhrzeit. Nur die aktuelle Uhrzeit erhalten Sie durch Subtraktion beider Funktionen: `=JETZT()-HEUTE()`.

Syntax	**Beispiel**	**Wert**	**Datum**
`=ZEIT(Stunde;Minute;Sekunde)`	`=ZEIT(15;20;15)`	0,6390625	15:20:15
`=STUNDE(Zahl)`	`=STUNDE(0,6390625)`	15	
`=MINUTE(Zahl)`	`=MINUTE(0,6390625)`	20	
`=SEKUNDE(Zahl)`	`=SEKUNDE(0,6390625)`	15	
`=ZEITWERT(Zeit)`	`=ZEITWERT("15:20:15")`	0,6390625	15:20:15

Tabelle 3.2: Beispiele zu Zeitfunktionen

Da als Zeichenkette ausgedrückte Zahlen durch Multiplikation mit 1 auch in Zahlen umgewandelt werden können, funktioniert im letzteren Fall auch:

```
="15:20:15"*1 = 0,6390625
```

3.4 Textfunktionen

Die Funktion CODE rechnet jedes Zeichen in die fortlaufende Zahl des ANSI-Zeichensatzcodes um. ZEICHEN wandelt diesen Code in das entsprechende Zeichen um und ist somit die Umkehrfunktion von CODE. Mit Umkehrfunktion ist gemeint, dass bei Verschachtelung beider Funktionen der Eingabewert der inneren Funktion dem Ergebnis der äußeren Funktion entspricht:

```
=CODE(ZEICHEN(66))=66
```

Die eine Funktion macht quasi die Berechnung der anderen Funktion wieder rückgängig.

Die Funktionen SUCHEN und FINDEN suchen innerhalb eines Textes eine Zeichenfolge und geben die Positionsnummer des Suchtextes innerhalb des durchsuchten Textes zurück. Sie unterscheiden sich voneinander dadurch, dass erstere nicht nach Groß- und Kleinschreibung unterscheidet, letztere schon.

Die Funktion TEIL gibt den Teil eines Textes zurück, der sich aus der Vorgabe von Positionsnummer und Länge des Teilstrings ergibt. Sie ist in etwa die Umkehrfunktion von FINDEN/SUCHEN.

Wenn die Position des zurückzugebenden Teilstrings links oder rechts beginnt, nehmen Sie statt der Funktion TEIL die Funktionen LINKS oder RECHTS. Häufig ist es sinnvoll, eine dieser Funktionen mit der Funktion LÄNGE zu kombinieren, welche die Anzahl Zeichen eines Textes zählt. Mit `=LINKS(Text;LÄNGE(Text)-3)` können Sie beispielsweise die drei ersten Zeichen von rechts abschneiden.

Die Funktion VERKETTEN hängt verschiedene Texte aneinander, was allerdings durch das kaufmännische & genauso gut erledigt werden kann. WIEDERHOLEN verkettet ebenfalls Text. Hierbei ist es aber immer der gleiche Text, und Sie können nur vorgeben, wie oft er wiederholt werden soll.

Die Funktionen KLEIN und GROSS wandeln alle Zeichen eines Textes in Klein- oder Großbuchstaben um. Auf numerische Ziffern oder Sonderzeichen haben diese Funktionen keine Auswirkung. GROSS2 schreibt nur das erste Zeichen jedes Wortes in einem Text groß und den Rest klein. Die Wörter müssen nicht unbedingt durch Leerzeichen getrennt sein. Eine Trennung durch Bindestrich, Unterstrich oder ein anderes Sonderzeichen hat den gleichen Effekt.

GLÄTTEN entfernt überflüssige Leerzeichen (mehr als eines nebeneinander) eines Textes und entspricht in etwa den Trimm-Funktionen, die in diversen Programmiersprachen bekannt sind. SÄUBERN entfernt alle nicht druckbaren Zeichen.

IDENTISCH prüft, ob zwei Texte identisch sind, und unterscheidet sich von der einfachen Prüfung `=Text1=Text2` dadurch, dass sie zwischen Groß- und Kleinschreibung unterscheidet. Für Excel ist standardmäßig `="a"="A"=WAHR`. Die Funktion DELTA macht dasselbe, funktioniert aber nur für numerische Zeichen, was ihr jegliche Daseinsberechtigung entzieht. Statt WAHR/FALSCH liefert sie 1/0.

Die Funktion WECHSELN ersetzt eine Zeichenfolge innerhalb eines Textes durch eine andere. Die Funktion ERSETZEN macht fast das Gleiche. Der Unterschied besteht darin, dass Sie bei WECHSELN eine Zeichenfolge vorgeben, die innerhalb des Textes gesucht werden muss. Bei ERSETZEN geben Sie stattdessen die Position und die Länge der Zeichenfolge vor, die ausgetauscht werden soll.

Text	**Beispiel**	**Ergebnis**
X	=CODE(Text)	88
88	=ZEICHEN(Text)	X
Excel	=SUCHEN("e";Text)	1
Excel	=FINDEN("e";Text)	4
Excel	=TEIL(Text;4;1)	e
Excel	=LINKS(Text;2)	Ex
Excel	=RECHTS(Text;2)	el
	=VERKETTEN("E";"x";"c";"e";"l")	Excel
	="E"&"x"&"c"&"e"&"l"	Excel
Ha	=WIEDERHOLEN(Text;3)	HaHaHa
Formeln	=GROSS(Text)	FORMELN
Formeln	=KLEIN(Text)	formeln
KLAUS KÜHNLEIN	=GROSS2(Text)	Klaus Kühnlein
Klaus Kühnlein	=GLÄTTEN(Text)	Klaus Kühnlein
a b	=SÄUBERN(Text)	ab
	=IDENTISCH("a";"A")	FALSCH
	="a"="A"	WAHR
	= DELTA("3";"3")	1
	= DELTA("a";"A")	#WERT!
Alphorn	=WECHSELN(Text;"hor";"i")	Alpin
Alphorn	=ERSETZEN(Text;4;3; "i")	Alpin

Tabelle 3.3: Beispiele zu Textfunktionen

3.5 Datentypbeschreibung und -umwandlung

Unter Programmierern gehört es zum elementaren Basiswissen, dass Daten unterschiedliche Datentypen besitzen. Die in Excel relevanten Datentypen sind *Zahl*, *Text* (String), *boolescher Wert* (WAHR/FALSCH) und *Fehlerwert*.

Die Funktion T wandelt ein Argument in einen Text um. Zahlen werden in eine leere Zeichenfolge (Text mit Länge 0) umgewandelt. Die Funktionen N und WERT wandeln ein Argument in eine Zahl um. Da sich ein alphanumerisches Zeichen nicht wirklich in eine Zahl umwandeln lässt (vom Zeichencode einmal abgesehen), liefert WERT in diesem Fall den Fehlerwert #WERT!. N macht stattdessen eine 0 daraus. N eignet sich unter anderem prima dazu, Kommentare in Formeln zu platzieren, ohne Einfluss auf das Ergebnis zu nehmen. Beispiel:

```
=IKV({-10.4.4.4};0)+N("Diese Formel berechnet den internen Zinsfuß
einer Zahlungsreihe")
```

Die Funktionen TYP und FEHLER.TYP geben eine Ganzzahl zurück, die angibt, um welchen Datentyp bzw. Fehlertyp es sich bei einem Argument handelt.

Eine ähnliche Aufgabe erfüllen die Funktionen ISTFEHL, ISTBEZUG, ISTFEHLER, ISTKTEXT, ISTLEER, ISTLOG, ISTNV, ISTTEXT und ISTZAHL. Das Ergebnis dieser Funktionen ist aber keine Ganzzahl, sondern ein boolescher Wert: WAHR oder FALSCH.

Mit ISTGERADE und ISTUNGERADE können Sie prüfen, ob eine Zahl durch zwei teilbar ist. Sie ignorieren Nachkommastellen und rechnen das Gleiche wie:

ISTGERADE: `=REST(KÜRZEN(A1);2)=0`

ISTUNGERADE: `=REST(KÜRZEN(A1);2)=1`

VORZEICHEN gibt an, ob eine Zahl positiv, negativ oder null ist.

Wert/Text	**Beispiel**	**Ergebnis**
123	`=T(Zellwert)`	
A	`=WERT(Zellwert)`	#WERT!
A	`=N(Zellwert)`	0
#NV	`=TYP(Zellwert)`	16
#NV	`=FEHLER.TYP(Zellwert)`	7

Wert/Text	Beispiel	Ergebnis
#DIV/0!	=ISTFEHL(Zellwert)	WAHR
123	=ISTBEZUG(Zellwert)	WAHR
#NV	=ISTFEHLER(Zellwert)	WAHR
123	=ISTKTEXT(Zellwert)	WAHR
A	=ISTLEER(Zellwert)	FALSCH
WAHR	=ISTLOG(Zellwert)	WAHR
#NV	=ISTNV(Zellwert)	WAHR
123	=ISTTEXT(Zellwert)	FALSCH
123	=ISTZAHL(Zellwert)	WAHR
2,12	=ISTGERADE(Zellwert)	WAHR
123	=VORZEICHEN(Zellwert)	1

Tabelle 3.4: Beispiele zu Datentypsfunktionen

Die Funktion ANZAHLLEEREZELLEN zählt leere Zellen und Zellen mit der Länge 0. Eine Zelle mit der Länge 0 muss nicht unbedingt leer sein, sie könnte auch einen sogenannten Nullstring ="" enthalten. Die Funktion ISTLEER liefert FALSCH, wenn eine Zelle einen solchen Leerstring enthält. Für die Funktion ANZAHLLEEREZELLEN ist sogar eine Zelle mit der Formel

```
=WENN(1;"")
```

leer, und sie zählt deshalb eine 1 für diese Zelle. Sehr vielseitig ist die ehemalige Add-In-Funktion UMWANDELN, die eine in einer bestimmten Maßeinheit angegebene Zahl in eine andere Maßeinheit umwandelt. Die Maßeinheiten sind in folgende Kategorien unterteilt:

- **Gewichte:** z.B. Gramm, Unze
- **Entfernung:** Meter, Meile, Seemeile, Fuß, Yard, Zoll, Angstrom, Pica
- **Zeit:** Jahr, Tag, Stunde, Minute, Sekunde
- **Druck:** Pascal, Atmosphäre; mm Quecksilber
- **Kraft:** z.B. Newton

- **Energie:** z.B. Joule, Kalorien, Wattstunde
- **Magnetismus:** Tesla, Gauss
- **Temperatur:** Celsius; Fahrenheit, Kelvin
- **Flüssigmaße:** z.B. Esslöffel, Tasse, Liter, Gallone

Metrische Maße wie Gramm und Meter können außerdem in die Einheitenpräfixe *kilo*, *mega*, *giga* usw. umgewandelt werden.

Beispielsweise entspricht eine Seemeile

```
=UMWANDELN(1;"Nmi";"km") = 1,852
```

Kilometern. Stammen die Parameter *Von_Maßeinheit* und *In_Maßeinheit* nicht aus der gleichen Gruppe, gibt es einen Fehlerwert. Logo, denn sieben Esslöffel lassen sich nicht in Grad Fahrenheit umrechnen.

3.6 Rechnen mit Bedingungen

Ein Gebiet, das auch allen Programmierern und Datenbankentwicklern sofort ein Begriff ist, ist das Rechnen mit Bedingungen. Mit zentraler Bedeutung fallen einem dazu die Begriffe WENN – UND-ODER – DANN – SONST ein.

Die Funktionen UND, ODER und NICHT liefern Wahrheitswerte, die zum Ausdruck bringen, ob eine Bedingung erfüllt ist oder nicht. Die Wahrheitswerte WAHR und FALSCH besitzen gleichnamige Funktionen, die völlig sinnfrei sind und laut Excel-Hilfe nur aus Kompatibilitätsgründen zu anderen Programmen zur Verfügung stehen. `=WAHR()` liefert WAHR. Das ist so, als gäbe es eine Funktion =EINS(), die den Wert 1 liefert.

Die Funktion WENN kann abhängig von einer solchen Bedingungsprüfung eine *Dann*-Berechnung beziehungsweise eine *Sonst*-Berechnung durchführen.

Die Funktion WAHL kann – im Gegensatz zu den zwei Alternativen (*Dann_Wert/ Sonst_Wert*) der WENN-Funktion – 254 alternative Berechnungen durchführen. Die Prüfung erfolgt deshalb nicht über die Wahrheitswerte WAHR und FALSCH, sondern über einen fortlaufenden Index von 1 bis 254. Vor Excel 2007 konnte man nur 29 Alternativen eingeben.

Die Funktionen WENN und WAHL überprüfen (standardmäßig) eine Zelle auf **eine oder mehrere** Bedingungen. Die Funktionen ZÄHLENWENN und SUMMEWENN fragen einen ganzen Bereich ab, können dabei aber **nur eine** Bedingung prüfen. ZÄHLENWENN zählt alle Zellen, auf welche die Bedingung zutrifft; SUMMEWENN summiert für jede Zelle mit erfüllter Bedingung den Zellwert dieser oder benachbarter bzw. gleich indizierter Zellen.

Die Datenbankfunktionen DBSUMME, DBANZAHL, DBMAX, DBMIN usw. können beliebig viele Zellen (Datensätze) hinsichtlich beliebig vieler Bedingungen überprüfen. Damit vereinen sie die Möglichkeiten von WENN, SUMMEWENN und ZÄHLENWENN und sind damit sehr mächtig. Außerdem können sie nicht nur zählen und summieren, sondern auch weitere statistische Größen, beispielsweise Standardabweichung und Varianz, berechnen. Leider ist ihre Handhabung etwas umständlich, und sie arbeiten nicht autark, da jede unterschiedliche Berechnung einen Bereich in der Tabelle verlangt, in dem die Suchkriterien definiert werden.

Aufgrund dieser umständlichen Bedienung sind die Datenbankfunktionen nicht besonders beliebt. Trotzdem besteht eine rege Nachfrage nach Auswertungen mit mehreren Bedingungen. Deshalb wurden in Excel 2007 die beiden neuen Funktionen SUMMEWENNS und ZÄHLENWENNS geschaffen, die mehrere Bedingungen auf einmal verarbeiten können. Und für die goldene Mitte gibt es mit MITTELWERTWENN und MITTELWERTWENNS nun auch Entsprechungen. Mit MINWENN und MAXWENN hätte man das konsequent fortführen können, hat man aber nicht. Schade, darauf müssen wir wohl bis XL???? warten.

Formel	Ergebnis
`=WENN(WAHR;3;5)`	3
`=ODER(WAHR;FALSCH)`	WAHR
`=UND(WAHR;FALSCH)`	FALSCH
`=UND(WAHR;WAHR)`	WAHR
`=WENN(UND(ODER(1;0);1);UND(0;1);5)`	FALSCH
`=UND(ODER(1;1);NICHT(FALSCH))`	WAHR
`=WAHL(2;"eins";"zwei";"drei")`	zwei

G16 | fx | =MITTELWERTWENNS(C:C;A:A;E7;B:B;F7)

	A	B	C	D	E	F	G
1	**Kriterium1**	**Kriterium2**	**Wert**		**Formel**		**Ergebnis**
2	b	x	3		=ZÄHLENWENN(A:A;"a")		6
3	a	x	6		=SUMMEWENN(A:A;">a";C:C)		45
4	a	x	4		=MITTELWERTWENN(A:A;"a";C:C)		5,166667
5	b	y	4				
6	c	z	2		**Kriterium1**	**Kriterium2**	
7	a	z	7		a	y	
8	a	y	6		b	x	
9	b	y	4				
10	c	y	6		=DBSUMME(A:C;"Wert";E6:F7)		13
11	b	x	7		=DBMAX(A:C;"Wert";E6:F8)		7
12	c	x	10		=DBANZAHL2(A:A;"Kriterium1";E6:E8)		10
13	a	y	7				
14	c	y	9		=SUMMEWENNS(C:C;A:A;E7;B:B;F7)		13
15	a	x	1		=ZÄHLENWENNS(A:A;E7;B:B;F7)		2
16					=MITTELWERTWENNS(C:C;A:A;E7;B:B;F7)		6,5
17							

Abbildung 3.2: Rechnen mit Bedingungen

Eine geniale Erfindung ist die längst überfällige Funktion WENNFEHLER, mit der ein wesentlich vereinfachter Fehlerabfang in Formeln möglich wird; zum Beispiel beim SVERWEIS. Wenn diese Funktion einen Suchbegriff nicht finden kann, liefert sie den Fehlerwert #NV. Stattdessen möchte man eventuell lieber den Text „nicht vorhanden" sehen. Bisher hätte man in diesem Fall wie folgt formuliert:

```
=WENN(ISTNV(SVERWEIS("x";A:C;3;0));"nicht vorhanden"; SVERWEIS("x";A:C;3;0))
```

Zum einen nervt die doppelte Eingabe desselben Formelteils. Zum anderen bindet die redundante Berechnung natürlich unnötige CPU-Ressourcen. Mit der neuen Funktion genügt stattdessen:

```
=WENNFEHLER(SVERWEIS("x";A:C;3;0); "nicht vorhanden")
```

Der redundante Formelteil wird nicht mehr benötigt, Excel weiß auch so, was zu tun ist.

3.7 Rundungs- und Formatierungsfunktionen

Die Funktion TEXT formatiert eine Zahl und wandelt das Ergebnis in einen Text um. Fast alle Zahlenformate, die sich über den Dialog *Zellen formatieren* einstellen lassen, können Sie ebenso mit dieser Funktion erzeugen. Somit können Sie mit dieser Funktion unter anderem auch runden. Excel bietet eine ganze Reihe weiterer Rundungsfunktionen, die auf den ersten Blick oft gleiche Ergebnisse liefern, aber trotzdem feine Unterschiede haben, die man nicht außer Acht lassen darf.

Die Funktionen RUNDEN, FEST und DM runden nach einer beliebigen Anzahl Stellen auf oder ab. Ab 0,5 wird stets aufgerundet. Sie liefern das identische Ergebnis, außer dass FEST und DM Texte liefern. DM liefert zusätzlich das gemäß Ländereinstellung aktuell gültige Währungssymbol. Bei DM setzt die Multiplikation mit 1 voraus, dass das Währungssymbol mit einer Textfunktion abgeschnitten wurde. Die nicht dokumentierte Funktion USDOLLAR macht exakt dasselbe.

Die Funktionen ABRUNDEN, KÜRZEN, UNTERGRENZE und GANZZAHL runden nach unten ab. Bei ABRUNDEN und KÜRZEN kann eine beliebige Anzahl Stellen vorgegeben werden. Enthält das Argument *Anzahl_Stellen* eine negative Zahl, kann auf volle Zehnerpotenzen (vor dem Komma) gerundet werden. Mit UNTERGRENZE kann man noch feiner justieren, da auf das nächstliegende Vielfache einer beliebig definierbaren Schrittweite abgerundet werden kann. GANZZAHL schneidet einfach alle Nachkommastellen ab. Die gleiche Funktion mit zwei G, also GGANZAHL führt die völlig banale Prüfung

```
=(A1>=B1)*1
```

durch. QUOTIENT ist keinen Deut nützlicher und liefert lediglich den ganzzahligen Teil einer Division, genau wie:

```
GANZZAHL(Zahl1/Zahl2)
```

AUFRUNDEN und OBERGRENZE runden nach oben auf und funktionieren ansonsten wie ihre Pendants beim Abrunden.

VRUNDEN rundet auf das beliebige Vielfache einer Zahl auf oder ab und macht damit das Gleiche wie:

```
=RUNDEN(Zahl/Vielfaches;0)*Vielfaches
```

VRUNDEN liefert stets entweder das Ergebnis von UNTERGRENZE (falls abgerundet wird) oder das von OBERGRENZE (falls aufgerundet wird).

GERADE und UNGERADE runden positive Zahlen auf die nächste gerade bzw. ungerade Zahl auf und im negativen Bereich ab.

ABS liefert den Absolutwert einer Zahl.

Wert	Formel	Ergebnis
2,336	=TEXT(Wert;"#.##0,00")	2,34
2,336	=DM(Wert;2)	2,34 €
2,336	=FEST(Wert;2)	2,34

Wert	Formel	Ergebnis
2,336	=ABRUNDEN(Wert;2)	2,33
2,336	=ABS(Wert)	2,336
2,336	=AUFRUNDEN(Wert;2)	2,34
2,336	=GANZZAHL(Wert)	2
2,336	=GERADE(Wert)	4
2,336	=KÜRZEN(Wert;2)	2,33
2,336	=OBERGRENZE(Wert;0,05)	2,35
2,336	=VRUNDEN(Wert;0,05)	2,35
2,336	=RUNDEN(Wert;2)	2,34
2,336	=UNGERADE(Wert)	3
2,336	=UNTERGRENZE(Wert;0,05)	2,3
12345	=RUNDEN(Wert;-3)	12000

Tabelle 3.5: Beispiele zu Rundungsfunktionen

3.8 Verweisfunktionen

Schauen Sie noch einmal auf die angebotenen Funktionskategorien auf die erste Abbildung dieses Kapitels. Fällt Ihnen etwas auf? Excel spricht jetzt auch von einer Gruppe Verweisfunktionen („*Nachschlagen und Verweisen*") und gibt damit indirekt zu, dass der Name der Kategorie *Matrixfunktionen* irreführend ist. Hat sich Microsoft das etwa von uns abgeschaut? Immerhin haben wir diese Funktionsgruppe auch in *Excel – Das Zauberbuch* schon so benannt ;-).

Verweisfunktionen durchsuchen Bereiche nach Suchkriterien. Wer mit großen Datenmengen hantiert und verschiedene Datentabellen miteinander in Beziehung setzen muss, benötigt Verweise. In einer Datenbank geschieht dies durch die Verknüpfung von Datenbanktabellen über (in der Regel) sogenannte 1:n-Beziehungen. In Excel wird diese Methodik mit Verweisfunktionen durchgeführt.

`SVERWEIS(Suchkriterium;Matrix;Spaltenindex;Bereich_Verweis)` durchsucht die linke Spalte eines Bereichs oder einer Matrix nach einem Suchkriterium und gibt vom ersten Treffer eine rechts benachbarte Zelle zurück. WVERWEIS macht das Gleiche, nur 90 Grad versetzt, durchsucht also die oberste Zeile eines Bereichs oder einer Matrix und gibt einen Wert zurück, der sich in derselben Spalte wie der Treffer befindet. Bei beiden Funktionen kann vorgegeben werden, ob nur dann ein Ergebnis geliefert werden soll, wenn eine genaue Übereinstimmung mit dem Suchkriterium besteht. Soll auch ein Ergebnis geliefert werden, wenn es keine genaue Übereinstimmung gibt, muss die Suchspalte oder -zeile aufsteigend sortiert sein. Dann wählt die Funktion den größten Treffer aus, der kleiner oder gleich dem Suchkriterium ist. Diese Variante ist dann sinnvoll, wenn innerhalb von Intervallen gesucht werden soll. Klassischer Anwendungsfall ist hierbei die umsatzabhängige Provisionsvergütung oder die Schulnote, die von der erreichten Punktzahl abhängig ist.

`VERWEIS(Suchkriterium;Suchvektor;Ergebnisvektor)` ohne S und W erfüllt fast den gleichen Zweck und ist dabei hinsichtlich der Suchrichtung etwas flexibler. Sie kann zeilen- oder spaltenweise suchen, je nach Vorgabe. Sie könnte sogar in einer Zeile suchen, das Ergebnis aber aus einer Spalte liefern. Andererseits muss bei VERWEIS der Suchvektor stets aufsteigend sortiert sein, um ein verlässliches Ergebnis zu gewährleisten. Geliefert wird immer der bestmögliche Treffer, der kleiner oder gleich dem Suchkriterium ist. Da in der Mehrzahl der Fälle allerdings nach einer genauen Übereinstimmung gesucht wird, sind die Einsatzgebiete von VERWEIS begrenzt.

`VERGLEICH(Suchkriterium;Suchmatrix;Vergleichstyp)` durchsucht ebenfalls wahlweise eine Spalte (vertikale Matrix) oder eine Zeile (horizontale Matrix) und sucht entweder nach einer genauen Übereinstimmung oder dem nächstgelegenen Treffer. Zusätzlich zu `(W/S)VERWEIS` kann der Suchvektor hier auch absteigend sortiert sein, dann wird der kleinste Eintrag gewählt, der größer oder gleich dem Suchkriterium ist. In diesem Fall muss die Suchmatrix absteigend sortiert sein. Bei dieser Funktion muss keine Ergebniszeile oder -spalte angegeben werden, da sie als Ergebnis eine Ganzzahl liefert, welche die Position des Suchkriteriums innerhalb der zu durchsuchenden Zeile (horizontale Matrix) oder Spalte (vertikale Matrix) darstellt.

Die Datenbankfunktion `DBAUSZUG(Datenbank;Datenbankfeld;Suchkriterien)` sucht immer vertikal und kann nach links oder rechts blicken. Sie ist die einzige Verweisfunktion, die standardmäßig mehrere Bedingungen verarbeiten kann. Sie sucht stets nach einer genauen Übereinstimmung. Wenn die Suchkriterien aber auf mehrere Datensätze zutreffen, nimmt sie nicht den ersten Treffer (wie die anderen Verweisfunktionen), sondern liefert eine Fehlermeldung.

	A	B	C	D	E	F	G
1	Kriterium1	Kriterium2	Wert		Formel		Ergebnis
2	m	10	96,23		=SVERWEIS("c";A:C;3;0)		64,99
3	g	12	88,6		=SVERWEIS(15;B:C;2;1)		24,1
4	d	14	24,1		=SVERWEIS(15;B:C;2;0)		#NV
5	l	16	29,37		=WVERWEIS("Kriterium2";A1:C15;5;0)		16
6	a	18	55,8		=VERGLEICH("a";A:A;0)		6
7	c	20	64,99		=VERGLEICH("a";A2:A10;0)		5
8	i	22	13,66		=VERGLEICH(35;B:B;1)		14
9	h	24	8,67				
10	b	26	21,63		Kriterium1	Kriterium2	
11	k	28	74,06		h	24	
12	e	30	41,2				
13	f	32	78,66		=DBAUSZUG(A:C;"Wert";E10:F11)		8,67
14	j	34	57,2				
15	n	36	69,38				

Abbildung 3.3: Verweisfunktionen

3.9 Bereichsrückgabefunktionen

Die Funktionen dieser Gruppe sind 100 % Excel-spezifisch. Zeilen, Spalten und Zellen beschreiben Excel-Bereiche bzw. -Tabellen, die sozusagen das lebensnotwendige Skelett einer jeden Excel-Anwendung darstellen.

Mit den Funktionen `BEREICH.VERSCHIEBEN(Bezug;Zeilen;Spalten; Höhe;Breite)`, `INDEX (Bezug;Zeile;Spalte)` und `INDIREKT(Bezug)` werden Excel-Bereiche definiert und verändert. Die ersten beiden können aus einem vorgegebenen Ausgangsbereich eine ganze Spalte, Zeile oder einzelne Zelle zur weiteren Verarbeitung herauspicken. Nur bei INDEX kann statt des Bereichs auch eine Matrix(konstante) vorgegeben werden. Mit BEREICH.VERSCHIEBEN können Bereiche sogar völlig neu dimensioniert und verschoben werden. INDIREKT wandelt eine Bereichsangabe im Textformat in einen Bereich um. Dabei kann der Bereich (Bezug) direkt als Text oder aber auch als Bezug auf eine Zelle, die den Bereich in Textform enthält, angegeben werden. Die Bereichsangabe kann auch auf eine nicht aktive Tabelle und sogar auf eine andere Arbeitsmappe verweisen, die aber geöffnet sein muss, um ein Ergebnis zu erhalten.

MTRANS transponiert einen Bereich oder eine Matrix, macht also aus Spalten Zeilen und aus Zeilen Spalten.

Die Funktionen ZEILE und SPALTE liefern die fortlaufende Ganzzahl der Zeile bzw. Spalte des angegebenen Bezugs. Enthält der angegebene Bezug mehrere Zeilen oder Spalten, lassen sich flexibel einsetzbare Zahlenfolgen erzeugen, worauf im Laufe dieses Buches noch sehr ausführlich eingegangen wird. ZEILEN und SPALTEN geben die Anzahl der Zeilen und Spalten des angegebenen Bereichs zurück.

ADRESSE gibt aus der Angabe von Zeilen- und Spaltennummer eine Zelladresse im Textformat aus. Da INDIREKT eine solche Zelladresse in Textform erwartet, können diese beiden Funktionen gut miteinander kombiniert werden.

Die Funktion BEREICHE zählt die innerhalb eines Bezugs aufgeführten Bereiche.

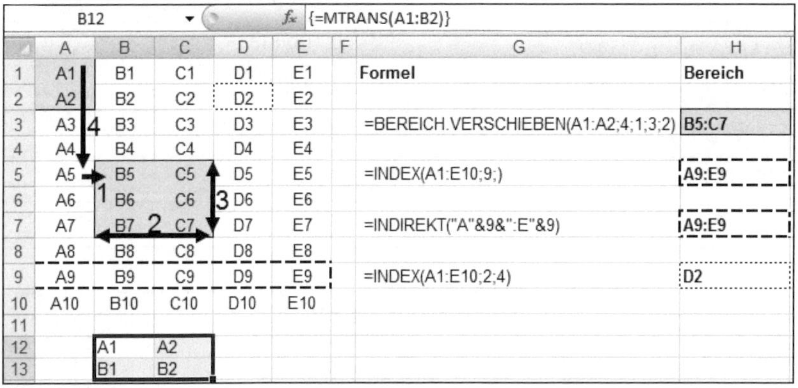

Abbildung 3.4: Bereichsrückgabefunktionen

Formel	**Ergebnis**
=ZEILE(A3)	3
=SPALTE(B3)	2
=ZEILEN(A1:E10)	10
=SPALTEN(A1:E10)	5
=BEREICHE((A1:B2;C5:D6))	2
=ADRESSE(20;30)	$AD$20

3.10 Mathematik allgemein

Diese Funktionen gehören auch auf jeden handelsüblichen Taschenrechner.

EXP liefert eine Potenz der eulerschen Zahl $e = 2{,}718$, und LN kehrt diese Berechnung um, indem sie den natürlichen Logarithmus zur Basis e liefert.

LOG10 liefert den Logarithmus einer Zahl zur Basis 10 und LOG zu einer beliebigen Basis.

Auch die Funktionen POTENZ, PRODUKT, SUMME und WURZEL können kaum verbergen, was sie im Schilde führen.

Formel	Ergebnis
`=EXP(1)`	2,71828183
`=EXP(2)`	7,3890561
`=LN(EXP(2))`	2
`=LOG10(100)`	2
`=LOG(3^5;3)`	5
`=POTENZ(3;4)`	81
`=PRODUKT(2;3;4)`	24
`=SUMME(2;3;4)`	9
`=WURZEL(2)`	1,41421356

Tabelle 3.6: Beispiele zu mathematischen Funktionen

Ein besonderes Augenmerk verdient die Funktion REST, die den Rest einer Division zurückgibt.

`=REST(5;3)=2` denn 5/3 = 1 + **2**/3

`=REST(26;7)=5` denn 26/7 = 3 + **5**/7

Das scheint auf den ersten Blick nichts Besonderes zu sein, doch diese Funktion ist sehr nützlich. Mit dem Divisor 7 ersetzt sie beispielsweise die Funktion WOCHENTAG vollständig, denn es gilt:

```
=REST(Datum-2;7)+1 = WOCHENTAG(Datum;2)
```

Beides nummeriert die Wochentage von Montag bis Sonntag von 1 bis 7 durch. Aber das ist nur eine von vielen Facetten dieses Allrounders.

GGT und KGV sind zwei leistungsstarke neue Funktionen (ehemalige Add-Ins), die man bis XL2003 nur sehr mühsam und eingeschränkt mit Standardfunktionen nachbauen konnte. Sie ermitteln die größten gemeinsamen Teiler bzw. kleinsten gemeinsamen Vielfache von bis zu 255 Zahlen zurück.

```
=KGV({2;4;8;12;16}) = 48
=GGT({51;85;136})=17
```

3.11 Lageparameter

Damit kommen wir zu den ersten statistischen Funktionen, die aber kein Hexenwerk irgendwelcher Spezialisten sind, sondern auch vom Otto Normalverbraucher verwendet werden können. Unter Lageparametern versteht man einfach zu verstehende und in der Regel vertraute statistische Kennzahlen, von denen Excel folgende zur Berechnung anbietet:

MAX liefert den größten Wert einer Datenreihe, MIN den kleinsten. Wenn Sie auch der zweitgrößte oder zweitkleinste Wert interessiert, nehmen Sie die Funktionen `KGRÖSSTE(Matrix;k)` bzw. `KKLEINSTE(Matrix;k)`. Die Funktion `RANG(Zahl;Bezug;Reihenfolge)` stellt die Umkehrfunktion dieser Funktionen dar. Bei ihr geben Sie einen Wert der Datenreihe vor. Sie berechnet dann, der wievielte größte oder kleinste er in dieser Datenreihe ist.

Wenn statt des absoluten Rangs der relative RANG gewünscht ist, erledigt dies die Funktion QUANTILSRANG, die den Rang der gesuchten Zahl in das Verhältnis zur Anzahl aller Werte stellt. Wie genau sie rechnet, veranschaulicht folgende Gleichung:

```
=QUANTILSRANG(Werte;x)=(RANG(x;Werte;1)-1)/(ANZAHL(Werte)-1)
```

Auch QUANTILSRANG hat eine Umkehrfunktion namens QUANTIL, die quasi wie KKLEINSTE funktioniert, mit dem Unterschied, dass sie statt eines Absolutwertes *k* eine Prozentzahl *alpha* erwartet. Die Umkehrung beider Funktionen erhält man mit:

```
=QUANTIL(Werte;QUANTILSRANG(Werte;X;15))=X
```

Der MEDIAN berechnet die Zahl, die in der Mitte aller Werte der Datenreihe liegt. Das heißt, die eine Hälfte der Werte ist kleiner als der Median, und die andere Hälfte der Werte ist größer. Bei einer geraden Anzahl der Werte innerhalb der Datenreihe errechnet er sich aus dem arithmetischen Mittel der beiden Werte, die am nächsten in der Mitte liegen. Die Funktion QUARTILE teilt die beiden durch den Median geteilten Hälften in zwei weitere Hälften, sodass es drei Quartile (unteres, mittleres und oberes) gibt. Die Funktion liefert zwar fünf Werte, doch der erste und fünfte Wert sind überflüssig, denn die entsprechen dem Minimum bzw. dem Maximum.

Zwischen Quartilen und Quantilen besteht der Zusammenhang:

```
=QUARTILE(A2:A22;0)=MIN(A2:A22)
=QUARTILE(Werte;1)=QUANTIL(Werte;25%)
=QUARTILE(Werte;2)=QUANTIL(Werte;50%)
=QUARTILE(Werte;3)=QUANTIL(Werte;75%)
=QUARTILE(A2:A22;4)=MAX(A2:A22)
```

Der MODALWERT liefert den häufigsten Wert einer Datenreihe. Wenn jeder Wert einmalig ist, liefert er eine Fehlermeldung.

Weiterhin gibt es eine Reihe von Durchschnittsfunktionen. MITTELWERT liefert das arithmetische Mittel, das man auch mit

```
=SUMME(Werte)/Anzahl(Werte)
```

darlegen könnte.

GEOMITTEL liefert das geometrische Mittel mit dem Pendant

```
=PRODUKT(Werte)^(1/ANZAHL(Werte))
```

und HARMITTEL das harmonische Mittel einer Datenreihe. die gleichfalls der Logik

```
{=1/(SUMME(1/Werte)/ANZAHL(Werte))}
```

gehorcht.

GESTUTZTMITTEL liefert das arithmetische Mittel einer Datenreihe, bei der Ausreißer an den Rändern unberücksichtigt bleiben.

Die Funktionen MITTELWERT, MIN und MAX gibt es in einer zweiten Ausführung, bei der dem Funktionsnamen A angehängt wird, also MITTELWERTA, MINA und MAXA. Diese Funktionen unterscheiden sich dadurch, dass Texte und Wahrheitswerte anders interpretiert werden. In der Standardform werden Texte und Wahrheitswerte ignoriert. Mit dem A-Anhang wird WAHR als 1 und FALSCH und Text als 0 interpretiert.

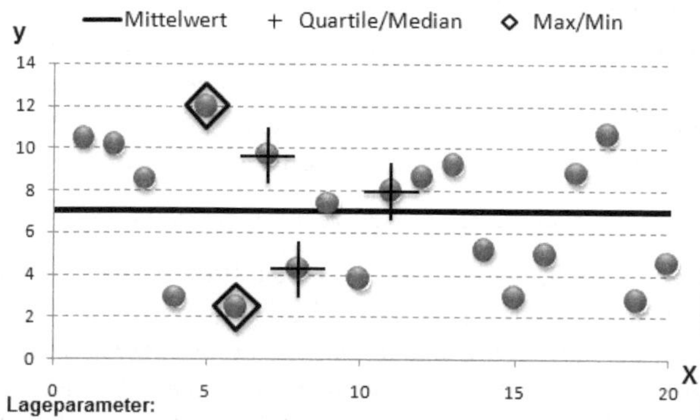

E19 | {=QUARTILE(A2:A22;{1.2.3.4})}

	A	B	C	D	E	F	G	H
1	Werte	sortiert						
2	10,449	2,490						
3	10,149	2,795						
4	8,520	2,916						
5	2,916	2,964						
6	11,991	3,809						
7	2,490	4,282						
8	9,666	4,559						
9	4,282	4,969						
10	7,359	5,220						
11	3,809	7,359						
12	7,994	7,994						
13	8,641	8,520						
14	9,195	8,641						
15	5,220	8,798		Lageparameter:				
16	2,964	9,195		MAX	11,991		MIN	2,490
17	4,969	9,666		MITTELWERT	7,028		ANZAHL	21
18	8,798	10,149		MEDIAN	7,994		MODALWERT	#NV
19	10,631	10,188		QUARTILE	4,282	7,9937	9,6662	11,991
20	2,795	10,449		KKLEINSTE(2)	2,795		KGRÖSSTE(2)	10,631
21	4,559	10,631		RANG(2,7952)	20		RANG(10,6314)	2
22	10,188	11,991		GEOMITTEL	6,264		HARMITTEL	5,472
23				GESTUTZTMITTEL(0%)	7,028		GESTUTZTMITTEL(10%)	7,005

Abbildung 3.5: Lageparameter

3.12 Streuungsmaße

Lageparameter reichen oft nicht aus, um Merkmale einer Datenreihe befriedigend zu beschreiben. Angenommen, Sie haben ein Steak gegrillt, das auf der einen Seite noch roh und blutig, aber auf der anderen Seite total verkohlt ist. Im Durchschnitt ist es gut durch, aber es schmeckt garantiert scheußlich. Zwei Datenreihen können gleiche Extrempunkte oder Mittelwerte haben, aber trotzdem eine völlig unterschiedliche Streuung aufweisen, die mithilfe von Streuungsparametern bestimmt werden.

Die Funktion `HÄUFIGKEIT(Daten;Klassen)` teilt die Werte der Datenreihe in Intervalle bzw. Häufigkeitsklassen ein. Das Array `{6.9}` im Argument `Klasse` teilt die Datenreihe in drei Klassen auf. Die erste Klasse enthält die Werte <=6, die zweite Klasse enthält alle Werte >6 und <=9, und die dritte Klasse enthält die übrigen Werte >9. Als Ergebnis liefert die Funktion die Häufigkeit der Werte in den drei Klassen.

Streuungsmaße messen durchschnittliche Abweichungen der Werte einer Datenreihe von ihrem Mittelwert. Um zu verhindern, dass sich positive und negative Abweichungen neutralisieren, hat man zwei Möglichkeiten. Entweder man betrachtet nur die Absolutwerte der Abweichungen (so macht es die Funktion MITTELABW zur Berechnung der mittleren, absoluten Abweichung), oder man quadriert die Abweichungen. Nach diesem Prinzip wird die Varianz berechnet und weiterhin die Standardabweichung, welche die Wurzel der Varianz ist.

Varianz = `SUMME((Werte-MITTELWERT(Werte))^2)/ANZAHL(Werte)`

Die Berechnung der Varianz gibt es in den Alternativen VARIANZEN, VARIANZENA, VARIANZ und VARIANZA. Die ersten beiden gehen davon aus, dass die Datenreihe aus einer vollständigen Grundgesamtheit besteht. Die letzten beiden unterstellen, dass die beobachteten Werte lediglich eine Stichprobe der Grundgesamtheit darstellen. Die Alternativen mit der A-Erweiterung interpretieren WAHR als 1 und FALSCH und Text als 0.

Multipliziert man die Varianz mit der Anzahl der Werte der Datenreihe, so erhält man die Summe der quadrierten Abweichungen. Den gleichen Zweck erfüllt die Funktion SUMQUADABW.

Zieht man von allen vier Varianzfunktionen die Quadratwurzel, erhält man ihre Pendants zur Berechnung der Standardabweichung STABWN, STABWNA, STABW und STABWA.

KOVAR berechnet die Varianz von zwei zueinander in Beziehung gesetzten Datenreihen und wird beispielsweise in der Kapitalmarkttheorie (Capital-Asset-Pricing-Modell) benötigt. Rechnerisch entspricht `KOVAR(DatA;DatB)` dem Ergebnis aus:

```
{=MITTELWERT((DatA-MITTELWERT(DatA))*(DatB-MITTELWERT(DatB)))}.
```

Die folgende Abbildung 3.6 vergleicht Datenreihen mit gleichem arithmetischen Mittel, aber unterschiedlichen Streuungen. Wie zu sehen ist, sind die Streuungsmaße der Wertereihe B kleiner, da ihre Werte näher am arithmetischen Mittelwert liegen.

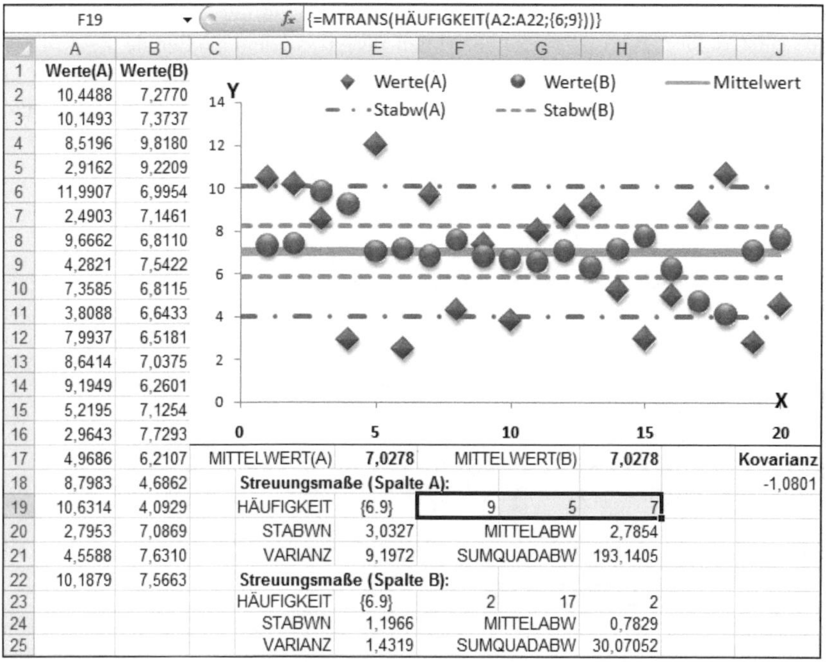

	A	B	C	D	E	F	G	H	I	J
1	Werte(A)	Werte(B)								
2	10,4488	7,2770								
3	10,1493	7,3737								
4	8,5196	9,8180								
5	2,9162	9,2209								
6	11,9907	6,9954								
7	2,4903	7,1461								
8	9,6662	6,8110								
9	4,2821	7,5422								
10	7,3585	6,8115								
11	3,8088	6,6433								
12	7,9937	6,5181								
13	8,6414	7,0375								
14	9,1949	6,2601								
15	5,2195	7,1254								
16	2,9643	7,7293								
17	4,9686	6,2107	MITTELWERT(A)		**7,0278**	MITTELWERT(B)		**7,0278**		**Kovarianz**
18	8,7983	4,6862		**Streuungsmaße (Spalte A):**						-1,0801
19	10,6314	4,0929		HÄUFIGKEIT	{6.9}	9	5	7		
20	2,7953	7,0869		STABWN	3,0327		MITTELABW	2,7854		
21	4,5588	7,6310		VARIANZ	9,1972		SUMQUADABW	193,1405		
22	10,1879	7,5663		**Streuungsmaße (Spalte B):**						
23				HÄUFIGKEIT	{6.9}	2	17	2		
24				STABWN	1,1966		MITTELABW	0,7829		
25				VARIANZ	1,4319		SUMQUADABW	30,07052		

Abbildung 3.6: Streuungsmaße

3.13 Regressionsrechnung

Die Regressionsrechnung ist ein statistisches Verfahren, das die Abhängigkeit einer Datenreihe (Y-Werte) von einer zweiten Datenreihe (X-Werte) analysiert und einen funktionalen Zusammenhang zwischen beiden Größen herstellt. Aus den daraus erlangten Kenntnissen sollen zukünftige Prognosen bzw. Trends abgeleitet werden können. Excel stellt eine Gruppe von Funktionen zur Verfügung, die sich dieser Thematik annehmen und die sich sehr gut ergänzen und teilweise auch substituieren lassen.

Die meisten Funktionen gehen standardmäßig von einem linearen Zusammenhang zwischen abhängiger und unabhängiger Größe aus. Es werden folglich lineare Trends unterstellt. Die Abbildung 3.7 zeigt in Spalte A die unabhängige Größe und die abhängigen Messwerte in Spalte B, die in einem Punkt-(XY-)Diagramm dargestellt werden. Die Gerade stellt den linearen Trend dieser Messwerte dar.

Die Funktion STEIGUNG(Y_Werte;X_Werte) gibt die Steigung der Trendgeraden zurück. ACHSENABSCHNITT(Y_Werte;X_Werte) liefert den Y-Wert, an dem die Gerade die Y-Achse schneidet. Die Funktion RGP(Y_Werte; X_Werte) liefert ein Array aus zwei Werten in obiger Form, die ebenfalls die Steigung und den Y-Achsenschnittpunkt bestimmen. Darüber hinaus besitzt sie noch zwei weitere optionale Parameter, über die weitere statistische Kennzahlen der Trendfunktion abfragbar sind.

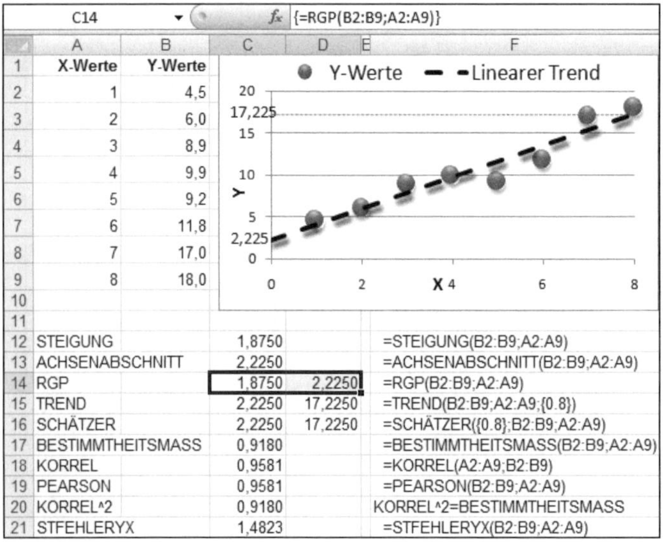

	A	B	C	D	E	F
1	X-Werte	Y-Werte				
2	1	4,5				
3	2	6,0				
4	3	8,9				
5	4	9,9				
6	5	9,2				
7	6	11,8				
8	7	17,0				
9	8	18,0				
10						
11						
12	STEIGUNG		1,8750			=STEIGUNG(B2:B9;A2:A9)
13	ACHSENABSCHNITT		2,2250			=ACHSENABSCHNITT(B2:B9;A2:A9)
14	RGP		1,8750	2,2250		=RGP(B2:B9;A2:A9)
15	TREND		2,2250	17,2250		=TREND(B2:B9;A2:A9;{0.8})
16	SCHÄTZER		2,2250	17,2250		=SCHÄTZER({0.8};B2:B9;A2:A9)
17	BESTIMMTHEITSMASS		0,9180			=BESTIMMTHEITSMASS(B2:B9;A2:A9)
18	KORREL		0,9581			=KORREL(A2:A9;B2:B9)
19	PEARSON		0,9581			=PEARSON(B2:B9;A2:A9)
20	KORREL^2		0,9180			KORREL^2=BESTIMMTHEITSMASS
21	STFEHLERYX		1,4823			=STFEHLERYX(B2:B9;A2:A9)

Abbildung 3.7: Regressionsrechnung (linear)

Die Funktion TREND berechnet aus vorgegebenen X-Werten einzelne Y-Werte der Trendfunktion, was natürlich auch über Steigung und Y-Achsenschnittpunkt ableitbar wäre:

```
=TREND(x)=STEIGUNG*x+ACHSENABSCHNITT
```

Die Funktion SCHÄTZER(x; Y_Werte; X_Werte) macht genau das Gleiche wie TREND, nur dass die Parameter in etwas anderer Reihenfolge verlangt werden. TREND hat aber noch ein paar spezielle Tricks auf Lager, die Sie mit SCHÄTZER nicht machen können, bleiben Sie deshalb lieber gleich bei TREND. Ulkigerweise erwähnt die integrierte Hilfe noch die Funktion PROGNOSE. Doch diese ist nur ein Phantom. Gibt man sie in eine Zelle ein, erhält man #NAME?. Ruft man den Hilfetext zu SCHÄTZER auf, wird die Funktion PROGNOSE beschrieben.

Die Funktionen BESTIMMTHEITSMASS(Y_Werte; X_Werte), KORREL(Matrix1; Matrix2) und PEARSON(Matrix1; Matrix2) drücken aus, wie stark die Y-Werte überhaupt von den X-Werten abhängig sind. Die beiden Letztgenannten liefern stets ein identisches Ergebnis. Werden beide quadriert, ergibt sich das BESTIMMTHEITSMASS. Bei rein zufälligen Y-Werten, die absolut nichts mit den X-Werten zu tun haben, liefern alle drei Funktionen einen Wert nahe 0. Bei vollständiger Abhängigkeit liefern sie den Wert +1. KORREL und PEARSON können auch eine negative Korrelation von bis zu –1 darstellen. Da die Funktion BESTIMMTHEITSMASS deren Quadrat ist, liegt ihr Ergebnis im Bereich von 0 und 1.

Es besteht übrigens auch ein Zusammenhang zwischen diesen Funktionen und der im vorherigen Abschnitt erwähnten Kovarianz und der Standardabweichung:

```
=KORREL(WerteA;WerteB)*STABWN(WerteA)*STABWN(WerteB)
=KOVAR(WerteA;WerteB)
```

STFEHLERYX(Y_Werte;X_Werte) ist ein weiteres Maß zur Bestimmung der Abhängigkeit zwischen Y-Werten und X-Werten. Je stärker die Abhängigkeit der Y-Werte ist, desto kleiner ist das Ergebnis dieser Funktion. Im Extremfall einer vollkommenen Abhängigkeit liefert sie #DIV/0!.

```
=STFEHLERYX({1.10.15};{1.2.3})=#DIV/0!
```

Der Zusammenhang zwischen Y-Werten und X-Werten muss nicht immer linear sein. Statt einer linearen Funktion

```
y=a+b*x
```

ist auch eine polynomische Funktion

```
y=a + b*x + c*x^2+d*x^3+...
```

darstellbar. Werden die X-Werte in den Funktionen RGP und Trend mit den Potenzen der Polynomfunktion ^{1.2.3...} verquickt, liefern sie die richtigen Koeffizienten bzw. Y-Werte des Funktionsgraphen, wie Abbildung 3.8. Die Messwerte werden hier durch eine polynomische Trendfunktion 3. Ordnung angenähert. In Kapitel 8 (*Rendite*) wird dieses Thema noch einmal ausführlich aufgegriffen.

Neu dazu gesellt sich die Funktion POTENZREIHE, mit der man zwar nicht unmittelbar Regressionsrechnungen durchführt, die aber zusammen mit RGP und TREND ein sich schön ergänzendes Dreigestirn bildet. TREND ermittelt ja Y-Werte aus vorhandenen X-/Y-Werten. POTENZREIHE kann dieselben Y-Werte aus den Koeffizienten herleiten, die RGP als Ergebnis liefert.

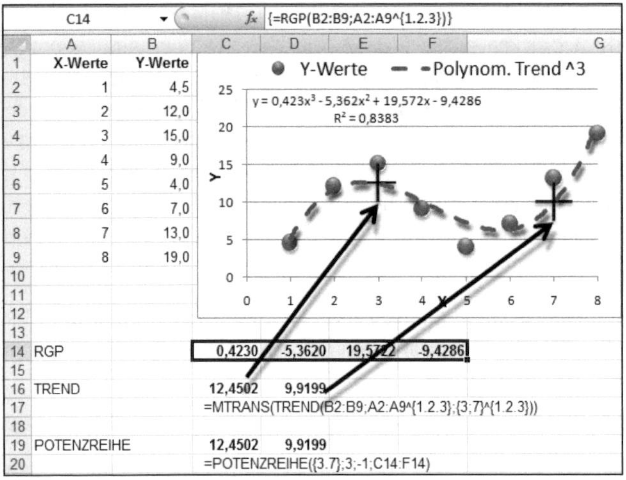

Abbildung 3.8: Regressionsrechnung (polynomisch)

Dass wir uns hier schon sehr nahe am Bereich der Finanzmathematik befinden, demonstriert der Zusammenhang

```
=POTENZREIHE(1/(1+5%);1;1;Zahlungsreihe)
=NBW(5%;Zahlungsreihe)
```

Mit beiden Funktionen kann gleichermaßen der Barwert einer Zahlungsreihe gebildet werden. Dies so weit nur als kleiner Appetithappen auf Ausführungen im Vertiefungsteil dieses Buches.

Noch einmal zurück zur Trendrechnung. Handelt es sich weder um einen linearen noch um einen polynomischen Trend, sondern um einen exponentiellen Zusammenhang zwischen unabhängiger und abhängiger Größe, werden die Funktionen RGP und TREND durch die Funktionen RKP und VARIATION ersetzt, die ansonsten gleichermaßen zu handhaben sind. Sie beschreiben Wachstumsfunktionen. RGP und RKP liefern jeweils Koeffizienten der Trendfunktion, TREND und VARIATION einzelne Y-Werte oder eine ganze Reihe von Y-Werten. Die Formeln

```
=VARIATION({ 1 . 1,1 . 1,21 . 1,331 };{ 0 . 1 . 2 . 3 };4)
= 1,4641
=RKP({ 1 . 1,1 . 1,21 . 1,331 };{ 0 . 1 . 2 . 3 }) = {1,1.1}
```

sind so zu interpretieren: Ein Taler wächst in jedem Zeitabschnitt um den Faktor 1,1 (er wird mit 10 % verzinst). Nach vier Perioden ist er auf 1,4641 Taler angewachsen.

3.14 Kombinatorik

Dieses Gebiet der Statistik beschäftigt sich mit der Anordnung oder Auswahl von *k* Elementen aus einer Grundgesamtheit von *n* Elementen.

Es gibt sechs Kombinationsmöglichkeiten, zwei Elemente *k* aus einer Grundgesamtheit *n* von vier anzuordnen: AB, AC, AD, BC, BD und CD. Berechnet wird dies mit der Formel:

`=KOMBINATIONEN(4;2)=6`

Spielt die Reihenfolge der Elemente eine Rolle, sodass AB und BA als zwei verschiedene Möglichkeiten gewertet werden, spricht man von Variationen ohne Wiederholung.

`=VARIATIONEN(4;2)` ergibt 12, und das steht für die Variationsmöglichkeiten AB, AC, AD, BC, BD, CD, BA, CA, DA, CB, DB und DC.

Können auch noch doppelte Elemente vorkommen, handelt es sich um Variationen mit Wiederholung, deren Anzahl mit *n^k*, hier 4^2 = 16, ermittelt werden kann:

AA, AB, AC, AD, BA, BB, BC, BD, CA, CB, CC, CD, DA, DB, DC, DD.

Schließlich können mit der Funktion FAKULTÄT weitere Aufgaben der Kombinatorik gelöst werden. Beispielsweise versteht man unter der Veränderung der Reihenfolge der Elemente Permutationen, wobei gilt: *k* = *n*. Bei vier Elementen gibt es

`=FAKULTÄT(4)=24` Permutationen, diese lauten:

ABCD, ABDC, ACBD, ACDB, ADBC, ADCB, BACD, BADC, BCAD, BCDA, BDAC, BDCA, CBAD, CBDA, CABD, CADB, CDBA, CDAB, DBCA, DBAC, DCBA, DCAB, DABC, DACB.

Eine Erweiterung stellt die Funktion POLYNOMIAL dar. Sie beantwortet folgende Frage: Wie viele Pärchen können aus den Buchstaben A,B,C,D gebildet werden? Listet man das Ergebnis auf, gibt es folgende Alternativen:

- 1. Paar: AB; 2. Paar: CD
- 1. Paar: AC; 2. Paar: BD
- 1. Paar: AD; 2. Paar: BC
- 1. Paar: CD; 2. Paar: AB
- 1. Paar: BD; 2. Paar: AC
- 1. Paar: BC; 2. Paar: AD

Diese sechs Möglichkeiten ergeben sich aus:

```
POLYNOMIAL(2;2) = 6
```

Was man auch mithilfe von Fakultäten erreichen könnte:

```
FAKULTÄT(4)/FAKULTÄT(2)^2 = 6
```

Logisch, denn es gibt FAKULÄT(4) = 24 Permutationen, von denen aber, umgemünzt auf die Pärchenaufgabe, immer vier Permutationen als eine Lösung anzusehen sind, zum Beispiel:

- 1. Paar: AB; 2. Paar: CD
- 1. Paar: BA; 2. Paar: CD
- 1. Paar: AB; 2. Paar: DC
- 1. Paar: BA; 2. Paar: CD

Folglich muss 24 durch 4 geteilt werden, um auf 6 zu kommen. Das Resultat müsste noch durch 2 geteilt werden, falls:

- 1. Paar: AB; 2. Paar: CD
- 1. Paar: CD; 2. Paar: AB

als nur eine Lösung gelten würde. Zum besseren Verständnis noch ein zweites Beispiel: Bei einer Mannschafts-WM spielen 24 Mannschaften in sechs Gruppen gegeneinander. Dies seien dieselben Mannschaften wie vier Jahre zuvor. Wie hoch ist die Wahrscheinlichkeit, dass die 100 % identischen Vorrundenpaarungen zustande kommen wie vier Jahre zuvor?

```
=1/(POLYNOMIAL(4;4;4;4;4;4)/FAKULTÄT(6))
=1/(FAKULTÄT(24)/PRODUKT(FAKULTÄT({4.4.4.4.4.4.6})))
=1/4.509.264.634.875
```

3.15 Statistische Verteilungen

In dieser Kategorie geht es um statistische Spezialfunktionen, mit denen der durchschnittliche Excel-User seltener Berührungspunkte hat. Es geht um unterschiedliche Wahrscheinlichkeitsverteilungen, von denen die Gaußsche Normalverteilung und die Binomialverteilung die bekanntesten sind.

Die Funktion `NORMVERT(x;Mittelwert;Standabwn;Kumuliert)` berechnet die Wahrscheinlichkeit eines Messwertes (x) innerhalb eines normal verteilten Vorgangs, von dem der arithmetische Mittelwert aller Messwerte sowie deren Standardabweichung bekannt sind. Diese Wahrscheinlichkeit kann entweder als kumulierte oder Einzelwahrscheinlichkeit dargestellt werden.

`NORMINV(Wahrsch;Mittelwert;Standabwn)` schließt nach Vorgabe der kumulierten Wahrscheinlichkeit wieder auf den Messwert (x) zurück, ist also quasi die Umkehrfunktion von NORMVERT.

Bei den Funktionen `STANDNORMVERT(x)` und `STANDNORMINV(Wahrsch)` verhält es sich genauso, nur dass man hier nicht arithmetisches Mittel und Standardabweichung frei definieren kann, sondern Werte von 0 bzw. 1 unterstellt werden.

Da unsere Welt nicht nur aus normal verteilten Zufallsgrößen besteht, existieren noch weitere Funktionen zur Beschreibung von Wahrscheinlichkeitsverteilungen. Windgeschwindigkeiten sind beispielsweise WEIBULL-verteilt, und Interessierten steht eine gleichnamige Funktion zur Verfügung. Weitere Verteilungsfunktionen enden in der Regel mit VERT, als da wären: BETAVERT, BINOMVERT, CHIVERT, EXPONVERT, FVERT, GAMMAVERT und HYPGEOMVERT, mit der die Wahrscheinlichkeit für x Richtige im Lotto ermittelt werden kann. Ferner LOGNORMVERT, NEGBINOMVERT, TVERT und POISSON, die auch dazugehört, obwohl ihr der Zusatz VERT fehlt. Die meisten dieser Funktionen besitzen analog zur Normalverteilung eine Umkehrfunktion, die mit INV endet.

Mit den INV-Funktionen können übrigens Zufallszahlen generiert werden, die sich gemäß der verfügbaren Wahrscheinlichkeitsverteilungen verhalten. Beispielsweise erzeugt

```
=NORMINV(ZUFALLSZAHL();7;2)
```

normal verteilte Zufallszahlen mit dem arithmetischen Mittelwert 7 und der Standardabweichung 2. Zum Beweis können Sie die Formel in einige Hundert Zellen kopieren und dann den Mittelwert und die Standardabweichung dieser Werte überprüfen. Die Abbildung 3.9 stellt eine Auswahl verschiedener Verteilungsfunktionen dar.

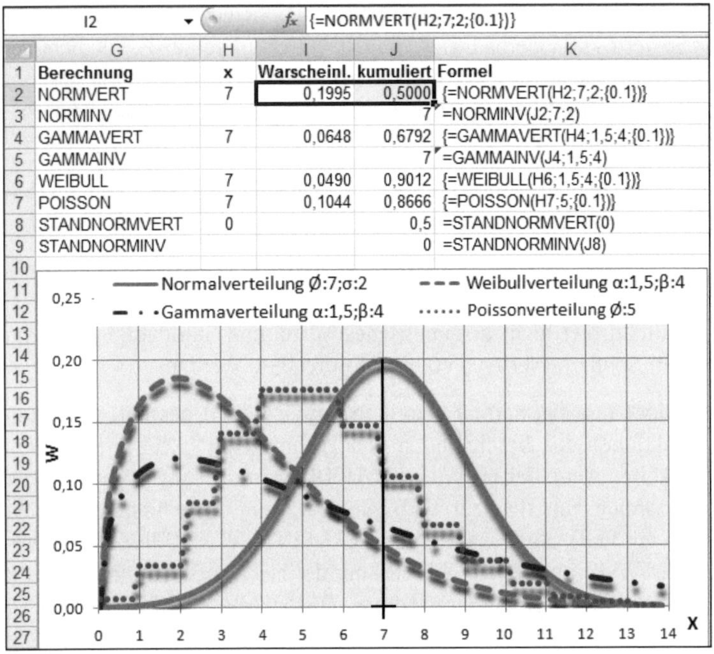

I2 | {=NORMVERT(H2;7;2;{0.1})}

	G	H	I	J	K
1	**Berechnung**	**x**	**Warscheinl.**	**kumuliert**	**Formel**
2	NORMVERT	7	0,1995	0,5000	{=NORMVERT(H2;7;2;{0.1})}
3	NORMINV			7	=NORMINV(J2;7;2)
4	GAMMAVERT	7	0,0648	0,6792	{=GAMMAVERT(H4;1,5;4;{0.1})}
5	GAMMAINV			7	=GAMMAINV(J4;1,5;4)
6	WEIBULL	7	0,0490	0,9012	{=WEIBULL(H6;1,5;4;{0.1})}
7	POISSON	7	0,1044	0,8666	{=POISSON(H7;5;{0.1})}
8	STANDNORMVERT	0		0,5	=STANDNORMVERT(0)
9	STANDNORMINV			0	=STANDNORMINV(J8)

Abbildung 3.9: Statistische Verteilung

Um die vier Funktionsgraphen der Abbildung zu erhalten, führen Sie die Berechnungen mit den Funktionen NORMVERT, GAMMAVERT, WEIBULL und POISSON nicht für einen einzelnen X-Wert, sondern für das ganze X-Achsenintervall von 0 bis 14 durch.

Die Funktion SCHIEFE gibt Aufschluss über die Symmetrie einer Verteilung. Bei normal verteilten Zufallswerten liefert sie einen Wert nahe null, da die Normalverteilung (Gaußsche Glockenkurve) spiegelsymmetrisch ist, wie leicht zu erkennen ist. Gamma- oder Weibull-Verteilung liefern eine positive Schiefe, da ihr Gipfel linksseitig ausgeprägt ist. Aus Verteilungen mit rechtslastigem Gipfel würde eine negative Schiefe resultieren.

- rechtslastig: `SCHIEFE({1;2;3;3;4;4;4;4;5}) = -0,8`
- linkslastig: `SCHIEFE({1;1;1;1;2;2;2;3;4}) = +1,1`
- spiegelsymmetrisch: `SCHIEFE({5;2;2;3;3;3;4;4;1}) = 0`

Bei den spiegelsymmetrischen Werten wurde bewusst die 5 an den Anfang und die 1 an das Ende gestellt, um zu zeigen, dass die Reihenfolge der Zahlen keine Rolle spielt.

KURT (Kurtosis ermittelt, ob der Berg der Verteilung einer Datenreihe sehr steil und spitz oder eher flach ist. Dies aber nicht absolut, sondern immer relativ zur Normalverteilung mit gleichem Mittelwert und gleicher Standardabweichung wie die vorhandene Datenreihe. Denn zwei Normalverteilungen haben trotz unterschiedlicher Standardabweichungen und ergo unterschiedlicher Wölbung nahezu dieselbe Kurtosis:

```
{=KURT(NORMINV(ZEILE(1:10000)/10001;7;10))}
= -0,0195764334382798
{=KURT(NORMINV(ZEILE(1:10000)/10001;7;1))}
= -0,01957643343825
```

Die Funktion `STANDARDISIERUNG(x;Mittelwert;Standabwn)` transformiert einen mit NORMINV erzeugten Messwert (x) in den entsprechenden X-Wert der Standardnormalverteilung, indem sie von ihm den Erwartungswert, der dem arithmetischen Mittel entspricht, subtrahiert und das Ergebnis durch die Standardabweichung dividiert:

```
=NORMINV(0,4;7;2) = 6,4933
=STANDNORMINV(0,4)=(6,4933-7)/2=STANDARDISIERUNG(6,4933;7;2)= -0,2533
```

Bei der Standardisierung wird lediglich die „Glocke" nach links verschoben, bis der Mittelwert auf der Y-Achse liegt, dann die Standardabweichung auf 1 angepasst (weil die Standardnormalverteilung eben eine Standardabweichung von 1 hat) und abschließend der neue Messwert (x) der Wahrscheinlichkeit von 0,4 (kumuliert) abgelesen.

Die Binomialverteilung untersucht eine festgelegte Anzahl Zufallstests, die entweder einen Erfolg oder einen Misserfolg mit sich bringen und bei denen die Erfolgswahrscheinlichkeit bei jedem Test konstant bleibt. Die integrierte Excel-Hilfe nennt als Beispiel für einen Erfolgsfall ein männliches Neugeborenes. Aber um keine Geschlechterdebatte auszulösen, betrachten wir ein neutraleres Beispiel, und zwar den guten alten Münzwurf. Eine Münze wird viermal geworfen. Wie hoch ist die Wahrscheinlichkeit, genau zweimal Zahl zu erhalten?

```
=BINOMVERT(2;4;0,5;0) = 37,5 %
```

Die Wahrscheinlichkeit, mindestens zweimal Zahl zu erhalten, beträgt:

```
=BINOMVERT(2;4;0,5;1)=0,6875 bzw. 68,75 %.
```

Das Ergebnis lässt sich übrigens prima empirisch überprüfen. Schreiben Sie in A1:D1:

```
=KÜRZEN(ZUFALLSZAHL()*2)
```

Das Ergebnis dieser Formel ist 0 oder 1, bezogen auf eine Münze steht die 1 für Zahl und die 0 für Wappen. In E1 summieren Sie A1:D1. Dann kopieren Sie A1:E1 500 Zellen nach unten. Anschließend zählen Sie, wie oft in Spalte E eine 2 vorkommt, und setzen das Ergebnis ins Verhältnis zu den 500 Zeilen. Das Ergebnis wird in etwa 37,5 % betragen.

Auch BINOMVERT besitzt eine Umkehrfunktion, die ausnahmsweise mal nicht mit INV endet:

`=KRITBINOM(4;0,5;0,6875) = 2`

In Ergänzung zu den Verteilungsfunktionen existieren Testfunktionen, die gegebene Stichproben auf eine bestimmte Verteilung hin überprüfen. Zu nennen sind hierbei der GTEST für die Normalverteilung sowie CHITEST, FTEST und TTEST.

`=WAHRSCHBEREICH(Werte;Wahrscheinlichkeiten;von-Wert;bis-Wert)` ist eine sehr banale statistische Funktion und wahrscheinlich nicht besonders gängig. Jedem Wert der Wertematrix ist ein Wert der Matrix aus Wahrscheinlichkeiten zugeordnet. Die Summe der Wahrscheinlichkeiten muss immer 1 ergeben, was allein schon die Funktion ziemlich einschränkt. *Von*-Wert und *Bis*-Wert grenzen ein Intervall von Werten ein, deren Wahrscheinlichkeiten dann addiert werden.

Nur noch der Vollständigkeit halber nennen wir die Funktionen GAMMALN, KONFIDENZ, FISHER und FISHERINV, die auch noch in den Bereich der Statistik gehören und die Gott weiß was machen (wir können ja nicht alles wissen).

Aus der Gruppe der ehemaligen Add-In-Funktionen können nur zwei den statistischen Verteilungsfunktionen zugeordnet werden. Unsere Kenntnisse über die beiden beschränken sich auf den integrierten Hilfetext:

`GAUSSFEHLER(Untere_Grenze;Obere_Grenze)`

Gibt die Gaußsche Fehlerfunktion zurück

`GAUSSFKOMPL(Untere_Grenze)`

Gibt das Komplement zur Gaußschen Fehlerfunktion zurück.

3.16 Matrizenrechnung

Die Funktionen MMULT, MINV und MDET führen spezielle Rechenoperationen aus dem Bereich der linearen Algebra durch. MMULT multipliziert zwei Matrizen, MINV berechnet die Inverse einer Matrix und MDET deren Determinante. Diese Funktionen können Sie nicht auf jede x-beliebige Matrix oder jeden Bereich im Excel-Sinne anwenden. Diese Funktionen verlangen spezielle Matrizen, die für diese Berechnungen sinnvoll dimensioniert sind.

MMULT verlangt, dass die Anzahl der Spalten von Matrix 1 mit der Anzahl der Zeilen von Matrix 2 übereinstimmen. Als Ergebnis liefert die Funktion eine Matrix, die dieselbe Anzahl von Zeilen wie Matrix 1 und dieselbe Anzahl von Spalten wie Matrix 2 besitzt.

MDET und MINV können nur auf quadratische Matrizen angewendet werden.

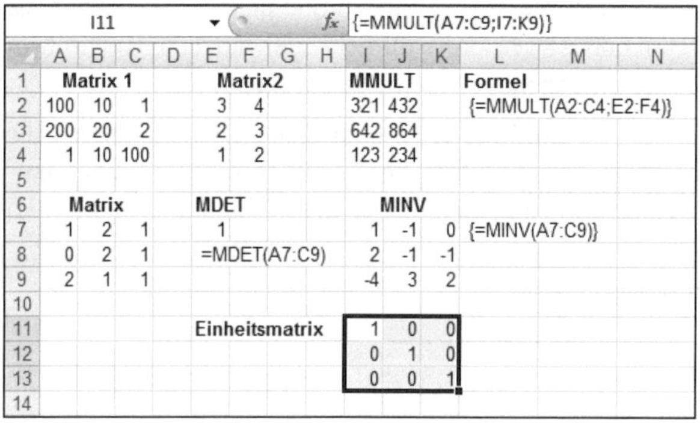
I11 fx {=MMULT(A7:C9;I7:K9)}

	A	B	C	D	E	F	G	H	I	J	K	L	M	N
1		Matrix 1			Matrix2				MMULT			Formel		
2	100	10	1		3	4			321	432		{=MMULT(A2:C4;E2:F4)}		
3	200	20	2		2	3			642	864				
4	1	10	100		1	2			123	234				
5														
6		Matrix			MDET					MINV				
7	1	2	1		1				1	-1	0	{=MINV(A7:C9)}		
8	0	2	1		=MDET(A7:C9)				2	-1	-1			
9	2	1	1						-4	3	2			
10														
11					Einheitsmatrix				1	0	0			
12									0	1	0			
13									0	0	1			
14														

Abbildung 3.10: Matrizenrechnung (1)

Die Berechnung von MMULT kann auch mit den Operatoren * und + sowie der richtigen $-Setzung ganz einfach nachgebaut werden:

```
I2: =$A2*E$2+$B2*E$3+$C2*E$4
```

wird bis J4 kopiert. Die Werte der Matrixinversen in I7:K9 weisen die Eigenschaft auf, dass, wenn man sie mit der Ursprungsmatrix A7:C9 multipliziert, sie die sogenannte Einheitsmatrix erhält. Diese besteht aus lauter Nullen und einer Diagonalen aus Einsern (I11:K13).

Mit MMULT in Kombination mit MINV können lineare Gleichungssysteme gelöst werden. Gegeben sind beispielsweise die zwei Gleichungen:

```
15=4*a+8*b
10=6*a+4*b
```

Für a und b sind diejenigen Werte zu wählen, für die beide Gleichungen aufgehen. Die Formel dazu lautet:

```
{=MMULT(MINV({4.8;6.4});{15;10})} = {0,625;1,5625}
```

Die Lösung für a lautet demnach 0,625 und für b 1,5625, denn:

```
4*0,625+8*1,5625 = 15
6*0,625+4*1,5625 = 10
```

Die weiteren Funktionen dieser Gruppe können auf beliebige Bereiche bzw. Matrizen angewendet werden. QUADRATESUMME bildet das Quadrat jedes Wertes eines Bereichs oder einer Matrix und addiert danach alle Quadrate.

SUMMENPRODUKT müsste eigentlich Produktsumme heißen, denn die Funktion multipliziert jedes n-te Element zweier oder mehrerer Matrizen und bildet anschließend die Summe aller Produkte. Die Funktion ist bei Matrixformeln sehr nützlich, weil mit ihr zum Beispiel Summen mit mehreren Bedingungen ermittelt werden können.

Die Funktionen SUMMEX2MY2 und SUMMEX2PY2 subtrahieren bzw. addieren die quadrierten Elemente zweier Matrizen und bilden anschließend eine Gesamtsumme. Bei der Funktion SUMMEXMY2 ist nur die Reihenfolge anders, es wird erst subtrahiert und dann quadriert. Die Variante erst addieren und dann quadrieren gibt es nicht – wurde die vielleicht einfach vergessen?

P6 fx {=SUMME(A2:A6^2)}

	A	D	G	P
1	Matrix1	Matrix2	Formel/Alternative mit Arrayformel	Ergebnis
2	2	30	=SUMMENPRODUKT(A2:A6;D2:D6)	300
3	3	20	{=SUMME(A2:A6*D2:D6)}	300
4	4	15		
5	5	12	=QUADRATESUMME(A2:A6)	90
6	6	10	{=SUMME(A2:A6^2)}	90
7				

P3 fx {=SUMME(A2:A6^2-D2:D6^2)}

	A	D	G	P
1	Matrix1	Matrix2	Formel/Alternative mit Arrayformel	Ergebnis
2	6	5	=SUMMEX2MY2(A2:A6;D2:D6)	35
3	5	4	{=SUMME(A2:A6^2-D2:D6^2)}	35
4	4	3		
5	3	2	=SUMMEX2PY2(A2:A6;D2:D6)	145
6	2	1	{=SUMME(A2:A6^2+D2:D6^2)}	145
7				
8			=SUMMEXMY2(A2:A6;D2:D6)	5
9			{=SUMME((A2:A6-D2:D6)^2)}	5
10				
11			???	
12			{=SUMME((A2:A6+D2:D6)^2)}	285

Abbildung 3.11: Matrizenrechnung (2)

Diese Funktionen sind sehr leicht durch die Funktion SUMME und eine mit [Strg]+[⇧]+[↵] abgeschlossene Array-Formel zu ersetzen. Die Abbildung 3.11 zeigt Beispiele dieser Funktionen. Zur Veranschaulichung der Rechenlogik wird die Array-Formel-Alternative jeweils direkt darunter gezeigt:

3.17 Trigonometrie

Die geläufigsten Funktionen dieser Kategorie SIN, COS und TAN fehlen auch auf keinem guten Taschenrechner und berechnen den Sinus, den Cosinus und den Tangens einer Zahl. Mit *Zahl* ist hier eine in das Bogenmaß umgerechnete Gradzahl gemeint. Diese Umrechnung geschieht mit der gleichnamigen Funktion BOGENMASS. Das Bogenmaß von 180° entspricht der Kreiszahl PI, für die selbstverständlich ebenso eine gleichnamige Funktion zur Verfügung steht.

```
=BOGENMASS(180)=PI()=3,14159265358979
```

Die Umkehrfunktion – Sie können es erraten – lautet:

```
=GRAD(PI())=180
```

Zur Erinnerung an Ihren Mathematikunterricht in der Mittelstufe: In einem rechtwinkligen Dreieck ist der Sinus eines Winkels das Verhältnis der Gegenkathete zur Hypotenuse. Der Kosinus beschreibt das Verhältnis der Ankathete zur Hypotenuse, und der Tangens ergibt sich schließlich aus dem Verhältnis von Gegenkathete zu Ankathete oder auch von Sinus zu Kosinus.

Auch SIN, COS und TAN haben Umkehrfunktionen, die sogenannten Arcusfunktionen: ARCSIN, ARCCOS und ARCTAN. ARCTAN2 errechnet den Arcustangens oder umgekehrten Tangens, geht dabei aber (im Gegensatz zu ARCTAN) nicht vom Tangens, sondern von einem X-/Y-Koordinatenpunkt aus.

Beispielrechnungen mit einem rechtwinkligen Dreieck zeigt Abbildung 3.12.

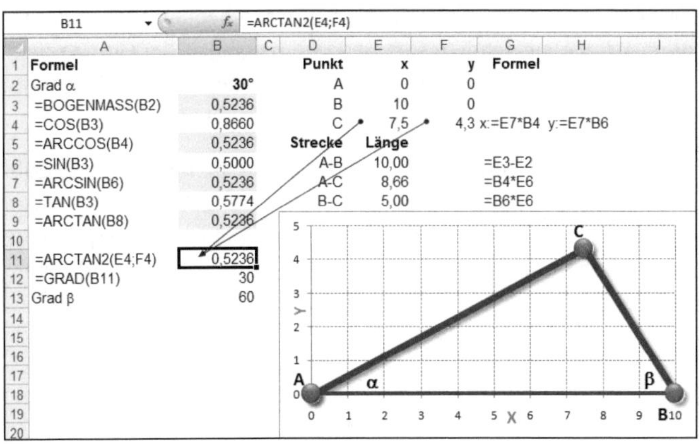

Abbildung 3.12: Trigonometrische Berechnungen

Wem das nicht genügt, der kann sich außerdem noch an sechs hyperbolischen Funktionen austoben: SINHYP, COSHYP, TANHYP, ARCSINHYP, ARCCOSHYP und ARCTANHYP.

An neuen Standardfunktionen in XL2007 nennen wir nur der Vollständigkeit halber WURZELPI, die wirklich nicht überlebensnotwendig ist, denn:

```
=WURZELPI(x)=WURZEL(PI()*x)
```

3.18 Zinseszins- und Rentenrechnung

Die Zusammenfassung der nächsten beiden Abschnitte wird im zweiten Teil des Buches natürlich noch wesentlich vertieft und ist hier lediglich als kleine „Appetitanregung" zu verstehen.

Die kaufmännische, deutsche Zinsmethode rechnet einen Monat mit 30 Tagen und ein Jahr mit 360 Tagen. Um tagesgenaue Zinsen nach dieser Methode rechnen zu können, hilft Ihnen die Funktion TAGE360. Allerdings steht diese Funktion mit dem Februar auf Kriegsfuß. Die Tageszahl zwischen dem 31.12.2002 und dem 28.02.2003 sollte 60 sein – ergibt aber 58. Damit Sie sich auf die Funktion TAGE360 verlassen können, müssen Sie sie leicht modifizieren, statt:

```
=TAGE360(Ausgangsdatum;Enddatum;1)
```

nehmen Sie besser:

```
=TAGE360(Ausgangsdatum;Enddatum+(TAG(Enddatum+1)=1))-(TAG(Enddatum+1)=1).
```

Neun der sechzehn Funktionen aus der (bis Xl2003) herkömmlichen Kategorie *Finanzmathematik* gehören quasi wie ein Team zusammen und behandeln im Grunde denselben Anwendungsfall, nur aus einer anderen Sicht mit anderen In- und Output-Parametern. Folgender Tilgungsplan in Abbildung 3.13 wird dies verdeutlichen.

Eine Anfangsschuld wird zu einem konstanten Zinssatz über eine bestimmte Anzahl Perioden verzinst und annuitätisch, d.h. mit konstanten Zahlungsraten, getilgt. Am Ende der Laufzeit verbleibt eine zu definierende Restschuld. Die konstante jährliche Annuität setzt sich aus einem immer größer werdenden Tilgungsanteil und einem immer kleiner werdenden Zinsanteil zusammen.

H11 fx =+G11+H10

	A	B	C	D	E	F	G	H
1	Zinssatz	5%						
2	Barwert	20.000,00 €						
3	Laufzeit	6,00 Jahre						
4	Endwert	-5.000,00 €						
5	Annuität	-3.205,26						
6								
7	**Zeitstrahl**	t_0	t_1	t_2	t_3	t_4	t_5	t_6
8	Annuität		-3.205,26	-3.205,26	-3.205,26	-3.205,26	-3.205,26	-3.205,26
9	Zinsen (ZINSZ)		-1.000,00	-889,74	-773,96	-652,40	-524,75	-390,73
10	Tilgung (KAPZ)		-2.205,26	-2.315,53	-2.431,30	-2.552,87	-2.680,51	-2.814,54
11	Restwert	**20.000,00**	**17.794,74**	**15.479,21**	**13.047,91**	**10.495,05**	**7.814,54**	**5.000,00**
12	Resttilgung							-5.000,00
13	**Zahlungsstrom**	**20.000,00**	**-3.205,26**	**-3.205,26**	**-3.205,26**	**-3.205,26**	**-3.205,26**	**-8.205,26**
14								
15	BW	20.000,00	=BW(B1;B3;B5;B4;0)					
16	IKV	5,00%	=IKV(B13:H13)					
17	KAPZ (2. Jahr)	-2.315,53	=KAPZ(B1;2;B3;B2;B4;0)					
18	NBW	-20.000,00	=NBW(B1;C13:H13)					
19	RMZ	-3.205,26	=RMZ(B1;B3;B2;B4;0)					
20	ZINS	5,00%	=ZINS(B3;B5;B2;B4;0)					
21	ZINSZ (2. Jahr)	-889,74	=ZINSZ(B1;2;B3;B2;B4;0)					
22	ZW	-5.000,00	=ZW(B1;B3;B5;B2;0)					
23	ZZR	6	=ZZR(B1;B5;B2;B4;0)					

Abbildung 3.13: Zinseszins- und Rentenrechnung

Dieser Tilgungsplan könnte übrigens genauso gut ein Sparplan sein, mit dem einzigen Unterschied, dass in diesem Fall der Endwert größer wäre als der Barwert zu Beginn. Die Funktionen sind auf beide Fälle anzuwenden.

BW und NBW ermitteln den Barwert des Zahlungsplans nach Vorgabe von Laufzeit, Zinssatz, Annuität und Restwert. IKV und ZINS ermitteln den Zinssatz bzw. die Rendite des Zahlungsplans, wenn alle Zahlungen von Barwert, Annuität und Endwert feststehen. RMZ errechnet die jährliche Annuität aus Barwert, Zinssatz, Anzahl Perioden und Endwert. ZW gibt den Endwert für den Fall zurück, dass Barwert, Zinssatz, Annuität und Laufzeit vorgegeben wurden.

Die Funktionen KAPZ und ZINSZ splitten die jährliche Annuität in einen Tilgungs- und Zinsanteil auf.

Falls Zinssatz, Barwert, Endwert und die Annuität feststehen und die Laufzeit des Zahlungsplans die resultierende Größe ist, nehmen Sie die Funktion ZZR zur Hand.

Die Funktionen IKV und NBW unterscheiden sich dahingehend von ihren Kollegen, als dass der Zahlungsplan nicht unbedingt in der einfachen Form

Barwert=>Annuität=>Endwert

vorliegen muss. Ihnen ist die Anordnung und Höhe der Zahlungen je Periode egal und kann beliebig schwanken. Es wird keine konstante Annuität vorausgesetzt.

Die Funktion QIKV ist eine Erweiterung der Funktion IKV. Die Methodik der internen Kapitalverzinsung, die hinter der Funktion IKV steckt, wird oft kritisiert, da in ihr keine realistischen Annahmen zur Refinanzierung und Reinvestition zu marktkonformen Soll- und Habenzinssätzen berücksichtigt werden können. QIKV modifiziert den internen Zinsfuß, indem positive und negative Cashflows zu unterschiedlichen Zinssätzen finanziert bzw. investiert werden. Wie genau rechnet der QIKV?

Die Zahlungsreihe `{-1000;-106;1000;400}` ergibt einen IKV von 11,40 %. `QIKV{-1000;-106;1000;400};6%;5%)` ergibt 9,65 %. QIKV zinst zunächst alle negativen Cashflows mit dem Sollzins auf t_0 (6 %) ab und alle positiven Cashflows mit dem Habenzins (5 %) auf t_n auf. Übrig bleibt dann eine Zahlungsreihe mit einer Auszahlung in t_0 (–1000 – 100 = –1100) und einer Einzahlung in t_n (+1050 + 400 = 1450). Die effektive Rendite p.a. ergibt sich schließlich aus (1450/1100)^(1/3)-1 = 9,65 %.

Mit den Funktionen EFFEKTIV und NOMINAL rechnen Sie zwischen einem Nominal- und einem Effektivzins um. Möchten Sie zum Beispiel einen Jahreszins von 6 % auf 12 Monate aufteilen, müssen Sie sich darüber bewusst sein, dass ein Monatszins von 0,5 % wegen des Zinseszinseffektes zu einem Jahreszins von mehr als 6 % führt. Genau genommen:

```
1,06^12 = EFFEKTIV(6%;12) = 6,16778118644976 %
```

Die Rückrechnung erfolgt mit:

```
=NOMINAL(6,16778118644976%;12)
```

Den mathematischen Hintergrund erfahren Sie im zweiten Teil des Buches.

Die Funktion ISPMT berechnet die in einer bestimmten Periode anfallenden Zinsen eines durch konstante Tilgungsraten zu bedienenden Darlehens (Abbildung 3.14).

A5 | f_x =ISPMT(A1;A4;A2;A3)

	A	B	C	D	E
1	10%	Jährliche Verzinsung			
2	3	Laufzeit in Jahren			
3	8.000.000,00	Darlehen			
4	1	Periode der zu ermittelnden Zinsen			
5	-533.333,33	Zinsen			
6					
7	**Tilgungsplan**	**Kreditbetrag**	**Tilgung (vorschüssig)**	**Zinsen**	**Annuität**
8	1. Jahr	8.000.000,00	-2.666.666,67	-533.333,33	-3.200.000,00
9	2. Jahr	5.333.333,33	-2.666.666,67	-266.666,67	-2.933.333,33
10	3. Jahr	2.666.666,67	-2.666.666,67		-2.666.666,67
11			**-8.000.000,00**	**-800.000,00**	**-8.800.000,00**
12					

Abbildung 3.14: Beispielrechnung der Funktion ISPMT

3.19 Abschreibungsmethoden

Die Funktion LIA berechnet die lineare Abschreibung eines Wirtschaftsgutes und ersetzt damit lediglich die einfache Formel:

```
AfA = (Anschaffungskosten-Restwert)/Nutzungsdauer.
```

Die Funktion DIA berechnet die arithmetisch-degressive Abschreibung. Die Abschreibungsraten haben bei dieser Methode die Eigenschaft, dass die absolute Differenz einer Rate zur Rate der Vorperiode immer gleich groß ist.

Die Funktion VDB ermittelt laut Excel-Hilfe die degressive Doppelraten-Abschreibung. Im Zusammenhang mit deutschem Handels- und Steuerrecht ist die Bezeichnung *geometrisch-degressive Abschreibung mit optionalem Methodenwechsel zur linearen Abschreibung* geläufiger. Geometrisch-degressiv bedeutet, dass jede Abschreibungsrate relativ zur Vorperiode abnimmt. Über einen Faktor kann die Höhe der relativen Veränderung bestimmt werden. Der Methodenwechsel zur linearen Abschreibung wird in der Periode vollzogen, in welcher der lineare Abschreibungsbetrag höher ist als der degressive.

Der optionale Methodenwechsel unterscheidet die Funktion VDB von der Funktion GDA, die ebenfalls eine geometrisch-degressive Abschreibung rechnet, diese aber immer bis zum Ende der Laufzeit rechnet. Ist der Methodenwechsel bei VDB ausgeschaltet, liefern VDB und GDA stets das gleiche Ergebnis. Bei geometrisch-degressiver Abschreibung ohne Methodenwechsel verbleibt immer ein Restwert, da ein gleichbleibender Prozentsatz vom Restbuchwert der Vorperiode abgeschrieben wird. Die Angabe eines Restwertes im entsprechenden Funktionsparameter hat deshalb nur dann Auswirkung auf die Berechnung, wenn er größer ist als der ohnehin verbleibende Restbetrag.

G7 | =+(F7-F6)/F6

	A	B	C	D	E	F	G	H	I
1		Anschaffungswert		10.000		Afasatz degr.:	20%		
2		Restwert		0					
3		Nutzungsdauer		10					
4									
5		**Jahr**	**LIA**	**DIA**	**Δ €**	**VDB**	**Δ %**	**GDA**	**Δ %**
6		1	1.000,00	1.818,18		2.000,00		2.000,00	
7		2	1.000,00	1.636,36	-181,82	1.600,00	-20%	1.600,00	-20%
8		3	1.000,00	1.454,55	-181,82	1.280,00	-20%	1.280,00	-20%
9		4	1.000,00	1.272,73	-181,82	1.024,00	-20%	1.024,00	-20%
10		5	1.000,00	1.090,91	-181,82	819,20	-20%	819,20	-20%
11		6	1.000,00	909,09	-181,82	655,36	-20%	655,36	-20%
12		7	1.000,00	727,27	-181,82	655,36	0%	524,29	-20%
13		8	1.000,00	545,45	-181,82	655,36	0%	419,43	-20%
14		9	1.000,00	363,64	-181,82	655,36	0%	335,54	-20%
15		10	1.000,00	181,82	-181,82	655,36	0%	268,44	-20%
16		**Summe**	**10.000,00**	**10.000,00**		**10.000,00**		**8.926,26**	
17	Restwert		0,00	0,00		0,00		1.073,74	
18									
19		Formeln:							
20		C6:	=LIA($D$1;$D$2;$D$3)						
21		D6:	=DIA($D$1;$D$2;$D$3;$B6)						
22		F6:	=VDB($D$1;$D$2;$D$3;$B6-1;$B6;$D$3*$G$1;0)						
23		H6:	=GDA($D$1;$D$2;$D$3;B6;$D$3*$G$1)						
24		(kopiert bis Zeile 15)							

Abbildung 3.15: Vergleich verschiedener Afa-Funktionen

3.20 Wertpapierfunktionen

Die folgenden drei Funktionsgruppen enthalten ausschließlich Funktionen der ehemaligen Add-In-Funktionen. 28 davon behandeln verschiedene Typen von Wertpapieren. Diese Wertpapierfunktionen basieren auf denselben finanzmathematischen Grundlagen wie jene der Gruppe Zinseszins- und Rentenrechnung. Der wesentlichste Unterschied liegt in der Berücksichtigung von gebrochenen Perioden. Bei den Funktionen BW, ZW und Co. werden stets ganzzahlige Perioden unterstellt. Diese Prämisse wird nun fallen gelassen. Schließlich werden Wertpapiere nicht nur einmal oder zwölfmal pro Jahr gehandelt, sondern an fast jedem Tag. Also müssen sie auch an jedem Tag bewertbar sein.

Abbildung 3.16 zeigt, um was es bei dieser Funktionskategorie geht.

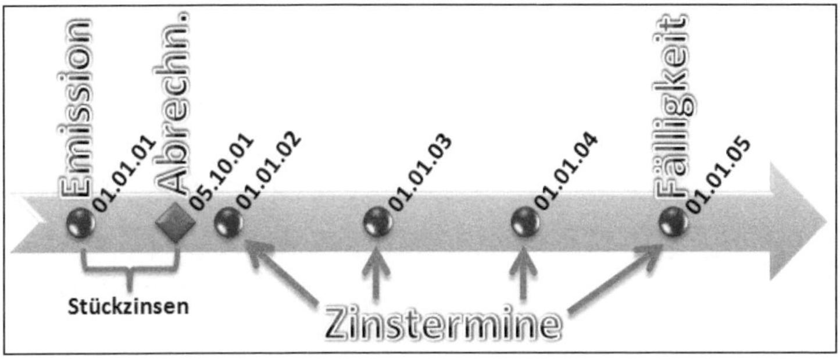

Abbildung 3.16: Inhalt der Wertpapierfunktionen

Ein Wertpapier wird zu einem Emissionsdatum ausgegeben und am Fälligkeitsdatum wieder zurückgegeben, jeweils zum Nennwert. Was in der Zwischenzeit passiert, kann in drei Fälle unterschieden werden:

1. Es fallen regelmäßig auszuzahlende Zinsen an (gemäß Abbildung).
2. Die kumulierten Zinsen werden erst am Ende der Laufzeit ausgezahlt.
3. Formal fallen überhaupt keine Zinsen an (Zero-Bonds).

Wertpapiere können zu jedem beliebigen, unterjährigen Zeitpunkt den Besitzer wechseln, dem Zeitpunkt der *Abrechnung*. Den Wert des Papiers an diesem Tag bezeichnet man als *Kurs*. Es ist der Betrag, zu dem ein Käufer unter marktgerechten Bedingungen bereit wäre, das Papier zu erwerben. Man kann diesen Wert auch als Barwert *bw* verstehen, und der zum Fälligkeitsdatum ausgezahlte Betrag wäre dann der Endwert *zw*.

Angenommen, das Wertpapier mit Nennwert 100 € wird am 01.01.01 ausgegeben. Die Nominalverzinsung beträgt 6 %. Die Zinsen werden vier Jahre lang jährlich nachschüssig ausgezahlt, und am 01.01.05 ist das Wertpapier fällig, dann wird es voll getilgt. Am 05.10.2001 wird das Papier am Markt zu einem Kurs von 80 € gehandelt. Wie hoch wäre die Rendite eines potenziellen Erwerbers an diesem Abrechnungstag? (Abbildung 3.17)

Rendite | =RENDITE(Abrechnung;Fälligkeit;Zins;Kurs;Rückzahlung;Häufigkeit;Basis)

	A	B	C	D	E	F	G	H
1	Emission	01.01.2001	Zinstage	Stückzinsen			**Zeitachse**	**€**
2	Abrechnung	05.10.2001	277	**4,55**	**AUFGELZINS**		05.10.2001	-84,55
3	Fälligkeit	01.01.2005					01.01.2002	6
4	Zins	6,0%					01.01.2003	6
5	Kurs	80	(⇨BW)				01.01.2004	6
6	Rückzahlung	100	(⇨ZW)				01.01.2005	106
7	Häufigkeit	1					**XINTZINSFUSS**	**14,06%**
8	Basis	3					**XKAPITALWERT**	0,00000
9	**RENDITE**	**14,07%**						
10	**KURS**	80,00						

Abbildung 3.17: Beispielrechnung Wertpapierfunktionen (1)

Häufigkeit legt die Anzahl der Zinszahlungen pro Jahr fest. Zulässig sind nur die Werte 1 (jährlich), 2 (halbjährlich) oder 4 (vierteljährlich). Der Parameter *Basis* gibt die angewendete Zinsmethode an:

- 0 oder nicht angegebenUSA (NASD) 30/360
- 1 Taggenau/taggenau
- 2 Taggenau/360
- 3 Taggenau/365
- 4 Europa 30/360

Die Rendite des Wertpapiers ermittelt die Formel:

```
B9:=RENDITE(Abrechnung;Fälligkeit;Zins;Kurs;Rückzahlung;Häufigkeit;Basis)
```

Die Rückrechnung zum Kurs ergibt sich dann mit vorgegebener Rendite aus:

```
B10:=KURS(Abrechnung;Fälligkeit;Zins;Rendite;Rückzahlung;Häufigkeit;Basis)
```

Würde das Abrechnungsdatum auf einen Zinstermin fallen (z.B. der 01.01.02), entspräche die Funktion RENDITE der Funktion ZINS, dies beweist die Formel:

```
=RENDITE("01.01.02";"01.01.05";6%;80;100;1;3)
=ZINS(3;6;-80;100;0) = 14,72 %
```

Genauso verhält es sich mit den Funktionen KURS und BW.

Interessant ist also der Fall, in dem das Abrechnungsdatum aperiodisch ist. Dann handelt es sich um einen aperiodischen Zahlungsstrom, der auch mit der Funktion XINTZINSFUSS bewertet werden kann. In Spalte H stehen die Werte und links daneben in Spalte G alle relevanten Daten. Der interne Zinsfuß ergibt sich nun aus

```
H7:=XINTZINSFUSS(H2:H6;G2:G6)
```

und entspricht annähernd dem Ergebnis der Funktion Rendite. Auch hierfür existiert eine Umkehrfunktion

```
H8:=XKAPITALWERT(H7;H2:H6;G2:G6) = 0
```

die den Kapitalwert der aperiodischen Zahlungen zum vorgegebenen Kalkulationszinsfuß ermittelt.

Wie kommen wir auf den Wert 84,55 € in H2? Warum steht dort nicht der Kurs von glatt 80,00 €? Weil dem Veräußerer noch die unterjährig angefallenen Zinsen zwischen letztem Zinstermin und Abrechnungsdatum zustehen. Und da es noch gar keinen Zinstermin gibt, gilt das Emissionsdatum. Diese Zinsen bezeichnet man als Stückzinsen, Die 4,55 € im Beispiel ermittelt die Formel:

```
D2:=AUFGELZINS("01.01.01";"01.01.02";Abrechnung;Zins;Rückzahlung;
Häufigkeit;Basis)
```

Dahinter steht die ganz einfache Zinsrechnung:

```
(Abrechnung-Emission)/365*Zins*Rückzahlung
```

Die Funktionen KURSFÄLLIG und RENDITEFÄLLIG behandeln den zweiten Fall, in dem die Zinsen nicht periodisch, sondern am Ende der Laufzeit ausgezahlt werden. Die übrigen Prinzipien gelten natürlich gleichermaßen.

Abbildung 3.18 zeigt den dritten Fall, in dem keine nominalen Zinsen anfallen, den so genannten Zero-Bonds bzw. T-Bonds.

B11 | fx =XINTZINSFUSS(C1:C2;B1:B2)

	A	B	C	D	E
1	Abrechnung	01.01.2003	-80		
2	Fälligkeit	01.01.2005	100		
3	Rückzahlung	100			
4	Basis	0			
5	Kurs	80			
6					
7					
8	DISAGIO	10,000%			
9	KURSDISAGIO	80,00 €			
10	RENDITEDIS	12,5000%			
11	XINZINSFUSS	0,11786336			

Abbildung 3.18: Beispielrechnung Wertpapierfunktionen (2)

Zum Abrechnungstag wird das Wertpapier zum Kurs erworben und zum Fälligkeitstag zurückgegeben. Dazwischen existieren keine Zahlungsströme. Es existieren auch keine expliziten Zinsen, aber de facto verlangt der Erwerber natürlich eine Verzinsung seines Kapitals. Sie ergibt sich aus der Differenz des heutigen Kurses – der um ein Disagio geminderte Nennwert – zur Rückzahlung am Fälligkeitstag. Das in Prozent ausgedrückte Disagio ergibt sich aus:

```
B8: =DISAGIO(Abrechnung;Fälligkeit;Kurs;Rückzahlung;0) = 10 %
```

Die Berechnungslogik, die dahinter steht, kann man auch mit

```
B8:=(Rückzahlung-Kurs)/Rückzahlung *(360/TAGE360(Abrechnung;Fälligkeit))
```

umschreiben (wenn *Basis*=0). Vorsicht, im Hilfetext von XL2007 hat sich an dieser Stelle ein Fehler eingeschlichen, dort wird im Nenner der Kurs angegeben anstatt der Rückzahlung. Eine Rückrechnung zum Kurs ist mit

```
B9:=KURSDISAGIO(Abrechnung;Fälligkeit;Disagio;Rückzahlung;Basis)
```

möglich. Die Rendite, die dem Erwerber zugute kommt, lautet:

```
B10:=RENDITEDIS(Abrechnung;Fälligkeit;Kurs;Rückzahlung;Basis)
```

Hat da der Programmierer gerade mal den Zinseszinseffekt vergessen? RENDITEDIS rechnet nämlich:

```
=360/TAGE360(Abrechnung;Fälligkeit)*(Rückzahlung/Kurs-1) = 12,5 %
```

teilt also den Gesamtgewinn von 20/80 = 25 einfach linear durch 2. Da Abrechnung und Fälligkeit die einzigen Zahlungszeitpunkte sind, können wir dies mit

```
B11:=XINTZINSFUSS(C1:C2;B1:B2) = 11,7863 %
```

widerlegen. Dies ist die effektive Rendite unter Berücksichtigung des Zinseszinseffektes. (Siehe dazu auch Kapitel 8.)

Die Funktionen TBILLRENDITE, TBILLKURS und TBILLÄQUIV behandeln sogenannte T-Bonds (= Schatzwechsel), die rechnerisch zu ähnlichen oder zum Teil identischen Ergebnissen führen wie die zuvor beschriebenen Funktionen der Zero-Bonds, aber auf eine Laufzeit von einem Jahr begrenzt sind.

Für Kursangaben von Bonds gibt es die besondere Schreibweise von Ganzzahl und Zweiunddreißigstel, die durch einen Doppelpunkt getrennt sind. Ein Kurs von 90,5 wird demnach als 90:16 notiert. Auch dafür hat Excel vorgesorgt:

```
=WECHSELN(NOTIERUNGBRU(90,5;32);",";":") = 90:16
```

und die Rückrechnung:

```
=NOTIERUNGDEZ(WECHSELN("90:16";":";",");32) = 90,5
```

Darüber hinaus gibt es noch eine Reihe von Zinsterminfunktionen, die bestimmte Tage zwischen Abrechnung und Fälligkeit, abhängig von Zinsmethode und Anzahl Zinszahlungen pro Jahr, berechnen. Sie sind relativ selbsterklärend, sodass sie lediglich in Abbildung 3.19 aufgelistet werden.

	A	B	C	D
1	Abrechnungstermin	**11. Apr 07**		
2	Fälligkeitstermin	**20. Jul 08**		
3	Zinszahlungen (Kupon): halbjährlich (siehe oben)	**1**		
4	Basis: Taggenau/taggenau (siehe oben)	**3**		
5				
6	ZINSTERMNZ	**20. Jul 07**	=ZINSTERMNZ(B1;B2;B3;B4)	Gibt eine Zahl zurück, die den nächsten Zinstermin nach dem Abrechnungstermin angibt.
7	ZINSTERMTAGE	**365**	=ZINSTERMTAGE(B1;B2;B3;B4)	Gibt die Anzahl der Tage der Zinsperiode zurück, die den Abrechnungstermin einschließt.
8	ZINSTERMTAGNZ	**100**	=ZINSTERMTAGNZ(B1;B2;B3;B4)	Gibt die Anzahl der Tage vom Abrechnungstermin bis zum nächsten Zinstermin an.
9	ZINSTERMTAGVA	**265**	=ZINSTERMTAGVA(B1;B2;B3;B4)	Gibt die Anzahl der Tage vom Anfang des Zinstermins bis zum Abrechnungstermin zurück.
10	ZINSTERMVZ	**20. Jul 06**	=ZINSTERMVZ(B1;B2;B3;B4)	Gibt eine Zahl an, die die letzte Zinszahlung vor dem Abrechnungstermin repräsentiert.
11	ZINSTERMZAHL	**2**	=ZINSTERMZAHL(B1;B2;B3;B4)	Gibt die Anzahl der zwischen dem Abrechnungsdatum und dem Fälligkeitsdatum zahlbaren Zinszahlungen an, und zwar aufgerundet

Abbildung 3.19: Zinsterminfunktionen

3.21 Umwandlung von Zahlensystemen

Alle Daten in unseren Computern basieren auf den beiden Zuständen ein/aus, Wahr/Falsch, 1/0. Dass wir trotzdem auch die in unserer realen Welt gebräuchlichen Zahlen 1234567890 im Dezimalsystem auf dem Bildschirm sehen können, verdanken wir der Umrechnung von Zahlensystemen. Dies passiert tief unten in den Eingeweiden des Rechners und hat mit praxisnahen Anwendungen nicht viel zu tun. Damit Sie trotzdem solche Berechnungen in Excel nachvollziehen können, gibt es spezielle Funktionen dazu.

Die Zahlensysteme, zwischen denen umgerechnet werden kann, sind:

- Binärsystem (0, 1)
- Oktalsystem(0–7)
- Dezimalsystem(0–9)
- Hexadezimalsystem(0–9, A–E)

Von jedem dieser vier Systeme kann in alle anderen Systeme umgerechnet werden, ergo gibt es die zwölf Funktionen BININOKT, BININDEZ, BININHEX, OKTINBIN, OKTINDEZ, OKTINHEX, DEZINBIN, DEZINOKT, DEZINHEX, HEXINBIN, HEXINOKT, HEXINDEZ.

	A	B	C	D
1	1111		15	=BININDEZ(A1)
2	101010110		342	=BININDEZ(A2)
3	11111111111		#ZAHL!	=BININDEZ(A3)
4	255		11111111	=DEZINBIN(A4)
5	512		#ZAHL!	=DEZINBIN(A5)
6	65536		10000	=DEZINHEX(A6)
7	ABCDE		703710	=HEXINDEZ(A7)
8				

Abbildung 3.20: Umwandlung von Zahlensystemen

Wie man in C3 und C5 sieht, unterliegen die Funktionen bestimmten Größenbeschränkungen. DEZINBIN und BININDEZ können beispielsweise nur bis

```
2^9-1=511
```

rechnen. Eine interessante, mathematische Knobelaufgabe besteht darin, diese Berechnungen auch ohne die dafür gedachten, speziellen Funktionen umzusetzen und dabei auch die Größenbeschränkungen aufzuheben.

- BININDEZ(Zahl)

```
=SUMMENPRODUKT(LINKS(RECHTS("0"&Zahl;ZEILE($1:$256)))*2^(-1+ZEILE($1:$256)))
```

- DEZINBIN(Zahl)

```
=SUMMENPRODUKT(GANZZAHL(REST(Zahl/2^(ZEILE($1:$256)-1);2))*10^(ZEILE
($1:$256)-1))
```

- HEXINDEZ(Zahl)

```
{=SUMME((SUCHEN(TEIL(Zahl;ZEILE(INDIREKT("1:"&LÄNGE(Zahl)));1);
"0123456789ABCDEF")-1)*16^(LÄNGE(Zahl)-ZEILE(INDIREKT("1:"&LÄNGE(Zahl)))))}
```

Die Erläuterung dieser selbst gestrickten Formeln sowie die Verallgemeinerung zur Umrechnung beliebiger Zahlensysteme würden an dieser Stelle zu weit führen (vgl. *Excel – Das Zauberbuch*).

Für die meisten Excel-Anwender haben solche Berechnungen in der Praxis kaum Relevanz, aber für alle, die gerne mit Farben experimentieren, gibt es doch ein interessantes Anwendungsbeispiel.

Excel verwaltet seine Farben in Hexadezimalzahlen. Die technische Bezeichnung für die Farbe Lila ist A03070. Das kommt daher, dass Excel (bzw. Windows) mit dem RGB-Farbmodell arbeitet. Jede Farbe setzt sich aus einer Mischung von **R**ot-, **G**rün- und **B**lautönen zusammen. Jeder dieser drei Töne kann einen Wert von 0–255 annehmen. Das sind genau 16^2 Töne je Farbe, also insgesamt 16^6 = 16.777.216 mögliche Farbtöne.

Zu sehen war das bislang beispielsweise im Eigenschaften-Editor von Steuerelementen oder innerhalb der Optionen, mit denen die Farbpalette einer Arbeitsmappe konfiguriert werden kann. Hinsichtlich Farbgebung wurde Excel 2007 revolutioniert. Es ist nun für jede einzelne Zelle möglich, das komplette Farbspektrum zu editieren (Abbildung 3.21).

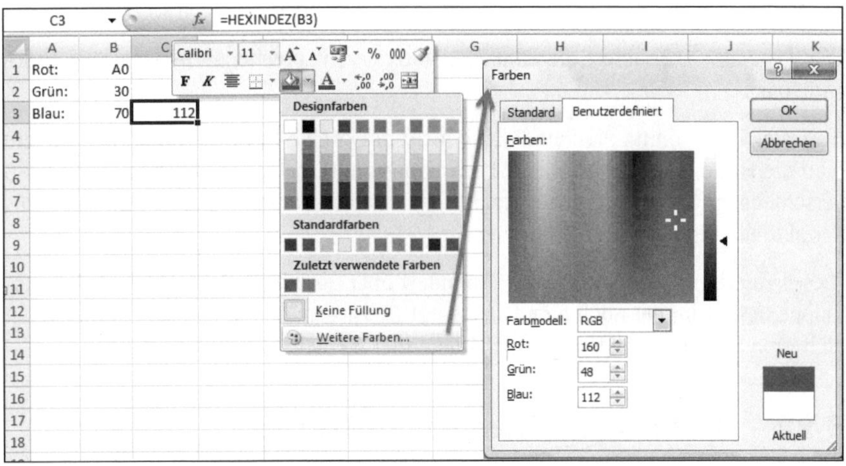

Abbildung 3.21: Umwandlung von Zahlensystemen für die Bestimmung von Farbcodes

Der technische Farbton A03070 wird in drei Teile zerlegt und dann vom Hexa- ins Dezimalsystem umgewandelt:

- Rot: =HEXINDEZ("A0")=160
- Grün: =HEXINDEZ("30")=48
- Blau: =HEXINDEZ("70")=112

Lila besteht in Excel also aus 160 Teilen Rot, 48 Teilen Grün und 112 Teilen Blau. Weiß hat den Farbcode 255, 255, 255 und Schwarz 0, 0, 0.

In VBA gibt es drei Möglichkeiten, einen Farbton dem Hintergrund einer Zelle zuzuordnen.

1. Mit der Hexadezimalzahl, der &H voranzustellen ist:

   ```
   ActiveCell.Interior.Color = &HA03070
   ```

2. Mit der Funktion RGB, welche die drei Farbbestandteile in eine Dezimalzahl (!) umwandelt:

   ```
   ActiveCell.Interior.Color = RGB(160, 48, 112)
   ```

3. Mit Farbkonstanten

   `ActiveCell.Interior.Color = rgbViolet` (entspricht RGB 238, 130, 238)

RGB (160, 48, 112) liefert die Zahl 7352480, die entsprechende Dezimalzahl dieses Farbcodes.

Bis Excel 2003 konnte man einer Zelle nicht direkt eine Farbe zuordnen. Da ordnete man die Farbe einer Palette der Arbeitsmappe zu. Diese Palette bestand nur aus 56 verschiedenen Farben. Der Zelle konnte man dann nur eine Nummer von 1–56 aus der aktuell gültigen Palette zuordnen.

Dieses Palettenmodell wurde nicht komplett über Bord geworfen, d.h., eine Arbeitsmappe besitzt immer noch eine Palette mit 56 Farben, und den Zellen können auch weiterhin Farben aus dieser Palette zugeordnet werden.

3.22 Rechnen mit komplexen Zahlen

Die Wurzel aus −1 kann es ja nicht geben. Denn eine Zahl mit sich selbst multipliziert gibt immer eine positive Zahl. Plus mal plus gibt plus und minus mal minus gibt auch plus. Das lernen wir in der Schule, und damit hat sich die Welt auch lange Zeit abgefunden. Doch irgendwann waren ein paar schlaue Köpfe damit nicht mehr zufrieden. Sie wollten partout die Wurzel aus –1 berechnen und erweiterten die Menge der reellen Zahlen um eine weitere Dimension.

Zur Erinnerung, die Menge der reellen Zahlen kann auf einem eindimensionalen Zahlenstrahl dargestellt werden, wie Abbildung 3.22 zeigt. Dazu zählen

- natürliche Zahlen 1, 2, 3 ...
- ganze Zahlen: natürliche Zahlen und negative zahlen inkl. null 0, –1, –2, –3
- rationale Zahlen: Alle Brüche, die man aus den ganzen Zahlen bilden kann, z.B. 2/3, 14/5, –4/3
- irrationale Zahlen: Zahlen mit unendlich vielen, nichtperiodischen Nachkommastellen, die sich nicht als Bruch darstellen lassen, z.B. die Wurzel aus 2, die Eulersche Zahl (2,718...) oder Pi (3,14...).

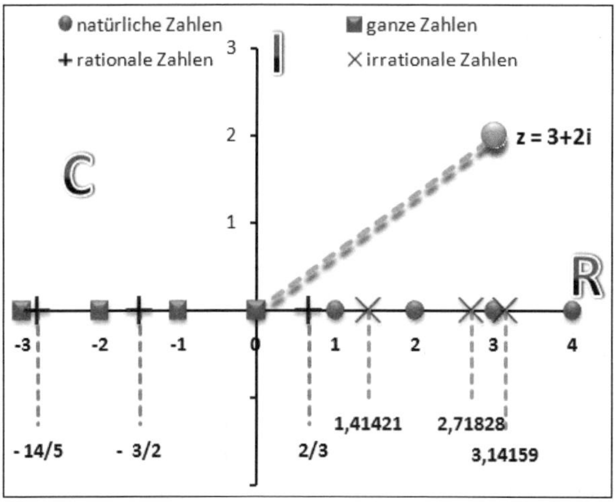

Abbildung 3.22: Die komplexe Zahlenebene

Durch Einführung einer imaginären Achse entsteht nun die komplexe Zahlenebene (C). Jede komplexe Zahl z besteht demnach aus einem Realteil und einem Imaginärteil, der als Vielfaches von i (der Wurzel aus –1) dargestellt wird. Die Funktion KOMPLEXE erzeugt aus einem Realteil und einem Imaginärteil eine komplexe Zahl.

```
=KOMPLEXE(3;2) = "3+2i"
```

Man muss beachten, dass komplexe Zahlen in Excel immer als Zeichenkette (Datentyp Text) vorkommen.

Die Funktionen IMREALTEIL und IMAGINÄRTEIL kehren das Ganze wieder um und splitten eine komplexe Zahl in ihren Realteil und ihren Imaginärteil auf.

```
=IMREALTEIL("3+2i") = 3
=IMAGINÄRTEIL("3+2i") = 2
```

IMSUMME addiert zwei komplexe Zahlen, und IMPRODUKT multipliziert sie miteinander. IMAPOTENZ potenziert die Zahl mit dem angegebenen Exponenten.

Da per Definition i die Wurzel aus –1 ist, müsste i^2 genau –1 betragen, aber

```
=IMAPOTENZ("i";2) = -1+1,22514845490862E-16i
```

sieht unschön aus, da sich Excels generelle Rundungsprobleme insbesondere auf die komplexen Funktionen auswirken. Mit etwas Tuning kann man das Ergebnis richtigstellen:

```
=IMREALTEIL(IMAPOTENZ("i";2))&"+"&RUNDEN(IMAGINÄRTEIL(IMAPO-
TENZ("i";2));10)&"i"
= -1+0i
```

Quod erat demonstrandum. Die Rückrechnung erfolgt mit IMWURZEL. Die Wurzelfunktion, die sich in der reellen Zahlenwelt bewegt, liefert natürlich bei

```
=WURZEL(-1)
```

den Fehlerwert #ZAHL!.

```
=IMWURZEL(-1)
```

liefert das Ergebnis i. (Der hässliche Realteil muss wieder weggerundet werden.)

Neben der reinen Mathematik sind komplexe Zahlen in der Grundlagenphysik und der Elektrotechnik von Bedeutung. Den mit Abstand schönsten Anwendungsfall stellt aber die Iteration der Funktion

$$Z_{n+1} = Z_n^2 + C$$

Abbildung 3.23: Iterationsformel der Mandelbrotmenge

zur Darstellung der Mandelbrotmenge (benannt nach Benoit Mandelbrot) dar. Die Konstruktion der Mandelbrotmenge (das Apfelmännchen) haben wir in *Excel – Das Zauberbuch* beschrieben.

Darüber hinaus gibt es noch weitere Funktionen zum Rechnen mit komplexen Zahlen. Diese lauten:

IMABS, IMARGUMENT, IMCOS, IMDIV, IMEXP, IMKONJUGIERTE, IMLN, IMLOG10, IMLOG2, IMSIN, IMSUB

3.23 Exoten

Diese Funktionen passen in keine der anderen Kategorien und besitzen sehr ungewöhnliche Eigenschaften und Fähigkeiten.

Die Funktion TEILERGEBNIS kann eine Reihe anderer Funktionen wahlweise ersetzen. Je nach Parametereingabe berechnet sie das arithmetische Mittel, die Anzahl von Zahlen oder Texten, Maximum oder Minimum, Produkt, Standardabweichung, Summen oder die Varianz von Werten eines Bereichs. Sie kann entweder manuell eingegeben oder über den Menüpunkt *Daten>Gliederung>Teilergebnis* erzeugt werden.

Abbildung 3.24: Funktion TEILERGEBNIS

Das Besondere an ihr ist, dass sie bei der Berechnung Zellen ignoriert, die selbst die Funktion TEILERGEBNIS enthalten. Außerdem ignoriert sie durch den AutoFilter und (ab XL2003 optional) auch manuell ausgeblendete Zeilen.

Die Funktionen INFO und ZELLE geben Informationen über das aktuelle Betriebssystem oder Eigenschaften (wenn auch in spärlichem Umfang) mancher Excel-Objekte zurück.

Beide Funktionen erwarten als Argument einen Text, der vorgibt, was berechnet werden soll. Die Argumente `"Sysversion"`, `"System"` und `"Version"` der Funktion INFO offenbaren Name und Version Ihres Betriebssystems bzw. Letztere die Nummer der Excel-Version.

Informationen, die sich auf die aktuelle Excel-Anwendung beziehen, liefert die Funktion INFO über folgende Parameter:

- `"Dateienzahl"`: Anzahl aktiver Arbeitsblätter in den geöffneten Arbeitsmappen. Hierbei werden auch Add-Ins und im Hintergrund geöffnete Mappen mitgezählt.

- "Rechenmodus": der aktuelle Berechnungsmodus "Automatisch" oder "Manuell" (Dieser Parameter funktioniert in XL2007 mysteriöser Weise nicht mehr)
- "Verzeichnis": der Pfad des aktuellen Verzeichnisses oder Ordners

  Die Angabe bezieht sich nicht auf den Pfad, auf dem die aktuelle Arbeitsmappe gespeichert ist, sondern auf den Ordner, der im *Öffnen*-Dialog aktiv ist (entspricht VBA.CurDir).

Die Formel

```
=TEIL(INFO("Ursprung");4;9)
```

gibt die Adresse der ersten, links oben sichtbaren Zelle der aktiven Tabelle zurück.

Die Funktion ZELLE liefert Informationen zur aktuellen Arbeitsmappe einer Tabelle oder Zelle. Im Gegensatz zur Funktion INFO kann bei ZELLE noch ein Bezug angegeben werden, auf den sich die Berechnung bezieht. Wird der Bezug nicht angegeben, bezieht sich die Berechnung auf die momentan aktive Zelle.

Informationen über die Position der vorgegebenen oder der aktiven Zelle erhalten Sie mit den Parametern "Adresse", "Zeile" oder "Spalte". Die Parameter "Inhalt", "Typ", "Format", "Schutz", "Präfix", "Klammern" und "Farbe" liefern Angaben über den Inhalt und die Formate der Zelle.

Der Parameter "Breite" liefert die Breite der Spalte der angegebenen Zelle bzw. der aktuellen Spalte, falls kein Bezug angegeben wurde. In Kombination mit der Funktion TEXT könnte man das zum Beispiel dazu verwenden, das Datumsformat einer Zelle flexibel an die aktuelle Spaltenbreite anzupassen (nach Änderung der Breite die Taste F9 drücken):

```
A1:=TEXT(JETZT();"TT."&SVERWEIS(ZELLE("Breite";A1);
{0.0;5."MM.";7."MM.JJ";9."MM.JJJJ";11." MMM JJJJ";13." MMMM JJJJ"};2))
```

"Dateiname" liefert Laufwerk, Pfad, Dateiname und Tabellenname, in denen sich der angegebene Bezug befindet.

Der Parameter beider Funktionen in Textform hat den Nachteil, dass die Funktionen beim Öffnen mit einer englischen Excel-Anwendung nicht automatisch übersetzt werden können, wie das normalerweise der Fall ist.

Die Funktion HYPERLINK berechnet nichts, sondern erzeugt in der aufrufenden Zelle einen Hyperlink, den Sie anklicken können. In den herkömmlichen Funktionskategorien hat sich diese Funktion mysteriöserweise unter die Matrixfunktionen verirrt. Mit VERGLEICH kombiniert kann man ein HYPLERLINK als Suchfunktion nutzen.

```
=HYPERLINK("#A"&VERGLEICH(Suchkriterium;A:A;0);"Such mich!")
```

sucht das Suchkriterium in Spalte A und springt im Erfolgsfall auch dorthin.

Einen ebensolchen Irrläufer stellt die Funktion RTD dar, die Echtzeitdaten eines Programms empfängt, das die COM-Automatisierung unterstützt. Ohne die entsprechenden Add-Ins und die Installation eines Servers für Echtzeitdaten können Sie mit dieser Funktion nichts anfangen.

Die Funktion ZUFALLSZAHL() liefert eine zufällige Zahl zwischen 0 und 1 mit (in der Regel) 15 zufälligen Nachkommastellen. Trotz ihrer schlichten Funktionalität ist sie ein Juwel unter den Excel-Funktionen, die vor allem in der Statistik sehr wichtig ist und mit der man jede Menge Spaß haben kann, wie wir in unserem Zauberbuch und Rätselbuch gezeigt haben. ZUFALLSBEREICH liefert ganzzahlige Zufallszahlen im angegebenen Intervall, was mit ZUFALLSZAHL aber auch möglich wäre, zum Beispiel:

```
=ZUFALLSBEREICH(1;49)=KÜRZEN(ZUFALLSZAHL()*49)+1
```

Die Funktion RÖMISCH wandelt eine arabische Zahl bis maximal 3.999 in eine römische Zahl als Text um. Da es keine Funktion ARABISCH gibt, erfolgt die Rückrechnung mit:

```
{=VERGLEICH(A1;RÖMISCH(ZEILE(INDIREKT("1:3999")));0)}
```

Die Funktion BAHTTEXT wandelt eine Zahl in Thai-Text um und fügt diesem das Suffix "Baht" hinzu. Wir rätseln bislang erfolglos, wie und warum sich diese Funktion in den Standardkatalog der deutschen Excel-Version verirrt hat.

Nimmt man Bezug auf die Zelle einer Pivot-Tabelle, zum Beispiel I12 in Abbildung 3.25, wird statt des absoluten Bezugs die Funktion PIVOTDATENZUORDNEN eingefügt. Höhe und Breite einer Pivot-Tabelle können sich bei Aktualisierung ändern, und diese Funktion gewährleistet dann, dass der Bezug immer auf die zu den angegebenen Suchkriterien passende Zelle zugreift. Die Funktion kann auch manuell editiert werden.

	H	I	J	K	L
3	**Anzahl Funktionen**	**Spaltenbesc**			
4	**Zeilenbeschriftungen**	**Add-In**	**neu**	**Standard**	**Summe**
5	Afa	2		5	7
6	Bedingungen		5	21	26
7	Bereichsrückgabe			10	10
8	Datentyp	1		17	18
9	Datum	6		7	13
10	Exoten	5		9	14
11	Kombinatorik	2		3	5
12	Komplexe	18			18
13	Lageparameter			17	17
14	Mathematik	2		9	11
15	Matrizen			8	8
16	Regression	1		11	12
17	Rundung	5		13	18
18	Streuungsmaße			12	12
19	Text	1		18	19
20	Trigonometrie	1		16	17
21	Verteilung	2		37	39
22	Verweise			4	4
23	Wertpapier	28			28
24	Zahlensysteme	12			12
25	Zeit			6	6
26	Zinsen	7		12	19
27	**Summe**	**93**	**5**	**235**	**333**
28					
29	=PIVOTDATENZUORDNEN("Herkunft";$H$3;"Herkunft";"Add-In";"Fachgebiet";"Komplexe")				

Abbildung 3.25: Statistische Auswertung der Excel-Funktionen in einer Pivot-Tabelle

3.24 Alphabetisches Register

Zur schnellen Orientierung folgt nun eine alphabetische Auflistung aller Funktionen mit Argumenten inklusive Zuordnung zur Herkunft, von uns zugeordnetem Fachgebiet und der klassischen Funktionskategorie. Unter Herkunft unterscheiden wir in:

- Standard: Funktionen, die auch schon in XL2003 zum Standard gehörten
- Add-In: Funktionen, die bis XL2003 als Add-In geladen werden mussten
- Neu: Funktionen, die in XL2007 ganz neu dazugekommen sind.

ABRUNDEN(Zahl;Anzahl_Stellen) Standard;Rundung;Mathematik

ABS(Zahl) Standard;Rundung;Mathematik

ACHSENABSCHNITT(Y_Werte;X_Werte) Standard;Regression;Statistik

ADRESSE(Zeile;Spalte;Abs;A1;Tabellenname) Standard;Bereichsrückgabe;Matrix

AMORDEGRK(Ansch_Wert;Kaufdatum;Erster_Zinstermin;Restwert;Termin;Satz;Basis) Add-In;Afa;Finanzen

AMORLINEARK(Ansch_Wert;Kaufdatum;Erster_Zinstermin;Restwert;Termin;Satz;Basis) Add-In;Afa;Finanzen

ANZAHL(Wert1;Wert2;...) Standard;Lageparameter;Statistik

ANZAHL2(Wert1;Wert2;...) Standard;Lageparameter;Statistik

ANZAHLLEEREZELLEN(Bereich) Standard;Datentyp;Statistik

ARBEITSTAG(Ausgangsdatum;Tage;Freie_Tage) Add-In;Datum;Datum/Zeit

ARCCOS(Zahl) Standard;Trigonometrie;Mathematik

ARCCOSHYP(Zahl) Standard;Trigonometrie;Mathematik

ARCSIN(Zahl) Standard;Trigonometrie;Mathematik

ARCSINHYP(Zahl) Standard;Trigonometrie;Mathematik

ARCTAN(Zahl) Standard;Trigonometrie;Mathematik

ARCTAN2(x_Koordinate;y_Koordinate) Standard;Trigonometrie;Mathematik

ARCTANHYP(Zahl) Standard;Trigonometrie;Mathematik

AUFGELZINS(Emission;Erster_Zinstermin;Abrechnung;Satz;Nennwert;Häufigkeit; Basis;Berechnungsmethode) Add-In;Wertpapier;Finanzen

AUFGELZINSF(Emission;Abrechnung;Nominalzins;Nennwert;Basis) Add-In;Wertpapier; Finanzen

AUFRUNDEN(Zahl;Anzahl_Stellen) Standard;Rundung;Mathematik

AUSZAHLUNG(Abrechnung;Fälligkeit;Anlage;Disagio;Basis) Add-In;Wertpapier;Finanzen

BAHTTEXT(Zahl) Standard;Exoten;Text

BEREICH.VERSCHIEBEN(Bezug;Zeilen;Spalten;Höhe;Breite) Standard;Bereichsrückgabe; Matrix

BEREICHE(Bezug) Standard;Bereichsrückgabe;Matrix

BESSELI(x;n) Add-In;Exoten;Konstruktion

BESSELJ(x;n) Add-In;Exoten;Konstruktion

BESSELK(x;n) Add-In;Exoten;Konstruktion

BESSELY(x;n) Add-In;Exoten;Konstruktion

BESTIMMTHEITSMASS(Y_Werte;X_Werte) Standard;Regression;Statistik

BETAINV(Wahrsch;Alpha;Beta;A;B) Standard;Verteilung;Statistik

BETAVERT(x;Alpha;Beta;A;B) Standard;Verteilung;Statistik

BININDEZ(Zahl) Add-In;Zahlensysteme;Konstruktion

BININHEX(Zahl;Stellen) Add-In;Zahlensysteme;Konstruktion

BININOKT(Zahl;Stellen) Add-In;Zahlensysteme;Konstruktion

BINOMVERT(Zahl_Erfolge;Versuche;Erfolgswahrsch;Kumuliert) Standard;Verteilung; Statistik

BOGENMASS(Winkel) Standard;Trigonometrie;Mathematik

BRTEILJAHRE(Ausgangsdatum;Enddatum;Basis) Add-In;Datum;Datum/Zeit

BW(Zins;Zzr;Rmz;Zw;F) Standard;Zinsen;Finanzen

CHIINV(Wahrsch;Freiheitsgrade) Standard;Verteilung;Statistik

CHITEST(Beob_Meßwerte;Erwart_Werte) Standard;Verteilung;Statistik

CHIVERT(x;Freiheitsgrade) Standard;Verteilung;Statistik

CODE(Text) Standard;Text;Text

COS(Zahl) Standard;Trigonometrie;Mathematik

COSHYP(Zahl) Standard;Trigonometrie;Mathematik

DATUM(Jahr;Monat;Tag) Standard;Datum;Datum/Zeit

DATWERT(Datumstext) Standard;Datum;Datum/Zeit

DBANZAHL(Datenbank;Datenbankfeld;Suchkriterien) Standard;Bedingungen; Datenbank

DBANZAHL2(Datenbank;Datenbankfeld;Suchkriterien) Standard;Bedingungen; Datenbank

DBAUSZUG(Datenbank;Datenbankfeld;Suchkriterien) Standard;Bedingungen; Datenbank

DBMAX(Datenbank;Datenbankfeld;Suchkriterien) Standard;Bedingungen;Datenbank

DBMIN(Datenbank;Datenbankfeld;Suchkriterien) Standard;Bedingungen;Datenbank

DBMITTELWERT(Datenbank;Datenbankfeld;Suchkriterien) Standard;Bedingungen; Datenbank

DBPRODUKT(Datenbank;Datenbankfeld;Suchkriterien) Standard;Bedingungen; Datenbank

DBSTDABW(Datenbank;Datenbankfeld;Suchkriterien) Standard;Bedingungen; Datenbank

DBSTDABWN(Datenbank;Datenbankfeld;Suchkriterien) Standard;Bedingungen; Datenbank

DBSUMME(Datenbank;Datenbankfeld;Suchkriterien) Standard;Bedingungen; Datenbank

DBVARIANZ(Datenbank;Datenbankfeld;Suchkriterien) Standard;Bedingungen; Datenbank

DBVARIANZEN(Datenbank;Datenbankfeld;Suchkriterien) Standard;Bedingungen; Datenbank

DELTA(Zahl1;Zahl2) Add-In;Text;Konstruktion

DEZINBIN(Zahl;Stellen) Add-In;Zahlensysteme;Konstruktion

DEZINHEX(Zahl;Stellen) Add-In;Zahlensysteme;Konstruktion

DEZINOKT(Zahl;Stellen) Add-In;Zahlensysteme;Konstruktion

DIA(Ansch_Wert;Restwert;Nutzungsdauer;Zr) Standard;Afa;Finanzen

DISAGIO(Abrechnung;Fälligkeit;Kurs;Rückzahlung;Basis) Add-In;Wertpapier;Finanzen

DM(Zahl;Dezimalstellen) Standard;Rundung;Text

DURATION(Abrechnung;Fälligkeit;Nominalzins;Rendite;Häufigkeit;Basis) Add-In; Wertpapier;Finanzen

EDATUM(Ausgangsdatum;Monate) Add-In;Datum;Datum/Zeit

EFFEKTIV(Nominalzins;Perioden) Add-In;Zinsen;Finanzen

ERSETZEN(Alter_Text;Erstes_Zeichen;Anzahl_Zeichen;Neuer_Text) Standard;Text;Text

EXP(Zahl) Standard;Mathematik;Mathematik

EXPONVERT(x;Lambda;Kumuliert) Standard;Verteilung;Statistik

FAKULTÄT(Zahl) Standard;Kombinatorik;Mathematik

FALSCH() Standard;Bedingungen;Logik

FEHLER.TYP(Fehlerwert) Standard;Datentyp;Information

FEST(Zahl;Dezimalstellen;Keine_Punkte) Standard;Rundung;Text

FINDEN(Suchtext;Text;Erstes_Zeichen) Standard;Text;Text

FINV(Wahrsch;Freiheitsgrade1;Freiheitsgrade2) Standard;Verteilung;Statistik

FISHER(x) Standard;Verteilung;Statistik

FISHERINV(y) Standard;Verteilung;Statistik

FTEST(Matrix1;Matrix2) Standard;Verteilung;Statistik

FVERT(x;Freiheitsgrade1;Freiheitsgrade2) Standard;Verteilung;Statistik

GAMMAINV(Wahrsch;Alpha;Beta) Standard;Verteilung;Statistik

GAMMALN(x) Standard;Verteilung;Statistik

GAMMAVERT(x;Alpha;Beta;Kumuliert) Standard;Verteilung;Statistik

GANZZAHL(Zahl) Standard;Rundung;Mathematik

GAUSSFEHLER(Untere_Grenze;Obere_Grenze) Add-In;Verteilung;Konstruktion

GAUSSFKOMPL(Untere_Grenze) Add-In;Verteilung;Konstruktion

GDA(Ansch_Wert;Restwert;Nutzungsdauer;Periode;Faktor) Standard;Afa;Finanzen

GDA2(Ansch_Wert;Restwert;Nutzungsdauer;Periode;Monate) Standard;Afa;Finanzen

GEOMITTEL(Zahl1;Zahl2;...) Standard;Lageparameter;Statistik

GERADE(Zahl) Standard;Rundung;Mathematik

GESTUTZTMITTEL(Matrix;Prozent) Standard;Lageparameter;Statistik

GGANZZAHL(Zahl;Schritt) Add-In;Rundung;Konstruktion

GGT(Zahl1;Zahl2;...) Add-In;Mathematik;Mathematik

GLÄTTEN(Text) Standard;Text;Text

GRAD(Winkel) Standard;Trigonometrie;Mathematik

GROSS(Text) Standard;Text;Text

GROSS2(Text) Standard;Text;Text

GTEST(Matrix;x;Sigma) Standard;Verteilung;Statistik

HARMITTEL(Zahl1;Zahl2;...) Standard;Lageparameter;Statistik

HÄUFIGKEIT(Daten;Klassen) Standard;Streuungsmaße;Statistik

HEUTE() Standard;Datum;Datum/Zeit

HEXINBIN(Zahl;Stellen) Add-In;Zahlensysteme;Konstruktion

HEXINDEZ(Zahl) Add-In;Zahlensysteme;Konstruktion

HEXINOKT(Zahl;Stellen) Add-In;Zahlensysteme;Konstruktion

HYPERLINK(Hyperlink_Adresse;Freundlicher_Name) Standard;Exoten;Matrix

HYPGEOMVERT(Erfolge_S;Umfang_S;Erfolge_G;Umfang_G) Standard;Verteilung; Statistik

IDENTISCH(Text1;Text2) Standard;Text;Text

IKV(Werte;Schätzwert) Standard;Zinsen;Finanzen

IMABS(Komplexe_Zahl) Add-In;Komplexe;Konstruktion

IMAGINÄRTEIL(Komplexe_Zahl) Add-In;Komplexe;Konstruktion

IMAPOTENZ(Komplexe_Zahl;Potenz) Add-In;Komplexe;Konstruktion

IMARGUMENT(Komplexe_Zahl) Add-In;Komplexe;Konstruktion

IMCOS(Komplexe_Zahl) Add-In;Komplexe;Konstruktion

IMDIV(Komplexe_Zahl1;Komplexe_Zahl2) Add-In;Komplexe;Konstruktion

IMEXP(Komplexe_Zahl) Add-In;Komplexe;Konstruktion

IMKONJUGIERTE(Komplexe_Zahl) Add-In;Komplexe;Konstruktion

IMLN(Komplexe_Zahl) Add-In;Komplexe;Konstruktion

IMLOG10(Komplexe_Zahl) Add-In;Komplexe;Konstruktion

IMLOG2(Komplexe_Zahl) Add-In;Komplexe;Konstruktion

IMPRODUKT(Komplexe_Zahl1;Komplexe_Zahl2;...) Add-In;Komplexe;Konstruktion

IMREALTEIL(Komplexe_Zahl) Add-In;Komplexe;Konstruktion

IMSIN(Komplexe_Zahl) Add-In;Komplexe;Konstruktion

IMSUB(Komplexe_Zahl1;Komplexe_Zahl2) Add-In;Komplexe;Konstruktion

IMSUMME(Komplexe_Zahl1;Komplexe_Zahl2;...) Add-In;Komplexe;Konstruktion

IMWURZEL(Komplexe_Zahl) Add-In;Komplexe;Konstruktion

INDEX(Matrix;Zeile;Spalte) Standard;Bereichsrückgabe;Matrix

INDIREKT(Bezug;A1) Standard;Bereichsrückgabe;Matrix

INFO(Typ) Standard;Exoten;Information

ISPMT(rate;per;nper;pv) Standard;Zinsen;Finanzen

ISTBEZUG(Wert) Standard;Datentyp;Information

ISTFEHL(Wert) Standard;Datentyp;Information

ISTFEHLER(Wert) Standard;Datentyp;Information

ISTGERADE(Zahl) Add-In;Rundung;Information

ISTKTEXT(Wert) Standard;Datentyp;Information

ISTLEER(Wert) Standard;Datentyp;Information

ISTLOG(Wert) Standard;Datentyp;Information

ISTNV(Wert) Standard;Datentyp;Information

ISTTEXT(Wert) Standard;Datentyp;Information

ISTUNGERADE(Zahl) Add-In;Rundung;Information

ISTZAHL(Wert) Standard;Datentyp;Information

JAHR(Zahl) Standard;Datum;Datum/Zeit

JETZT() Standard;Zeit;Datum/Zeit

KALENDERWOCHE(Fortlaufende_Zahl;Zahl_Typ) Add-In;Datum;Datum/Zeit

KAPZ(Zins;Zr;Zzr;Bw;Zw;F) Standard;Zinsen;Finanzen

KGRÖSSTE(Matrix;k) Standard;Lageparameter;Statistik

KGV(Zahl1;Zahl2;...) Add-In;Mathematik;Mathematik

KKLEINSTE(Matrix;k) Standard;Lageparameter;Statistik

KLEIN(Text) Standard;Text;Text

KOMBINATIONEN(n;k) Standard;Kombinatorik;Mathematik

KOMPLEXE(Realteil;Imaginärteil;Suffix) Add-In;Komplexe;Konstruktion

KONFIDENZ(Alpha;Standabwn;Umfang_S) Standard;Verteilung;Statistik

KORREL(Matrix1;Matrix2) Standard;Regression;Statistik

KOVAR(Matrix1;Matrix2) Standard;Streuungsmaße;Statistik

KRITBINOM(Versuche;Erfolgswahrsch;Alpha) Standard;Verteilung;Statistik

KÜRZEN(Zahl;Anzahl_Stellen) Standard;Rundung;Mathematik

KUMKAPITAL(Zins;Zzr;Bw;Zeitraum_Anfang;Zeitraum_Ende;F) Add-In;Zinsen; Finanzen

KUMZINSZ(Zins;Zzr;Bw;Zeitraum_Anfang;Zeitraum_Ende;F) Add-In;Zinsen;Finanzen

KURS(Abrechnung;Fälligkeit;Zins;Rendite;Rückzahlung;Häufigkeit;Basis) Add-In; Wertpapier;Finanzen

KURSDISAGIO(Abrechnung;Fälligkeit;Disagio;Rückzahlung;Basis) Add-In;Wertpapier; Finanzen

KURSFÄLLIG(Abrechnung;Fälligkeit;Emission;Zins;Rendite;Basis) Add-In;Wertpapier; Finanzen

KURT(Zahl1;Zahl2;...) Standard;Verteilung;Statistik

LÄNGE(Text) Standard;Text;Text

LIA(Ansch_Wert;Restwert;Nutzungsdauer) Standard;Afa;Finanzen

LINKS(Text;Anzahl_Zeichen) Standard;Text;Text

LN(Zahl) Standard;Mathematik;Mathematik

LOG(Zahl;Basis) Standard;Mathematik;Mathematik

LOG10(Zahl) Standard;Mathematik;Mathematik

LOGINV(Wahrsch;Mittelwert;Standabwn) Standard;Verteilung;Statistik

LOGNORMVERT(x;Mittelwert;Standabwn) Standard;Verteilung;Statistik

MAX(Zahl1;Zahl2;...) Standard;Lageparameter;Statistik

MAXA(Wert1;Wert2;...) Standard;Lageparameter;Statistik

MDET(Matrix) Standard;Matrizen;Mathematik

MDURATION(Abrechnung;Fälligkeit;Coupon;Rendite;Häufigkeit;Basis) Add-In;Wertpapier;Finanzen

MEDIAN(Zahl1;Zahl2;...) Standard;Lageparameter;Statistik

MIN(Zahl1;Zahl2;...) Standard;Lageparameter;Statistik

MINA(Wert1;Wert2;...) Standard;Lageparameter;Statistik

MINUTE(Zahl) Standard;Zeit;Datum/Zeit

MINV(Matrix) Standard;Matrizen;Mathematik

MITTELABW(Zahl1;Zahl2;...) Standard;Streuungsmaße;Statistik

MITTELWERT(Zahl1;Zahl2;...) Standard;Lageparameter;Statistik

MITTELWERTA(Wert1;Wert2;...) Standard;Lageparameter;Statistik

MITTELWERTWENN(Bereich;Kriterien;Mittelwert_Bereich) Neu;Bedingungen;Statistik

MITTELWERTWENNS(Mittelwert_Bereich;Kriterien_Bereich;Kriterien;...) Neu;Bedingungen;Statistik

MMULT(Array1;Array2) Standard;Matrizen;Mathematik

MODALWERT(Zahl1;Zahl2;...) Standard;Lageparameter;Statistik

MONAT(Zahl) Standard;Datum;Datum/Zeit

MONATSENDE(Ausgangsdatum;Monate) Add-In;Datum;Datum/Zeit

MTRANS(Matrix) Standard;Bereichsrückgabe;Matrix

N(Wert) Standard;Datentyp;Information

NBW(Zins;Wert1;Wert2;...) Standard;Zinsen;Finanzen

NEGBINOMVERT(Zahl_Mißerfolge;Zahl_Erfolge;Erfolgswahrsch) Standard;Verteilung;
Statistik

NETTOARBEITSTAGE(Ausgangsdatum;Enddatum;Freie_Tage) Add-In;Datum;Datum/Zeit

NICHT(Wahrheitswert) Standard;Bedingungen;Logik

NOMINAL(Effektiver_Zins;Perioden) Add-In;Zinsen;Finanzen

NORMINV(Wahrsch;Mittelwert;Standabwn) Standard;Verteilung;Statistik

NORMVERT(x;Mittelwert;Standabwn;Kumuliert) Standard;Verteilung;Statistik

NOTIERUNGBRU(Zahl;Teiler) Add-In;Wertpapier;Finanzen

NOTIERUNGDEZ(Zahl;Teiler) Add-In;Wertpapier;Finanzen

NV() Standard;Datentyp;Information

OBERGRENZE(Zahl;Schritt) Standard;Rundung;Mathematik

ODER(Wahrheitswert1;Wahrheitswert2;...) Standard;Bedingungen;Logik

OKTINBIN(Zahl;Stellen) Add-In;Zahlensysteme;Konstruktion

OKTINDEZ(Zahl) Add-In;Zahlensysteme;Konstruktion

OKTINHEX(Zahl;Stellen) Add-In;Zahlensysteme;Konstruktion

PEARSON(Matrix1;Matrix2) Standard;Regression;Statistik

PI() Standard;Trigonometrie;Mathematik

PIVOTDATENZUORDNEN(Datenfeld;PivotTable;Feld;Element;...) Standard;Exoten;Matrix

POISSON(x;Mittelwert;Kumuliert) Standard;Verteilung;Statistik

POLYNOMIAL(Zahl1;Zahl2;...) Add-In;Kombinatorik;Mathematik

POTENZ(Zahl;Potenz) Standard;Mathematik;Mathematik

POTENZREIHE(x;n;m;Koeffizienten) Add-In;Regression;Mathematik

PRODUKT(Zahl1;Zahl2;...) Standard;Mathematik;Mathematik

QIKV(Werte;Investition;Reinvestition) Standard;Zinsen;Finanzen

QUADRATESUMME(Zahl1;Zahl2;...) Standard;Matrizen;Mathematik

QUANTIL(Matrix;Alpha) Standard;Verteilung;Statistik

QUANTILSRANG(Matrix;x;Genauigkeit) Standard;Verteilung;Statistik

QUARTILE(Matrix;Quartile) Standard;Lageparameter;Statistik

QUOTIENT(Zähler;Nenner) Add-In;Rundung;Mathematik

RANG(Zahl;Bezug;Reihenfolge) Standard;Lageparameter;Statistik

RECHTS(Text;Anzahl_Zeichen) Standard;Text;Text

RENDITE(Abrechnung;Fälligkeit;Zins;Kurs;Rückzahlung;Häufigkeit;Basis) Add-In;Wertpapier;Finanzen

RENDITEDIS(Abrechnung;Fälligkeit;Kurs;Rückzahlung;Basis) Add-In;Wertpapier;Finanzen

RENDITEFÄLL(Abrechnung;Fälligkeit;Emission;Zins;Kurs;Basis) Add-In;Wertpapier;Finanzen

REST(Zahl;Divisor) Standard;Mathematik;Mathematik

RGP(Y_Werte;X_Werte;Konstante;Stats) Standard;Regression;Statistik

RKP(Y_Werte;X_Werte;Konstante;Stats) Standard;Regression;Statistik

RMZ(Zins;Zzr;Bw;Zw;F) Standard;Zinsen;Finanzen

RÖMISCH(Zahl;Typ) Standard;Exoten;Mathematik

RTD(ProgID;Server;Topic1;Topic2;...) Standard;Exoten;Matrix

RUNDEN(Zahl;Anzahl_Stellen) Standard;Rundung;Mathematik

SÄUBERN(Text) Standard;Text;Text

SCHÄTZER(x;Y_Werte;X_Werte) Standard;Regression;Statistik

SCHIEFE(Zahl1;Zahl2;...) Standard;Verteilung;Statistik

SEKUNDE(Zahl) Standard;Zeit;Datum/Zeit

SIN(Zahl) Standard;Trigonometrie;Mathematik

SINHYP(Zahl) Standard;Trigonometrie;Mathematik

SPALTE(Bezug) Standard;Bereichsrückgabe;Matrix

SPALTEN(Matrix) Standard;Bereichsrückgabe;Matrix

STABW(Zahl1;Zahl2;...) Standard;Streuungsmaße;Statistik

STABWA(Wert1;Wert2;...) Standard;Streuungsmaße;Statistik

STABWN(Zahl1;Zahl2;...) Standard;Streuungsmaße;Statistik

STABWNA(Wert1;Wert2;...) Standard;Streuungsmaße;Statistik

STANDARDISIERUNG(x;Mittelwert;Standabwn) Standard;Verteilung;Statistik

STANDNORMINV(Wahrsch) Standard;Verteilung;Statistik

STANDNORMVERT(z) Standard;Verteilung;Statistik

STEIGUNG(Y_Werte;X_Werte) Standard;Regression;Statistik

STFEHLERYX(Y_Werte;X_Werte) Standard;Regression;Statistik

STUNDE(Zahl) Standard;Zeit;Datum/Zeit

SUCHEN(Suchtext;Text;Erstes_Zeichen) Standard;Text;Text

SUMME(Zahl1;Zahl2;...) Standard;Mathematik;Mathematik

SUMMENPRODUKT(Array1;Array2;Array3;...) Standard;Matrizen;Mathematik

SUMMEWENN(Bereich;Suchkriterien;Summe_Bereich) Standard;Bedingungen;
Mathematik

SUMMEWENNS(Summe_Bereich;Kriterien_Bereich;Kriterien;...) Neu;Bedingungen;
Mathematik

SUMMEX2MY2(Matrix_x;Matrix_y) Standard;Matrizen;Mathematik

SUMMEX2PY2(Matrix_x;Matrix_y) Standard;Matrizen;Mathematik

SUMMEXMY2(Matrix_x;Matrix_y) Standard;Matrizen;Mathematik

SUMQUADABW(Zahl1;Zahl2;...) Standard;Streuungsmaße;Statistik

SVERWEIS(Suchkriterium;Matrix;Spaltenindex;Bereich_Verweis) Standard;Verweise; Matrix

T(Wert) Standard;Datentyp;Text

TAG(Zahl) Standard;Datum;Datum/Zeit

TAGE360(Ausgangsdatum;Enddatum;Methode) Standard;Zinsen;Datum/Zeit

TAN(Zahl) Standard;Trigonometrie;Mathematik

TANHYP(Zahl) Standard;Trigonometrie;Mathematik

TBILLÄQUIV(Abrechnung;Fälligkeit;Abzinsungssatz) Add-In;Wertpapier;Finanzen

TBILLKURS(Abrechnung;Fälligkeit;Abzinsungssatz) Add-In;Wertpapier;Finanzen

TBILLRENDITE(Abrechnung;Fälligkeit;pr) Add-In;Wertpapier;Finanzen

TEIL(Text;Erstes_Zeichen;Anzahl_Zeichen) Standard;Text;Text

TEILERGEBNIS(Funktion;Bezug1;...) Standard;Exoten;Mathematik

TEXT(Wert;Textformat) Standard;Rundung;Text

TINV(Wahrsch;Freiheitsgrade) Standard;Verteilung;Statistik

TREND(Y_Werte;X_Werte;Neue_x_Werte;Konstante) Standard;Regression;Statistik

TTEST(Matrix1;Matrix2;Seiten;Typ) Standard;Verteilung;Statistik

TVERT(x;Freiheitsgrade;Seiten) Standard;Verteilung;Statistik

TYP(Wert) Standard;Datentyp;Information

UMWANDELN(Zahl;Von_Maßeinheit;In_Maßeinheit) Add-In;Datentyp;Konstruktion

UND(Wahrheitswert1;Wahrheitswert2;...) Standard;Bedingungen;Logik

UNGERADE(Zahl) Standard;Rundung;Mathematik

UNREGER.KURS(Abrechnung;Fälligkeit;Emission;Erster_Zinstermin;Zins;Rendite; Rückzahlung;Häufigkeit;Basis) Add-In;Wertpapier;Finanzen

UNREGER.REND(Abrechnung;Fälligkeit;Emission;Erster_Zinstermin;Zins;Kurs;Rückzahlung;Häufigkeit;Basis) Add-In;Wertpapier;Finanzen

UNREGLE.KURS(Abrechnung;Fälligkeit;Letzter_Zinstermin;Zins;Rendite;Rückzahlung;Häufigkeit;Basis) Add-In;Wertpapier;Finanzen

UNREGLE.REND(Abrechnung;Fälligkeit;Letzter_Zinstermin;Zins;Kurs;Rückzahlung; Häufigkeit;Basis) Add-In;Wertpapier;Finanzen

UNTERGRENZE(Zahl;Schritt) Standard;Rundung;Mathematik

VARIANZ(Zahl1;Zahl2;...) Standard;Streuungsmaße;Statistik

VARIANZA(Wert1;Wert2;...) Standard;Streuungsmaße;Statistik

VARIANZEN(Zahl1;Zahl2;...) Standard;Streuungsmaße;Statistik

VARIANZENA(Wert1;Wert2;...) Standard;Streuungsmaße;Statistik

VARIATION(Y_Werte;X_Werte;Neue_x_Werte;Konstante) Standard;Regression;Statistik

VARIATIONEN(n;k) Standard;Kombinatorik;Statistik

VDB(Ansch_Wert;Restwert;Nutzungsdauer;Anfang;Ende;Faktor;Nicht_wechseln) Standard;Afa;Finanzen

VERGLEICH(Suchkriterium;Suchmatrix;Vergleichstyp) Standard;Verweise;Matrix

VERKETTEN(Text1;Text2;...) Standard;Text;Text

VERWEIS(Suchkriterium;Suchvektor;Ergebnisvektor) Standard;Verweise;Matrix

VORZEICHEN(Zahl) Standard;Datentyp;Mathematik

VRUNDEN(Zahl;Vielfaches) Add-In;Rundung;Mathematik

WAHL(Index;Wert1;Wert2;...) Standard;Bedingungen;Matrix

WAHR() Standard;Bedingungen;Logik

WAHRSCHBEREICH(Beob_Werte;Beob_Wahrsch;Untergrenze;Obergrenze) Standard; Verteilung;Statistik

WECHSELN(Text;Alter_Text;Neuer_Text;ntes_Auftreten) Standard;Text;Text

WEIBULL(x;Alpha;Beta;Kumuliert) Standard;Verteilung;Statistik

WENN(Prüfung;Dann_Wert;Sonst_Wert) Standard;Bedingungen;Logik

WENNFEHLER(Wert;Wert_falls_Fehler) Neu;Bedingungen;Logik

WERT(Text) Standard;Datentyp;Text

WIEDERHOLEN(Text;Multiplikator) Standard;Text;Text

WOCHENTAG(Zahl;Typ) Standard;Datum;Datum/Zeit

WURZEL(Zahl) Standard;Mathematik;Mathematik

WURZELPI(Zahl) Add-In;Trigonometrie;Mathematik

WVERWEIS(Suchkriterium;Matrix;Zeilenindex;Bereich_Verweis) Standard;Verweise; Matrix

XINTZINSFUSS(Werte;Zeitpkte;Schätzwert) Add-In;Zinsen;Finanzen

XKAPITALWERT(Zins;Werte;Zeitpkte) Add-In;Zinsen;Finanzen

ZÄHLENWENN(Bereich;Suchkriterien) Standard;Bedingungen;Statistik

ZÄHLENWENNS(Kriterienbereich;Kriterien;...) Neu;Bedingungen;Statistik

ZEICHEN(Zahl) Standard;Text;Text

ZEILE(Bezug) Standard;Bereichsrückgabe;Matrix

ZEILEN(Matrix) Standard;Bereichsrückgabe;Matrix

ZEIT(Stunde;Minute;Sekunde) Standard;Zeit;Datum/Zeit

ZEITWERT(Zeit) Standard;Zeit;Datum/Zeit

ZELLE(Infotyp;Bezug) Standard;Exoten;Information

ZINS(Zzr;Rmz;Bw;Zw;F;Schätzwert) Standard;Zinsen;Finanzen

ZINSSATZ(Abrechnung;Fälligkeit;Anlage;Rückzahlung;Basis) Add-In;Wertpapier; Finanzen

ZINSTERMNZ(Abrechnung;Fälligkeit;Häufigkeit;Basis) Add-In;Wertpapier;Finanzen

ZINSTERMTAGE(Abrechnung;Fälligkeit;Häufigkeit;Basis) Add-In;Wertpapier;Finanzen

ZINSTERMTAGNZ(Abrechnung;Fälligkeit;Häufigkeit;Basis) Add-In;Wertpapier;Finanzen

ZINSTERMTAGVA(Abrechnung;Fälligkeit;Häufigkeit;Basis) Add-In;Wertpapier;Finanzen

ZINSTERMVZ(Abrechnung;Fälligkeit;Häufigkeit;Basis) Add-In;Wertpapier;Finanzen

ZINSTERMZAHL(Abrechnung;Fälligkeit;Häufigkeit;Basis) Add-In;Wertpapier;Finanzen

ZINSZ(Zins;Zr;Zzr;Bw;Zw;F) Standard;Zinsen;Finanzen

ZUFALLSBEREICH(Untere_Zahl;Obere_Zahl) Add-In;Exoten;Mathematik

ZUFALLSZAHL() Standard;Exoten;Mathematik

ZW(Zins;Zzr;Rmz;Bw;F) Standard;Zinsen;Finanzen

ZW2(Kapital;Zinsen) Add-In;Zinsen;Finanzen

ZWEIFAKULTÄT(Zahl) Add-In;Kombinatorik;Mathematik

ZZR(Zins;Rmz;Bw;Zw;F) Standard;Zinsen;Finanzen

Kapitel 4

Die Dinge beim Namen nennen

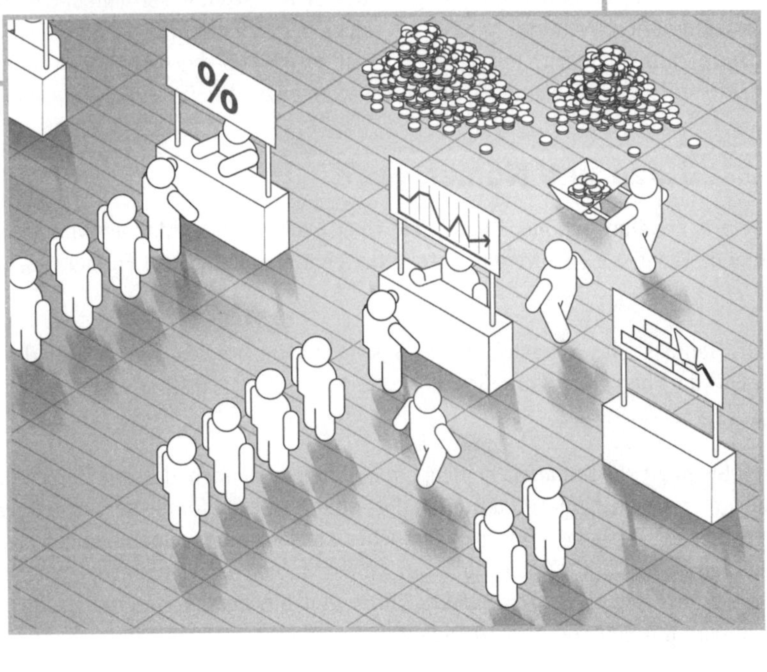

Vor allem beim Umgang mit Formeln und Funktionen, aber nicht nur dort, wird die Arbeit durch ein außerordentlich hilfreiches Werkzeug unterstützt – den Excel-Namen. Aus diesem Grunde wurde die Verwaltung von Namen in der Excel-Version 2007 in den neuen Menüabschnitt *Formeln* integriert (Abbildung 4.1).

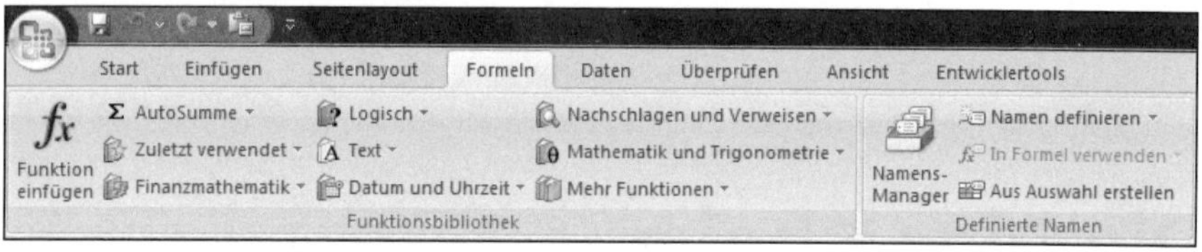

Abbildung 4.1: Formel-Registerkarte in der Multifunktionsleiste

Namen eignen sich besonders gut dafür, die Übersichtlichkeit in Formeln und ganzen Dateien zu erhöhen. Weiterhin gibt es in verschiedenen Anwendungsfällen auch die zwingende Notwendigkeit, mit Namen zu arbeiten (z.B. bei blattübergreifender Gültigkeitsprüfung oder bei der Dynamisierung einer Datenreihe eines Diagramms).

4.1 Wozu sind Namen gut?

Wie bereits erwähnt, erhöhen Namen die Übersichtlichkeit in Mappen und speziell in Formeln. Wenn Sie eine fremde Datei erhalten, die irgendwo die Formel

```
=C5*((1+C1)^C3-1)/C1
```

enthält, dann ist das zunächst wenig aussagekräftig, und Sie wissen überhaupt nicht, was dort berechnet wird. Steht dort aber

```
=rmz*((1+i)^n-1)/i
```

müssen Sie nicht Nostradamus heißen, um erahnen zu können, dass die Berechnung etwas mit Finanzmathematik zu tun hat. Ein weiterer Grund für die Verwendung von Namen ist die Tatsache, dass sich manche Excel-Features einfach nicht damit anfreunden können, mit Zellbezügen auf andere Tabellenblätter umzugehen. Dazu gehören zum Beispiel die *Datenüberprüfung* und die *Bedingte Formatierung*. Der Versuch wird mit einer der Fehlermeldungen in Abbildung 4.2 quittiert.

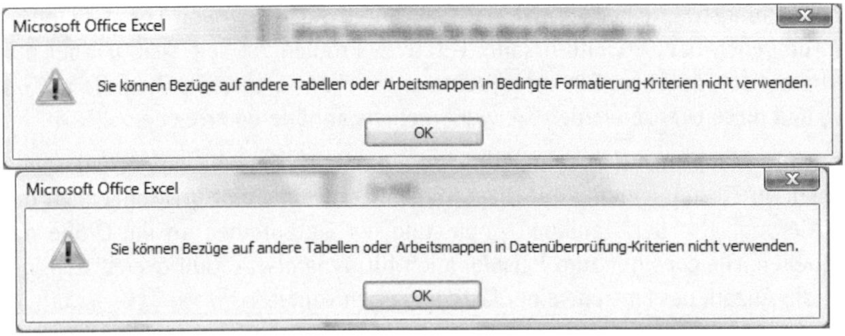

Abbildung 4.2: Fehlermeldung bei Bezug auf andere Tabellen bei bedingten Formatierungen oder Datenüberprüfung

Dieses „Unvermögen" lässt sich neben einer Namenslösung auch mit der Funktion INDIREKT beheben. Referenzieren Sie nicht direkt auf den Bereich im anderen Tabellenblatt – z.B. `=Tabelle3!A1` –, sondern indirekt: `=INDIREKT("Tabelle3!A1")`.

Allerdings ist diese Variante fehleranfällig, da „Tabelle3!A1" ein String ist, der zum Beispiel beim Umbenennen eines Tabellenblatts erhalten bleibt und somit einen `#BEZUG!`-Fehler verursachen würde. Deshalb ist es ratsam, doch lieber Namen einzusetzen.

Eine **Ausnahme** macht das Gültigkeitskriterium *Liste* bei der Datenüberprüfung. Diese kommt seit XL2007 auch mit Bezügen auf ein anderes Tabellenblatt klar. Diese Neuerung ist aber leicht „bugbehaftet". Der Bezug `=Tabelle2!A1` aus Sicht der Tabelle1 ist nicht zulässig, `=Tabelle2!A1:A1` hingegen schon?!

Weiterhin können sehr lange Formeln mittels Namen deutlich verkürzt und dadurch übersichtlicher gemacht werden. Möchten Sie beispielsweise den Dateinamen der aktuellen Arbeitsmappe auslesen und in eine Zelle schreiben, lautet die Formel dazu:

```
=TEIL(ZELLE("Dateiname";A1);FINDEN("[";ZELLE("Dateiname";A1))+1;FINDEN("]";
ZELLE("Dateiname";A1))-FINDEN("[";ZELLE("Dateiname";A1))-1)
```

Vergeben Sie jetzt für den Ausdruck `ZELLE("Dateiname";A1)` den Namen *DN* und fügen diesen in die Formel ein, dann verkürzt sich diese bereits auf:

```
=TEIL(DN;FINDEN("[";DN)+1;FINDEN("]";DN)-FINDEN("[";DN)-1)
```

Im Extremfall haben Sie eventuell eine Formel „gebastelt", die über die maximal erlaubte Zeichenlänge einer Formel hinausgeht. In diesem Fall ist es dann angezeigt, wiederkehrenden Formelausdrücken kurze Namen zu geben, um dadurch die Formellänge auf das erlaubte Maß zurückzuführen. Gleiches gilt für die maximale

Verschachtelungstiefe einer Formel, die man durch Auslagern von Formelteilen in Namen umgehen bzw. erweitern kann. Letzteres Problem ist seit XL2007 aber nur noch theoretisch gegeben. Die Verschachtelungstiefe von ehemals 7 wurde auf 64 erhöht, und diese Grenze werden Sie wohl niemals annähernd erreichen.

Die absolute Macht der Namen zeigt sich aber erst im Umgang mit dynamischen Bereichen. Im Zusammenhang mit Diagrammen ist dies die einzige Möglichkeit der Dynamisierung, also der ständigen Anpassung der Datenreihen an die Größe der Datenquellen. Gleiches gilt zum Beispiel auch für dynamische Gültigkeitslisten, die sich an die Anzahl der Einträge einer Liste anpassen sollen.

4.2 Wie werden Namen vergeben?

Zunächst einmal muss man darauf achten, dass die Bezeichnung des Namens nicht gegen bestimmte Regeln verstößt. Ein Name darf nicht mit einer Zahl beginnen, Leerzeichen enthalten oder gleichlautend mit einem Zellbezug/Zellbereich sein. Außerdem sind Sonderzeichen wie *$, +, -, *, {, }, §, &, (,), !, =, /, ;* nicht erlaubt. In der Regel sollten die Namen auch selbsterklärend sein. Der Name *xyz* sagt Ihnen schließlich weniger als der Name *Rendite*.

Ein Name kann auch aus nur einem Buchstaben bestehen, was sich bei finanzmathematischen Formeln sehr gut eignet, z.B. für i, n, p, q etc. Ausgeschlossen sind aber die Buchstaben, s, c, z und r, da sie für die Begriffe Spalte/Column bzw. Zeile/Row reserviert sind. Namen unterscheiden keine Groß- und Kleinschreibung. Wenn Sie also bereits einen Namen *D* definiert haben, können Sie keinen weiteren Namen *d* definieren.

Die schnellste Möglichkeit, einen Namen zu vergeben, führt über das Drop-down-Feld am linken Rand der Bearbeitungsleiste (Abbildung 4.3).

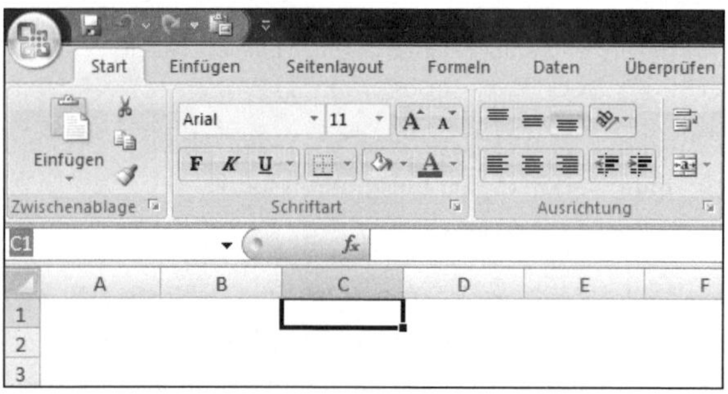

Abbildung 4.3: Auswahlfeld für Namen in der Bearbeitungsleiste

Das Namensfeld zeigt für gewöhnlich die Adresse der gerade aktiven Zelle an (hier: C1). Es kann auch zur schnellen Navigation genutzt werden. Wollen Sie beispielsweise die Zelle H17300 ansteuern, dann schreiben Sie das einfach in das Namensfeld und bestätigen mit [↵]. Wollen Sie hingegen der Zelle C4 einen Namen (z.B. MwSt) geben, dann selektieren Sie C4, schreiben den Namen in das Namensfeld und bestätigen mit [↵]. Die Zelle C4 kann dann ab sofort mit ihrer Zelladresse C4 oder mit dem Namen *MwSt* angesprochen werden. Der Pfeil neben dem Namensfeld signalisiert, dass es sich um eine Auswahlliste handelt. Ein Klick öffnet die Liste und zeigt alle vergebenen Namen, die sich auf einen direkten Zellbezug beziehen. Namen, die sich auf eine Formel oder einen konstanten Wert oder Text beziehen, werden hier nicht angezeigt.

Ein weiterer Weg, Namen zu vergeben, führt über die Schaltfläche *Namen definieren*,([Strg]+[Alt]+[F3]) der den Dialog in Abbildung 4.4 zum Vorschein bringt.

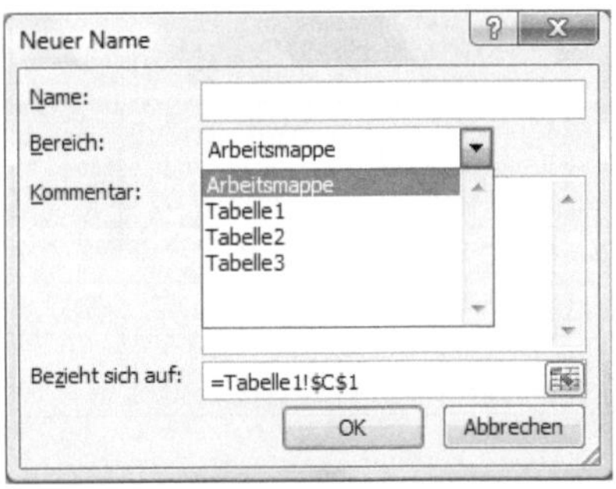

Abbildung 4.4: Dialog zum Anlegen neuer Namen

In diesem Dialog können Namen hinzugefügt, aber, im Gegensatz zu den vorherigen Excel-Versionen, nicht mehr gelöscht werden – dafür gibt es nun den *Namens-Manager*. Der Name wird in der oberen Eingabezeile vergeben. Unter *Bezieht sich auf* wird der Zellbezug eingegeben. Im Gegensatz zur Schnellvergabe von Namen über die Bearbeitungsleiste kann hier nicht nur Bezug auf statische Zellbezüge genommen werden, sondern ebenso auf Konstanten oder Formeln, worauf wir später noch detailliert eingehen.

Wenn Sie mehrere Namen auf einmal vergeben wollen, steht Ihnen die Schaltfläche *Aus Auswahl erstellen* ([Strg]+[⇧]+[F3]) zur Verfügung (Abbildung 4.5). Schreiben Sie beispielsweise alle Namen, die Sie vergeben wollen, in den Bereich B1:B6. Dann selektieren Sie den Bereich B1:C6. Wenn Sie nun auf die Schaltfläche klicken, schlägt Excel Ihnen vor, den Zellen C1:C6 den Namen aus der jeweils links benachbarten Zelle B1:B6 zu erstellen. Wenn Sie dies bestätigen, hat C1 den Namen *i* zugewiesen bekommen, C2 *q* usw.

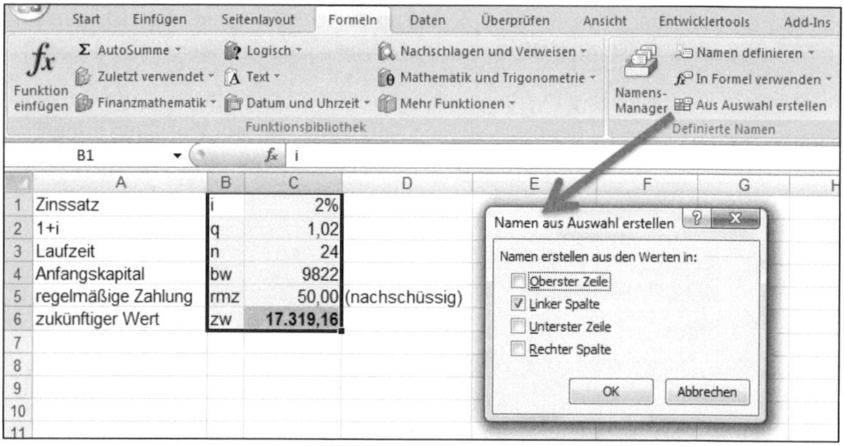

Abbildung 4.5: Dialog, um mehrere Namen auf einmal zu definieren

4.3 Namen nachträglich anwenden

Stellen Sie sich vor, Sie haben in einer Tabelle schon unzählige Berechnungen vorgenommen. Erst danach kommen Sie auf die Idee, für bestimmte, häufig verwendete Zellen Namen zu vergeben. Wenn Sie dies tun, werden diese Namen nicht automatisch in die Formeln übernommen, die sich auf die benannten Zellen beziehen. In diesem Fall haben Sie die Möglichkeit, mit dem Button *Namen definieren>Namen übernehmen...* die im darauffolgenden Dialog ausgewählten Namen in den Formeln zu übernehmen. Aus der in Abbildung 4.6 gezeigten Formel

```
C6:=C4*C2^C3+C5*(C2^C3-1)/C1
```

wird dann:

```
C6:=bw*q^n+rmz*(q^n-1)/i
```

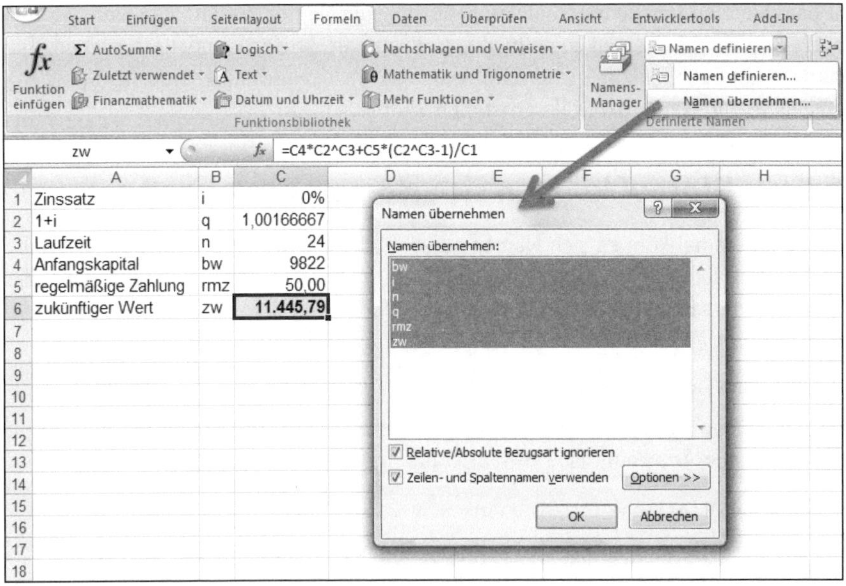

Abbildung 4.6: Dialog, um Namen nachträglich in Formeln zu übernehmen

4.4 Reichweite von Namen

Den Bereich, den Sie bei der Namensvergabe auswählen müssen, legt den Gültigkeitsbereich des Namens fest. Wählen Sie dort den Eintrag *Arbeitsmappe*, können Sie den Namen von jedem Tabellenblatt der Arbeitsmappe aufrufen. In vorherigen Excel-Versionen war dies der Standardfall. Wählen Sie hingegen eine konkrete Tabelle aus, steht der betreffende Name in anderen Tabellen nicht zur Verfügung. Dies ist dann besonders sinnvoll, wenn Sie mehrere Tabellen in einer Arbeitsmappe haben, die den gleichlautenden Namen verwenden, der aber jeweils unterschiedliche Werte annehmen können soll. Beispielsweise berechnen Sie in Tabelle1 und Tabelle2 zwei Tilgungspläne mit unterschiedlichen Zinssätzen *i*. Dann benötigt jede Tabelle seinen eigenen, von den anderen Tabellen unabhängigen Namen *i*.

Falls Sie trotzdem von Tabelle1 auf *i* der Tabelle2 zugreifen wollen, ist es dennoch möglich, indem Sie den Tabellennamen mit angeben:

```
=Tabelle2!i
```

Sobald Sie eine Tabelle innerhalb einer Mappe, die Namen enthält, kopieren, werden auch Kopien der Namen erstellt, die sich auf die kopierte Tabelle beziehen. Die Namen der Tabellenkopie sind dann nur lokal in der jeweiligen Tabelle gültig, da ansonsten ein Namenskonflikt entstehen würde.

4.5 Worauf können sich Namen beziehen?

Zunächst einmal können sich Namen sowohl auf Konstanten als auch auf Bereiche beziehen. Dabei ist jeder Datentyp denkbar. Im Bereich der Konstanten kann der Name *MwSt* z.B. den konstanten Bezug zu `=19 %` enthalten – also auf den Datentyp Zahl (Single). Weiterhin kann der Name *mfg* auch auf

```
="Mit freundlichen Grüßen"
```

Bezug nehmen – also auf den Datentyp Zeichenkette (String). Im nächsten Fall bezieht sich der Name *Array* auf `={1.3.5}` – also auf eine Matrixkonstante. Die Formel

```
{=SUMME(10*Array)}
```

multipliziert 10 mit 1, 3 und 5 und gibt die Summe (`=90`) der Multiplikationen zurück. Bezieht sich der Name *B* auf den Wahrheitswert `=WAHR`, dann ergibt `50*B = 50`. Hingegen ergibt `=50*NICHT(B) = 0`. All das sind **konstante** Bezüge. Diese verwendet man, wenn sie eben nicht veränderlich sein sollen. Diese Methodik entspricht in VBA in etwa der Deklaration einer Stringkonstanten:

```
Const GRUSSFORMEL As String = " Mit freundlichen Grüßen "
```

Gegenüber den konstanten Bezügen unterteilen sich die Bereichsbezüge grundsätzlich in zwei Kategorien:

1. Statische Bezüge
2. Dynamische Bezüge

Die statischen Bezüge unterteilen sich noch einmal in **relative, gemischte** und **absolute** Bezüge. Dabei gilt dasselbe Verhalten wie bei gewöhnlichen relativen und absoluten Bezügen innerhalb eines Tabellenblatts. Ist der Bezug **absolut** (z.B. `=Tabelle1!$C$4`), dann wird immer exakt diese Zelle referenziert, egal von wo aus der Name aufgerufen wird.

Ist der Name hingegen relativ (`=Tabelle1!C4`), dann verhält sich der Name relativ zur **aufrufenden** Zelle. Ist beispielsweise die Zelle B10 die aktive Zelle und Sie vergeben den Namen *Relativ* mit Bezug auf `=Tabelle1!A1`, dann bezieht sich der Name nur in der Zelle B10 auf `Tabelle1!A1`. In B11 wird er sich auf `Tabelle1!A2` beziehen, in C11 dann auf `Tabelle1!B2`.

Wäre der Namensbezug im selben Beispiel gemischt, dann verhielten sich nur Zeile oder Spalte relativ. Der Bezug auf `=Tabelle1!$C4` sorgt dafür, dass der Bezug zu Spalte C immer erhalten bleibt und sich lediglich der Zeilenbezug relativ verhält. Bei `=Tabelle1!C$4` ist es dann genau umgekehrt: Der Bezug zur Zeile 4 bleibt erhalten, während der Spaltenbezug relativiert wird. Und das alles geschieht immer in Relation zur **aufrufenden** – also gerade aktiven – Zelle! Exakt auf diesem Verhalten bauen auch die *Bedingte Formatierung* und *Daten>Datenüberprüfung* auf.

In diesem Punkt ist die Z1S1-Schreibweise etwas leichter nachzuvollziehen. Wenn Sie unter *Excel-Optionen>Formeln* die *Z1S1-Bezugsart* aktivieren und dann noch einmal nachschauen, auf welche Zelle sich nun der Name *Relativ* bezieht, sehen Sie

```
=Tabelle1!Z(-9)S(-1),
```

egal welche Zelle gerade aktiv ist. Denn A2 ist gegenüber B11 um –9 Zeilen und –1 Spalte versetzt. Der relative Bezug wird hier besser deutlich. Wenn Sie im Arbeitsblatt lieber bei der *A1-Schreibweise* bleiben möchten, können Sie bei der Namensvergabe trotzdem die Z1S1-Schreibweise verwenden, und zwar über INDIREKT:

```
=INDIREKT("Tabelle1!Z(-9)S(-1)";0)
```

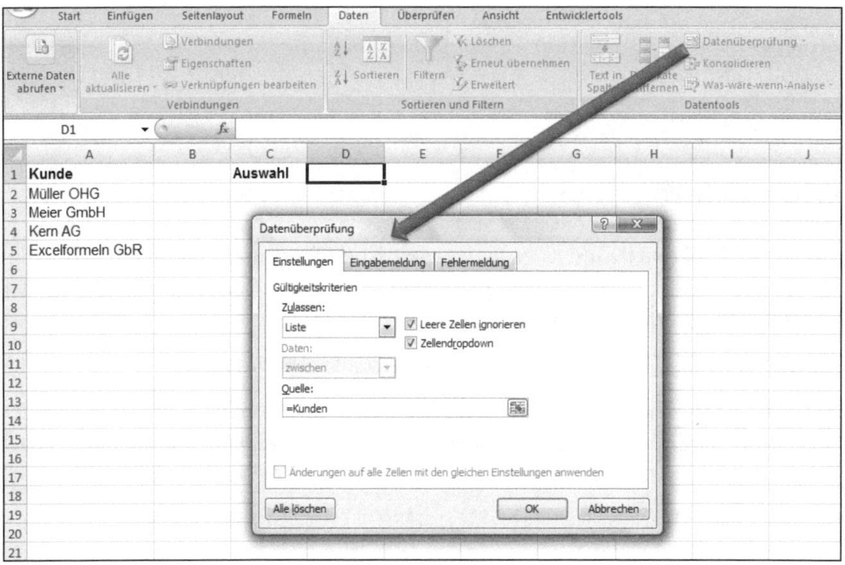

Abbildung 4.7: Namen in Gültigkeitsliste übernehmen

Viel spannender wird es jetzt bei den dynamischen Bezügen. In vielen Fällen (z.B. bei einer Gültigkeitsliste oder auch einem Datenbereich für ein Diagramm) werden ständig Daten hinzugefügt oder entfernt. Sie möchten aber jederzeit Zugriff auf den tatsächlichen Datenbereich nehmen. Am Beispiel einer einfachen Kundenliste, die sich im Laufe der Zeit dank Ihrer außerordentlichen Akquisitionskünste immer erweitern wird, sieht das so aus wie in Abbildung 4.7.

Das Auswahlfeld in `Tabelle1!D1` soll mittels *Daten>Datenüberprüfung>Zulassen:Liste* alle vorhandenen Kunden anzeigen. Allerdings soll sich diese Auswahlliste auch erweitern, sobald in Spalte A neue Kunden hinzukommen.

Definieren Sie den Namen *Kunden* mit Bezug auf:

```
=INDIREKT("Tabelle1!A1:A"&ANZAHL2(Tabelle1!$A:$A))
```

Im Dialogfeld der Gültigkeit hinterlegen Sie dann nur den Bezug auf den Namen *Kunden*. Daraufhin hat sich die Zelle D1 in ein Auswahlfeld verwandelt, aus dem Sie einen Kunden auswählen können (Abbildung 4.8).

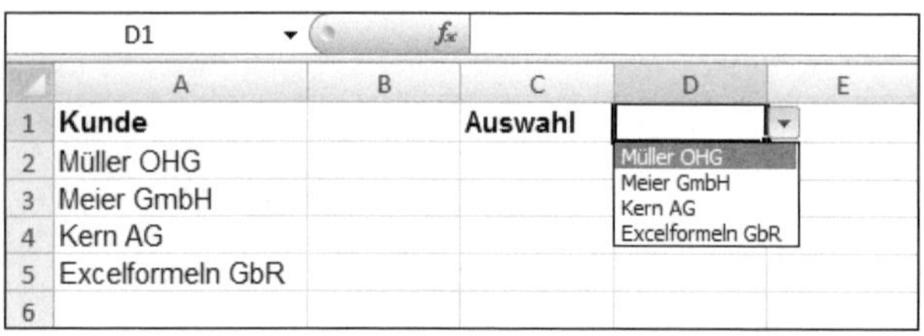

Abbildung 4.8: An Kundenanzahl dynamisch angepasste Gültigkeitsliste

Anstatt die Funktion INDIREKT zu verwenden, ist es übrigens wesentlich flexibler, die Funktion BEREICH.VERSCHIEBEN zu nutzen. In diesem Beispiel müsste sich der Name *Kunden* hierauf beziehen:

```
=BEREICH.VERSCHIEBEN(Tabelle1!$A$1;;;ANZAHL2(Tabelle1!$A:$A))
```

Beide Varianten führen zum selben Ergebnis. Allerdings liegt bereits hier der Vorteil der Funktion BEREICH.VERSCHIEBEN in der Dynamik der Bezüge. Würden Sie das Blatt *Tabelle1* umbenennen in *Kundenliste*, dann ändert sich der Bezug automatisch in:

```
=BEREICH.VERSCHIEBEN(Kundenliste!$A$1;;;ANZAHL2(Kundenliste!$A:$A))
```

Da die INDIREKT-Variante den Tabellennamen innerhalb eines Strings beinhaltet, würde sie zu folgendem Ergebnis führen:

```
=INDIREKT("Tabelle1!A1:A"&ANZAHL2(Kundenliste!$A:$A))
```

Der Bezug wäre nicht ermittelbar, intern käme es zu einem #BEZUG!-Fehler, und die Auswahlliste würde ihren Dienst verweigern.

4.6 Verwaltung von Namen mit dem Namens-Manager

Der Namens-Manager (Strg+F3) wurde in Excel 2007 neu eingeführt – bringt aber nicht wirklich viel Neues. Die Verwaltung ist hiermit etwas übersichtlicher als in den Vorgängerversionen. In der Spalte *Wert* wird ein Ausschnitt der Werte zurückgegeben, auf die sich die Namen beziehen. Wenn sich der Name auf ein Array oder einen dynamischen Bereich bezieht, funktioniert dies allerdings nicht. Nett ist auch der Kommentar, den Sie jedem Namen beifügen können.

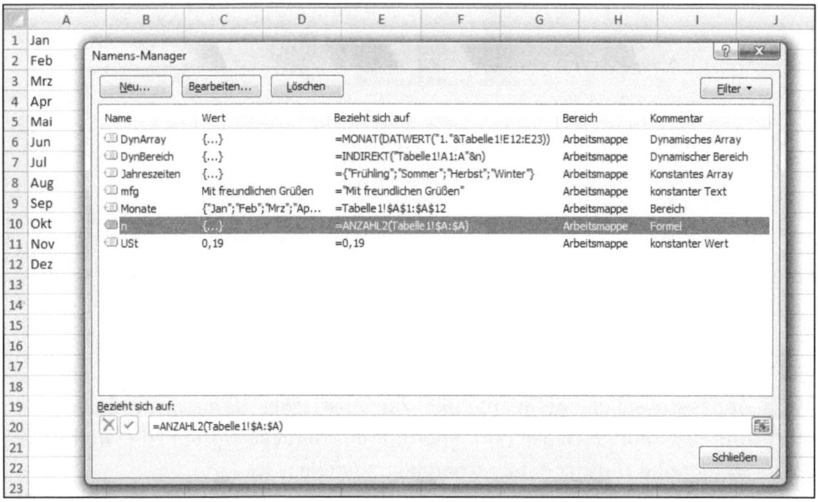

Abbildung 4.9: Dialog des Namens-Managers

Hilfreich ist auch die Filterfunktion am rechten Rand des Dialoges. Wenn Sie beispielsweise in Ihrer Tabelle Bereiche löschen, auf die sich Namen bezogen haben, werden diese Namen nicht automatisch gelöscht. Sie bestehen weiterhin als

„Namensleichen", die sich auf den Fehlerwert #Bezug! beziehen. Mit der Filterfunktion haben Sie nun die Möglichkeit, nur fehlerhafte Namen anzuzeigen, was Ihnen das schnelle Löschen dieser Leichen ermöglicht (Abbildung 4.9).

4.7 Dynamische Datenreihen in Diagrammen

Die dynamische Berechnung einer Bereichsgröße lässt sich auch in Diagrammen sinnvoll einsetzen. Stellen Sie beispielsweise die Tagesumsätze in einem Diagramm dar (Abbildung 4.10):

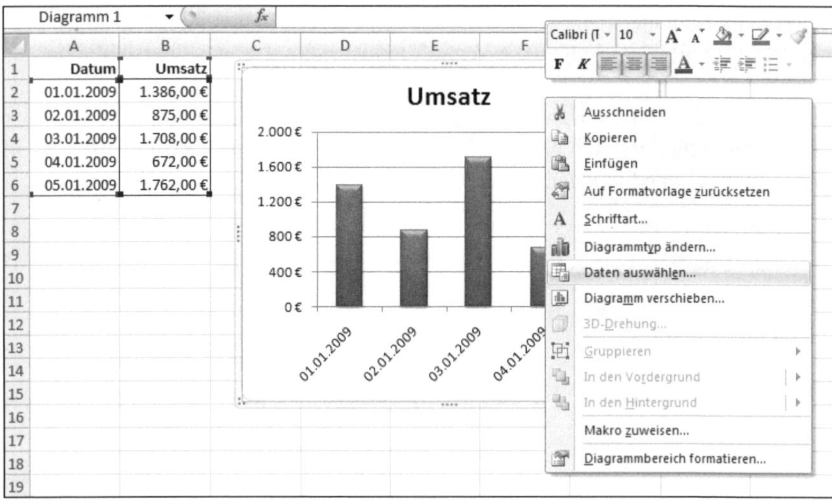

Abbildung 4.10: Namen in Diagrammen verwenden (1)

Da die Spalten A und B täglich erweitert werden und die Diagrammdaten sich automatisch anpassen sollen, definieren Sie zunächst zwei Namen, um sowohl die Beschriftung der Rubrikenachse (x) immer um das aktuelle *Datum* zu erweitern als auch die Datenreihe *Umsatz* entsprechend darzustellen.

Wir befinden uns im Blatt *Tabelle1*, und die Mappe wurde bereits unter *Mappe1.xlsx* abgespeichert. Definieren Sie den Namen *Datum* mit Bezug auf:

```
=BEREICH.VERSCHIEBEN(Tabelle1!$A$2;;;ANZAHL2(Tabelle1!$A:$A)-1)
```

Und den Namen *Umsatz* mit Bezug auf:

```
=BEREICH.VERSCHIEBEN(Tabelle1!$B$2;;;ANZAHL2(Tabelle1!$A:$A)-1)
```

Markieren Sie den Bereich A1:B6, und erstellen Sie daraus ein einfaches Säulendiagramm. Klicken Sie das Diagramm rechts an, und wählen Sie aus dem Kontextmenü den Eintrag *Daten auswählen...* Im darauffolgenden Dialog können Sie beide Namen gemäß Abbildung 4.11 einbinden.

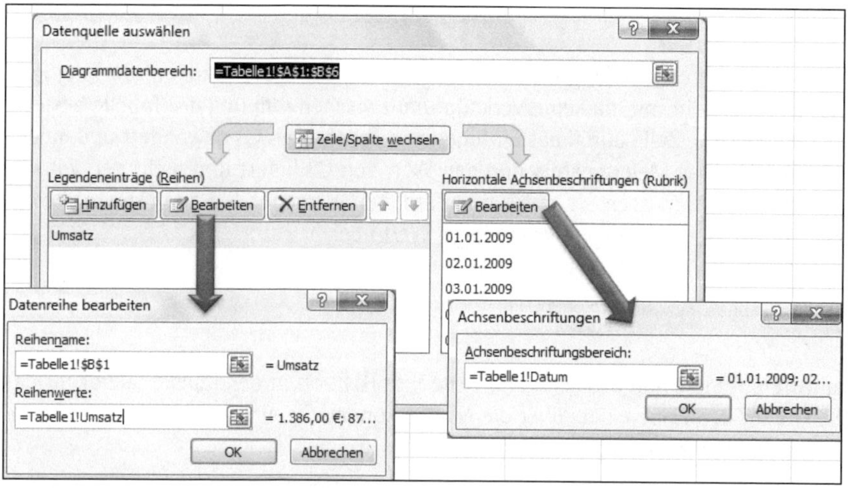

Abbildung 4.11: Namen in Diagrammen verwenden (2)

Das war es schon. Das Diagramm erweitert sich mit jedem Tag und zunehmenden Umsätzen. Testen Sie es, indem Sie die Spalten A und B einfach fortführen.

Wenn Sie im fertigen Diagramm die Datenreihe anklicken, sehen Sie in der Bearbeitungsleiste:

```
=DATENREIHE(Tabelle1!$B$1;Mappe1.xls!Datum;Mappe1.xls!Umsatz;1)
```

Sie können auch direkt in der Bearbeitungsleiste Änderungen vornehmen. Sie brauchen also nicht unbedingt den Diagramm-Assistenten zu bemühen. Aber egal wie Sie vorgehen: Solange Sie Formeln in Diagrammen verwenden möchten, geht dies eben ausschließlich via Namen.

4.8 Verwendung von Namen in Visual Basic

Auch, oder ganz besonders dann, wenn Ihre Excel-Dateien mit VBA-Programmierung bestückt sind, ist es wichtig, wenn Sie Ihre Tabellenbereiche mit Namen organisiert haben. Mit folgender VBA-Prozedur lassen Sie den Wert von Zelle A1 der aktiven Tabelle in einem Meldungsfeld anzeigen:

```
Sub Zellwert()
MsgBox Range("A1").Value
End Sub
```

Wenn Sie in Ihrer Tabelle nun Zeilen oder Spalten einfügen, bekommt dies der Programmcode nicht mit, da keine Verknüpfung zwischen ihm und der Tabelle besteht. Ist die relevante Zelle durch das Einfügen von Zellen nach C3 gewandert und möchten Sie, dass das Meldungsfeld nun den Wert von C3 liefert und nicht den von der neuen Zelle A1, müssen Sie mit Namen arbeiten. Vergeben Sie den Namen *meineZelle* für A1, können Sie per Makro ihren Wert über

```
Sub Zellwert()
MsgBox Range("meineZelle").Value
End Sub
```

aufrufen. Ändert nun die benannte Zelle ihre Position in der Tabelle, bleibt ihr das Makro auf den Fersen, d.h., über die Namen können Sie eine Verknüpfung zwischen Zellen und Programmcode herstellen.

Möchten Sie auslesen, worauf sich der Name *meineZelle* bezieht, schreiben Sie:

```
MsgBox Names("meineZelle").value
```

Und Sie erhalten in diesem Fall die Meldung:

Abbildung 4.12: Meldungsfeld mit Adresse, auf die sich der Name bezieht

Kapitel 5

Matrix Reloaded

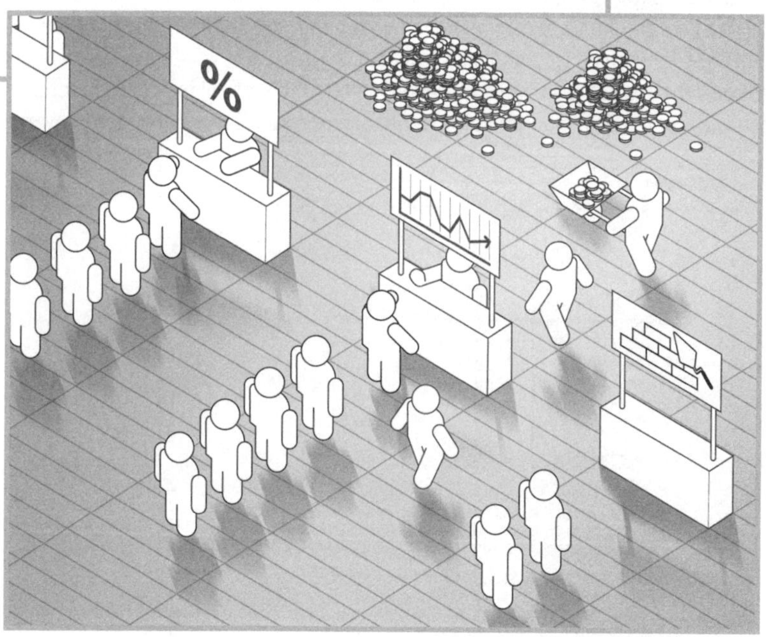

Wir schalten jetzt ein paar Gänge höher, legen also sozusagen den Formel-Turbo ein. Sie erfahren nun, wie Sie die Excel-Formeln wirklich ausreizen und viele Dinge berechnen können, von denen Sie bis dato nicht einmal im Traum gedacht haben, dass so etwas möglich ist: Wir kommen zu dem Thema Matrix (engl. Array), der Königsdisziplin im Formelbereich.

5.1 Was ist die Matrix?

Es ist die Frage, die uns keine Ruhe lässt. Es ist die Frage, die dich hergeführt hat. Du kennst die Frage, genau wie ich. "Was ist die Matrix?" (Morpheus in: Die Matrix)

5.1.1 Tabellenbereich versus Matrix

Wenn Sie den Unterschied zwischen einem Bereich und einer Matrix verstehen, haben Sie bereits den ersten Meilenstein zur Beherrschung von Matrixformeln zurückgelegt. Was ein Tabellenbereich ist, kann sich jeder Excel-Anwender vorstellen. Jeder Tabellenbereich besteht aus Zellen, die horizontal in Spalten und vertikal in Zeilen eingeteilt sind. Optisch können die Zellen durch Rahmen oder Hintergrundfarben abgegrenzt werden.

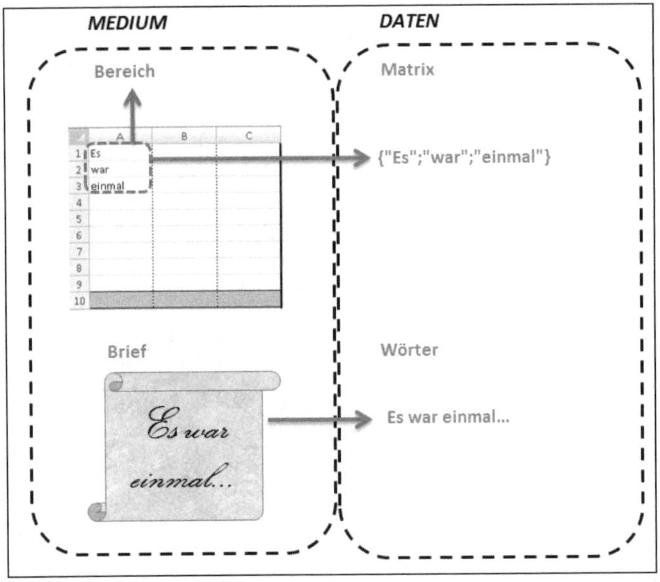

Abbildung 5.1: Das Medium „Bereich" ist die Hülle (der Container) der Matrix.

Unter einer Matrix verstehen wir nun die reinen Daten, die in den Zellen enthalten sind. Der Tabellenbereich verhält sich in etwa zur Matrix wie ein Brief zu den Wörtern, die in ihm enthalten sind, wie Abbildung 5.1 erkennen lässt.

Der Tabellenbereich oder der Brief sind Medien, welche die darin enthaltenen Daten darstellen, verwalten und übermitteln. Wenn wir davon sprechen, „ein(e) Array/Matrix zu erzeugen", ist damit gemeint, die Daten losgelöst vom Tabellenbereich darzustellen.

5.1.2 Wie wird eine Matrix erzeugt?

Ein Array für sich betrachtet ist schlicht gesagt eine *Anordnung, Aufstellung oder Reihe von gleichen Elementen in festgelegter Art und Weise* (Wikipedia) oder nach Goldman-Lexikon *die rechteckige Anordnung von n mal m Elementen a in m Zeilen und n Spalten, die außer durch ihren Wert auch noch durch ihre Stellung* a_{mn} *in der Matrix gekennzeichnet sind.*

Letztere Definition passt ja ziemlich genau zu den Matrizen, die eine Excel-Tabelle beinhaltet. Wie sieht ein Array aus, und wie wird es erzeugt?

Ein Array wird grundsätzlich durch {geschweifte Klammern} dargestellt. Man unterscheidet die Arrays nach ihren Dimensionen:

1. Horizontale Arrays: Die einzelnen Elemente werden durch Punkte voneinander getrennt. Die Darstellung im Tabellenbereich erfolgt in einer Zeile und mehreren Spalten.
2. Vertikale Arrays: Die einzelnen Elemente werden durch ein Semikolon voneinander getrennt. Die Darstellung im Tabellenbereich erfolgt in einer Spalte und mehreren Zeilen.
3. Zweidimensionale Arrays: Dabei werden die Elemente in der horizontalen Dimension mit Punkten und in der vertikalen Dimension mit Semikola voneinander getrennt.

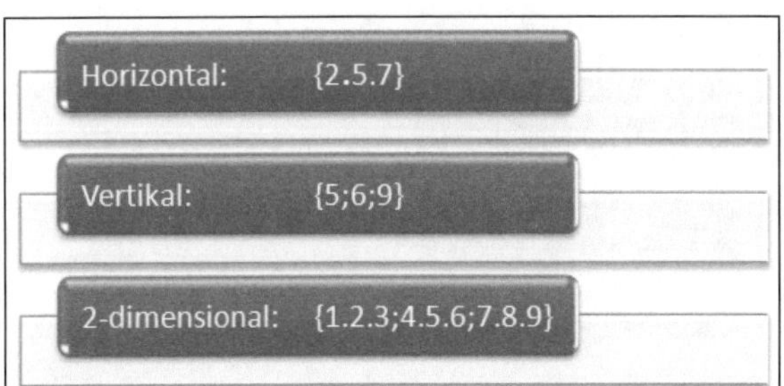

Abbildung 5.2: Wie Arrays aussehen

Die {geschweiften Klammern} erzeugt man mit [AltGr]+[7] ({) und [AltGr]+[0] (}) bzw. mit [Alt]+123 ({) respektive [Alt]+125 (}). Dabei muss 123 bzw. 125 auf dem Ziffernblock getippt werden.

Die Trennzeichen einzelner Matrixelemente können in den verschiedenen Ländereinstellungen differieren. In der Schweiz ist beispielsweise der Backslash (\) statt des Punktes (.) das Trennzeichen für horizontale Matrixelemente. Im Zweifel geben Sie in der Bearbeitungsleiste die Formel

```
=A1:C2
```

ein, markieren diese, werten sie mit [F9] aus und schauen sich dann die Matrixtrennzeichen Ihrer Ländereinstellung an.

Zulässige Elemente einer Matrix sind Zahlen, Texte, logische Werte (WAHR und FALSCH) sowie Fehlerwerte. Nicht zulässig sind hingegen Zellbezüge, Namen und die Sonderzeichen $, % und Klammern (). Zudem dürfen keine Zeilen oder Spalten unterschiedlicher Größe vorhanden sein, wie z.B. `={1.2.3;3.4.5.6}`.

Die Elemente einer Matrix können auch unterschiedlichen Typs sein:

```
={1.2.3."A".WAHR.#NV."XY".22,55.1E+307}
```

Zu beachten ist hierbei, dass Texte in „Anführungszeichen" gesetzt werden. Zahlen können auch dezimal oder im wissenschaftlichen Format (1E+307) angegeben werden. Für alle Matrixkonstanten gilt, dass die {geschweiften Klammern} manuell erzeugt werden.

Die einzelnen Elemente einer Matrix werden zunächst horizontal und dann vertikal „durchnummeriert" und auch berechnet. Ein Beispiel für eine 2*4-Matrix (2 Zeilen, 4 Spalten) zeigt Abbildung 5.3:

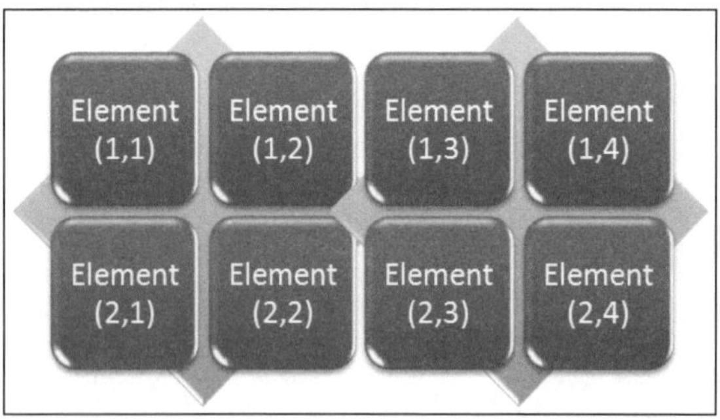

Abbildung 5.3: Adressierung von Elementen der Matrix

5.1.3 Berechnungsreihenfolge von Zellen und Arrays

Den Nachweis der Berechnungsreihenfolge liefert folgendes Experiment (Abbildung 5.4). Aktivieren Sie zunächst die Iteration über *Office-Symbol>Excel-Optionen>Formeln>Berechnungsoptionen* (vormals: *Extras>Optionen>Berechnung*) mit der maximalen Iterationszahl 1. Dadurch legitimieren Sie Zirkelbezüge, die in diesem Beispiel zwangsläufig entstehen. Markieren Sie nun den Bereich A1:C3, geben die Formel

```
=MAX($A$1:$C$3)+1
```

ein und schließen die Eingabe mit Strg+↵ ab (diese Tastenkombination kopiert die Formel der aktiven Zelle in alle anderen markierten Zellen – nicht zu verwechseln mit Strg+⇧+↵ zur Erzeugung einer Matrixformel!).

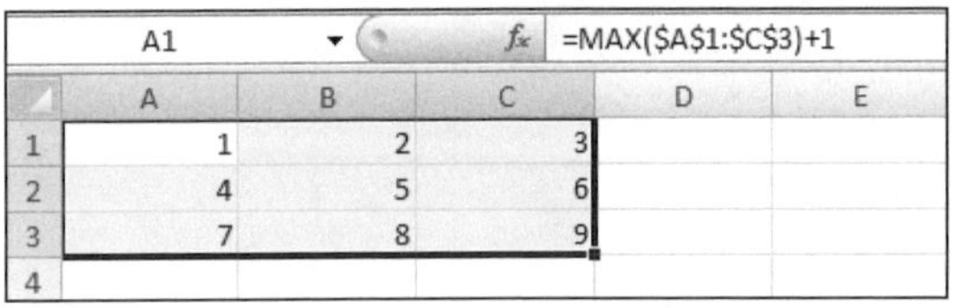

Abbildung 5.4: Berechnungsreihenfolge von Zellen

Jede Zelle liest aus dem Bereich A1:C3 das Maximum aus und erhöht dieses um 1. Aufgrund der eingestellten maximalen Anzahl von genau einer Iteration wird diese Berechnung in jeder Zelle nur einmal vorgenommen. Da die Berechnungsreihenfolge von links nach rechts und anschließend von oben nach unten verläuft, ergibt sich das Ergebnis aus Abbildung 5.4. Damit ist bewiesen, dass zuerst die Zelle A1 berechnet wurde. Zu dem Zeitpunkt haben alle übrigen Zellen noch den Wert 0 und damit gilt:

```
A1:=Max({0.0.0;0.0.0;0.0.0})+1 = 1
```

Zuletzt wird C3 berechnet. Alle vorherigen Zellen besitzen schon ihre Werte von 1 bis 8.

```
C3:=Max({1.2.3;4.5.6;7.8.0}+1 = 9
```

5.1.4 Zugriff auf Elemente eines Arrays

Eine Matrix ist erzeugt, aber wie greifen wir auf dessen einzelne Elemente zu? Die dafür prädestinierte Excel-Funktion lautet:

```
=INDEX(Matrix;Zeile;Spalte)
```

Ist die Matrix nur eindimensional, reicht:

`=INDEX(Matrix;Zeile` **oder** `Spalte)`

Wollen wir beispielsweise aus der Matrix C5:E7 die Zelle D7 (das Element in der 3. Zeile und der 2. Spalte der Matrix) ansprechen, dann formulieren wir:

```
=INDEX(C5:E7;3;2)
```

Abbildung 5.5 zeigt Beispiele zum Zugriff auf Elemente mit der Funktion INDEX.

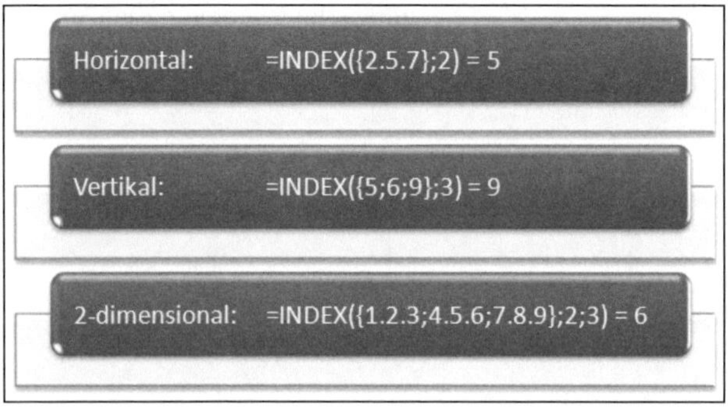

Abbildung 5.5: Zugriff auf Elemente der Matrix

5.2 Operationen mit Arrays

Der Inhalt eines Arrays muss nicht statisch bleiben. Er kann vielmehr mit allen denkbaren mathematischen Operationen verändert werden.

`={2.4.6}*5` ergibt `{10.20.30}`

da jedes Element mit der Zahl 5 multipliziert wird. Das Ergebnis ist wieder ein Array mit der gleichen Anzahl von Elementen wie das Ausgangsarray (Abbildung 5.6).

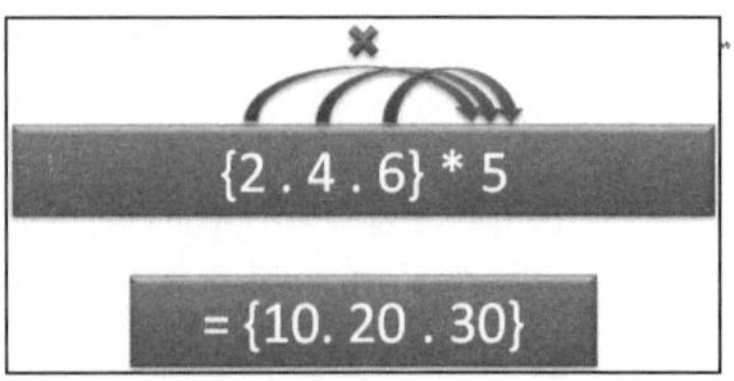

Abbildung 5.6: Multiplikation von Spaltenarray mit Zahl

Natürlich sind auch alle anderen mathematischen Operationen möglich.

Bei zwei Arrays, die gleich dimensioniert sind, korreliert jedes x-te Element von Array A mit dem zugehörigen x-ten Element von Array B. Am Beispiel einer Multiplikation zweier Arrays:

`={2.4.6}*{3.4.5}` ergibt `={6.16.30}`

aus den durchgeführten Einzelberechnungen 2*3, 4*4 und 6*5 (Abbildung 5.7).

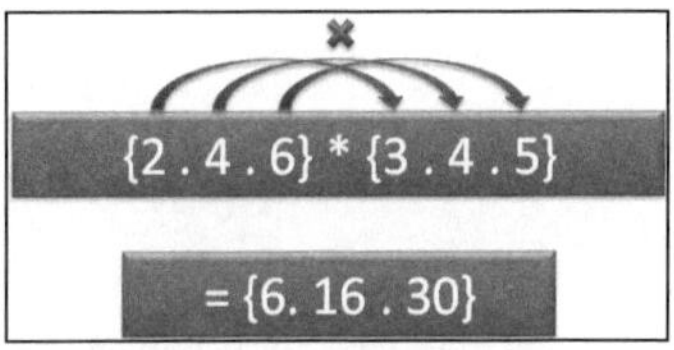

Abbildung 5.7: Multiplikation zweier Matrizen gleicher Dimension

Sind beide Arrays unterschiedlich dimensioniert, wird jedes Element von Array A mit jedem Element von Array B multipliziert:

`={2.4.6}*{3;4}` ergibt `={6.12.18;8.16.24}`

aus den durchgeführten Einzelberechnungen 2*3, 4*3, 6*3, 2*4, 4*4, 6*4 (Abbildung 5.8).

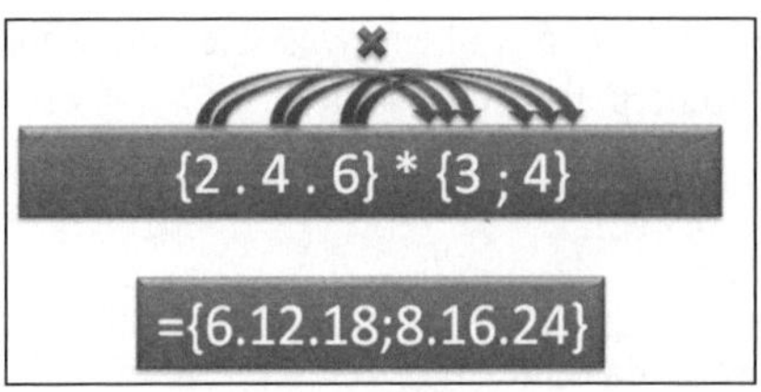

Abbildung 5.8: Multiplikation zweier Matrizen unterschiedlicher Dimension

Die Array-Dimensionen müssen sinnvoll zusammenpassen. Eine Konstruktion wie

`={1.2;3.4}*{2;3;4}` ergibt `={2.4;9.12;#NV.#NV}`

da das zweite Array aus drei Zeilen besteht, das erste hingegen nur aus zwei. Die ersten Berechnungen werden mit 1*2, 2*2, 3*3 und 4*3 korrekt ausgeführt. Für die letzte 4 im zweiten Array gibt es hingegen kein Pendant mehr im ersten Array, und somit führt dies zu den Fehlerwerten `#NV`.

Es ist auch möglich, ein eindimensionales Array mit einem zweidimensionalen Array zu kombinieren. In dem Fall passen beide dann sinnvoll zusammen, wenn die gemeinsame Dimension dieselbe Länge aufweist. Das resultierende Array behält dieselbe Größe wie das ursprüngliche zweidimensionale Array (Abbildung 5.9). Die Einzelberechnungen lauten in dem Fall 1*5, 2*6, 3*5, 4*6.

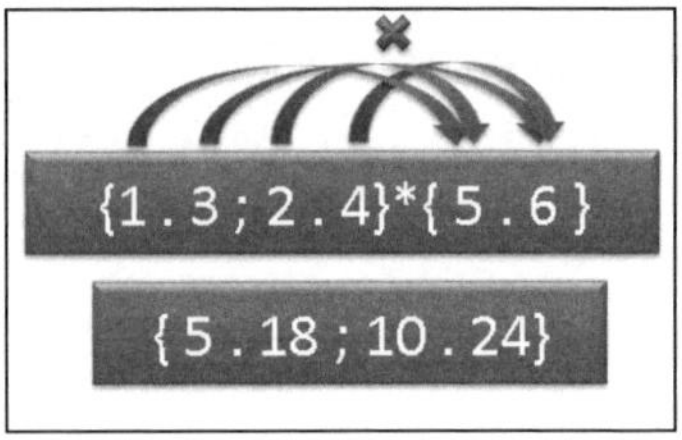

Abbildung 5.9: Multiplikation einer eindimensionalen mit einer zweidimensionalen Matrix

Sollte Ihr Array einmal Zahlen enthalten, die aus verschiedensten Gründen im Textformat vorliegen, dann bekommen Sie im weiteren Verlauf oftmals Schwierigkeiten:

```
=SUMME({"1";"2";"3"})
```

ergibt eine humorlose Null. Abhilfe schafft hier eine mathematisch neutrale Bearbeitung des Arrays. Eine Zahl wird mathematisch nicht verändert, wenn man sie mit 1 multipliziert, durch 1 dividiert oder 0 addiert. Und genau das kann man auch mit einem Array machen. Dabei ist Excel so intelligent, aus allem, was wie eine Zahl aussieht, eine echte Zahl zu machen, den Datentyp also zu verändern.

```
=SUMME({"1";"2";"3"}+0) = SUMME({1;2;3}) = 6
=SUMME({"1";"2";"3"}*1) = SUMME({1;2;3}) = 6
=SUMME({"1";"2";"3"}/1) = SUMME({1;2;3}) = 6
```

Achten Sie aber in solchen Fällen immer darauf, dass Ihr Array keine Werte enthält, die nicht als Zahlen interpretiert werden können. Das führt ganz schnell zu dem unschönen Fehlerwert #WERT!, und Ihr gesamtes Formelergebnis ist im Eimer (es gibt auch wenige Ausnahmen, bei denen man die Fehlerwerte bewusst in Kauf nimmt, aber das spielt an dieser Stelle keine Rolle).

5.3 Array-Formeln

Es gibt zwei unterschiedliche Wege, Arrays zu erzeugen:

1. Direkter Weg über Matrixkonstante
2. Indirekter Weg über Tabellenbereich

Den ersten Weg haben wir in den vorangegangenen Abschnitten bereits kennengelernt. Über die beschriebene Syntax mit geschweiften Klammern und Trennzeichen kann das konstante Array

`{1.2.3}`

direkt in eine Zelle geschrieben werden. Konstant ist es deshalb, weil es völlig losgelöst ohne Bezug auf veränderliche Tabellenbereiche existiert.

Für den zweiten Weg merken Sie sich ab sofort folgende Tastenkombination (Abbildung 5.10):

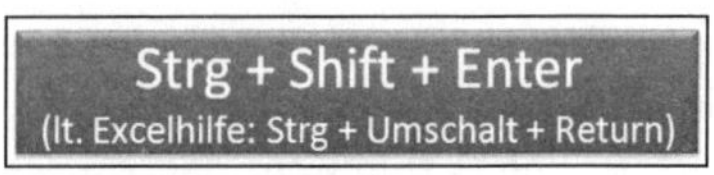

Abbildung 5.10: Die wichtigste Tastenkombination

Das bedeutet: Halten Sie [Strg] und [⇧] gleichzeitig gedrückt, und betätigen Sie dann die [↵]-Taste. Wenn Sie eine Formel eingeben, die Eingabe dann mit dieser Tastenkombination abschließen (anstatt wie gewöhnlich mit [↵] allein) und anschließend einen Blick in die Bearbeitungsleiste riskieren, stellen Sie fest, dass die eingegebene Formel mit {geschweiften Klammern} umrandet wurde. Dies ist das sichere Zeichen dafür, dass es sich um eine Array-/Matrixformel handelt!

5.3.1 Wie es in den Wald hinein ruft …

Diese Tastenkombination wird verwendet, um eine Array-Formel zu erzeugen, doch was unterscheidet selbige denn von einer „normalen" Formel? Um dies zu ergründen, erinnern wir uns noch einmal an das allgemeine Prinzip von Excel-Funktionen. Diese erwarten Eingabeparameter, die bestimmte Datentypen aufweisen, und geben einen oder mehrere Funktionswerte weiter, die selbst auch irgendeinen Datentyp besitzen. Nehmen wir als Beispiel die Funktion WENN. Ihre Syntax lautet:

WENN(Prüfung;Dann_Wert;Sonst_Wert)

Die Funktion führt also **eine** Wahrheitsprüfung durch und liefert als Ergebnis einen *Dann_Wert* oder **einen** *Sonst_Wert*. Warum die Betonung auf **eine** liegt, werden Sie gleich sehen.

Die Wahrheitsprüfung kann nun direkt über konstante Werte erfolgen:

```
=WENN(5>3;"grösser";"kleiner")
=WENN(WAHR;"grösser";"kleiner") = "grösser"
```

oder indirekt mit Bezug auf einen Tabellenbereich:

```
A1:=2
=WENN(A1>3;"grösser";"kleiner") = "kleiner"
```

Nun nehmen wir an, es soll nicht nur eine Zahl überprüft werden, sondern die drei Zahlen der Matrixkonstanten:

```
{2.4.5}
```

Benutzen wir die Matrixkonstante auf direktem Wege in der Formel, erhalten wir:

```
=WENN({2;4;5}>3;"grösser";"kleiner")
```

Das erste Argument der WENN-Funktion erwartet **eine** Wahrheitsprüfung. In dem Moment, in dem wir ihr an der Stelle drei Wahrheitsprüfungen zumuten, machen wir aus der „normalen" Formel eine Array-Formel. Jeder der drei Werte wird mit der 3 verglichen, sodass wir erhalten:

```
=WENN({FALSCH;WAHR;WAHR};"grösser";"kleiner")
```

Als Ergebnis liefert die Funktion nicht nur einen Rückgabewert, sondern drei, nämlich:

```
{"kleiner";"grösser";"grösser"}
```

Sichtbar wird diese Ergebnismatrix dann, wenn Sie die Formel in eine Zelle schreiben, markieren und mit [F9] auswerten.

Nun schlagen wir wieder den indirekten Weg ein. Die zu überprüfenden Werte werden nicht konstant in die Formel übernommen, sondern stehen in einem Tabellenbereich gemäß Abbildung 5.11.

Nun sehen wir mit Schrecken, dass Excel nicht in der Lage ist, diese Mehrfachprüfung auszuführen. Nach dem Motto: „Ich möchte EINE Wahrheitsprüfung durchführen, aber du bietest mir drei Zellen an, die geprüft werden sollen. Welche soll ich denn nehmen?" Excel kapiert in dem Falle nicht, dass alle Zellen geprüft werden sollen.

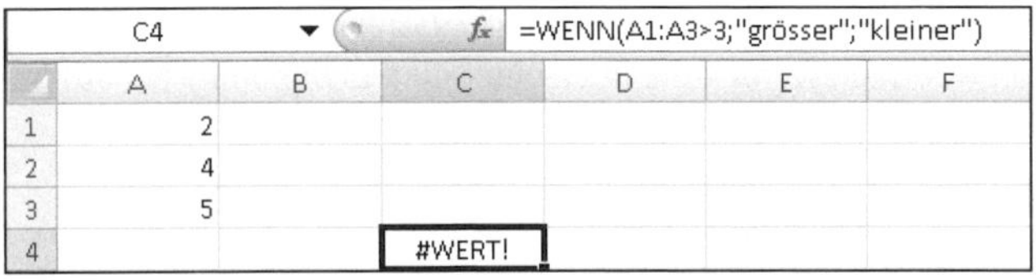

Abbildung 5.11: Eine Vergleichsoperation, die auf einen mehrzelligen Bereich angewendet wird, verursacht einen Fehler.

Jetzt kommt unsere heilige Tastenkombination Strg+⇧+↵ zum Zuge. Sobald die Formeleingabe damit abgeschlossen wird, wird die Matrix quasi aus dem Tabellenbereich herausgelöst, und Excel weiß, was zu tun ist, und erzeugt eine Matrixformel (Abbildung 5.12).

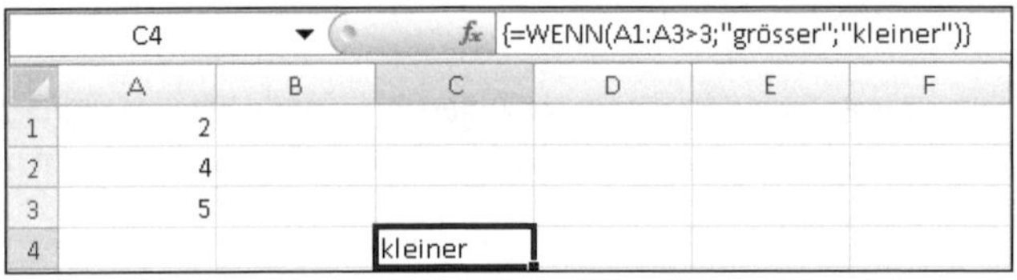

Abbildung 5.12: Eine Vergleichsoperation funktioniert, wenn die Formel mit Strg+⇧+↵ abgeschlossen wird.

Klappt! Excel meckert nicht mehr. Allerdings gibt es noch ein weiteres Problem. Wir wissen, dass die Formel eine aus drei Werten bestehende Ergebnismatrix liefert. In der Zelle C4 sehen wir aber nur einen Wert, und zwar immer den ersten Wert der Ergebnismatrix. Wir können aber auch alle drei Werte der Ergebnismatrix im Tabellenbereich sichtbar machen. Dazu selektieren wir drei Zellen untereinander, geben die Formel erneut ein und schließen die Eingabe ebenfalls mit Strg+⇧+↵ ab. Das zufriedenstellende Ergebnis zeigt Abbildung 5.13.

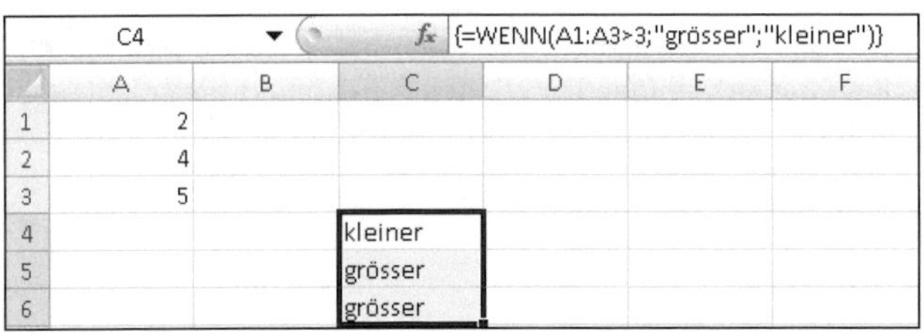

Abbildung 5.13: Alle Elemente der Ergebnismatrix anzeigen

Falls sich der Bereich, über den sich die Matrixformel erstreckt, größer ist als die Ergebnismatrix der Wenn-Formel, werden die überschüssigen Zellen mit #NV aufgefüllt (Abbildung 5.14).

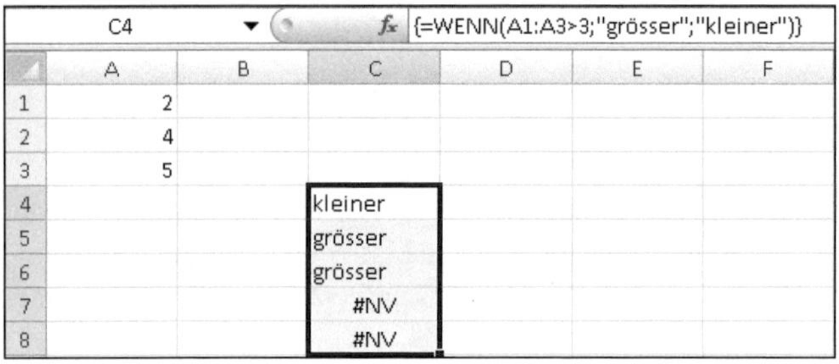

Abbildung 5.14: Markierter Bereich für Matrixformel ist überdimensioniert.

Wenn eine Matrixformel in dieser Form über mehrere Zellen auf einmal erzeugt wurde, können einzelne Zellen nachträglich nicht mehr bearbeitet werden. Ein solcher Versuch wird mit einer Fehlermeldung quittiert.

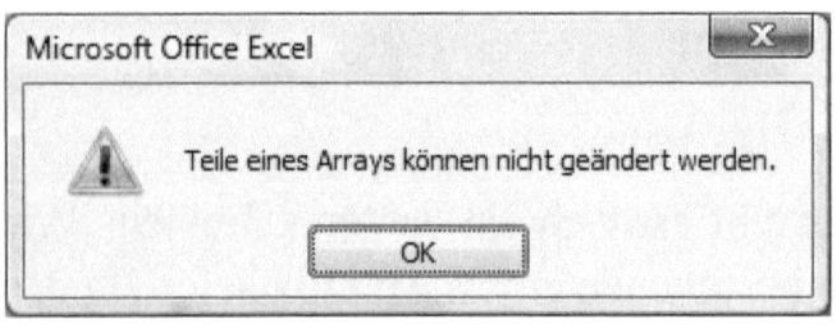

Abbildung 5.15: Teile eines Arrays können nicht geändert werden.

Das Array kann nur insgesamt wieder gelöscht werden.

Die Abbildung 5.16 zeigt noch einmal das wichtige Prinzip bei Array-Formeln: „Wie es in den Wald hinein ruft, so schallt es auch hinaus." Erhält ein Argument, das im Standard nur einen einzelnen Wert erwartet, n Werte, so liefert die Funktion ebenfalls n Rückgabewerte. Bei einigen wenigen Funktionen funktioniert dies nicht, aber in der Regel verhält es sich so.

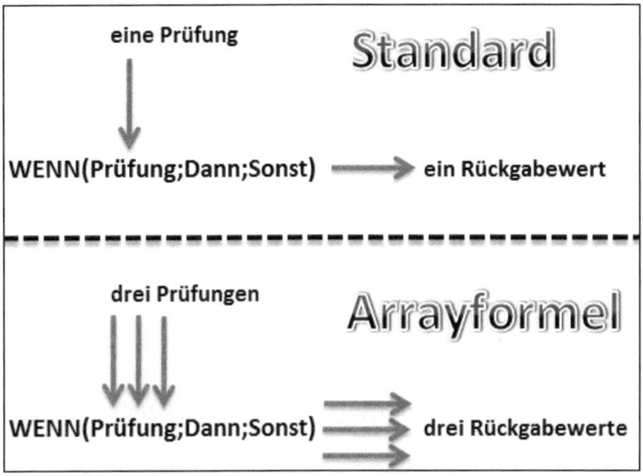

Abbildung 5.16: Wie sich die Formel zur Matrixformel entpuppt

5.3.2 Bereich mal x gleich Matrix

In der überwiegenden Anzahl der Fälle wird die Darstellung aller einzelnen Elemente der Rückgabematrix gar nicht benötigt, sondern es soll damit weitergerechnet werden.

Abbildung 5.17 zeigt die Einzahlung auf zwei Konten, die über drei Jahre zu 10 % verzinst werden sollen. Letztlich interessiert hier nur das gesamte Endvermögen nach Ablauf der Perioden zum Stichtag 01.01.07. Doch um dieses Ergebnis zu erhalten, benötigen Sie im Normalfall einige Zwischenschritte.

D7 | {=SUMME(C2:D4*1,1^B2:B4)}

	A	B	C	D	E	F	G
1	Zahlungs-zeitpunkt	Zins-perioden	Konto 1	Konto 2		Endwert 1	Endwert 2
2	01.01.04	3	100	200		133,1000	266,2000
3	01.01.05	2	100	300		121,0000	363,0000
4	01.01.06	1	100	400		110,0000	440,0000
5							1433,30
6							
7			Summe Endwert zum 01.01.07:	1433,30			

Abbildung 5.17: Mit Matrixformeln können mathematische Operatoren auf mehrzellige Bereiche angewendet werden.

Mit der Formel

```
F2:=C2/1,1^$B2
```

wird die Zahlung in C2 abhängig von der Anzahl der Zinsperioden in B2 zu 10 % aufgezinst (1,1 = 1 + 10 %). Die Formel wird bis G4 kopiert, um auch die übrigen Endwerte zu erhalten. Schließlich erhalten Sie mit

```
G5: =SUMME(F2:G4)
```

die Summe aller Endwerte. Dank Matrixformeln ist das Hilfstableau von F1:G5 gar nicht notwendig. Stattdessen können Sie mit

```
D7: {=SUMME(C2:D4*1,1^B2:B4)}
```

alle Teilberechnungen auf einmal ausführen, vorausgesetzt, Sie schließen die Formeleingabe mit [Strg]+[⇧]+[↵] ab.

`C2:D4*1,1^B2:B4` erzeugt eine Ergebnismatrix mit sechs Einzelberechnungen, die aber nicht dargestellt, sondern an die Funktion SUMME weitergegeben werden. Diese summiert die Elemente und liefert nur noch einen übrig gebliebenen Funktionswert, sprich: die Summe.

Sie haben bereits gesehen, wie über mathematische Operation Matrizen manipuliert werden können. Nach gleichem Muster kann ein mathematischer Operator auf einen Bereich angewendet werden, wodurch eine neue Matrix entsteht. Wir zerlegen obige Berechnung in ihre Einzelteile. Zuerst werden die drei Zinsfaktoren (1,1 ^ *Perioden*) berechnet:

```
1,1^B2:B4 = 1,1^{3;2;1} = {1,331 ; 1,21 ; 1,1}
```

Nun werden die Zinsfaktoren mit den Zahlungen multipliziert:

```
C2:D4*{1,331;1,21;1,1}
= {100 . 200 ; 100 . 300 ; 100 . 400} * {1,331 ; 1,21 ; 1,1}
= {133,1 . 266,2 ; 121 . 363 ; 110 . 440}
= 1433,30
```

Hier haben wir den Fall dass zwei Matrizen mit unterschiedlichen Dimensionen multipliziert werden. Die linke Matrix der Zahlungen ist zweidimensional (Trennzeichen Punkt und Semikolon), und die rechte Matrix der Zinsfaktoren ist ein eindimensionales Zeilenarray (Trennzeichen Semikolon).

5.3.3 Gut argumentiert?!

Auf der einen Seite gibt es Argumente, die einen einzelnen Wert (eines bestimmten oder beliebigen Datentyps) erwarten. Andererseits gibt es Argumente, die von Hause aus eine Matrix aus Werten oder einen Bereich verlangen.

Argument Matrix

Zum Beispiel das zweite Argument bei der Funktion VERGLEICH:

```
VERGLEICH(Suchkriterium;Suchmatrix;Vergleichstyp)
```

Folgende Befüllungen für *Suchmatrix* sind denkbar:

- eine Zeile oder eine Spalte (der Standardfall)
- eine konstante Matrix
- eine Matrix, die über Bereichsoperationen entsteht (Strg+Shift+Enter)

Alle drei Fälle probieren wir am Beispiel in Abbildung 5.18 aus. Die Liste ist nach Monatsumsätzen absteigend sortiert.

F3 =VERGLEICH(2005;A3:A12;0)

	A	B	C	D	E	F
1	Top 10 Monatsumsätze					
2	Jahr	Monat	Monatsumsatz T€		Suchriterium	Zeile(=Rang)
3	2007	Jun	1.494,91		2005	4
4	2006	Jul	1.459,42		2005Dez	8
5	2007	Okt	1.457,74			
6	2005	Mai	1.368,00			
7	2005	Feb	1.359,75			
8	2005	Mrz	1.317,80			
9	2006	Aug	1.291,94			
10	2005	Dez	1.284,40			
11	2006	Jun	1.284,12			
12	2006	Feb	1.271,80			
13	Ergebnis		13.589,90			

Abbildung 5.18: Liste mit Monatsumsätzen

Gesucht ist zunächst die Zeile des umsatzstärksten Monats im Jahr 2005. Diese liefert die Standardformel:

```
F3: =VERGLEICH(2005;A3:A12;0) = 4
```

Den Bereich, den die Funktion VERGLEICH hier in eine Matrix umwandelt, können wir auch direkt (konstant) dort eintragen:

```
F3: =VERGLEICH(2005; {2007;2006;2007;2005;...;2006};0) = 4
```

Der dritte Anwendungsfall kommt zur Geltung, wenn sich das Suchkriterium aus Spalte A und B zusammensetzt. Spalte A und Spalte B werden mit dem &-Operator verkettet. Dadurch entsteht eine Matrix, die Excel nur mit der Tastenkombination [Strg]+[⇧]+[↵] akzeptiert:

```
F4:{=VERGLEICH(2005&"Dez";A3:A12&B3:B12;0)} = 8
```

Hier haben wir also eine Matrixformel kreiert, die im Gegensatz zur WENN-Funktion nur einen Rückgabewert liefert (wie im Standard). Fazit:

Entsteht eine Matrix in einem Argument, das standardmäßig eine Matrix oder einen Bereich erwartet, liefert die Funktion auch nur die standardmäßige Anzahl der Rückgabewerte.

Anders ist der Fall wieder gelagert, wenn die Matrix im ersten Argument entsteht.

```
=VERGLEICH({"Jun"."Okt"."Mrz"};B3:B12;0) = {1.3.6}
```

Aus einem Suchkriterium werden drei. Also wird aus einem Rückgabewert auch deren drei. (Der Juni wird an 1. Stelle gefunden, der Oktober an 3. Stelle und der März an 6. Stelle.)

Argument Bereich oder Bezug

Es gibt Funktionen wie ZÄHLENWENN, RANG oder TEILERGEBNIS, die verlangen als Argument einen Bereich bzw. Bezug statt einer Matrix. An deren Verhalten wird noch einmal sehr schön der Unterschied zwischen Matrix und Bereich klar.

Ein Bereich beinhaltet eine Matrix. Deshalb kann in einem Matrix-Argument sowohl ein Bereich als auch eine Matrix angegeben werden. Andersherum gilt dies nicht. Eine Matrix ist noch lange kein Bereich. Und deshalb verweigern die oben genannten Funktionen die Übergabe von Matrizen:

```
=ZÄHLENWENN({2007;2006;2007;2005;2005};2005)
```

ist genauso wenig zulässig wie:

```
=ZÄHLENWENN(A3:A12&B3:B12;2005&"Dez")
```

Die Funktion ZÄHLENWENN verlangt also das reine, unmanipulierte „Medium" *Bereich*. Funktionen, die als Argument *Bezug* statt *Bereich* verlangen, wie RANG oder TEILERGEBNIS, verhalten sich gleichermaßen.

Rückgabematrix

Wir haben uns angesehen, wie sich Funktionen, die im Standard einen Rückgabewert besitzen, verhalten, wenn sie mit Arrays bestückt werden. Darüber hinaus gibt es aber auch einige Funktionen, die schon im Standardfall selbst Matrizen als Rückgabewerte liefern, ohne dass die Tastenkombination [Strg]+[⇧]+[↵] nötig wäre. Dazu zählen:

MTRANS, MMULT, MINV, RGP, RKP.

Auf einzelne Werte der Rückgabematrix kann mit der Funktion INDEX zugegriffen werden:

```
INDEX(MTRANS({1.2.3;4.5.6;7.8.9});1;3) = 7
```

denn:

```
MTRANS({1.2.3;4.5.6;7.8.9}) = {1.4.7;2.5.8;3.6.9}
```

In der Ursprungsmatrix steht die 7 in der ersten Spalte der dritten Zeile. MTRANS transponiert diese Matrix, d.h., Zeilen und Spalten werden getauscht. In der Ergebnismatrix steht die 7 in der ersten Zeile und dritten Spalte, wie die Funktion INDEX beweist.

Matrix aus Bereichen

Um das Bild zu vervollständigen, fehlt noch ein recht abstrakter Sonderfall. Der Unterschied zwischen Bereich und Array sollte klar sein. Es gibt da aber auch ein seltsames Konstrukt, das man als Matrix aus Bereichen bezeichnen kann. Wir haben festgestellt, dass ein Argument, das einen Bereich verlangt, keine Matrix akzeptiert.

Das erste Argument von ZÄHLENWENN wäre demnach nicht matrixfähig. Dies ist auch richtig, außer in dem Fall, in dem die Matrix keine Werte (oder Zeichen) enthält, sondern Bereiche. Um das zu glauben bzw. zu verstehen, muss man es wohl gesehen haben. Folgende Formel beinhaltet einen solchen Sonderfall:

```
ZÄHLENWENN(INDIREKT({"A:A";"B:B"});"x")
```

INDIREKT übergibt hier eine Matrix aus zwei Bereichen. ZÄHLENWENN führt nun für jeden Bereich die Berechnung durch und liefert eine Matrix aus zwei Rückgabewerten. Der erste Wert beinhaltet die Anzahl x in Spalte A und der zweite die Anzahl x in Spalte B.

Das Resultat ist natürlich nicht gleichbedeutend mit der Formel

```
ZÄHLENWENN(A:B; "x")
```

die nur eine Gesamtanzahl liefern würde.

Eine Matrix aus Bereichen lässt sich mit den Funktionen INDIREKT und BEREICH.VERSCHIEBEN erzeugen. Mit diesem Konstrukt lassen sich Fragestellungen beantworten wie: In welcher Spalte kommen die meisten „x" vor? Zudem lassen sich Berechnungen für diskontinuierliche Bereiche verwirklichen (vgl. *Excel – Das Zauberbuch*), die aber an dieser Stelle zu weit führen würden.

Für Vergessliche

Die in den diversen Excel-Foren mittlerweile meistgenannte Funktion ist wohl SUMMENPRODUKT. Sie weist die Besonderheit auf, auf die Tastenkombination [Strg]+[⇧]+[↵] verzichten zu können.

Wird ein Bereich einer mathematischen Operation unterzogen, zum Beispiel

```
A1:A10*5
A1:A10 & B1:B10
```

entsteht eine Matrix, die Excel normalerweise nur mit der Tastenkombination berechnen kann. SUMMENPRODUKT versteht auch so, was zu tun ist (Abbildung 5.19):

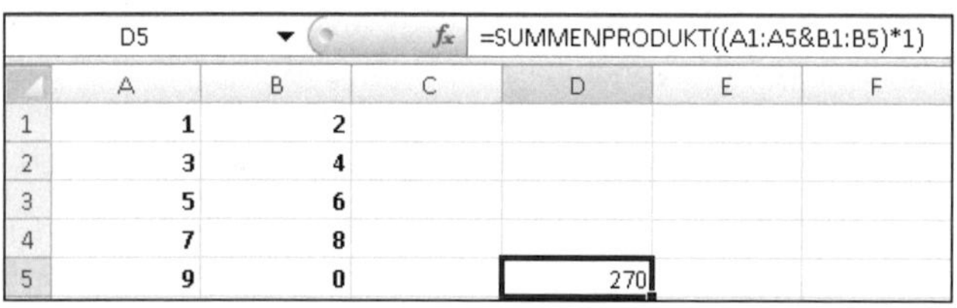

Abbildung 5.19: Matrixformel ohne { }

```
=SUMMENPRODUKT((A1:A5&B1:B5)*1)
= 12 + 34 + 56 + 78 + 90 = 270
```

So besteht also nicht mehr die Gefahr, die Formeleingabe versehentlich ohne geschweifte Klammern abzuschließen. Ansonsten hat die Formel keinen Vorteil gegenüber der herkömmlichen Matrixformel:

```
{=SUMME((A1:A5&B1:B5)*1)}
```

5.4 Nichts als die Wahrheit

Die Zutaten zu diesem Bereich sind weder wahr noch falsch, sondern ausschließlich WAHR und FALSCH. Wahrheitswerte sind unverzichtbar bei der Arbeit mit Array-Formeln.

WAHR ist eine Bedingung immer dann, wenn sie nicht FALSCH ist.

`=1=1` ergibt logischerweise WAHR.

`=1=2` ergibt wiederum FALSCH.

Dank der Funktion NICHT lassen sich die Zustände auch umdrehen:

`=NICHT(1=2)` ergibt WAHR, denn `=NICHT(FALSCH)` ist eben nicht falsch und somit wahr.

`=NICHT(1=1)` ergibt FALSCH, denn `=NICHT(WAHR)` ist eben nicht wahr und somit falsch.

Auch wenn im reinen Excel die Funktion NICHT eher selten gebraucht wird, so ist die doppelte Negierung in VBA gang und gäbe, da dort sehr oft mit den sogenannten booleschen Variablen gearbeitet wird (Variablen, die nur die Wahrheitswerte WAHR und FALSCH bzw. TRUE und FALSE zurückgeben können). Wenn die boolesche Variable den Namen *Bol* trägt, dann ist folgende Abfrage nicht selten:

```
If Not Bol Then ...
```

Ebenso wird im Zusammenhang mit Bereichsvariablen häufig ein `If Not Bereich Is Nothing Then ...` gebraucht. Also „Wenn nicht wahr/falsch, dann..." bzw. „Wenn nicht Bereich ist nichts, dann ...".

Aber zurück zu Excel. Es wimmelt überall von Wahrheitswerten. Der bekannteste Vertreter wird in der schlichten Funktion WENN gebraucht:

```
=WENN(A1=5; "Ja";"Leider keine 5")
```

`A1=5` liefert entweder WAHR oder FALSCH – nicht mehr und nicht weniger.

Wenn man WAHR oder FALSCH mit irgendeiner mathematischen Operation (+, -, *, /) verbindet, dann wird aus WAHR eine 1 und aus FALSCH eine 0. Die Abbildung 5.20 zeigt einige Rechenbeispiele:

Abbildung 5.20: Mit Wahrheitswerten können Sie rechnen.

Der Fehlerwert `#DIV/0!` resultiert daher, dass mathematisch eine Division durch Null (bzw. FALSCH) einfach nicht zulässig ist. In den anderen Beispielen werden die Wahrheitswerte in die Zahlen 1 und 0 umgewandelt. Exakt dieses Prinzip wird beispielsweise in der Funktion SUMMEWENN gebraucht.

```
=SUMMEWENN(A1:A5;"x";B1:B5)
```

summiert alle Werte aus B1:B5, wenn die zugehörige Zelle in A1:A5 ein „x" enthält. Dabei wird jede Zelle aus dem Bereich A1:A5 nacheinander auf die Übereinstimmung mit „x" geprüft. Ist das Ergebnis WAHR, wird der Wert aus Spalte B summiert, ist das Ergebnis FALSCH, wird eben nicht summiert. Mathematisch stellen Sie sich einfach vor, dass der Wert aus Spalte B mit dem Wahrheitswert WAHR oder FALSCH multipliziert wird. Bei FALSCH wird also mit Null multipliziert (Zahl*FALSCH = 0), bei WAHR mit 1 (Zahl*WAHR = Zahl). Und die Summe aller Einzelergebnisse führt dann zum Gesamtergebnis.

Eines der am häufigsten vorkommenden Probleme ist nun aber, dass eine Spalte nur dann summiert werden soll, wenn davor zwei Spalten bestimmte Werte enthalten. Dafür haben uns die Microsoft-Entwickler lange eine passende Funktion vorenthalten. Erst seit der Version 2007 gibt es die Funktion SUMMEWENNS, die dieses Versäumnis beseitigt. Bis zur Excel-Version 2003 hingegen kommen Sie nicht um einen Workaround herum. In folgendem Beispiel soll Spalte C nur summiert werden, wenn der Wert in Spalte A „x" **und** der Wert in Spalte B „y" ist (Abbildung 5.21).

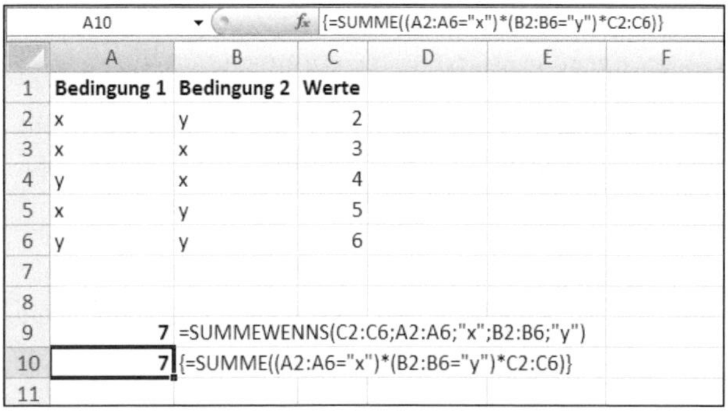

A10 fx {=SUMME((A2:A6="x")*(B2:B6="y")*C2:C6)}

	A	B	C	D	E	F
1	**Bedingung 1**	**Bedingung 2**	**Werte**			
2	x	y	2			
3	x	x	3			
4	y	x	4			
5	x	y	5			
6	y	y	6			
7						
8						
9	7	=SUMMEWENNS(C2:C6;A2:A6;"x";B2:B6;"y")				
10	7	{=SUMME((A2:A6="x")*(B2:B6="y")*C2:C6)}				
11						

Abbildung 5.21: SUMMEWENN mit zwei Bedingungen

Das Ergebnis ist 7, denn nur in Zeile 2 und 5 sind die Werte „x" und „y". Konzentrieren wir uns an dieser Stelle nur auf die Array-Variante in A10. Wenn wir die einzelnen Formelteile

- `(A2:A6="x")`
- `(B2:B6="y")`
- `C2:C6`

mit F9 teilauswerten, ergibt sich:

- `(A2:A6="x") = {WAHR;WAHR;FALSCH;WAHR;FALSCH}`
- `(B2:B6="y") = {WAHR;FALSCH;FALSCH;WAHR;WAHR}`
- `C2:C6= {2;3;4;5;6}`

Abbildung 5.22 visualisiert dies nochmals:

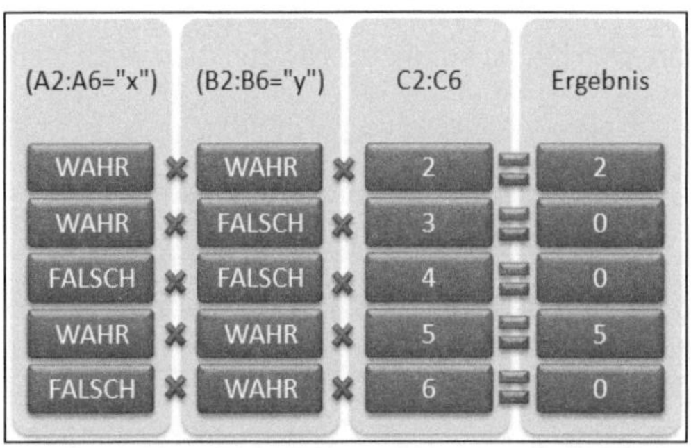

Abbildung 5.22: SUMMEWENN mit zwei Bedingungen durch Rechnen mit Wahrheitswerten

In Gänze:

```
=SUMME({WAHR;WAHR;FALSCH;WAHR;FALSCH}*{WAHR;FALSCH;FALSCH;WAHR;WAHR}*{2;3;4;5;6})
```

Wir erhalten also drei Arrays. Jetzt wird jedes Element des einen Arrays mit dem entsprechenden Element der anderen Arrays multipliziert. Werten wir nur die Multiplikation der ersten beiden Wahrheitsarrays aus, erhalten wir:

```
=SUMME({1;0;0;1;0}*{2;3;4;5;6})
```

Zu guter Letzt werden die beiden übrig gebliebenen Arrays vereint, sodass das Ergebnis

```
=SUMME({2;0;0;5;0}) = 7
```

übrig bleibt. Hier bleibt abschließend festzuhalten, dass ausschließlich die Multiplikation von zwei (oder mehr) WAHR zum Ergebnis 1 führt, alle anderen ergeben null.

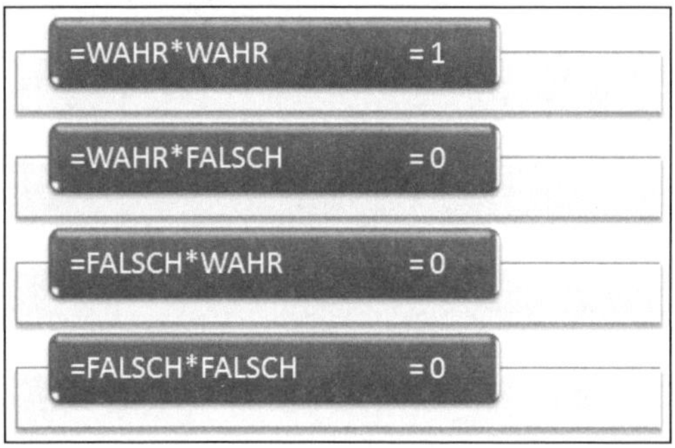

Abbildung 5.23: Multiplikation von Wahrheitswerten

Mithilfe der Wahrheitswerte kann man auch häufig auf die WENN-Funktion verzichten.

```
=WENN(A1=5;16;10)
```

ist identisch mit

```
=10+6*(A1=5)
```

Wenn in A1 eine 5 steht, ergibt der Wahrheitswert `(A1=5)` WAHR. Und `6*WAHR = 6`. Steht in A1 hingegen keine 5, ergibt `(A1=5)` FALSCH – und `6*FALSCH = 0`. Also wird zur Zahl 10 entweder 6 oder 0 addiert, und damit hat man beide Bedingungen der WENN-Funktion abgedeckt. Ein weiteres Beispiel:

In Ihrer Sparplanberechnung gemäß Abbildung 5.24 unterscheiden Sie zwischen vor- und nachschüssiger Variante. Dazu stellen Sie dem Anwender die Auswahlmöglichkeit in Zelle C4 zur Verfügung: *Ja* = vorschüssig, *nein* (oder leer) = nachschüssig.

zw | =rmz*(1+i*(v="Ja"))*((1+i)^n-1)/i

	A	B	C	D
1	Zinssatz	i	5%	
2	Laufzeit	n	6	
3	regelmäßige Zahlung	rmz	1.000,00	
4	**Vorschüssig?**	**v**	**Ja**	
5	zukünftiger Wert	zw	**7.142,01**	=rmz*(1+i*(v="Ja"))*((1+i)^n-1)/i
6	mit WENN-Funktion		**7.142,01**	=rmz*(1+WENN(v="Ja";i;0))*((1+i)^n-1)/i
7				

Abbildung 5.24: Multiplikation mit Wahrheitswert anstatt WENN-Funktion

Die Funktionalität der Formel sowie deren mathematischen Hintergrund erläutern wir im Kapitel 7 *Sparen & Abstottern*. Die Zellen C1:C4 sind alle mit den links danebenstehenden Bezeichnungen benannt (siehe Kapitel 4 *Namen)*.

Bei der vorschüssigen Variante wird die regelmäßige Sparleistung *rmz* zunächst mit dem Aufzinsungsfaktor 1+i multipliziert, während diese Multiplikation bei der nachschüssigen Variante entfällt. Der Formelteil

`(1+i*(v="Ja"))`

kann somit entweder 1 oder 1+i (hier: 1+5 % = 1,05) ergeben. Ist die Verrechnung vorschüssig – `v="Ja"` –, dann ergibt die Auswertung diese Formelteils:

`(1+i*(v="Ja")) = (1+0,05*WAHR) = (1+0,05) = 1,05`

Ist die Verrechnung hingegen nachschüssig – v ist alles, nur nicht „Ja" –, ergibt sich:

`(1+i*(v="Ja")) = (1+0,05*FALSCH) = (1+0) = 1`

In der Gesamtformel sieht das wie folgt aus:

Vorschüssig: `=rmz*1,05*((1+i)^n-1)/i`

Nachschüssig: `=rmz*1*((1+i)^n-1)/i`

Wenngleich die WENN-Variante genauso zum Ziel führt, werden Sie schnell feststellen, dass das Arbeiten mit Wahrheitswerten oftmals ausreicht und bequemer ist.

Die gleiche Formel mit der nachschüssigen Variante ergibt übrigens einen zukünftigen Wert von 6.801,91 €. So oder so: Sparen lohnt immer!

5.5 Die Ganzzahlen-Fabrik

Sie kennen vielleicht schon die Funktionen ZEILE(Bezug) und SPALTE(Bezug). Sie geben die Zeilen- bzw. Spaltennummer des angegebenen Bezugs wieder.

- ZEILE(C7) = 7
- SPALTE(C1) = 3
- ZEILE(AB16322) = 16322
- SPALTE(H34877) = 8

Es können auch ganze Zeilen und Spalten angegeben werden:

- =ZEILE(7:7) = 7
- =SPALTE(B:B) = 2

Sie können den Parameter *Bezug* in beiden Funktionen auch weglassen. In diesem Fall bezieht sich die Funktion auf die aufrufende Zelle, meldet sich also mit ihrem Zeilen- bzw. Spaltenstandort zu Wort.

- In Zelle D4: =ZEILE() = 4
- In Zelle E9: =SPALTE() = 5

5.5.1 Zwei Funktionen als Allzweckwaffe

Mithilfe dieser beiden Funktionen ZEILE() und SPALTE() können Sie sich viel Schreibarbeit sparen. Wollen Sie beispielsweise alle k-kleinsten Werte einer Matrix auflisten, dann müssten Sie in der herkömmlichen Version den Parameter k der Funktion KKLEINSTE(Matrix;k) entweder manuell in jeder Formel um 1 erhöhen oder zumindest mit einer Hilfsspalte arbeiten, welche die Zahlen von 1 bis k enthält, um darauf für den Parameter k Bezug zu nehmen. Mit der Funktion ZEILE können Sie sich das alles ersparen:

```
=KKLEINSTE(A$1:A$10;ZEILE(A1))
```

liest aus dem Bereich A1:A10 den kleinsten Wert aus, denn ZEILE(A1) ergibt 1. Kopieren Sie die Formel nun nach unten, wird aus ZEILE(A1) dann ZEILE(A2), ZEILE(A3) usw. – also 1, 2, 3 etc.

Das gleiche Spielchen funktioniert auch mit SPALTE. Darauf greifen Sie immer dann zurück, wenn Sie einen Zähler nicht beim Kopieren nach unten, sondern beim Kopieren nach *rechts* erhöhen möchten:

```
=KKLEINSTE($A1:$A10;SPALTE(A1))
```

SPALTE(A1) wird zu SPALTE(B1), SPALTE(C1) etc. – also wiederum 1, 2, 3. Das war aber erst das Warm-up. Jetzt ringen wir diesen Funktionen ihre gesamte Genialität ab: Sie können auch in der Form

```
ZEILE(von:bis)
SPALTE(von:bis)
```

angegeben werden und in dieser Weise ein ganzes Array von Zahlen aufnehmen und zurückgeben.

Von:bis versteht sich hierbei als Platzhalter für eine Zahlenreihe *von:bis*. Diese Zahlenreihe ist zunächst begrenzt auf die verfügbare Zeilen- bzw. Spaltenzahl eines Tabellenblattes. Seit XL2007 kann es also heißen:

`=ZEILE(1:1048576)` oder auch `=ZEILE(A:A)`

`=SPALTE(A:XFD)` oder auch `=SPALTE(1:1)`

Bis XL2003 sind es nur 65536 Zeilen und 256 (IV) Spalten.

Da das Verständnis hierfür elementar wichtig ist, zunächst ein paar einfache Beispiele. Nehmen wir an, Sie möchten die Zahlen von 1 bis 5 summieren. Dazu bietet sich an:

```
=SUMME(1;2;3;4;5) = 15
```

Im nächsten Schritt möchten Sie die Zahlen von 1 bis 100 summieren. In XL2007 sind nun 255 Einzelparameter möglich, aber

```
=SUMME(1;2;3;4;...;100)
```

wäre natürlich eine nervende Tipparbeit. Aber auch hier ist die Lösung immer noch einfach. Sie schreiben untereinander in A1:A100 die Zahlen 1 bis 100, und summieren Sie dann mit `=SUMME(A1:A100)` – ergibt korrekt 5.050.

Wenn Sie bis hierhin aufgepasst haben, wissen Sie, dass Sie eine Zahlenfolge von 1 bis 100 schnell mit der Funktion `=ZEILE()` erzeugen können: in A1 eintragen und einfach bis A100 herunterkopieren (Abbildung 5.25):

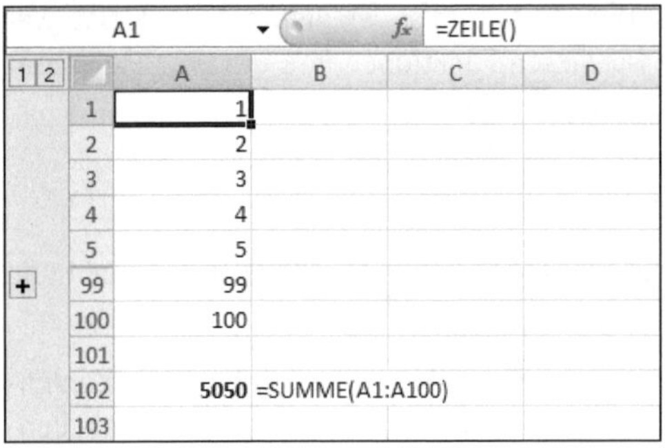

Abbildung 5.25: Summe der Zahlen von 1 bis 100 (1)

Und hier stehen wir auch bereits kurz vor dem Ziel. Anstatt in 100 Zellen die Funktion `ZEILE()` zu schreiben, können Sie die Funktion mit dem Parameter *von:bis* angeben – also `ZEILE(von:bis)`. Für die Zahlen 1 bis 100 demnach `ZEILE(1:100)`. Wenn Sie diesen Ausdruck jetzt noch mit der Funktion SUMME umranden, dann erhalten Sie:

```
A102:=SUMME(ZEILE(1:100))
```

Da es sich hierbei um ein Array handelt, schließen Sie die Formeleingabe mit der Tastenkombination Strg+⇧+↵ ab. Nach einem Blick in die Bearbeitungsleiste stellen Sie fest, dass die Formel mit den zwei geschweiften Klammern umrandet ist (Abbildung 5.26).

```
A102:{=SUMME(ZEILE(1:100))} = 5050
```

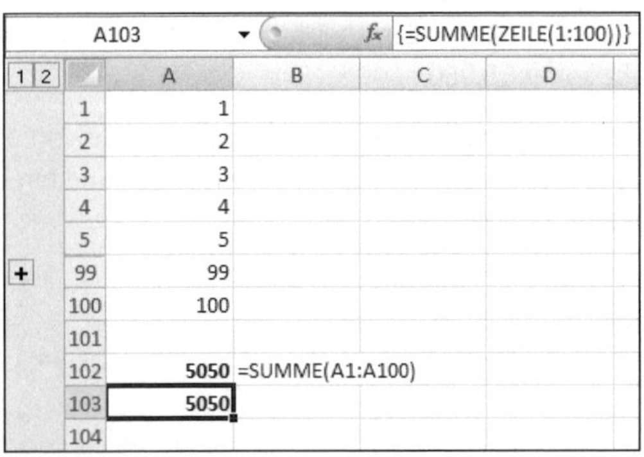

Abbildung 5.26: Summe der Zahlen von 1 bis 100 (2)

Hier wird ersichtlich, warum wir `ZEILE(1:100)` als *Platzhalter* bezeichnen, denn es wird „Platz gehalten" für die Zahlen 1 bis 100. Eigentlich erzeugen Sie mit `ZEILE(von:bis)` ein eindimensionales **vertikales** Array, mit `SPALTE(von:bis)` ein eindimensionales **horizontales** Array. Beide Arrays enthalten die Elemente *von:bis*, wobei das Besondere daran ist, dass dies innerhalb einer einzigen Formel erzeugt wird.

Mit diesem Wissen lassen sich natürlich auch andere Funktionen vereinfachen. Die Standardabweichung der Zahlen von 1 bis 20

```
=STABWN(1;2;3;4;5;...;20)
```

wird künftig mit

```
{=STABWN(ZEILE(1:20))} = 5,7662812973354
```

berechnet. Denken Sie dabei immer daran, die Array-Formel auch als solche einzugeben – mit der Tastenkombination [Strg]+[⇧]+[↵].

Sie können den Ausdruck `ZEILE(von:bis)` innerhalb einer Formel mit weiteren Rechenoperationen verknüpfen. Wenn Sie beispielsweise die Quadratsumme aller Zahlen von 1 bis 100 (in Einerschritten) berechnen möchten, potenzieren Sie die ZEILE-Funktion. Das ergibt:

```
{=SUMME(ZEILE(1:100)^2)}=338350
```

Es wird zunächst jede Zahl mit 2 potenziert und anschließend erst summiert. Soll nur von jeder zweiten Zahl bis 100 das Quadrat summiert werden, schreiben Sie:

```
{=SUMME((ZEILE(1:50)*2)^2)} = 171700
```

All das funktioniert auch mit SPALTE:

`{=MITTELWERT(SPALTE(A:E))}` ermittelt den Mittelwert der Zahlen 1 bis 5. `{=SUMME(SPALTE(A:Z))}` ergibt die Summe der Zahlen 1 bis 26.

`{=SUMME(SPALTE(1:1))}` ergibt (seit XL2007) 134.225.920, denn `SPALTE(1:1)` enthält alle Spalten aus Zeile 1, und das sind 16.384 Stück, was die Formeln

1. `{=MIN(SPALTE(1:1))} = 1`
2. `{=MAX(SPALTE(1:1))} = 16.384`

belegen. In den Excel-Versionen vor 2007 ergeben die Maxima 256 bzw. 65.536.

5.5.2 Jetzt wird's dynamisch

Jetzt kann es aber auch vorkommen, dass wir den Bereich *von:bis* nicht immer von vornherein statisch angeben können. In Kapitel 7 *Sparen & Abstottern* werden Sie auf den genialen *Zeitstrahl* treffen. Er beginnt im Jahr 1 und endet im Jahr *n*. Allerdings soll n über eine Zelle variabel gehalten werden, um so ohne weitere Änderungen verschiedene Szenarien durchspielen zu können.

Um diesen dynamischen Zeitstrahl zu generieren, benötigen wir also ein Konstrukt wie

```
ZEILE("1:"&A1)
```

wenn in Zelle A1 die Anzahl der Jahre (n) steht. Das funktioniert aber leider nicht, da die Funktion ZEILE als Parameter den Datentyp *Bezug* benötigt, die Verkettung `"1:"&A1` jedoch den Datentyp *Text* liefert. Also benötigen wir eine Funktion, die aus dem Datentyp Text einen gültigen Bezug formt. Unseren Balzruf hat die Funktion INDIREKT erhört:

```
INDIREKT("1:"&A1)
```

liefert als Rückgabewert den geforderten Datentyp *Bezug*. Steht in A1 beispielsweise die Zahl 5, ergibt die Verkettung:

```
=INDIREKT("1:"&A1) = INDIREKT("1:5")
```

Jetzt verschachteln wir dies noch mit ZEILE:

```
=ZEILE(INDIREKT("1:"&A1))
=ZEILE(INDIREKT("1:5")) = {1;2;3;4;5}
```

und schon haben wir das gewünschte Array, gleichbedeutend mit ZEILE(1:5), jedoch mit dem entscheidenden Unterschied, dass wir die Array-Größe dynamisch gestalten können. ZEILE und INDIREKT – das ist die perfekte Ehe! Diese Dynamisierung eines Arrays sollten Sie sich unbedingt merken – Sie werden sie an vielen Stelle gebrauchen können!

Der Vollständigkeit halber sei noch erwähnt, dass dasselbe Spielchen auch mit der Funktion SPALTE funktioniert. Steht in Zelle A1 beispielsweise der Buchstabe D, dann erhalten Sie ein horizontales Array von 1 bis 4 mit:

```
=SPALTE(INDIREKT("A:"&A1))
=SPALTE(INDIREKT("A:D")) = {1.2.3.4}
```

Die Buchstabenvariante ist in der Praxis allerdings wenig geläufig. Wenn Sie also die horizontale Array-Variante benötigen, weil beispielsweise für eine Aufgabenstellung beide Array-Dimensionen gleichzeitig vonnöten sind, dann lässt sich ein indirekt erzeugtes Zeilenarray mit der Funktion MTRANS in die Horizontale transponieren. Der Vorteil: Sie können durchweg mit Zahlen arbeiten.

```
=MTRANS(ZEILE(INDIREKT("1:4")))
```

ist identisch mit:

```
=SPALTE(INDIREKT("A:D"))
```

Beide Formeln liefern die horizontale Ergebnismatrix `{1.2.3.4}`.

Eine kleine Zusammenfassung zeigt Abbildung 5.27. Als kleine Ausbaustufe haben wir hier nun sowohl Start- als auch Endgröße des Arrays dynamisiert. Das Prinzip ist aber identisch: Durch die Verkettung muss ein gültiger Bezug im Textformat entstehen, der via INDIREKT in einen echten Bezug umgewandelt und somit für ZEILE bzw. SPALTE auswertbar wird. Beachten Sie auch die unterschiedlichen Array-Dimensionen.

	A	B	C	D	E
1	**Array**				
2	**von**	**bis**	**Formel**	**Ergebnis**	**Arraydimension**
3	3	7	=ZEILE(INDIREKT(A3&":"&B3))	={3;4;5;6;7}	Vertikal
4	C	G	=SPALTE(INDIREKT(A4&":"&B4))	={3.4.5.6.7}	Horizontal
5			=MTRANS(ZEILE(INDIREKT(A3&":"&B3)))	={3.4.5.6.7}	Horizontal
6					

Abbildung 5.27: Dynamisch erzeugte Arrays

5.5.3 Perfekt durchnummeriert

Von Fall zu Fall kann es sinnvoll sein, beim Durchnummerieren von Zeilen statt der Formel

`A1: =ZEILE()` oder `=ZEILE(A1)`

die Alternative

`A1: =ZEILEN($1:1)`

zu verwenden.

Wenn Sie beide Formeln nach unten kopieren, erscheint zunächst das gleiche Ergebnis. Fügen Sie aber in Zeile 1 eine Zeile ein, beginnt die Liste mit der Funktion ZEILE plötzlich mit 2 und diejenige mit der Funktion ZEILEN weiterhin mit 1. In A2 steht dann nämlich:

```
A2:=ZEILEN($2:2)
```

Und das ist weiterhin: 1. `=ZEILE()` oder `=ZEILE(A2)` in der gleichen Zelle ergibt nun einmal 2. Dasselbe Spielchen gilt für `SPALTE()` oder `SPALTE(A1)`. Hier ist es oft sinnvoller, auf `SPALTEN($A:A)` zurückzugreifen. Vorsicht also beim Einfügen von Zeilen und Spalten.

5.6 Übrigens

5.6.1 Neu in XL2007

Mal abgesehen von den neuen Funktionen (SUMMEWENNS, ZÄHLENWENNS, MITTELWERTWENN, MITTELWERTWENNS), die wir bislang mit Array-Formeln problemlos nachgebildet haben, gibt es auf dem Gebiet der Array-Formeln eine grundsätzliche Neuerung:

Konnten wir in allen vorhergehenden Excel-Versionen mittels eines Arrays keine ganzen Spalten erfassen (A:A) – ein Bereich musste also eingegrenzt werden auf die Anzahl der Zeilen minus 1 –, dann hat dies seit der Version 2007 ein Ende: Eine beispielhafte Konstruktion wie

```
{=MAX((A:A="x")*(B:B="y")*C:C)}
```

zur Ermittlung des Maximalwertes aus Spalte C, dessen zeilengleiche Einträge in Spalte A "x" und in Spalte B "y" entsprechen, führt bislang zum Fehlerwert `#ZAHL!`. Neuerdings ist dies möglich (Abbildung 5.28).

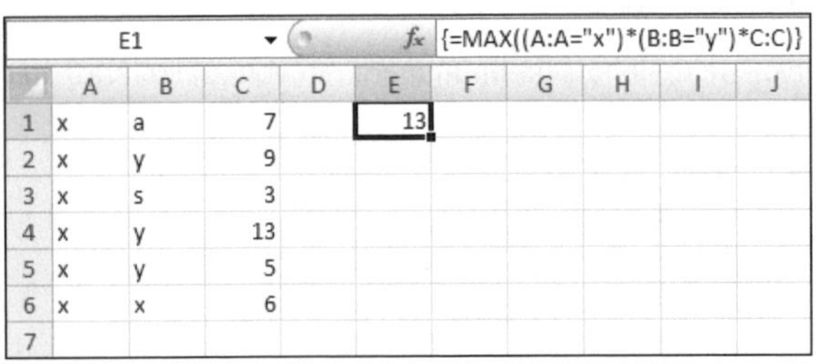

Abbildung 5.28: In XL2007 können bei Matrixformeln ganze Spalten angegeben werden.

Aber Vorsicht: Mit dieser Formel erzeugen Sie ein mordsmäßiges Array aus drei Spalten und jeweils 1.048.576 Zeilen – das zwingt Ihren Rechner ganz schnell in die Knie, denn das sind 3*1.048.576 = 3.145.728 einzelne Berechnungen – und das innerhalb einer einzigen Formel! Daher raten wir an dieser Stelle dringend davon ab und wiederholen unseren Tipp, (Array-)Berechnungen nur auf das gerade eben notwendige Minimum zu reduzieren – in diesem Fall also:

```
{=MAX((A1:A6="x")*(B1:B6="y")*C1:C6)}
```

Ansonsten gibt es von der Array-Front nichts Neues zu berichten. Warten wir also auf die kommenden Excel-Versionen.

5.6.2 Array-Formeln in Excel-Features

Und nebenbei, Array-Formeln können nicht nur in Excel-Zellen verwendet werden, sondern auch in anderen Excel-Features, wie *Namen*, *Bedingte Formatierung* und *Datenüberprüfung* (ehemals *Gültigkeit*). Eigenartigerweise müssen Sie Excel dort nicht aktiv dazu bringen, aus Bereichen Arrays zu machen, die geschweiften Klammern sind also nicht notwendig. Excel weiß automatisch, was zu tun ist.

Kapitel 6

Grundlagen der Finanzmathematik

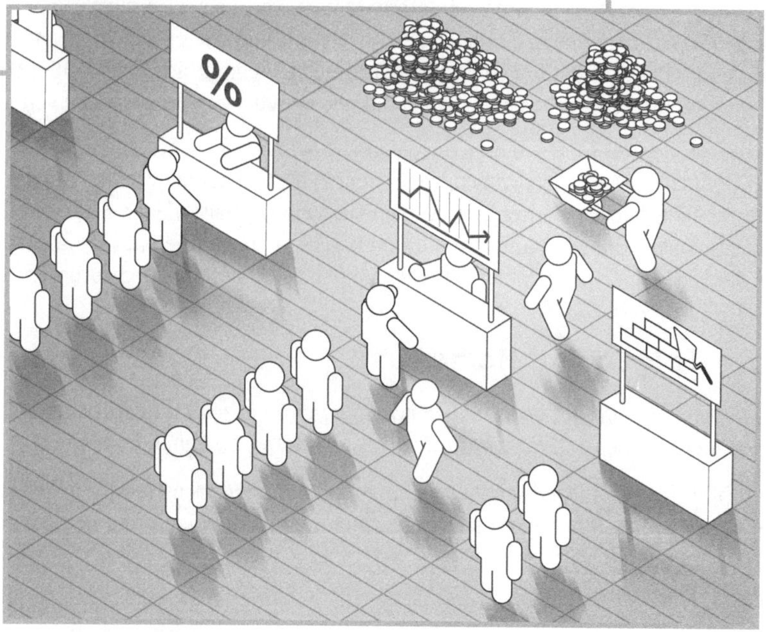

Mit Excel können Sie unheimlich viele verschiedene Dinge machen. Formulare erstellen, Datenbanken verwalten, hübsch bunte Grafiken erstellen und vieles mehr. Aber in erster Linie wird mit Excel gerechnet. Rechnen ist sein größtes Steckenpferd. Fast alle Disziplinen der angewandten Mathematik können mit Excel durchgeführt werden. Von astronomischen Berechnungen über Trigonometrie bis hin zur linearen Optimierung, Kombinatorik oder zu Wahrscheinlichkeitsrechnungen ist alles möglich.

Doch die mathematische Disziplin, die wie keine zweite dazu prädestiniert ist, auch von Laien in Excel abgebildet zu werden, ist die Finanzmathematik.

Der „Otto Normalverbraucher" möchte gerne sein „Häusle baue". Er muss es in der Regel leider zumindest zu einem Teil fremdfinanzieren und ist nicht in der Lage, bei einer bekannten Darlehenssumme, einem vorgegebenen Zinssatz und einer ihm vorschwebenden Laufzeit, selbst die monatliche Belastung zu berechnen, die daraus entsteht.

Dazu bedarf es des sogenannten Annuitätenfaktors, von dem er entweder noch nie etwas gehört hat oder den er zumindest nicht versteht und den er sich vor allem nicht merken kann. Die größte Chance hat Herr Otto noch, wenn er aus einem alten Lehrbuch eine Annuitätentabelle bei der Hand hat, die er evtl. noch anzuwenden vermag.

Nach diesem Kapitel ist mit dieser Unwissenheit Schluss. Sie werden die Formel des Annuitätenfaktors verstehen, wissen, wie sie entsteht, und können sie deshalb bis ans Ende Ihrer Tage selbst herleiten und werden sie auch niemals wieder vergessen. Und gleichzeitig haben Sie sich damit bereits zum Hobby-Finanzmathematiker klassifiziert, der in der Lage ist, eine Vielzahl von Berechnungen selbstständig durchzuführen.

6.1 Folgen und Reihen

Eine stillstehende Uhr hat doch täglich zweimal richtig gezeigt und darf nach Jahren auf eine lange Reihe von Erfolgen zurückblicken. (Marie von Ebner-Eschenbach)

Um in Excel Finanzmathematik betreiben zu können, bedarf es relativ überschaubaren Basiswissens. Das Wichtigste ist das Verständnis für Folgen und Reihen.

6.1.1 Zahlenfolgen

Jeder kann sich etwas unter einer Zahlenfolge vorstellen, beispielsweise aus IQ-Tests, in denen man Folgen logisch fortsetzen soll:

- 1 – 2 – 3 – 4 – 5 – 6 – ???
- 1 – 4 – 7 – 10 – 13 – 16 – ???

- 3 - 6 - 12 - 24 - 48 - 96 - ???
- 2 - 3 - 5 - 7 - 11 - 13 - ???

Hat man das Prinzip verstanden, nach dem sich die vier Folgen aufbauen, ist nicht schwer zu erraten, wie ihre nächsten Glieder aussehen werden. Hat man gemerkt, dass die untere Folge nur aus Primzahlen besteht, würde man sie mit den Zahlen 17, 19, 23 usw. fortsetzen. Trotzdem unterscheidet sich die vierte Folge von den drei darüber liegenden durch ein ganz entscheidendes Merkmal. Im engeren mathematischen Sinne gehören nur die ersten drei Zahlenkolonnen zu den Zahlenfolgen. In diesem Sinne gilt die Definition:

Jedes Glied g einer Zahlenfolge steht in einem funktionalen Zusammenhang zu der Menge der natürlichen Zahlen n, d.h., sie leitet sich nach Bildungsgesetzen ab, die sich auf n beziehen.

Die erste oben gezeigte Zahlenfolge besteht selbst aus den natürlichen Zahlen. Sie enthält alle ganzen Zahlen und kann damit alle Mengen beschreiben, die man abzählen kann. Sie ist damit quasi die Mutter aller Zahlenfolgen, aus der sich alle anderen Zahlenfolgen ableiten.

Was ist nun das Besondere, das die vierte Zahlenkolonne von den übrigen distanziert? Wenn man sie mit Primzahlen fortführt, steht sie in keinem funktionalen Zusammenhang zu den natürlichen Zahlen. Genau dies löst ja die Faszination der Primzahlen aus. Ihre ureigenste Eigenschaft ist gerade die, dass sie sich NICHT über Bildungsgesetze, mögen sie noch so kompliziert sein, herleiten lassen. Anders ausgedrückt: Um vorhersagen zu können, welche Zahl die 123.456te Primzahl ist, müssen Sie zunächst die 123.455 vorherigen Primzahlen finden.

Damit kein Missverständnis aufkommt, sei der Vollständigkeit halber gesagt, die Zahlenkolonne

2 - 3 - 5 - 7 - 11 - 13

kann durchaus Bestandteil einer Zahlenfolge sein, die auf einem Bildungsgesetz bzw. einer Funktion beruht, nur dann wären ihre Folgeglieder nicht ausschließlich Primzahlen. Ein mögliches Bildungsgesetz wäre:

g_n`=-0,075*n^5+1,25*n^4-(7+19/24)*n^3+22,75*n^2-(29+2/15)*n+15`

woraus sich für das siebte und achte Glied der Folge g_7=-6 bzw. g_8=-89 ergeben würde:

2 - 3 - 5 - 7 - 11 - 13 - -6 - -89

Wenn Sie das beim IQ-Test hinschreiben, bekommen Sie mit Sicherheit keinen Punkt, was wiederum beweist, dass IQ-Tests nur bedingt aussagefähig sind.

6.1.2 Arithmetische und geometrische Folgen

Jetzt erschrecken Sie nicht, wir sind schon zu weit abgeschweift. Um Finanzmathematik zu verstehen, benötigen Sie solch komplizierte Zahlenfolgen überhaupt nicht. Die eben gezeigte Funktion können Sie getrost wieder vergessen. Die Zahlenfolgen, die wir benötigen, sind wesentlich einfacher gestrickt. Genannt werden sie:

- Arithmetische Folge
- Geometrische Folge

Beide werden durch sehr einfache Bildungsgesetze charakterisiert. In erster Linie beschreiben die Bildungsgesetze den funktionalen Zusammenhang zwischen dem n-ten Glied g_n und der n-ten natürlichen Zahl n. Bei der arithmetischen und geometrischen Folge besteht darüber hinaus ein Zusammenhang zwischen jedem Glied g_n und seinem Vorgängerglied g_{n-1}.

Die Zahlenfolge

1 – 4 – 7 – 10 – 13 – 16

ist eine **arithmetische Folge**. Sie wird dadurch gekennzeichnet, dass die **Differenz** ihrer Glieder konstant ist. Bezeichnet man die Differenz mit *d*, lautet das Bildungsgesetz in Bezug auf das Vorgängerglied:

$$g_n = g_{n-1}+d$$

Der funktionale Zusammenhang zu den natürlichen Zahlen lautet bei der arithmetischen Folge:

$$g_n =g_1+ (n-1)*d$$

Ist das Vorgängerglied bekannt, ergibt sich beispielsweise das vierte Glied aus:

```
7 + 3 = 10
```

Ist das Vorgängerglied nicht bekannt, wendet man das Bildungsgesetz in Bezug auf die natürlichen Zahlen an. Mit $g_1 = 1$ und $d = 3$ gilt:

```
1 + (4-1)*3 = 10
```

Die Zahlenfolge

3 – 6 – 12 – 24 – 48 – 96

stellt eine **geometrische Folge** dar. Sie wird dadurch gekennzeichnet, dass der **Quotient** ihrer Glieder konstant ist. Bezeichnet man den Quotienten bzw. das Verhältnis zwischen einem Glied der Folge zu ihrem Folgeglied als q, lautet das Bildungsgesetz in Bezug auf das Vorgängerglied:

$g_n = g_{n-1}{}^*q$

Auch in diesem Fall existiert ein funktioneller Zusammenhang zu den natürlichen Zahlen. Er lautet:

$g_n = g_1{}^*q^{(n-1)}$

Über seinen Vorgänger finden wir hier das vierte Glied mit:

12 * 2 = 24

Ist kein Vorgänger bekannt, geht der Weg wieder über die natürlichen Zahlen. Mit $g_1 = 3$ und q = 2 gilt:

```
3 * 2^(4-1) = 24
```

Später werden wir sehen, dass Folgen in der Zins- und Zinseszinsrechnung eine entscheidende Rolle spielen.

6.1.3 In Reih und Glied

Haben Sie die Folgen verstanden, ist es zu den Reihen nur noch ein Katzensprung. Im allgemeinen Sprachgebrauch sind die Begriffe Folge und Reihe austauschbar.

1 - 2 - 3 - 4

ist eine Folge von Zahlen, jeder wäre aber auch damit einverstanden, wenn man es als Reihe von Zahlen bezeichnen würde.

Im streng mathematischen Sinne kommt beiden Begriffen aber eine unterschiedliche Bedeutung zu. Die Definition der Reihe lautet:

Die n-te Teilsumme s_n einer Folge mit n Gliedern g_1 bis g_n heißt Reihe.

Wie Zahlenfolgen gehorchen auch Reihen Bildungsgesetzen, die man gewöhnlich beschreibt wie hier am Beispiel der sehr bekannten *harmonischen Reihe*.

$$\sum_{i=1}^{n} \frac{1}{i}$$

Abbildung 6.1: Harmonische Reihe

= 1/1 + 1/2 + 1/3 + ... + 1/n

Nun ist nicht mehr schwer zu erahnen, dass man die aufaddierten Glieder der arithmetischen Folge als arithmetische Reihe bezeichnet. Aus der Folge

1 – 4 – 7 – 10 – 13 – 16

wird die **arithmetische Reihe**

1 – 5 – 12 – 22 – 35 – 51

Selbiges gilt analog zur geometrischen Folge. Aus

3 – 6 – 12 – 24 – 48 – 96

wird die **geometrische Reihe**

3 – 9 – 21 – 45 – 93 – 189

Das Interessante und elementar Wichtige für die Finanzmathematik, insbesondere die Renten- und Tilgungsrechnung, ist die Tatsache, dass sich die Reihen nicht nur über die Folgen definieren. Auch sie besitzen Bildungsgesetze, die sich aus den natürlichen Zahlen ergeben. Diese bezeichnet man dann u.a. als Barwertfaktor oder Annuitätenfaktor, von denen wir schon zu Beginn des Kapitels gehört haben und die uns noch lange begleiten werden. Bevor wir mit der Herleitung dieser Faktoren den für uns so wichtigen Quantensprung in das Herz der Finanzmathematik wagen, wollen wir das bisher Gelernte erst einmal mit Excel umsetzen.

6.1.4 Folgen und Reihen in Excel einsetzen

Schreiben Sie in A1 eine 1 und in A2 eine 4. Diese beiden Informationen genügen Excel schon, um eine arithmetische Folge bilden zu können. Selektieren Sie beide Zellen, und ziehen Sie sie mit dem schwarzen Kreuz in der rechten unteren Ecke der Markierung nach unten. Intuitiv erzeugt Excel in A3 eine 7 und unterstellt damit, dass Sie eine arithmetische Folge mit `d=A2-A1=3` und `A3 = A2 + d` erzeugen wollen (Abbildung 6.2).

Zugleich bietet Excel aber noch die sogenannten *Auto-Ausfülloptionen* an. Denn es hätte ja sein können, dass Sie gar keine arithmetische Folge erzeugen wollten. In dem Fall ersetzen Sie die Standardoption *Datenreihe ausfüllen* durch eine der drei anderen o.g. Möglichkeiten.

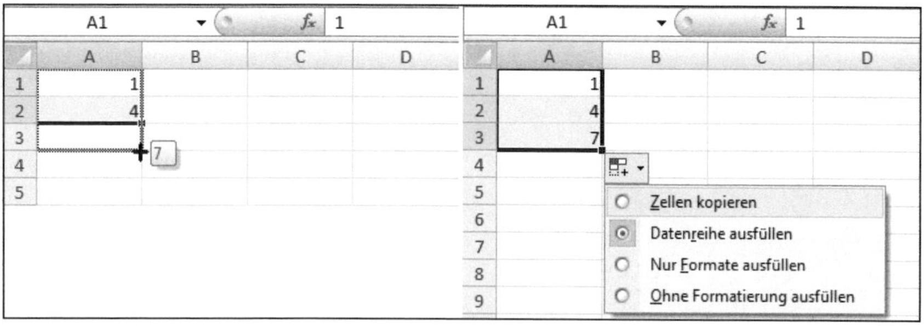

Abbildung 6.2: AutoAusfüllen

Alternativ können Sie die arithmetische Folge auch dialoggesteuert erzeugen. Öffnen Sie dazu auf der Registerkarte *Start* in der Gruppe *Bearbeiten* das Dropdownmenü zur Schaltfläche *Füllbereich* und wählen Sie darin den Befehl *Reihe...* gemäß Abbildung 6.3.

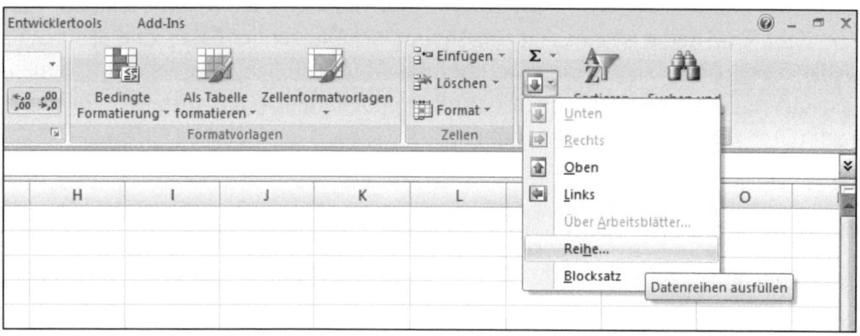

Abbildung 6.3: Datenreihe in Füllbereich einfügen

Um eine arithmetische Folge zu erzeugen, müssen Sie im darauffolgenden Dialog (Abbildung 6.4) den Typ *Linear* wählen. In dem Fall steht das Textfeld *Inkrement* für die Differenz d zwischen zwei Gliedern. Die Folge wird so lange fortgeführt, bis ein Glied den angegebenen Endwert erreicht hat. Falls Sie die Reihe nicht vertikal, sondern innerhalb einer Zeile erzeugen möchten, wählen Sie bei *Reihe in* die Option *Zeilen*.

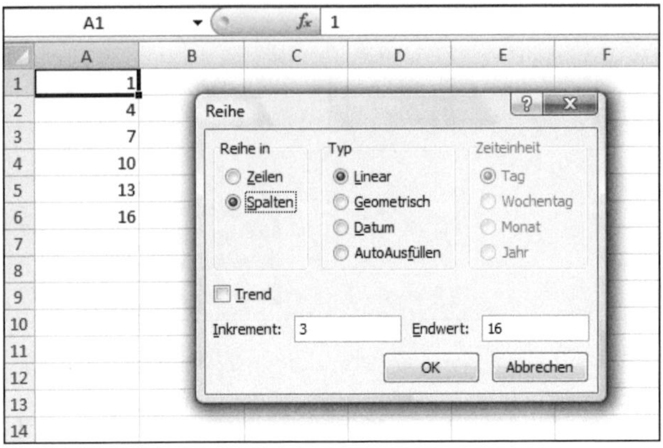

Abbildung 6.4: Arithmetische Folge in Füllbereich einfügen

Übrigens spricht Excel hier immer von Reihe. Wenn Sie bisher aufgepasst haben, sollte Ihnen auffallen, dass hiermit gar keine Reihen erzeugt werden, sondern Folgen, denn eine Reihe ist eine Aufsummierung der Glieder der Folge, und das macht weder dieser Dialog, noch kann das über das AutoAusfüllen bewerkstelligt werden. Last but not least bleibt es Ihnen natürlich unbenommen, die arithmetische Folge auch durch die „spektakulären" Formeln

`A1:=1`

`A2:=A1+3` (nach unten kopiert)

zu erzeugen.

Wenn Sie eine geometrische Folge erzeugen wollen, fällt das AutoAusfüllen durch Ziehen nach unten aus. Deshalb bemühen Sie entweder eine Formel, oder Sie wählen den Dialog gemäß Abbildung 6.5.

Als Typ klicken Sie in dem Fall *Geometrisch* an. Das Textfeld *Inkrement* repräsentiert dadurch nicht mehr die Differenz d, sondern den Faktor q.

In Spalte B der Abbildung 6.5 wurde nun eine geometrische Reihe ergänzt. Diese lässt sich nur per Formel erzeugen, und zwar:

```
B1:=A1
B2:=B1+A2
```

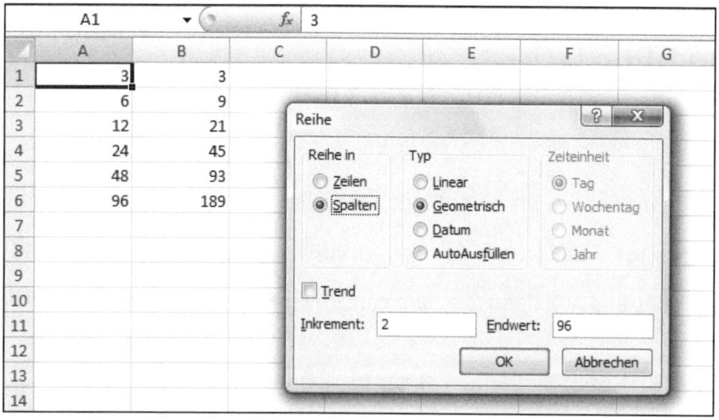

Abbildung 6.5: Geometrische Folge in Füllbereich einfügen

Der Vollständigkeit halber die Formeln der geometrischen Folge der Spalte A:

```
A1:3
A2:=A1*2
```

A2 und B2 werden jeweils nach unten kopiert.

6.1.5 Bildungsgesetze von Reihen

Vielleicht kennen Sie die Anekdote des berühmten Mathematikers Carl Friedrich Gauß, der als Strafarbeit in der Schule die Zahlen von 1 bis 100 addieren musste und seinen Lehrer mit dem blitzschnellen Liefern des korrekten Ergebnisses verblüffte. Die Aufgabe bestand mathematisch ausgedrückt darin, die 100te Teilsumme s_{100} der arithmetischen Folge mit $g_1=1$ und $d = 1$, welche die Menge der natürlichen Zahlen repräsentiert, zu ermitteln.

Der Lehrer ging davon aus, dass seine Schüler nur über die hundertfache Anwendung des Bildungsgesetzes der arithmetischen Folge

$$g_n = g_{n-1}+d$$

zu dem Ergebnis 5050 kommen und damit ziemlich lange beschäftigt sein würden. Doch Gauß war schlauer, er erfand das Bildungsgesetz der arithmetischen Reihe, hinter dem folgende Überlegung steht. Abgeleitet von dem Bildungsgesetz der arithmetischen Folge gilt für s_{100}:

$$s_{100} = \sum_{n=1}^{100} g_1 + (n-1) \cdot d$$

Abbildung 6.6: Teilsumme der arithmetischen Folge

Schreibt man die Summanden einzeln auf, gilt ebenfalls:

$s_{100} = g_1 + (g_1 + d) + (g_1 + 2d) + (g_1 + 3d) + (g_1 + 4d) + ... + (g_1 + 98d) + (g_1 + 99d)$

Gauß' genialer Trick bestand nun darin, die Summanden erneut in umgekehrter Reihenfolge aufzuschreiben:

$s_{100} = (g_1 + 99d) + (g_1 + 98d) + ... + (g_1 + 4d) + (g_1 + 3d) + (g_1 + 2d) + (g_1 + d) + g_1$

und beide Gleichungen zu addieren, wodurch eine neue Gleichung entsteht:

$2s_{100} = (g_1 + (g_1 + 99d)) + ((g_1 + d) + (g_1 + 98d)) + ((g_1 + 2d) + (g_1 + 97d)) +....$

Hier kann der Faktor 100 ausgeklammert werden:

$2s_{100} = 100*(2g_1+99d)$

$s_{100} = 50*(2g_1+99d) = 50*(g_1+g_1+99d)$

Aus dem Bildungsgesetz der arithmetischen Folge folgt $g_1+99d = g_{100}$.

$s_{100} = 50*(g_1+g_{100}) = 50 * (1 + 100) = 5050$

Allgemein für beliebige n beträgt das n-te Glied der arithmetischen Reihe:

$$S_n = \frac{n}{2} \cdot (g_1 + g_n)$$

Abbildung 6.7: N-tes Glied der arithmetischen Reihe

Diese Formel ist für diverse wirtschaftsmathematische Vorgänge von Bedeutung, auf die wir im weiteren Verlauf des Buches noch zu sprechen kommen. Doch noch mehr Musik spielt in dem Bildungsgesetz der geometrischen Reihen, die eine elementar wichtige, wenn nicht die allerwichtigste Funktion innerhalb der Finanzmathematik darstellt.

Wir erinnern uns an das Bildungsgesetz der geometrischen Folge:

$g_n = g_1 * q^{(n-1)}$

Darauf basierend kann das n-te Glied der geometrischen Reihe s_n definiert werden als:

$$s_n = \sum_{i=1}^{n} g_1 \cdot q^{i-1}$$

Abbildung 6.8: N-tes Glied der geometrischen Reihe (1)

Oder ausgeschrieben:

$s_n = g_1 + g_1*q + g_1*q^2 + g_1*q^3 + ... + g_1*q^{(n-1)}$

Auch hier kommt ein eleganter Trick zum Umformen der Gleichung zum Zuge. Sie wird auf beiden Seiten mit q multipliziert, sodass eine neue Gleichung entsteht:

$q*s_n = g_1*q + g_1*q^2 + g_1*q^3 + ... + g_1*q^{(n-1)} + g_1*q^n$

Beim Vergleich beider Gleichungen sieht man auf der rechten Seite, dass alle Summanden außer dem ersten in der oberen Gleichung und dem letzten in der unteren Gleichung identisch sind. Subtrahiert man nun die obere Gleichung von der unteren Gleichung, eliminieren sich folglich alle Summanden bis auf eben diese beiden. Es entsteht folgende Differenzgleichung:

$q*s_n - s_n = g_1*q^n - g_1$

Links wird S_n ausgeklammert, und rechts wird g_1 ausgeklammert:

$s_n *(q -1) = g_1*(q^n-1)$

Schließlich werden beide Seiten durch (q – 1) geteilt, und wir erhalten:

$$s_n = g_1 \cdot \frac{q^n - 1}{q - 1}$$

Abbildung 6.9: n-tes Glied der geometrischen Reihe (1)

Dies ist das **Bildungsgesetz der geometrischen Reihe**, die Sie nie wieder vergessen sollten. Sie ist das Fundament vieler weiterer finanzmathematischer Berechnungen, die im weiteren Verlauf des Buches von Bedeutung sind. Folgende Abbildung 6.10 zeigt die Herleitung noch einmal anschaulich in sechs Schritten.

1. Geometrische Reihe
2. Multiplikation beider Seiten mit q
3. Verschiebung aller Summanden nach rechts um eine Position
4. Subtraktion der ersten von der dritten Gleichung
5. Umformung
6. Endergebnis: Bildungsgesetz der geometrischen Reihe

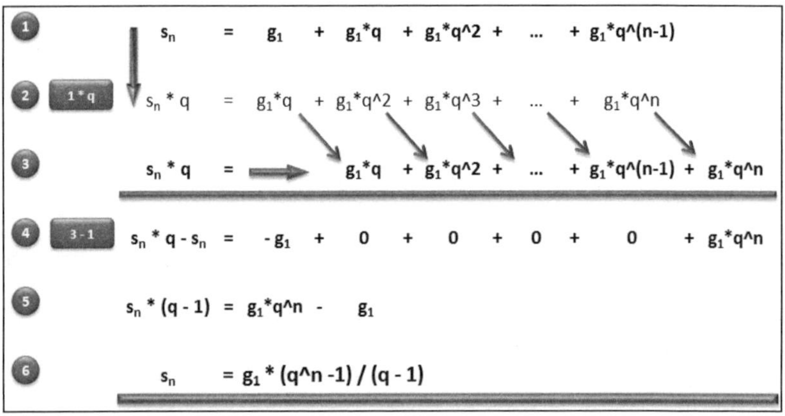

Abbildung 6.10: Herleitung des Bildungsgesetzes der geometrischen Reihe

6.2 Zeit ist Geld

Zeit ist Geldverschwendung. (Oscar Wilde)

6.2.1 Verstrahlte Zeit

Zeit ist eine im wahrsten Sinne des Wortes maßgebliche Dimension in der Finanzmathematik. Um diese Dimension darzustellen, bedienen wir uns einem Zeitstrahl, der aus Zeitpunkten und (Zins-)Perioden besteht. Es existieren immer n Zinsperioden bzw. Zeiträume, die von insgesamt n+1 Zeitpunkten begrenzt werden. Den ersten Zeitpunkt nennen wir t_0. Er stellt den Anfangszeitpunkt jedes Zeitstrahls dar. Gleichzeitig ist er der Bezugszeitpunkt *bw* (Barwert) einer Zahlungsreihe. Der Zeitstrahl endet mit dem Zeitpunkt t_n, der gleichzeitig den Bezugszeitpunkt *zw* (zukünftiger Wert oder auch Endwert) markiert (Abbildung 6.11).

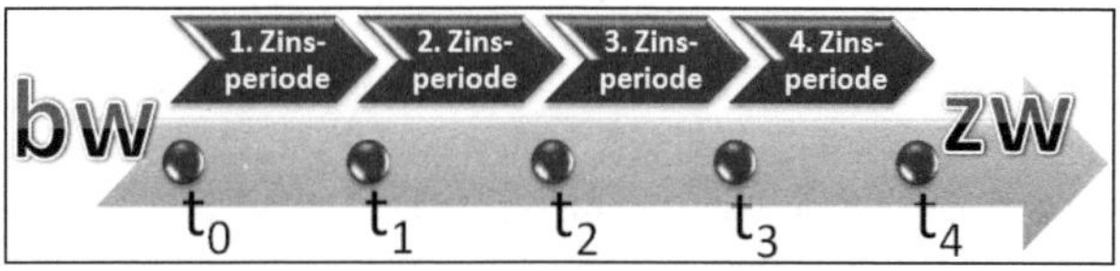

Abbildung 6.11: Finanzmathematischer Zeitstrahl

Excel eignet sich natürlich prima dazu, finanzmathematische Modelle über solche Zeitstrahle abzubilden. Dies ist entweder horizontal in einer Zeile oder vertikal in einer Spalte möglich. Jede Zelle des Zeitstrahls steht dabei für einen Zeitpunkt.

Die Bezeichnung der Zeitpunkte erfolgt dabei entweder über die Symbole t_0 bis t_n oder auch über Datumsangaben, die Sie in unzähligen Ausprägungen nach Gusto gestalten können.

Bei der Wahl des verwendeten Maßstabes sind Sie völlig frei. Gängig sind die Einteilungen in:

- Jahre
- Halbjahre
- Quartale
- Monate
- Wochen
- Tage

Sie können in Excel auch noch kleinere Zeitintervalle in einen Zeitstrahl packen, aber für die Zinsrechnung ist das nicht wirklich von Bedeutung, eher für Arbeitszeiterfassungen oder Ähnliches.

Grundsätzlich haben Sie zwei Möglichkeiten, in Excel einen Zeitstrahl zu erzeugen; entweder durch *AutoAusfüllen* (nach unten ziehen) oder die Schaltfläche *Füllbereich* auf der Registerkarte *Start* der Multifunktionsleiste. Das geht schnell und bequem, ist aber starr und muss bei einer eventuellen nachträglichen Änderung des Betrachtungszeitraumes manuell angepasst werden.

Oder Sie berechnen einen dynamischen Zeitstrahl per Formel. Das ist natürlich wesentlich spannender und komfortabler, wie wir gleich sehen werden.

Schnell abgehandelt ist der Weg des Ausfüllens über die Schaltfläche *Füllbereich*. In A1 steht das Datum, mit dem der Zeitstrahl beginnen soll. Markieren Sie A1:A? so viele Zeilen nach unten, wie die Zeitachse Zeitpunkte haben soll. Dann klicken Sie in der Multifunktionsleiste auf der rechten Seite der Registerkarte *Start* auf die Schaltfläche *Füllbereich*Seite. Im erscheinenden Dialog legen Sie den Typ *Datum* fest und bestimmen eine der zur Auswahl stehenden Zeiteinheiten (Abbildung 6.12).

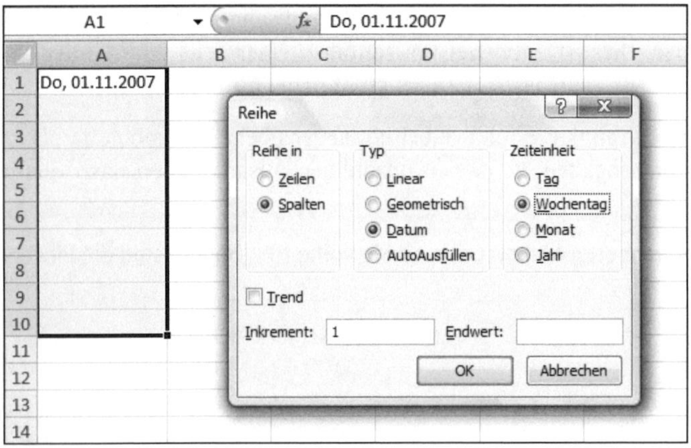

Abbildung 6.12: Zeiteinheiten in Füllbereich einfügen

So wird zum Beispiel bei der Option *Wochentag* ein Zeitstrahl ohne Samstage und Sonntage erzeugt. Das Ergebnis zeigt Abbildung 6.13.

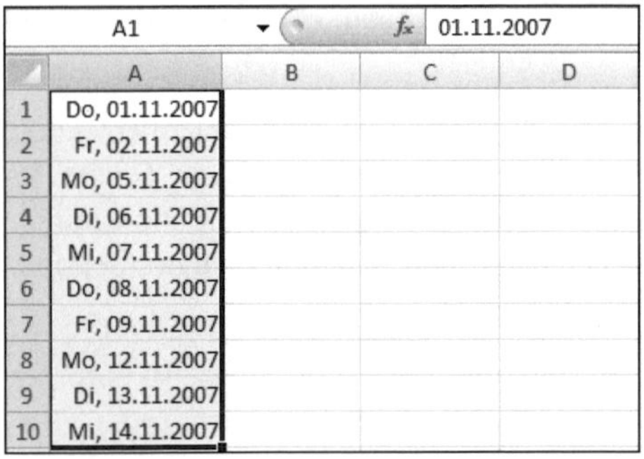

Abbildung 6.13: Arbeitstage in Füllbereich einfügen

Das verwendete Zahlenformat wird bei allen Zellen von demjenigen der Startzelle A1 übernommen. Hier wurde das Zahlenformat `TTT, TT.MM.JJJJ` verwendet.

Die komfortablere Variante zeigt die Tabelle in Abbildung 6.14, in der sich der Zeitstrahl automatisch nach Vorgabe nur weniger Parameter berechnet.

	A	B	C	D	E	F
1	Anzahl Zeitpunkte	13		**Sonderfall**	20	
2	Startdatum	01.01.2001		**Monatsletzer**	31.01.2001	
3	Intervall	M			M	
4	Abstand	1			1	
5	Format	MMM JJ			TT. MMM JJ	
6						
7					falsch	richtig
8	0	Jan 01		0	31. Jan 01	31.01.2001
9	1	Feb 01		1	03. Mrz 01	28.02.2001
10	2	Mrz 01		2	31. Mrz 01	31.03.2001
11	3	Apr 01		3	01. Mai 01	30.04.2001
12	4	Mai 01		4	31. Mai 01	31.05.2001
13	5	Jun 01		5	01. Jul 01	30.06.2001
14	6	Jul 01		6	31. Jul 01	31.07.2001
15	7	Aug 01		7	31. Aug 01	31.08.2001
16	8	Sep 01		8	01. Okt 01	30.09.2001
17	9	Okt 01		9	31. Okt 01	31.10.2001
18	10	Nov 01		10	01. Dez 01	30.11.2001
19	11	Dez 01		11	31. Dez 01	31.12.2001
20	12	Jan 02		12	31. Jan 02	31.01.2002

Abbildung 6.14: Berechneter Zeitstrahl

In B1 wird die Anzahl benötigter Zeitpunkte angegeben. In B2 steht das Datum des ersten Zeitpunktes. In B3 können drei verschiedene Buchstaben vorgegeben werden.

- J: Abstände in Jahren
- M: Abstände in Monaten
- T: Abstände in Tagen

In B4 steht der Abstand zwischen zwei Zeitpunkten. Bei Eintrag einer 4 würde der Zeitstrahl nur jedes vierte Jahr, jeden vierten Monat oder Tag zeigen. Schließlich kann über die Zelle B5 sogar noch das Datumsformat flexibel verändert werden. Der eigentliche Zeitstrahl wird dann erzeugt mit:

```
A8:0
A9: =WENN(ZEILEN(A$8:A9)>$B$1;"";A8+1)
B8:
=WENN(A8="";"";TEXT(DATUM(
JAHR($B$2)+WENN($B$3="J";A8*$B$4;0);
MONAT($B$2)+WENN($B$3="M";A8*$B$4;0);
TAG($B$2)+WENN($B$3="T";A8*$B$4;0));$B$5))
```

A9 und B8 werden so weit nach unten kopiert, wie der Zeitstrahl maximal lang sein könnte. Wie funktioniert die Formel in B8? Die Formel

```
=DATUM(JAHR($B$2);MONAT($B$2);TAG($B$2))
```

würde genau das Datum erzeugen, das in B2 als Startdatum vorgegeben wird. Die drei WENN-Prüfungen

```
WENN($B$3="J";A8*$B$4;0)
WENN($B$3="M";A8*$B$4;0)
WENN($B$3="T";A8*$B$4;0)
```

addieren dann je nach Eingabe in B3 entweder zum Jahr, zum Monat oder zum Tag `A8*$B$4` Einheiten dazu. Die Funktion TEXT wandelt das resultierende Datum schließlich in das gewünschte Format um. Zum Beispiel:

```
B13:
TEXT(DATUM(2001+0;1+5;1+0);"MMM JJ") = "Jun 01"
```

Spalte E zeigt einen Sonderfall, der bei Anwendung dieser Berechnung Probleme macht. Angenommen Sie wollen bei Ihrem Zeitstrahl immer den letzten eines Monats erhalten. Schwierig wird dies durch die unterschiedliche Länge der Monate. In Spalte E sieht man, wie die gleiche Formel aus Spalte B zu teilweise falschen Ergebnissen führt. Abhilfe verschafft in diesem Sonderfall die Lösung in Spalte F:

```
F9: =DATUM(JAHR(F8);MONAT(F8)+2;0)
```

Der Trick funktioniert nach dem Prinzip: Der nullte Tag des übernächsten Monats entspricht dem letzten Tag des folgenden Monats. Dafür stehen die Parameter `+2;0`.

Beispiel:

```
=TEXT(DATUM(2001;1+2;0); "TT.MM.JJ")=28.02.2001
```

Mit der Formel kann man übrigens grundsätzlich prüfen, ob ein Jahr ein Schaltjahr ist oder nicht. Angenommen in A1 steht eine einfache Jahreszahl:

```
A1:2004
```

Dann prüfen Sie, ob dieses Jahr einen 29. Februar besitzt, mit der Formel:

```
=WENN(TAG(DATUM(A1;3;0))=29;"Schaltjahr";"kein Schaltjahr")
```

6.2.2 Vorschüssig oder nachschüssig?

Bei der Begriffsdefinition von *vorschüssig* oder *nachschüssig* kann man sich schnell vergaloppieren. In vielen Fällen, in denen davon die Rede ist, wird nicht ganz klar, was damit gemeint ist, denn es gibt zwei Aspekte, die dabei infrage kommen:

- Die Fälligkeit der Zahlung
- Der Zeitpunkt der Zinsverrechnung

Das Schaubild in Abbildung 6.15 zeigt ein Szenario mit drei Zeitpunkten t_0, t_1 und t_2. Zu den Zeitpunkten t_0 und t_1 finden Einzahlungen statt. Nach jeder Zahlung beginnt eine Zinsperiode, die zwischen zwei Zeitpunkten liegt. Bezugszeitpunkt ist der Zeitpunkt, zu dem die Zahlungen bewertet werden sollen. Falls der Bezugszeitpunkt am Ende des Zeitstrahles liegt, wird von einer endwertorientierten Bewertung gesprochen.

In dem Fall wird von vorschüssiger Zahlung gesprochen, da zwischen der letzten Zahlung in t_1 und dem Bezugszeitpunkt t_2 eine Zinsperiode liegt. Würden beide Zahlungen eine Periode später erfolgen, zu t_1 und t_2, wären nachschüssige Zahlungen gegeben. Die letzte Zahlung fiele auf den Bezugszeitpunkt t_2 und würde keine Zinsen mehr generieren.

Wenn in den Argumenten der finanzmathematischen Excel-Funktionen von der Fälligkeit (1 = vorschüssig, 0 = nachschüssig) die Rede ist, werden diese Zahlungspunkte gemeint.

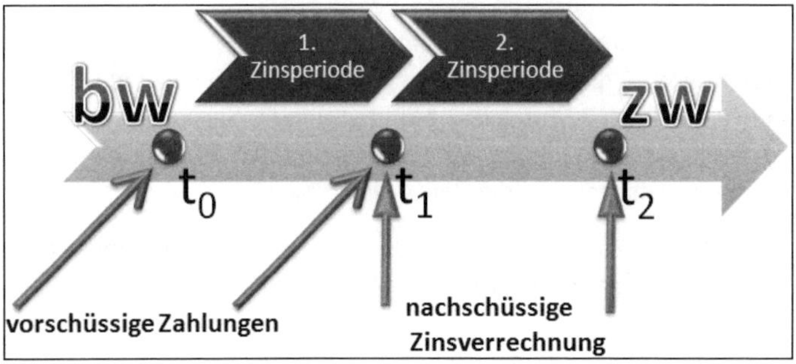

Abbildung 6.15: Zinsperioden und Fälligkeit von Zahlungen und Zinsen

Verwechseln Sie dies aber nicht mit dem Zeitpunkt der Zinsverrechnung. Dieser ist fast immer nachschüssig, womit die Zinsen erst am Ende der Zinsperiode gutgeschrieben werden. Nur in Ausnahmefällen erfolgt die Zinsverrechnung vorschüssig. In den Excel-Funktionen ist dieser Fall wegen der geringen Praxisrelevanz gar nicht vorgesehen.

6.3 Zinsen – der Preis für Geld

Für alles im Leben muss man bezahlen. Und je später man es tut, umso höher werden die Zinsen. (John Steinbeck)

Falls Sie es nicht ohnehin schon wissen, möchten Sie wahrscheinlich endlich erfahren, was diese ganzen Folgen und Reihen mit Ihren Finanzen zu tun haben. Dazu kommen wir nun.

Zinsen sind der Preis für die zeitlich befristete Überlassung von Geld.

Die drei wichtigsten Dimensionen der Finanzmathematik, die in diesem Satz enthalten sind, lauten:

- Geld
- Zeit
- Zins

Wenn eine Person eine bestimmte Menge Geld für einen bestimmten Zeitraum einer anderen Person zur Verfügung stellt, geschieht dies in der Regel nicht aus Barmherzigkeit, sondern mit der Absicht, Zinserträge zu erzielen. Die Höhe der anfallenden Zinsen ist in erster Linie von der Höhe und der Dauer des zur Verfügung gestellten Geldes sowie vom festgelegten Zinssatz abhängig.

Die Schwierigkeit dabei ist die Einteilung des gesamten Zeitraumes in Perioden, auf die sich der Zinssatz bezieht und zu denen gegebenenfalls die Zinsen fällig werden. Einen Geldbetrag zwei Jahre, 128 Tage, 7 Stunden, 2 Minuten und 50 Sekunden zur Verfügung zu stellen und dies exakt abzurechnen, wäre nur mit stetiger Verzinsung möglich. Dies ist zwar theoretisch denkbar, aber in der Praxis nicht üblich und komplett sinnfrei.

Deshalb definiert man Zeitpunkte auf der Achse der natürlichen Zahlen und macht sie damit zur Zeitachse, wie wir bereits gezeigt haben.

6.3.1 Einfache Verzinsung

Von einfacher Verzinsung – im Gegensatz zur Verzinsung mit Zinseszins – wird dann gesprochen, wenn für einen Geldbetrag Zinsen anfallen, aber die Zinsen dem Geldbetrag nicht selbst zinsbringend gutgeschrieben werden. Zum besseren Verständnis ein Beispiel:

Jemand legt zu jedem Letzten eines Monats zwölf Monate lang je 100 € auf einem Tagesgeldkonto an, das mit einem jährlichen Zins von 3 % vergütet wird. Die Zinserträge werden erst nach Ablauf des Jahres zum 31.12. gutgeschrieben. Wie viele Zinsen sind bis dahin angefallen? Wir gehen dabei nicht von tagesgenauen Zinsen aus, sondern von elf Zinsmonaten mit einem Monatszins von

3 %/12 = 0,25 %.

Betrachten wir die erste Zahlung zum 31.01. Ihr Wert entwickelt sich bis zum 31.12. gemäß Abbildung 6.16.

C4 fx =B4+0,0025*$B$4

	B	C	D	E	F	G	H	I	J	K	L	M
1	**Wert zum Zeitpunkt**											
2	t_1	t_2	t_3	t_4	t_5	t_6	t_7	t_8	t_9	t_{10}	t_{11}	t_{12}
3	31.01	28.02	31.03	30.04	31.05	30.06	31.07	31.08	30.09	31.10	30.11	31.12
4	**100,00**	100,25	100,50	100,75	101,00	101,25	101,50	101,75	102,00	102,25	102,50	102,75

Abbildung 6.16: Wertentwicklung bei arithmetischer Verzinsung

In B4 steht die Zahlung von 100 €. In C4 steht der Wert, nachdem ein Monat vergangen ist.

```
C4: =B4+0,0025*$B$4
```

Diese Formel ist nichts anderes als das Bildungsgesetz der arithmetischen Folge.

$g_n = g_{n-1}+d$

Wird die Formel bis M4 kopiert, sieht man, dass der Wert jeden Monat linear ansteigt bis zum Wert per 31.12. Dieser ergibt sich auch aus:

```
100*(1+0,03*11/12) = 102,75
```

Auch diese Berechnung kann direkt über das zweite Bildungsgesetz der arithmetischen Folge berechnet werden. Zur Erinnerung:

$g_n = g_1 + (n-1)*d$

entspricht hier

```
102,75 = 100 + (12-1)*(100*0,0025) = 100 + 11*0,25
```

Alle zwölf Zahlungen entwickeln sich gemäß Abbildung 6.17.

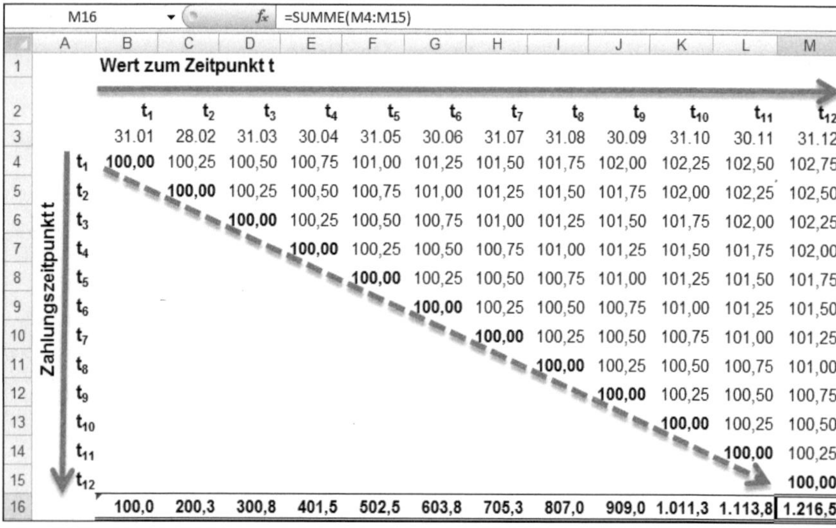

M16 =SUMME(M4:M15)

	A	B	C	D	E	F	G	H	I	J	K	L	M
1		**Wert zum Zeitpunkt t**											
2		t_1	t_2	t_3	t_4	t_5	t_6	t_7	t_8	t_9	t_{10}	t_{11}	t_{12}
3		31.01	28.02	31.03	30.04	31.05	30.06	31.07	31.08	30.09	31.10	30.11	31.12
4	Zahlungszeitpunkt t t_1	**100,00**	100,25	100,50	100,75	101,00	101,25	101,50	101,75	102,00	102,25	102,50	102,75
5	t_2		**100,00**	100,25	100,50	100,75	101,00	101,25	101,50	101,75	102,00	102,25	102,50
6	t_3			**100,00**	100,25	100,50	100,75	101,00	101,25	101,50	101,75	102,00	102,25
7	t_4				**100,00**	100,25	100,50	100,75	101,00	101,25	101,50	101,75	102,00
8	t_5					**100,00**	100,25	100,50	100,75	101,00	101,25	101,50	101,75
9	t_6						**100,00**	100,25	100,50	100,75	101,00	101,25	101,50
10	t_7							**100,00**	100,25	100,50	100,75	101,00	101,25
11	t_8								**100,00**	100,25	100,50	100,75	101,00
12	t_9									**100,00**	100,25	100,50	100,75
13	t_{10}										**100,00**	100,25	100,50
14	t_{11}											**100,00**	100,25
15	t_{12}												**100,00**
16		**100,0**	**200,3**	**300,8**	**401,5**	**502,5**	**603,8**	**705,3**	**807,0**	**909,0**	**1.011,3**	**1.113,8**	**1.216,5**

Abbildung 6.17: Wertentwicklung regelmäßiger Zahlungen bei arithmetischer Verzinsung

Die Zahlenfolgen ab Zeile fünf entsprechen der vierten Zeile, nur jeweils um eine Spalte nach rechts versetzt. In Spalte M steht der Wert jeder Folge zum 31.12. Das Gesamtvermögen beträgt nunmehr 1216,50 € bei 1200 € Einzahlungen. Ergo sind 16,50 € Zinsen angefallen.

Benötigen wir diese ganze Tabelle, um die 1216,5 € zu ermitteln? Natürlich nicht. Dafür haben wir ja die Bildungsgesetze von Reihen kennengelernt. Hier kommt die Gleichung

$S_n = n/2*(g_1+g_n)$

zum Einsatz:

`1216,50 = 12/2*(100+102,75)`

Die angefallenen Zinsen können auch aus dieser Gleichung abgeleitet werden:

`16,50 = 12/2*(0+2,75)`

In der Abbildung 6.18 wird dieses Ergebnis deutlich. Da der Zinsertrag je Zahlung linear sinkt, leuchtet ein, dass die durchschnittlich anfallenden Zinsen (1,375) genau der Hälfte des größten Balkens entsprechen. Logisch, denn 12 * 2,75/2 = 12 * 1,375 = 16,50.

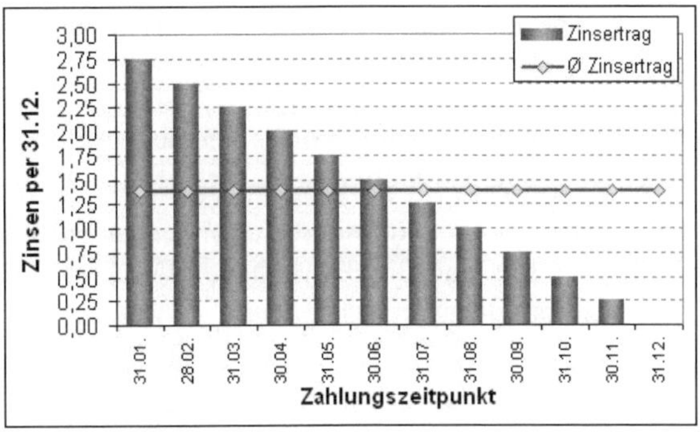

Abbildung 6.18: Zinsertrag bei arithmetischer Verzinsung

6.3.2 Tagesgenaue Zinsen

Fassen wir zusammen: Solange wir uns im Rahmen der einfachen Verzinsung bewegen, arbeiten wir mit arithmetischen Folgen und Reihen. Damit ist das Thema zu einem Großteil erschöpft. Ein Aspekt fehlt aber noch. In der Praxis beträgt die unterjährige Zinsperiode t oftmals nur einen Tag. Das heißt, die Zinsen müssen tagesgenau abgerechnet werden – in der Regel arithmetisch, also ohne Zinseszins.

Nichts ist leichter – erst recht mit Excel –, als zwischen zwei Tagen die tagesgenaue Differenz zu ermitteln (Abbildung 6.19):

B3 fx =B2-B1

	A	B	C	D
1	Tag der Einzahlung	18.07.2008		
2	Tag der Abhebung	21.10.2008		
3	Zinstage	95		

Abbildung 6.19: Berechnung tagesgenauer Zinsen

Für Excel ist jedes Datum eine Ganzzahl beginnend mit dem 01.01.1900. Die Datumsanzeige ist nur ein Zahlenformat. Der 18.07.2008 ist für Excel der 39647te Tag. Der 21.10.2008 ist der 39742te Tag. 39742 – 39647 = 95. Um Datumsdifferenzen zu berechnen, gibt es auch die (erstaunlicherweise undokumentierte) Funktion DATEDIF:

```
B3:=DATEDIF(B1;B2;"YD")
```

Aber die Funktion DATEDIF kommt eher dann zur Geltung, wenn die Datumsdifferenzen in Monaten oder Jahren ermittelt werden sollen.

Werden zu dem ersten Datum beispielsweise 100 € angelegt und zum zweiten Datum wieder abgehoben, dann fallen bei einfacher Verzinsung von 3 % p.a. genau

```
= 95/365*0,03*100 = 0,780821917808219
```

Zinsen an. In der kaufmännischen Praxis besteht allerdings Unklarheit über den Quotienten 95/365, denn es gibt unterschiedliche Zinsmethoden:

- Deutsche Zinsmethode 30/360. Jeder Monat wird mit 30 Tagen gerechnet. Das Jahr wird behandelt, als hätte es nur 360 Tage. Die US-Methode (NASD) rechnet fast genauso, nur dass der Februar tagesgenau gerechnet wird.
- Tagesgenaue Effektivzinsmethode act/act. Act steht für die tatsächliche Anzahl Tage des Monats (28, 29, 30 oder 31) bzw. des Jahres (365 oder 366).
- Englische Zinsmethode act/365
- Eurozinsmethode act/360
- TARGET-Methode. Sie ist mit Abstand am kompliziertesten zu berechnen. TARGET = Trans-European Automated Real-time Gross Settlement Express Transfer System. Zahlungen erfolgen demnach nicht an Wochenenden und bestimmten Feiertagen. Der Zahlungstermin erfolgt am darauffolgenden, nächsten Arbeitstag. Fällt dieser in den nächsten Monat, wird er auf den vorhergehenden, letzten Arbeitstag gelegt.

Unter Anwendung der ersten Methode gilt die sogenannte kaufmännische Zinsformel.

$$z = \frac{k \cdot p \cdot t}{100 \cdot 360}$$

Abbildung 6.20: Kaufmännische Zinsformel

Mit

z = Zinsertrag

p = Zinssatz

t = Tage

Bei obigem Beispiel ergäbe sich:

```
100 * 3 * 95 / 36000 = 0,791666666666667
```

Je nach Zinsmethode können sowohl t im Zähler als auch 360 im Nenner schwanken. In Abbildung 6.21 werden auf Basis eines Zahlenbeispieles die Ergebnisse aller genannten Zinsmethoden verglichen.

D7 | fx | =+TEXT((A7-A6);"00")&"/"&365+ISTZAHL(("29.02."&JAHR(A7))*1)

	A	B	C	D	E	F	G	H	I	J
1	von Datum:	25.02.08								
2	bis Datum:	31.03.09				*) Die Standardfunktion TAGE360				
3	Zinssatz p:	5,0%			rechnet im Februar falsch (Spalte B und C)					
4	Betrag k:	1.000,00								
5	**Methode:**	**30/360 (deutsch)**	**30/360 (USA)**	**act/act**	**act/365**	**act/360**		**30/360 (deutsch)**	**30/360 (USA)**	
6	25.02.08	falsch*	falsch*					richtig*	richtig*	
7	29.02.08	4/360	4/360	04/366	4/365	4/360		5/360	4/360	
8	31.03.08	30/360	31/360	31/366	31/365	31/360		30/360	30/360	
9	30.04.08	30/360	30/360	30/366	30/365	30/360		30/360	30/360	
10	31.05.08	30/360	30/360	31/366	31/365	31/360		30/360	30/360	
11	30.06.08	30/360	30/360	30/366	30/365	30/360		30/360	30/360	
12	31.07.08	30/360	30/360	31/366	31/365	31/360		30/360	30/360	
13	31.08.08	30/360	30/360	31/366	31/365	31/360		30/360	30/360	
14	30.09.08	30/360	30/360	30/366	30/365	30/360		30/360	30/360	
15	31.10.08	30/360	30/360	31/366	31/365	31/360		30/360	30/360	
16	30.11.08	30/360	30/360	30/366	30/365	30/360		30/360	30/360	
17	31.12.08	30/360	30/360	31/366	31/365	31/360		30/360	30/360	
18	31.01.09	30/360	30/360	31/365	31/365	31/360		30/360	30/360	
19	28.02.09	28/360	28/360	28/365	28/365	28/360		30/360	28/360	
20	31.03.09	30/360	32/360	31/365	31/365	31/360		30/360	30/360	
21	**Σ Zinstage**	**396**	**395**	**400**	**400**	**400**		**395**	**392**	
22	**Σ Zinsen (z) °)**	**55,00**	**54,86**	**54,68**	**54,79**	**55,56**		**54,86**	**54,44**	
23	°) ohne Zinseszinsen									

Abbildung 6.21: Vergleich der gängigsten Zinsmethoden

In B1 und B2 steht der Zeitraum, für den die Zinstage und die Zinsen ermittelt werden sollen. Der gültige Jahreszins steht in B3 und der zu verzinsende Betrag in B4. Im Zeitstrahl A6:A20 werden die angefallenen Zinstage in einzelne Monate aufgeteilt. Dadurch sieht man sehr schön, in welchen Monaten bei den jeweiligen Methoden andere Zinstage gerechnet werden. Im Bereich B6:I20 steht der Zinsquotient, der mit dem Faktor p*k multipliziert die Zinsen ermittelt, die im aktuellen Monat anfallen.

Der Zinsquotient wird bei den verschiedenen Methoden unterschiedlich berechnet. Für die deutsche Methode 30/360 sowie deren US-amerikanische Modifikation stellt Excel eine Funktion namens TAGE360 zur Verfügung:

=TAGE360 (Ausgangsdatum ; Enddatum ; [Methode])

Die Excel-Hilfe sagt dazu:

Berechnet, ausgehend von einem Jahr, das 360 Tage umfasst, die Anzahl der zwischen zwei Tagesdaten liegenden Tage. Sie können diese Funktion als Hilfe für die Berechnung von Zahlungen verwenden, wenn Ihr Buchführungssystem auf 12 Monaten mit je 30 Tagen basiert.

Ist der optionale Parameter *Methode* mit 0 oder nicht angegeben, wird die deutsche Methode angewendet. Ist er hingegen 1, gilt die US-Methode NASD. Für beide Methoden ergibt sich der Zinsquotient damit aus:

```
B7: =TAGE360(A6;A7;0)&"/360"
C7: =TAGE360(A6;A7;1)&"/360"
```

Beides wird bis Zeile 20 kopiert. In B20:C20 werden die Zinstage des gesamten Zeitraumes ermittelt:

```
B21: =TAGE360(B1;B2;0)
C21: =TAGE360(B1;B2;1)
```

Komischerweise entspricht die Summe der Zinstage nicht der Summe der einzelnen Monate. Außerdem würde man in den Zellen B19, C8 und C20 einen Wert von 30 erwarten. Stimmt aber nicht. Immer wenn der Februar mit im Spiel ist, egal ob im Ausgangs- oder Enddatum, hat die Funktion TAGE360 offenbar eine Macke.

Um diesen Fehler zu beheben, muss etwas getrickst werden. Die falschen Spalten B und C werden in Spalte H und I richtiggestellt:

```
H7: =TAGE360(A6;A7+(TAG(A7+1)=1))-(TAG(A7+1)=1)&"/360"
```

Die Formel ist ja noch praktikabel, aber der amerikanische Kollege muss sich schon mehr anstrengen:

```
I7:
=TAGE360(A6;A7;1)-((JAHR(A6)<>JAHR(A7))*367-REST(DATUM(JAHR(A7);
MONAT(A6);TAG(A6))-A6;367))-(-1*(MONAT(A6)>2)*(MONAT(A7)<3)+
(MONAT(A6)<3)*(MONAT(A7)>2))*(30-TAG(("3/"&JAHR(A7))-1))&"/360"
```

Beide Formeln werden wieder bis Zeile 20 kopiert. Und nun passt auch die Verprobung in Zeile 21:

```
H21: =TAGE360(B1;B2+(TAG(B2+1)=1))-(TAG(B2+1)=1)
```

Die Formel umfasst den Gesamtzeitraum und entspricht der Summe der Zähler der 14 Einzelberechnungen. Beim Ami stimmt dies ebenso.

Auch die Berechnung der act/act-Methode ist nicht ganz trivial, denn wenn der Gesamtzeitraum über die Jahresgrenze hinausgeht, müssen manche Zinstage durch 365 geteilt werden und die, die auf ein Schaltjahr fallen, durch 366. Deshalb muss der Nenner variabel gehalten werden:

```
D7:
=TEXT((A7-A6);"00")&"/"&365+ISTZAHL(("29.02."&JAHR(A7))*1)
```

Nur in den Zeilen (bis Zeile 17), die das Schaltjahr 2008 betreffen, werden im Nenner 366 Tage gezeigt. Ab Zeile 18 sind es nur noch 365. Der Formelteil

```
ISTZAHL(("29.02."&JAHR(A7))*1)
```

prüft hier, ob 2008 ein Schaltjahr ist, und addiert ggf. zu 365 eine 1 hinzu, denn:

```
365+WAHR = 366
```

Falls 2008 ein Schaltjahr ist, kann Excel den Ausdruck ="29.02.2008"*1 in ein gültiges Datum umwandeln.

```
="29.02.2008"*1=39507
="29.02.2009"*1=#WERT!
```

Wie ist dies zu interpretieren? Der 29.02.2008 ist der 39507te Tag seit Beginn der Excel-Zeitrechnung 01.01.1900. Wenn es den Tag gibt, muss 2008 folglich ein Schaltjahr sein. Den 29.02.2009 kennt Excel nicht und bringt =#WERT! Deshalb ist 2009 kein Schaltjahr. Die Summe der Zinstage ist leicht zu ermitteln ...

```
D21: =B2-B1
```

... was genauso für die Methoden act/365 und act/360 in den Spalten E und F gilt. Die Zinsquotienten dieser beiden Methoden zu errechnen, stellt keine Schwierigkeit mehr dar:

```
E7: =(A7-A6)&"/365"
F7: =(A7-A6)&"/360"
```

wird jeweils kopiert bis Zeile 20.

Zum krönenden Abschluss fehlt nur noch die Berechnung der angefallenen Zinsen. Jeglicher Zinseszinseffekt wird in diesem Beispiel ausgeblendet.

```
B22: =B21/360*$B$3*$B$4
```

kann nach C22, F22, H22 und I22 kopiert werden, da alle diese Methoden im Nenner mit 360 rechnen. Ferner gilt:

```
E22: =E21/365*$B$3*$B$4
```

Hier sticht die act/act-Methode in Spalte D wieder unangenehm hervor, denn es muss mit zwei verschiedenen Nennern gerechnet werden. Die erste Alternative wäre es, die Zinstage bis zum 31.12.2008 zu berechnen und durch 366 zu teilen. Den Rest ab 01.01.2009 dividiert man dann durch 365, oder man bezieht sich auf die Reihe an Quotienten in D7:D20 und summiert über eine Array-Formel:

```
D22: {=SUMME(LINKS(D7:D20;2)/RECHTS(D7:D20;3)*B3*B4)}
```

Die Formel dröselt aus den Zeichenketten jeweils Zähler und Nenner heraus, führt die Division aus, errechnet dann mit *B3*B4 die Zinsen je Monat und addiert schließlich alles zusammen. Betrachtet man nur die ersten drei Monate (zur Demo), ergibt sich schrittweise:

```
=SUMME(LINKS(D7:D9;2)/RECHTS(D7:D9;3)*B3*B4)
=SUMME({"04";"31";"30"}/{"366";"366";"366"}*B3*B4)
=SUMME({0,546448087431694;4,23497267759563;4,09836065573771})
=8,87978142076503
```

6.3.3 Zinseszinsrechnung

Nun betreten wir die wesentlich ergiebigere Welt der geometrischen Folgen und Reihen, die für die Zinseszins-, Renten- und Tilgungsrechnung relevant ist.

Jemand legt sechs Jahre lang jeweils zum 01.01. 1000 € auf ein Festgeldkonto, das mit 5 % Jahreszins und jährlicher Zinsverrechnung verzinst wird. Am 01.01. des sechsten Jahres soll ermittelt werden, wie viele Euro sich bis dahin angesammelt haben? Wir erinnern uns an die Bildungsgesetze der geometrischen Folge:

$$g_n = g_1 * q^{(n-1)}$$

und

$$g_{n+1} = g_n * q$$

Um diese allgemeingültigen Funktionen auf finanzmathematische Anwendungen zu spezifizieren, definieren wir:

```
q = (1+i) = (1+p/100)
```

p steht für den Prozentsatz, in unserem Beispiel 5. i ist dann 0,05. Somit wissen wir, wie die Kapitalentwicklungen der einzelnen Zahlungen in Abbildung 6.22 zu erzeugen sind.

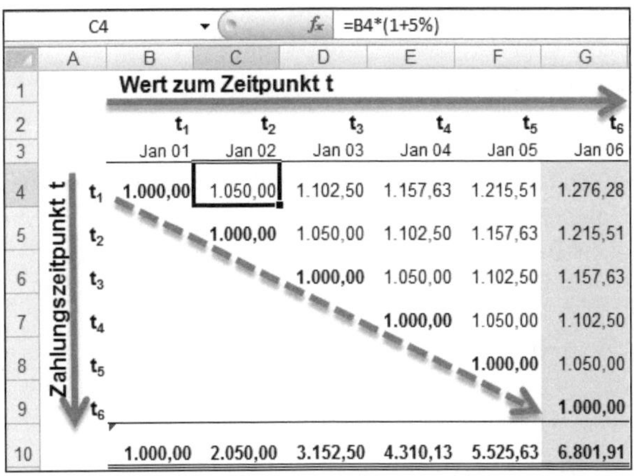

C4 =B4*(1+5%)

	A	B	C	D	E	F	G
1		Wert zum Zeitpunkt t					
2		t_1	t_2	t_3	t_4	t_5	t_6
3		Jan 01	Jan 02	Jan 03	Jan 04	Jan 05	Jan 06
4	t_1	1.000,00	1.050,00	1.102,50	1.157,63	1.215,51	1.276,28
5	t_2		1.000,00	1.050,00	1.102,50	1.157,63	1.215,51
6	t_3			1.000,00	1.050,00	1.102,50	1.157,63
7	t_4				1.000,00	1.050,00	1.102,50
8	t_5					1.000,00	1.050,00
9	t_6						1.000,00
10		1.000,00	2.050,00	3.152,50	4.310,13	5.525,63	6.801,91

Abbildung 6.22: Wertentwicklung regelmäßiger Zahlungen mit Zinseszinsen

In B4 steht die Zahlung von 1000 €. In C4 der Wert nach einem Jahr.

```
C4:=B4*(1+5%)
```

Die Formel wird bis G4 kopiert, um den Wert im Januar des sechsten Jahres zu erhalten. Der Wert ergibt sich ebenso aus:

```
1276,28 = B4*(1+5%)^5
```

Die weiteren Zahlungsreihen in den Zeilen 5 bis 9 ergeben sich analog, nur jeweils um eine Spalte versetzt. Zeile 10 enthält dann die Summe der Werte aller Zahlungen zum jeweiligen Stichtag. Nach sechs Jahren ist der Betrag inklusive der letzten Einzahlung, die selbst keinen Zinsertrag mehr gebracht hat, auf 6.801,91 € angestiegen.

Sie erahnen es bereits – auch dieser Betrag kann ohne die aufwendige tabellarische Herleitung ermittelt werden. Wir wissen, dass der Bereich B4:G4 eine geometrische Folge enthält. In G4:G9 steht die identische Folge, die wir summieren wollen, um auf das Gesamtergebnis zu kommen. Wir wissen darüber hinaus, dass wir zu einer geometrischen Reihe kommen, wenn wir die Glieder einer geometrischen Folge addieren (vgl. zu Beginn dieses Kapitels). Ergo bedienen wir uns hier dem Bildungsgesetz der geometrischen Reihe:

$s_n = g_1 * (q^n - 1) / (q - 1)$

Da $q = (1 + i)$, findet man auch oft die Schreibweise:

$s_n = g_1 * (q^n - 1) / i$

Damit bestätigt sich das tabellarische Ergebnis:

```
=1000*(1,05^6-1)/0,05 = 6801,91
```

Es ist elementar wichtig, dies verstanden zu haben, denn an dieser Stelle sind wir bei den finanzmathematischen Faktoren angelangt, die Sie immer wieder benötigen, um Ihre Finanzen im Griff zu haben. Den Formelteil

```
=(1,05^6-1)/0,05 = 6,8019128125
```

bezeichnen wir als *nachschüssigen Rentenendwertfaktor*, für den Excel auch eine Funktion zur Verfügung stellt:

```
=-ZW(5%;6;1;;0) = 6,8019128125
```

Aber dies nur als kleiner Vorschuss. Diese Thematik wird im folgenden Kapitel ausgiebig behandelt.

Kapitel 7

Vom Sparen und Abstottern

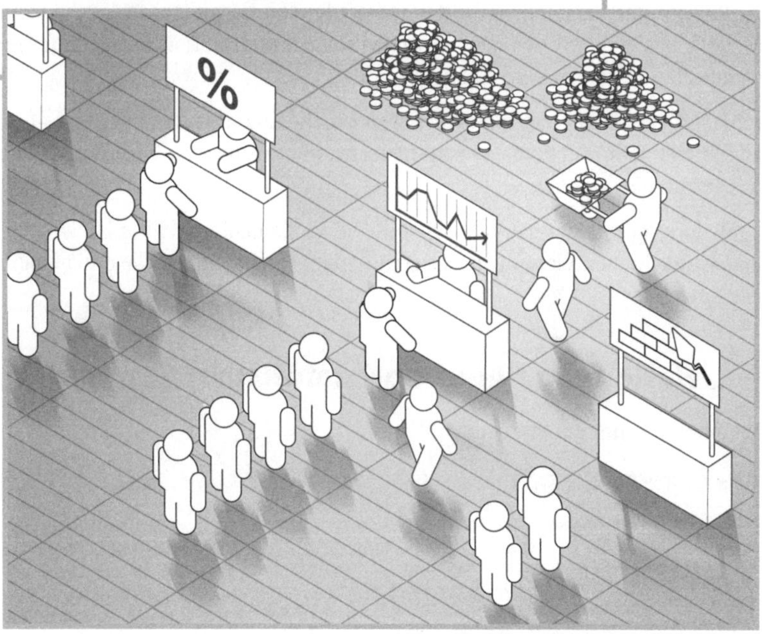

Ob Sie Vermögen ansparen oder die Früchte eines bereits vorhandenen Kapitals ernten wollen, oder andererseits Kredite abzahlen müssen, sind in der realen Welt völlig unterschiedliche Sachverhalte. Mathematisch gesehen ist das im Grunde alles ein und dasselbe.

In der einschlägigen Literatur wird zumeist strikt getrennt in:

- Ansparung/Sparplan
- Tilgungsrechnung/Tilgungsplan
- Rentenrechnung/Rentenplan

Alle drei Modelle gibt es in vielen Varianten, die sich vor allem in der Behandlung der Zinsen voneinander unterscheiden.

Diese kategorische Trennung ist meiner Meinung nach nicht notwendig, sie verhindert eventuell sogar das Verständnis für die übergreifenden Gesamtzusammenhänge. Alle drei Modelle basieren auf den geometrischen Reihen und sind bis auf geringe Unterschiede gleichermaßen zu berechnen.

Ein Indiz dafür ist auch, dass die relevanten Excel-Standardfunktionen auf alle drei Modelle anwendbar und zum Teil sogar substituierbar sind, wie wir im Laufe dieses Kapitels feststellen werden.

Da das Bildungsgesetz der geometrischen Reihe so elementar wichtig ist, werden wir es zunächst nach allen Richtungen sezieren und im Nachgang auf die drei genannten Modelle anwenden.

7.1 Herleitung finanzmathematischer Formeln

Wir beginnen mit der geometrischen Reihe

$s_n = g_1 + g_1*q + g_1*q^2 + g_1*q^3 + ... + g_1*q^{(n-1)}$

und ihrem Bildungsgesetz

$s_n = g_1*(q^n-1) / (q - 1)$

7.1.1 Nachschüssige Zahlungen

Wir passen die Gleichung jetzt an die finanzmathematischen Problemstellungen an. Dabei ist es üblich, die Summe s_n als K_n zu bezeichnen, da sie das angewachsene Kapital nach n Perioden wiedergibt. Um uns direkt an die Excel-spezifische Terminologie zu gewöhnen, können wir K_n auch zw (Zukünftiger Wert) nennen. g_1 bezeichnen wir als rmz für RegelMäßigeZahlung. q bleibt q und steht für den Faktor (1 + i). i ist der Zinssatz.

In allen drei Modellen, Spar-, Renten- und Tilgungsplan, berücksichtigen wir das mögliche Vorhandensein eines Startkapitals, positiv oder negativ, das wir als K_0 oder bw (BarWert) bezeichnen. bw wird genau n Perioden verzinst, deshalb muss der geometrischen Reihe der Ausdruck

$bw*q^n$

ergänzt werden. Die Reihe lautet dann:

$s_n = bw*q^n + g_1 + g_1*q + g_1*q^2 + g_1*q^3 + ... + g_1*q^{(n-1)}$

Auch in der kurzen Gleichung kann dieser Summand einfach ergänzt werden. Mit den geänderten Symbolen erhalten wir dann:

$$zw = bw \cdot q^n + rmz \cdot \frac{q^n - 1}{q - 1}$$

Abbildung 7.1: Nachschüssige ZW-Funktion

q – 1 könnte auch als i geschrieben werden. Nun ist es natürlich auch möglich, dass der gesuchte Wert dieser Gleichung nicht zw ist, sondern auch bw, rmz, n oder q. Die Gleichung nach bw und rmz aufzulösen, ist nicht schwer:

$$bw = \frac{zw - rmz \cdot \frac{q^n - 1}{q - 1}}{q^n}$$

Abbildung 7.2: Nachschüssige BW-Funktion

$$rmz = \left(zw - bw \cdot q^n\right) \cdot \frac{q - 1}{q^n - 1}$$

Abbildung 7.3: Nachschüssige RMZ-Funktion

Nach der Laufzeit n aufzulösen, ist etwas komplizierter, aber auch noch mit einigen Zwischenschritten darstellbar:

$zw*(q - 1) = bw*q^{n}*(q-1) + rmz*(q^{n} - 1)$

$rmz*(q^{n} - 1)$ wird ausmultipliziert:

$zw*(q - 1) = bw*q^{n}*(q-1) + rmz*q^{n} - rmz$

Beide Seiten +rmz:

$zw*(q - 1) + rmz = bw*q^{n}*(q-1) + rmz*q^{n}$

Jetzt kann q^{n} ausgeklammert werden:

$zw*(q - 1) + rmz = q^{n}*(bw*(q - 1) + rmz)$

q^{n} wird separiert:

$q^{n} = (zw*(q - 1) + rmz) / (bw*(q - 1) + rmz)$

Will man den Ausdruck q^{n} nach der Potenz auflösen, geschieht dies mit der Logarithmusfunktion LOG oder dem natürlichen Logarithmus LN. LN entspricht Log zur Basis *e*. *e* ist die irrationale Eulersche Zahl 2,718... Definitionsgemäß gilt:

$q^{n} = a$

$n=\log_{10}a/\log_{10}q$

$n = \ln(a)/\ln(q)$

Auf die vorherige Gleichung angewendet:

$$n = \frac{\ln\left[\dfrac{zw\cdot(q-1)+rmz}{bw\cdot(q-1)+rmz}\right]}{\ln[q]}$$

Abbildung 7.4: Nachschüssige ZZR-Funktion

Die Auflösung nach n bezeichnen wir als ZZR-Funktion für die Anzahl ZahlungsZeit-Räume. (Korrekterweise müsste es *ZahlungsZeitPunkte* heißen, aber in der Excel-Hilfe ist von *ZahlungsZeitRäumen* die Rede.) *q – 1* könnte auch hier durch *i* ersetzt werden.

An der Auflösung nach *q* würden wir uns an dieser Stelle die Zähne ausbeißen, deshalb verschieben wir diese harte Nuss erst einmal auf das nächste Kapitel.

Um nach so viel harter Theorie mal wieder Excel ins Spiel zu bringen, wollen wir die soeben hergeleiteten wichtigen vier Funktionen in einer Tabelle überprüfen. Als Zahlenbeispiel nehmen wir dasselbe wie im vorangegangenen Kapitel.

Jemand legt sechs Jahre lang jeweils zum 01.01. 1000 € auf ein Festgeldkonto, das mit 5 % Jahreszins und jährlicher Zinsverrechnung verzinst wird. Wie hoch ist das Vermögen am 01.01. des sechsten Jahres? Die Tabelle wird aufgebaut, wie in Abbildung 7.5 zu sehen ist.

zw | fx =bw*q^n+rmz*(q^n-1)/i

	A	B	C	D	E
1	Zinssatz	i	5%		**Rückrechnung**
2	1+i	q	1,05		
3	Laufzeit	n	6		**6**
4	Anfangskapital	bw	0		**0,00**
5	regelmäßige Zahlung	rmz	1.000,00	(nachschüssig)	**1.000,00**
6	zukünftiger Wert	zw	**6.801,91**		
7					

Abbildung 7.5: Nachschüssiger Endwert

Den Zellen C1:C6 vergeben wir die Namen, die links daneben stehen. Dabei muss nicht jeder Name einzeln definiert werden. Markieren Sie B1:C6 und wählen aus der Registerkarte *Formeln* der Multifunktionsleiste die Schaltfläche *Aus Auswahl erstellen* neben dem *Namens-Manager*. Dann klicken Sie im erscheinenden Dialog auf *Namen erstellen aus den Werten in: Linker Spalte*.

Den zukünftigen Endwert erhalten wir mit:

```
C6: =bw*q^n+rmz*(q^n-1)/i
```

Das Ergebnis 6.801,91 kommt uns aus dem vorherigen Kapitel bekannt vor. Nun müssen die drei Umformungen ebenfalls zum korrekten Ergebnis führen. Um das zu bestätigen, führen wir im Bereich E3:E6 die Rückrechnungen nach n, bw und rmz durch.

```
E3(n): =LN((zw*i+rmz)/(bw*i+rmz))/LN(q)
```

Alternativ funktioniert ebenso:

```
E3(n): =LOG((zw*i+rmz)/(bw*i+rmz);q)
E4(bw): =(zw-rmz*(q^n-1)/i) / q^n
E5(rmz): =(zw-bw*q^n)*i/(q^n-1)
```

In allen Formeln wurde q – 1 durch i ersetzt. Wie man sieht, entsprechen die Ergebnisse in E3:E6 den Eingaben in C3:C5, d.h., die Formeln funktionieren.

7.1.2 Vorschüssige Zahlungen

Die Formelherleitungen, die wir soeben erarbeitet haben, basieren auf der nachschüssigen Zahlung, bei welcher der Bezugszeitpunkt am Ende der Laufzeit mit der letzten regelmäßigen Zahlung zusammenfällt. Bei der vorschüssigen Betrachtung wird jede regelmäßige Zahlung eine Periode früher geleistet, wodurch zwischen dem letzten Zahlungszeitpunkt und dem Stichtag des zukünftigen Wertes eine volle Zinsperiode liegt.

Damit liegt auf der Hand, dass bei dieser Betrachtung jede regelmäßige Zahlung einmal mehr mit dem Faktor q (=1+i) multipliziert werden muss. Unsere geometrische Reihe lautet dann:

$$s_n = bw*q^n + g_1*q + g_1*q^2 + g_1*q^3 + g_1*q^4 + ... + g_1*q^n$$

Beachten Sie, dass das etwaige Anfangskapital bw **nicht** mit einem zusätzlichen q multipliziert wird. Egal ob der vorschüssige oder nachschüssige Fall vorliegt, zwischen dem Bezugszeitpunkt bw und dem Bezugszeitpunkt zw liegen stets n Zinsperioden.

Den Unterschied zwischen vorschüssiger oder nachschüssiger Zahlung veranschaulicht noch einmal die Abbildung 7.6.

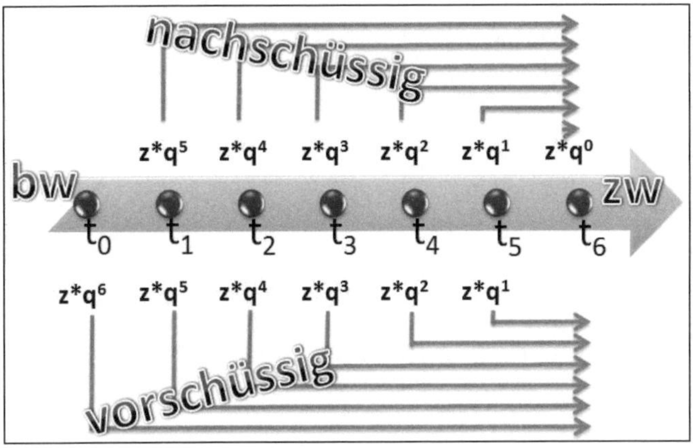

Abbildung 7.6: Endwert vorschüssiger und nachschüssiger Zahlungen

Die zusätzliche Verzinsung um eine Periode wirkt sich bei unseren vier Funktionen wie folgt aus:

$$zw = bw \cdot q^n + rmz \cdot q \cdot \frac{q^n - 1}{q - 1}$$

Abbildung 7.7: Vorschüssige ZW-Funktion

$$bw = \frac{zw - rmz \cdot q . \dfrac{q^n - 1}{q - 1}}{q^n}$$

Abbildung 7.8: Vorschüssige BW-Funktion

$$rmz = \left(zw - bw \cdot q^n\right) \cdot \frac{q - 1}{q^n - 1} \cdot \frac{1}{q}$$

Abbildung 7.9: Vorschüssige RMZ-Funktion

$$n = \frac{\ln\left[\dfrac{zw \cdot (q-1) + rmz \cdot q}{bw \cdot (q-1) + rmz \cdot q}\right]}{\ln[q]}$$

Abbildung 7.10: Vorschüssige ZZR-Funktion

Auch diese vier Formeln wollen wir anhand des gleichen Beispiels überprüfen. Die Daten ändern sich nicht, nur der Zeitpunkt der regelmäßigen Zahlungen liegt jeweils eine Periode früher (Abbildung 7.11).

zw | fx =bw*q^n+rmz*q*(q^n-1)/i

	A	B	C	D	E
1	Zinssatz	i	5%		**Rückrechnung**
2	1+i	q	1,05		
3	Laufzeit	n	6		**6**
4	Anfangskapital	bw	0		**0,00**
5	regelmäßige Zahlung	rmz	1.000,00	(vorschüssig)	**1.000,00**
6	zukünftiger Wert	zw	**7.142,01**		
7					

Abbildung 7.11: Vorschüssiger Endwert

Den zukünftigen Endwert erhalten wir diesmal mit:

```
C6: =bw*q^n+rmz*q*(q^n-1)/i
```

Auch diesmal müssen die drei Umformungen ebenfalls zum korrekten Ergebnis führen.

```
E3(n): =LOG((zw*i+rmz*q)/(bw*i+rmz*q);q)
E4(bw): =(zw-rmz*q*(q^n-1)/i) / q^n
E5(rmz): =(zw-bw*q^n)*i/(q^n-1)/q
```

Passt – die Werte in E3:E6 stimmen mit C3:C5 überein.

7.1.3 Unterjährige Zinsperioden

In dem soeben behandelten Beispiel sind wir von jährlichen Zahlungen und jährlicher Zinsverrechnung ausgegangen. Das war aber reine Willkür. Das hätten genauso gut Quartale, Monate, Wochen, Tage sein können. Solange die Zinsperioden mit den Zahlungsperioden übereinstimmen, funktionieren die hergeleiteten Formeln weiterhin.

Da die Zinssätze in der Regel aber auch bei kleineren Zinsperioden als Jahreszinssatz angegeben werden, muss der verrechnete Zinssatz durch die Anzahl Zinsverrechnungen pro Jahr dividiert werden.

Beispiel:

Jemand zahlt fünf Jahre lang zum 01. jeden Monats 100 € auf ein Konto ein. Der Jahreszinssatz von 5 % wird monatlich verrechnet. Welchen Wert hat das Kapital am Ende des 60. Monats (Abbildung 7.12)?

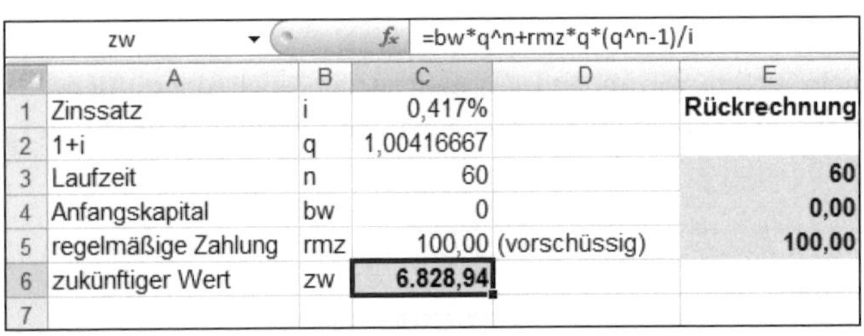

zw | =bw*q^n+rmz*q*(q^n-1)/i

	A	B	C	D	E
1	Zinssatz	i	0,417%		**Rückrechnung**
2	1+i	q	1,00416667		
3	Laufzeit	n	60		**60**
4	Anfangskapital	bw	0		**0,00**
5	regelmäßige Zahlung	rmz	100,00	(vorschüssig)	**100,00**
6	zukünftiger Wert	zw	**6.828,94**		
7					

Abbildung 7.12: Nachschüssiger Endwert monatlicher Zahlungen

In C1 steht nun der Monatszins:

```
C1: =5%/12
```

Der Wert n in C3 ist nun in Monaten angegeben. Ansonsten hat sich an den Formeln nichts geändert.

```
C6: =bw*q^n+rmz*q*(q^n-1)/i = 6828,94
```

Schwieriger wird es erst dann, wenn die Zeitpunkte der Zinsverrechnungen nicht mehr mit den Zahlungsterminen zusammenfallen. Der häufigste Fall ist dabei die monatliche Zahlung bei jährlicher Zinsverrechnung. Darauf werden wir in den folgenden Abschnitten noch zu sprechen kommen.

7.2 Sparbrötchen

Die meisten tragen ihr Geld zur Bank, um es vor sich selbst in Sicherheit zu bringen. (Sigmund Graff)

Abbildung 7.13 zeigt den klassischen Verlauf eines Sparplanes. Periodisch wird ein konstanter Geldbetrag angelegt. Wegen des Zinseszinseffektes steigt das kumulierte Gesamtkapital progressiv an.

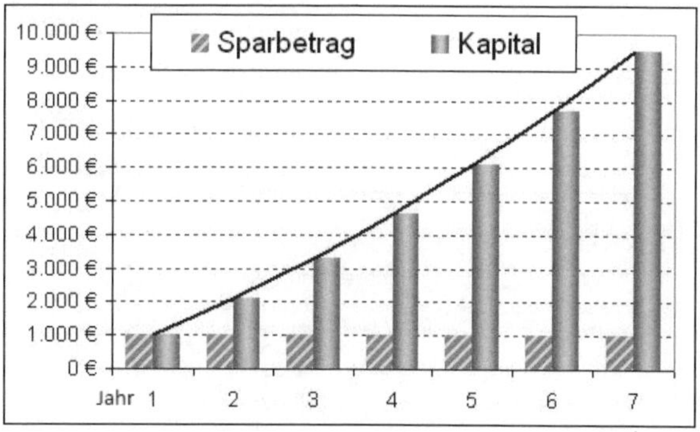

Abbildung 7.13: Kapitalentwicklung regelmäßiger Sparbeträge

7.2.1 Zahlungsintervalle = Zinsperioden

Im vorangegangenen Abschnitt haben wir gezeigt, wie wir dieses Kapitalanlagemodell „zu Fuß" abbilden können. Aber Excel bietet natürlich auch Standardfunktionen an, um die relevanten Größen dieses Sparplans zu berechnen. An erster Stelle ist dabei die Funktion ZW zu nennen. Ihre Syntax lautet:

ZW (Zins ; Zzr ; Rmz ; [Bw] ; [F])

Die Excel-Hilfe sagt dazu:

Gibt den zukünftigen Wert (Endwert) einer Investition zurück. Die Berechnung basiert auf regelmäßigen, konstanten Zahlungen und einem konstanten Zinssatz.

Wenn Sie im vorangegangenen Kapitel aufgepasst haben, können Sie die ZW-Funktion nicht nur anwenden, Sie wissen auch, welches Bildungsgesetz dahintersteht, und können dieses sogar mathematisch herleiten. So sollten Sie auch keine Mühe haben, die Parameter zu verstehen:

- Zins ist der Zinssatz, den wir als i bezeichnet haben.
- Zzr ist die Anzahl der Zahlungszeiträume n (besser wäre Zzp für Zahlungszeitpunkte).
- Rmz ist die regelmäßige Zahlung.
- Bw ist der optionale Parameter des Barwertes oder Anfangskapitals. Im Standardfall, der auch in der Grafik von Abbildung 7.13 gezeigt wird, ist bw = 0. Dies muss aber nicht zwangsweise so sein.
- F ist der optionale Parameter für die Fälligkeit (0 = nachschüssig, 1 = vorschüssig). Wird nichts angegeben, wird der nachschüssige Fall angenommen. Gemeint ist damit der Zahlungszeitpunkt. Die Zinsverrechnung erfolgt in Excel immer nachschüssig.

Wir testen die Funktion an dem uns schon bekannten Zahlenbeispiel (Abbildung 7.14).

C7 | fx =ZW(i;n;rmz)

	A	B	C	D	E
1	Zinssatz	i	5%		**Rückrechnung**
2	1+i	q	1,05		
3	Laufzeit	n	6		**6**
4	Anfangskapital	bw	0		**0,00**
5	regelmäßige Zahlung	rmz	1.000,00	(nachschüssig)	**1.000,00**
6	zukünftiger Wert	zw	**6.801,91**		
7			-6801,9128		
8					

Abbildung 7.14: ZW nachschüssig

Wen wundert's – natürlich wird das uns schon bekannte Ergebnis bestätigt:

```
C7: = ZW(i;n;rmz) = ZW(5%;6;1000) = -6801,9128
```

Beachten Sie, dass das Ergebnis ein negatives Vorzeichen hat. Das Ergebnis der ZW-Funktion wird immer im entgegengesetzten Vorzeichen zur regelmäßigen Zahlung ausgeworfen. Damit wird der buchhalterischen Sicht Rechnung getragen, nach der die Sparleistungen Auszahlungen sind und das Endkapital (zw) den Rückfluss am Ende der Laufzeit darstellt.

Das Ergebnis bei vorschüssiger Zahlung erhalten wir über:

```
= ZW(i;n;rmz;;1) = ZW(5%;6;1000;;1) = -7142,0084
```

Im vorherigen Abschnitt hatten wir die ZW-Funktion nach anderen Variablen aufgelöst. Die Fragestellung könnte dabei lauten:

Wie oft muss die jährliche Zahlung von 1000 € nachschüssig geleistet werden, um bei einem jährlichen Zinssatz von 5 % auf ein Endvermögen von 6.801,91 zu kommen? Für diese Fragestellung liefert Excel die Funktion:

ZZR (Zins ; Rmz ; Bw ; [Zw] ; [F])

Wir bemühen wieder die Excel-Hilfe:

Gibt die Anzahl der Zahlungsperioden einer Investition zurück, die auf periodischen, gleichbleibenden Zahlungen sowie einem konstanten Zinssatz basiert.

Die Argumente der Funktion ähneln denen der ZW-Funktion, nur dass Zzr als Eingabeparameter verschwunden ist, denn das ist ja hier die gesuchte Größe. Stattdessen kann nun zusätzlich der zukünftige Wert zw vorgegeben werden. Die Feuerprobe ...

```
E3: =ZZR(5%;-1000;0;6801,91) = 6
```

... ist gelungen, sieht man über die kleine Rundungsungenauigkeit hinweg, denn der zuvor berechnete Wert `zw=6801,91` ist ebenfalls gerundet. Wie Sie sehen, wurde die regelmäßige Zahlung mit Minus eingegeben, um auf das richtige Ergebnis zu kommen.

Ebenso könnte die Frage nach der Höhe der regelmäßigen Zahlung bei vorgegebenem Zinssatz, Zahlungsfälligkeit, Laufzeit und Endkapital kommen. Antwort liefert diesmal die Funktion:

RMZ (Zins ; Zzr ; Bw ; [Zw] ; [F])

Excel spricht:

Gibt die konstante Zahlung einer Annuität pro Periode zurück, wobei konstante Zahlungen und ein konstanter Zinssatz vorausgesetzt werden.

Der Begriff der Annuität ist im Bereich der Tilgungen geläufiger. Weniger bekannt ist, dass diese Funktion auch Sparbeträge berechnen kann. Die Rückrechnung unseres Zahlenbeispieles zur regelmäßigen Zahlung offenbart diesmal die Formel:

```
E5: =RMZ(0,05;6;0;6801,9128) = -1000,00
```

7.2.2 Zahlungsintervalle < Zinsperioden

Sehr häufig kommt es vor, dass die Zahlungsperioden kleiner sind als die Zeitpunkte der Zinsverrechnung. Naheliegend wäre ein monatlicher Sparbetrag, den Sie in eine Sparanlage investieren, wobei die Bank Ihnen die anfallenden Zinserträge erst mit Zinseszinswirkung zum Ende des Jahres gutschreibt. Wenn Sie Ihr Geld monatlich in Aktien investiert haben, dann wird auf diese Wertpapiere wahrscheinlich auch immer nur einmal im Jahr eine Dividende ausgeschüttet.

Dieser Abschnitt zeigt, wie Sie diese Form der Kapitalanlage mit Excel modellieren. Dazu ein Zahlenbeispiel:

Jemand zahlt zum Ende jeden Monats 100 € auf ein Sparkonto ein. Die erste Zahlung erfolgt am 31.01.09. Die Bank verzinst das Guthaben zu 5 % Jahreszins und schreibt die Zinsen zum 31.12. jeden Jahres gut. Welches Vermögen ist bis zum 31.12.14 angewachsen?

Excels Standardfunktion ZW kommt mit dieser Aufgabenstellung nicht zurecht. Das Problem ist, dass sich hier einfache Verzinsung und Zinseszinsrechnung bzw. arithmetische Reihe und geometrische Reihe vermischen. Was ist zu tun?

Ganz einfach, wir vermischen nichts, wir machen ein zweistufiges Modell daraus:

1. Stufe: Berechnung der arithmetischen Reihe (einfache Verzinsung) s_{12} mit Wert per 31.12.
2. Stufe: Berechnung der geometrischen Reihe (Zinseszins) mit s_{12} als regelmäßiger Zahlung rmz.

Das Ergebnis offenbart Abbildung 7.15.

Der Bereich B2:B7 enthält alle benötigten Parameter des Modells. Für diese Zellen wurden auch wieder Namen definiert, gleichlautend zu den benachbarten Buchstaben. Die Symbole i, q, n und rmz haben wir bereits beschrieben. p ist neu und steht für die Anzahl Zahlungen, die innerhalb einer Zinseszinsperiode anfallen. In dem Fall also 12 (Monate). In diesem Modell ist nun auch die Fälligkeit f (0 = nachschüssig; 1 = vorschüssig) als Variable integriert.

I14 = =SUMME(F3:F14)+SUMME(H3:H14)

	A	B	C	D	E	F	G	H	I	J	K
1	**SPARPLAN** Parameter			Zins-fällig-keit	Zahlung		einfache Zins-perioden bis t	Zinsen bis t	Kapital s_{12} 31.12.	Zinseszins-perioden bis t_n	Wert t_6
2	i	5%		t_0							
3	q	1,05			p_1	100	11	4,58			
4	p	12			p_2	100	10	4,17			
5	f	0			p_3	100	9	3,75			
6	n	6			p_4	100	8	3,33			
7	rmz	100			p_5	100	7	2,92			
8					p_6	100	6	2,50			
9	s_12	1227,5			p_7	100	5	2,08			
10	zw	8349,35			p_8	100	4	1,67			
11					p_9	100	3	1,25			
12					p_{10}	100	2	0,83			
13					p_{11}	100	1	0,42			
14				t_1	p_{12}	100	0	0,00	1.227,50	5	1.566,64
26				t_2	p_{12}	100	0	0,00	1.227,50	4	1.492,03
38				t_3	p_{12}	100	0	0,00	1.227,50	3	1.420,98
50				t_4	p_{12}	100	0	0,00	1.227,50	2	1.353,32
62				t_5	p_{12}	100	0	0,00	1.227,50	1	1.288,88
74				t_6	p_{12}	100	0	0,00	1.227,50	0	1.227,50
75	Endwert zw										**8.349,35**

Abbildung 7.15: Sparplan mit monatlichen Zahlungen und jährlicher Zinsgutschrift

Die Zellen B9 und B10 reichen vollkommen aus, das richtige Endergebnis zu liefern. Anschaulicher wird das Modell aber in dem tabellarischen Sparplan in den Spalten D:K. Spalte D markiert jede 12. Zeile der Zeitpunkte t_1 bis t_6, in denen die Zinsen gutgeschrieben werden. In Spalte E wiederholen sich die unterjährigen Perioden p_1 bis p_{12} sechsmal, sodass wir auf insgesamt 72 Zahlungen (bis Zeile 74) kommen.

Spalte F enthält 72 Mal die konstante Zahlung von 100 €. Die tabellarische Lösung ist zwar aufwendiger zu erstellen als die Kurzlösung in B9:B10, sie ist aber auch flexibler. In Spalte F könnten auch schwankende Werte stehen, wenn die monatlichen Sparbeträge nicht vertraglich fixiert wären. Aus Darstellungsgründen werden nur im ersten Jahr alle Monate gezeigt. Ab dem zweiten Jahr wird nur noch der Stichtag 31.12. gezeigt. Alle anderen Zeilen sind ausgeblendet.

Spalte G enthält die Anzahl Perioden, die eine Zahlung bis zum Jahresende ohne Zinseszins verzinst werden muss.

```
G3:=12-REST(ZEILE(A1)-1;12)-1+f
```

wird bis G74 kopiert, wobei 12 in diesem Beispiel *p* entspricht. Die Formel produziert eine sich sechsmal wiederholende Zahlenreihe zwischen 11 und 0. Die erste Zahlung wird am 31.01. geleistet und liegt damit elf Monate auf dem Konto. Die letzte Zahlung wird erst am Stichtag 31.12. eingezahlt und generiert damit genau 0 Zinsen bis zum 31.12. desselben Jahres.

Im vorschüssigen Fall wären alle zwölf Zahlungen einen Monat früher geleistet worden, die erste Zahlung am 01.01. Die Addition von `+f` trägt dem Rechnung und würde das Intervall von 11 bis 0 gegebenenfalls auf 12 bis 1 erhöhen.

Spalte H berechnet die arithmetische Verzinsung bis zum Jahresende:

```
H3: =F3*G3*i/p
```

wird ebenso bis Zeile 74 kopiert.

Spalte I summiert nun unser Zwischenergebnis zu jedem 31.12. s_{12}.

```
I14: =SUMME(F3:F14)+SUMME(H3:H14)
```

Diese Formel muss nun eigentlich nur in jede 12. Zeile eingetragen werden. Um sie aber I14 durchgängig nach unten kopierbar zu machen, können wir auch schreiben:

```
I14: =WENN(G14=0+f;SUMME(F3:F14)+SUMME(H3:H14);"")
```

In Spalte J wird ermittelt, wie viele Zinseszinsperioden bis zur Ende der Gesamtlaufzeit noch vollzogen werden müssen.

```
J14: =WENN(I14="";"";KÜRZEN((p*n-ZEILE(A12))/p))
```

Die Formel zählt die vollen Jahre n, die noch zwischen der aktuelle Zeile und der Zeile des Laufzeitendes n * p liegen. In Spalte K wird dann jeder Wert der Spalte I geometrisch ans Laufzeitende verzinst.

```
K14: =WENN(J14="";"";I14*q^J14)
```

I14:K14 wird wiederum bis Zeile 74 kopiert. Schließlich erhalten wir das Endergebnis:

```
K75: =SUMME(K14:K74)
```

Jetzt bekommen wir auch die Blitzlösung in B9 und B10 hin, die Formeln der zweistufigen Berechnung.

1. `B9 (=I14): =rmz*(12+(p-1)/2*i)` (denken Sie an Gauß Strafarbeit)
2. `B10: =s_12*(q^n-1)/i =-ZW(i;n;s_12;0;0)`

7.2.3 Dynamischer Sparplan

Die bislang hergeleiteten finanzmathematischen Formeln sind immer von konstanten Zahlungen ausgegangen. Wenn Sie Ihre Modelle tabellarisch aufbauen, sind Sie an diese Restriktion natürlich nicht gebunden, wie wir im vorangegangenen Abschnitt bereits angedeutet haben. (Die Zahlungen in Spalte F konnten variabel sein.) In bestimmten Fällen ist es aber sogar möglich, in die Formeln eine Dynamik einzubringen.

Jemand legt am 31.12. einen Betrag von 1000 € an, der mit 5 % jährlicher Zinsverrechnung vergütet wird. In den folgenden Jahren möchte er seinen Sparbetrag jährlich um 3 % anpassen. Welches Vermögen hat sich zum 31.12. des sechsten Jahres angesammelt? Die Aufgabenstellung wird durch folgende Reihe dargestellt:

$zw=rmz*q^5+rmz*v*q^4+rmz*v^2*q^3+rmz*v^3*q^2+rmz*v^4*q+rmz*v^5$

Neu ist hier der Faktor v, der für die jährliche Anpassung des Sparbetrages steht.

```
v = 1 + 3% = 1,03
```

Die erste Basiszahlung von 1000 € wird fünf Mal verzinst. Die zweite, um 3 % erhöhte Zahlung von 1030 € wird nur noch viermal verzinst. Der letzte Sparbetrag, der wegen der nachträglichen Zahlung zum Bezugszeitpunkt keine Zinsen mehr generiert, ist auf 1159 € angewachsen. Nun wollen wir wieder eine allgemeingültige Bildungsregel aus der Reihe extrahieren, die für beliebige Laufzeiten funktioniert. Wir multiplizieren beide Seiten der Gleichung mit:

$* v / q$

Und erhalten eine neue Gleichung:

$zw*v/q=rmz*v*q^4+rmz*v^2*q^3+rmz*v^3*q^2+rmz*v^4*q+rmz*v^5+rmz*v^6/q$

Die Subtraktion der ersten Gleichung von der zweiten Gleichung hat wieder den praktischen Effekt, dass sich auf der rechten Seite der resultierenden Gleichung alle Summanden rauskürzen, außer dem ersten Summanden der ersten Gleichung und dem letzten Summanden der zweiten Gleichung. Es bleibt:

$zw*v/q-zw = +rmz*v^6/q - rmz*q^5$

Links wird zw ausgeklammert:

$zw * (v/q-1) = +rmz*v^6/q - rmz*q^5$

Rechts wird rmz ausgeklammert:

zw = rmz * $(v^6/q - q^5) / (v/q-1)$

In allgemeiner Form für beliebige Laufzeiten lautet die Formel:

$$zw = rmz \cdot \frac{\frac{v^n}{q} - q^{(n-1)}}{\frac{v}{q} - 1}$$

Abbildung 7.16: ZW-Funktion bei dynamischen Zahlungen

Um die Formel zu überprüfen, modellieren wir die in Abbildung 7.17 gezeigte Excel-Tabelle.

zw | fx =rmz*(v^n/q-q^(n-1))/(v/q-1)

	A	B	C	D	E	F	G
1	i	5%		Einzahlung	Zinsperioden	Wert in t_6	Kapital in t_n
2	q	1,05	t_1	1.000,00	5	1.276,28	1.000,00
3	d	3%	t_2	1.030,00	4	1.251,97	2.080,00
4	v	1,03	t_3	1.060,90	3	1.228,12	3.244,90
5	n	6	t_4	1.092,73	2	1.204,73	4.499,87
6	rmz	1000	t_5	1.125,51	1	1.181,78	5.850,37
7	zw	7302,17	t_6	1.159,27	0	1.159,27	7.302,17
8						**7.302,17**	

Abbildung 7.17: Berechnung Endwert mit dynamischen Zahlungen

B1:B6 enthält die Ausgangsparameter der Aufgabenstellung. Die Zellen wurden wieder mit den in A1:A6 stehenden Buchstaben benannt. In D2 steht die erste Zahlung, die ab D3 mit dem Faktor v (1+d) dynamisiert wird.

```
D3:= D2*v
```

Spalte E zeigt die Zinsperioden bis zum Bezugszeitpunkt. Der Wert jeder Zahlung am Bezugszeitpunkt ergibt sich durch:

```
F2:=D2*q^E2
```

Spalte G enthält die Kumulation der Werte aller bis dato geleisteten Zahlungen.

```
G2: =D2
G3:= G2*q+D3
```

D3, F2 und G3 werden bis Zeile 7 kopiert. Den Endwert zum 31.12. des sechsten Jahres liefern die Formeln der Zelle G7 sowie:

```
F8:= SUMME(F2:F7)=7302,17
```

Das Ergebnis entspricht der mathematisch hergeleiteten Formel:

```
B7:= rmz*(v^n/q-q^(n-1))/(v/q-1)
```

7.2.4 Unregelmäßige Zahlungen – das klassische Sparbuch

Bei den bisherigen Modellen ging es immer ziemlich geordnet zu, was in der realen Welt nicht immer der Fall ist. Ein Sparbuch oder ein Tagesgeldkonto bringt zwar nicht viele Zinsen, hat aber den Vorteil, dass Sie nach Lust, Laune und finanzieller Situation Geld ein- und wieder auszahlen können. Mit anderen Worten: Die Höhe der Zahlungen und der Abstand zwischen zwei Zahlungen schwanken.

Des Weiteren ist es insbesondere bei Tagesgeldkonten üblich, dass die gewährten Zinssätze nicht in Stein gemeißelt, sondern ebenso schwankend sind, da sie sich am Markt und an schwankenden Referenzzinssätzen orientieren. Wie können Sie in diesem Fall die Fortschreibung des aktuellen Kapitals auf einem Sparkonto mit einem Excel-Modell darstellen? Zunächst machen wir uns klar, dass drei verschiedene Arten von Terminen für das Sparkonto relevant sind:

- Zahlungstermine
- Zeitpunkte der Zinsverrechnung
- Termine, an denen die Zinskondition wechselt

Abhängig von diesen Terminen müssen dann tagesgenau Zinsen ermittelt und zum richtigen Zeitpunkt dem Kapital gutgeschrieben werden. Im nun folgenden Modell (Abbildung 7.18) gehen wir von der deutschen Zinsmethode 30/360 aus. Der Anpassungsbedarf für andere Zinsmethoden wie act/act oder act/365 ist vernachlässigbar.

Zur Vereinfachung unterstellen wir, dass das Konto nicht überzogen werden kann und wir uns deshalb auch um keine Sollzinssätze kümmern müssen.

B4 | f_x =INDEX(B6:B28;E3)+WENN(INDEX(G6:G28;E3)=0;INDEX(F6:F28;E3))

	A	B	C	D	E	F	G	H	I	J	K	L	M	N	O
1	Tagesgeldkonto														
2	Zinsverrechnungen p.a.			2											
3	Stichtag			07.08.09	13										
4	Endkapital:	1.953,33												alle	
5	Datum	Kapital	Zinstage	Zinssatz	Zinsen	Σ Z.	V*		Zahlungen	Datum	Zinstermine			Termine	
6	15.03.08	1.000,00							1000	15.03.08	30.06.08			15.03.08	1
7	01.04.08	1.000,00	16	5,0%	2,22	2,22	0		500	27.05.08	31.12.08			15.03.08	1
8	27.05.08	1.500,00	56	5,0%	7,78	10,00	0		-300	29.06.08	30.06.09			01.04.08	2
9	29.06.08	1.200,00	32	5,0%	6,67	16,67	0		750	03.10.08	31.12.09			27.05.08	3
10	30.06.08	1.216,83	1	5,0%	0,17	16,83	1		-200	05.01.09	30.06.10			29.06.08	4
11	16.07.08	1.216,83	16	3,5%	1,89	1,89	0		100	30.06.09	31.12.10			30.06.08	5
12	03.10.08	1.966,83	77	3,5%	9,11	11,00	0				30.06.11			16.07.08	6
13	25.11.08	1.966,83	52	4,2%	11,93	22,93	0				31.12.11			03.10.08	7
14	31.12.08	1.997,80	35	4,2%	8,03	30,97	1				30.06.12			25.11.08	8
15	05.01.09	1.797,80	5	4,2%	1,17	1,17	0				31.12.12			31.12.08	9
16	01.02.09	1.797,80	26	4,8%	6,23	7,40	0				30.06.13			05.01.09	10
17	30.06.09	1.943,15	149	5,1%	37,95	45,35	1				31.12.13			01.02.09	11
18	07.08.09	1.943,15	37	5,1%	10,19	10,19	0		Zinssätze	ab Datum	30.06.14			30.06.09	12
19	31.12.09								4,00%	15.03.08	31.12.14			30.06.09	12
20	30.06.10								5,00%	01.04.08	30.06.15			30.06.09	12
21	31.12.10								3,50%	16.07.08	31.12.15			07.08.09	13
22	30.06.11								4,20%	25.11.08	30.06.16			31.12.09	14
23	31.12.11								4,80%	01.02.09	31.12.16			30.06.10	15
24	30.06.12								5,10%	30.06.09	30.06.17			31.12.10	16
25	31.12.12										31.12.17			30.06.11	17
26	30.06.13										30.06.18			31.12.11	18
27	30.06.14										31.12.18			30.06.12	19
28	31.12.14										30.06.19			31.12.12	20
29	*) Zinsen werden dem Kapital gutgeschrieben													31.12.12	20

Abbildung 7.18: Modell Sparbuch oder Tagesgeldkonto

Zu Beginn des Modells müssen lediglich zwei Angaben gemacht werden. In D2 steht die Anzahl der Zinsverrechnungen pro Jahr. Die Eingabe ist auf folgende Werte beschränkt:

- Eine Zinsverrechnung am 31.12.
- Zwei Zinsverrechnungen am 30.06./31.12.
- Vier Zinsverrechnungen am 31.03./30.06./30.09./31.12.
- Zwölf Zinsverrechnungen an jedem Monatsletzten

In D3 wird der Termin eingetragen, auf den das Endkapital berechnet werden soll. Im Bereich I6:J15 werden alle Ein- und Auszahlungen auf das Konto und von dem Konto inklusive dazugehörigem Wertstellungsdatum eingegeben. Darunter in I19:J28 werden die aktuellen Zinskonditionen protokolliert sowie das Datum, ab dem sie gültig sind. In einer realen Anwendung würde man die beiden Eingabetabelle in Spalte I:J zweckmäßigerweise in einem separaten Tabellenblatt platzieren und nicht untereinander. Unter den Auszahlungen würde man beispielsweise auch Kontoführungsgebühren berücksichtigen.

Damit sind die Eingabebereiche bereits abgehandelt. Der Rest berechnet sich automatisch. Als dritter Datumstyp fehlen die Tage der Zinsverrechnungen. Sie werden in Spalte L aufgelistet. Etwas knifflig ist es, den ersten Zinstermin nach der ersten Einzahlung auf das Konto zu ermitteln:

```
L6: =DATUM(JAHR(J6);AUFRUNDEN(MONAT(J6)/(12/D2);0)*(12/D2)+1;0)
```

Die Formel ermittelt den letzen Tag der aktuellen Zinsperiode ab der ersten Zahlung in J6. Abhängig von D2 ist dies der Monats-, Quartals-, Halbjahres- oder Jahresletzte. Die folgende Zinsperiode endet dann mit:

```
L7: =DATUM(JAHR(L6);MONAT(L6)+12/$D$2+1;0)
```

L7 wird nach unten kopiert, um alle weiteren Zinsstichtage aufzulisten. Als Nächstes wird ein Zeitstrahl benötigt, der alle Termine vereint.

```
N6: =KKLEINSTE((J:J;L:L;$D$3);ZEILEN(A$6:A6))
```

wird nach unten kopiert. Die Funktion KKLEINSTE erzeugt hier eine Rangliste aller Datumsangaben der Bereiche J:J (Zahlungen und Zinssätze), L:L (Zinstermine) und D3 (Stichtag), beginnend mit dem kleinsten Datum. Beachten Sie dabei, dass im ersten Argument, in dem normalerweise nur eine Matrix steht, drei Bereiche eingetragen wurden. Das zusätzliche Klammernpaar ermöglicht dies.

Der Zeitstrahl in Spalte N weist noch die Schwäche auf, dass ein Datum mehrfach vorkommen kann, falls eine Zahlung, Änderung der Zinskondition und Tag der Zinsverrechnung auf dasselbe Datum fallen. In Spalte O wird deshalb folgende Hilfszahlenreihe erzeugt:

```
O6:=(ZÄHLENWENN(N$6:N6;N6)=1)*1+O5
```

Über diese Hilfszahlenreihe kann nun ab A6 ein Zeitstrahl erzeugt werden, der alle Datumsangaben aus Spalte N übernimmt, aber die Duplikate auslässt:

```
A6: =INDEX($N$6:$N$50;VERGLEICH(ZEILEN(A$6:A6);$O$6:$O$50;0))
```

Kopiert man diese Formeln nach unten, erzeugt der Ausdruck `ZEILEN(A$6:A6)` alle Ganzzahlen ab 1: `1; 2; 3; 4; 5; 6; 7; ...`

Diese Zahlen stellen das Suchkriterium für VERGLEICH dar. In A17 wird nach der 12 gesucht, und sie wird in O18 gefunden. In A18 wird nach der 13 gesucht, die erst in O21 gefunden wird. Damit wurden die nicht benötigten Duplikate in O19 und O20 übersprungen.

Spalte B enthält das angesparte Kapital.

```
B6:=WENN(A6>$D$3;"";SUMMEWENN($J$6:$J$15;"<="&A6;$I$6:$I$15)+SUMME-
WENN(G$6:G6;1;F$6:F6))
```

Die erste SUMMEWENN-Formel summiert alle Zahlungen, die bis zum aktuellen Datum geleistet wurden, ohne Zinserträge. Die zweite SUMMEWENN-Formel addiert die angefallenen Zinsen dazu. Dies geschieht aber nur an den Tagen, an denen eine Zinsverrechnung stattfindet, was in Spalte G mit einer 1 gekennzeichnet wird.

In Spalte C werden auf Basis der 30/360-Methode die Zinstage berechnet:

```
C7:=WENN(A7>$D$3;"";TAGE360(A6;A7+(TAG(A7+1)=1))-(TAG(A7+1)=1))
```

Die TAGE360-Funktion musste hierbei modifiziert werden, da sie bei Zeiträumen mit Februar-Beteiligung falsche Werte ermittelt.

In Spalte D wird der aktuell gültige Zinssatz aus der relevanten Tabelle gezogen.

```
D7:=WENN(A7>$D$3;"";INDEX($I$19:$I$28;VERGLEICH(A7;$J$19:$J$28;1)))
```

In Spalte E werden die angefallenen Zinsen im Zeitraum des vorherigen Datums bis zum aktuellen Datum ermittelt. Hierbei handelt es sich immer um einfache Verzinsung ohne Zinseszins.

```
E7: =WENN(A7>$D$3;"";B6*C7/360*D7)
```

In Spalte F erscheint die Kumulation der angefallenen Zinsen. Dabei wird immer nur bis zur nächsten Zinsverrechnung, die in Spalte G mit einer 1 markiert ist, summiert. (Dies ist zum ersten Mal in G10 der Fall). In dieser Zeile wird diese Zinssumme dem Kapital gutgeschrieben. In der nächsten Zeile, im Beispiel die 11., geht die Zinsberechnung dann wieder von vorne los.

```
F7: =WENN(A7>$D$3;"";E7+WENN(G6=0;F6;0))
```

Zu guter Letzt wird in Spalte G überprüft, ob das aktuelle Datum in Spalte L vorkommt, sprich: ein Zinstermin ist. Ggf. wird mit einer 1 gekennzeichnet, was wie beschrieben Auswirkung auf die Berechnungen der vorherigen Spalten hat.

```
G7: =WENN(A7>$D$3;"";ZÄHLENWENN(L:L;A7)*1)
```

B6 und C7:G7 werden beliebig weit nach unten kopiert. Durch die Prüfung A7>$D$3 in allen Formeln wird sichergestellt, dass die Liste nur so weit erscheint, bis der Stichtag in D3 erreicht wurde.

Das angesparte Kapital zu dem Stichtag ergibt sich dann schließlich über die Formel

```
E3: {=MAX(WENN(B6:B28<>"";ZEILE(B6:B28)))-5}
```

welche die Position des letzten Kapitalausweises in Spalte B liefert.

```
B4: =INDEX(B6:B28;E3)+WENN(INDEX(G6:G28;E3)=0;INDEX(F6:F28;E3))
```

liefert das letzte Kapital in Spalte B und addiert die seit der letzten Zinsverrechnung angefallenen Zinsen in Spalte F. Es sei denn, in dieser Zeile steht in Spalte G eine 1, denn dann wurden die Zinsen schon zu dem Wert in Spalte B aufaddiert.

7.3 Auf Pump

Der Groschen, der bei der Regierung fallen soll, wird gepumpt. (Lothar Schmidt)

Diesmal geht es nicht um die Mehrung von Kapital, sondern um die Tilgung einer Anfangsschuld. Die verschiedenen Tilgungsrechnungen unterscheiden sich vor allem in der Art der Rückzahlung.

7.3.1 Annuitätische Tilgung

Der klassische Fall der annuitätischen Tilgung geht von gleichmäßigen Rückzahlungen aus. Die Zutaten, die dafür benötigt werden, sind grundsätzlich die gleichen wie beim Sparplan:

- Regelmäßige Zahlung (= Annuität) rmz
- Zinssatz i
- Laufzeit n
- Fälligkeit f (0 = nachschüssig, 1 = vorschüssig)
- Barwert/Anfangsschuld bw
- Zukünftige Restschuld zw

Anders als bei dem Sparen gilt aber hier:

```
bw > zw
```

Abbildung 7.19 zeigt den typischen Verlauf eines annuitätischen Tilgungsplanes.

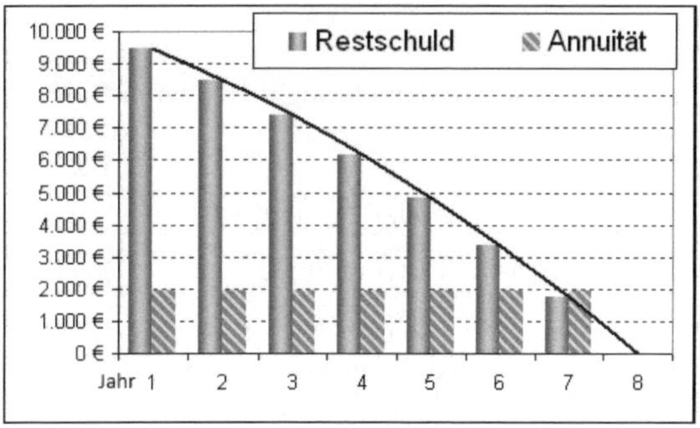

Abbildung 7.19: Kapitalentwicklung bei annuitätischer Tilgung

Die Zahlungen sind konstant, und die Restschuld sinkt überproportional, weil der Tilgungsanteil in der Annuität immer größer wird und der Zinsanteil immer kleiner.

Die drei wichtigsten Fragestellungen bei der Tilgungsrechnung lauten:

- Welches Darlehen kann ich zu Beginn der Laufzeit aufnehmen, wenn ich monatlich einen vorgegebenen Betrag für Zins und Tilgung aufbringen kann?
- Wie hoch ist die monatliche oder jährliche Belastung bei einem vorgegebenen Anfangskredit und gegebener Laufzeit?
- Wie lange muss ich das Darlehen zurückzahlen, wenn die Anfangsschuld und die Annuität feststehen?

Den Begriff des Barwertes haben wir am Rande schon mitbekommen, doch die bisherigen Modelle waren endwertorientiert. In diesem Kapitel kommt dem Barwert eine stärkere Bedeutung zu. Wir haben bereits gelernt, dass der erste Bezugszeitpunkt eines finanzmathematischen Zeitstrahles der Zeitpunkt des Barwertes bw ist. Der letzte Bezugszeitpunkt ist der Endwert oder zukünftige Wert zw.

Da bw und zw immer genau n Zinsperioden auseinanderliegen, gilt zwischen zw und bw stets folgende Relation:

$$bw = \frac{zw}{q^n}$$

Abbildung 7.20: Relation von ZW zu BW

mit q = 1 + i.

Sind zusätzlich regelmäßige Zahlungen rmz im Spiel, können diese mit dem Endwertfaktor (qn-1)/(q-1) auf das Laufzeitende aufgezinst und dann ebenso durch qn dividiert werden. Sie erinnern sich, zu Beginn des Kapitels haben wir nach dieser Logik die Barwertformel

$$bw = \frac{zw - rmz \cdot \dfrac{q^n - 1}{q - 1}}{q^n}$$

Abbildung 7.21: Nachschüssige BW-Funktion

ermittelt.

7.3.2 Diskontierung

Der Umweg über den Endwert ist aber nicht nötig. Hier kommt der in der Praxis häufig verwendete Begriff der Diskontierung ins Spiel. Genauso wie Zahlungen aufgezinst werden können, können sie auch auf einen Barwert abgezinst bzw. diskontiert werden. Der Zeitstrahl in Abbildung 7.21 macht dies deutlich.

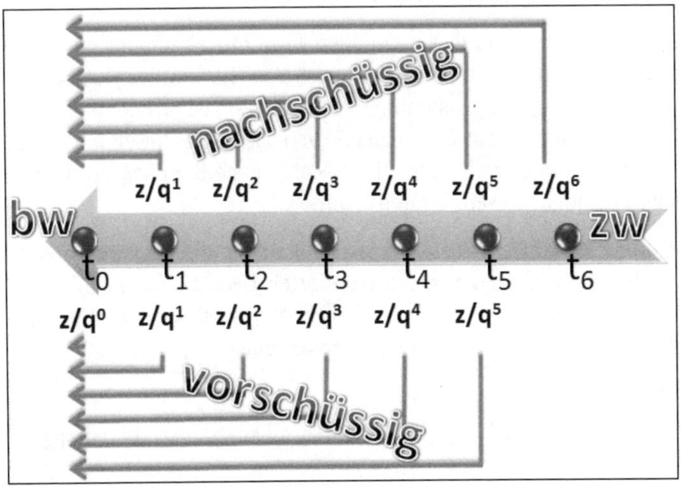

Abbildung 7.22: Barwert nachschüssiger und vorschüssiger Zahlungen

Wir sehen hier wieder geometrische Reihen, aber mit q als Divisor statt als Faktor. Im Falle nachschüssiger Zahlungen muss die letzte Zahlung n Perioden diskontiert werden, um zu ihrem Barwert bewertet zu werden. Die erste Zahlung wird einmal abgezinst. Bei vorschüssigen Zahlungen fällt die erste Zahlung genau auf den Bezugszeitpunkt des Barwertes und wird nicht abgezinst. Die letzte Zahlung wird dann n–1 mal abgezinst.

Wenn man für zw 0 annimmt und q nicht 1 + i ist, sondern 1 / (1+i), kann die BW-Funktion auch wie folgt ausgedrückt werden.

$$bw = -rmz \cdot q^n \cdot \frac{q^n - 1}{q - 1}$$

Abbildung 7.23: Nachschüssige BW-Funktion mit q = 1 / (1 +i)

Diese Darstellung bezeichnet man in der Literatur gemeinhin als nachschüssigen Rentenbarwertfaktor. Streicht man den Faktor q^n vor dem Bruch, erhält man den vorschüssigen Rentenbarwertfaktor, bei dem alle regelmäßigen Zahlungen eine Periode nach vorne gezogen und einmal weniger diskontiert werden.

Auf die Tilgungsrechnung bezogen, stellt der Barwert ein Darlehen dar, das über die Laufzeit des Zeitstrahles mit regelmäßigen Zahlungen abgebaut wird. Beispiel:

Jemand möchte ein Auto kaufen und dies zu hundert Prozent fremdfinanzieren. Von seinem monatlichen Einkommen kann er 350 € lockermachen, um das Auto abzuzahlen. Nach zwei Jahren und 24 Raten möchte er das Darlehen beglichen haben. Die Bank verlangt 6 % Jahreszinsen für das Darlehen und verrechnet die Zinsen monatlich nachschüssig. Die erste Tilgung erfolgt genau einen Monat nach Darlehensaufnahme. Welcher Barkaufpreis entspricht diesem Tilgungsplan?

Die Tabelle in Abbildung 7.24 offenbart es. In Spalte B stehen die konstanten Zahlungen von 350 €. In Spalte C stehen die diskontierten Beträge, die nach unten immer kleiner werden, da die späteren Zahlungen öfter abgezinst werden. Und zwar genauso viele Perioden, wie in Spalte A vorgegeben werden.

```
C3:=B3/(1+6%/12)^A3
```

Die Summe aller diskontierten Werte ergibt den Barverkaufspreis bzw. die Darlehenssumme von 7.897 €.

```
C2:=SUMME(C3:C26) = 7.897,00
```

C3 | f_x | =B3/(1+6%/12)^A3

	A	B	C	D
1	**Zeitpunkt t**	**Zahlung**	**Barwert**	
2	0		**7.897,00**	(Barverkaufspreis)
3	1	350	348,26	
4	2	350	346,53	
5	3	350	344,80	
6	4	350	343,09	
7	5	350	341,38	
8	6	350	339,68	
9	7	350	337,99	
10	8	350	336,31	
11	9	350	334,64	
12	10	350	332,97	
13	11	350	331,32	
14	12	350	329,67	
15	13	350	328,03	
16	14	350	326,39	
17	15	350	324,77	
18	16	350	323,16	
19	17	350	321,55	
20	18	350	319,95	
21	19	350	318,36	
22	20	350	316,77	
23	21	350	315,20	
24	22	350	313,63	
25	23	350	312,07	
26	24	350	310,51	

Abbildung 7.24: Tabellarische Barwertberechnung

Wenn Sie *bw* in Kurzform, ohne Zeitstrahl, berechnen wollen, ist dafür die gleichnamige Excel-Funktion BW zuständig:

BW (Zins ; Zzr ; Rmz ; [Zw] ; [F])

Die Excel-Hilfe sagt dazu:

Gibt den Barwert einer Investition zurück. Der Barwert ist der Gesamtbetrag, den eine Reihe zukünftiger Zahlungen zum gegenwärtigen Zeitpunkt wert ist. Wenn Sie beispielsweise einen Kredit aufnehmen, ist die Summe dieses Kredits für den Kreditgeber gleich dem Barwert. (BW = Barwert*)*

Die Parameter haben wir alle im Verlauf des Kapitels schon kennengelernt. Bei den bisherigen Funktionen war *bw* immer ein Eingabeparameter – nun ist es der Funktionswert. In Zusammenhang mit Tilgungsrechnungen ist *zw* als Restschuld zu verstehen. Wir alle kennen die „seriösen" Finanzierungsangebote für Autos aus der Werbung (etwas überspitzt):

„Superbillige Rate von nur 50 € pro Monat, 24 Monate lang, nur 4 % Jahreszins".

In Schriftgröße 3 steht dann darunter, dass zu Beginn 5.000 € Anzahlung geleistet werden müssen und eine Schlussrate von 9.000 € zu leisten ist. Das Ganze beinhaltet auch noch „3.000 € Preisvorteil", was auch immer das bedeuten mag, es klingt zumindest schick.

Fakt ist, die 50 € monatliche Rate haben einen Barwert von:

```
=-BW(4%/12;24;50;0;0) = 1151,41 €
```

Zinsen wir den Restwert 24 Monate lang ab, erhalten wir:

```
=9000/(1+4%/12)^24 = 8309,15 €
```

Die Abzinsung des Restwertes hätte auch direkt in die BW-Formel integriert werden können:

```
=-BW(4%/12;24;50;9000;0) = 1151,41 + 8309,15 = 9460,57 €
```

Inklusive Anzahlung entspricht dies einem Barverkaufspreis von:

```
9460,57 + 5000 = 14460,57 €
```

Na toll, dann haben wir mit der monatlichen Rate von 50 € gerade mal 8 % des Fahrzeugwertes bestritten. Die 50 € sind also mehr symbolisch, klingen unheimlich verlockend, sagen aber nicht wirklich aus, ob das ein gutes Angebot ist oder nicht.

Das Ergebnis des vorherigen Beispiels ergibt sich übrigens aus:

```
=BW(6%/12;24;350;0;0) = 7897,00 €
```

Jetzt drehen wir den Spieß einmal um. Wie wurden die 50 € aus Barverkaufspreis und Schlusszahlung kalkuliert? Hier kommt wieder die Funktion RMZ zum Einsatz, die wir bereits weiter vorne in diesem Kapitel im Abschnitt *Sparbrötchen* kennengelernt haben. Das Ergebnis lautet:

```
=RMZ(4%/12;24;9460,57;-9000;0)= -50 €
```

Wir überprüfen das Ergebnis per mathematischer Bildungsregel (Barwertfaktor):

```
=(9000--50*((1+4%/12)^24-1)/((1+4%/12)-1))/(1+4%/12)^24
= 9460,57
```

Passt!

7.3.3 Tilgungsplan

Bei langfristigen Kreditaufnahmen, zum Beispiel für das Eigenheim, ist es wichtig zu wissen, welche Tilgungen man bereits geleistet hat und wie hoch die verbleibende Restschuld ist. Deshalb werden ausführliche Tilgungspläne aufgestellt, die Auskunft darüber geben. Abbildung 7.25 zeigt einen solchen Tilgungsplan. Neben den Ausgangsdaten in C1:C4 gehen wir von jährlich nachschüssigen Rückzahlungen bei ebenso jährlich nachschüssiger Zinsverrechnung aus. Die erste Rückzahlung erfolgt also genau ein Jahr nach Auszahlung des Darlehens. Den Zellen in C1:C4 wurden Namen zugeordnet, die den Buchstaben in B1:B4 entsprechen.

Die Formeln des Tilgungsplanes lauten wie folgt:

`C7:=C1`

`F8: =-RMZ(i;n;bw)` regelmäßige Zahlung = Annuität

`D8: =C7*i` Verzinsung der Restschuld nach t Perioden

`E8: =F8-D8` Tilgung – Residualgröße aus Annuität abzgl. Zinsen

`C8: =C7-E8` Restschuld in Periode *t* nach Abzug der Tilgung

C8:F8 wird bis zur Zeile von t_{10} nach unten kopiert.

	A	B	C	D	E	F	G	H	I
1	Darlehen	bw	100.000,00						
2	Zinssatz	i	9%						
3		q	1,09						
4	Laufzeit	n	10						
5									
6	Zeitpunkt t		Restschuld	Zinsen	Tilgung	Annuität		Tilgung kumuliert	Zinsen kumuliert
7		0	100.000,00						
8		1	93.417,99	9.000,00	6.582,01	15.582,01		6.582,01 €	9.000,00 €
9		2	86.243,60	8.407,62	7.174,39	15.582,01		13.756,40 €	17.407,62 €
10		3	78.423,52	7.761,92	7.820,08	15.582,01		21.576,48 €	25.169,54 €
11		4	69.899,62	7.058,12	8.523,89	15.582,01		30.100,38 €	32.227,66 €
12		5	60.608,58	6.290,97	9.291,04	15.582,01		39.391,42 €	38.518,63 €
13		6	50.481,34	5.454,77	10.127,24	15.582,01		49.518,66 €	43.973,40 €
14		7	39.442,66	4.543,32	11.038,69	15.582,01		60.557,34 €	48.516,72 €
15		8	27.410,49	3.549,84	12.032,17	15.582,01		72.589,51 €	52.066,56 €
16		9	14.295,42	2.466,94	13.115,07	15.582,01		85.704,58 €	54.533,50 €
17		10	0,00	1.286,59	14.295,42	15.582,01		**100.000,00 €**	**55.820,09 €**
18		Σ		**55.820,09**	**100.000,00**	**155.820,09**			

Abbildung 7.25: Nachschüssiger annuitätischer Tilgungsplan

Wie man sieht, steigt der Tilgungsanteil exponentiell an. Nach allen Perioden muss die Gesamttilgung logischerweise genau dem Darlehen entsprechen. Die Restschuld in C17 ist dann genau auf 0,00 € gesunken. Die Folge der Tilgungen weist die praktische Eigenschaft auf, geometrisch zu wachsen, und zwar exakt zu unserem wohlbekannten Faktor q. Das hat den Vorteil, dass man direkt einen Tilgungsbetrag in einer bestimmten Periode auch ohne tabellarische Darstellung ermitteln könnte. Die Formel dazu lautet:

```
=(-bw*i-RMZ(i;n;bw))*q^(t-1)
```

`-bw*i-RMZ(i;n;bw)` entspricht der Tilgung in t1, die (t−1)-mal mit q multipliziert wird, um auf die Tilgung in der t-ten Periode zu kommen. Ach ja, fast vergessen, hierzu wird man auch in Excels Funktionsvorrat fündig:

KAPZ(Zins ; Zr ; Zzr ; Bw ; [Zw] ; [F])

Gibt die Kapitalrückzahlung einer Investition für die angegebene Periode zurück. Es werden konstante periodische Zahlungen und ein konstanter Zinssatz vorausgesetzt. (KAPZ = KapitalrückZahlung)

Und der Vollständigkeit halber liegt es nah, nun auch den passenden Zinsanteil einer Periode zu bestimmen. Dazu eignet sich die Funktion

ZINSZ(Zins ; Zr ; Zzr ; Bw ; [Zw] ; [F])

Gibt die Zinszahlung einer Investition für die angegebene Periode, ausgehend von regelmäßigen, konstanten Zahlungen und einem konstanten Zinssatz, zurück.

Addiert man die Funktionen ZINSZ und KAPZ für eine Periode, muss zwangsläufig die Annuität RMZ rauskommen.

Da die Tilgungen eine geometrische Folge bilden, kann man auch aus mehreren Gliedern eine geometrische Reihe bilden mit dem Bildungsgesetz:

$$\sum_{p=1}^{t} kapz_1 \cdot q^{p-1} = kapz_1 \cdot \frac{q^t - 1}{i}$$

Abbildung 7.26: Berechnung kumulierter Zinsen nach t Perioden

Das Ergebnis enthält die kumulierte Tilgung *kapz* nach *t* Perioden. Mit Excel formuliert gilt:

$kapz_{kum}$ `=-ZW(i;t;-bw*i-RMZ(i;n;bw))`

mit

kapz$_{t1}$ = -bw*i-RMZ(i;n;bw)

H10: =-ZW(0,09;3;-100000*0,09-RMZ(0,09;10;100000))= 21.576,48

Da man seit der neuen Excel-Funktion auch guten Gewissens die ehemaligen Zusatzfunktionen verwenden kann, empfiehlt sich auch die Alternative:

kapz$_{kum}$ =-KUMKAPITAL(i;n;bw;1;t)

Dabei steht t für das jeweilige Jahr im Tilgungsplan.

Nun drängt sich ebenfalls die Berechnung der kumulierten Zinsen in zwei Alternativen auf. Die erste Alternative bedient sich der neuen Standardfunktion, die zweite Alternative beschreibt den Umweg über herkömmliche Standardfunktionen.

zinsz$_{kum}$ =-KUMZINSZ(i;n;bw;1;t)

zinsz$_{kum}$ =-RMZ(i;n;bw)*t+ZW(i;t;-bw*i-RMZ(i;n;bw))

I10:=-RMZ(0,09;10;100000;0;0)*3+ZW(0,09;3;-100000*0,09-RMZ(0,09;10;100000;0;0);0;0) = 25.169,54

Alle genannten Formeln zum Tilgungsplan bezogen sich auf den üblichen Fall der nachschüssigen Zins- und Tilgungszahlung. Nun stellen wir noch zwei in der Praxis seltene vorschüssige Fälle vor (Abbildung 7.27).

	A	B	C	D	E	F	G	H	I	J	K
1	Darlehen	bw	100.000,00								
2	Zinssatz	i	9%								
3		q	1,09								
4	Laufzeit	n	10								
5											
6			vorschüssige Zahlung (Excel-Logik)					vorschüssige Zinsverrechnung			
7	Zeitpunkt t		Restschuld	Zinsen	Tilgung	Annuität		Restschuld	Zinsen	Tilgung	Annuität
8		0	100.000,00		14.295,42	14.295,42		100.000,00	7.713,41	6.582,01	14.295,42
9		1	85.704,58	7.713,41	6.582,01	14.295,42		93.417,99	7.121,03	7.174,39	14.295,42
10		2	79.122,57	7.121,03	7.174,39	14.295,42		86.243,60	6.475,34	7.820,08	14.295,42
11		3	71.948,18	6.475,34	7.820,08	14.295,42		78.423,52	5.771,53	8.523,89	14.295,42
12		4	64.128,10	5.771,53	8.523,89	14.295,42		69.899,62	5.004,38	9.291,04	14.295,42
13		5	55.604,20	5.004,38	9.291,04	14.295,42		60.608,58	4.168,18	10.127,24	14.295,42
14		6	46.313,16	4.168,18	10.127,24	14.295,42		50.481,34	3.256,73	11.038,69	14.295,42
15		7	36.185,92	3.256,73	11.038,69	14.295,42		39.442,66	2.263,25	12.032,17	14.295,42
16		8	25.147,24	2.263,25	12.032,17	14.295,42		27.410,49	1.180,36	13.115,07	14.295,42
17		9	13.115,07	1.180,36	13.115,07	14.295,42		14.295,42	0,00	14.295,42	14.295,42
18		10	0,00	0,00	0,00			0,00	0,00	0,00	
19		Σ		42.954,21	100.000,00	142.954,21			42.954,21	100.000,00	142.954,21

Abbildung 7.27: Vorschüssige Zahlung nach Excel-Logik vs. vorschüssige Zinsverrechnung

Die linke Tabelle der Spalten C:F zeigt einen Tilgungsplan mit vorschüssiger Zahlung und nachschüssiger Zinsverrechnung. Die erste Rückzahlung in Höhe von

```
F8: =-RMZ(i;n;bw;0;1) = 14.295,42
```

ist sofort bei Auszahlung des Kredites in t_0 fällig. Zu diesem Zeitpunkt sind noch keine Zinsen angefallen, also besteht die Zahlung zu 100 Prozent aus Tilgung. Am Ende der ersten Zinsperiode in t_1 sind Zinsen auf das um die erste Tilgung reduzierte Darlehen zu leisten.

```
D9: =(C8-E8)*i
```

Die zweite Tilgung ist nun geringer als die erste:

```
E9:= F9-D9
```

Die weiteren Tilgungen wachsen dann wie im nachschüssigen Fall um den Faktor q. Die verbleibende Restschuld ist:

```
C9: =C8-E8
```

Die rechte Tabelle geht von vorschüssiger Zinsverrechnung aus, die man in der Bankenpraxis vorfindet. Man unterstellt hierbei, dass schon in t_0 die Zinsen für die um die erste Tilgung reduzierte Restschuld fällig sind. Für die erste Tilgung bleibt dann nur noch die Differenz zwischen Annuität und Zinsen. Bezüglich Zahlungsströme sind beide Varianten äquivalent (im Gegensatz zu steuerlichen und bilanziellen Aspekten, aber das ist nicht unser Thema). Die Annuität ist gleich hoch und zu den gleichen Zeitpunkten zu zahlen.

Beide Varianten kommen in der Praxis selten vor und sind im Grunde eine künstliche Aufblähung der Darlehenssumme, von der am gleichen Tag der Darlehensaufnahme ein Teil sofort zurückgezahlt werden müsste. Also käme es ja auf das Gleiche raus, wenn die Darlehenssumme 85.704,58 betragen würde und man eine Laufzeit von neun Jahren bei nachschüssiger Zahlung vereinbaren würde.

```
=-RMZ(i;9;85704,58;0;0)= 14295,42
```

Die Funktionen ZINSZ und KAPZ vergaloppieren sich bei dem vorschüssigen Fall (im letzten Argument eine 1) mit den Zeitpunkten und sind eine Periode zu spät dran. Um die korrekten Werte von Zins und Tilgung in einer bestimmten Periode zu erhalten, schreiben Sie:

```
=-ZINSZ(i;t+1;n;bw;0;1)
=-KAPZ(i;t+1;n;bw;0;1)
```

Wie man sieht, muss t um +1 erhöht werden. ZINSZ errechnet den Betrag von 7713,41 für den Zeitpunkt t_2, was natürlich falsch ist.

7.3.4 Monatliche Tilgung bei jährlicher Zinsgutschrift

Ebenso wie bei Sparplänen mit monatlichen Einzahlungen und jährlichen Zinsgutschriften können sich auch bei der Tilgung einfache Verzinsung und Zinseszinsrechnung bzw. arithmetische Reihe und geometrische Reihe vermischen. Auch hier muss zweistufig vorgegangen werden, allerdings in anderer Reihenfolge:

1. Stufe: Berechnung der regelmäßigen Zahlung rmz zum Jahresende.
2. Stufe: Aufteilung von rmz auf die unterjährigen Zahlungen.

Wir bleiben beim gleichen Zahlenbeispiel wie zuvor. Ein Darlehen von 100.000 € soll in zehn Jahren bei 9 % Zinsen getilgt werden. Aber nun muss monatlich nachschüssig zurückgezahlt werden. Die Zinsen werden am Ende des Jahres verrechnet. Wie hoch ist die monatlich zu leistende Zahlung?

Im Fall jährlich nachschüssiger Zahlung kamen wir auf:

```
=-RMZ(i;n;bw) = -RMZ(0,09;10;100000) = 15582,01
```

Nun gilt es, die zwölf Monatsbeträge zu finden, die einfach auf das Jahresende verzinst diesen 15582,01 € entsprechen. Dazu lösen wir die Gleichung

```
=z*(1+i*0/12)+z*(1+i*1/12)+z*(1+i*2/12)+....+z*(1+i*11/12)
= 15.582,01
```

nach z auf. Umgeformt nach der Bildungsregel der arithmetischen Reihe gilt:

```
z*12+z*(66/12)*i = z*(12+5,5*i) = 15.582,01
z = 15.582,01 / (12 + 5,5*i) = 1.247,06
```

Falls nicht nur monatliche Zahlungen vorkommen können, sondern z.B. auch Quartale, kann man in allgemeiner Form schreiben:

$$z = \frac{rmz}{p + \frac{(p-1)}{2} \cdot i}$$

Abbildung 7.28: Berechnung unterjähriger Zahlung bei jährlicher Zinsverrechnung

z ist die unterjährige Zahlung, p ist die Anzahl Zahlungen innerhalb einer Zinseszinsperiode. Werden die unterjährigen Zahlungen vorschüssig geleistet, also alle einen Monat früher, müssen Sie in der Formel lediglich `(p - 1)` durch `(p + 1)` ersetzen.

Falls die Zahlung z feststeht und Sie daraus den Barwert bw ausrechnen wollen, lösen Sie obige Formel nach rmz auf und setzen diesen Betrag in die BW-Funktion ein.

```
bw = BW(i;10;1247,06*(p+((p-1)/2*i)))
```

`= 100.000,04` (mit kleiner Rundungsdifferenz)

7.3.5 Prozenttilgung

Das Charakteristische der annuitätischen Tilgung ist die gleichbleibende Zahlung über alle Perioden. Dies hat zur Folge, dass diese Zahlungen fast immer „krumm" sind, man also keine glatten €-Beträge vorfindet. In der Praxis wird bei Kreditverträgen oft mit glatten Zahlungsraten geworben. Dies ist nur möglich, indem man sich der sogenannten Prozentannuitäten bedient. Dabei tritt die Besonderheit auf, dass die Rückzahlung im letzten Jahr niedriger ist als die zuvor konstanten Annuitäten.

Für das zuvor beschriebene Kreditbeispiel über 100.000 € könnte man dementsprechend folgende Konditionen vereinbaren:

- Annuität 16 %
- Zinssatz 9 %
- Bleibt für Tilgung im ersten Jahr 7 %

Der Tilgungsplan sieht dann aus wie in Abbildung 7.29.

Die als a bezeichnete Zelle C4 enthält die Angabe der Annuität in Prozent. Um weiter arbeiten zu können, brauchen wir nun die Berechnung der Laufzeit. Denn anders als bei der annuitätischen Tilgung wird die Laufzeit jetzt nicht vorgegeben, sondern errechnet sich aus:

```
C5(n): =ZZR(i;-bw*C4;bw;0;0) = 9,5927
```

Die krumme Dezimalzahl besagt, dass es neun volle Tilgungsjahre mit einer Annuität in Höhe von bw * a geben und die geringere Abschlusszahlung im zehnten Jahr erfolgen muss.

F8 =WENN(AUFRUNDEN(n;0)<=B8;D8+E8;bw*a)

	A	B	C	D	E	F	G
1	Darlehen	bw	100.000,00		Abschlusszhlg.	9.649,49 €	
2	Zinssatz	i	9%		kum. Zinsen:	53.649,49 €	
3		q	1,09				
4	Annuität %	a	16,000%				
5	Laufzeit	n	9,5927				
6		**Zeitpunkt t**	**Restschuld**	**Zinsen**	**Tilgung**	**Annuität**	
7		0	100.000,00				
8		1	93.000,00	9.000,00	7.000,00	16.000,00	
9		2	85.370,00	8.370,00	7.630,00	16.000,00	
10		3	77.053,30	7.683,30	8.316,70	16.000,00	
11		4	67.988,10	6.934,80	9.065,20	16.000,00	
12		5	58.107,03	6.118,93	9.881,07	16.000,00	
13		6	47.336,66	5.229,63	10.770,37	16.000,00	
14		7	35.596,96	4.260,30	11.739,70	16.000,00	
15		8	22.800,68	3.203,73	12.796,27	16.000,00	
16		9	8.852,74	2.052,06	13.947,94	16.000,00	
17		10	0,00	796,75	8.852,74	9.649,49	
18		Σ		**53.649,49**	**100.000,00**	**153.649,49**	

Abbildung 7.29: Prozenttilgung mit abweichender Schlusszahlung

Die Formeln des Tilgungsplanes lauten nun:

```
C8: =WENN(AUFRUNDEN(n;0)<B8;0;C7-E8)
```

AUFRUNDEN(n;0) entspricht der Gesamtlaufzeit des Modells mit neun vollen Annuitäten und einer gebrochenen Annuität im letzten Jahr. Wenn die fortlaufende Nummer in Spalte B größer ist als diese Laufzeit, wird als Restschuld 0 angenommen.

```
D8: =C7*i
```

Die Zinsberechnung hat sich gegenüber der Annuitätstilgung nicht geändert.

```
E8: =WENN(AUFRUNDEN(n;0)<=B8;C7;F8-D8)
```

In den Jahren der vollen Annuität stellt die Tilgung die Restgröße aus Annuität minus Zinsen dar. Im letzten Jahr wird dann die volle Restschuld getilgt.

```
F8: =WENN(AUFRUNDEN(n;0)<=B8;D8+E8;bw*a)
```

Bw*a entspricht der gewünschten, glatten Prozentannuität. Im letzten Jahr ergibt sich die Abschlusszahlung aus Zins + Tilgung.

Die Abschlusszahlung lässt sich auch direkt, ohne tabellarische Darstellung kalkulieren:

```
F1: =(bw+ZW(i;KÜRZEN(n);bw*(a-i)))*(1+i)
```

Ebenso die insgesamt zu zahlenden Zinsen des Modells:

```
F2: =bw*i+ZW(i;KÜRZEN(n);bw*(a-i))*(i+1)+KÜRZEN(n)*bw*a
```

Nebenbei noch eine kleine Quizfrage:

Wie kann man eigentlich aus dieser Prozentannuität am schnellsten wieder eine annuitätische Tilgung machen?

Mit der Zielwertsuche, die Sie über den Menüpunkt *Daten>Was-wäre-wenn-Analyse* aufrufen können. Man lässt sie so lange den Prozentsatz in C5 variieren, bis in C4 eine glatte Laufzeit, beispielsweise zehn Jahre, herauskommt. Da die Zielwertsuche nur eine Näherungslösung ist, passt es nicht zu 100 %, aber das Ergebnis ist nahe daran. Die Abschlusszahlung weicht um wenige Euro von der Annuität ab. Um noch genauer hinzukommen, kann man den Wert in C4 ja noch manuell feinjustieren (Abbildung 7.30).

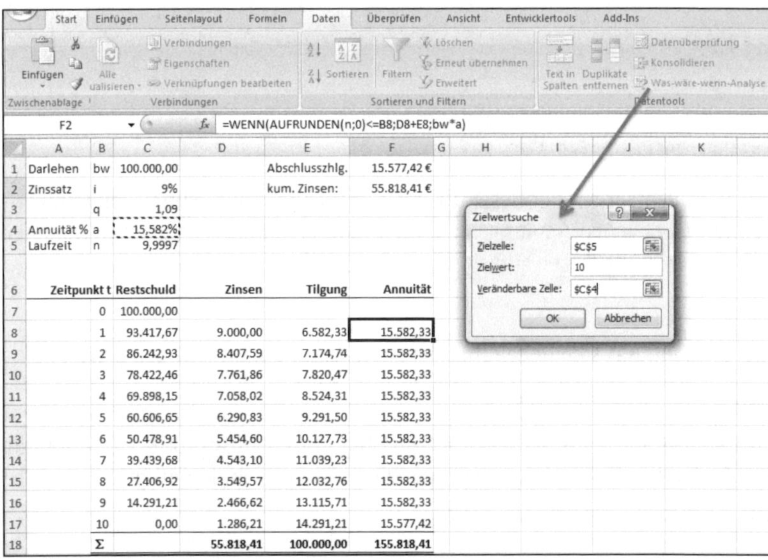

F2 =WENN(AUFRUNDEN(n;0)<=B8;D8+E8;bw*a)

	A	B	C	D	E	F
1	Darlehen	bw	100.000,00		Abschlusszhlg.	15.577,42 €
2	Zinssatz	i	9%		kum. Zinsen:	55.818,41 €
3		q	1,09			
4	Annuität %	a	15,582%			
5	Laufzeit	n	9,9997			
6	Zeitpunkt t		Restschuld	Zinsen	Tilgung	Annuität
7		0	100.000,00			
8		1	93.417,67	9.000,00	6.582,33	15.582,33
9		2	86.242,93	8.407,59	7.174,74	15.582,33
10		3	78.422,46	7.761,86	7.820,47	15.582,33
11		4	69.898,15	7.058,02	8.524,31	15.582,33
12		5	60.606,65	6.290,83	9.291,50	15.582,33
13		6	50.478,91	5.454,60	10.127,73	15.582,33
14		7	39.439,68	4.543,10	11.039,23	15.582,33
15		8	27.406,92	3.549,57	12.032,76	15.582,33
16		9	14.291,21	2.466,62	13.115,71	15.582,33
17		10	0,00	1.286,21	14.291,21	15.577,42
18		Σ		55.818,41	100.000,00	155.818,41

Abbildung 7.30: Bestimmung des Prozentsatzes mit Zielwertsuche

7.4 Funktion ZEILE als Finanzjongleur

Wie wir bereits gesehen haben, stellen die natürlichen Zahlen

`1, 2, 3 , 4, ..., n`

die Grundpfeiler der Finanzmathematik dar. Wussten Sie, dass Excel eine Standardfunktion anbietet, welche die Menge der natürlichen Zahlen, allerdings begrenzt auf die Anzahl Zeilen einer Excel-Tabelle, beinhaltet? Falls nicht, werden Sie kaum auf ihren Namen kommen. Eine Funktion NATÜRLICHEZAHLEN gibt es nicht, N gibt es zwar als Funktion, berechnet aber etwas gänzlich anderes. Nein, gemeint ist die Funktion ZEILE.

Die Funktion ZEILE zählt ursprünglich zur Gattung der Matrixfunktionen. Aufgrund ihrer hohen Anpassungsfähigkeit und Paarungsbereitschaft mit anderen Spezies fühlt sie sich aber fast überall heimisch. Man glaubt es kaum: Sie ist sogar ein Meister der Finanzmathematik.

Geben Sie irgendeiner Zelle den Namen *n*. *n* steht für die Obergrenze der natürlichen Zahlen, die Sie darstellen möchten und die zugleich der Anzahl Zeitpunkte Ihrer Aufgabenstellung entspricht. Dann definieren Sie einen weiteren Namen *Zeitstrahl* bezogen auf die Formel:

```
=ZEILE(INDIREKT("1:"&n)).
```

Wenn Sie in die Zelle n den Wert 5 eintragen, übergibt die Formel an den Namen *Zeitstrahl* das Array `{1;2;3;4;5}`, das für fünf Zahlungszeitpunkte steht.

Hinter dem Namen *Zeitstrahl* verbirgt sich nun ein Baustein, den Sie bestens für finanzmathematische Berechnungen einsetzen können. Bislang wurden die Aufgabenstellungen entweder tabellarisch, über einen ausführlichen Spar- oder Tilgungsplan, gelöst oder mit einer mathematisch hergeleiteten Kurzform oder, falls möglich, mit den Excel-Standardfunktionen.

Die Funktion ZEILE ermöglicht Ihnen ein Zwischending, eine kompakte Darstellung in Kurzform bei gleichzeitig annähernder Flexibilität der tabellarischen Darstellung.

Legen Sie beispielsweise fünf Jahre lang zu Beginn jeden Jahres 500 € an, die zu 6 % p.a. bei jährlicher Zinsverrechnung verzinst werden.

Welchen Betrag haben Sie am Ende des fünften Jahres angespart? Um das zu berechnen, haben Sie die Qual der Wahl. Im Grunde gibt es vier Möglichkeiten:

1. Tabellarisch

E4 f_x =E2*(1+i)^E3

	A	B	C	D	E	F	G	H	I	J
1	Perioden (n):	5			t_0	t_1	t_2	t_3	t_4	Σt_4
2	Zahlungen (rmz):	500		Zahlungen	500	500	500	500	500	
3	Zins(i):	6%		Zinsperioden	5	4	3	2	1	
4	q	1,06		Wert in t_5	669,1	631,2	595,5	561,8	530,0	2.987,66
5										

Abbildung 7.31: Tabellarische Endwertberechnung

Die Zahlungen werden einzeln aufgezinst und dann in J4 aufaddiert.

2. Excel-Funktion

Für dieses Beispiel gibt es die Standardfunktion ZW:

```
=-ZW(i;n;500;0;1)=2.987,66
```

3. Finanzmathematische Funktion

Berechnung über den sogenannten Rentenendwertfaktor

```
rmz * q * (q^n -1) / i
```

den wir zu Beginn des Kapitels hergeleitet haben:

```
500*(1+i)*((1+i)^n - 1)/i = 2.987,66
```

4. Array-Formel mit ZEILE

Sie erzeugen aus dem Namen *Zeitstrahl* die Array-Formel:

```
{=SUMME(500*(1+i)^Zeitstrahl)}
=SUMME(500*(1+i)^{1;2;3;4;5})
=SUMME({530; 561,8; 595,508; 631,23848; 669,1127888})
```

die ebenso `2.987,66` als Ergebnis ausspuckt.

Den Baustein *Zeitstrahl* können Sie für eine ganze Reihe finanzmathematischer Berechnungen einsetzen (Abbildung 7.32).

	A	B	C	D
1	n=5; i=6%			
2	**Berechung**	**Excelfunktion**	**Arrayformel**	**Ergebnis**
3	Barwert (nachschüssig)	=-BW(i;n;500)	{=SUMME(500/(1+i)^Zeitstrahl)}	2.106,18
4	Barwert (vorschüssig)	=-BW(i;n;500;0;1))	{=SUMME(500/(1+i)^(Zeitstrahl-1))}	2.232,55
5	Annuität (nachschüssig)	=RMZ(i;n;2106,18)	{=2106,18/SUMME(1/(1+i)^Zeitstrahl)}	500,00
6	Annuität (vorschüssig)	=-RMZ(i;n;2232,55;0;1)	{=2232,55/SUMME(1/(1+i)^(Zeitstrahl-1))}	500,00
7	Endwert (nachschüssig)	=-ZW(i;n;500)	{=SUMME(500*(1+i)^(Zeitstrahl-1))}	2.818,55
8	Endwert (vorschüssig)	=-ZW(i;n;500;0;1)	{=SUMME(500*(1+i)^Zeitstrahl)}	2.987,66
9	Sparrate (nachschüssig)	=-RMZ(i;n;0;2818,55;0)	{=2818,55/SUMME((1+i)^(Zeitstrahl-1))}	500,00
10	Sparrate (vorschüssig)	=-RMZ(i;n;0;2987,66;1)	{=2987,66/SUMME((1+i)^Zeitstrahl)}	500,00

Abbildung 7.32: Finanzmathematische Berechnungen mit „Zeitstrahl-Array"

Die Funktionen BW, RMZ und ZW durch den *Zeitstrahl* zu ersetzen, ist nicht nur eine anschauliche Alternative, sondern bringt sogar einen echten Mehrwert. Wenn die Aufgabenstellung erweitert wird, sind die Standardfunktionen schnell überfordert. Wenn Sie beispielsweise nicht 500 € konstant sparen wollen, sondern jedes Jahr 20 € (oder 5 %) mehr, muss die Funktion ZW bereits die weiße Flagge hissen. Auch BW und RMZ kommen nur mit konstanten Zahlungen klar. Mit Ihrem Baustein *Zeitstrahl*, hinter dem sich die Funktion ZEILE verbirgt, ist dies überhaupt kein Problem. Zum Vergleich noch einmal die tabellarische Lösung bei 20 € mehr in jedem Jahr (Abbildung 7.33):

	A	B	C	D	E	F	G	H	I	J
1	Perioden (n):	5			t_0	t_1	t_2	t_3	t_4	Σt_4
2	Zahlungen (rmz):	500		Zahlungen	500	520	540	560	580	
3	Zins(i):	6%		Zinsperioden	5	4	3	2	1	
4	Dynamik	+20		Wert in t_5	669,1	656,5	643,1	629,2	614,8	3.212,77

Abbildung 7.33: Endwert steigender Zahlungen

Die Array-Formel lautet:

`{=SUMME((500+20*(n-Zeitstrahl))*(1+i)^Zeitstrahl)}` gleich

`{=SUMME((500+20*({4;3;2;1;0}))*(1+i)^{1;2;3;4;5})}` gleich

`{=SUMME(({580;560;540;520;500})*(1+i)^{1;2;3;4;5})}=3.212,77`

Bei einer Steigerung von 5 % pro Periode statt konstant 20 € lautet die Formel:

```
{=SUMME((500*1,05^(n-Zeitstrahl))*(1+i)^Zeitstrahl)}=3.283,03
```

Der entsprechende Barwert in t_0 lautet:

```
{=SUMME((500*1,05^(Zeitstrahl-1))/(1+i)^(Zeitstrahl-1))}=2.453,27
```

Im nächsten Abschnitt kann der Zeitstrahl seine Nützlichkeit direkt unter Beweis stellen.

7.5 Rentenrechnung

Man muss sich im Leben entscheiden, entweder Geld zu verdienen oder Geld auszugeben. Für beides zusammen reicht die Zeit nicht aus. (Edouard Bourdet)

Die Definition des Begriffes Rentenrechnung ist nicht ganz unstrittig. Im allgemein mathematischen Sinne versteht man unter einer Rente lediglich eine in regelmäßigen Abständen erfolgende Zahlung. In der Rentenrechnung bestimmt man den Wert solcher Zahlungen unter Berücksichtigung der Zinsen, sagt beispielsweise der Mathematik-Duden.

In der Literatur findet man Hinweise, dass diese regelmäßigen Zahlungen Kapital aufbauend sein können. Andere Autoren verstehen darunter eher den verrenteten Verzehr eines vorhandenen Kapitals. Beide Seiten kann man elegant unter einen Hut bringen, indem man von einem Rentenplan spricht, der in zwei Phasen unterteilt ist.

- Ansparphase
- Phase des Kapitalverzehrs

Jeder, der private Altersvorsorge betreibt, ob mit Kapitallebensversicherung, Riester-Rente oder anderen Modellen, stößt zwangsweise auf solch ein Zwei-Phasen-Modell. In der aktiven Zeit des Berufslebens spart man Geld an, das aufgrund des Zinseszinseffektes progressiv ansteigt. Zum Einstieg ins Rentenalter möchte man dann die Früchte seiner Arbeit genießen und verbraucht das angesammelte Kapital. Das verbliebene Restkapital sinkt in der Zeit überproportional. Abbildung 7.34 zeigt einen typischen Verlauf.

Finanzmathematisch entspricht die erste Phase den im Abschnitt *Sparbrötchen* dargelegten Berechnungen, und die zweite Phase ist nichts anderes als eine Tilgung, nur dass diesmal keine Schuld gegenüber einem Gläubiger oder einer Bank bestritten werden muss, sondern das eigene Kapital aufgezehrt wird.

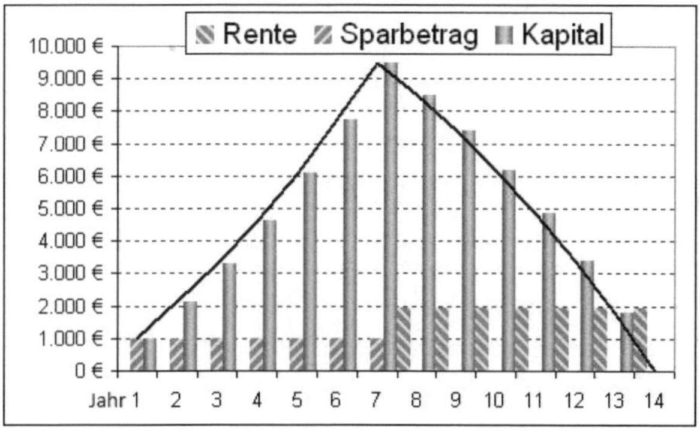

Abbildung 7.34: Kapitalentwicklung von Spar- und Rentenphase

Die interessantesten Fragestellungen, die wir an dieser Stelle untersuchen wollen, lauten:

Wie lange sollte jemand monatlich welchen Sparbetrag zurücklegen? Welche monatliche Rente wird er bei Annahme einer bestimmten Lebenserwartung daraus beanspruchen können?

Abbildung 7.35 zeigt ein solches Zwei-Phasen-Modell. Folgende Annahmen wurden getroffen:

- Es wird n volle Jahre lang angespart mit zwölf Zahlungen pro Jahr.
- Die Zinsen werden zwölfmal im Jahr zum Monatszins i gutgeschrieben. i ist ein Zwölftel des in C3 eingegeben Jahreszinses.
- Die erste Zahlung erfolgt am 01.01. des ersten Jahres. Der Endwert zw in C7 ist der Wert zum 31.12. des n-ten Jahres.
- An diesem Tag (31.12. Jahr n) wird bereits die erste Rente (C15) ausgezahlt. Es erfolgen zwölf Rentenzahlungen pro Jahr, nn volle Jahre lang.
- Die Zinsen auf das zum Monatszins ii verzinste Vermögen werden monatlich verrechnet.
- Der prozentuale Spar- bzw. Rentenanstieg greift in jeder 12. Zahlungsperiode. Erstmalig in der 13. Zahlungsperiode (in beiden Phasen).

M30						
	A	B	C	D	E	F
1	**Ansparphase**				**Deflationiert**	
2	Jahre	n	30			
3	Nominalzins p.a.		6,0%			
4	Monatszins	i	0,50%			
5	Sparbetrag monatl.	rmz	100,00 €	vorschüssig		
6	Sparanstieg p.a.	d	2,0%			
7	Ansparsumme	zw	**125.264,32 €**		80.139,40 €	
8	Sparleistung nominal		36.000,00 €			
9						
10	**Phase Wertverzehr**					
11	Jahre	nn	20			
12	Nominalzins p.a.		6,0%			
13	Monatszins	ii	0,50%			
14	Rentenantieg p.a.	dd	1,5%			
15	monatl. Rente	rmz2	-795,19 €	vorschüssig	-508,73 €	
16						
17	**Restvermögen**					
18	nach Rentenmonaten	p	25			
19			**120.501,00 €**		74.830,27 €	
20						
21	**Inflation p.a.**	Infl	1,5%			

Abbildung 7.35: Rechenmodell Ansparphase und Phase Wertverzehr

Die Anzahl Jahre, in denen bis Rentenantritt gespart wird, die angenommene Verzinsung des gesparten Kapitals und der monatliche Sparbetrag werden in den Zellen C2, C3 und C5 eingegeben. Bei solchen Sparverträgen für die Altersvorsorge ist es üblich, dem Sparenden einen Dynamikplan anzubieten. Gegebenenfalls erhöht sich dann jedes Jahr der Sparbetrag um einen gewissen Prozentsatz, der dem allgemeinen Preisverfall, der Inflation, Rechnung tragen soll. Dieser Satz wird in C6 eingetragen.

Diese Dynamik macht insofern Schwierigkeiten, als die Anpassung nicht in jeder Zahlungsperiode erfolgt, sondern nur alle zwölf Monate. Deshalb können wir die Formel aus dem Abschnitt über den dynamischen Sparplan hier nicht anwenden.

Zum Glück haben wir den Zeitstrahl, der so flexibel ist, dass er den Kniff hinbekommt. Wir definieren einen Namen *Zeitstrahl* bezogen auf die Formel

```
=ZEILE(INDIREKT("1:"&n*12))
```

die das Array mit den natürlichen Zahlen von 1 bis n*12 erzeugt. n ist der Name für die Zelle C2. Die übrigen Zellen in Spalte C mit Abkürzung in Spalte B wurden ebenso benannt. C4 enthält den Monatszins:

```
C4:=C3/12
```

Der Endwert nach Ablauf der Sparphase lautet dann nach Adam Riese:

```
C7:{=SUMME(rmz*(1+d)^KÜRZEN((Zeitstrahl-1)/12)*(1+i)^(n*12+1-Zeitstrahl))}
```

KÜRZEN teilt den Zeitstrahl durch 12 und rundet das Ergebnis auf seinen ganzzahligen Teil ab. Dadurch entsteht das Array

```
{0;0;0;0;0;0;0;0;0;0;0;0;1;1;1;1;1;1;1;1;1;1;1;1;2;2;2;2;2;2;2;2;2;2;2;2;3;3;
3;3;3;3;3;3;3;3;3;3}
```

usw., in Zwölferschritten wird also immer eine 1 dazuaddiert. Dieses Array liefert die Potenzen für den Ausdruck

```
rmz*(1+d)^
```

womit die Spardynamik abgebildet werden kann

```
rmz*(1+d)^ = 100*1,02^0 = 100,00
rmz*(1+d)^ = 100*1,02^1 = 102,00
rmz*(1+d)^ = 100*1,02^1 = 104,04
```

usw. Mit dem Array verhackstückt bleibt

```
{100;100;100;100;100;100;100;100;100;100;100;100;102;102;102;102;102;102;102;
102;102;102;102;102;104,04;104,04;104,04;104,04;104,04;104,04;104,04;104,04;
104,04;104,04;104,04;104,04;106,1208;...}
```

... also unsere Zahlungsreihe mit stufenweiser Dynamik, mit der die finanzmathematischen Standardfunktionen hoffnungslos überfordert wären. Über den Faktor

```
*(1+i)^(n*12+1-Zeitstrahl)
=*(1+i)^{360;359;358;357;356;355;354;353;352;351;350;349;...}
```

wird die Zahlungsreihe auf den 31.12. des n-ten Jahres aufgezinst (C7).

Für die zweite Phase des wohlverdienten Ruhestandes wird in C11 die Anzahl Jahre angenommen, die der Rentner in Genuss seines gesparten Vermögens zu kommen gedenkt. In C12 wird der Jahreszins eingetragen, zu dem das Restkapital angelegt werden soll. Der Monatszins ist dann

```
C13:=C12/12
```

In C14 gönnen wir dem Pensionär eine jährliche prozentuale Rentenanpassung.

Die monatliche regelmäßige Zahlung, die er erwarten darf, steht schließlich in C15.

```
C15:{=-zw*(1+ii)^(nn*12)/SUMME((1+dd)^KÜRZEN((Zeitstrahl2-1)/
12)*(1+ii)^(nn*12+1-Zeitstrahl2))}
```

Hinter dem Namen *Zeitstsrahl2* steht hier die Formel:

```
=ZEILE(INDIREKT("1:"&nn*12))
```

Um die Formel in C15 zu kapieren, erinnern wir uns noch einmal an die ZW-Formel.

$$zw = bw \cdot q^n + rmz \cdot q \cdot \frac{q^n - 1}{q - 1}$$

Abbildung 7.36: Nachschüssige ZW-Funktion

Wir definieren:

```
bw*q^n = zw*(1+ii)^(nn*12)
q*(q^n-1)/(q-1)=SUMME((1+dd)^KÜRZEN((Zeitstrahl2-1)/12)*(1+ii)^
(nn*12+1-Zeitstrahl2))
```

Die zweite Gleichung geht nur auf, wenn wir für dd 0 % annehmen, also die Dynamik mal kurz ausblenden. Sie enthält den vorschüssigen Rentenendwertfaktor.

zw setzen wir 0, denn nach nn*12 Perioden wird vom Ableben Gebrauch gemacht, und das Vermögen soll aufgezehrt sein. Wir suchen den Wert rmz – die monatliche Rente. Die Gleichung nach rmz aufgelöst lautet:

$$zw = 0$$

$$-\,rmz = bw \cdot q^n \,/\, q \cdot \frac{q^n - 1}{q - 1}$$

Abbildung 7.37: Vorschüssige RMZ-Funktion mit ZW = 0

Diese Formel entspricht fast der Formel C15, nur dass dort eben über den Zeitstrahl2 auch die Dynamik berücksichtigt werden kann. Wenn diese Formel noch nicht mit Ihnen spricht, blättern Sie noch mal an den Anfang des Kapitels.

In C19 drehen wir den Spieß wieder um und lösen die Gleichung nach zw auf:

```
C19:{=zw*(1+ii)^p+SUMME(rmz2*(1+dd)^KÜRZEN((Zeitstrahl3-1)/12)*(1+ii)^
(p+1-Zeitstrahl3))}
```

mit Zeitstrahl3: `=ZEILE(INDIREKT("1:"&p))`

p ist die Anzahl Monate, welche die Rente ausgezahlt wurde. Zu diesem Zeitpunkt soll ein Zwischenstand des Vermögens ermittelt werden. Dies nur als Zusatzinfo, falls der Rentner zum Beispiel vorzeitig stirbt und das Restvermögen an die nächste Generation ausgezahlt wird.

Die 795,19 € klingen sehr viel, aber wenn wir auf der einen Seite zum Inflationsausgleich die regelmäßigen Zahlungen dynamisieren, müssen wir jetzt eigentlich auch die Zielgrößen deflationieren, um deren reale Kaufkraft per heute richtig darzustellen. In C21 steht die Inflationsrate (Infl). Die Kaufkraft des angesparten Vermögens beträgt dann nur noch:

`E7: =C7/(1+Infl)^n = 80.139,40 €`

Aber im Vergleich zu den eingezahlten 36.000 € immer noch ein ordentliches Sümmchen. Die monatliche Rente hat eine reale Kaufkraft von nur noch:

`E15: =C15/(1+Infl)^n = 508,73 €`

In der Realität sind natürlich noch steuerliche Aspekte zu berücksichtigen. Bei der staatlich geförderten Riester-Rente reduziert sich der faktische monatliche Sparbetrag um die Förderungen. Andererseits müssen Rentenzahlungen versteuert werden. Dieses Thema wird hier nicht weiter vertieft, sonst verzetteln wir uns zu weit jenseits von Excel.

Und die Moral von der Geschicht':

Alle finanzmathematischen Modelle, die wir im Laufe des Kapitels behandelt haben, drehen sich um die fünf Elemente in Abbildung 7.38, zu denen es jeweils eine gleichnamige Excel-Funktion gibt.

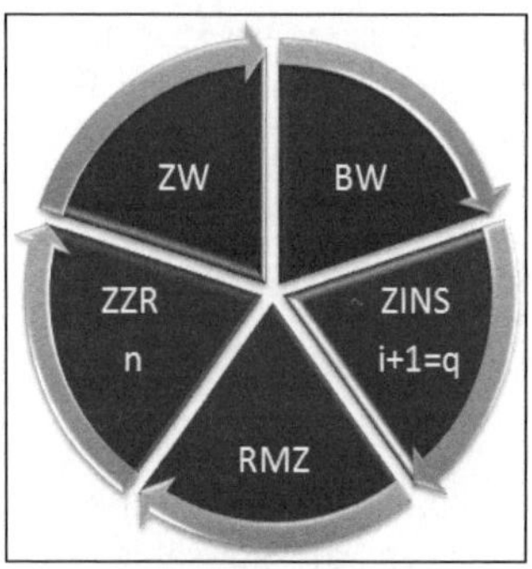

Abbildung 7.38: Fünffaltigkeit der Zinseszins- und Rentenrechnung

Alles basiert auf dem Prinzip der geometrischen Folgen und Reihen, und die Anwendungsfälle unterscheiden sich eigentlich nur darin, ob:

- bw > zw ist, dann liegt ein Kapitalverzehr vor, oder ob
- zw> bw ist, dann liegt ein Kapitalaufbau vor.

Der enge Zusammenhang kann auch dadurch bekräftigt werden, dass die Excel-Funktionen BW, ZW, RMZ austauschbar sind, wie das Abbildung 7.39 zeigt.

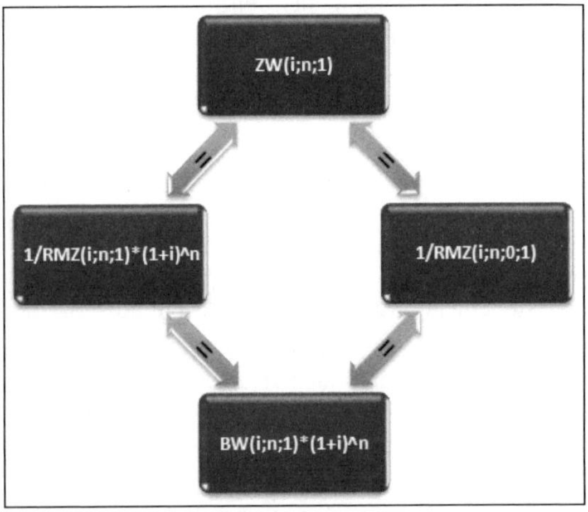

Abbildung 7.39: Zusammenhang der Funktionen BW, RMZ und ZW

Das einzige Element dieses Systems, das bisher nicht infrage gestellt wurde, ist der Zinssatz. Er war immer vorgegeben und nie Ziel der Berechnung. Da dieser Aspekt so gehaltvoll ist, wird ihm das nachfolgende Kapitel gewidmet, in dem unter anderem die Funktionen ZINS und vor allem auch IKV (Interne Kapitalverzinsung) zum Zug kommen.

7.6 Peter Zwegat*-Gedächtnisformular

*) Peter Zwegat: Deutschlands bekanntester Schuldnerberater, zu sehen in der RTL Doku-Soap: „Raus aus den Schulden!"

Der Vollständigkeit halber sollten wir nicht verschweigen, dass Ihnen Excel einige Standardvorlagen mitliefert, die Sie beim Anlegen einer neuen Datei auswählen können (Abbildung 7.40).

Abbildung 7.40: Finanzmathematische Standardvorlagen

Die Vorlage eines Kredittilgungsplanes ist mit Vorsicht zu genießen. Berechnet wird hier eine annuitätische Tilgung, bei der die Anzahl Zahlungen pro Jahr frei gewählt werden kann. Die Anzahl der Zahlungen insgesamt ist auf 480 beschränkt. Wenn Sie das erweitern wollen, müssen Sie zum einen die Formeln weiter nach unten kopieren, aber zum anderen auch die verwendeten Namensbereiche verlängern.

Der Tilgungsplan unterstellt eine Synchronität von Zahlungs- und Zinsverrechnungszeitpunkten. Der in D6 eingegebene Jahreszins ist der Nominalzins.

Über die Spalte E können Sie Sondertilgungen eingeben. Dort dürfen auch negative Beträge stehen, um z.B. tilgungsfreie Zeiten zu simulieren. Abhängig von den Sondertilgungen passt sich die Laufzeit automatisch an. Abbildung 7.41 zeigt eine Beispielrechnung, bei der man direkt sieht, dass da etwas faul ist. Im letzten Jahr kommt schlichtweg Nonsens heraus.

Kredittilgungsplan

	Werte eingeben
Kreditbetrag	10.000,00 €
Jahreszinssatz	5,00 %
Kreditzeitraum in Jahren	10
Anzahl Zahlungen pro Jahr	1
Startdatum des Kredits	01.01.2008
Optionale Zusatzzahlungen	

	Kreditzusammenfassung
Planmäßige Zahlung	1.295,05 €
Anzahl planmäßiger Zahlungen	10
Anzahl tatsächlicher Zahlungen	10
Vorzeitige Zahlungen gesamt	- €
Zinsen gesamt	2.950,46 €

Darlehensgeber:

Zahlungsnr.	Zahlungsdatum	Startsaldo	Planmäßige Zahlung	Zusatzzahlun	Zahlungen gesamt	Kreditbetrag	Zinsen	Schlusssaldo	Kumulierte Zinsen
1	01.01.2009	10.000,00 €	1.295,05 €	- €	1.295,05 €	795,05 €	500,00 €	9.204,95 €	500,00 €
2	01.01.2010	9.204,95 €	1.295,05 €	- €	1.295,05 €	834,80 €	460,25 €	8.370,16 €	960,25 €
3	01.01.2011	8.370,16 €	1.295,05 €	- €	1.295,05 €	876,54 €	418,51 €	7.493,62 €	1.378,76 €
4	01.01.2012	7.493,62 €	1.295,05 €	- €	1.295,05 €	920,36 €	374,68 €	6.573,25 €	1.753,44 €
5	01.01.2013	6.573,25 €	1.295,05 €	- €	1.295,05 €	966,38 €	328,66 €	5.606,87 €	2.082,10 €
6	01.01.2014	5.606,87 €	1.295,05 €	- €	1.295,05 €	1.014,70 €	280,34 €	4.592,17 €	2.362,44 €
7	01.01.2015	4.592,17 €	1.295,05 €	- €	1.295,05 €	1.065,44 €	229,61 €	3.526,73 €	2.592,05 €
8	01.01.2016	3.526,73 €	1.295,05 €	- €	1.295,05 €	1.118,71 €	176,34 €	2.408,02 €	2.768,39 €
9	01.01.2017	2.408,02 €	1.295,05 €	- €	1.295,05 €	1.174,64 €	120,40 €	1.233,38 €	2.888,79 €
10	01.01.2018	1.233,38 €	1.295,05 €	- €	**1.233,38 €** ?	1.171,71 € ?	61,67 €	- €	2.950,46 €

Abbildung 7.41: Standardvorlage Kredittilgungsplan

Es handelt sich hier um eine nachschüssige Annuität, die mit

```
=-RMZ(5%;10;10000;0;0) = 1295,05
```

korrekt ermittelt wurde. Aber in F27 steht ohne Grund eine niedrigere Annuität (Zahlung gesamt in Spalte F) und eine zu niedrige Tilgung (Kreditbetrag Spalte G). Die Summe aller Tilgungen in Spalte G muss ja auch dem Darlehen von 10000 entsprechen, tut es aber nicht. Die Zinsen sind richtig ermittelt.

Der Entwickler dieser Vorlage hat sich selbst mit der Darstellung von *Startsaldo* und *Schlusssaldo* ein Bein gestellt. Dies kann leicht suggerieren, der Darlehensbestand von 1233,38 € fällt auf denselben Stichtag wie die letzte Zahlung und muss deshalb nicht noch mal verzinst werden. Eindeutiger ist die Darstellung in Abbildung 7.42.

Da sieht man eindeutig: 1233,38 ist der Wert zum 01.01.2017. Die letzte Zahlung erfolgt ein Jahr später zum 01.01.2018 und muss natürlich die 1233,38 plus Zinsen für die letzte Zinsperiode tragen.

Was passiert, wenn der Schuldner sich mit dem Kredit übernommen hat und die veranschlagten Zahlungen nicht zahlen kann?

Zeitpunkt	Darlehen	Zinsen	Tilgung	Annuität
01.01.2008	10.000,00			
01.01.2009	9.204,95	500,00	795,05	1.295,05
01.01.2010	8.370,16	460,25	834,80	1.295,05
01.01.2011	7.493,62	418,51	876,54	1.295,05
01.01.2012	6.573,25	374,68	920,36	1.295,05
01.01.2013	5.606,87	328,66	966,38	1.295,05
01.01.2014	4.592,17	280,34	1.014,70	1.295,05
01.01.2015	3.526,73	229,61	1.065,44	1.295,05
01.01.2016	2.408,02	176,34	1.118,71	1.295,05
01.01.2017	1.233,38	120,40	1.174,64	1.295,05
01.01.2018	0,00	61,67	1.233,38	1.295,05

Abbildung 7.42: Fehlerkorrektur Kredittilgungsplan

Wenn er Glück hat, wird sich Peter Zwegat*) bei ihm melden und ihm einen strengen Sanierungsplan verordnen. Excel bietet auch dafür die passende Vorlage, das persönliche Monatsbudget. Abbildung 7.43 zeigt einen Ausschnitt.

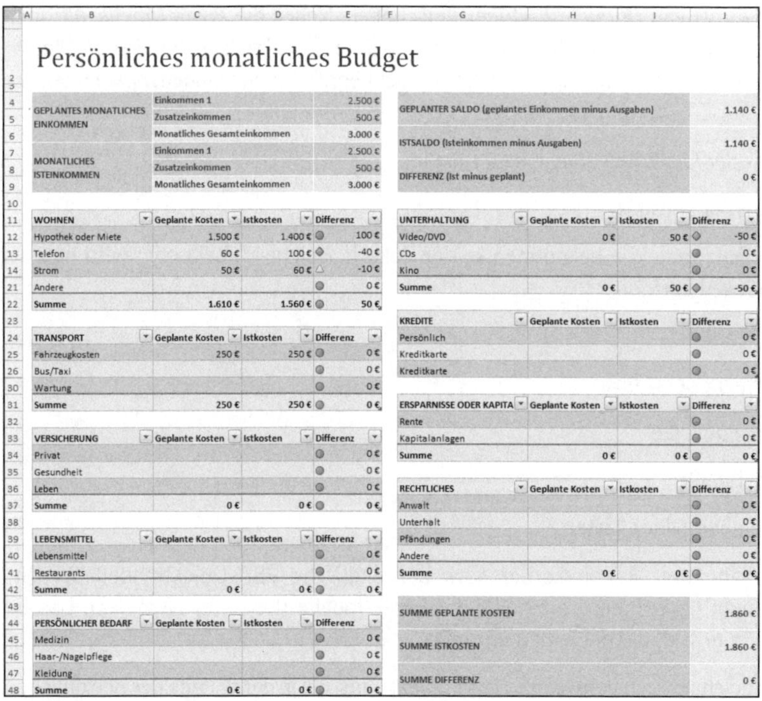

Abbildung 7.43: Peter Zwegat-Gedächtnisformular

Füllen Sie das aus, und Sie bekommen Ihre Finanzen in den Griff – Peter Zwegat wird stolz auf Sie sein!

:-)

Mal im Ernst, Excel-technisch ist das eine banale Auflistung und Plus-Minus-Rechnung. Das einzig Bemerkenswerte ist die optisch ansprechende Tabellentechnik. Da stellt sich die Gretchenfrage: Was ist überhaupt eine Tabelle? Das ist schwieriger zu beantworten, als Sie vielleicht vermuten werden.

In XL2000 war eine Tabelle einfach ein *Tabellenblatt* (*Worksheet*). In XL2002/03 wurde eine *Mehrfachoperation* nur noch als *Tabelle* bezeichnet, zu finden unter dem Menüpunkt *Daten>Tabelle*. In Xl2003 wurden dann die sogenannten *Listen* erfunden, auch dem Menüpunkt *Daten* zugehörig. In XL2007 heißt die *Liste* jetzt nicht mehr *Liste*, sondern auch nur noch *Tabelle*. Die *Mehrfachoperation* heißt jetzt *Datentabelle*, steht auch immer noch unter *Daten*, aber innerhalb der Gruppe *Was-wäre-wenn-Analysen*. Die *Liste* wurde von *Daten* in *Einfügen* verschoben. Neben die *Pivot-Tabelle*, die auch nicht mehr zu den *Daten* zählt. Dafür kann man über *Einfügen* kein *Tabellenblatt* mehr erzeugen. Wenn Sie in der Excel-Hilfe den Suchbegriff *Tabelle* eingeben, kommen Sie natürlich zur Erläuterung von Tabellen. Der erste Eintrag lautet:

Erstellen oder Entfernen einer Excel-Tabelle*!*

Na dann ist ja alles klar!

Jetzt die Quizfrage (Sie bekommen keinen Joker): Welcher Tabellentyp wird hier als *Excel-Tabelle* bezeichnet?

a) Tabellenblatt

b) Mehrfachoperation

c) Ehemalige Liste

d) Pivot-Tabelle

Logo: Die ehemaligen Listen

Oftmals kann der Makrorekorder bzw. das englische VBA-Objektmodell Sprachverwirrungen beseitigen. Dort heißt die Excel-Tabelle (Ex-Liste) *Listobject*. Das ist doch schön griffig, dabei bleiben wir jetzt.

Wodurch zeichnen sich denn diese *Listenobjekte* aus, die in der Vorlage des persönlichen Monatsbudgets verwendet werden?

Der größte Vorteil ist, dass man damit mehrere voneinander unabhängige Autofilterbereiche in einem Tabellenblatt verwenden kann. Na ja, ganz unabhängig nicht. Wenn zwei Filterbereiche nebeneinanderstehen, so wie im persönlichen Monatsbudget, und die eine Liste wird gefiltert, wirkt sich das natürlich auch auf eine benachbarte Liste aus. Denn eine Zeile kann ja nur komplett ausgeblendet werden. Liegen die Listenobjekte aber untereinander, können wirklich voneinander unabhängige Filterkriterien gesetzt werden.

Außerdem ist der Bedienungskomfort höher als bei normalen Tabellenbereichen. Man kann für Sie aus einer großen Palette ein ansprechendes Layout auswählen, das sich beim Einfügen und Löschen von Zeilen und Spalten flexibel anpasst. Beim Einfügen von Zeilen werden Formeln automatisch ergänzt.

Zudem lassen sich die Bereiche der Listobjects interessant ansprechen. Die Tabelle hat insgesamt einen Namen, z.B. *Versicherungen*, und die einzelnen Spalten der Tabelle besitzen dann automatisch Unternamen, die über eckige Klammern angesprochen werden können. *Versicherungen[Differenz]* ist beispielsweise der Name der Differenzspalte innerhalb der Tabelle *Versicherungen* (Abbildung 7.44).

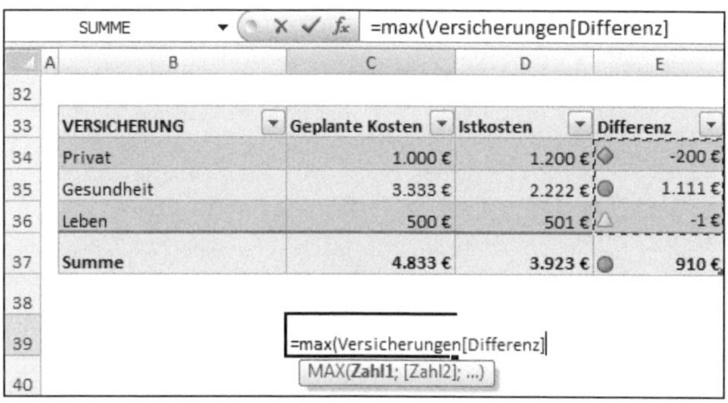

Abbildung 7.44: Zugriff auf Excel-Listen mit Namen und „Unternamen"

Wenn Sie sich brav an das Monatsbudget halten und sich aus der Schuldenfalle befreien, können Sie hoffentlich auf das Formular *Blutdruckmessgerät* (gibt es wirklich) verzichten.

Kapitel 8

Rendite – das Maß aller (Finanz-)Dinge

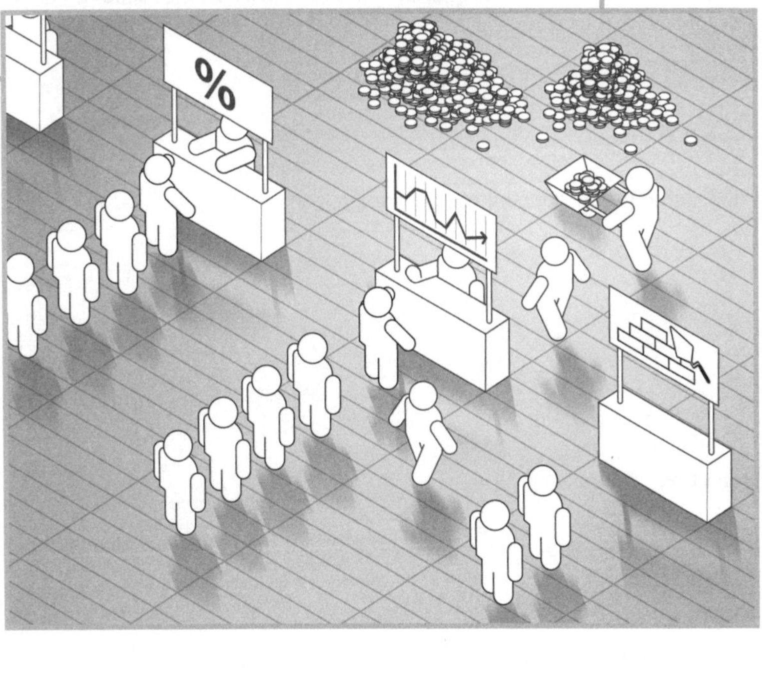

Bislang sind wir immer davon ausgegangen, dass der Zinssatz der Kapitalanlage oder des Kredites feststeht. Der Zinssatz war stets eine Input-Größe der Berechnung. Wäre der Zinssatz selbst das Ziel der Berechnung, hätten wir das Bildungsgesetz der geometrischen Reihe über den Faktor q nach i auflösen müssen. Sagt sich so einfach, ist es aber nicht, und deshalb haben wir aus gutem Grund den Versuch bisher gescheut. Trotzdem sind die Fälle, bei denen die Verzinsung eines Modells die Output-Größe darstellt, besonders interessant, sodass wir ihr ein ganzes Kapitel widmen. Zur Einstimmung eine kleine mathematische Vorgeschichte.

8.1 Lösung von Gleichungen: Galois & Co.

Ich habe viel zu kleine Hände, um das alles zu begreifen. (WF)

Sie erinnern sich vielleicht aus der Schule an die quadratische Gleichung der Form:

$$a \cdot x^2 + b \cdot x + c = 0$$

Abbildung 8.1: Quadratische Gleichung

Diese ließ sich mit der sogenannten *pq-Formel* lösen. Mit der Definition

$$p = \frac{b}{a}$$

$$q = \frac{c}{a}$$

Abbildung 8.2: pq-Formel (1)

und Teilung der Gleichung durch den Faktor a bringt man dabei die Gleichung in die Normalform:

$$1 \cdot x^2 + p \cdot x + q = 0$$

Abbildung 8.3: Normalform quadratische Gleichung

Eine Gleichung n-ten Grades kann maximal n Lösungen besitzen. Der Grad einer Gleichung bestimmt sich nach ihrem höchsten Exponenten, bei der quadratischen Gleichung also 2. Ergo besitzt die quadratische Gleichung maximal zwei Lösungen, die mit der folgenden *pq-Formel* ermittelt werden:

$$x_{1,2} = -\frac{p}{2} \pm \sqrt{\left(\frac{p}{2}\right)^2 - q}$$

Abbildung 8.4: pq-Formel (2)

Wir probieren dies anhand eines Beispiels gemäß Abbildung 8.5 einmal aus.

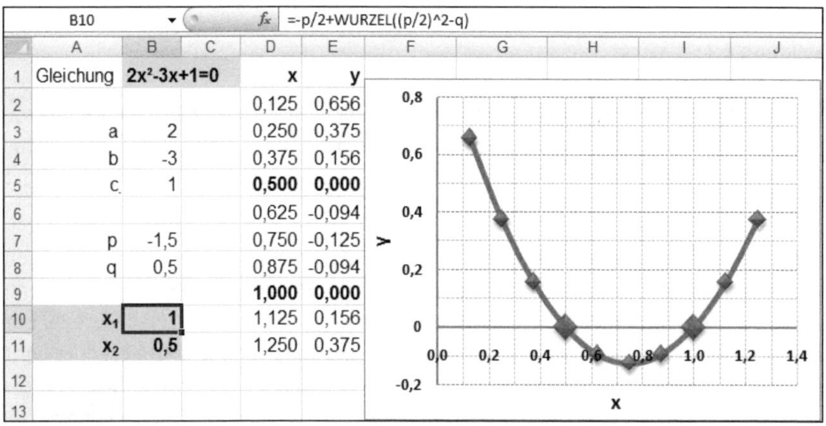
B10 =-p/2+WURZEL((p/2)^2-q)

	A	B	C	D	E
1	Gleichung	**2x²-3x+1=0**		x	y
2				0,125	0,656
3	a	2		0,250	0,375
4	b	-3		0,375	0,156
5	c.	1		**0,500**	**0,000**
6				0,625	-0,094
7	p	-1,5		0,750	-0,125
8	q	0,5		0,875	-0,094
9				**1,000**	**0,000**
10	x_1	1		1,125	0,156
11	x_2	**0,5**		1,250	0,375
12					
13					

Abbildung 8.5: Lösung quadratische Gleichung

Es funktioniert. Die *pq-Formel* liefert für die Gleichung

`2x^2-3x+1=0` die Lösungen:

```
B10: =-p/2+WURZEL((p/2)^2-q)=1
B11: =-p/2-WURZEL((p/2)^2-q)=0,5
```

Den Zellen B3:B8 wurden die links benachbarten Symbole als Namen zugewiesen. Die Zelle B5 nennt sich „c.", da das Symbol c (ohne Punkt) in Excel für *Column* (Spalte) reserviert ist und deshalb nicht als Name verwendet werden darf. Das Gleiche gilt auch für r (*Row*/Zeile).

Den grafischen Nachweis der zwei Lösungen fördert das Punkt(XY)-Diagramm zutage. Als X-Achse wurden zehn Datenpunkte zwischen 0,125 und 1,25 gewählt. Die dazugehörigen y-Punkte findet man mit:

```
E2: =a*D2^2+b*D2+c.
```

Da E5 und E9 den Wert 0 annehmen, sehen wir schon, dass die dazugehörigen x-Werte zu dem Ergebnis der *pq-Formel* passen. Die Kurve des Diagramms schneidet wie erwartet die X-Achse an den Punkten 0,5 und 1.

Jetzt wollen wir die Aufgabenstellung, scheinbar geringfügig, erweitern. Gegeben sei eine Gleichung der Form:

$$a \cdot x^3 + b \cdot x^2 + c \cdot x + d = 0$$

Abbildung 8.6: Kubische Gleichung

Sieht ja auch nicht viel anders aus; ein Summand mehr und im höchsten Exponent eine 3 statt einer 2, was die Gleichung zur kubischen Gleichung qualifiziert. Dieser Exponent +1 kann doch bezüglich Lösungsweg keinen so großen Unterschied machen. Oder doch?

Oder doch!!! Diese Gleichung kann wegen des Exponenten 3 maximal drei Lösungen für x besitzen, und diese drei zu finden, ist um ein Vielfaches schwerer als die Lösung der quadratischen Gleichung. Für Interessierte soll es nun kurz gezeigt werden. Für den weiteren Verlauf des Kapitels muss man den Lösungsweg nicht kapieren, es geht nur um die Demonstration, wie unglaublich kompliziert es ist, eine kubische Gleichung nach x aufzulösen. Falls Ihnen so viel Mathematik zu weit geht, können Sie die nächsten zwei Seiten getrost überspringen.

Die übrigen Leser wenden Ihren Blick auf die nächste Abbildung 8.7.

In B1 bis B4 stehen die Parameter der Beispielgleichung:

```
-2,1*x^3-2,9*x^2+0,9*x+0,6=0
```

Die Parameter p und q werden wieder verwendet, haben jetzt aber eine andere Definition:

```
B7(p): =(3*a*c.-b^2)/(3*a^2)
B8(q): =(2*b^3)/(27*a^3)-b*c./(3*a^2)+d/a
```

D. ist eine ganz wichtige Größe, die maßgebend für den weiteren Rechenweg ist. *D* mit Punkt, weil der Name *d* schon vergeben ist, und *D* alleine ist deshalb nicht mehr zulässig.

```
B9(D.): =(q/2)^2+(p/3)^3
```

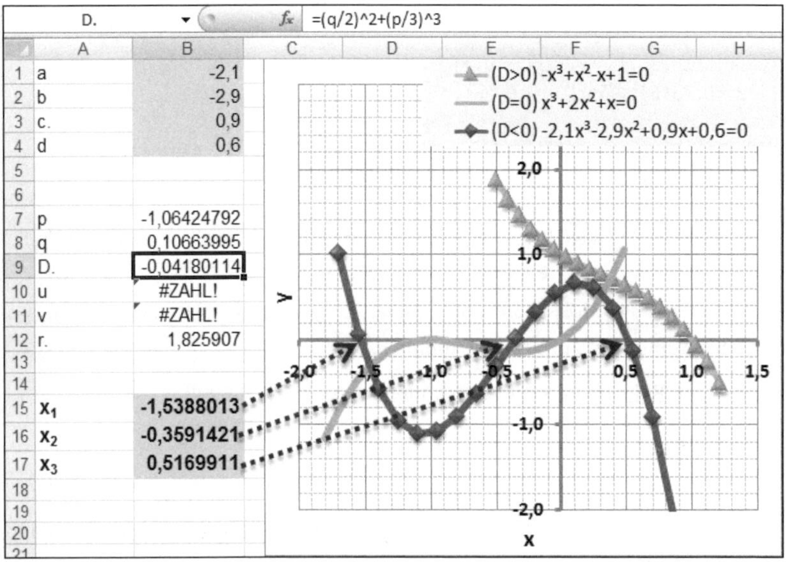

Abbildung 8.7: Lösung kubische Gleichung

Je nach Vorzeichen von *D.* gibt es drei Typen von kubischen Gleichungen.

- D. < 0: Die Gleichung hat drei reelle Lösungen, wie unsere Beispielgleichung in der Tabelle.
- D. > 0: Die Gleichung hat nur eine reelle Lösung. Dies trifft für die Gleichung im Diagramm zu, welche die X-Achse nur einmal schneidet.
- D. = 0: Ist ein Sonderfall, eine solche Gleichung hat drei Lösungen, von denen zwei identisch sind. Das Diagramm zeigt eine Kurve, welche die X-Achse bei –1 berührt, aber nicht scheidet.

Weitere Zwischenrechnungen sind:

```
B10(u): =(-q/2+WURZEL(D.))^(1/3)
B11(v): =(-q/2-WURZEL(D.))^(1/3)
B12(r.) =ARCCOS(-(q/2)*WURZEL(-27/p^3))
```

Damit kommen wir „schon" zu den Lösungen von x_1, x_2 und x_3:

```
B15(x1):
=WAHL(VORZEICHEN(D.)+2;-WURZEL(-4/3*p)*COS(1/3*r.-PI()/3)-b/(3*a);
(q/2)^(1/3)-b/(3*a); "---")
B16(x2):
=WAHL(VORZEICHEN(D.)+2;-WURZEL(-4/3*p)*COS(1/3*r.+PI()/3);(-4*q)^(1/3);
u+v)-b/(3*a)
B17(x3):
=WAHL(VORZEICHEN(D.)+2;WURZEL(-4/3*p)*COS(1/3*r.)-b/(3*a);(q/2)^(1/3)-b/(3*a);
"---")
```

Die Funktion WAHL sorgt hier dafür, dass abhängig vom Vorzeichen von D. drei unterschiedliche Berechnungen zum Ansatz kommen.

Das vorgegebene Beispiel liefert die Lösungen –1,5, –0,36, 0,52

aus der Gleichung:

```
-x^3+x^2-x+1=0
```

Mit den Parametern –1, 1, –1, 1 in B1:B4 resultiert ein positives D. Es existiert dann nur eine reelle Lösung:

$x_1 = +1.$

Trägt man in B1:B4 die Parameter 1, 2, 1, 0 ein, erhält man den Sonderfall D=0. Die drei Lösungen der Gleichung

```
x^3+2*x^2+x=0
```

lauten:

$x_1 = -1$
$X_2 = 0$
$X_3 = -1$

Hinter den trigonometrischen Berechnungen (COS/ARCCOS) zur Lösung kubischer Gleichungen verbergen sich Rechenoperationen mit komplexen Zahlen. Diese genauer herzuleiten, würde hier den Rahmen sprengen. (Eine detaillierte Beschreibung dazu findet man z.B. bei Wikipedia unter dem Stichwort *Cardanische Formeln*, benannt nach dem italienischen Mathematiker Gerolamo Cardano, der diese Berechnungen erstmals 1545 in seinem Buch Ars magna veröffentlichte.)

Sie haben gesehen, wie sehr sich die Gleichungen, man nennt solche Funktionen übrigens Polynome, bei nur einem höheren Exponenten als 2 verkomplizieren. Jetzt lässt sich bereits erahnen, wie kompliziert ein Polynom vierten Grades (oder noch höher) mit maximalem Exponent vier zu lösen sein muss.

Mit dem Exponent 4 sind wir bei den quartischen Gleichungen angelangt. Für diese Gleichungen fand der Mathematiker Lodovico Ferrari (1522–1565) die Lösungen. Veröffentlicht wurden sie ebenso wie die Lösung der kubischen Gleichungen von Cardano, der überdies auch Ferraris Lehrer war. Die quartischen Gleichungen sind noch schwerere Kost, die uns viel zu sehr im Magen liegen würde. Also lassen wir die Finger davon.

Mit den Polynomen vierten Grades ist das Ende der Fahnenstange erreicht. Für Gleichungen mit maximalem Exponenten 5 gibt es schon keine allgemeingültigen Lösungswege mehr. Dies bewiesen die Mathematiker Ruffini, Abel und vor allem auch Évariste Galois zu Beginn des 19. Jahrhunderts. Aber selbst der Beweis für die Unmöglichkeit ist in diesem Fall so genial, dass er für Normalsterbliche nicht zu begreifen ist.

Bevor wir zu weit abschweifen, schwenken wir wieder zurück zur irdischen Finanzmathematik. Spannen wir Sie nicht länger auf die Folter, was das soeben Erzählte überhaupt mit Rendite und Zinssätzen zu tun hat.

8.2 Nominalzins versus Effektivzins

Wir haben eben gelernt, dass Polynome fünften Grades oder höher nicht allgemeingültig gelöst werden können. In Sonderfällen aber schon.

$$y = x^n$$

Abbildung 8.8: Sonderfall eines Polynoms

ist streng genommen ein Sonderfall eines Polynoms n-ter Ordnung, bei dem nur alle Exponenten kleiner n = 0 sind. Diese Gleichung lässt sich natürlich einfach nach x auflösen, nämlich durch:

$$x = \sqrt[n]{y} = y^{1/n}$$

Abbildung 8.9: Auflösung von y nach x

Fast trivial einfach, aber für unsere finanzmathematischen Modelle sehr hilfreich. Es leuchtet ein, dass ein Geldbetrag, der einmal mit 12 % verzinst wird, nicht den gleichen zukünftigen Endwert aufweist wie der gleiche Geldbetrag, der zwölfmal exponentiell, also mit Zinseszinseffekt, fortgeschrieben wird. Zum Beweis:

```
100*1,12=112
100*1,01^12=112,682503013197
```

Ein Sparplan, der Ihnen einmal im Jahr 12 % Zinsen gewährt, ist also nicht äquivalent zu einem einer Anlage, die monatliche Zinsverrechnung bei einem Jahreszins von 12 % unterstellt. Im zweiten Fall verrechnen Sie jedes Mal ein Zwölftel des Jahreszinses und bekommen dadurch am Ende des Jahres 68 Cent mehr zurück.

Gleicher Jahreszins führt zu unterschiedlichen Ergebnissen. Das ist für den Verbraucher, der verschiedene Modelle miteinander vergleichen will, natürlich verwirrend. Deshalb gibt es die Preisangabenverordnung PAngV, die es gebietet, immer den Effektivzins einer Geldanlage oder eines Darlehens anzugeben. In beiden oben genannten Varianten beträgt der nominelle Jahreszins 12 %. Bei der jährlichen Zinsverrechnung entspricht dies ebenso dem Effektivzins. Der jährliche Effektivzins bei der unterjährigen Zinsverrechnung ist höher als der jährliche Nominalzins.

Im Folgenden bezeichnen wir den Effektivzins als i_{eff} und den Nominalzins als i_{nom}. Bezogen auf obiges Zahlenbeispiel interessieren uns zwei Fragestellungen:

- Welcher jährlichen Effektivverzinsung entspricht der Endwert von 112,6825 €?
- Welcher monatliche Nominalzins hätte vergütet werden müssen, um nach zwölf Monaten exakt 112 € zu erreichen, was einer jährlichen Effektivverzinsung von 12 % entsprechen würde?

Die erste Fragestellung beantwortet die Formel:

i_{eff} = (1+i_{nom}/12)^12-1 = 12,6825 %

In allgemeiner Form für beliebige n statt 12:

i_{eff} = (1+i_{nom}/n)^n-1

Die zweite Fragestellung entspricht quasi der Auflösung des Polynoms n-ter Ordnung nach x über die n-te Wurzel. Jetzt schließt sich endlich der Kreis von der Nullstellenberechnung zur Finanzmathematik:

i_{nom} = ((1+i_{eff})^(1/n)-1)*n

Im konkreten Fall:

i_{nom} = ((1+12%)^(1/12)-1)*12 = 0,113865515214997

Zum Beweis rechnen wir zurück:

100*(1+0,113865515214997/12)^12 = 112

Quod erat demonstrandum!

Excel bietet für die Umrechnung zwischen Effektivzins und Nominalzins zwei Funktionen mit naheliegenden Namen an.

NOMINAL(Effektiver_Zins;Perioden)

Gibt die jährliche Nominalverzinsung zurück, ausgehend vom effektiven Zinssatz sowie der Anzahl der Verzinsungsperioden innerhalb eines Jahres.

EFFEKTIV(Nominalzins;Perioden)

Gibt die jährliche Effektivverzinsung zurück, ausgehend von einer Nominalverzinsung sowie der jeweiligen Anzahl der Zinszahlungen pro Jahr.

Angewandt auf obiges Beispiel:

```
=NOMINAL(12%;12) = 0,113865515214997
=EFFEKTIV(12%;12) = 0,12682503013197
```

Diese beiden Funktionen gehörten bis XL2003 nicht zum Standardkatalog. Falls Sie also die Excel-Dateien mit solchen Berechnungen an Personen senden, die eventuell noch ältere Excel-Versionen haben, führen Sie sie lieber „zu Fuß" durch.

Der Effektivzins lässt sich nicht nur vom Nominalzins ableiten, sondern auch aus Barwert *bw* und zukünftigem Wert *zw*, insofern natürlich die Anzahl Perioden bekannt ist, die dazwischenliegen. Angenommen Sie haben am 01.01.03 5.430,00 € auf ein Sparkonto eingezahlt, erhalten am 31.12.08 7.111,97 € und haben keine Ahnung, mit welchem Zinssatz ihr Guthaben vergütet wurde. Wie hoch ist die Effektivverzinsung pro Jahr?

Sechs Jahre lang war das Geld angelegt. Das Ergebnis lautet demnach:

i_{eff} = (zw/bw)^(1/n)-1

=(7111,97/5430)^(1/6)-1 = 4,6 %

Mit der NOMINAL-Funktion wäre man auch auf das Ergebnis gekommen:

=NOMINAL(7111,97/5430-1;6)/6

8.3 Interner Zinsfuß

Die Berechnung des Effektivzinssatzes hat sich soeben auf eine einmalige Zahlung bezogen, die sich eine bestimmte Anzahl Perioden verzinste. Betrachten wir den Fall mehrerer regelmäßiger Zahlungen von 1000 €, die fünf Jahre lang zum 01.01. eingezahlt werden und zum 31.12. des fünften Jahres in Summe auf 5.666,41 € (*zw*) angewachsen sind. Mit welchem Zinssatz wurde das Kapital verzinst?

Nun haben wir ein Problem. Die erste Zahlung wurde fünf Jahre lang verzinst, die zweite vier Jahre lang und so weiter. Wir wissen aber nicht, welcher Anteil in den 5.666,41 € auf die erste Zahlung entfällt. Deshalb können wir die Formel i=(zw_1/1000)^(1/5)-1 nicht anwenden, weil zw_1 – der auf die erste Zahlung entfallende Endwert – unbekannt ist. Wir wissen nur, dass sich zw aus folgender Summation ergibt:

```
zw = rmz*(1+i)^5+ rmz*(1+i)^4+ rmz*(1+i)^3+ rmz*(1+i)^2+ rmz*(1+i)^1
```

Wir sehen hier eine uns wohl bekannte geometrische Folge. Gleichzeitig sehen wir aber auch ein Polynom 5. Grades der Form:

$$y = b \cdot x + c \cdot x^2 + d \cdot x^3 + e \cdot x^4 + f \cdot x^5$$

Abbildung 8.10: Polynom 5. Grades mit Konstante (Y-Achsenschnittpunkt)=0

bei dem *y* für *zw* steht und *(1+i)=q* durch *x* ersetzt wurde. Die Parameter b bis f sind alle gleich groß (a bleibt der nicht besetzten Konstanten $a*x^0$ vorbehalten)und haben den Wert *rmz*. Spätestens jetzt wird klar, wofür der mathematische Exkurs im ersten Abschnitt des Kapitels gut war. Dank Évariste Galois und Kollegen wissen wir: Diese Gleichung können wir mathematisch nicht nach x bzw. q auflösen.

Aber wozu auch, Excel bietet hier die niedliche Funktion

ZINS(Zzr;Rmz;Bw;Zw;F;Schätzwert)

Gibt den Zinssatz einer Annuität pro Periode zurück

Einfach mal ausprobiert (Abbildung 8.11).

i | f_x =ZINS(n;rmz;0;zw;f)

	A	B	C	D	E	F	G	H
1	Regelmäßige Zahlung	rmz	-1.000,00		t	**Zahlung**	**Zinsperioden**	**Wert**
2	Perioden	n	5		t_0	1.000	5	1.228,40
3	Fälligkeit	f	1		t_1	1.000	4	1.178,88
4	Endwert	zw	5.666,41		t_2	1.000	3	1.131,37
5	Zinssatz	i	4,200%		t_3	1.000	2	1.085,76
6					t_4	1.000	1	1.042,00
7					Σt_5			**5.666,41**
8								

Abbildung 8.11: Zinssatzermittlung bei vorgegebenem Endwert mit Funktion ZINS

Die Formel

```
C5: =ZINS(n;rmz;0;zw;f)
```

liefert das Ergebnis 4,2 %. Bevor wir das glauben, machen wir erst eine tabellarische Rückrechnung in der Tabelle ab Spalte E.

```
H2: =F2*(1+$C$5)^G2
```

bis H6 kopiert und der Endwert

```
H7: =SUMME(H2:H6)
```

Wow! Passt! Doch wie kann das sein? Die hellsten Mathematiker der Geschichte haben bewiesen, dass das Problem nicht zu lösen ist, und Microsoft kontert ganz locker mit der Funktion ZINS.

Die Antwort: Das ist ein bisschen geschummelt. Um diese Schummelei zu ermöglichen, waren wieder andere Mathematiker am Werk wie zum Beispiel der ehrenwerte Sir Isaac Newton (1643–1727).

Das richtige Ergebnis hier ist keine exakt mathematisch hergeleitete Lösung, sondern ein über ein Näherungsverfahren erzieltes Resultat. So steht es auch in der Excel-Hilfe:

... ZINS verwendet zur Berechnung eines Zinssatzes ein Iterationsverfahren. Es ist möglich, dass es keine oder auch mehrere Lösungen gibt. Wenn die Differenzen aufeinanderfolgender Ergebnisse von ZINS nach 20 Iterationsschritten nicht gegen 0,0000001 konvergieren, gibt ZINS den Fehlerwert #ZAHL! zurück.

8.3.1 Charmante Annäherungsversuche

Eine Kapitalanlage mit regelmäßigen konstanten Einzahlungen oder auch ein annuitätischer Tilgungsplan stellt zwar ein Polynom n-ten Grades dar, aber eines, das recht einfach strukturiert ist. Das obere Diagramm in Abbildung 8.12 zeigt das Polynom 5. Grades zu unserem Sparplan mit fünf Zahlungen zu je 1000 € und einem Endwert von 5666,41 in großem Maßstab. Für die finanzmathematische Anwendung interessiert uns nur ein ganz kleiner Ausschnitt des Funktionsgraphen, nämlich der markierte Quadrant zwischen 0 und 2. Das untere Diagramm zeigt diesen Ausschnitt herangezoomt. Man erkennt, dass die Funktion nur an einer Stelle die X-Achse schneidet, die es zu bestimmen gilt. Würde das Polynom nicht in diesem X-Achsenintervall die X-Achse schneiden, würde das Modell betriebswirtschaftlich keinen Sinn ergeben, denn diese Stelle bestimmt die Verzinsung der Kapitalanlage.

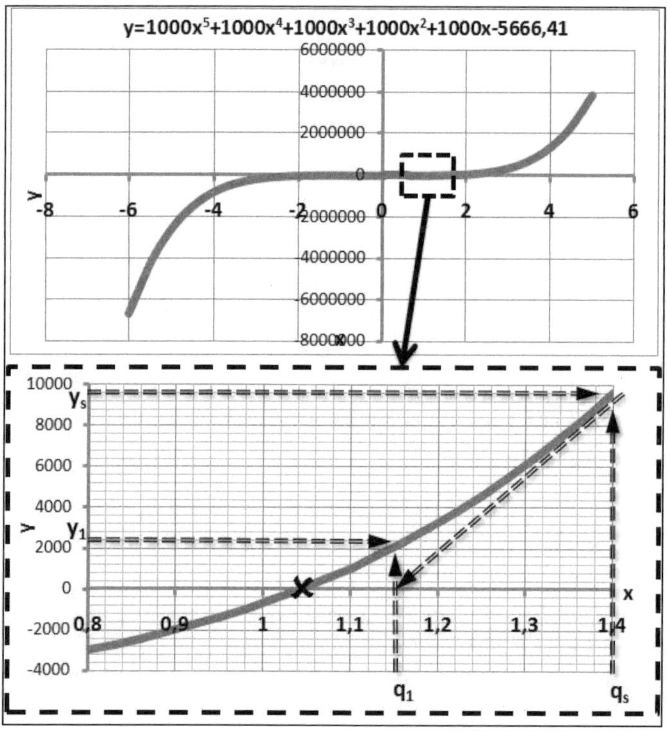

Abbildung 8.12: Grafische Darstellung des Polynoms (= Endwertfunktion)

Ein Näherungsverfahren zur Bestimmung einer Nullstelle verlangt einen Schätzwert q_S ($q=x=1+i$), von dem aus man sich der gesuchten Nullstelle annähern kann. Durch die Begrenzung des Polynoms auf den kleinen Ausschnitt mit betriebswirtschaftlicher Relevanz haben wir diese Voraussetzung bereits geschaffen. Im unteren Diagramm der Abbildung 8.12 wird der x-Wert 1,4 als Ausgangspunkt bzw. Schätzwert gewählt.

An diesen Punkt legt man eine Tangente an. Ihre Steigung entspricht an diesem Punkt der Steigung des Polynoms. Berechnet wird sie aus der ersten Ableitung des Polynoms. Damit sind die Koordinaten q_S und y_S sowie die Steigung der Tangenten bekannt. Somit ist es möglich, den Punkt q_1 zu bestimmen, der die erste Annäherung an den tatsächlichen Wert von q und damit den richtigen Zinssatz i erschließt. In Höhe von q_1 legt man erneut eine Tangente an den Funktionsgraphen an und wiederholt die Berechnung. So erreicht man nach wenigen Schritten die X-Koordinate, die dem tatsächlichen Zinssatz annähernd entspricht. Abbildung 8.13 zeigt die tabellarische Darstellung des Verfahrens.

F11 | f_x =H22-1

	A	B	C	D	E	F	G	H	
1	x	y		Koeffizienten	Polynom*)	1. Ableitung		Iteration	
2	0,80	-2977,13		a	-5666,41	1000		1,4	q_s
3	0,83	-2707,24		b	1000	2000		1,15774057	q_1
4	0,86	-2413,32		c	1000	3000		1,05741361	q_2
5	0,89	-2093,51		d	1000	4000		1,04230569	
6	0,92	-1745,85		e	1000	5000		1,04200012	
7	0,95	-1368,25		f	1000	0		1,04199999	
8	0,98	-958,53						1,04199999	
9	1,01	-514,39		*) $y = a + bx + cx^2 + dx^3 + ex^4 + fx^5$				1,04199999	
10	1,04	-33,43						1,04199999	
11	1,07	486,88			Zinssatz:	4,200%		1,04199999	
12	1,10	1049,20			(q - 1)			1,04199999	
13	1,13	1656,30						1,04199999	
14	1,16	2311,07						1,04199999	
15	1,19	3016,54						1,04199999	
16	1,22	3775,88						1,04199999	
17	1,25	4592,38						1,04199999	
18	1,28	5469,47						1,04199999	
19	1,31	6410,73						1,04199999	
20	1,34	7419,87						1,04199999	
21	1,37	8500,77						1,04199999	
22	1,40	9657,43						1,04199999	q

Abbildung 8.13: Zinssatzermittlung über das Newtonsche Näherungsverfahren

In E2:E7 stehen die Koeffizienten a bis f des Polynoms, daneben in Spalte F dessen erste Ableitung. Zur Erinnerung an die Schulzeit: Von einer Funktion

```
f(x) = a*x^n
```

lautet die erste Ableitung

```
f'(x) = n*a*x^(n-1)
```

Umgesetzt wird diese Berechnung ganz einfach mit:

```
F2: =ANZAHL(E$2:E2)*E3
```

kopiert bis F7. Klingt erst mal komisch – ist aber so. Zum Beispiel ist von `1000*a^5` aus E7 die erste Ableitung

```
ANZAHL(E$2:E6)*E7=5*1000=5000*b^4
```

die durch die Zelle F6 repräsentiert wird. Der Exponent 5 existiert in der ersten Ableitung nicht, deshalb ist die Zelle F7 leer.

In A2:A22 wird das X-Achsenintervall definiert, in dessen Bereich die ungefähre Nullstelle angepeilt wird. Die entsprechenden y-Werte ergeben sich dann aus:

```
B2: =E$2+E$3*A2+E$4*A2^2+E$5*A2^3+E$6*A2^4+E$7*A2^5
```

Gott sei Dank gibt es Matrixformeln, sodass diese Berechnung etwas kürzer und übersichtlicher gestaltet werden kann:

```
B2: {=SUMME($E$2:$E$7*A2^{0;1;2;3;4;5})}
```

(zu kopieren bis B22).

In H2 steht die erste Schätzung der Polynomnullstelle q_S mit dem Wert 1,4. Der y-Wert beträgt y_S=9657,43. Die erste Ableitung an dieser Position hat den Wert:

```
f'(1,4)= SUMME($F$2:$F$7*H2^{0;1;2;3;4;5})=39864
```

Das bedeutet, dass die Tangente ebenso die Steigung 39864 hat. Aus dieser Erkenntnis kommen wir über einen banalen Dreisatz zu Punkt q1:

Wenn ein Punkt auf der Tangente einen x-Wert nach links wandert, liegt er 39864 y-Werte weiter unten. Wie viele x-Werte muss er dann nach links wandern, um von y_S=9657,43 auf y=0 verschoben zu werden? Es gilt:

$(q_S-q_1)/9657,43=1/39864$
$q_S-q_1=9657,43/39864$

```
q5-9657,43/39864=q1
q1=1,4-9657,43/39864=1,4-0,242259432=1,15774057
```

Von diesem errechneten Punkt wird dann erneut die Steigung seiner Tangente berechnet usw. In der Excel-Tabelle formulieren wir dazu:

```
H3:{=H2-(SUMME($E$2:$E$7*H2^{0;1;2;3;4;5})/H2)
/(SUMME($F$2:$F$7*H2^{0;1;2;3;4;5})/H2)}
```

und kopieren die Formel beliebig viele Iterationsschritte nach unten. In der Abbildung 8.13 haben wir bis H22 kopiert, aber bis Zeile 10 hätte auch genügt, denn die Annäherung ist dann so schnell am richtigen Wert angelangt, dass nur wenige Schritte notwendig sind. Von der korrekten q-Position muss schließlich noch 1 abgezogen werden, um den begehrten Zinssatz zu erhalten:

```
F12: = H21-1 = 4,2 %
```

Solch eine iterative Annäherung steckt also hinter der Excel-Funktion ZINS. Allerdings ist auch ihr Einsatzgebiet sehr begrenzt.

8.3.2 Dynamische und schwankende Zahlungen

Angenommen, die fünf Zahlungen je 1000 € sind nicht konstant, sondern wachsen ab dem zweiten Jahr mit einer Dynamik von 5 % und führen zu einem Endwert von 6000 €. Den Endwert eines dynamischen Sparplanes haben wir im vorangegangenen Kapitel bereits ermittelt, doch geht dies auch mit dem internen Zinsfuß? Die Funktion ZINS ist hier bereits am Limit, da sie nur konstante Zahlungen verarbeiten kann.

Also greifen wir zu einer weitaus stärker motorisierten Funktion namens IKV:

IKV(Werte;Schätzwert)

Gibt den internen Zinsfuß einer Investition ohne Finanzierungskosten oder Reinvestitionsgewinne zurück. Die in Werte angegebenen Zahlen entsprechen der zu der Investition gehörenden Zahlungsreihe. Diese Zahlungen müssen nicht gleich groß sein, wie dies bei Annuitätenzahlungen der Fall ist. Der Zinsfluss muss jedoch in regelmäßigen Intervallen, monatlich oder jährlich, auftreten. Der interne Zinsfuß ist der Zinssatz, der für eine Investition erreicht wird, die aus Auszahlungen (negative Werte) und Einzahlungen (positive Werte) besteht, die in regelmäßigen Abständen erfolgen.

Die Werte, die an die Funktion IKV übergeben werden, können entweder tabellarisch oder auch in einem Array übergeben werden (Abbildung 8.14).

i | =IKV(F2:F7;0,1)

	A	B	C	D	E	F	G	H
1	Regelmäßige Zahlung	rmz	-1.000,00		t	**Zahlung**	**Zinsperioden**	**Wert**
2	Perioden	n	5		t_0	-1.000,00	5	-1.150,87
3	Fälligkeit	f	1		t_1	-1.050,00	4	-1.174,93
4	Dynamik	d	5%		t_2	-1.102,50	3	-1.199,49
5	Endwert	zw	6.000,00		t_3	-1.157,63	2	-1.224,56
6	Zinssatz	i	2,850%		t_4	-1.215,51	1	-1.250,15
7					Σt_5	6.000,00		**-6.000,00**
8								

Abbildung 8.14: Zinssatzermittlung bei steigenden Zahlungen mit der Funktion IKV

Im Bereich C1:C5 stehen die Eingabeparameter. Neu ist hier die Dynamik d in C4, welche die Funktion ZINS überfordert. Der Zahlungsplan, der sich daraus ergibt, steht in F2:F7. F7 enthält den Endwert aus C5 mit umgekehrtem Vorzeichen zu den Einzahlungen. Den internen Zinsfuß, die Rendite dieser Zahlungsreihe, liefert die kurze Formel:

```
C6:=IKV(F2:F7;0,1) = 2,85 %
```

Den Schätzwert von 0,1 (10 %) hätte man auch weglassen können, denn das ist der Standardwert, mit dem Excel rechnet, falls kein Schätzwert angegeben wurde. Der Wert von 2,85 % ist so zu interpretieren, dass die fünf Zahlungen mit diesem Satz zu verzinsen wären, um ein Endvermögen von genau 6000 € zu erzeugen. Zum Beweis rechnen wir zurück:

```
H2:=F2*(1+$C$6)^G2
```

Kopiert bis H6, ergibt dies in Summe genau die 6000 €.

```
H7:=SUMME(H2:H6)
```

Da IKV auch Arrays verarbeiten kann, ist die Lösung auch in einer Formel ohne die Wertetabelle in Spalte F möglich. Die Funktion ZEILE kann hier wieder glänzen. Die Formel lautet in diesem Fall:

```
C6: =IKV(WENN(Zeitstrahl=n+1;zw;rmz*(1+d)^(Zeitstrahl-1)))
```

Zeitstrahl ist ein Name, der zur besseren Lesbarkeit der Formel für den Ausdruck

```
ZEILE(INDIREKT("1:"&n+1))
```

definiert wurde. Er erzeugt ein Array mit allen Zeitpunkten des Zahlungsplanes:

```
{1;2;3;4;5;6}
```

Die WENN-Prüfung sorgt dafür, dass nur im letzten Zeitpunkt, im Beispiel der sechste, der Endwert eingesetzt wird, ansonsten die mit dem Faktor 1+d multiplizierten Zahlungen. Das resultierende Array der WENN-Funktion lautet dann:

```
{-1000;-1050;-1102,5;-1157,625;-1215,50625;6000}
```

das logischerweise den Werten im Bereich F2:F6 entspricht und das IKV gleichermaßen auswerten kann.

Die Funktion IKV ist so flexibel, dass die regelmäßigen Zahlungen nicht nur mit einem dynamischen Anstieg versehen werden, sondern sogar in ihrer Höhe beliebig schwanken können. Wir betrachten dies an einem Zahlenbeispiel, bei dem eine einmalige Auszahlung zu Beginn, beispielsweise ein Darlehen, zu regelmäßigen, aber in der Höhe schwankenden Rückzahlungen führt (Abbildung 8.15).

i | fx =IKV(B4:B8)

	A	B	C	D	E
1				7,62%	
2					
3	t	Zahlung	Zinsperioden	Wert	
4	t_0	-800,00	0	-800,00	
5	t_1	200,00	1	185,84	
6	t_2	220,00	2	189,95	
7	t_3	250,00	3	200,57	
8	t_4	300,00	4	223,64	
9	Σt_0			0,00	
10					

Abbildung 8.15: Zinssatzermittlung bei schwankenden Zahlungen

Die Frage, die IKV hier beantwortet, lautet:

Mit welchem Zinssatz müssen die Rückzahlungen in B5:B8 abgezinst werden, um dem Barwert in B4 zu entsprechen? Der Zinssatz lautet:

```
D1: =IKV(B4:B8)
```

Die Rückrechnung auf den Barwert bei Vorgabe dieses Zinssatzes geschieht über:

```
D4: =B4/(1+i)^C4
```

kopiert bis D8. Das Ergebnis passt, da die Summe in D9 genau 0 ergibt. Die Berechnung der Spalte D ähnelt der Barwertberechnung über die Funktion BW, nur mit dem Unterschied, dass BW konstante Zahlungen verlangt.

So wie die Funktion IKV die Funktion ZINS aufpeppt, gibt es auch ein Tuning für die Funktion BW, nämlich NBW:

NBW(Zins;Wert1;Wert2; ...)

Gibt den Nettobarwert (Kapitalwert) einer Investition auf Basis eines Abzinsungsfaktors für eine Reihe periodischer Zahlungen zurück.

Demzufolge kann der Barwert aus D9 auch mit

```
D9: =NBW(i;B4:B8)*(1+i)
```

ermittelt werden. NBW geht davon aus, dass der Barwert von –800 € am Ende der Verzinsungsperioden gilt und selbst noch ein Jahr zum Kalkulationszins diskontiert werden muss. Da hier aber die –800 € auf den Bezugszeitpunkt fallen und selbst nicht abgezinst werden, muss das Ergebnis von NBW um eine Periode aufgezinst werden, deshalb der Faktor *(1+i) in obiger Formel.

Wir verbleiben nun noch etwas bei der Funktion IKV. Die eigentliche Bestimmung dieser Funktion haben wir bereits hinreichend dargelegt. Wie sie gehörig über sich hinauswächst, sehen Sie im nächsten Abschnitt.

8.4 IKV – eine Funktion macht Karriere

Fassen wir noch einmal zusammen: Eine Zahlungsreihe mit n+1 Perioden stellt nichts anderes als eine Polynomgleichung n-ter Ordnung dar. Bezogen auf das letzte Zahlenbeispiel gilt:

```
y = 300*x^4+250*x^3+220*x^2+200*x-800
```

Wobei x für einen Abzinsungsfaktor 1/(1+i) steht. IKV verwendet ein Iterationsverfahren, um eine Nullstelle dieses Polynoms nahe der Y-Achse, im betriebswirtschaftlich relevanten Bereich, aufzuspüren. Wer den Zusammenhang zwischen Zahlungsreihe und Polynomgleichung verinnerlicht hat, könnte sich vielleicht folgende Frage stellen:

Ist es möglich, die finanzmathematische Sicht auszublenden, den Fokus auf die gesamte Polynomgleichung zu legen (nicht nur beschränkt auf einen kleinen Ausschnitt) und diese mit IKV weiter zu analysieren?

8.4.1 Polynomnullstellen finden

Ja, es ist möglich. Mit IKV können quasi beliebige Polynomnullstellen, Wende- und Extrempunkte berechnet und anschließend in einem Punkt(XY)-Diagramm visualisiert werden.

Untersuchen wir ein Polynom 4. Grades in der Form

```
y= a + b*x + c*x^2 + d*x^3 + e*x^4
```

das optimal im betrachteten Zahlenbereich vier Nullstellen aufweist. Sie haben zwei Möglichkeiten, ein solches Polynom zu finden und in einem Punkt(XY)-Diagramm darzustellen. Entweder Sie legen die Koeffizienten a, b, c, d und e fest und berechnen für ein bestimmtes X-Achsenintervall die entsprechenden y-Werte und schauen, wie das Polynom verläuft. Einfacher geht es aber, indem Sie die X-/Y-Koordinaten vorgeben und Excel die Koeffizienten mithilfe einer Regressionsrechnung ermitteln lassen, und das geht wie folgt (Abbildung 8.16).

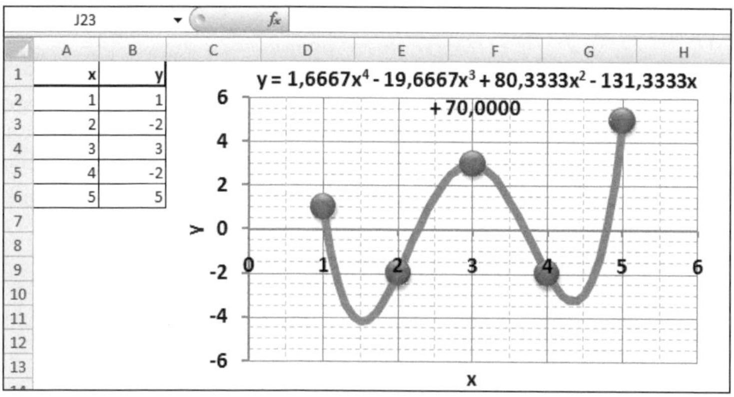

Abbildung 8.16: Polynom 4. Grades

In A2:B6 definieren Sie fünf Koordinatenpunkte, denn um ein Polynom n-ten Grades zu bestimmen, brauchen Sie n+1 Datenpunkte. Erstellen Sie aus diesen Datenpunkten ein Punkt(XY)-Diagramm (nur mit Punkten, ohne Linien!). Die Koordinatenpunkte sollten so angeordnet sein, dass drei Punkte oberhalb der X-Achse liegen und zwei Punkte unterhalb (oder zwei oberhalb und drei unterhalb), damit die Funktion vier Nullstellen besitzt. Klicken Sie mit der rechten Maustaste einen der Datenpunkte an und wählen Sie im Kontextmenü den Eintrag *Trendlinie hinzufügen* aus (Abbildung 8.17).

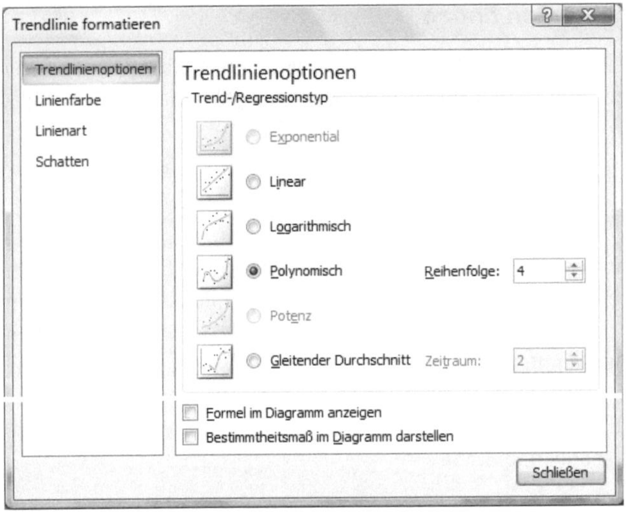

Abbildung 8.17: Dialog um Trendlinien in Chart einzufügen

Wählen Sie aus diesem Dialog einen polynomischen Trend aus. Im Feld *Reihenfolge* tragen Sie eine 4 ein. Der Begriff Reihenfolge macht hier eigentlich keinen Sinn: 4 bedeutet in diesem Fall 4. Grades. Aktivieren Sie noch das Kontrollkästchen *Formel im Diagramm anzeigen*, und schon spuckt Excel nach einem Klick auf *Schließen* die Polynomkoeffizienten

```
e:+1,6666667; d:-19,6666667; c:+80,33333333; b:-131,33333333; a:+70
```

aus. Außerdem wird eine Trendlinie angezeigt, die viermal die X-Achse schneidet. Die ungefähren Schnittpunkte der X-Achse sieht man bei 1,1; 2,3; 3,7; 4,8.

Jetzt geht es darum, diese Punkte exakt zu bestimmen und im Diagramm zu markieren, was einen tiefen Griff in die Excel-Trickkiste verlangt. Um zu verstehen, warum der Lösungsweg über IKV führt, tun wir so, als wären die Polynomkoeffizienten eine „normale" Zahlungsreihe, deren interner Zinsfuß mit IKV bestimmt werden soll. Die Zahlungsreihe, die IKV auswertet, beginnt links mit dem Koeffizienten a und endet rechts mit dem Koeffizienten e (also genau andersherum als in der vorherigen Darstellung).

```
=IKV({70;-131,33333333;80,33333333;-19,66666667;1,66666667}) = -4,4296 %
```

Die Zahlungsreihe beginnt bei IKV von links mit den Zahlungen, die am wenigsten abgezinst werden. Bezogen auf das Polynom sind das die Koeffizienten mit der niedrigsten Potenz, also von a aufsteigend.

Wie ist das Ergebnis von –4,4296 % zu interpretieren, und was hat es mit den gesuchten Polynomnullstellen zu tun? Addieren Sie den Wert 1, und bilden Sie den Kehrwert, also 1/(1–4,4296 %), erhalten Sie 1,046349, was verdächtig nach der ersten gesuchten Nullstelle aussieht (und es auch ist). Erinnern wir uns, IKV gibt das i zurück, für das die Gleichung

```
0=70-131,33*(1/(1+i))+80,33*(1/(1+i))^2-19,67*(1/(1+i))^3+1,67*(1/(1+i))^4
```

gilt (bei gerundeten Nachkommastellen). Wenn Sie 1/(1+i) durch x ersetzen und i = 4,4296 % ist, dann muss x = 1,046349 betragen. Damit ist im Grunde schon das Rätsel gelöst, wie man den Bogen von einem internen Zinsfuß zur Polynomnullstelle schlagen kann.

Jetzt kennen wir aber erst eine Nullstelle. Um auch noch die anderen Nullstellen zu erhalten, müssen Sie IKV über den Schätzwert mitteilen, wo ungefähr gesucht werden muss. Sie wissen, dass die Nullstellen im Bereich von 1 < x < 5 liegen. Also listen Sie in L3:L11 ein Intervall von Schätzwerten auf, für die IKV die Nullstellen berechnen soll. Dies müssen mindestens so viele Schätzwerte sein, wie es Nullstellen gibt, dann müssen Sie aber Glück haben, dass jeder Schätzwert eine andere Nullstelle findet. Also nehmen Sie viele Schätzwerte (nur kein Geiz), damit auch alle Nullstellen gefunden werden. Da IKV i als Schätzwerte erwartet und nicht x, müssen Sie zuvor im Bereich M3:M11 x nach i umrechnen. In N3:N11 ermittelt dann IKV die Nullstellen (Abbildung 8.18):

N3 fx {=RUNDEN(1/(1+IKV($J$2:$J$6;M3));7)}

	I	J	K	L	M	N	O	P
1	Polynomkoeffizienten			Schätzwert		Nullstelle		Nullstellen
2	a	70		(x)	(i)=1/x-1			ohne Doppler
3	b	-131,3333333		1	0,00000	1,0463489	1	1,0463489
4	c	80,33333333		1,5	-0,33333	1,0463489	0	2,2653329
5	d	-19,66666667		2	-0,50000	2,2653329	2	3,7021038
6	e	1,666666667		2,5	-0,60000	2,2653329	0	4,7862144
7				3	-0,66667	2,2653329	0	
8				3,5	-0,71429	3,7021038	3	
9				4	-0,75000	3,7021038	0	
10				4,5	-0,77778	4,7862144	4	
11				5	-0,80000	4,7862144	0	

Abbildung 8.18: Berechnung von Polynomnullstellen

```
N3: =RUNDEN(1/(1+IKV($J$2:$J$6;M3));6)
```

IKV hat jetzt bei neun Versuchen alle vier Nullstellen gefunden. Dadurch sind manche Ergebnisse natürlich redundant, aber das stört ja nicht. Mit der Formel

`O3:=(ZÄHLENWENN(N$3:N3;N3)=1)*(MAX(O$2:O2)+1)` (kopieren bis O3:O11)

können Sie markieren, ob eine Nullstelle redundant ist (0) oder erstmalig gefunden wurde (1, 2, 3 ,4).

Es empfiehlt sich, das Ergebnis von IKV nach einigen Stellen zu runden, da sonst Rundungsdifferenzen auftauchen können. Dann würden zwei Nullstellen, die sich erst in der zehnten Nachkommastelle unterscheiden, als zwei unterschiedliche Nullstellen interpretiert, obwohl es ein und dieselbe ist.

Um die Nullstellen ohne Duplikate aufzulisten, schreiben Sie in P3:

```
P3:=INDEX(N:N;VERGLEICH(Zeile()-2;O:O;0))
```

kopieren bis P6 nach unten und fügen diesen Bereich als x-Werte einer neuen Datenreihe in das Diagramm ein (A10:A13). Als y-Werte definieren Sie B10:B13`{0.0.0.0}` (denn bei Nullstellen muss y ja immer null sein).

Wenn Sie die Datenpunkte der Nullstellen formatieren, wird das Ergebnis etwa aussehen wie in Abbildung 8.19. Die Formel in B10 erbringt den Nachweis, dass der Funktionswert an dieser x-Position 0 ergibt.

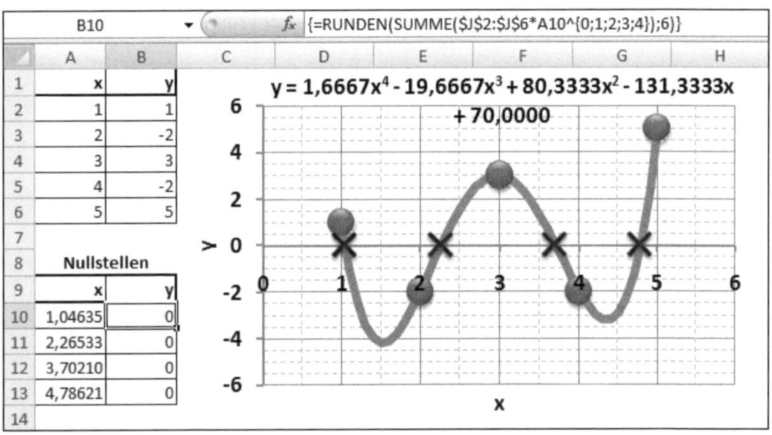

Abbildung 8.19: Polynomnullstellen im Diagramm anzeigen

Das Ganze funktioniert genauso mit Polynomen höheren Grades. Bis zur 8 haben wir es selbst erfolgreich ausprobiert. Aber wie gesagt, es können nur die Nullstellen im vorgegebenen Zahlenintervall gefunden werden. Wenn das vorgegebene Zahlenintervall mit dem X-Achsenintervall des Punkt(XY)-Diagramms übereinstimmt, dürfte Ihnen keine sichtbare Nullstelle durch die Lappen gehen.

8.4.2 Ableitungen und Extrempunkte

Wer in der Schule aufgepasst hat, der weiß, dass man auch Extrempunkte und Wendepunkte von Funktionen bestimmen kann. Extrempunkte liegen dort, wo die erste Ableitung des Polynoms Nullstellen aufweist. Über die zweite Ableitung sind dementsprechend Wendepunkte zu ermitteln. Ein Polynom n-ten Grades hat maximal n-1 Extrempunkte und n-2 Wendepunkte, da die erste Ableitung ein Polynom (n-1)-ten Grades und die zweite Ableitung ein Polynom (n-2)-ten Grades ist. Die Ableitungen eines Polynoms zu berechnen, ist in Excel sehr einfach (Abbildung 8.20).

D2 =C3*$B3

	A	B	C	D	E	F	G
1		Potenz	Polynom	1. Ableitung	2. Ableitung	3. Ableitung	4. Ableitung
2	a	0	70,0000	-131,3333	160,6667	-118,0000	40,0000
3	b	1	-131,3333	160,6667	-118,0000	40,0000	0,0000
4	c	2	80,3333	-59,0000	20,0000	0,0000	0,0000
5	d	3	-19,6667	6,6667	0,0000	0,0000	0,0000
6	e	4	1,6667	0,0000	0,0000	0,0000	0,0000

Abbildung 8.20: Ableitungen von Polynomen berechnen

In Spalte C steht das Polynom, und ab Spalte D stehen die Ableitungen.

```
D2:=C3*$B3
```

Die Formel in D2 muss bis G6 kopiert werden.

Die erste Ableitung unseres Polynoms lautet also:

```
y=6,66666667*x^3-59*x^2+160,66666667*x-131,33333333
```

Auf diese Funktion wenden Sie nun das gleiche Verfahren mit IKV an wie auf das ursprüngliche Polynom. Die Parameter der ersten Ableitung übertragen Sie in den Bereich J14:J17. Die Schätzwerte stehen nun in L15:M23 und sind dieselben wie zuvor, ebenso die benachbarten Formeln in Spalte N und O. Die Nullstellen der ersten Ableitung stehen in P15:P17. Diesmal sind es nur drei (Abbildung 8.21).

N15 =RUNDEN(1/(1+IKV($J$14:$J$17;M15));7)

	I	J	K	L	M	N	O	P
13	1. Ableitung			Schätzwert		Nullstelle		Nullstellen
14	a	-131,3333333		(x)	(i)=1/x-1	1. Ableitung		ohne Doppler
15	b	160,6666667		1	0,00000	1,5207837	1	1,5207837
16	c	-59		1,5	-0,33333	1,5207837	0	2,9750390
17	d	6,666666667		2	-0,50000	1,5207837	0	4,3541773
18				2,5	-0,60000	2,975039	2	
19				3	-0,66667	2,975039	0	
20				3,5	-0,71429	2,975039	0	
21				4	-0,75000	4,3541773	3	
22				4,5	-0,77778	4,3541773	0	
23				5	-0,80000	4,3541773	0	

Abbildung 8.21: Extrempunkte berechnen

In diesem Fall sind die y-Werte aber nicht 0, sondern sie müssen bestimmt werden, indem Sie diese in das Ursprungspolynom einsetzen. Die Nullstellen aus P15:P17 übertragen Sie nach A17:A19. Die Funktionswerte ergeben sich entsprechend durch:

```
B17:{=SUMME($J$2:$J$6*A17^{0;1;2;3;4})}
```

Der Bereich A17:B19 ist dann Basis für eine neue Datenreihe, die im Diagramm die Extrempunkte markiert (Abbildung 8.22).

B17 {=RUNDEN(SUMME($J$2:$J$6*A17^{0;1;2;3;4});6)}

	A	B
1	x	y
2	1	1
3	2	-2
4	3	3
5	4	-2
6	5	5
7		
8	Nullstellen	
9	x	y
10	1,04635	0
11	2,26533	0
12	3,70210	0
13	4,78621	0
14		
15	Extrempunkte	
16	x	y
17	1,52078	-4,19352
18	2,97504	3,00416
19	4,35418	-3,24426
20		

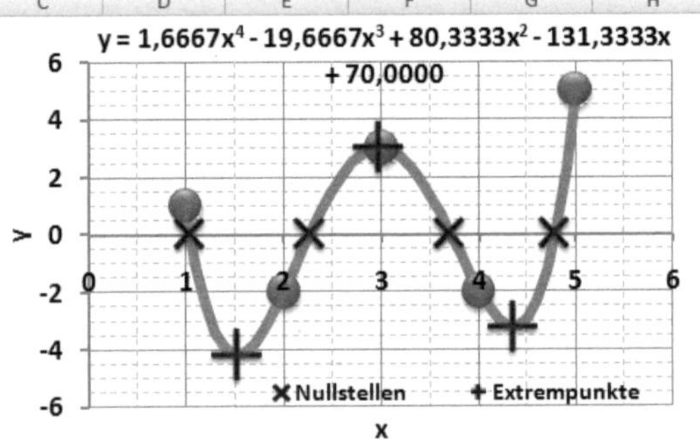

Abbildung 8.22: Berechnung und Darstellung von Extrempunkten

Für die Wendepunkte wiederholen Sie die Prozedur, nehmen nur anstelle der ersten Ableitung die zweite Ableitung.

Falls Ihre Ergebnisse an irgendeiner Stelle geringfügig abweichen, kann es an der Rundung der Nachkommastellen der Koeffizienten liegen. Denn die Koeffizienten des Beispielpolynoms haben 15 periodische Nachkommastellen, die in den Abbildungen nicht vollständig angezeigt werden.

8.4.3 Negative Nullstellen

Wenn bis jetzt alles geklappt hat: Herzlichen Glückwunsch! Hoffentlich haben Sie noch etwas Ausdauer, denn eine Gemeinheit haben wir Ihnen noch verschwiegen. IKV macht Zicken, wenn sich Nullstellen im negativen Bereich bewegen.

Im nachfolgenden Polynom (Abbildung 8.23) werden nur die rechten drei Nullstellen gefunden:

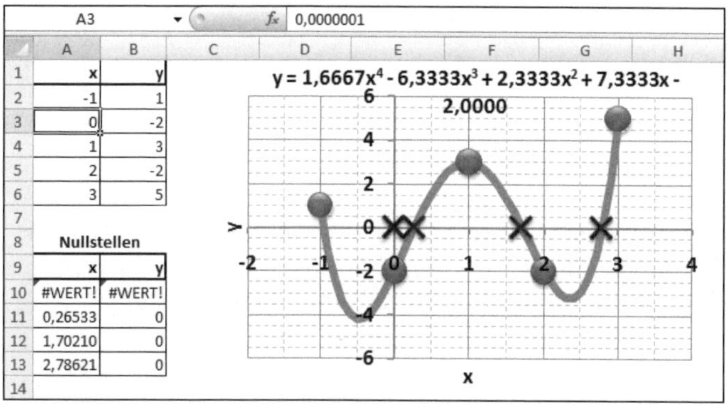

Abbildung 8.23: IKV findet (zunächst) nur positive Nullstellen.

Die linke Nullstelle wird nicht gefunden, weil IKV mit den Schätzwerten x:-1 und i=1/x-1=-2 nichts anfangen kann und die Formel

```
{=RUNDEN(1/(1+IKV($J$2:$J$6;-2));6)} bzw.
=RUNDEN(1/(1+IKV({-2;7,33;2,33;-6,33;1,67};-2));6)}
```

den Fehlerwert `#WERT!` liefert. IKV kommt nur mit positiven x-Werten und ergo Schätzwerten von i > –1 klar. (Den Datenpunkt mit dem Fehlerwert #WERT! verschiebt Excel im Diagramm fälschlicherweise in den Koordinatenpunkt 0/0.)

Müssen wir jetzt, nach diesem langen Weg, an dieser Stelle wirklich aufgeben? Nein, wir können noch tiefer in die Trickkiste greifen, um IKV auch diese Nullstelle abzutrotzen. Wie man sieht, liegt die linke Nullstelle bei ca. –0,95. Wenn man das Polynom an der Y-Achse spiegeln würde, würde sie logischerweise bei +0,95 liegen, und IKV könnte sie finden. Um die Funktion zu spiegeln, multiplizieren Sie alle x-Werte mit –1. Die Y-Werte bleiben, wie sie sind (Abbildung 8.24).

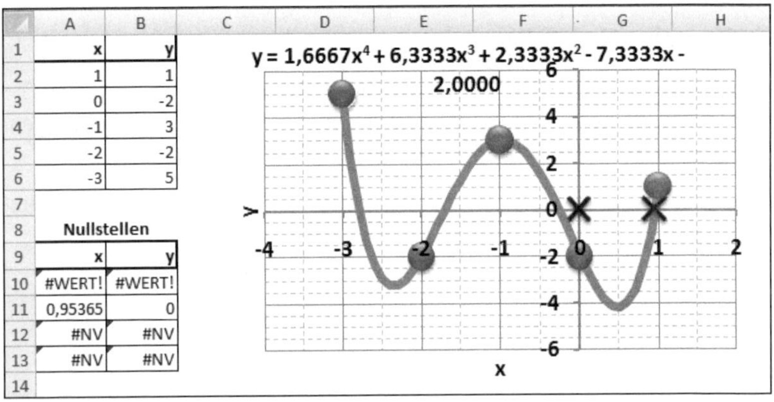

	A	B
1	x	y
2	1	1
3	0	-2
4	-1	3
5	-2	-2
6	-3	5
7		
8	Nullstellen	
9	x	y
10	#WERT!	#WERT!
11	0,95365	0
12	#NV	#NV
13	#NV	#NV
14		

Abbildung 8.24: Darstellung einer spiegelbildlichen Funktion

Zu diesem Polynom findet IKV die Nullstelle 0,953651. Also wissen wir, dass die spiegelbildliche Nullstelle unseres Originals genau bei –0,953651 liegen muss. Wenn Sie die Koeffizienten beider Polynome vergleichen, fällt etwas besonders auf:

Original: $y = 1{,}667x^4 - 6{,}333x^3 + 2{,}333x^2 + 7{,}333x - 2{,}000$

Spiegelbild: $y = 1{,}667x^4 + 6{,}333x^3 + 2{,}333x^2 - 7{,}333x - 2{,}000$

Bei der spiegelbildlichen Funktion entsprechen alle Koeffizienten mit gerader Potenz dem Original. Alle Koeffizienten mit ungerader Potenz müssen mit –1 multipliziert werden, um das gespiegelte Gegenstück zu erhalten. Zu guter Letzt wird die Tabelle so aufgebaut, dass sowohl positive als auch negative Nullstellen gefunden werden. In K2:K6 werden die Koeffizienten der Spiegelfunktion ergänzt (Abbildung 8.25).

K2 | f_x =WENN(REST(ZEILE(A1);2);J2;-J2)

	I	J	K	L	M	N	O	P
1	Polynomkoeffizienten		Spiegelfunktion	Schätzwert		Nullstelle		Nullstellen
2	a	-2,00000	-2,00000	(x)	(i)=1/x-1			ohne Doppler
3	b	7,33333	-7,33333	-1	-2,00000	-0,953651	1	-0,953651
4	c	2,33333	2,33333	-0,5	-3,00000	-0,953651	0	0,265333
5	d	-6,33333	6,33333	0,00001	99999,00000	0,265333	2	1,702104
6	e	1,66667	1,66667	0,5	1,00000	0,265333	0	2,786214
7				1	0,00000	0,265333	0	
8				1,5	-0,33333	1,702104	3	
9				2	-0,50000	1,702104	0	
10				2,5	-0,60000	2,786214	4	
11				3	-0,66667	2,786214	0	

Abbildung 8.25: Negative Nullstellen über spiegelbildliche Funktion berechnen

Die Formeln der Spiegelfunktion in K2:K6 lauten:

```
K2: =WENN(REST(ZEILE(A1);2);J2;-J2)
```

Sie sorgen dafür (bis K6 kopiert), dass jeder zweite Koeffizient in Spalte J mit –1 multipliziert wird. Die Formeln zur Berechnung der Nullstellen lauten dann:

```
N3:=RUNDEN(WENN(L3<0;-1/(1+IKV($K$2:$K$6;-M3));1/(1+IKV($J$2:$J$6;M3)));6)
```

Ist der Schätzwert in L3 kleiner als Null, multipliziere den Schätzwert aus M3 mit –1 (–M3) und berechne die Nullstelle von der Spiegelfunktion, ansonsten berechne die Nullstelle von der Originalfunktion (+M3). Das Endergebnis offenbart Abbildung 8.26.

A10 | f_x =+P3

	A	B
1	x	y
2	-1	1
3	0	-2
4	1	3
5	2	-2
6	3	5
7		
8	Nullstellen	
9	x	y
10	-0,9537	0
11	0,26533	0
12	1,70210	0
13	2,78621	0
14		

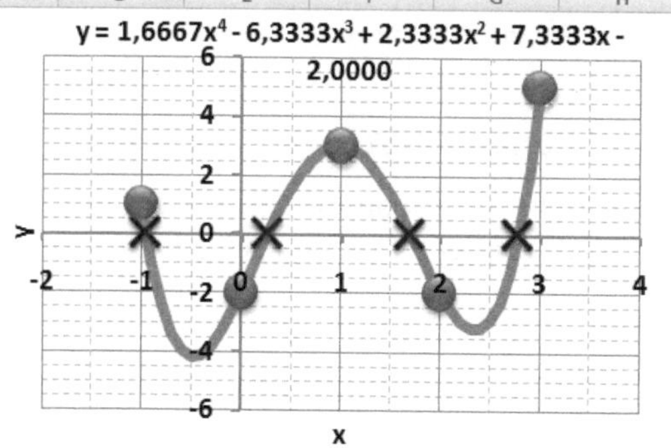

Abbildung 8.26: Positive und negative Nullstellen zusammen anzeigen

8.5 Die Zielwertsuche

Neben den Näherungsverfahren, die in die Funktionen IKV und ZINS integriert sind, bietet Excel noch ein kleines, aber feines Feature an, das sich in ähnlicher Weise angestrebten Ergebnissen annähert. Es nennt sich Zielwertsuche und wurde in Excel 2007 der Familie der *Was-wäre-wenn-Analysen* zugeordnet, die auf der Registerkarte *Daten* zu finden sind (Abbildung 8.27).

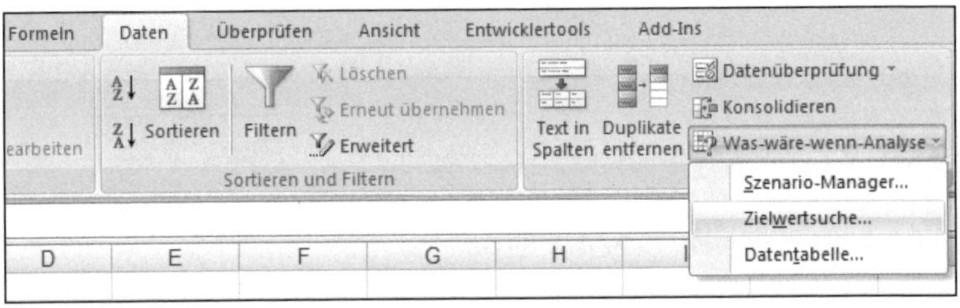

Abbildung 8.27: Die Zielwertsuche

Im Gegensatz zu den Funktionen IKV und ZINS sowie dem Newtonschen Näherungsverfahren ist die Zielwertsuche nicht auf die Bestimmung von Polynomnullstellen (wozu ja auch die Bestimmung des internen Zinsfußes einer Zahlungsreihe gehört) beschränkt.

Die Zielwertsuche ist absolut flexibel überall dort einsetzbar, wo ein Ergebnis vorgegeben ist und eine Input-Größe so variiert werden soll, dass sich dieser gewünschte Output einstellt.

Zunächst bietet es sich aber an, noch ein wenig bei dem zuvor beschriebenen Polynom zu verweilen. Findet auch die Zielwertsuche die Nullstellen der Funktion

```
f(x)=1,66667*x^4-6,33333*x^3+2,33333*x^2+7,33333*x-2?
```

Wir erinnern uns, dies war der Härtefall mit den drei positiven Nullstellen und der einen negativen Nullstelle bei ca. –1. Tragen Sie folgende Werte in eine Tabelle ein:

```
A2:=1+2/3
A3:=-6-1/3
A4:=2+1/3
A5:=7+1/3
A6:=-2
```

In B9 steht das Ergebnis, der Funktionswert des Polynoms:

```
B9: {=SUMME(A2:A6*B8^{4;3;2;1;0})}
```

In B8 tragen wir einen beliebigen Startwert ein, z.B. die 1. In diesem Fall darf in B8 keine 0 stehen, denn sonst würde die Zelle B9 wegen der Berechnung

```
= B8 = 0
```

und

```
0^0 = #ZAHL!
```

einen Fehlerwert anzeigen, und darauf kann die Zielwertsuche nicht aufsetzen. Nun wählen Sie auf der Registerkarte *Daten* in der Gruppe *Datentools* im Dropdownmenü *Was-wäre-wenn-Analyse* den Befehl *Zielwertsuche* und bestücken den nachfolgenden Dialog gemäß Abbildung 8.28:

Abbildung 8.28: Dialog Zielwertsuche

Nach Bestätigung mit *OK* ändert Excel iterativ die Werte in B8, und zwar so lange, bis in B9 annähernd eine Null steht. Bei einem Startwert von 1 kommt Excel auf:

```
B9:1,13656E-05
```

Das ist natürlich nicht ganz null, aber zumindest nahe dran, wie das halt bei einem Näherungsverfahren üblich ist. Dieses kryptische Zahlenformat setzt Excel immer automatisch ein, wenn es sich um eine außerordentlich kleine oder besonders große Zahl handelt. 1,13656E-05 bedeutet das Gleiche wie:

```
=1,13656*10^-5
```

In B10 runden wir einfach das Ergebnis von B9 und sehen 0,000011. Wir sind nicht kleinlich und akzeptieren diesen Wert als Nullstelle. Höflicherweise hat uns Excel zuvor gefragt (Abbildung 8.29), ob wir das Ergebnis akzeptieren. Falls nein, werden die Werte wieder zurückgesetzt, d.h., der Startwert wird in B8 eingetragen.

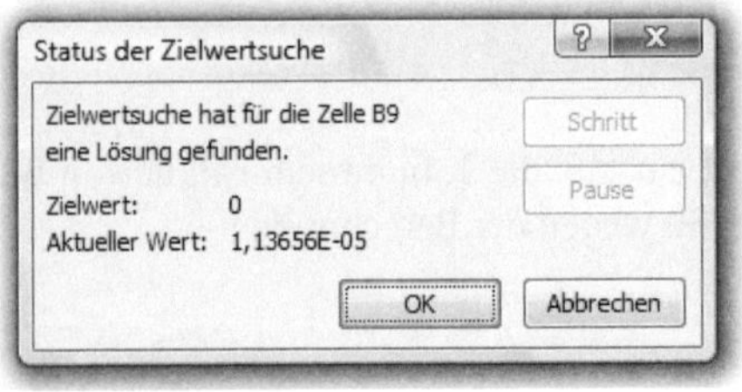

Abbildung 8.29: Dialog Status der Zielwertsuche

Damit haben wir die erste Nullstelle gefunden:

B8:1,702102172

Wie wir wissen, hat die Funktion vier Nullstellen. Und wie alle Näherungsverfahren hat auch die Zielwertsuche das Problem, in die richtige Richtung geführt werden zu müssen. Wenn wir die anderen Startwerte 0,1 oder 3 oder –1 vorgeben, entdeckt Excel auch die übrigen Nullstellen, sogar die Negativen. Im Bereich C8:E12 haben wir die jeweiligen Ergebnisse protokolliert (Abbildung 8.30).

B9 | {=SUMME(A2:A6*B8^{4;3;2;1;0})}

	A	B	C	D	E	F
1	f(x) =					
2	+1,66667 x^4					
3	-6,33333 x^3					
4	+2,33333 x^2					
5	+7,33333 x^1					
6	-2,00000 x^0					
7						
8	x:	1,702102172	0,265331919	2,786224414	-0,95365151	
9	y:	1,13656E-05	-7,40501E-06	0,00017098	7,79015E-06	
10	y gerundet:	0,000011	-0,000007	0,000171	0,000008	
11						
12	Startwert x:	1	0,1	3	-1	

Abbildung 8.30: Nullstellen mit Zielwertsuche finden (1)

Im Gegensatz zu Funktionen hat die Zielwertsuche noch das kleine Manko, für jede Berechnung immer wieder neu manuell angestoßen werden zu müssen. Deshalb bietet es sich hier besonders an, bei Durchführung der Aktion den Makrorekorder mitlaufen zu lassen und später mit einer Schaltfläche zu verknüpfen. Dann erspart man sich zumindest, immer wieder den Dialog aufrufen zu müssen.

Wenn Sie viele Berechnungen der Zielwertsuche durchführen müssen, empfiehlt sich eine VBA-Schleife. Welche Nullstellen liegen in einem ganzen Intervall? IKV konnte die Frage beantworten. Mit etwas VBA-Unterstützung vermag das auch die Zielwertsuche. Das folgende kleine Makro listet alle Nullstellen im X-Achsenbereich von −1 bis +3 auf (Abbildung 8.31).

```
Sub Nullstellen()
Dim x As Single
Dim z As Long
z = 1
For x = -1 To 3 Step 0.25
   If x <> 0 Then
     z = z + 1
     Range("B8").Value = x
     Range("B9").GoalSeek Goal:=0, ChangingCell:=Range("B8")
'GoalSeek=Zielzelle; Goal=Zielwert; ChangingCell=Veränderbare Zelle
     Cells(z, 7).Value = x 'Startwert
     Cells(z, 8).Value = Range("B8").Value 'x
     Cells(z, 9).Value = Abs(Range("B9").Value) 'y
   End If
Next
End Sub
```

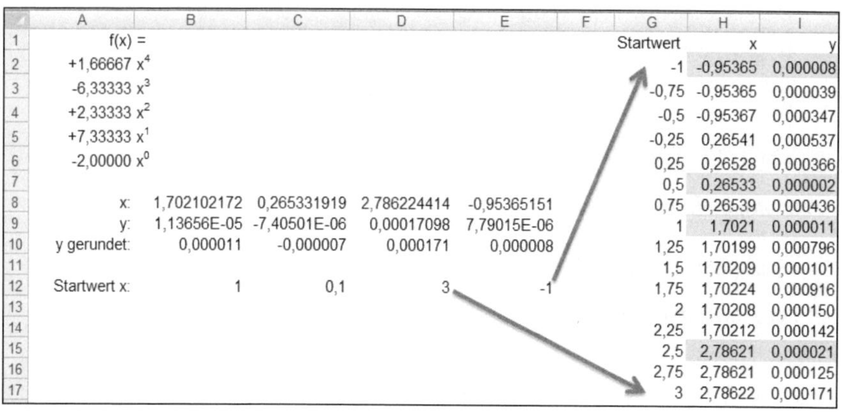

	A	B	C	D	E	F	G	H	I
1	f(x) =						Startwert	x	y
2	+1,66667 x^4						-1	-0,95365	0,000008
3	-6,33333 x^3						-0,75	-0,95365	0,000039
4	+2,33333 x^2						-0,5	-0,95367	0,000347
5	+7,33333 x^1						-0,25	0,26541	0,000537
6	-2,00000 x^0						0,25	0,26528	0,000366
7							0,5	0,26533	0,000002
8	x:	1,702102172	0,265331919	2,786224414	-0,95365151		0,75	0,26539	0,000436
9	y:	1,13656E-05	-7,40501E-06	0,00017098	7,79015E-06		1	1,7021	0,000011
10	y gerundet:	0,000011	-0,000007	0,000171	0,000008		1,25	1,70199	0,000796
11							1,5	1,70209	0,000101
12	Startwert x:	1	0,1	3	-1		1,75	1,70224	0,000916
13							2	1,70208	0,000150
14							2,25	1,70212	0,000142
15							2,5	2,78621	0,000021
16							2,75	2,78621	0,000125
17							3	2,78622	0,000171

Abbildung 8.31: Nullstellen mit Zielwertsuche finden (2)

In Spalte G wird das Intervall der Startwerte eingetragen. Spalte H enthält die Zielwerte, die Excel gefunden hat, und Spalte I den Absolutwert des jeweiligen y-Wertes. Natürlich kommen in der Liste dieselben Nullstellen mehrfach vor. Wir berücksichtigen nur die Treffer, bei denen der Y-Wert in Bezug auf die entsprechende Nullstelle am geringsten ist. Dies sind Treffer in Zeile 2, 7, 9 und 15. Die übrigen werden verworfen. Z.B. wurde in den Zeilen 15 bis 17 dieselbe Nullstelle gefunden. Zeile 15 ist mit einem y-Wert von 0,000021 aber am nächsten dran, deshalb werden die beiden anderen Treffer ignoriert.

Natürlich könnte das Makro noch die verworfenen Treffer löschen, aber wir wollen an dieser Stelle dem Kapitel 13 nicht zu weit vorausgreifen.

Die Zielwertsuche ist so flexibel, dass sie auch für völlig anders gelagerte Problemstellungen Lösungen findet, zum Beispiel bei trigonometrischen Berechnungen. Gleichwohl heißt sie nicht Nostradamus. Man muss ihr immer die Chance geben, sich einer Lösung anzunähern. Wenn sie nur die Möglichkeit hat, wahllos zu suchen, wird sie versagen. Zum Beispiel stehen in der Abbildung 8.32 in Spalte D Zahlen von 1 bis 10, denen ohne jegliche Bildungsregel Zahlen in Spalte E zugeordnet sind. In A1 wird eine Zahl eingetragen und in A2 über SVERWEIS der entsprechende Eintrag von Spalte E gezogen.

Abbildung 8.32: Vergebliche Zielwertsuche

`A2: =SVERWEIS(A1;D1:E10;2;0)`

Mit der Zielwertsuche

- *Zielzelle:* `A2`
- *Zielwert:* `10`
- *Veränderbare Zelle:* `A1`

fängt Excel an, unkontrolliert zu zucken, und trägt in A1 panisch irgendwelche sinnlosen Werte ein. Die Zielwertsuche ist hoffnungslos überfordert. Wer die Formel in A2 versteht, weiß sofort: In A1 muss eine 5 rein, um das Ergebnis von 10 zu liefern. Die Zielwertsuche kann aber in diesem Maße nicht mitdenken. Ihr fehlen die Anhaltspunkte, um sich dem richtigen Ergebnis anzunähern.

8.6 Immer auf Kurs – Disagio & Co

In diesem Abschnitt geht es um festverzinsliche Wertpapiere. Stellen wir uns ein Unternehmen vor, das Schuldverschreibungen zu 100 € emittiert. Der Erwerber zahlt die 100 € an das Unternehmen, das ihm dafür acht Jahre lang am Ende jeden Jahres 6 € vergütet und nach Ablauf der acht Jahre die 100 € zurückgibt.

Auch hier treffen wir auf ein Finanzinstrument, das auf geometrischen Folgen und Reihen basiert. Jene, die wir bisher kennenlernten, unterschieden sich in:

- Kapitalaufbau mit Barwert (bw) < Endwert (zw)
- Kapitalabbau (Tilgung) mit Barwert > Endwert

Nun kommt der dritte Fall dazu, bei dem gilt:

- Barwert =Endwert

Man spricht hier von einer Zinsschuld oder einem Gesamtfälligkeitsdarlehen. Die regelmäßige Zahlung *rmz* entspricht genau der Zinsschuld. Der Tilgungsanteil ist Null und wird vollständig auf den Fälligkeitszeitpunkt am Ende der Laufzeit gelegt. Wir verwenden die Formel des nachschüssigen Rentenendwertes.

$$zw = bw \cdot q^n + rmz \cdot \frac{q^n - 1}{q - 1}$$

Abbildung 8.33: Nachschüssige ZW-Funktion

Bezogen auf obiges Beispiel gilt:

```
bw = 100
q = 1+i
i = 6/100 = 6 %
rmz = -6
n = 8
```

und damit:

```
=100*1,06^8-6*(1,06^8-1)/0,06=100
```

Ergo `bw=zw=100`, quod erat demonstrandum.

In der Begriffswelt der Wertpapiere bezeichnet man die 100 € als Nominalwert und die 6 €, als Nominalverzinsung (6 %). Das alleine wäre noch nicht so spannend. Das Salz in der Suppe folgt nun.

Das Unternehmen hat also das Wertpapier ausgegeben, kann damit acht Jahre lang seine Geschäfte finanzieren und wird es zum Fälligkeitsdatum zurückzahlen. Wertpapiere haben die Eigenschaft, häufig den Eigentümer zu wechseln. Welcher Eigentümer innerhalb der Achtjahresfrist Anspruch auf die Verzinsung hat, kann dem schuldenden Unternehmen im Grunde egal sein. Nehmen wir an, das Wertpapier wurde zum 01.01.2001 ausgegeben und hat eine Laufzeit von acht Jahren bis zum 01.01.2009. Die Zinsen sind über die komplette Laufzeit auf 6 % festgeschrieben.

Nach Ablauf von zwei Jahren ist der marktübliche Zins für solche Schuldverschreibungen auf 8 % gestiegen. Der rational denkende Eigentümer überlegt sich:

„Wenn ich das Wertpapier jetzt schon für 100 € verkaufen würde, statt den Fälligkeitstermin abzuwarten, könnte ich das Geld in eine andere Anlage investieren, die 8 % Zinsen bringen würde."

Für 100 € würde der Eigentümer das Wertpapier unter diesen Marktbedingungen auf jeden Fall hergeben. Ja sogar für etwas weniger Geld würde es sich für ihn rentieren. Doch ab einer bestimmten Preisuntergrenze würde eine alternative Anlage zu 8 %, den Wertverlust nicht mehr ausgleichen können. Diese Preisuntergrenze bezeichnet man als Kurs des Wertpapiers.

Aus Sicht eines potenziellen Neuerwerbers wäre dieser Preis auch genau die Obergrenze, die er bereit wäre zu zahlen. Er fordert, genau wie der vorherige Eigentümer, die marktübliche Rendite von 8 %.

Abbildung 8.34 stellt diesen Sachverhalt tabellarisch und in einer Grafik dar. In Spalte A ist die Laufzeit von acht Jahren abgetragen. In Spalte B steht der immer konstante Nominalzinssatz des Wertpapiers von 6 %. Spalte C beinhaltet fiktive Werte eines schwankenden Marktzinses. Spalte D zeigt die Restlaufzeit in Jahren bis zum Fälligkeitstermin.

Der in Spalte E berechnete Kurs des Wertpapiers schwankt in Abhängigkeit vom Marktzins. Liegt der Marktzins über dem Nominalzins, sinkt der Kurs. Unter der Annahme, im dritten Jahr käme ein Weiterverkauf zustande, wäre der realistische Preis 90,75 €. Den Abschlag zum Nominalwert von 9,25 € bezeichnet man als Disagio.

Würde der Neuerwerber zum Abrechnungsdatum 01.01.2007 das Wertpapier weiterveräußern, würde er 103,77 € verlangen, da ihm für eine alternative Anlage zu diesem Zeitpunkt nur 4 % in Aussicht stehen würden. Der Aufschlag von 3,77 € wäre ein sogenanntes Agio.

E7 =-BW(C7;D7;$B$1*$B$2;$B$1)

	A	B	C	D	E	F	G
1	Nominalwert	100					
2	Nominalzins	6%					
3							
4	Stichtag	Nominalzins %	Marktzins %	Restlaufzeit	Kurs	Agio	Disagio
5	01.01.01	6,0%	6,0%	8	100,00	0,00	0,00
6	01.01.02	6,0%	7,0%	7	94,61	0,00	5,39
7	01.01.03	6,0%	8,0%	6	90,75	0,00	9,25
8	01.01.04	6,0%	7,0%	5	95,90	0,00	4,10
9	01.01.05	6,0%	6,0%	4	100,00	0,00	0,00
10	01.01.06	6,0%	5,0%	3	102,72	2,72	0,00
11	01.01.07	6,0%	4,0%	2	103,77	3,77	0,00
12	01.01.08	6,0%	5,0%	1	100,95	0,95	0,00
13	01.01.09	6,0%	5,0%	0	100,00	0,00	0,00

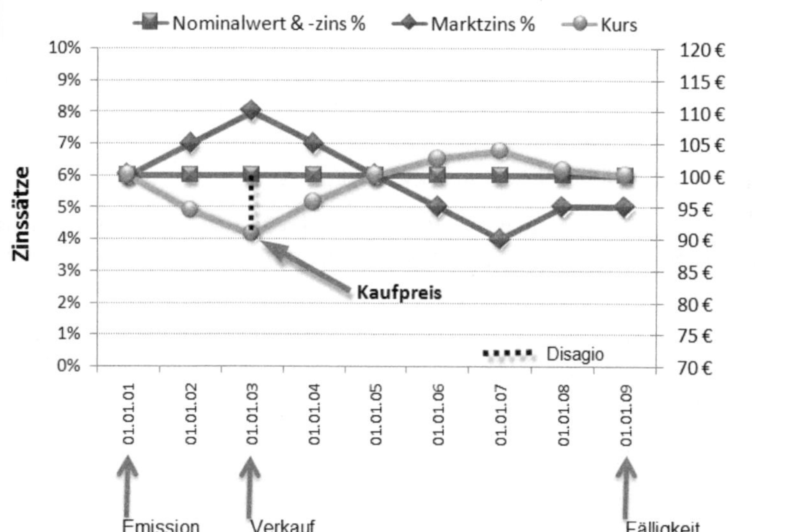

Abbildung 8.34: Kursentwicklung eines Wertpapiers

Die entscheidende Frage in diesem Modell lautet: Wie genau kommt der Kurs zustande, und wie ist seine finanzmathematische Bedeutung?

Er ist nichts anderes als der Barwert der zukünftigen Zahlungsströme des Anlegers. Barwerte kennen wir bereits und wissen, dass dafür die Funktion BW zuständig ist:

```
E7:= -BW(C7;D7;$B$1*$B$2;$B$1) = 90,75
```

Der Käufer kennt seinen zukünftigen Zahlungsstrom aus der Anlage (Abbildung 8.35):

B7 fx =NBW(8%;B1:B6)

	A	B	C	D	E
1	**01.01.04**	6			
2	**01.01.05**	6			
3	**01.01.06**	6			
4	**01.01.07**	6			
5	**01.01.08**	6			
6	**01.01.09**	106			
7	**Barwert**	**90,75 €**			
8					

Abbildung 8.35: Kurs (= Barwert) eines Wertpapiers zum Stichtag 01.01.2003

Zinst er diesen Zahlungsstrom zum Marktzins von 8 % ab, entspricht der Wert genau den 90,75 €. Die Funktionen NBW und BW sind hier austauschbar (dies ist immer der Fall, wenn die regelmäßigen Zahlungen konstant sind).

```
B7: = NBW(8%;B1:B6) = -BW(8%;6;6;100;0) = 90,75 €
```

In Abbildung 8.34 wird diese Barwertberechnung im Bereich E5:E13 für jedes Startjahr durchgeführt. Durch den schwankenden Marktzins ergibt sich jedes Mal ein neuer Barwert.

Die Berechnung des Kurses ist nicht nur mit Excels Barwertfunktionen möglich. Nein, es wurde diesem Sachverhalt eine eigene Funktion gewidmet, die den naheliegenden Namen KURS trägt.

KURS (Abrechnung ; Fälligkeit ; Zins ; Rendite ; Rückzahlung ; Häufigkeit ; [Basis])

Gibt den Kurs pro 100 € Nennwert eines Wertpapiers zurück, das periodisch Zinsen auszahlt.

Dieser Text der Excel-Hilfe ist irreführend, denn die Funktion rechnet nicht dogmatisch pro 100 €, sondern pro angegebener Rückzahlung im fünften Argument. *Abrechnung* ist der Tag der Weiterveräußerung, in unserem Beispiel also der 01.01.2003. *Fälligkeit* steht für das Ende der Laufzeit am 01.01.2009. *Zins* ist der Nominalzins und *Rendite* der Marktzins. Häufigkeit ist die Anzahl Zinszahlungen pro Jahr, hier also 1. Im optionalen Argument *Basis* kann die Basis (Zinsmethode) für die Berechnung der Zinstage pro Jahr eingestellt werden:

- 0 oder nicht angegeben USA(NASD) 30/360
- 1 Taggenau/Taggenau
- 2 Taggenau/360
- 3 Taggenau/365
- 4 Europa 30/360

Die verschiedenen Zinsmethoden wurden bereits in Kapitel 6 vorgestellt.

Den Kurswert zum 01.01.2003 hatten wir mit 90,75 € ermittelt. Wir überprüfen das Ergebnis mit der neu kennengelernten Funktion:

```
= KURS(A7;A13;B2;C7;E13;1;0)
= KURS("01.01.03"; "01.01.09";6%;8%;100;1;0)
= 90,75 €
```

Passt!

Die Funktion KURS hat eine Umkehrfunktion RENDITE, die den internen Zinsfuß des Wertpapiers ermittelt. Diese Funktion verlangt *Kurs* als Eingabeparameter anstatt der *Rendite*, die nun die Zielgröße darstellt:

RENDITE(Abrechnung ; Fälligkeit ; Zins ; Kurs ; Rückzahlung ; Häufigkeit ; [Basis])

Gibt die Rendite eines Wertpapiers zurück, das periodisch Zinsen auszahlt.

Die Parameter müssen wir nicht noch mal erläutern. Die Gegenrechnung lautet:

```
=RENDITE(A7;A13;B2;E7;E13;1;0)
=RENDITE("01.01.03"; "01.01.09";6%;90,754240672;1;0)
=8,00 %
```

Die Berechnung ähnelt sehr stark den Funktionen IKV oder ZINS. Auch diesmal wendet Excel ein iteratives Näherungsverfahren an.

Vorteil dieser speziellen Funktionen gegenüber den Standardfunktionen ist, dass Abrechnungs- und Fälligkeitsdatum auf beliebige unterjährige Datumsangaben fallen können und keine volle Jahre oder Monate voraussetzen wie die Funktionen (N)BW, ZINS oder IKV.

Beträgt der Zeitraum zwischen *Abrechnung* und *Fälligkeit* nur eine Zinsperiode oder weniger, wird mit einfacher Verzinsung gerechnet, dann bedarf es keiner iterativen Annäherung. Andernfalls sagt die Excel-Hilfe zur Funktion Rendite:

Ist der Zeitraum bis zum Rückzahlungstermin länger als eine Zinsperiode, wird RENDITE in bis zu 100 Iterationsschritten berechnet. Die Lösung wird gemäß dem Newton-Verfahren auf Basis der Formel angenähert, die für die Funktion KURS verwendet wird.

8.7 Interner Zinsfuß für aperiodische Zahlungen

Nach ZINS, IKV und RENDITE lernen wir im letzten Abschnitt dieses Kapitels eine weitere Funktion zur Berechnung von Renditen bzw. Zinsfüßen kennen:

XINTZINSFUSS (Werte ; Zeitpkte ; [Schätzwert])

(Dies ist kein Tippfehler, das zweite Argument wird tatsächlich so dämlich abgekürzt.)

Gibt den internen Zinsfuß einer Reihe nicht periodisch anfallender Zahlungen zurück.

In Spalte B der Abbildung 8.36 stehen die zu bewertenden Beträge und in Spalte A das dazugehörende Wertstellungsdatum. Ein Datum kann ruhig mehrfach vorkommen. Die Funktion addiert dann mehrere Zahlungen desselben Tages im Hintergrund zusammen.

D2 =XINTZINSFUSS(B2:B12;A2:A12;0)

	A	B	C	D	E	F
1	Datum	Betrag		Interner Zinsfuß		
2	01.01.2001	-1000		10,02487354%	XINTZINSFUSS	
3	12.03.2003	200		10,02487385%	IKV getuned	
4	01.01.2003	100				
5	12.03.2003	150				
6	01.09.2005	300				
7	31.01.2011	50				
8	05.06.2009	70				
9	01.01.2008	50				
10	14.06.2007	100				
11	01.01.2010	200				
12	07.12.2006	400				

Abbildung 8.36: Interner Zinsfuß aperiodischer Zahlungen

Der interne Zinsfuß ergibt sich aus:

```
D2:= XINTZINSFUSS (B2:B12;A2:A12;0)
```

In D3 steht zur Verprobung ein fast identischer Zinssatz, der sich erst ab der siebten Nachkommastelle von D2 unterscheidet.

Vor der Excel-Version 2007 gehörte diese Funktion zu den zusätzlich zu installierenden Analysefunktionen, die man besser vermied. Dann konnte auch mit einem Tuning der Standardfunktion IKV der interne Zinsfuß dieser Zahlungsreihe ermittelt werden. Und auch in Excel 2007 kann diese Variante noch sehr nützlich sein.

```
D3: {=(1+IKV(SUMMEWENN(A:A;ZEILE(INDIREKT(MIN(A:A)&":"&MAX(A:A)));B:B);0))^365-1}
```

Wir werden diese Formel jetzt genau sezieren, denn in ihr steckt jede Menge Knoffhoff.

```
MIN(A:A)&":"&MAX(A:A)
```

steckt die Grenzen des Betrachtungsraumes ab. Das kleinste und größte Datum werden gefunden, nämlich der 01.01.01 und der 31.01.11. Da Excel solche Datumsangaben in Ganzzahlen umwandelt, wird mit

```
"36892:40574"
```

weitergerechnet. (Nach Verknüpfung mit den beiden kaufmännischen &.)

```
ZEILE(INDIREKT("36892:40574"))
```

... erzeugt ein Array mit allen Zahlen in diesem Intervall:

```
{36892;36893;36894;...;40573;40574}
```

(Wegen der Zeilenbegrenzung ist diese Berechnung in früheren Excel-Versionen nur bis zum 05.06.2079 = 65536 möglich). Jedes Element dieses Arrays fungiert in der nächsten Teilberechnung als Suchkriterium von SUMMEWENN. Diese Funktion gibt ihrerseits ein Array weiter, das nur an den Stellen Werte ungleich 0 enthält, an denen Zahlungen stattfinden. Alle übrigen Elemente werden mit Nullen aufgefüllt.

```
SUMMEWENN(A:A; {36892;36893;36894;...;40573;40574};B:B)
={-1000;0;0;...;0;50}
```

Mit diesem Schritt ist aus der aperiodischen Zahlungsreihe eine periodische Zahlungsreihe entstanden. Nur eben, dass in einigen Perioden die Zahlungen die Höhe 0 angenommen haben. Mit dieser Zahlungsreihe kommt IKV klar:

```
=IKV({-1000;0;0;...;0;50})=0,00026177749111298
```

Wir erhalten eine sehr kleine Dezimalzahl. Jedes Element der Zahlungsreihe steht für einen Tag, also berechnet IKV natürlich auch den Tageszins. Um auf den Jahreszins zu kommen, müssen wir diesen Tageszins auf den effektiven Jahreszins umrechnen:

```
=(1+0,00026177749111298)^365-1
```

Obwohl XINTZINSFUSS nicht mehr über ein Add-In installiert werden muss, hat die getunte IKV-Variante trotzdem noch einen Flexibilitätsvorsprung.

XINTZINSFUSS verlangt tagesgenaue Datumsangabe und verwendet dabei die mit 365 bzw. 366 tagesgenaue Zinsmethode (was die fast identischen Lösungen in D2 und D3 bewiesen). Mit IKV können Sie für die Zeitdimension auch Monate, Quartale oder andere Zeitintervalle annehmen, die mit einfachen Ganzzahlen indiziert werden (Abbildung 8.37).

	A	B	C	D
1	Monat	Betrag	IKV	
2	1	-1000	11,91%	
3	5	100		
4	3	200		
5	2	-200		
6	5	180		
7	18	270		
8	6	100		
9	9	40		
10	10	250		
11	11	100		
12	4	50		

Abbildung 8.37: Interner Zinsfuß aperiodischer, aber monatsgenauer Zahlungen

Bei Monaten liefert die Formel

```
C2: {=(1+IKV(SUMMEWENN(A:A;ZEILE(INDIREKT(MIN(A:A)&":"&MAX(A:A)));B:B);0))^12-1}
```

die auf das Jahr umgerechnete Rendite.

Kapitel 9

Die Qual der Wahl – investieren oder sparen?

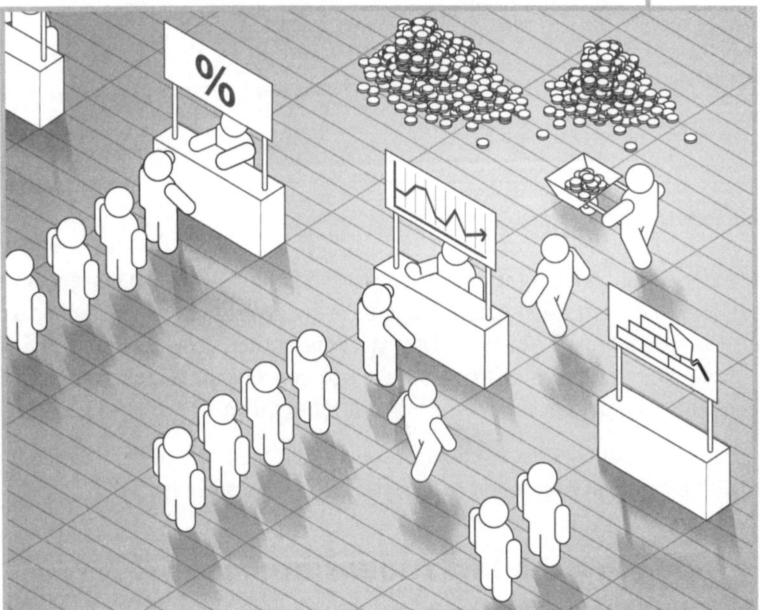

Man sollte eigentlich im Leben niemals die gleiche Dummheit zweimal machen, denn die Auswahl ist so groß. (Bertrand Russell)

Bisher haben wir alle finanzmathematischen Modelle isoliert betrachtet. In der Realität werden wir allerdings mit einer Vielzahl von Anlagemöglichkeiten überschüttet. Hier gilt es abzuwägen, verschiedene Alternativen zu vergleichen und sich für die vermeintlich beste zu entscheiden. Das Problem dabei ist, dass zwei Anlageformen nicht unbedingt offensichtlich vergleichbar sind und die Anlage auch von unseren persönlichen Zielen und Motiven abhängt. Ein Beispiel (Abbildung 9.1):

	A	B	C	D	E	F	G
1		**Anlage 1**	**Anlage 2**	**Anlage 3**	**Anlage 4**	**Anlage 5**	**Anlage 6**
2	t_0	-1100	-1010	-1200	-1000	-1000	-828
3	t_1	250	300	340	700	895	2650
4	t_2	250	300	340	0	-200	-2822
5	t_3	250	300	340	0	0	1000
6	t_4	250	300	340	0	0	0
7	t_5	250	300	340	750	750	0
8	Σ	**150**	**490**	**500**	**450**	**445**	**0**
9							

Abbildung 9.1: Zahlungsreihen verschiedener Sach- oder Finanzanlagen

Hier werden sechs Zahlungsströme mit je sechs Zahlungszeitpunkten gegenübergestellt. Negative Werte sind Auszahlungen. Positive Werte sind Einzahlungen. Logo, Anlage 1 ist schlechter als Anlage 2. Das ist offensichtlich. Jede Zahlung von Anlage 2 ist im direkten Vergleich besser als diejenige von Anlage 1. Beim Vergleich der Anlagen 2 bis 6 ist der Sachverhalt nicht so offensichtlich.

Klar ist allerdings auch, dass es nicht ausreicht, die Summen zu vergleichen, denn damit würde man den Faktor Zeit (= Zinseszinseffekt) ausblenden.

9.1 Dynamische Investitionsrechnung

Die Anlageformen, die hier gemeint sind, beschränken sich nicht auf die bereits beschriebenen Finanzanlagen. In Betracht kommen auch alle erdenklichen Sachinvestitionen, beispielsweise Immobilien. Um mehrere Finanz- oder Sachinvestitionen vergleichen zu können, bedient man sich der sogenannten dynamischen Investitionsrechnung, die sich in drei in der Praxis am gängigsten Methoden gliedert:

1. Kapitalwertmethode
2. Methode des internen Zinsfußes
3. Endwertorientierte Methode des vollständigen Finanzplanes – oder: modifizierter interner Zinsfuß

Diese drei Methoden, die in diesem Kapitel beschrieben werden, übernehmen die Patenschaft für je eine Excel-Funktion, die ihnen zugeordnet werden kann:

1. `NBW`
2. `IKV`
3. `QIKV`

Solche Modelle können natürlich immer nur einen Teil der Wirklichkeit abbilden und gehen deshalb von vereinfachten Prämissen aus:

- Es wird ein vollkommener Kapitalmarkt unterstellt, d.h., der Investor kann mit Sicherheit davon ausgehen, dass er zu jedem künftigen Zeitpunkt innerhalb einer Periode Kredite aufnehmen bzw. liquide Mittel anlegen kann.
- Es wird mit im Zeitverlauf konstanten Zinsen gerechnet, und es existieren weder Transaktionskosten noch Steuern.
- Es besteht vollkommene Prognosesicherheit, d.h., alle Aus- und Einzahlungen werden mit absoluter Sicherheit geleistet. Es gibt also kein Risiko. (Von dieser Prämisse verabschieden wir uns im nächsten Kapitel.)
- Der Investor ist über alle Alternativen informiert, somit herrscht vollkommene Information. Die zu beurteilenden Projekte stehen nur diesem Investor zur Verfügung. Er steht also unter keinem Konkurrenzdruck.
- Dem Investor wird streng rationales Verhalten unterstellt. Folglich wird er sich immer für einen finanziellen Vorteil entscheiden.
- Das in der Überschrift des Kapitels genannte Wort „Sparen" verwenden wir für die quasi immer zur Verfügung stehende Unterlassungsalternative. Damit ist natürlich nicht gemeint, sein Geld unters Kopfkissen zu legen, sondern vielmehr in eine absolut sichere Anlage, etwa festverzinsliche Bundesanleihen, zu investieren.

9.2 Kapitalwertmethode

Wie bereits erwähnt, ist es nicht so leicht, die Zahlungsströme der Abbildung 9.1 zu vergleichen (ausgenommen Anlage 1). Wegen des Zinseszinseffektes kann nicht einfach die Summe gebildet werden. Klar, 100 € heute sind mir lieber als 200 € in 50 Jahren, das sollten Sie inzwischen gelernt haben.

Wie können nun Zahlungen verglichen werden, die sich in Höhe und Zahlungszeitpunkt unterscheiden? Man bewertet sie alle zum selben Zeitpunkt. Ergo unterscheiden sie sich dann nur noch von der Höhe, die dann „als bare Münze" genommen werden kann.

Welcher Zeitpunkt dies ist, ist im Grunde egal. Eingebürgert hat sich der Zeitpunkt t_0. Den Wert aller Zahlungen zum Zeitpunkt t_0 bezeichnet man als Kapitalwert K_0. Formal lässt sich der Kapitalwert K_0 wie folgt darstellen:

$$K_0 = \sum_{t=0}^{n} \frac{E_t}{(1+i)^t} - \sum_{t=0}^{n} \frac{A_t}{(1+i)^t}$$

Abbildung 9.2: Kapitalwertformel

N = Nutzungsdauer

E_t = Einzahlungen am Ende einer Periode

A_t = Auszahlungen am Ende einer Periode

t = Periode

Bildlich gesprochen wie in Abbildung 9.3:

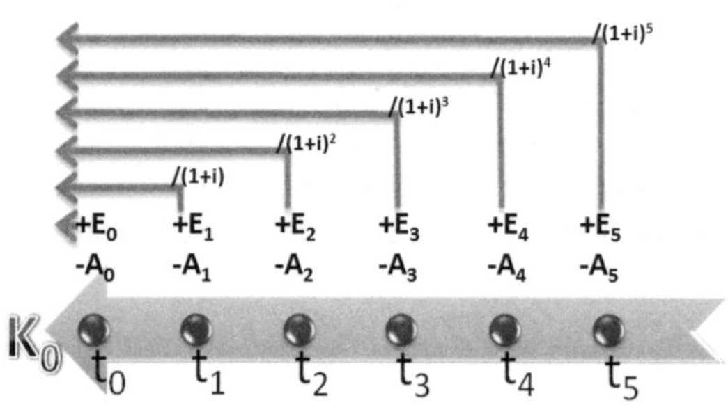

Abbildung 9.3: Grafische Darstellung der Kapitalwertberechnung

Das Ganze als Excel-Formel:

```
=NBW(Einzahlungen-Auszahlungen;i)*(1+i)
```

Das Ergebnis von NBW wird deshalb mit dem Faktor *(1+i) multipliziert, da Excel annimmt, die Zahlungen in der ersten Periode t_0 müssten ein Jahr abgezinst werden. Excel unterstellt also eine nachschüssige Zahlung. Bei der Kapitalwertmethode entspricht aber der Zahlungssaldo in der ersten Periode t_0 dem Bezugszeitpunkt, auf den abgezinst wird. Er selbst wird also 0 Perioden abgezinst.

In der Literatur findet man den Begriff der Normalinvestition. Diese sind dadurch gekennzeichnet, dass sie mit einer Ausgabe in t_0 beginnen und in den weiteren Perioden ausschließlich positive Überschüsse folgen. Damit verkürzt sich die Kapitalwertformel auf:

$$K_0 = \sum_{t=0}^{n} \frac{E_t}{(1+i)^t} - A_0$$

Abbildung 9.4: Kapitalwertformel für Normalinvestitionen

Wenn man nun noch unterstellen würde, dass die Einzahlungen E_t immer gleich hoch seien, erhielten wir nichts anderes als eine Rente – oder mit umgekehrten Vorzeichen eine annuitätische Tilgung –, die ausführlich in Kapitel 7 behandelt wurde.

Wenn wir nun die anfangs gezeigten fünf Anlagen nach dem Kriterium Kapitalwert vergleichen, kommen wir zum Ergebnis der Abbildung 9.5. (Anlage 1 wurde direkt aussortiert, die ist auf keinen Fall konkurrenzfähig.)

Die Kapitalwerte liefern die Formeln in Zeile 9:

```
B9:=NBW(i;B2:B7)*(1+i)
```

kopiert nach D9:G9. Die Zelle B16 wurde mit i benannt und enthält den kalkulatorischen Zinssatz, mit dem die Zahlungen diskontiert werden. Zum Beweis der Formel können die Zahlungen in Spalte B auch einzeln abgezinst werden:

```
C2:=B2/(1+i)^RECHTS($A2)
```

kopiert bis C7. Die Summe der sechs Barwerte

```
C8: =SUMME(C2:C7)
```

entspricht dann natürlich dem Kapitalwert in B9. Im Vergleich aller vier Alternativen würde man sich für Alternative 2 entscheiden, da sie den höchsten Kapitalwert aufweist. Am schlechtesten schneidet, nicht überraschend, Anlage 6 ab.

B9 fx =NBW(i;B2:B7)*(1+i)

	A	B	C	D	E	F	G
1		**Anlage 2**	BW	**Anlage 3**	**Anlage 4**	**Anlage 5**	**Anlage 6**
2	t_0	-1010	-1010,00	-1200	-1000	-1000	-828
3	t_1	300	285,71	340	700	895	2650
4	t_2	300	272,11	340	0	-200	-2822
5	t_3	300	259,15	340	0	0	1000
6	t_4	300	246,81	340	0	0	0
7	t_5	300	235,06	340	750	750	0
8	Σ	**490**	288,84	**500**	**450**	**445**	**0**
9	**K_0**	**288,84**	**0**	**272,02**	**254,31**	**258,62**	**0,01**
10	**IKV**	**14,8%**		**12,9%**	**14,2%**	**15,0%**	**15,3%**
11	**Rang Σ**	**2**		**1**	**3**	**4**	**5**
12	**Rang K_0**	**1**		**2**	**4**	**3**	**5**
13	**Rang IKV**	**3**		**5**	**4**	**2**	**1**
14							
15	Kalkulatorischer						
16	Zinssatz	5%					
17							

Abbildung 9.5: Kapitalwert und interner Zinsfuß der Sach- oder Finanzanlagen

9.3 Methode des internen Zinsfußes

Diese Methode ist eng mit der Kapitalwertmethode verwandt. Der interne Zinsfuß, der über die Funktion IKV berechnet wird, ist der kalkulatorische Zinssatz, bei dem der Kapitalwert einer Zahlungsreihe den Wert 0 annimmt. IKV steht für Interne KapitalVerzinsung.

Formal gesehen muss die bekannte Kapitalwertformel lediglich gleich Null gesetzt werden:

$$K_0 = 0 = \sum_{t=0}^{n} \frac{E_t}{(1+i)^t} - \sum_{t=0}^{n} \frac{A_t}{(1+i)^t}$$

Abbildung 9.6: Interner Zinsfuß, wenn Kapitalwert = 0

Wie IKV funktioniert und anzuwenden ist, wurde in Kapitel 8 bereits ausführlich gezeigt, deshalb fassen wir uns nun bezüglich unserer vier Alternativen kurz. Die vier internen Zinsfüße lauten:

- `B10:=IKV(B2:B7)=14,8 %`
- `D10:=IKV(D2:D7)=12,9 %`
- `E10:=IKV(E2:E7)=14,2 %`
- `F10:=IKV(F2:F7)=15,0 %`
- `G10:=IKV(G2:G7)=15,3 %`

(jeweils auf eine Nachkommastelle gerundet)

Interessant ist vor allem die Feststellung, dass wir nach diesem Verfahren nicht zum gleichen Ergebnis kommen wie bei der Kapitalwertmethode. Diesmal wäre Alternative 6 zu bevorzugen, denn sie weist mit 15,3 % die höchste Rendite auf. Ausgerechnet die Alternative, die bzgl. nominaler Zahlungssumme und Kapitalwert so schlecht abgeschnitten hat.

Wem sollen wir nun glauben? Der Kapitalwertmethode, die Alternative 2 vorschlägt, oder dem internen Zinsfuß, der Alternative 6 favorisiert?

Um das beantworten zu können, muss man wissen, dass die Methode des internen Zinsfußes als Entscheidungskriterium zwei Schwächen birgt. Zum einen kann die Berechnung unter Umständen zu nicht eindeutigen Ergebnissen führen. Es besteht die Möglichkeit, dass eine Zahlungsreihe keinen, einen oder mehrere interne Zinsfüße aufweist. Dies kann aber nur dann der Fall sein, wenn die Zahlungsreihe mehr als einen Vorzeichenwechsel aufweist. Bei obigen Alternativen haben nur Numero fünf und sechs drei Vorzeichenwechsel:

-Auszahlung; +Einzahlung; - Auszahlung; + Einzahlung

Alle anderen Alternativen besitzen nur eine Auszahlung gefolgt von einer Reihe von Einzahlungen.

Berechnen Sie einmal den internen Zinsfuß der sechsten Zahlungsreihe:

t_0=-828; t_1=+2650; t_2=-2822; t_3=+1.000

Ohne Angabe des Schätzwertes erhält man:

`=IKV({-828;2650;-2822;1000})=15,3 %`

Mit anderem Schätzwert erhält man kurioserweise aber andere Ergebnisse:

```
=IKV({-828;2650;-2822;1000};0,03)=4,7 %
```

oder

```
=IKV({-828;2650;-2822;1000};0)=0,0 %
```

Hier haben wir also solch eine Zahlungsreihe mit mehreren Vorzeichenwechseln und mehreren Renditen.

Aber zum Trost: Eine Zahlungsreihe mit mehreren Vorzeichen muss nicht unbedingt mehrere Zinssätze besitzen. Obige Zahlungsreihe nur geringfügig angepasst, behält nur noch einen Zinssatz übrig:

t_0=-828; t_1=+2650; t_2=-2822; t_3=+1002

Egal welchen Schätzwert Sie nehmen, Sie erhalten nun immer:

```
=IKV({-828;2650;-2822;1002};0)=21,8 %
```

Auch Anlage 5 besitzt nur einen internen Zinsfuß, obwohl mehrere Vorzeichenwechsel vorkommen. Um sicherzugehen, bietet es sich an, die Zahlungsreihen in einem Diagramm zu visualisieren (Abbildung 9.7). In Spalte A wird bis Zeile 21 ein Intervall möglicher Zinssätze angelegt. Im Bereich darunter, A23:E29, werden noch einmal die Zahlungen der Anlagen A2 bis A6 erfasst, die im Diagramm dargestellt werden sollen. In den Spalten B:E bis Zeile 21 werden die Kapitalwerte abhängig vom jeweiligen Zins ermittelt.

```
B2:=NBW($A2;B$24:B$29)
```

wird bis E21 kopiert. Nun werden zwei Punkt(XY)-Diagramme erstellt. Alle vier Datenreihen bekommen den Bereich A2:A21 als X-Achse. Die Bereiche B2:B21; C2:C21, D2:D21 und E2:E21 repräsentieren die Y-Achsen. Die ersten drei Datenreihen werden im oberen Diagramm gezeigt. Die vierte Datenreihe zeigt sich im unteren Diagramm, da sie einen ganz anderen Maßstab hinsichtlich der y-Werte hat und die Aussage ihres Kurvenverlaufes im oberen Diagramm verloren gehen würde.

Wie unschwer zu erkennen ist, laufen die Kurven der Anlagen 3, 4 und 5 nur einmal durch die X-Achse, was beweist, dass sie nur einen internen Zinsfuß besitzen.

B2 =NBW($A2;B$24:B$29)

	A	B	C	D	E
1	Zinssatz	NBW A3	NBW A4	NBW A5	NBW A6
2	-2%	619,34	555,11	545,65	0,21
3	-1%	557,79	500,73	493,57	0,08
4	0%	500,00	450,00	445,00	0,00
5	1%	445,71	402,64	399,68	-0,04
6	2%	394,68	358,40	357,37	-0,06
7	3%	346,70	317,06	317,83	-0,05
8	4%	301,56	278,39	280,88	-0,02
9	5%	259,07	242,20	246,30	0,01
10	6%	219,06	208,32	213,95	0,05
11	7%	181,37	176,58	183,65	0,08
12	8%	145,85	146,84	155,25	0,12
13	9%	112,37	118,95	128,64	0,14
14	10%	80,79	92,78	103,67	0,16
15	11%	51,00	68,22	80,24	0,16
16	12%	22,88	45,15	58,25	0,15
17	13%	-3,66	23,49	37,59	0,13
18	14%	-28,73	3,12	18,18	0,08
19	15%	-52,41	-16,02	-0,07	0,02
20	16%	-74,78	-34,02	-17,24	-0,06
21	17%	-95,92	-50,96	-33,39	-0,16
22					
23	t	Anlage 3	Anlage 4	Anlage 5	Anlage 6
24	t_0	-1200	-1000	-1000	-828
25	t_1	340	700	895	2650
26	t_2	340	0	-200	-2822
27	t_3	340	0	0	1000
28	t_4	340	0	0	0
29	t_5	340	750	750	0

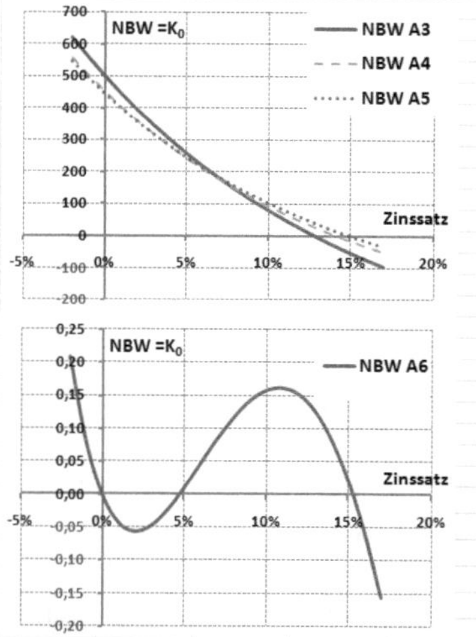

Abbildung 9.7: Grafischer Nachweis interner Zinsfüße

Nur die Anlage 6 weist mehrere interne Zinsfüße auf, da sie mehrmals die X-Achse schneidet. Bei betriebswirtschaftlich realen Zahlungsreihen wird es so gut wie immer nur einen Zinsfuß geben, sodass diese Schwäche der Methode eher akademischer Natur ist. Anlage 6 ist also ein absoluter Sonderfall, bei dem die Methode des internen Zinsfußes schwerlich Aufschluss über die Sinnhaftigkeit dieser Zahlungsströme geben kann.

9.4 Modifizierter interner Zinsfuß

Die zweite Schwäche stellt dagegen ein realistischeres Problem dar. Dies ist die implizit unterstellte Wiederanlageprämisse der Zahlungen, die anhand der Abbildung 9.8 sichtbar wird. Hier wollen wir mal Anlage 4 genauer unter die Lupe nehmen.

B10 =IKV(B2:B7)

	A	B	C	D	E	F	G
1		Anlage 4	Reinvestition 1 von E_1 zum internen Zinsfuß		Reinvestition 2 von E_1 zum Marktzins von 5%		
2	t_0	-1.000	-1.000		-1.000		
3	t_1	700	0 →	700	0 →	700	
4	t_2	0	0	799	0	735	
5	t_3	0	0	912	0	772	
6	t_4	0	0	1.041	0	810	
7	t_5	750	1.939 ←	1.189	1.601 ←	851	
8	Σ	**450**	**939**		**601**		
9							
10	IKV	14,15906%	14,15906%		9,86778%		
11							

Abbildung 9.8: Prämisse der Wiederanlage zum internen Zinsfuß

Die klassische Methode des internen Zinsfußes ermittelt für die Zahlungsreihe in Spalte B einen Zinsfuß von 14,15906 %. Problematisch ist hierbei die Annahme bezüglich der Reinvestitionsmöglichkeit des Rückflusses der 700 € in t_1. Bei dieser Methode ist der Zinssatz der Reinvestition erst mit dem Ergebnis der Rechnung ex post bekannt und somit nicht entsprechend der realen Gegebenheiten beeinflussbar. Folglich wird unterstellt, dass die 700 € zum internen Zinsfuß selbst angelegt werden können (Reinvestition 1), was nicht unbedingt realistisch ist. Dies wird dann wichtig, wenn die Frage gestellt wird:

Welches Endvermögen besitze ich nach Ablauf der Periode t_5?

Um die Frage beantworten zu können, muss ich wissen, was mit den 700 € passiert, die ich in t_1 bekomme. Diese müssen ja auch wieder vier Perioden lang angelegt werden. Es ist zu bezweifeln, dass ich dann eine weitere Anlage finde, die wieder 14,2 % Rendite kredenzt. Unterstellt man eine Reinvestition der 700 € zu einem konservativen Marktzins von 5 % (Reinvestition 2), reduziert sich die Rendite der Anlage insgesamt auf 9,86778 %.

700 € für vier Jahre angelegt ergibt:

```
700 € * 1,05^4 = 850,85 €
```

dazu kommen die 750 € im letzten Jahr, sodass sich ein Endvermögen von

```
750 € + 850, 85 € = 1.600,85 €
```

ergibt. Das Anwachsen eines Kapitals von 1000 € auf 1600,85 € in fünf Jahren entspricht einer jährlichen Effektivrendite von:

```
=(1600,85/1000)^(1/5)-1=9,8678 %
```

Das gleiche Ergebnis liefert natürlich auch IKV:

```
E10:=IKV(E2:E7)=9,8678 %
```

Diesen berechneten Prozentsatz bezeichnet man als modifizierten internen Zinsfuß. In Excel ist die vorgenommene Transformation von Spalte B nach Spalte E nicht notwendig. Dies erledigt die Funktion QIKV in einem Schritt:

QIKV(Werte;Investition;Reinvestition)

Gibt einen modifizierten internen Zinsfuß zurück, bei dem positive und negative Cashflows mit unterschiedlichen Zinssätzen finanziert werden. QIKV berücksichtigt sowohl die Kosten der jeweiligen Investition als auch die Zinsen, die sich aus der Reinvestition des Geldes ergeben. (QIKV = Qualifizierter interner Kapitalverzinsungssatz)

Als relevanten Habenzinssatz für die Reinvestition des Rückflusses in t_1 unterstellen wir 5 %. Der Sollzinssatz für mögliche Zwischenfinanzierungen sei 6 %. Der QIKV unserer Anlage ist dann:

```
=QIKV(B2:B7;6%;5%)=9,8678 %
```

Der Sollzinssatz von 6 % ist nur relevant, wenn die Anlage in den Zwischenperioden von t_1 bis t_4 Auszahlungen mit sich bringen würde. Dann wird die Frage gestellt, welches Darlehen in t_0 aufgenommen werden müsste, um bei einer Verzinsung von hier 6 % diese Auszahlung bedienen zu können. Bei QIKV gilt also:

- Einzahlungen werden mit Reinvestitionszins (Habenzins) auf t_n aufgezinst.
- Auszahlungen werden mit Investitionszins (Sollzins) auf t_0 abgezinst.

Am Beispiel der Anlage 5 demonstriert in Abbildung 9.9.

B11 | f_x =QIKV(B2:B7;D13;D14)

	A	B	C	D	E	F
1		Anlage 5	Abzinsung Investition	Aufzinsung Reinvestition	Modifizierter Cash-Flow	
2	t_0	-1.000	-178		-1.178	
3	t_1	895	↑	895	0	
4	t_2	-200	-200	↓	0	
5	t_3	0			0	
6	t_4	0			0	
7	t_5	750		1.088	1.838	
8	Σ	**445**			**660**	
9						
10	IKV	14,99581%			9,30357%	
11	QIKV	9,30357%			9,30357%	
12						
13	Sollzins Investition			6,00%		
14	Habenzins Reinvestition			5,00%		
15						

Abbildung 9.9: Berechnung des modifizierten internen Zinsfußes

Die Formeln:

`B10: =IKV(B2:B7)`

Der Barwert aller Auszahlungen zu 6 %:

`E2:=B2+B4/1,06^2`

Der Endwert aller Einzahlungen zu 5 %:

`E7: =B7+B3*1,05^4`

Der modifizierte Zinsfuß resultiert aus:

`E10:=IKV(E2:E7) = QIKV(B2:B7;$D$13;$D$14)`

Aus Sicht des QIKV sind die Zahlungsreihen in Spalte B und Spalte E äquivalent. Deshalb kommt bei

`E11: =QIKV(E2:E7;$D$13;$D$14)`

natürlich das Gleiche heraus.

Nach dieser Methode hat die Anlage 4 mit 9,9 % die Anlage 5 mit nur 9,3 % überboten. Bei normalem IKV sah es andersherum aus (14,2 % zu 15 %). Nach diesem Kriterium ist übrigens Anlage 2 mit 10,4 % Spitzenreiter.

Eine Steigerung zum QIKV wäre die sogenannte VOFI-Methode, die als Ergebnis die VOFI-Rentabilität ausweist. Sie findet ihre Anwendung in endwertorientierten, sehr aufwendigen Modellen eines vollständigen Finanzplanes. Hierbei wird nicht nur zwischen Soll- und Habenzinssätzen unterschieden, sondern versucht, mit möglichst detaillierten Annahmen unter Berücksichtigung vieler Faktoren wie Zwischenfinanzierungen, Steuern etc. eine möglichst genaue Prognose des Vermögensendwertes und der daraus resultierenden Verzinsung des Kapitals zu treffen.

Die VOFI-Methode ist allerdings in der Literatur umstritten. In ihrem Ansinnen, mit realen Annahmen bezüglich Zwischenfinanzierungen, Ergänzungsinvestitionen und Konsumpräferenzen eine möglichst realitätsnahe Ermittlung des Endvermögens zu erreichen, kann sie – aufgrund zu hoher Komplexität – ins Uferlose führen. Damit ignoriert die VOFI-Methode gleichzeitig die Stärke der klassischen Verfahren, Investitionen einfach und isoliert zu beurteilen. Vor allem die interne Zinsfußmethode und die Kapitalwertmethode haben sich in der Praxis bewährt und werden von der überwiegenden Mehrheit der Unternehmen eingesetzt, was durch empirische Untersuchungen nachgewiesen wurde.

Wahrscheinlich kann keine der drei gezeigten Methoden als das Maß aller Dinge betrachtet werden. Wichtig ist zu behalten, dass die Präferenz einer Anlage je nach Methode wechseln kann und man deshalb nicht nur ein Kriterium in das Kalkül ziehen, sondern mehrere vergleichen und dann abwägen sollte.

9.5 Modifizierter Kapitalwert

Zur Vollständigkeit sei abschließend erwähnt, dass analog der Berechnung des QIKV auch ein QNBW ermittelt werden kann. QNBW ist ein Kapitalwert, in dem zwischen Investitionszins und Reinvestitionszins unterschieden wird. QNBW ist KEINE Funktion, die von Excel zur Verfügung gestellt wird, hier ist eigenes Basteln angesagt (Abbildung 9.10).

C8 | f_x =SUMME(C2:C7)

	A	B	C	D
1		Anlage 5	Abzinsung Investition	
2	t_0	-1.000	-1.000	
3	t_1	895	852	
4	t_2	-200	-178	
5	t_3	0		
6	t_4	0		
7	t_5	750	588	
8	Σ	**445**	**262**	
9				
10	Sollzins Investition		6,00%	
11	Habenzins Reinvestition		5,00%	
12				

Abbildung 9.10: Modifizierter interner Zinsfuß der 5. Anlage

In Spalte C werden alle Zahlungen auf t_0 abgezinst. Ist die Zahlung größer als null, wird der Habenzins angewandt, andernfalls der Sollzins.

```
C2:=B2
C3:=B3/(1+WENN(B3>0;$C$11;$C$10))^RECHTS(A3)
```

wird kopiert bis C7. Der Kapitalwert steht dann in C8.

```
C8:=SUMME(C2:C7)
```

Er muss nicht unbedingt tabellarisch hergeleitet werden, eine Array-Formel tut's auch:

```
C8:{=SUMME(B2:B7/(1+WENN(B2:B7>0;$C$11;$C$10))^(ZEILE($1:$6)-1))}
```

9.6 Amortisationsrechnung

In der Grundform gehört dieses Verfahren zu den sogenannten statischen Investitionsrechnungen. Diese haben die Schwäche, Zinseszinseffekte des Kapitals komplett zu ignorieren. Unter Amortisationsdauer – bekannt auch als *Pay-off-Periode* – wird die Anzahl Perioden verstanden, die notwendig ist, um die investierten Beträge durch Einnahmen gerade auszugleichen. Alle Aus- und Einzahlungen werden dabei mit Nominalbeträgen bewertet. Abbildung 9.11 zeigt ein Zahlenbeispiel mit zwei alternativen Investitionen.

E15 {=MIN(WENN(E2:E12>0;ZEILE(1:11)))-1}

	A	B	C	D	E	F	G
1	Periode	Anlage 1	Anlage 2		Anlage 1 NBW bis t_p	Anlage 2 NBW bis t_p	
2	t_0	-1.000,00	-1.000,00		-1.000,00	-1.000,00	
3	t_1	100,00	100,00		-904,76	-904,76	
4	t_2	200,00	100,00		-723,36	-814,06	
5	t_3	300,00	100,00		-464,20	-727,68	
6	t_4	100,00	100,00		-381,93	-645,40	
7	t_5	250,00	100,00		-186,05	-567,05	
8	t_6	**200,00**	100,00		-36,81	-492,43	
9	t_7	300,00	100,00		**176,39**	-421,36	
10	t_8		100,00			-353,68	
11	t_9		100,00			-289,22	
12	t_{10}		**800,00**			**201,91**	
13	**IKV**	**9,2%**	**7,9%**				
14	**NBW (bei 5%)**	**167,99 €**	**192,30 €**				
15	**Amortisationsdauer**	**6**	**10**		**7**	**10**	

Abbildung 9.11: Berechnung der Amortisationsdauer

Die Anfangsinvestitionen beider Anlagen sind gleich. Die Rückzahlungen fallen in unterschiedlicher Höhe an, und die Pay-off-Periode der Anlage 1 ist 6, da die Summe von B3:B8 mit 1.150 € die Investitionssumme übersteigt. Anlage 2 hat eine Amortisationsdauer von zehn und wäre damit nur zweiter Sieger.

Wegen der Nichtbeachtung von Zinseffekten sollte dieses Kriterium aber niemals alleine zur Investitionsentscheidung herangezogen werden. Wie man sieht, weist Anlage 2 bei einem kalkulatorischen Zinssatz von 5 % einen höheren Kapitalwert (NBW) aus und siegt in dieser Disziplin.

Interessant ist die Excel-Formel zu Berechnung der Amortisationsdauer. Mit Hilfsspalten wäre die Lösung nicht so spektakulär, doch mit einer einzigen Zelle ist eine knifflige Array-Formel nötig:

```
B15: {=MIN(WENN(SUMMEWENN(BEREICH.VERSCHIEBEN(B2;;;ZEILE(1:11));
"<1E+100")>0;ZEILE(1:11)))-1}
```

BEREICH.VERSCHIEBEN erzeugt hier beginnend ab B2 ein Array mit mehreren Bereichen, die jeweils um eine Zeile höher sind, bis zur maximalen Höhe von elf Zeilen. Das verlangt die Formel ZEILE(1:11).

Es resultieren also die Bereiche:

```
{B2;B2:B3;B2:B4;B2:B5;...;B2:B12}
```

SUMMEWENN kann nun für alle elf Bereiche separate Summen bilden. Mit der Funktion SUMME würde das nicht klappen. Das Suchkriterium <1E+100 ist ein Vehikel, um alle Zahlen bis nahe zu Excels Rechenobergrenze zu berücksichtigen. 1E+100 steht für eine 1 mit 100 Nullen. Es werden also alle Zahlen summiert, die kleiner als diese Riesenzahl sind.

Das resultierende Array ist:

```
{-1000;-900;-700;-400;-300;-50;150;450;450;450;450}
```

und beinhaltet die Kumulationen von B2:B12 Der Rest der Formel sucht in diesem Array die erste Zahl, die größer als 0 ist, und liefert dessen Position, spricht die Pay-off-Periode.

Neben der Grundform kennt man auch eine erweiterte dynamische Amortisationsrechnung, die Zinseffekte berücksichtigt und sich Unterstützung von der Kapitalwertmethode holt. Abbildung 9.11 zeigt diese Erweiterung in den Spalten E und F.

```
E2: =NBW(5%;B$2:B2)*1,05
F2: =NBW(5%;C$2:C2)*1,05
```

nach unten kopiert berechnet für alle Bereiche

```
{B2;B2:B3;B2:B4;B2:B5;...;B2:B11} (dito für Spalte C)
```

die Kapitalwerte, statt nur die Summen zu bilden wie bei der statischen Methode. Die Zeile, in welcher der Kapitalwert positiv wird, bestimmt die Pay-off-Periode.

```
E15: {=MIN(WENN(E2:E12>0;ZEILE(1:11)))-1} = 7
F15: {=MIN(WENN(F2:F12>0;ZEILE(1:11)))-1} = 10
```

Am Ergebnis hat sich also nicht viel geändert, nur dass die Amortisationsdauer bei Anlage 1 um eine Periode länger wurde.

Zum Teil wird die Auffassung vertreten, bei der dynamischen Amortisationsrechnung sollte darüber hinaus für jede Periode ein potenzieller Liquidationserlös berücksichtigt werden. Doch führt das die ganze Rechnung nicht ad absurdum? Wie bemisst sich ein potenzieller Liquidationserlös? Eventuell könnte man den Barwert zukünftiger Erträge erlösen. Angenommen man setzt Kalkulationszins und internen Zins von Anlage 2 gleich. Dies würde gleichzeitig den Kaufpreis in t_0 von 1000 € bei den prognostizierten Rückflüssen rechtfertigen. Nach der ersten Periode ergäbe sich dann ein Liquidationserlös von:

```
=NBW(7,92%;C4:C12) = 979,29 €
```

Zuzüglich dem ersten Rückfluss und beides abgezinst ...

```
(979,29 € + 100 €) / 1,0792 = 1000 €
```

... entspricht es genau dem Kaufpreis, und die Pay-off-Periode wäre schon erreicht; doch das sagt wenig aus!?

Welche der beiden alternativen Anlagen ist denn nun die bessere? Die klassischen dynamischen Verfahren IKV und NBW sind auf alle Fälle aussagekräftiger als die Amortisationsrechnung. Diese kann nur ein untergeordnetes Kriterium darstellen. Doch auch die dynamischen Verfahren sind sich oft nicht einig, wie wir gesehen haben. Auch diesmal ist der IKV von Anlage 1 besser, aber hinsichtlich NBW gewinnt Anlage 2.

Bei IKV wird die geschilderte Wiederanlageprämisse kritisiert. Andererseits liegt der Vorteil in der Methode, keinen kalkulatorischen Zinsfuß bestimmen zu müssen. Zumindest die rechnerische Ermittlung ist unstrittig. Bei der Kapitalwertmethode muss man sich die Frage gefallen lassen: Ist der gewählte Zinsfuß der richtige? Kann die Entscheidung der Kapitalwertmethode bei einem anderen Zinssatz kippen?

Dies lässt sich übrigens leicht feststellen, indem die Zahlungsströme beider Anlagen saldiert werden und vom Saldo der IKV gebildet wird:

```
{=IKV($C$2:$C$12-$B$2:$B$12)} = 5,86 %
```

Aha! Wird der kalkulatorische Zinssatz von 5 % auf 5,86 % angehoben, sind beide Alternativen gleichwertig:

```
{=NBW(IKV($C$2:$C$12-$B$2:$B$12);B2:B12)} = 129,40
{=NBW(IKV($C$2:$C$12-$B$2:$B$12);C2:C12)} = 129,40
```

Steigt der kalkulatorischen Zinssatz weiter, kippt das Ergebnis zugunsten Anlage 1. Der kalkulatorische Zinssatz muss also mit viel Bedacht gewählt sein. Welche Anlage ist denn nun zu präferieren? Entscheiden Sie selbst!

9.7 Duration

Wir wenden uns dem Vergleich von drei anderen Anlagen zu (Abbildung 9.12).

B3 | fx | =RMZ(7%;5;-100)

	A	B	C	D	E	F
1	t	Anlage 1	Anlage 2	Anlage 3		
2	0	-100	-100	-100		
3	1	24,39	0	7		
4	2	24,39	0	7		
5	3	24,39	0	7		
6	4	24,39	0	7		
7	5	24,39	140,26	107		
8						
9						
10	IKV	7,00%	7,00%	7,00%	=IKV(D2:D7)	
11	NBW	-0,00 €	-0,00 €	-0,00 €	=NBW(7%;D2:D7)	
12	QIKV	7,00%	7,00%	7,00%	=QIKV(D2:D7;10%;7%)	
13	Amortisation	5	5	5		

Abbildung 9.12: Drei Anlagen mit gleichem Kapitalwert, Zinsfüßen und Amortisationsdauer

In allen drei Fällen werden in t_0 100 € investiert. Wir unterstellen eine Identität von konstantem Nominal- und Marktzins von 7 %. Die Form der Rückzahlung unterscheidet sich folgendermaßen:

1. Anlage: annuitätische Rückzahlung
2. Anlage: endfällige Zins- und Tilgungszahlung
3. Anlage: regelmäßige Zinszahlung und endfällige Tilgung

Die Ziffern sind extra so gewählt, dass wir unsere schönen Kennzahlen als Vergleichsmaßstab vergessen können, interner Zinsfuß, Barwert, modifizierter Zinsfuß und sogar die Amortisationsdauer.

Trotzdem sind die drei Anlagen nicht in jeder Hinsicht äquivalent. Sie unterscheiden sich hinsichtlich der durchschnittlichen Kapitalbindungsdauer und damit im Zinsänderungsrisiko. Im vorherigen Kapitel haben Sie gelernt, dass Kurse von Wertpapieren vom aktuellen Marktzins abhängig sind. Steigt der Marktzins über den nominalen Zins der Anlage, verliert sie an Kurswert. Sinkt der Marktzins, entpuppt sich die Anlage mit fixiertem Nominalzins als echter Schnapp. Je mehr und je länger Kapital gebunden ist, desto stärker wirkt sich dieser Effekt in beide Richtungen aus. Das Maß von Chance und Risiko, die daraus entstehen, quantifiziert man mit der Kennzahl DURATION.

Abbildung 9.13 zeigt, wie die Duration berechnet wird:

D10 =DURATION("01.01.01";"01.01.06";7%;7%;1;3)

	A	B	C	D	E	F	G
1	t	**Anlage 1**	**Anlage 2**	**Anlage 3**	**BW**	**BW*t**	
2	0	-100	-100	-100			
3	1	24,39	0	7	6,5421	6,5421	
4	2	24,39	0	7	6,1141	12,2281	
5	3	24,39	0	7	5,7141	17,1423	
6	4	24,39	0	7	5,3403	21,3611	
7	5	24,39	140,26	107	76,2895	381,4476	
8	**Duration**	**2,8650**	**5,0000**	**4,3872**	100,0000	**4,3872**	Jahre
9							
10	DURATION			4,3872	Jahre		

Abbildung 9.13: Unterscheidung der Anlagen hinsichtlich Kapitalbindungsdauer (Duration)

Die Spalten E und F zeigen die tabellarische Herleitung der Duration der 3. Anlage. In Spalte F werden alle Zahlungen auf t_0 abgezinst:

```
E3: =D3/1,07^A3
```

wird bis E7 kopiert. Die Summe in E8 entspricht natürlich genau 100 €, da der Nominalzins dem kalkulatorischen Marktzins entspricht. In Spalte F wird jeder Barwert mit den Zeitpunkten t multipliziert.

```
F3: =A3*E3
```

wird ebenfalls bis zur 7. Zeile kopiert. Die Summe der mit t gewichteten Barwerte wird dann durch die Summe der (nicht gewichteten) Barwerte dividiert:

```
F8:=SUMME(F3:F7)/E8 = 4,3872
```

Was bleibt, ist eine in Jahren ausgedrückte durchschnittliche Kapitalbindungsdauer, die DURATION.

Zum Vergleich berechnen wir auch die Duration der beiden anderen Anlagen in einer Matrixformel:

```
B8: {=SUMME(B3:B7/1,07^$A$3:$A$7*$A$3:$A$7)/SUMME(SUMME(B3:B7/1,07^$A$3:$A$7))}
```

ebenfalls in C8. Anlage 1 ist mit einer D. von 2,865 also am wenigsten von möglichen Zinsschwankungen während der Laufzeit betroffen. Anlage 2 hat dagegen die größte Kapitalbindungsdauer, nämlich die komplette Laufzeit von fünf Jahren.

Excel stellt zwei Funktionen zur Berechnung der Duration zu Verfügung:

=Duration(Abrechnung;Fälligkeit;Nominalzins;Rendite;Häufigkeit;[Basis])

Gibt für einen angenommenen Nennwert von 100 € die Macauley-Dauer zurück. Diese Dauer ist als gewichteter Mittelwert des Barwerts der Cashflows definiert und dient als Maß, wie der Kurs eines Wertpapiers auf Änderungen der Rendite reagiert.

(Entweder war der Schreiber dieses Excel-Hilfetextes Fan des amerikanischen Basketballs oder hat sich einfach nicht ordentlich informiert. Der Mensch mit dem "ey" im Namen ist in der Tat ein berühmter US-Basketballer (aktiv zwischen 1949 und 1959). Der englische Mathematiker, dem die Funktion den Namen verdankt, wird mit „ay" geschrieben.)

Die Argumente kennen wir bereits von anderen Wertpapierfunktionen. Der Nachteil gegenüber unserer handgestrickten Matrixformel ist der, dass die Excel-Funktion nur für Anlage 3 die Duration berechnen kann. Sie unterstellt also stets konstante Zinszahlungen und endfällige Tilgung. Die Formel

```
D10: =DURATION("01.01.01";"01.01.2006";7%;7%;1;0)
```

bestätigt den Wert von 4,3872 Jahren. Da das Beispiel eine ganzzahlige Laufzeit von fünf Jahren darstellt, müssen die Datumsangaben der Argumente *Abrechnung* und *Fälligkeit* genau fünf Jahre auseinanderliegen. Das hätte aber nicht der 01.01. sein müssen, denn

```
D10: =DURATION("05.07.99";"05.07.2004";7%;7%;1;0)
```

bringt das gleiche Ergebnis. Zudem gibt es eine zweite Funktion:

=MDURATION(Abrechnung;Fälligkeit;Coupon;Rendite;Häufigkeit;[Basis])

Gibt die modifizierte Macauley-Dauer eines Wertpapiers mit einem angenommenen Nennwert von 100 € zurück.

Das Argument *Coupon* entspricht dem Argument *Nominalzins* der Funktion DURATION. Sie lässt sich ganz einfach über die Formel

MDuration = Duration / (1 + Rendite)

direkt aus der Duration ableiten, wird allerdings nicht in Jahren, sondern in Prozent angegeben. Sie drückt näherungsweise aus, um wie viel Prozent der Kurs einer Anlage steigt oder fällt, wenn der Marktzins um einen Prozentpunkt sinkt oder steigt.

Die Funktion DURATION verlangt, wie die meisten anderen Wertpapierfunktionen auch, nicht unbedingt volle Abrechnungsperioden. Der Termin im Argument *Abrechnung* kann also ein beliebiger Termin innerhalb der Laufzeit des Wertpapiers sein. Zum Abschluss des Kapitels sehen wir uns ein Zahlenbeispiel an, das zeigt, wie in diesem Fall Excel die Duration kalkuliert (Abbildung 9.14).

Es handelt sich um ein Wertpapier, das zu jedem 01.01. einen Zinscoupon von 5 % auf den Nennwert von 100 € abwirft. Am 01.01.2015 wird das Wertpapier fällig. Am 10.04.2008 wird es zu einem Kurs von 80 € gehandelt. Als Zinsmethode steigen wir diesmal auf die tagesgenaue Berechnung um (*Basis* = 1), weil die Funktionen XINTZINSFUSS und XKAPITALWERT diese unterstellen.

Die Rendite, die ein Erwerber erzielen kann, beläuft sich auf:

```
B9:=RENDITE(Abrechnung;Fälligkeit;Zins;Kurs;Rückzahlung;Häufigkeit;Basis)
=9,095 %
```

Wie gewohnt wurden die Zellen der Spalte B mit der Bezeichnung aus Spalte A benannt.

J18 | =DURATION(Abrechnung;Fälligkeit;Zins;Rendite;Häufigkeit;Basis)

	A	B	C	D	E	F	G	H	I	J
1	letzter Zinstermin	01.01.2008	Zinstage	Stückzinsen						
2	Abrechnung	10.04.2008	100	1,37						
3	Fälligkeit	01.01.2015								
4	Zins	5%								
5	Kurs	80								
6	Rückzahlung	100								
7	Häufigkeit	1	Laufzeit	XINTZINSFUSS			XKAPITALWERT			DURATION
8	Basis	1		10.04.2008	-81,37		0			
9	**RENDITE**	**9,095%**	0,73	01.01.2009	5		5	4,69		3,4198
10	Tageszins	0,02385%	1,73	01.01.2010	5		5	4,30		7,4361
11			2,73	01.01.2011	5		5	3,94		10,7590
12			3,73	01.01.2012	5		5	3,61		13,4761
13			4,73	01.01.2013	5		5	3,31		15,6707
14			5,73	01.01.2014	5		5	3,04		17,4000
15			6,73	01.01.2015	105		105	58,44		393,3744
16					**9,09%**			**81,34**		461,5361
17								81,34		**5,67**
18										**5,67**

Abbildung 9.14: Berechnung der Duration bei aperiodischem Abrechnungsdatum

Im Zeitstrahl von D8:E15 überprüfen wir den ermittelten Wert der Rendite. E8 enthält als Barwert den Kurs zum Abrechnungstag zuzüglich den Stückzinsen, die zwischen dem Abrechnungstag und dem davor liegenden Zinstermin angefallen sind.

```
D2: =(Abrechnung-B1)/365*Zins*Rückzahlung
E8:=-Kurs-D2
```

Über diesen Zeitstrahl können wir die Rendite näherungsweise auch mit der Funktion bestätigen, die für interne Zinsfüße aperiodischer Zahlungsreihen zuständig ist:

```
E16:=XINTZINSFUSS(E8:E15;D8:D15) = 9,09 %
```

Für die Berechnung der Duration benötigen wir nun die Abstände der einzelnen Zahlungen zum Abrechnungsdatum in Jahren:

```
C9: =+(D9-$D$8)/365
```

wird bis C15 kopiert. Als Nächstes wird der Kapitalwert zum Abrechnungstag berechnet. In G9:G14 duplizieren wir dazu noch einmal die Zinszahlungen und in G15 die Liquidation inklusive letzter Zinszahlung (105 €). Um aus tagesgenauen Zahlungen Barwerte zu erzielen, brauchen wir auch einen tagesgenauen Zinssatz, den wir aus der Jahresrendite ableiten.

```
B10:=NOMINAL(B9;365)/365
```

Et voilà, die Barwerte:

```
H9: =G9/(1+$B$10)^(D9-$D$8)
```

H9 wird bis H15 kopiert. Die Summe der Barwerte entspricht dann bis auf eine minimale Differenz dem Kurs inklusive Stückzinsen von 81,34. Zum Glück, denn nur so wird ein Schuh daraus.

Das können wir auch kürzer haben:

```
H17: =XKAPITALWERT(B9;G8:G15;D8:D15) = 81,34
```

doch für die Duration benötigen wir die einzelnen Barwerte, da sie ja mit den Laufzeiten gewichtet werden müssen:

```
J9: =C9*H9
```

wird ebenfalls bis zur 15. Zeile kopiert. Die Summe der gewichteten Barwerte geteilt durch die ominösen 81,34 ergibt last but not least die Duration:

```
J17: =SUMME(J9:J15)/H16 = 5,6744
```

Und als Lohn der ganzen Mühe stellen wir fest, dass die Funktion DURATION zum nahezu identischen Ergebnis kommt:

```
J18:=DURATION(Abrechnung;Fälligkeit;Zins;Rendite;Häufigkeit;Basis)
=5,6704
```

Übrigens kommt die Differenz zwischen dem Barwert von 81,34 und dem Kurs inklusive Stückzinsen von 81,37 zustande, weil letztere linear gerechnet wurden. 100/365*5% = 1,37. Hätte man stattdessen den Zeitraum von 100 Tagen in 100 kleine Zinsperioden aufgeteilt, wäre man auf ein Endvermögen von

```
100*(1+NOMINAL(Zins;365)/365)^100 = 101,35
```

gekommen, was dem ermittelten Barwert sehr nahe kommt.

Kapitel 10

No Risk, no Fun – Szenarien

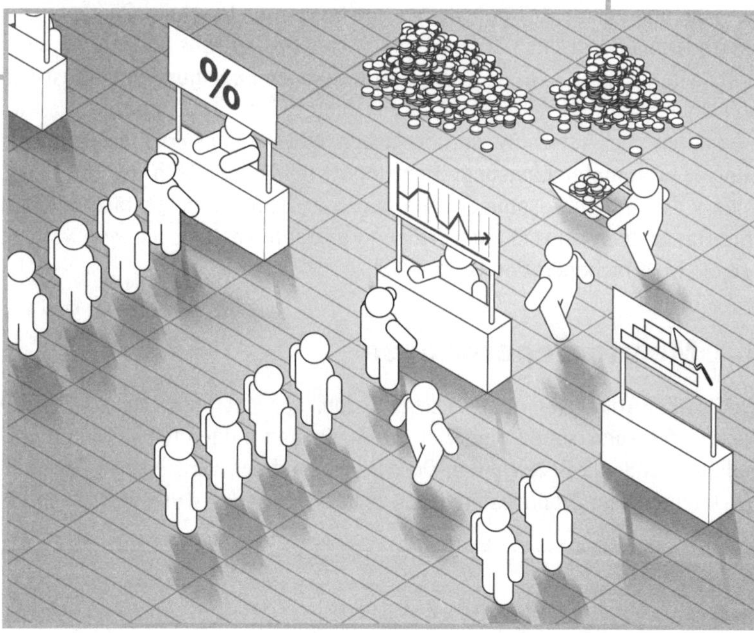

Wir sind zu jedem Risiko bereit, von dem wir glauben, dass es unsere Sicherheit erhöht. (Wolfram Weidner, Journalist)

Ob isoliert betrachtet oder im Vergleich: Bisher haben wir die vorgegebenen Parameter der finanzmathematischen Modelle überhaupt nicht infrage gestellt, sondern in blindem Vertrauen hingenommen. Was wir dabei vollkommen außer Acht gelassen haben, sind die Begriffe

Chance und Risiko.

Was nutzt es mir, wenn mir mein Vermögensberater zu einer Investition die tollste Rendite in Aussicht stellt und mich vom daraus irgendwann einmal möglicherweise erwachsenden, unermesslichen Reichtum träumen lässt? Denn er kann es mir meistens nicht garantieren. Es besteht in der Regel eine Chance, die Wunschrendite zu erreichen oder zu übertreffen, aber gleichzeitig ein Risiko, darunter zu bleiben.

Wie kann ich nun bei dieser Ungewissheit die Investition beurteilen? Indem ich eine Bandbreite festlege zwischen dem, was mir schlimmsten Falls passieren kann, und dem entgegengesetzten Extrem, dem unter optimalen Bedingungen voraussichtlich bestmöglichen Zustand. Zu diesem Zweck bietet Excel sogenannte „Was-wäre-wenn-Analysen", die Aufschluss darüber geben, wie stark das Ergebnis (Output) von Änderungen bestimmter Eingabegrößen (Input) abhängig ist. In der Betriebswirtschaftslehre ist in dem Zusammenhang auch der Begriff Sensitivitätsanalyse sehr geläufig. Das erste von Excel zur Verfügung gestellte Feature, das nun vorgestellt wird, ist die Mehrfachoperation (kurz MOP).

10.1 Mehrfachoperationen

MEHRFACHOPERATION ist eine spezielle Funktion, die nicht direkt in Excel-Zellen eingegeben werden kann, sondern über einen Menüpunkt aufgerufen werden muss. Sie finden diesen unter der Bezeichnung *Datentabelle* auf der Registerkarte *Daten* in der Gruppe *Datentools* im Dropdownmenü zur Schaltfläche *Was-wäre-wenn-Analyse.*

Abbildung 10.1: Aufruf der Mehrfachoperationen

10.1.1 Eindimensional

Bei der Mehrfachoperation wird untersucht, wie sich ein Ergebnis einer Berechnung ändert, wenn sich ein oder zwei beliebige Eingabeparameter ändern. Dazu betrachten wir zunächst einen ganz einfachen Fall einer Annuitätenberechnung in Abbildung 10.2.

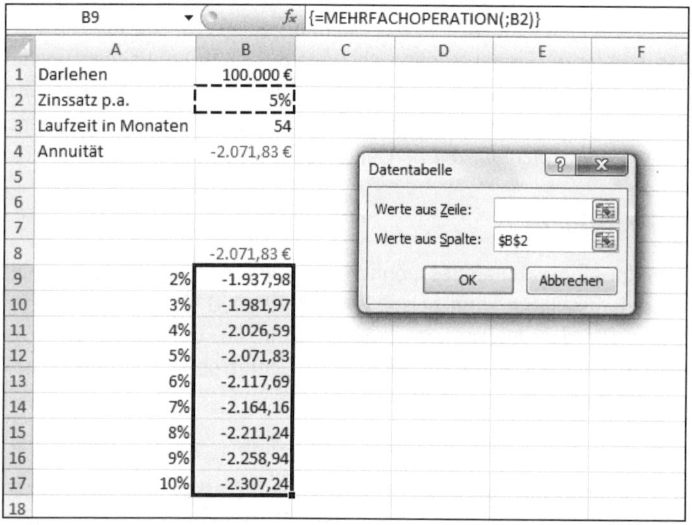

Abbildung 10.2: Eindimensionale Mehrfachoperation

In den Zellen B1 bis B3 stehen ein Darlehensbetrag, die Verzinsung p.a. sowie die Laufzeit in Monaten. Die nachschüssige Annuität ergibt sich folglich aus:

```
B4:=RMZ(B2/12;B3;B1)
```

Nun stellt sich beispielsweise die Frage, wie sich die Annuität (Output) ändert, wenn der Eingabeparameter Zinssatz (Input) variiert wird. Innerhalb der Bandbreite 2 % bis 10 %, die in den Zellen A9:A17 aufgelistet wird, soll die entsprechende Annuität dargestellt werden. Damit das Ganze funktioniert, muss die Ergebniszelle an eine ganz bestimmte Stelle, hier B8, übertragen werden.

```
B8:=B4
```

Jetzt selektieren Sie A8:B17 und rufen den Menübefehl *Datentabelle* auf. In dem nun erscheinenden kleinen Dialog tragen Sie bei *Werte aus Spalte* die Zelle B2 ein und bestätigen mit *OK*. Daraufhin wird im Bereich B9:B17 die Formel

```
{=MEHRFACHOPERATION(;B2)}
```

sichtbar, welche die jeweils gültige Annuität ausspuckt. Was geschieht hier? Excel setzt im Hintergrund, ohne dass es der Benutzer merkt, alle Zinssätze des Bereiches A9:A17 in die Zelle B2 ein (genau die Zelle, die Sie in dem Feld *Werte aus Spalte* angegeben haben). Das temporäre Ergebnis, das sich über B4 in B8 ergibt, wird in die entsprechende Zelle des Bereiches B9:B17 geschrieben. Übrigens können Sie nun eine einzelne Zelle des MOP-Ergebnisbereiches nicht editieren. Dies verhält sich so wie eine mit [Strg]+[⇧]+[↵] über einen ganzen Bereich eingegebene Matrixformel.

10.1.2 Zweidimensional

Neben der Variierung des Zinssatzes ist es möglich, eine zweite Input-Größe ins Spiel zu bringen. Die Darlehenssumme kann beispielsweise 100.000 €, 150.000 € oder 200.000 € betragen. Die drei Alternativen tragen Sie in B8, C8 und D8 ein. Die Ergebniszelle muss bei der zweidimensionalen MOP im Schnittpunkt zwischen erster Zeile und erster Spalte stehen:

```
A8:=B4
```

Nun soll die MOP zu allen Kombinationsmöglichkeiten von Zinssatz und Darlehenssumme die entsprechende Annuität liefern. Rufen Sie erneut den Menübefehl *Daten>Datentools>Was-wäre-wen-Analyse>Datentabelle...* auf, und füllen Sie die Felder gemäß dem kleinen Dialog in Abbildung 10.3.

Wie beim ersten Mal wird nach Bestätigen von *OK* der MOP-Ergebnisbereich automatisch gefüllt. Bei einer Darlehenssumme von 150.000 € und einem Zinssatz von 4 % wäre also z.B. eine Annuität von 3.039,89 € zu leisten.

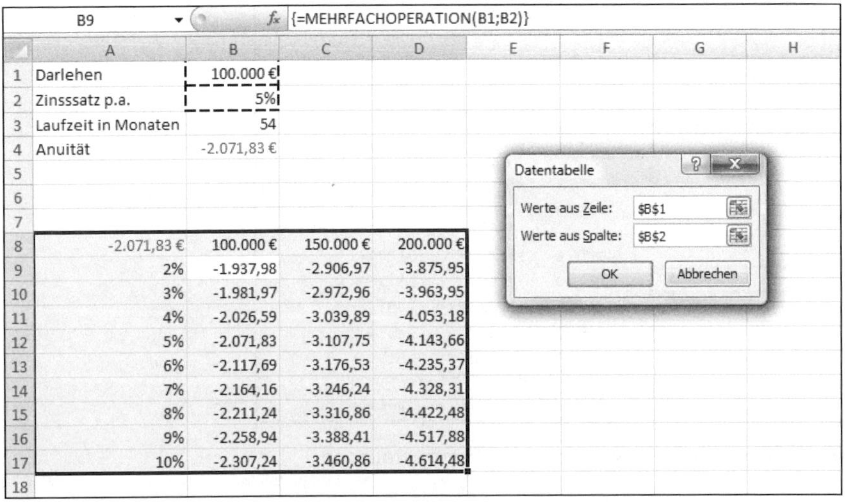

	A	B	C	D	E	F	G	H
1	Darlehen	100.000 €						
2	Zinsssatz p.a.	5%						
3	Laufzeit in Monaten	54						
4	Anuität	-2.071,83 €						
5								
6								
7								
8	-2.071,83 €	100.000 €	150.000 €	200.000 €				
9	2%	-1.937,98	-2.906,97	-3.875,95				
10	3%	-1.981,97	-2.972,96	-3.963,95				
11	4%	-2.026,59	-3.039,89	-4.053,18				
12	5%	-2.071,83	-3.107,75	-4.143,66				
13	6%	-2.117,69	-3.176,53	-4.235,37				
14	7%	-2.164,16	-3.246,24	-4.328,31				
15	8%	-2.211,24	-3.316,86	-4.422,48				
16	9%	-2.258,94	-3.388,41	-4.517,88				
17	10%	-2.307,24	-3.460,86	-4.614,48				
18								

Abbildung 10.3: Zweidimensionale Mehrfachoperation

Die Intervalle in der ersten Zeile und der ersten Spalte können übrigens ruhig Formeln enthalten und müssen nicht manuell eingetragen werden. Hier würde es sich anbieten, nur in A9 den ersten Zinssatz manuell einzutragen und das Intervall dann mit

```
A10:=A9+1%
```

herunter kopiert zu erzeugen. Vorsicht Falle: Verlockend könnte es sein, das Intervall selbst mit den zu variierenden Eingabezellen zu verknüpfen, etwa:

```
A9:=B2-3%
```

doch das geht in die Hose. Excel kommt dann durcheinander, wie besonders Zeile 13 (6 %) in Abbildung 10.4 zeigt (aber auch andere Zeilen zeigen falsche Werte).

Durch die MOP entsteht hier ein Zirkelbezug zwischen der Eingabezelle B2 und dem Zinssatzintervall. In normalen Formeln erkennt Excel Zirkelbezüge und mahnt diese an. Bei MOP ist dies nicht der Fall. Excel spielt ja unsichtbar alle Werte des Intervalls in B2 durch. Doch der temporäre Wert in B2 ändert wiederum durch die Verknüpfung in A9 das Intervall selbst. Solche Verknüpfungen zu den Eingabeparametern innerhalb der MOP-Tabelle müssen Sie also vermeiden, wenn Sie zuverlässige Ergebnisse haben wollen.

A9	=B2-3%				
	A	B	C	D	E
1	Darlehen	100.000 €			
2	Zinsssatz p.a.	5%			
3	Laufzeit in Monaten	54			
4	Anuität	-2.071,83 €			
5					
6					
7					
8	-2.071,83 €	100.000 €	150.000 €	200.000 €	
9	2%	-1.937,98	-2.906,97	-3.875,95	
10	3%	-1.851,85	-2.777,78	-3.703,70	
11	4%	-1.809,73	-2.714,59	-3.619,45	
12	5%	-1.809,73	-2.714,59	-3.619,45	
13	6%	#DIV/0!	#DIV/0!	#DIV/0!	
14	7%	-1.937,98	-2.906,97	-3.875,95	

Abbildung 10.4: Zirkelbezug bei Mehrfachoperationen

Apropos Zirkelbezug. MOP verträgt sich grundsätzlich nicht gut mit Zirkelbezügen. Diese sollen in Excel-Dateien so weit wie möglich vermieden werden. Für spezielle Berechnungen kann es aber sinnvoll sein, die Excel-Iteration zu aktivieren. (In *Excel – Das Zauberbuch* finden Sie schöne Beispiele dazu.) Wenn Sie in solchen Fällen gleichzeitig mit MOP arbeiten, kann das zu instabilen Berechnungen in der Excel-Datei führen. Denn die Excel-Iteration führt im Hintergrund mehrere Berechnungsschritte durch und MOP ebenso, wobei sich beide gegenseitig unerwünscht hochschaukeln.

Damit ist die Grundfunktionalität dieses Features bereits erschöpft. Klingt nicht besonders spektakulär, wir haben verstanden, wie es funktioniert (hoffe ich doch), aber der Nutzen dieses Features wird noch nicht ganz klar. Kritiker würden wahrscheinlich sofort einwenden: Was soll der Aufwand, man hätte doch auch in der Annuitätenberechnung gleich in die Zelle B9

```
B9:=RMZ($A9/12;$B$3;B$8)
```

eintragen können und sie nach D17 kopiert. (Unter genauer Beachtung der richtig positionierten $-Zeichen.) Es hätte zum gleichen Ergebnis geführt. Das stimmt zwar, aber das Beispiel sollte auch nur zeigen, wie MOP grundsätzlich anzuwenden ist. Seine wahre Stärke spielt MOP erst dann aus, wenn das Berechnungsmodell, dem die Ergebniszelle zugrunde liegt, viel komplizierter ist. Dann ist es nämlich nicht mehr möglich, die Ergebniszelle selbst über den MOP-Ergebnisbereich zu kopieren. Wir erinnern uns an das Newton'sche Näherungsverfahren zur Bestimmung von Funktionsnullstellen aus Kapitel 8. Angenommen wir wollen den dort ermittelten Zinssatz abhängig von der Variation einer Input-Größe, z.B. dem Polynomkoeffizienten b in E3, berechnen (Abbildung 10.5).

Ergebniszelle `E14:=F11`

Datenbereich `E15:E20: {=MEHRFACHOPERATION(;E3)}`

Das Endergebnis der Berechnung in F11 resultiert aus dem iterativen Prozess in Spalte H. Die Input-Parameter (E2:E7) des Resultats stehen also nur mittelbar, über viele Rechenschritte, mit dem Output in Beziehung. Für MOP spielt das keine Rolle, die Zinssätze werden in E15:E20 korrekt berechnet. Diesmal ist es unmöglich, ohne MOP eine nach unten kopierbare Formel in E15 zu schreiben, welche die richtigen Zinssätze findet. (IKV gilt nicht, diese Funktion benötigt natürlich nicht die Iteration der Spalte H, da sie selbst eine Iteration eingebaut hat.) Versuchen Sie es mal, spätestens dann wird der wahre Nutzen von MOP deutlich.

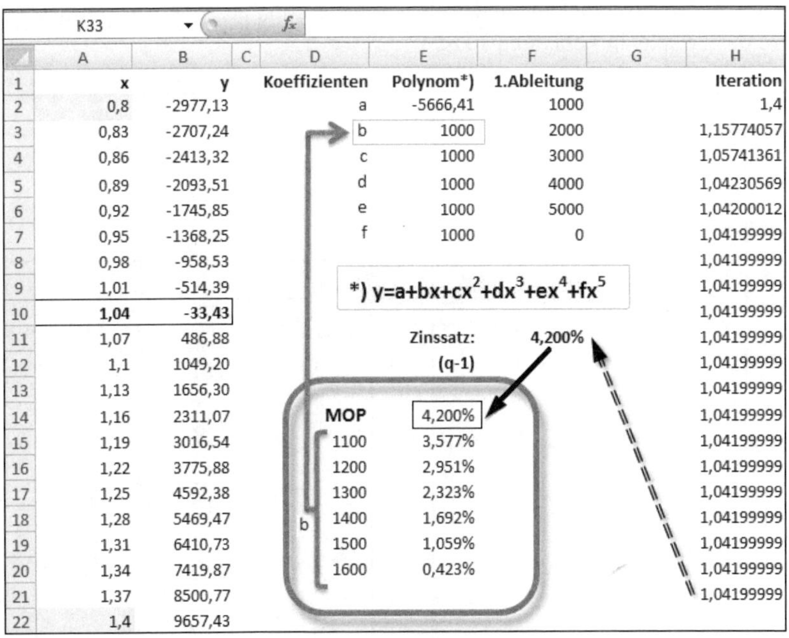
K33

	A	B	C	D	E	F	G	H
1	x	y		Koeffizienten	Polynom*)	1.Ableitung		Iteration
2	0,8	-2977,13		a	-5666,41	1000		1,4
3	0,83	-2707,24		b	1000	2000		1,15774057
4	0,86	-2413,32		c	1000	3000		1,05741361
5	0,89	-2093,51		d	1000	4000		1,04230569
6	0,92	-1745,85		e	1000	5000		1,04200012
7	0,95	-1368,25		f	1000	0		1,04199999
8	0,98	-958,53						1,04199999
9	1,01	-514,39		*) $y=a+bx+cx^2+dx^3+ex^4+fx^5$				1,04199999
10	1,04	-33,43						1,04199999
11	1,07	486,88			Zinssatz:	4,200%		1,04199999
12	1,1	1049,20			(q-1)			1,04199999
13	1,13	1656,30						1,04199999
14	1,16	2311,07		MOP	4,200%			1,04199999
15	1,19	3016,54		1100	3,577%			1,04199999
16	1,22	3775,88		1200	2,951%			1,04199999
17	1,25	4592,38		1300	2,323%			1,04199999
18	1,28	5469,47	b	1400	1,692%			1,04199999
19	1,31	6410,73		1500	1,059%			1,04199999
20	1,34	7419,87		1600	0,423%			1,04199999
21	1,37	8500,77						1,04199999
22	1,4	9657,43						

Abbildung 10.5: Mehrfachoperationen des Newton'schen Näherungsverfahrens

Selbst wenn Ihr Rechenmodell aus zwanzig Arbeitsblättern besteht und die Ergebniszelle nur über Tausende Schritte mit den Eingabewerten verbunden ist, ist dies für MOP kein Problem. Die beiden Felder *Werte aus Spalte* und *Werte aus Zeile* müssen zwar aus derselben Tabelle stammen, in denen auch die MOP-Tabelle steht, der Berechnungsweg zur Ergebniszelle kann aber trotzdem über viele andere Tabellen führen.

10.1.3 Multidimensional

Die Stärke der Mehrfachoperation ist die blitzschnelle Berechnung von Szenarien – mit der Sie jeden Chef verblüffen können – und die einfache Bedienung. Allerdings ist die Flexibilität begrenzt, da Sie nur zwei Eingabeparameter kombinieren können und auf eine Ergebniszelle beschränkt sind. Oder!?

Nicht ganz – a bisserl Tuning ist schon noch drin. Sowohl die beiden Eingabeparameter als auch die Ergebniszelle enthalten in der Regel natürlich Werte. Dies muss aber nicht zwangsweise so sein. Zeichenketten sind ebenfalls erlaubt. Dies ermöglicht es, die Beschränkungen der Mehrfachoperation auszuhebeln. Betrachten wir dazu das Beispiel in Abbildung 10.6:

H7 | {=MEHRFACHOPERATION(D2;D1)}

	A	B	C	D	E	F	G	H	I	J	K	L	M
1	Anfangsinvestition; Rückflüsse			-1000;120	-1000	120							
2	Laufzeit; Anstieg Rückflüsse			13;2%	13	0,02							
	IKV			8,8%									
3	NBW			255,89									
4	t	€					Laufzeit	10	10	11	11	12	12
5	0	-1.000,00					Anstieg	1	2	1	2	1	2
6	1	120,00			Invest.	Rückfluss	8,8% 255,89	10;1%	10;2%	11;1%	11;2%	12;1%	12;2%
7	2	122,40			-1000	150	-1000;150	9,0% 206,97	9,9% 258,22	10,3% 303,84	11,2% 365,12	11,3% 397,03	12,2% 468,98
8	3	124,85			-1000	125	-1000;125	5,1% 5,81	6,0% 48,51	6,6% 86,54	7,4% 137,60	7,7% 164,19	8,6% 224,15
9	4	127,34			-1000	100	-1000;100	0,8% -195,36	1,6% -161,19	2,5% -130,77	3,3% -89,92	3,8% -68,65	4,6% -20,68
10	5	129,89			-950	150	-950;150	10,2% 256,97	11,0% 308,22	11,4% 353,84	12,3% 415,12	12,4% 447,03	13,3% 518,98
11	6	132,49			-950	125	-950;125	6,2% 55,81	7,0% 98,51	7,6% 136,54	8,5% 187,60	8,7% 214,19	9,6% 274,15
12	7	135,14			-950	100	-950;100	1,8% -145,36	2,6% -111,19	3,4% -80,77	4,2% -39,92	4,7% -18,65	5,5% 29,32
13	8	137,84			-900	150	-900;150	11,4% 306,97	12,3% 358,22	12,7% 403,84	13,5% 465,12	13,6% 497,03	14,5% 568,98
14	9	140,60			-900	125	-900;125	7,3% 105,81	8,2% 148,51	8,7% 186,54	9,6% 237,60	9,8% 264,19	10,7% 324,15
15	10	143,41			-900	100	-900;100	2,8% -95,36	3,6% -61,19	4,4% -30,77	5,2% 10,08	5,6% 31,35	6,5% 79,32

Abbildung 10.6: Mehrfachoperation mit vier Eingabeparametern

Eine Anfangsinvestition führt zu jährlichen Rückflüssen. Das Modell besteht aus den vier potenziellen Eingabeparametern:

1. Anfangsinvestition
2. Periodische Rückzahlung
3. Jährlicher Anstieg der Rückzahlung in Prozent
4. Laufzeit (= Anzahl der Rückzahlungen)

Als Zielgrößen kommen infrage:

1. Kapitalwert in t0
2. Interner Zinsfuß

Alle vier Ausgangsgrößen sowie beide Zielgrößen sollen in eine MOP-Tabelle integriert werden. Die Pointe ist hier, dass die vier Input-Werte nicht in vier separaten Zellen abgefragt werden, sondern in zwei zusammengesetzten Zeichenketten. Analog wird mit den beiden Zielgrößen verfahren.

Spalte A enthält ab A5 abwärts die Zahlungszeitpunkte mit t_0 beginnend. In D1 werden die Anfangsinvestition und die erste Rückzahlung eingegeben. Damit die weiteren Berechnungen funktionieren, müssen beide Werte mit einem Trennzeichen, z.B. Semikolon, getrennt werden. In D2 stehen die Laufzeit und der jährliche prozentuale Aufschlag der Rückzahlungen, ebenfalls semikolongetrennt.

Nun müssen die Eingabeparameter zunächst wieder auseinanderklamüsert werden, um damit weiter rechnen zu können.

```
E1:=LINKS(D1;FINDEN(";";D1)-1)*1
E2:=LINKS(D2;FINDEN(";";D2)-1)*1
F1:=TEIL(D1;FINDEN(";";D1)+1;99)*1
F2:=TEIL(D2;FINDEN(";";D2)+1;99)*1
```

Die Funktion FINDEN ermittelt die Position des Semikolons und trennt die Zeichenketten in D1 und D2 an der Stelle. LINKS liefert den linken Parameter und TEIL den rechten.

Warum können die Eingabeparameter nicht gleich in E1/E2 und F1/F2 eingegeben werden? Wofür dieser umständliche Umweg? MEHRFACHOPERATION erlaubt im Sinne des Erfinders nur zwei wirkliche Eingabefelder. Faktisch wollen wir aber vier Eingabefelder in der MOP verhackstücken. Also packen wir je zwei Input-Größen in eine Zelle D1/D2 und gaukeln Excel vor, es sei jeweils nur eine.

Jetzt kann der Zahlungsplan aufgestellt werden:

```
B5:=E1
B6:=WENN(A6<=$E$2;$F$1*(1+$F$2)^(A6-1);0)
```

B6 wird nach unten kopiert. Die beiden Zielgrößen ergeben sich einzeln betrachtet aus:

```
=IKV(B7:B30)
```

für den internen Zinsfuß sowie

```
=NBW(5%;B7:B30)*1,05
```

für den Kapitalwert. Als Kalkulationszinsfuß nehmen wir 5 % an. Jetzt wenden wir den gleichen Trick wie bei den Input-Werten an und verketten beide Ergebnisse als Zeichenkette:

```
D3: =TEXT(IKV(B5:B30);"0,0%")&ZEICHEN(10)&TEXT(NBW(5%;B5:B30)*1,05;"#.##0,00")
```

Die Funktion TEXT wird hier benötigt, um die zwei verketteten Werte formatiert darzustellen. ZEICHEN(10) produziert einen Zeilenumbruch.

Nach dieser Vorbereitung kann die Tabelle der Mehrfachoperation nun so aufgebaut werden, dass sie im Zeilen- und Spaltenkopf jeweils zwei Intervalle von Eingabewerten verarbeiten kann. In E7:F15 werden die Ausgangsinvestition und Rückflüsse variiert. In H4:M5 werden die Laufzeiten und der prozentuale Anstieg eingegeben, die betrachtet werden sollen. Damit MOP mit den Intervallen klarkommt, müssen sie nun noch zu einer Spalte und einer Zeile verdichtet werden:

```
G7:=E7&";"&F7
```

kopiert bis G15

```
H6:=H4&";"&H5&"%"
```

kopiert bis M6. Jetzt fehlt nur noch die Ergebniszelle:

```
G6:=D3
```

Zu guter Letzt selektieren wir, wie üblich, G6:M15 und wählen *Daten>Datentools>Was-wäre-wenn-Analysen>Datentabelle...* und legen D2 als Zeilenkriterium und D1 als Spaltenkriterium fest. Das kuriose Ergebnis sehen Sie in Abbildung 10.6.

Eine Mehrfachoperation mit zwei Spaltenkriterien, zwei Zeilenkriterien und zwei Ergebniszellen.

10.2 Szenario-Manager

Die Mehrfachoperation wurde nun bis an den Rand ihrer Belastungsgrenze ausgereizt. Stellen Sie sich vor, Sie haben ein Modell, bei dem Sie zig zu variierende Eingabeparameter haben und ein Dutzend Ergebniszellen. Rein theoretisch könnte man das auch wie soeben demonstriert mit MOP bewerkstelligen, aber dies wird dann doch sehr mühsam und unzweckmäßig. MOP spielt den Ball an der Stelle besser ab an ein anderes Excel-Feature: den Szenario-Manager.

Kennen Sie das, Sie haben eine Excel-Datei, die in einem Ordner in unzähligen Varianten abgespeichert ist:

Kalkulationsmodell Juli 08.xlsx, Kalkulationsmodell Aug 08 NEU.xlsx, Kalkulationsmodell Aug 08 Variante A.xlsx, Kalkulationsmodell Aug 08 Variante B 6 % Zinssatz..xlsx usw.

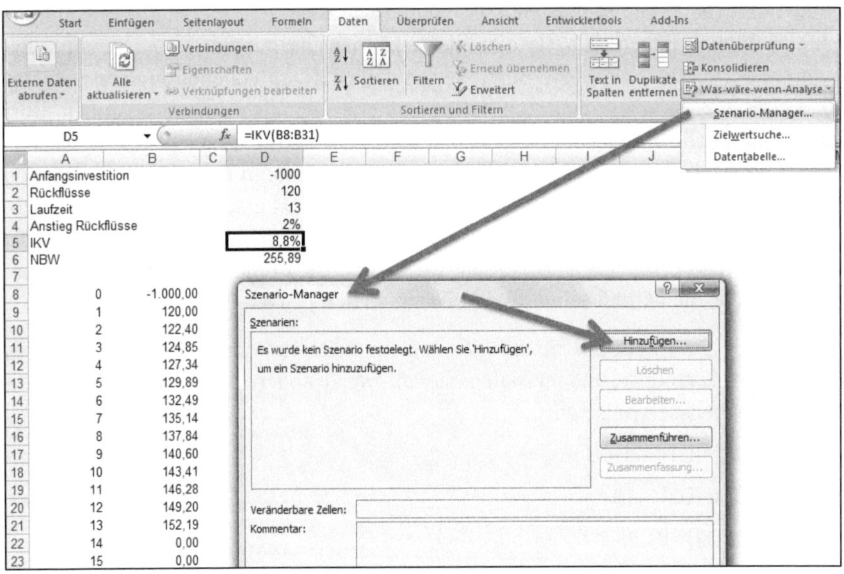

Abbildung 10.7: Aufruf des Szenario-Managers

Irgendwann blickt keiner mehr durch, und wenn der Chef selbst mal die richtige, aktuelle Datei suchen will, ist er aufgeschmissen. Der Szenario-Manager unternimmt den Versuch, die vielfältigen Varianten eines Kalkulationsmodells besser zu organisieren und das Vagabundieren von Excel-Dateien wenigstens teilweise einzudämmen. Den Szenario-Manager finden Sie an der gleichen Stelle wie die Mehrfachoperation unter den *Was-wäre-wenn-Analysen.* Zur Veranschaulichung verwenden wir das gleiche Zahlenbeispiel wie zuvor. Diesmal werden die vier Eingabeparameter Anfangsinvestition, Rückzahlung, Laufzeit und jährlicher Anstieg der Rückzahlung sowie die beiden Ergebnisgrößen IKV und NBW in separaten Zellen im Bereich D1:D6 aufgelistet (Abbildung 10.7). Wenn Sie den Menübefehl *Szenario-Manager...* aufrufen, erscheint ein Dialog, in dem Sie über die Schaltfläche *Hinzufügen...* das erste Szenario anlegen können.

Daraufhin erscheint ein weiterer Dialog, in dem Sie dem Szenario eine Bezeichnung und einen Kommentar verpassen sowie die Eingabezellen definieren können (Abbildung 10.8). Die Eingabezellen müssen nicht zwangsweise in einem zusammenhängenden Bereich liegen. Tun sie dies nicht, können Sie mit der [Strg]-Taste auch mehrere getrennte Zellen bzw. Bereiche auswählen. Nach Vollendung gehen Sie mit OK weiter, um zu einem weiteren Dialog namens Szenariowerte zu gelangen. Dort werden dann alle definierten Eingabezellen aufgelistet. Auch hier empfiehlt es sich, den Eingabezellen zuvor Namen zugeordnet zu haben, damit diese im Eingabedialog anstatt der nüchternen Bezeichnungen D1, D2, D3 und D4 erscheinen. Geben Sie nun die Werte für diese Zellen in die Textfelder ein, die für das aktuelle Szenario gültig sein sollen. Das erste Szenario nennen wir *Base Case.* In ihm belassen wir die Vorschlagswerte, die aktuell schon in den Zellen stehen.

Jetzt klicken Sie erneut auf *Hinzufügen*, um ein weiteres Szenario anzulegen. Dieses nennen Sie *Worst Case*, und im Dialog *Szenariowerte* ändern Sie die Vorschlagswerte diesmal ab, beispielsweise auf:

- Investition(D1): –1100
- Rückflüsse(D2): 110
- Laufzeit(D3): 10
- Anstieg(D4): 0,01

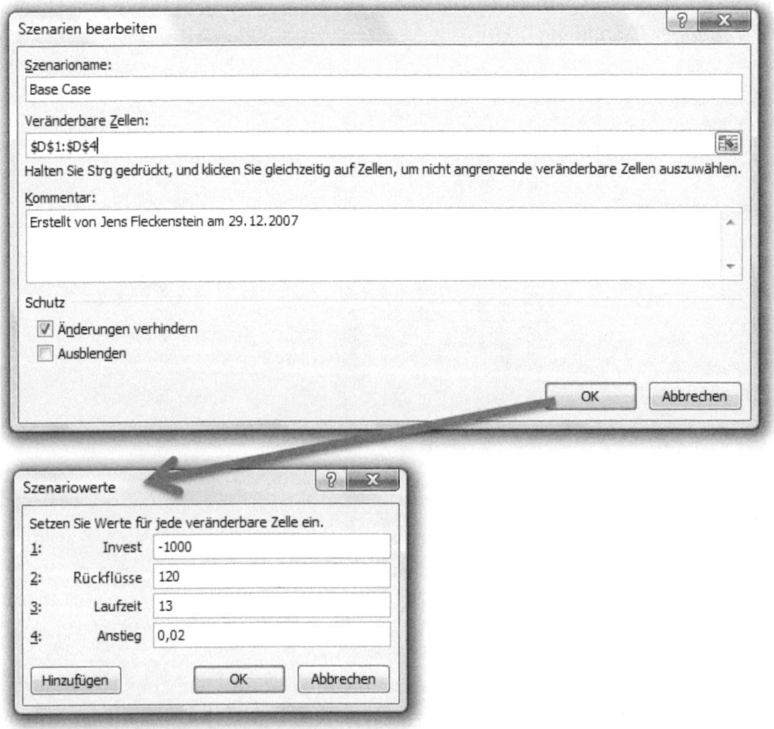

Abbildung 10.8: Dialog zum Erstellen bzw. Bearbeiten von Szenarien

Die gleiche Prozedur vollführen Sie ein drittes Mal mit einem *Best-Case*-Szenario mit den Werten:

- Investition: –900
- Rückflüsse: 130
- Laufzeit: 15
- Anstieg: 0,03

Danach klicken Sie anstatt auf *Hinzufügen* auf *OK*. Dann gelangen Sie in den Dialog *Szenario-Manager* (Abbildung 10.9).

Abbildung 10.9: Dialog Szenario-Manager

Hier sehen Sie nun übersichtlich alle Szenarien, die in dieser Tabelle angelegt wurden. Wenn Sie die Arbeitsmappe schließen und zu einem späteren Zeitpunkt wieder öffnen (oder jemand anderes), stehen die definierten Szenarien nachhaltig zur Verfügung.

Wenn Sie ein Szenario in der Auswahlliste angeklickt haben und dann auf *Anzeigen* drücken, werden alle Eingabezellen gemäß Szenario-Einstellungen automatisch angepasst.

Interessant ist die Schaltfläche *Zusammenfassung...*, mit der Sie die Ergebnisse Ihrer Szenarien auf einen Blick gegenüberstellen können. Dabei stehen Ihnen wiederum zwei Alternativen zur Verfügung, die in dem kleinen Dialog *Szenariobericht* ausgewählt werden können (Abbildung 10.10). Wir entscheiden uns für die erste Alternative, den Szenariobericht, bei dem die Ergebnisse in einer einfachen Tabelle aufgelistet werden. Excel erstellt dabei sofort eine neue Tabelle innerhalb der Arbeitsmappe namens *Szenariobericht*. Schade, dass man diesen Bericht nicht auch selbst innerhalb einer bereits vorhandenen Tabelle platzieren kann.

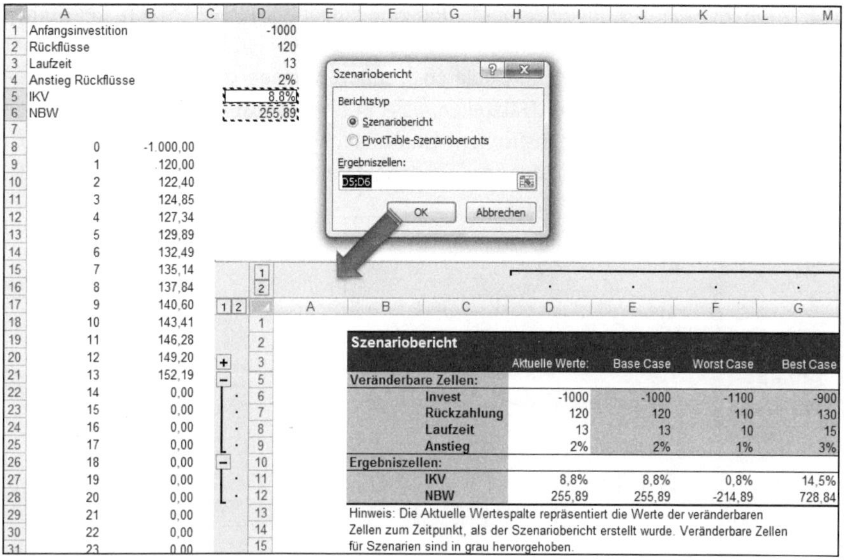

Abbildung 10.10: Erstellen eines Szenarioberichtes

In den Kopfspalten des Berichtes (B:C) werden die veränderbaren Zellen und die Ergebniszellen aufgelistet. Auch hier zeigt sich wieder, dass Sie für diese Zellen am besten Namen vergeben haben. Im Zeilenkopf (Zeile 3) werden die angelegten Szenarien sowie die aktuellen Werte der Tabelle gegenübergestellt. Im Datenbereich D6:G12 wurden die variierten Eingabeparameter sowie die resultierenden Ergebnisse erzeugt. Die Gruppierungen oberhalb der Zeilen- und Spaltenköpfe hat Excel ebenso automatisch erzeugt. Darüber können Sie noch die ausgeblendete Zeile 4 sichtbar machen, die einen Kommentar zum jeweiligen Szenario enthält.

10.3 Mehrfachoperation vs. Szenario-Manager

Ob Sie besser die Mehrfachoperation oder den Szenario-Manager einsetzen, hängt vom jeweiligen Anwendungsfall ab. Ganz maßgeblich hängt es auf der einen Seite davon ab, wie viele verschiedene Szenarien, also unterschiedliche Ausprägungen der Input-Größen, Sie benötigen, und auf der anderen Seite, wie viele Input- und Output-Größen untersucht werden sollen.

MOP kann im Standard nur zwei Inputs und eine Ergebnisgröße verknusen. Der Szenario-Manager verkraftet je 32 veränderbare Zellen und Ergebniszellen. Bei oberflächlicher Betrachtung scheint dies für den flexibleren Szenario-Manager zu sprechen. Bei genauerem Hinsehen wird man aber feststellen, dass in der Realität die Mehrfachoperation trotzdem oft das geeignetere Instrument ist. Abbildung 10.11 zeigt, wann die Verwendung einer Mehrfachoperation oder des Szenario-Managers am ehesten angebracht ist.

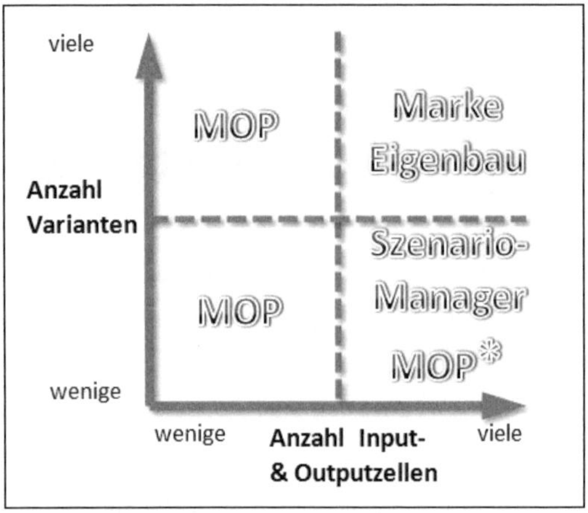

Abbildung 10.11: MOP vs. Szenario-Manager

Der Szenario-Manager kann zwar viele Input- und Output-Zellen verarbeiten. Der Nachteil ist aber, dass die Ausprägungen (= Varianten) für jedes Szenario manuell eingegeben werden müssen. Wenn Sie also eine Input-Größe in vielen Ausprägungen in einer langen Reihe darstellen wollen, etwa

0,2%;0,4%;0,6%;0,8%;1,0%;1,2%;1,4%;1,6%;1,8%;2,0%;2,2%;2,4%;2,6%;2,8%;3,0%

müssen Sie mit dem Szenario-Manager für jeden Eintrag ein neues Szenario anlegen. Logo, dass hier eine tabellarische Auflistung und Auswertung mit MOP bequemer ist.

Bei vielen Input- & Output-Zellen kommt in erster Linie der Szenario-Manager infrage. Aber bei vielen unterschiedlichen Ausprägungen ist dies trotzdem wieder mit vielen manuellen Eingaben verbunden. Es sei denn, Sie programmieren sich eine individuelle Lösung „*Marke Eigenbau*“, dazu kommen wir später.

Aber auch bei wenigen Ausprägungen ist der Szenario-Manager mit Vorsicht zu genießen, wie der nächste Abschnitt zeigen wird.

10.4 Sensitivitätsanalyse und Tornado-Diagramm

Denken wir noch einmal über unsere drei Szenarien

- Base Case
- Best Case
- Worst Case

nach. Dort haben wir vier Input-Größen (hätten problemlos auch mehr sein können) in drei unterschiedlichen Ausprägungen untersucht. Base Case ist die mittlere Variante, evtl. der Erwartungswert. Beim Worst Case werden alle vier Input-Größen so weit verschlechtert, wie es nach bestem Wissen und Gewissen im pessimistischsten Fall eintreten kann. Im Best Case wird das genaue Gegenteil unterstellt, die größtmögliche Glückseligkeit.

Diese Betrachtung hat aber einen Haken, denn alle Input-Größen wirken sich gemeinsam aus. Die Frage bleibt offen, welchen Einfluss, welche Sensitivität die Variation jeder Input-Größe separat betrachtet hat. Der Szenario-Manager bleibt diese Frage schuldig, und wollte man sie mit ihm beantworten, müsste man insgesamt neun Szenarien definieren:

- Base Case
- Best Case Investition, ceteris paribus (unter sonst gleichen Bedingungen)
- Worst Case Investition, ceteris paribus
- Best Case Rückzahlung, ceteris paribus
- Worst Case Rückzahlung, ceteris paribus
- Best Case Laufzeit, ceteris paribus
- Worst Case Laufzeit, ceteris paribus
- Best Case Anstieg Rückzahlung p.a., ceteris paribus
- Worst Case Anstieg Rückzahlung p.a., ceteris paribus

Stellen Sie sich nun eine Erweiterung um viele neue Input-Größen vor. Oder gar fünf oder mehr Ausprägungen statt nur Worst, Base und Best Case. Dann wird der Szenario-Manager auch in dem Quadranten der Vierfeldermatrix mit vielen Input-Größen und wenigen Ausprägungen unbrauchbar oder zumindest sehr unhandlich.

Die Lösung? Eine spezielle Mehrfachoperation, in Abbildung 10.11 als *MOP** bezeichnet. Wir werden nun sehen, wie mit MOP eine Sensitivitätsanalyse durchgeführt werden kann, auf der auch das sogenannte Tornado-Diagramm basiert.

Die Fragestellung hierbei lautet: *n* Input-Größen werden separat zu einem festen Prozentsatz *p* verschlechtert oder verbessert. Um wie viel Prozent verschlechtert oder verbessert sich dann eine definierte Ergebnisgröße? Bei welcher Input-Größe wirkt sich die Veränderung um p % am stärksten aus und bei welcher am schwächsten? Wie sensitiv reagiert also die Ergebnisgröße auf die jeweilige Input-Größe. Wir betrachten dazu das Modell in Abbildung 10.12.

H15 {=MEHRFACHOPERATION(F6;F7)}

	A	B	C	D	E	F	G	H	I	J	K	L
1	Anfangsinvestition			-1000	Basis-	-1000						
2	Rückflüsse			132	werte:	120						
3	Laufzeit			20		20						
4	Anstieg Rückflüsse			2,00%		2%						
5	IKV			**13,69%**								
6	NBW			935,83	Sensitivität:	10%						
7					Inputzelle:	2						
8	0	-1.000,00				(1-4)						
9	1	132,00										
10	2	134,64										
11	3	137,33										
12	4	140,08										
13	5	142,88										
14	6	145,74			**MOP***	IKV:	**13,69%**	-10%	0%	+10%		
15	7	148,65			Anfangsinvestition		1	10,84%	12,22%	13,85%		
16	8	151,63			Rückflüsse		2	10,70%	12,22%	13,69%		
17	9	154,66			Laufzeit		3	11,64%	12,22%	12,65%		
18	10	157,75			Anstieg Rückflüsse		4	12,03%	12,22%	12,41%		
19	11	160,91			**Sensitivität**							Rang
20	12	164,13			Anfangsinvestition			-1,38%	0	1,63%		3
21	13	167,41			Rückflüsse			-1,53%	0	1,47%		4
22	14	170,76			Laufzeit			-0,59%	0	0,43%		2
23	15	174,17			Anstieg Rückflüsse			-0,19%	0	0,19%		1
24	16	177,65			**sortiert**							
25	17	181,21			Anstieg Rückflüsse			-0,19%	0	0,19%		1
26	18	184,83			Laufzeit			-0,59%	0	0,43%		2
27	19	188,53			Anfangsinvestition			-1,38%	0	1,63%		3
28	20	192,30			Rückflüsse			-1,53%	0	1,47%		4

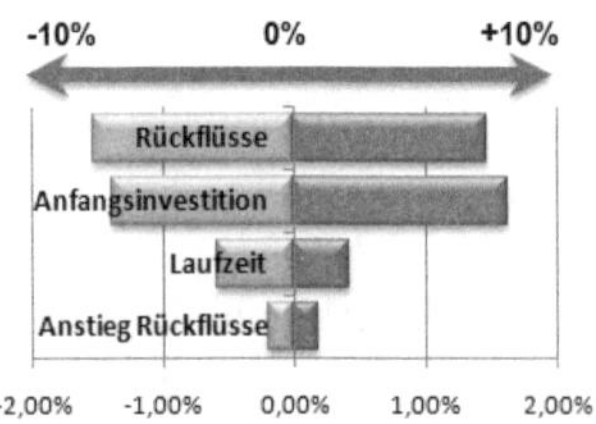

Abbildung 10.12: Tornado-Diagramm mit Mehrfachoperationen erstellen

Das aus den vorherigen Abschnitten bekannte Modell wird nur geringfügig angepasst. Die Basiswerte (Base Case) der vier Input-Größen werden nun in F1:F4 eingegeben.

Die Pointe setzen die beiden zusätzlichen Hilfs-Input-Parameter in F6 und F7. F6 gibt an, um wie viel Prozent eine Input-Größe variiert werden soll. F7 beinhaltet einen Index zwischen 1 und 4, der angibt, welche separate Input-Größe aktuell im

Rampenlicht steht. In der Abbildung 10.12 stehen dort die zwei, was zur Folge hat, dass nur der Rückfluss in C2 um 10 % von 120 auf 132 erhöht wird. Alle anderen Inputs in D1, D3 und D4 enthalten die Basiswerte aus F1, F2 und F4. Damit das funktioniert, stehen nun in D1:D4 folgende Formeln:

```
D1: =WENN($F$7=1;F1+$F$6*ABS(F1);F1) oder =WENN($F$7=ZEILE();…
D2: =WENN($F$7=2;F2+$F$6*ABS(F2);F2) oder =WENN($F$7=ZEILE();…
D3: =WENN($F$7=3;F3+$F$6*ABS(F3);F3)
D4: =WENN($F$7=4;F4+$F$6*ABS(F4);F4)
```

Die Ergebniszellen in D5:D6 sowie der Zahlungsplan in B8:B28 berechnen sich wie gehabt. Nun können wir mit MOP die gewünschte Sensitivitätsanalyse durchführen. In H14:J14 stehen die drei Ausprägungen –10 % (Worst Case), 0 % (Base Case) und +10 % (Best Case). Hier könnten auch mehr Ausprägungen stehen. Dies ist der Zeilenkopf für die MOP.

Der Spaltenkopf steht in G15:G18 und enthält lediglich die Werte 1, 2, 3 und 4. Das Kuriose dabei ist, dass hier nicht eine Input-Größe variiert wird. Vielmehr wird hier variiert, welche Input-Größe nun überhaupt zum Zuge kommt.

G14 enthält die Ergebniszelle IKV aus D5.

```
G14:=D5
```

Nun wird G14:J18 selektiert und über *Daten>Datentools>Was-wäre-wenn-Analyse>Datentabelle...* eine Mehrfachoperation mit

- Werte aus Zeile: F6
- Werte aus Spalte: F7

erzeugt.

```
H20: =H15-I15
J20: =J15-I15
```

Beide Formeln bis Zeile 23 kopiert.

In H20:J23 stehen nun die Sensitivitäten, die zeigen, wie stark sich die Änderung einer Input-Größe auf den IKV ausgewirkt hat. Beispielsweise verschlechtert sich der IKV um 1,38 % Punkte, wenn die Investitionssumme um 10 % teurer wird. Oder, der IKV erhöht sich nur um 0,19 %, wenn sich der jährliche Rückflussanstieg um +10 % erhöht.

Jetzt wollen wir noch wissen, welche Input-Größe sich am stärksten auf das Ergebnis auswirkt und welche am schwächsten. Dazu bilden wir zunächst eine Rangfolge der Ausschläge.

```
L20: =RANG(H20;$H$20:$H$23;0)
```

wird bis L23 kopiert. In E25:L28 werden nun die Sensitivitäten gemäß Rangfolge sortiert.

```
E25: =INDEX(E$20:E$23;VERGLEICH($L25;$L$20:$L$23;0))
```

wird auf die Bereiche E26:E28 und H25:J28 kopiert. L25:L28 enthält die Zahlen eins bis vier in aufsteigender Reihenfolge, z.B. mit

```
L25: =ZEILEN(L$25:L25)
```

(bis L28 kopiert) erzeugt.

Zu guter Letzt erstellen wir auf Basis der sortierten Sensitivitäten ein gestapeltes Balkendiagramm, das nach links die Worst-Case-Ausschläge und nach rechts die Best-Case-Ausschläge der vier Input-Größen (jede separat betrachtet) darstellt. Da wir die Sensitivitäten sortiert haben, werden die Balken nach unten logischerweise immer kleiner, was dem Diagramm das tornadoähnliche Aussehen verleiht.

Bei Erstellung des Balkendiagramms ist es wichtig, dass Sie die Datenreihen spaltenweise erzeugen, sodass Sie die drei Datenreihen

```
=DATENREIHE("-10%";Tornado!$E$25:$E$28;Tornado!$H$25:$H$28;1)
=DATENREIHE("0%";Tornado!$E$25:$E$28;Tornado!$I$25:$I$28;2)
=DATENREIHE("+10%";Tornado!$E$25:$E$28;Tornado!$J$25:$J$28;3)
```

erhalten. Kleines Resümee:

Die Sensitivitätsanalye betrachtet hier vier potenzielle Input-Größen, deren Einfluss auf die Ergebnisgröße aber nicht zusammen, sondern jede für sich alleine betrachtet werden soll. Die Mehrfachoperation wird dazu mit zwei Input-Größen ausgestattet:

Die erste – im Zeilenkriterium – variiert die gewählte Input-Größe, wobei die Ausprägungen nicht absolut, sondern in Relation zur Basis-Variante ausgedrückt werden.

Die Zweite – im Spaltenkriterium – variiert keine Input-Größe, sondern (das ist die Pointe) bestimmt, welche der vier potenziellen Input-Größen durch die im Zeilenkriterium definierten Ausprägungen variiert werden soll.

10.5 Eigen entwickeltes Szenario-Management

Sollten Sie auch mit dieser MOP*-Spezial-Sensitivitätsanalyse nicht endgültig befriedigt sein, haben Sie immer noch die Möglichkeit, mit individuellen Formeln oder VBA-Programmierungen ein Szenario-Management selbst zu entwickeln. Das im Folgenden gezeigte Verfahren lässt sich mit relativ überschaubarem Aufwand realisieren und unterliegt hinsichtlich der Anzahl von Varianten, Input- und Output-Größen quasi keinen Restriktionen. Betrachten Sie dazu Abbildung 10.13.

Sie arbeiten hier mit zwei Tabellen. Die erste Tabelle beinhaltet das schon bekannte Modell mit einigen Zusatzinformationen wie Szenarioname, Erfassungsdatum und Ersteller des Szenarios. Die zweite Tabelle beinhaltet eine simple, zeilenweise Auflistung beliebig vieler Szenarien. Die Anzahl Spalten, also Informationen je Szenario, ist im Rahmen der Excel 2007-Grenze (16.384 Spalten) ebenfalls uneingeschränkt ausbaufähig.

Beide Tabellen sind über die Funktion INDEX miteinander verknüpft. Die Tabelle *Modell* enthält nur noch eine einzige Eingabezelle, nämlich die Szenarionummer in D2. Alle weiteren Eingaben zum Szenario werden in der Liste der Tabelle *Szenarien* vorgenommen.

Die Verweise auf die Szenarioliste erfolgen nun im Bereich D3:D9 mit den Formeln:

```
D3:=INDEX(Szenarien!B:B;$D$2+1)
D4:=INDEX(Szenarien!C:C;$D$2+1)
D5:=INDEX(Szenarien!D:D;$D$2+1)
```

usw.

Die Formel tut nichts anderes, als abhängig von der fortlaufenden Ganzzahl in D2 den entsprechenden Eintrag aus der angegebenen Spalte in Tabelle *Szenarien* zu holen. Steht in D2 eine 1, wird das erste Szenario in Zeile 2 (+1 wegen der Überschrift) gezogen.

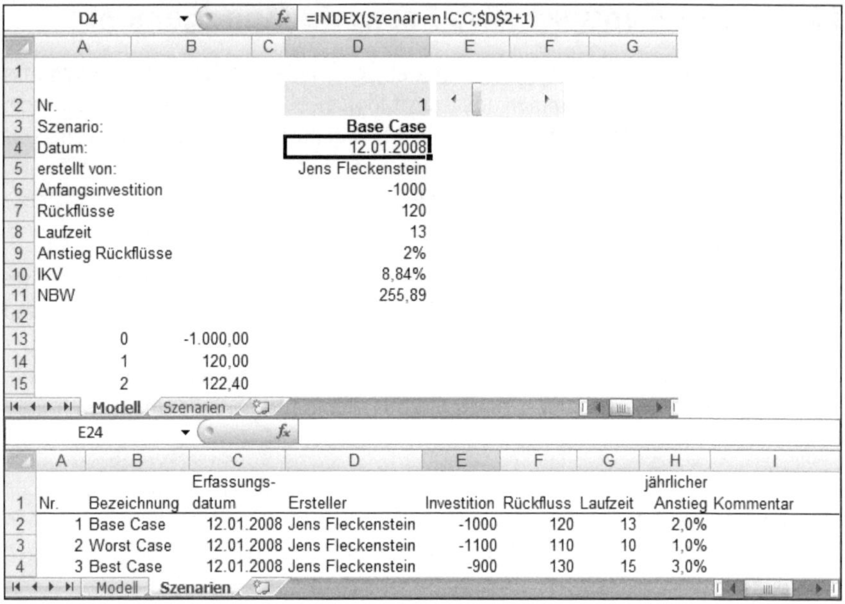

Abbildung 10.13: Szenario-Management Marke Eigenbau mit INDEX-Funktion

Klingt total banal, ist aber sehr effektiv, und der Szenario-Manager macht im Grunde nichts anderes, nur dass bei ihm die Szenarien im nicht sichtbaren Hintergrund irgendwo gespeichert werden anstatt in einer Tabelle.

Die tabellarische Auflistung ist unter Gesichtspunkten der Dokumentation eindeutig im Vorteil. Angenommen ein Dritter, vielleicht der Boss höchstpersönlich, greift auf die Datei eigenmächtig zu, weil der Ersteller evtl. gerade nicht verfügbar ist. Es ist zu bezweifeln, dass er den Szenario-Manager kennt, und so wird er die vom Ersteller gespeicherten Szenarien wahrscheinlich nie finden. Stehen diese in einer separaten Tabelle, besteht diese Gefahr nicht. Von einer zur anderen Tabelle zu wechseln, wird er hoffentlich gerade noch hinbekommen.

Es leuchtet ein, dass es auch schneller geht, in der Liste viele Szenarien zu erfassen als über den Szenario-Manager. Ein Szenario wird hier ausgewählt, indem in D2 eine Nummer eingetragen wird. Um dies noch etwas komfortabler zu gestalten, unterstützen wir die Eingabe mit einer Bildlaufleiste.

In den bisherigen Excel-Versionen gab es eine Symbolleiste namens *Formular*, mit der eine Bildlaufleiste erzeugt werden könnte. In der neuen Excel-Version 2007 ist dies eine wahre Odyssee, die uns bereits in den Bereich der VBA-Entwicklungen schnuppern lässt.

Über die Schaltfläche *Office* müssen Sie die *Excel-Optionen* auswählen und dann im Abschnitt *Häufig verwendet* das Kontrollkästchen

Entwicklerregisterkarte in der Multifunktionsleiste anzeigen

aktivieren. Anschließend steht Ihnen in der Multifunktionsleiste die zusätzliche Registerkarte *Entwicklertools* zur Verfügung, über die Sie dann gemäß Abbildung 10.14 eine Bildlaufleiste erzeugen können.

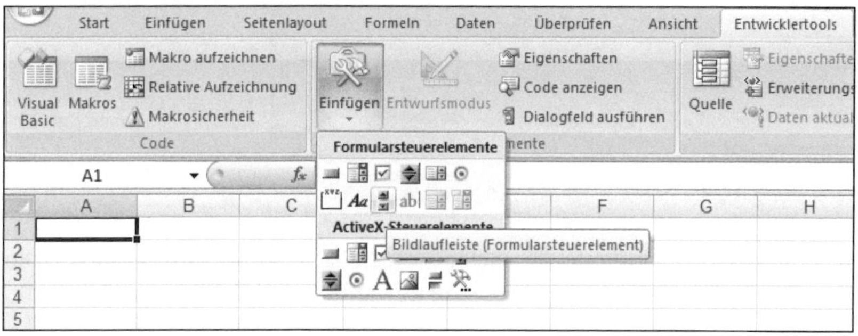

Abbildung 10.14: Einfügen von Steuerelementen, z.B. eine Bildlaufleiste

Auf den Unterschied zwischen den *Formularsteuerelementen* und den *ActiveX-Steuerelementen* kommen wir später genauer zu sprechen. Fürs Erste beschränken wir uns auf die leichter zu bedienenden *Formularsteuerelemente*.

Alle Steuerelemente lassen sich ebenso wie jedes andere Zeichenobjekt, z.B. ein Textfeld oder eine *AutoForm*, in die Tabelle ziehen. Ist dies geschehen, klicken Sie es mit der rechten Maustaste an und wählen im Kontextmenü den Eintrag *Steuerelement formatieren...* aus (Abbildung 10.15). In dem erscheinenden Dialog machen Sie folgende Angaben:

- Der Minimalwert ist 1 und steht für das erste Szenario.
- Den Maximalwert ist von der Anzahl verschiedener Szenarien abhängig, die Sie erstellen wollen. Dieser Wert kann leider nicht per Formel dynamisch an die tatsächliche Listenlänge angepasst werden. Also wählen Sie einen Endwert, der ruhig etwas größer ist als die Anzahl Szenarien. Ein Puffer kann ja nicht schaden.

- Die Schrittweite ist 1, damit jedes zeilenweise aufgelistete Szenario ausgewählt werden kann.
- Zellverknüpfung ist die Zelle, die über die Bildlaufleiste hochgezählt werden soll, hier also D2.

Abbildung 10.15: Steuerung einer Bildlaufleiste

Wenn Sie nun die Bildlaufleiste verschieben, sodass sich der Szenariozähler in D2 in Bewegung setzt, werden die Eingabeparameter variiert, und das Rechenmodell wird sofort vollständig neu berechnet.

In Kapitel 13 über die Visual Basic-Programmierung werden wir noch einmal auf Mehrfachoperationen und Szenarien zu sprechen kommen.

Kapitel 11

Abschreibungen

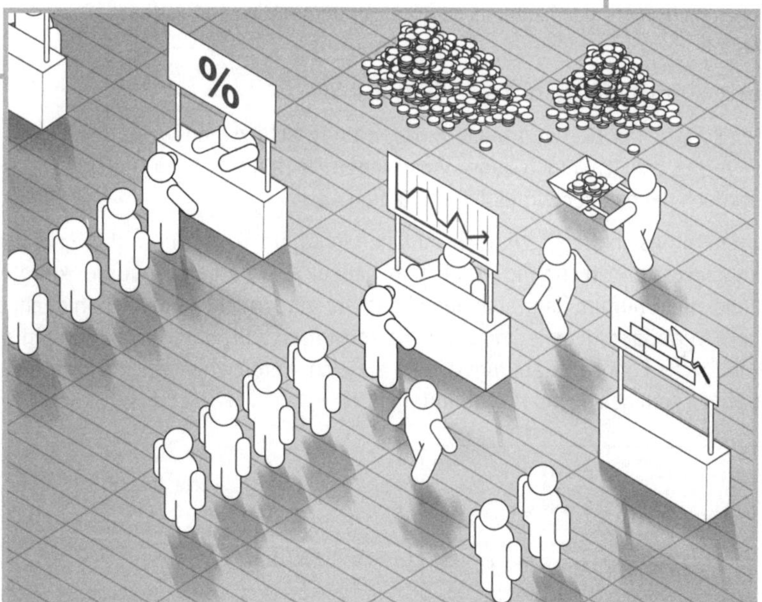

Alles Vergängliche ist nur ein Gleichnis. (Johann Wolfgang von Goethe)

Finanzmathematik behandelt im Wesentlichen Ein- und Auszahlung, also Zahlungsströme. Sowohl die gängige Literatur als auch der Excel-Funktionskatalog subsumiert darunter aber ebenfalls

Absetzung für Abnutzungen, kurz: AfA,

die den Wertverzehr von Vermögensgegenständen darstellt. Mathematisch gesehen basiert die Abschreibungsrechnung auf der Zinsrechnung. Dies ist aber nicht das einzige Argument, warum die Abschreibungsfunktionen in der Gruppe der Finanzexperten angesiedelt sind.

Abschreibungen sind zunächst einmal zahlungsneutral (von Steuereffekten einmal abgesehen). Indirekt sind sie natürlich trotzdem zahlungsrelevant, denn wenn ein erworbener Vermögensgegenstand zu einem späteren Zeitpunkt wieder verkauft wird, wird er wahrscheinlich nicht mehr den Neupreis erzielen, sondern nur einen Rest(buch)wert, der sich in etwa aus

Restwert = Anschaffungskosten – Summe AfA

ergeben könnte. Der Restwert muss in der Realität nicht zwangsweise dem Wert entsprechen, der erzielt werden kann. Viele andere Faktoren können hierbei eine Rolle spielen, doch die blenden wir in diesem Kapitel aus.

Wir erinnern uns an die alternativen Anlagen in Kapitel 9, die wir mithilfe der dynamischen Investitionsrechnung verglichen haben. Wie dargelegt wurde, konnte es sich dabei nicht nur um Kapitalanlagen handeln, sondern auch um Sachanlagen, also greifbare Vermögensgegenstände. Wir hatten unterstellt, dass diese Anlagen über maximal sechs Perioden Zahlungsströme erzielen. Vergleichen wir noch einmal die alternativen Anlagen 1 und 2 (Abbildung 11.1):

B9 | fx =IKV(B2:B7)

	A	B	C	D
1		**Anlage 1**	**Anlage 2**	
2	t_0	-1100	-1010	
3	t_1	250	300	
4	t_2	250	300	
5	t_3	250	300	
6	t_4	250	300	
7	t_5	250	300	
8	Σ	**150**	**490**	
9	**IKV**	**4,4%**	**14,8%**	

Abbildung 11.1: Zahlungsströme zweier Sachinvestitionen

Hierbei handelt es sich um sogenannte Normalinvestitionen, bei denen einer Auszahlung in der Periode t_0 ausschließlich Einzahlungen in den Perioden t_1 bis t_5 folgen. Die Investition könnte eine Anschaffung einer Immobilie, eines Fahrzeuges, einer Maschine oder irgendeines anderen Vermögensgegenstand betreffen, der in den folgenden Perioden Rückflüsse erzielt.

In dem Fall hätten wir implizit eine Nutzungsdauer des Vermögensgegenstandes von fünf Jahren unterstellt. D.h., er ist nach fünf Jahren nichts mehr wert und erzielt keine weiteren Zahlungseingänge. Wäre dies nicht der Fall, würde der Restwert am Ende von t_5 eine ganz entscheidende Rolle spielen. Die offensichtlich unrentable Anlage 1 könnte plötzlich auf das Siegerpodest klettern, wenn es eine wesentlich längere Nutzungsdauer, niedrigere jährliche Abschreibungen, ergo einen höheren Restwert hätte als die andere Anlage.

Zur Berechnung der Abschreibungen und des resultierenden Restwertes stellt Excel nun entsprechende Funktionen zur Verfügung:

- `LIA` – Lineare Abschreibung
- `DIA` – Arithmetisch-degressive Abschreibung
- `GDA` – Geometrisch-degressive Abschreibung
- `VDB` – Geometrisch-degressive Abschreibung mit Methodenwechsel

Warum gibt es verschiedene Abschreibungsfunktionen? Weil es unterschiedliche Abschreibungsmethoden gibt, die einen unterschiedlichen Wertverzehr des Anlagegutes über den Zeitverlauf unterstellen. Handels- und steuerrechtlich gibt es Vorschriften, die nur bestimmte Methoden zulassen, die je nach nationaler Gesetzgebung variieren können.

11.1 Lineare Abschreibung

Bei der linearen Abschreibung wird ein konstanter jährlicher Wertverzehr bis zum Ende der Laufzeit unterstellt. Mathematisch ist dies die banalste Methode. Für diese und alle folgenden Methoden definieren wir erst einmal folgende Symbole:

- AHK = Anschaffungs(herstellungs)kosten
- n = Nutzungsdauer
- p = Periode
- r_p = Abschreibungsrate in der p-ten Periode

- RW_p = Rest(buch)wert nach der p-ten Periode
- RW_n = Restwert am Ende der Nutzungsdauer (= Schrottwert)

Die jährliche Abschreibung bei linearem Verlauf ergibt sich lediglich aus:

$$r = \frac{AHK - RW_n}{n}$$

Abbildung 11.2: Abschreibungsbetrag bei linearer Afa

wobei r in jeder Periode p konstant ist. Der Restwert zu einer bestimmten Periode lautet dann:

$$RW_p = p \cdot \frac{AHK - RW_n}{n} = p \cdot r$$

Abbildung 11.3: Restwert in Periode p bei linearer Abschreibung

Die Berechnung ist eigentlich zu trivial, um ihr eine eigene Excel-Funktion zu widmen. Trotzdem gibt es eine:

=LIA (Ansch_Wert ; Restwert ; Nutzungsdauer)

Gibt die lineare Abschreibung eines Wirtschaftsgutes pro Periode zurück

Das erste Argument entspricht AHK, und Restwert ist RW_n.

Welchen Buchwert hat ein Wirtschaftsgut mit Anschaffungskosten von 1100 € und einer Nutzungsdauer von acht Jahren nach fünf Jahren (RW_n = 0)?

```
=1100-5*LIA(1100;0;8) = 1100-1100*5/8 = 412,50
```

11.2 Arithmetisch-degressive Abschreibung

Alle degressiven Abschreibungsmethoden gehen von der realistischen Annahme aus, dass Vermögensgegenstände zu Beginn ihrer Lebensdauer deutlich höhere Wertverluste hinnehmen müssen als später. Diese Methode wird durch die Excel-Funktion

DIA (Ansch_Wert ; Restwert ; Nutzungsdauer ; Zr)

Gibt die arithmetisch-degressive Abschreibung eines Wirtschaftsgutes für eine bestimmte Periode zurück.

vertreten. Zr entspricht der aktuellen Periode p. Die Logik dieser Methode wird am besten durch die tabellarische Darstellung in Abbildung 11.4 deutlich:

B3 | fx =n/2*(1+n)

	A	B	C	D	E	F
1	AHK	100.000	**Periode**	**Restwert**	**Afa**	**Δ Afa**
2	Nutzungsdaue	8	**0**	100.000,00		
3	Afa-Anteile	36	**1**	77.777,78	22.222,22	
4	Schrottwert	0	**2**	58.333,33	19.444,44	-2.777,78
5			**3**	41.666,67	16.666,67	-2.777,78
6			**4**	27.777,78	13.888,89	-2.777,78
7			**5**	16.666,67	11.111,11	-2.777,78
8			**6**	8.333,33	8.333,33	-2.777,78
9			**7**	2.777,78	5.555,56	-2.777,78
10			**8**	0,00	2.777,78	-2.777,78
11			**0**	#ZAHL!	#ZAHL!	#ZAHL!

Abbildung 11.4: Berechnung arithmetisch-degressiver Abschreibung

Die Zelle B1 wurde mit *AHK* benannt, B2 heißt *n*; B4 ist der Schrottwert am Ende der Nutzungsdauer namens RW_n, und die komplette Spalte C erhält den Namen *p*.

Bei dieser Abschreibungsform wird der insgesamt abzuschreibende Betrag in eine bestimmte Anzahl Anteile aufgeteilt, die sich nach der Formel

```
B3:=n/2*(1+n)
```

ergibt. Sie entspricht der Summe aller Zahlen von 1 bis n. (Wir erinnern uns an die Strafarbeit von Gauß.)

```
B3:=1+2+3+4+5+6+7+8=8/2*(1+8)=36
```

Hierbei handelt es sich um die uns wohlbekannte arithmetische Reihe, die dieser Abschreibungsmethode ihren Namen gab. Die Anteile werden nun absteigend auf die Perioden verteilt. Die erste Periode erhält acht Anteile, die zweite nur noch sieben und so weiter, allgemein:

```
(n+1-p)/$B$3
```

Anteile. Multipliziert mit den Anschaffungskosten ergibt sich dann eine AfA von:

`E3: =(AHK-RWn)*(n+1-p)/$B$3`

Nur nebenbei, wenn man sich in einer Zelle auf einen Namen bezieht, der sich auf eine komplette Spalte (oder Zeile) bezieht, wird der Wert aus der gleichen Zeile der aufrufenden Zelle gezogen. P bezieht sich hier auf die komplette Spalte C:C. Spricht man p aus Zelle E3 an, wird also der Wert aus C3 zurückgegeben.

E3 wird nach unten kopiert. Der Restwert nach p Perioden steht in Spalte D:

`D2:=AHK`

`D3: =D2-E3` (wird nach unten kopiert)

Wie man sieht, sinken die AfA-Beträge jedes Jahr zu einem gleichen Anteil. Dies beweist die Berechnung in Spalte F:

`F4: =E4-E3`

Mit der von Excel vorgesehenen Funktion werden die Abschreibungsbeträge wie folgt ermittelt:

`E3:=DIA(AHK;RWn;n;p)`

Der Restwert nach p Perioden kann auch direkt, ohne tabellarische Aufstellung ermittelt werden:

`D3:=(AHK-RWn)*(1-(p*n-(p-1)/2*p)/(n/2*(1+n)))`

oder, wer eine Array-Formel bevorzugt:

`D3:{=AHK-SUMME(DIA(AHK;RWn;n;ZEILE(INDIREKT("1:"&INDEX(p;ZEILE()))))))}`

Beachten Sie, dass in der Array-Formel jetzt aus *p* mit dem Ausdruck `INDEX(p;ZEILE())` explizit die Zelle aus der aktuellen Zeile gezogen werden muss.

11.3 Geometrisch-degressive Abschreibung

Auch bei dieser Methode nehmen die Abschreibungsbeträge jedes Jahr ab. Diesmal bilden sie eine geometrische Folge. Die Höhe der Abschreibung entspricht immer einem fixen Prozentsatz des Restbuchwertes am Ende der vorherigen Periode (Abbildung 11.5).

E3 =MIN(D2*$B$3;D2-RWn)

	A	B	C	D	E	F
1	AHK	100.000	Periode	Restwert	Afa	Δ Afa
2	Nutzungsdaue	8	0	100.000,00		
3	Afa-Satz	20%	1	80.000,00	20.000,00	
4	Schrottwert	0	2	64.000,00	16.000,00	-4.000,00
5			3	51.200,00	12.800,00	-3.200,00
6			4	40.960,00	10.240,00	-2.560,00
7			5	32.768,00	8.192,00	-2.048,00
8			6	26.214,40	6.553,60	-1.638,40
9			7	20.971,52	5.242,88	-1.310,72
10			8	16.777,22	4.194,30	-1.048,58
11			0	#ZAHL!	#ZAHL!	#ZAHL!

Abbildung 11.5: Berechnung geometrisch-degressiver Abschreibung

D3:E3 werden nach unten kopiert. Falls der Schrottwert RW_n 0 ist, würde `D2*$B$3` in E3 genügen. Andernfalls sorgt die MIN-Funktion dafür, dass die berechnete AfA nicht zu einem Restwert führt, der kleiner als RW_n wäre. In Spalte F sieht man, dass die AfA jedes Jahr sinkt, aber der Rückgang ist nicht konstant wie bei der arithmetisch-degressiven AfA, sondern wird jedes Jahr kleiner.

Die Formel zur direkten Berechnung eines Restwertes in einer beliebigen Periode ist nun wesentlich kürzer:

```
D3:=AHK*(1-$B$3)^p
```

Für diese Berechnung ist die Funktion GDA zuständig:

GDA (Ansch_Wert ; Restwert ; Nutzungsdauer ; Periode ; [Faktor])

Gibt die Abschreibung eines Anlagegutes für einen angegebenen Zeitraum unter Verwendung der degressiven Doppelratenabschreibung oder eines anderen von Ihnen angegebenen Abschreibungsverfahrens zurück.

Auf unser Beispiel angewendet stünde in Spalte E:

```
E3: =GDA(AHK;0;n;p;n*$B$3)
```

Etwas verwirrend ist das letzte Argument *Faktor*, in dem der AfA-Satz mit der Nutzungsdauer multipliziert werden muss. Im Beispiel beträgt der *Faktor* also:

```
8 * 0,2 = 1,6.
```

Diese Methode weist aus mathematischen Gründen die Eigenschaft auf, dass der Vermögensgegenstand niemals auf 0 abgeschrieben wird. Um es trotzdem zu ermöglichen, auf einen Restwert von 0 abzuschreiben, behilft man sich mit einem Methodenwechsel, der zu einem bestimmten Zeitpunkt von der degressiven auf die lineare Abschreibung umschwenkt.

11.4 Geometrisch-degressive Abschreibung mit Methodenwechsel

Diese Methode wird über die Funktion VDB abgebildet:

VDB (Ansch_Wert ; Restwert ; Nutzungsdauer ; Anfang ; Ende ; [Faktor] ; [Nicht_Wechseln])

Gibt die degressive Doppelraten-Abschreibung eines Wirtschaftsgutes für eine bestimmte Periode oder Teilperiode zurück.

Mit den Argumenten *Anfang* und *Ende* muss ein Zeitraum definiert werden, für den dann die kumulierten Abschreibungsbeträge zurückgegeben werden. Um zum Beispiel die AfA der ersten Periode zu erhalten, muss man *Anfang* auf 0 und *Ende* auf 1 stellen. Für die AfA-Summe der ersten drei Jahre stellt man den *Anfang* wieder auf 0 und das *Ende* auf 3.

Der *Faktor* wird genauso eingestellt wie bei der Funktion GDA. Mit dem letzten Argument *Nicht_Wechseln* wird eingestellt, ob überhaupt ein Methodenwechsel von degressiver auf lineare Methode erfolgen soll. Wird hier WAHR eingetragen, wird der Methodenwechsel unterdrückt, und die Funktion rechnet genauso wie GDA. Abbildung 11.6 zeigt den tabellarischen Aufbau.

Der Restwert in Spalte D ergibt sich wie gehabt. Die AfA-Beträge lauten:

```
E3: =VDB(AHK;RWn;n;p-1;p;$B$3*n;0)
```

kopiert bis E15. Wie zu sehen ist, sinken die jährlichen Abschreibungsbeträge bis zu einem Jahr, in dem sie plötzlich konstant verlaufen. In Spalte F zeigen wir das Verhältnis der aktuellen AfA zur vorherigen AfA.

```
F4: =E4/E3
```

In dem Jahr, in dem das Verhältnis nicht mehr 80 % beträgt, hat der Methodenwechsel von degressiver zu linearer AfA stattgefunden. Zur Information wird die entsprechende Periode in B5 berechnet:

```
B5: {=INDEX(p;VERGLEICH(WAHR;E2:E25=E1:E24;0))}
```

Diese Formel sucht die Zeile, in der die aktuelle AfA derjenigen des Folgejahres entspricht.

E3 =VDB(AHK;RWn;n;p-1;p;$B$3*n;0)

	A	B	C	D	E	F
1	AHK	100.000	**Periode**	**Restwert**	**Afa**	**Δ Afa %**
2	Nutzungsdauer	12	**0**	100.000,00		
3	Afa-Satz	20%	**1**	80.000,00	20.000,00	
4	Schrottwert	5.000	**2**	64.000,00	16.000,00	80,0%
5	Wechsel im Jahr:	10	**3**	51.200,00	12.800,00	80,0%
6			**4**	40.960,00	10.240,00	80,0%
7			**5**	32.768,00	8.192,00	80,0%
8			**6**	26.214,40	6.553,60	80,0%
9			**7**	20.971,52	5.242,88	80,0%
10			**8**	16.777,22	4.194,30	80,0%
11			**9**	13.421,77	3.355,44	80,0%
12			**10**	10.614,52	2.807,26	83,7%
13			**11**	7.807,26	2.807,26	100,0%
14			**12**	5.000,00	2.807,26	100,0%
15			**0**	#DIV/0!	#DIV/0!	#DIV/0!

Abbildung 11.6: Berechnung geometrisch-degressiver Abschreibung mit Methodenwechsel

Auch diesmal wollen wir zum besseren Verständnis der Funktion VDB die Berechnung der Abschreibungen noch mal „zu Fuß" durchführen. In E3 könnte auch stehen:

```
E3:=WENN((D2-RWn)/(n-C2)>D2*B$3;
(D2-RWn)/(n-C2);MIN(D2*$B$3;D2-RWn))
```

Die WENN-Prüfung vergleicht die potenzielle lineare AfA mit der degressiven und entscheidet sich für die höhere, jeweils unter Berücksichtigung des Schrottwertes RW_n am Ende der Nutzungsdauer.

Wichtig bei der Berechnung des AfA-Satzes:

Sowohl bei der Funktion VDB als auch bei GDA haben wir den AfA-Satz in B3 hart eingegeben. Nach deutschem Steuerrecht darf dieser Satz maximal 30 % und höchstens das Dreifache der linearen Abschreibung betragen. Das bedeutet, er muss eigentlich noch abhängig von der Nutzungsdauer „gedeckelt" werden. Dazu könnte man in B3 die Formel

```
B3:=MIN(3/n;30%)
```

schreiben.

Da VDB ein Periodenintervall erwartet, ist es leichter, die kumulierte AfA und damit den Restwert nach einer beliebigen Periode zu berechnen als bei den Funktionen GDA und DIA. Der Restwert nach elf Jahren von 7.807,26 in obigem Beispiel könnte damit auch statt mit

```
D13:=D12-E13
```

über

```
D13: =AHK-VDB(AHK;RWn;n;0;11;$B$3*n;0)
```

errechnet werden.

11.5 Investitionsrechnung mit AfA und Restwert

Wir wenden uns noch einmal unseren zwei alternativen Anlagen 1 und 2 zu. Nach dem Kriterium des internen Zinsfußes hatte Numero 2 mit 14,8 % zu 4,4 % klar gewonnen. Nun ändern wir die Annahme dahingehend, Anlage 1 sei eine Sachinvestition mit einer Lebensdauer von zehn Jahren, die nach Ablauf des Betrachtungszeitraumes einen Liquidationserlös in Höhe des Restbuchwertes abwirft. Anlage 2 wäre eine Kapitalanlage, an deren Annahmen sich nichts ändert. Abbildung 11.7 zeigt, dass nun Anlage 1 hinsichtlich IKV mit 15,4 % lukrativer ist.

G9 fx =IKV(G2:G7)

	A	B	C	D	E	F	G
1	Anlage 1	Investition	Einnahmen	Afa*)	Buchwert	Liquidation	Cash-Flow
2	t_0	-1100			1100		-1100
3	t_1		250	-110	990		250
4	t_2		250	-110	880		250
5	t_3		250	-110	770		250
6	t_4		250	-110	660		250
7	t_5		250	-110	550	550	800
8	Σ						700
9	IKV						15,4%

Abbildung 11.7: Cashflow einer Sachinvestition mit Liquidationserlös in Höhe des Restbuchwertes

Die Investitionsrechnung wurde um die Afa und die Buchwertentwicklung des investierten Vermögensgegenstandes erweitert.

```
D3: =B2*0,1
E3:=E2+D3
```

D3:E3 wird bis Zeile 7 kopiert.

Den Restbuchwert in E7 nehmen wir nun als maßgeblich für den in F7 ausgewiesenen Liquidationserlös an.

In Spalte F steht schließlich der Cashflow (vor Steuern), der alle zahlungsrelevanten Spalten saldiert:

`G2: =B2+C2+F2` (kopiert bis G7)

Das Ergebnis der Investitionsrechnung liefert:

`G9:=IKV(G2:G7) = 15,4 %`

Gewonnen!!!

11.6 Abschreibung mehrerer Anlagen

Angenommen Sie haben eine Gruppe gleichartiger Vermögensgegenstände mit gleicher Nutzungsdauer. In verschiedenen Perioden tätigen Sie immer wieder neue Anschaffungen und möchten die fortgeführten Anschaffungskosten, Buchwerte und Abschreibungen aller Anlagen zusammen verfolgen (Abbildung 11.8).

E4 fx =SUMME(INDIREKT("D"&MAX(1;ZEILE()-n)):D3)/n

	A	B	C	D	E	F	G	H	I	J
1	n	5								
2	Satz	30%	Periode	AHK	Linear	geometrisch-degressiv		Summe AHK	RW linear	RW degressiv
3			0	50.000,00				50.000,00	50.000,00	50.000,00
4			1		10.000,00	15.000,00 €		50.000,00	40.000,00	35.000,00
5			2	100.000,00	10.000,00	10.500,00 €		150.000,00	130.000,00	124.500,00
6			3	77.000,00	30.000,00	38.166,67 €		227.000,00	177.000,00	163.333,33
7			4		45.400,00	52.266,67 €		227.000,00	131.600,00	111.066,67
8			5		45.400,00	40.670,00 €		227.000,00	86.200,00	70.396,67
9			6		35.400,00	28.910,00 €		227.000,00	50.800,00	41.486,67
10			7		35.400,00	28.910,00 €		227.000,00	15.400,00	12.576,67
11			8		15.400,00	12.576,67 €		227.000,00	0,00	0,00
12			9	210.000,00	0,00	0,00 €		437.000,00	210.000,00	210.000,00
13			10		42.000,00	63.000,00 €		437.000,00	168.000,00	147.000,00
14			11		42.000,00	44.100,00 €		437.000,00	126.000,00	102.900,00
15			12		42.000,00	34.300,00 €		437.000,00	84.000,00	68.600,00
16			13		42.000,00	34.300,00 €		437.000,00	42.000,00	34.300,00
17			14		42.000,00	34.300,00 €		437.000,00	0,00	0,00
18			15		0,00	0,00 €		437.000,00	0,00	0,00

Abbildung 11.8: Berechnung der linearen und geometrisch-degressiven Afa bei mehrperiodischen Anschaffungskosten

In B1 wird die Nutzungsdauer aller Anlagen der Gruppe angegeben. Für die geometrisch-degressive AfA steht in B2:

```
B2:= MIN(3/B1;0,3)
```

In Spalte D werden in beliebigen Zeilen Anschaffungskosten eingetragen. Die kumulierte AfA nach linearer Methodik ergibt sich dann aus:

```
E4: =SUMME(INDIREKT("D"&MAX(1;ZEILE()-n)):D3)/n
```

Für jede AfA-Ermittlung sind die letzten *n* Anschaffungen aus Spalte D maßgeblich. Die Funktion `INDIREKT` ermittelt deshalb einen Bereich aus den vorherigen *n* Zeilen. Aus Sicht der Zelle E8 also den Bereich D3:D7. `MAX(1;ZEILE()-n)` ist notwendig, da der Bereich in Spalte D mindestens in der ersten Zeile beginnen muss. Denn die letzten *n* Zellen aus Sicht von E4 wären E-2:E3, und da spielt Excel einfach nicht mit. Deshalb wird der Bereich in diesem Fall auf E1:E3 gekürzt.

E4 wird nach unten kopiert. Für die lineare AfA mussten die letzten *n* Anschaffungen bloß addiert und durch *n* geteilt werden. Die gleiche Berechnung bei geometrisch-degressiver AfA – mit Methodenwechsel! – ist da schon wesentlich kniffliger:

```
F4:{=SUMME(VDB(INDIREKT("D"&MAX(ZEILE($A$3);ZEILE()-n)):D3;0;n;ZEILE()-
ZEILE(INDIREKT("D"&MAX(ZEILE($A$3);ZEILE()-n)):D3)-1;ZEILE()-
ZEILE(INDIREKT("D"&MAX(ZEILE($A$3);ZEILE()-n)):D3);n*$B$2))}
```

Diese Array-Formel wird nach unten kopiert. Um die Formel in Spalte F zu kapieren, dröseln wir sie aus Sicht von Zelle F8 schrittweise auf.

Ähnlich wie im linearen Fall werden zunächst mit INDIREKT und MAX die maßgeblichen Vorperioden ermittelt. Aus Sicht von F8 ist es der Bereich D3:D7, also bleibt:

```
F8:=SUMME(VDB(D3:D7;0;n;ZEILE()-ZEILE(D3:D7)-1;ZEILE()-ZEILE(D3:D7);n*$B$2))
```

Der Formelteil `ZEILE()-ZEILE(D3:D7)` erzeugt hier zwei absteigende Arrays, die alle Vorperioden enthalten. Wertet man sie mit der Taste F9 aus, bleibt:

```
F8:{=SUMME(VDB(D3:D7;0;n;{4;3;2;1;0};{5;4;3;2;1};n*$B$2))}
```

Nachdem nun etwas Licht in den Formelnebel gebracht wurde, ist zu erkennen, dass die Funktion VDB in dieser Array-Formel fünfmal angewendet wird. Würde man sie in diese fünf Einzelteile zerlegen und diese addieren, käme das Gleiche heraus:

```
F8:=VDB(D3;0;n;4;5;n*$B$2)
+VDB(D4;0;n;3;4;n*$B$2)
+VDB(D5;0;n;2;3;n*$B$2)
+VDB(D6;0;n;1;2;n*$B$2)
+VDB(D7;0;n;0;1;n*$B$2)
```

Für jedes Jahr, um das die Nutzungsdauer *n* steigen würde, müsste man eine Addition ergänzen. Aber zum Glück müssen wir das nicht tun, denn es gibt ja Array-Formeln.

Der Rest ist nur noch Fleißarbeit. In Spalte H ermitteln wir die kumulierten Anschaffungskosten:

```
H3:=SUMME(D$3:D3)
```

In Spalte I steht der fortgeführte Buchwert aller Anlagen bei linearer Betrachtung.

```
I3:=H3-SUMME(E$3:E3)
```

Und ebenso das degressive Pendant in Spalte J:

```
J3:=H3-SUMME(F$3:F3)
```

H3:J3 jeweils nach unten kopiert und: Feierabend!

Kapitel 12

Für die Zocker: stochastische Finanzmathematik

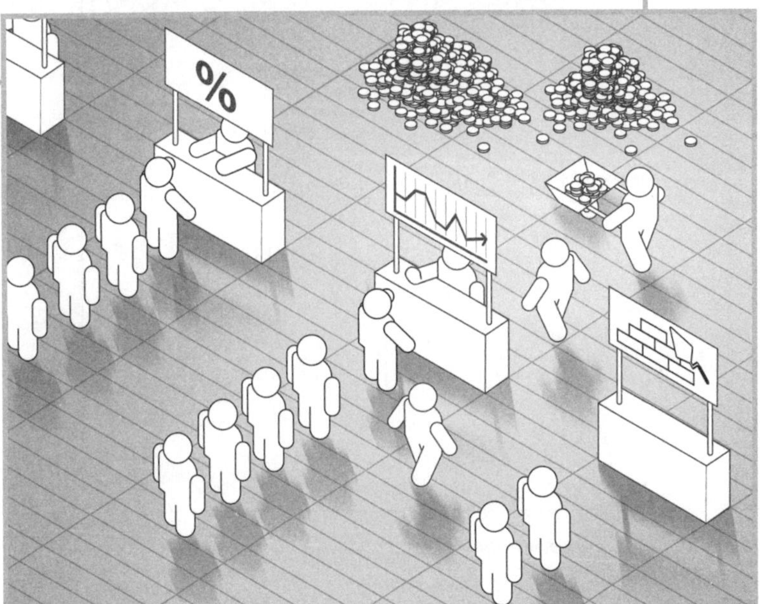

Geld allein macht nicht glücklich. Es gehören auch noch Aktien, Gold und Grundstücke dazu. (Danny Kaye, Schauspieler)

Bei den Begriffen Finanzmathematik oder Stochastik kriegt manch einer ein flaues Gefühl im Magen. Die Steigerung durch *stochastische Finanzmathematik* – und das ist keine Wortkreation von uns – kann dann schon echte Übelkeit auslösen. Die kryptischen Zeichen in Abbildung 12.01 bringen das Fass bzw. den Magen schließlich zum Überlaufen.

$$C_0^{as} = S_0\Phi(d_1) - v^T X\Phi(d_2)$$

$$= S_0\Phi\left(\frac{\ln\left(\frac{S_0}{X}\right) + \left(i^* + \frac{\sigma^+\sigma^-}{2}\right)T}{\sqrt{\sigma^+\sigma^-}\sqrt{T}}\right) - v^T X\Phi\left(\frac{\ln\left(\frac{S_0}{X}\right) + \left(i^* - \frac{\sigma^+\sigma^-}{2}\right)T}{\sqrt{\sigma^+\sigma^-}\sqrt{T}}\right)$$

$$= S_0\Phi\left(\frac{\ln\left(\frac{r^T S_0}{X}\right) + \frac{\sigma^2}{2}T}{\sigma\sqrt{T}}\right) - v^T X\Phi\left(\frac{\ln\left(\frac{r^T S_0}{X}\right) - \frac{\sigma^2}{2}T}{\sigma\sqrt{T}}\right)$$

$$E\left(S_{t_k}^{\ 2}\right) = S_0^{\ 2} \cdot E\left(\exp\left\{2\mu t_k + 2\sigma W_{t_k}\right\}\right) = S_0^{\ 2} \cdot \exp\left(\left\{2\mu + 2\sigma^2\right\}t_k\right)$$

$$\approx S_0^{\ 2} \cdot \left(1 + 2\left(\mu + \sigma^2\right)\frac{T}{n}\right)^k \approx S_0^{\ 2} \cdot \prod_{i=1}^{k} E\left(1 + \left(\mu + \frac{\sigma^2}{2}\right)\frac{T}{n} + \sigma\sqrt{\frac{T}{n}}Z_i\right)^2$$

$$= E\left\{S_0^{\ 2} \cdot \prod_{i=1}^{k}\left(1 + \left(\mu + \frac{\sigma^2}{2}\right)\frac{T}{n} + \sigma\sqrt{\frac{T}{n}}Z_i\right)\right\} = E\left(\hat{S}_{t_k}^{\ 2}\right)$$

$$\phi_X(s) = \frac{1}{\sqrt{2\pi}} \int_{-\infty}^{\infty} e^{isx} e^{-\frac{x^2}{2}} dx$$

Abbildung 12.1: Mathematik oder Geheimsprache?

Recherchiert man in Bibliotheken oder dem Internet nach dieser mathematischen Teildisziplin, findet man Hunderte Seiten lange, extrem formalisierte Abhandlungen, die nur einem sehr kleinen Kreis an Menschen zugänglich sind. Ist das vielleicht eine Geheimsprache der Illuminaten, die bewusst ihr Wissen nicht mit jedem teilen wollen?

Unser Rettungsanker ist mal wieder Excel, das über im wahrsten Sinne des Wortes **angewandte** Mathematik einen Zugang zu solch schwierigen Themen ermöglicht. Nach dem Motto

Durch anwenden kapieren!

können wir unter Zuhilfenahme von Excel-Tabellen und den integrierten Funktionsbausteinen so einiges erreichen, ohne uns mit diesen abstrakten, formalen Systemen herumschlagen zu müssen. Doch worum geht es eigentlich bei der stochastischen Finanzmathematik? Um die statistische Analyse von Aktien und anderen Wertpapieren.

12.1 Wie stehen die Aktien?

Diese Frage gehört spätestens seit dem Börsengang der Telekom genauso zum Stammtischgespräch wie die Ergebnisse der Fußball-Bundesliga. Was uns dabei am allermeisten interessiert, sind die aktuellen Kursgewinne und -verluste.

Der relative Kursgewinn oder -verlust wird berechnet aus:

Relative Kursveränderung = (neuer Kurs alter Kurs) / alter Kurs

= Neuer Kurs / Alter Kurs – 1

Beträgt der aktuelle Tageskurs einer Aktie 92 € und der Kurs von gestern war mit 80 € zu verzeichnen, beträgt der Kursgewinn des Tages 15 %. Genauso gut kann die Kursveränderung auch in anderen Zeitintervallen wie Wochen, Monaten oder Jahren ausgedrückt werden.

Es ist auch üblich, die sogenannte logarithmische Rendite als Kennziffer zu verwenden, die sich aus

$R_{ln} = LN(Neuer\ Kurs / Alter\ Kurs)$

ergibt. Bei kleinen Kurschwankungen liefert die logarithmische Rendite ähnliche Ergebnisse wie die relative Kursveränderung (auch *einfache Rendite* genannt). Im Beispiel erhalten wir:

R_{ln} = LN(92/80) = 0,13976

Bei sehr großen Kursschwankungen weichen die Ergebnisse stark voneinander ab, wobei R_{ln} einen wesentlichen handwerklichen Vorteil besitzt. Angenommen, der Kurs sinkt am zweiten Tag wieder auf 80 €, dann gilt:

```
Einfache Rendite = 80 / 92 - 1 = -13,04 %
Rln = LN(80/92) = -0,13976
```

Die absolute Gesamtveränderung beider Tage betrug:

```
+ 8 - 8 = 0
```

Die logarithmische Rendite verhält sich praktischerweise symmetrisch zur absoluten Veränderung, d.h., man kann auch beide Ergebnisse addieren, um das naheliegende Resultat zu erhalten:

```
+ 0,13976 - 0,13976 = 0
```

Bei der einfachen Rendite funktioniert das nicht, denn +15 % und –13,04 % ergibt nicht 0. Bei Kursverlusten können diese höchstens 100 % betragen, Kursgewinne können relativ gesehen theoretisch unendlich groß sein. Diese Kennzahl verhält sich also asymmetrisch.

Wir analysieren nun eine Aktie mit monatlichem Schlusskurs über zwei Jahre und stellen sie in einem Liniendiagramm dar (Abbildung 12.02).

D27 =LN(B26/B2)

	A	B	C	D
1	Monat	Kurs	einfache Rendite	Rendite ln
2	Jan 07	510,76		
3	Feb 07	503,91	-1,341%	-0,01350
4	Mrz 07	539,73	7,108%	0,06867
5	Apr 07	504,12	-6,598%	-0,06825
6	Mai 07	481,83	-4,422%	-0,04522
7	Jun 07	438,26	-9,043%	-0,09478
8	Jul 07	370,01	-15,573%	-0,16928
9	Aug 07	371,29	0,346%	0,00345
10	Sep 07	276,90	-25,422%	-0,29333
11	Okt 07	315,29	13,864%	0,12984
12	Nov 07	332,03	5,309%	0,05173
13	Dez 07	289,26	-12,881%	-0,13790
14	Jan 08	274,78	-5,006%	-0,05136
15	Feb 08	254,71	-7,304%	-0,07585
16	Mrz 08	242,39	-4,837%	-0,04958
17	Apr 08	294,20	21,375%	0,19371
18	Mai 08	298,27	1,383%	0,01374
19	Jun 08	322,06	7,976%	0,07674
20	Jul 08	348,79	8,300%	0,07973
21	Aug 08	348,46	-0,095%	-0,00095
22	Sep 08	325,68	-6,537%	-0,06761
23	Okt 08	365,60	12,257%	0,11562
24	Nov 08	374,60	2,462%	0,02432
25	Dez 08	396,52	5,852%	0,05687
26	Jan 09	405,86	2,355%	0,02328
27	Gesamtrendite		-20,538%	-0,22989
28	Σ Monatsrenditen		-10,470%	-0,22989

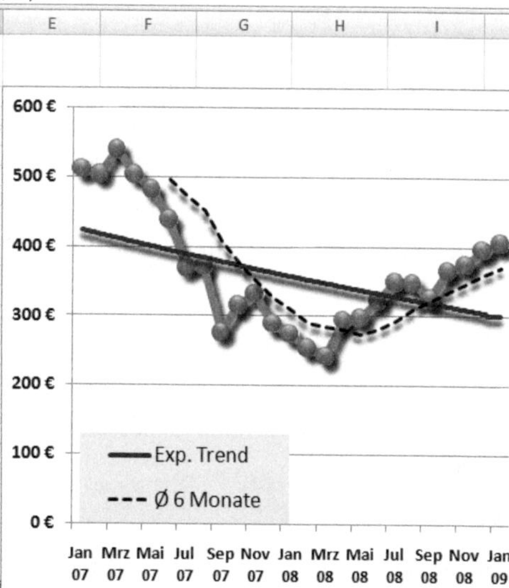

Abbildung 12.2: Aktienkurse, Renditen und Kurstrend

In Spalte A stehen die Monate des Zeitraumes und in Spalte B die Kurse. Die einfache Rendite ergibt sich aus:

```
C3: =B3/B2-1
```

sowie die logarithmische Rendite aus:

```
D3: =LN(B3/B2)
```

Beides wird kopiert bis Zeile 26. In Zeile 27 werden die Renditen bezogen auf den kompletten Betrachtungszeitraum errechnet.

```
C27: = B26/B2-1
D27: = LN(B26/B2)
```

Zum Vergleich dazu wird in Zeile 28 die Summe aller Einzelrenditen gezogen:

```
C28: =SUMME(C2:C26) <> C27
D28: =SUMME(D2:D26) = D27
```

Die Summe in C28 ergibt keinen Sinn, weil sie nicht der Rendite des gesamten Betrachtungszeitraumes entspricht. D27 und D28 stimmen dagegen genau überein. Hier entspricht die Gesamtrendite der Summe der Einzelrenditen. Was für die Summe gilt, gilt gleichermaßen auch für andere statistische Kennzahlen wie arithmetisches Mittel, Standardabweichung oder Korrelation. R_{ln} ist somit als Basisgröße geeigneter als die einfache Rendite.

Das Diagramm liefert zusätzliche Möglichkeiten, den Kursverlauf durch Trendfunktionen zu charakterisieren. Klicken Sie dazu mit der rechten Maustaste auf die Datenreihe, und wählen Sie im Kontextmenü den Eintrag *Trendlinie hinzufügen* aus, um den nachfolgenden Dialog aus Abbildung 12.03 zu erhalten.

Am besten zum Aktienverlauf passt der exponentielle Trend (Wachstumstrend) oder der auch gerne verwendete gleitende Durchschnitt. Hinter Letzterem verbirgt sich mathematisch keine große Geschichte. Man könnte ihn auch über eine tabellarisch erzeugte Datenreihe bauen. Für einen gleitenden 6-Monats-Durchschnitt liefert

```
E7: =Mittelwert(B2:B7)
```

nach unten kopiert das arithmetische Mittel der vorangegangenen sechs Monate. Zum Verständnis des exponentiellen Trends muss man etwas weiter ausholen.

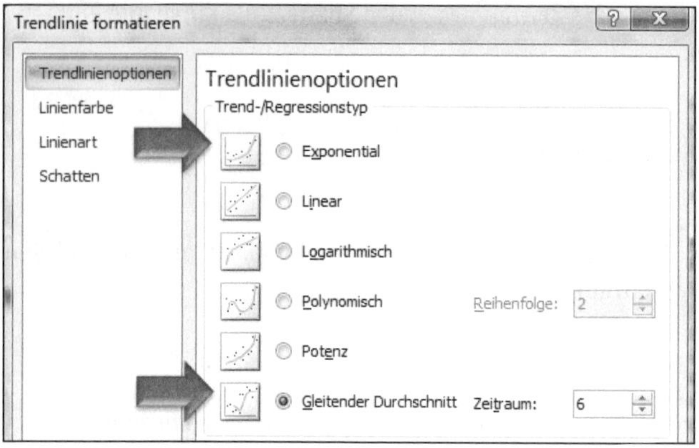

Abbildung 12.3: Dialog, um Trendlinien in Diagramm einfügen

12.2 Exkurs: Von Wachstum und stetiger Verzinsung

Ein Kapital von 1.000 € wird ein Jahr lang zu 4 % verzinst, sodass am Jahresende ein Kapital von 1.040 € entstanden ist. Bei monatlicher statt jährlicher Zinsverrechnung ergeben sich = 1000* (1+4%/12)^12 = 1.040,7415 €. Bei täglicher Verzinsung sind es = 1000 * (1+4%/365)^365 = 1.040,8085. Allgemein gilt:

$$K_1 = K_0 \cdot \left(1 + \frac{i}{n}\right)^n$$

Abbildung 12.4: Kapitalverzinsung mit Jahreszins i und n Verzinsungen p.a.

mit i als jährlichem Zinssatz und n als Anzahl der Zinsverrechnungen pro Jahr. Setzt man i / n = 1 / x, d.h., n = i*x und x = n / i, dann ergibt sich:

$$K_1 = K_0 \cdot \left[\left(1 + \frac{1}{x}\right)^x\right]^i$$

Abbildung 12.5: i / n = 1 / x

Zur Probe:

$$K_1 = 1000 \cdot \left[\left(1 + \frac{1}{(12/4\%)} \right)^{12/4\%} \right]^{4\%} = 1.040{,}74$$

Abbildung 12.6: Beispielrechnung

Wenn man die Zinsperioden unendlich klein werden lässt, strebt x im Ausdruck

$$\left(1 + \frac{1}{x} \right)^x$$

Abbildung 12.7: Ergibt die Eulersche Zahl e, wenn x gegen unendlich strebt

gegen unendlich, und die Formel nimmt den Wert der Eulerschen Zahl e = 2,71828182845905 an. Man spricht dann von stetiger Verzinsung oder (stetigem) Wachstum. In Excel erhält man die Eulersche Zahl mit der Funktion `EXP(1)`.

Bei stetiger Verzinsung wächst das Kapital in einem Jahr somit auf:

```
=1000*e^4% = 1000*EXP(4%) = 1.040,8108
```

Der effektive Jahreszinssatz ergibt sich ferner aus:

```
=EXP(4%)-1 = 4,08107741923882 %
```

Will man andersherum wissen, mit welchem Zinssatz stetig verzinst werden muss, um einen Effektivzinssatz von 4 % zu erhalten, so verwendet man die Umkehrfunktion von EXP, nämlich LN.

```
=LN(1+4%) = 3,92207131532813 %
```

Und dies ist genau die Berechnung, mit der wir in unserem Aktien-Chart die logarithmische Rendite R_{ln} darstellen.

Die Werte des exponentiellen Trends im Chart können auch auf eigene Faust berechnet werden.

- Trendwert 1. Monat: `=VARIATION($B$2:$B$26;;1) = 424,53`
- Trendwert 24. Monat: `=VARIATION($B$2:$B$26;;24) = 306,52`

Der alternative Weg führt über die Trendkoeffizienten:

- 1. Monat: `=INDEX(RKP(B2:B26);1)^1*INDEX(RKP(B2:B26);2)`
- 24. Monat: `=INDEX(RKP(B2:B26);1)^24*INDEX(RKP(B2:B26);2)`

Doch nun zurück zu unserer Aktienanalyse.

12.3 Regelmäßiger Aktienzukauf

Die Aktienentwicklung der letzen 24 Monate war im Beispiel alles andere als der Brüller. Die einfache Rendite betrug –20,5 %, die logarithmische Rendite fast –23 %, und der Wachstumstrend ist negativ. Angenommen, Sie hätten über diesen Zeitraum jeden Monat 1.000 € in diesen „Low-Performer" gesteckt. Das wäre wohl ein ziemlicher Reinfall gewesen, oder? Jetzt kommt die erstaunliche Nachricht:

Nein, das wäre ein echter Bringer gewesen, der Ihnen eine Gesamtrendite von 15,68 % beschert hätte. Dies behauptet die Formel:

```
=(1+ZINS(ZEILEN($1:24);1;;-SUMMENPRODUKT(1/B$2:B25)*B26;1))^12-1
```

Diesen Leckerbissen werden wir nun genau filetieren. Wir untersuchen in Abbildung 12.8 noch einmal den Kursverlauf des vergangenen Beispiels, aber diesmal ergänzen wir die Fortführung unseres eigenen Aktiendepots.

Die ersten beiden Spalten enthalten wieder Zeitstrahl und Kursentwicklung. In Spalte C wird angegeben, wie viele Anteile für 1.000 € zum aktuellen Kurs erworben werden können.

```
C2: =1000/B2
```

In Spalte D steht die Kumulation der erworbenen Anteile:

`D2: =SUMME(C$2:C2)` nach unten kopiert.

Spalte E enthält den alles entscheidenden Zahlungsstrom. Erinnern Sie sich an die sogenannten „Normalinvesitionen", die Sie in Kapitel 9 kennengelernt haben? Hierbei hatte man eine hohe Ausgabe zum Zeitpunkt t_0, der viele gleichartige Rückflüsse folgten. Den daraus resultierenden Cashflow haben wir mit den Methoden der dynamischen Investitionsrechnung bewertet.

H26 =(1+IKV(E2:E26;0))^12-1

	A	B	C	D	E	F	G	H
1	Monat	Kurs	Anteile	Σ Anteile	Einzahlung	Einzahlung	Depotwert	IKV
2	Jan 07	510,76	1,958	1,958	1.000,00	1.000,00	1.000,00	
3	Feb 07	503,91	1,984	3,942	1.000,00	2.000,00	1.986,59	-15,0%
4	Mrz 07	539,73	1,853	5,795	1.000,00	3.000,00	3.127,80	63,9%
5	Apr 07	504,12	1,984	7,779	1.000,00	4.000,00	3.921,44	-14,7%
6	Mai 07	481,83	2,075	9,854	1.000,00	5.000,00	4.748,05	-27,0%
7	Jun 07	438,26	2,282	12,136	1.000,00	6.000,00	5.318,70	-44,9%
8	Jul 07	370,01	2,703	14,839	1.000,00	7.000,00	5.490,42	-64,3%
9	Aug 07	371,29	2,693	17,532	1.000,00	8.000,00	6.509,42	-52,3%
10	Sep 07	276,90	3,611	21,143	1.000,00	9.000,00	5.854,58	-76,1%
11	Okt 07	315,29	3,172	24,315	1.000,00	10.000,00	7.666,27	-52,8%
12	Nov 07	332,03	3,012	27,327	1.000,00	11.000,00	9.073,31	-38,2%
13	Dez 07	289,26	3,457	30,784	1.000,00	12.000,00	8.904,54	-50,1%
14	Jan 08	274,78	3,639	34,423	1.000,00	13.000,00	9.458,79	-49,4%
15	Feb 08	254,71	3,926	38,349	1.000,00	14.000,00	9.767,92	-51,2%
16	Mrz 08	242,39	4,126	42,475	1.000,00	15.000,00	10.295,46	-50,3%
17	Apr 08	294,20	3,399	45,874	1.000,00	16.000,00	13.496,07	-24,5%
18	Mai 08	298,27	3,353	49,226	1.000,00	17.000,00	14.682,78	-20,2%
19	Jun 08	322,06	3,105	52,331	1.000,00	18.000,00	16.853,88	-9,0%
20	Jul 08	348,79	2,867	55,199	1.000,00	19.000,00	19.252,70	1,8%
21	Aug 08	348,46	2,870	58,068	1.000,00	20.000,00	20.234,48	1,5%
22	Sep 08	325,68	3,070	61,139	1.000,00	21.000,00	19.911,69	-6,2%
23	Okt 08	365,60	2,735	63,874	1.000,00	22.000,00	23.352,35	7,0%
24	Nov 08	374,60	2,670	66,544	1.000,00	23.000,00	24.927,21	9,0%
25	Dez 08	396,52	2,522	69,065	1.000,00	24.000,00	27.385,85	14,4%
26	Jan 09	405,86	-69,065		-28.030,92			15,68%

Abbildung 12.8: Aktiendepotentwicklung bei regelmäßiger Einzahlung und aktuelle Gesamtrendite (interner Zinsfuß)

Jetzt wird der Spieß einfach umgedreht. Wir haben 24 Monate lang konstante Ausgaben (Investitionszahlungen), die von einer Desinvestition im 25. Monat gefolgt werden. Der Wert der Desinvestition ergibt sich aus dem Produkt der Kumulation aller erworbenen Anteile und dem aktuellen Kurs:

```
E26: =B26*C26 = B26 * -SUMME(C2:C25)
```

Auf diesen Zahlungsstrom wenden wir nun die Methode des internen Zinsfußes an:

```
H26:=(1+IKV(E2:E26;0))^12-1
=15,68 %
```

Da wir davon ausgehen, dass die Investitionszahlungen konstant sind, könnten wir auch die Funktion ZINS nehmen, dann lautet die Formelsyntax:

```
H26:=(1+ZINS(24;E25;0;E26;1))^12-1
```

IKV wäre nur nötig, wenn die Einzahlungen in Spalte E schwankend wären. Zum Beispiel könnten Sie die Auszahlungen um mögliche Dividendenzahlungen reduzieren, die wir hier der Einfachheit halber einmal ignoriert haben. Wir berücksichtigen nur die Rendite aus den Kursgewinnen.

`ZINS(24;E25;0;E26;1)` liefert den Monatszins, da die Anzahl Perioden ja in Monaten angegeben sind. Mit der Umrechnung

```
(1+Monatszins)^12 - 1
```

oder

```
EFFEKTIV(ZINS(24;E25;0;E26;1)*12;12)
```

wird die Rendite auf das Jahr hochgerechnet. (Wegen des Zinseszinseffektes genügt natürlich nicht Monatszins * 12.)

Was sollte jetzt die komplizierte Formel mit SUMMENPRODUKT? Mit ihr erhalten wir das gleiche Ergebnis, können aber in Spalte H auch eine fiktive Desinvestition in allen Monaten simulieren.

```
H3:=(1+ZINS(ZEILEN($1:1);1;;-SUMMENPRODUKT(1/B$2:B2)*B3;1))^12-1
```

wird kopiert bis Zeile 26. Spalte H enthält also nicht die Kursveränderung Neuer Kurs / Alter Kurs – 1, auch nicht die logarithmischen Rendite R_{ln}, sondern den internen Zinsfuß vom Beginn der Laufzeit bis zur fiktiven Liquidation im aktuellen Monat. Immer auf den effektiven Jahreszins hochgerechnet.

Wichtig zu sehen an der Formel ist, dass der reale Cashflow in Spalte E bezogen auf die 1.000 € gar keine Rolle spielt. Ob 1 €, 10 € oder irgendein anderer Betrag, die Rendite bleibt immer die gleiche. Deshalb benötigen wir zur Ermittlung des Ergebnisses lediglich die Kurse in Spalte B und können RMZ (den Sparbetrag) auf 1 € setzen.

`ZEILEN($1:1)` Enthält immer die Anzahl abgelaufener Monate.

`SUMMENPRODUKT(1/B$2:B2)*B3` enthält den kumulierten Depotwert bezogen auf 1 €. Im 25. Monat beträgt er:

```
SUMMENPRODUKT(1/B$2:B25)*B26 = 28,0309194999597
```

Das Chart in Abbildung 12.9 soll den Zusammenhang noch einmal grafisch durchleuchten.

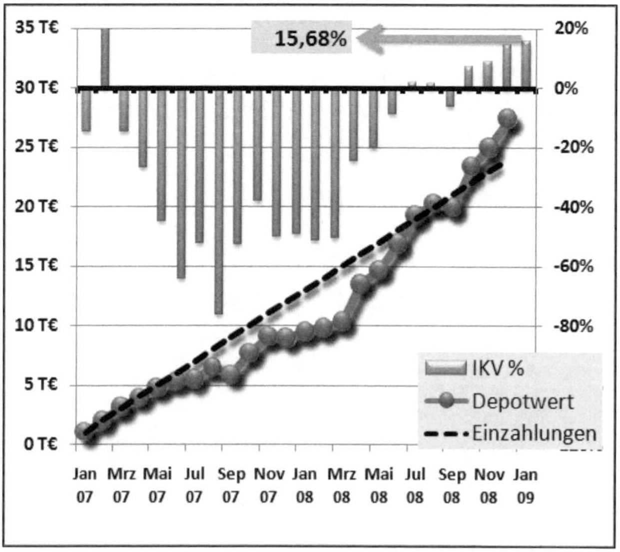

Abbildung 12.9: Aktiendepotentwicklung bei regelmäßiger Einzahlung – grafische Darstellung

Im Liniendiagramm werden hier kumulierte Einzahlungen und kumulierter Depotwert gegenübergestellt. Die dritte Datenreihe im Diagramm, die Säulen, enthalten die Fortschreibung des internen Zinsfußes aus Spalte H. Hier sehen wir, dass die Rendite erst in den letzten vier Monaten positiv wird und auf stattliche 15,68 % anwächst. Daran sieht man: Kursentwicklung der Aktie und individuelle Rendite des Anlegers können weit auseinandergehen. In diesem Fall konnte man eben lange sehr günstig Anteile erwerben, was sich schließlich auszahlte.

Im Diagramm wurden zwei besondere Chart-Techniken verwendet:

- Kombinierte Diagrammtypen
- Sekundärachsen

Diese beiden Möglichkeiten machen Diagramme enorm flexibel. Der Haupttyp des Diagramms ist *Linie*. Doch wenn Sie eine einzelne Datenreihe mit der rechten Maustaste anklicken, können Sie für sie über den Kontextmenübefehl *Diagrammtyp ändern* einen individuellen Diagrammtyp auswählen. Für den IKV haben wir hier den Typ *Säule* genommen. Noch viel wichtiger ist die Aktivierung der Sekundärachse. Einzahlungen und Depotwert werden in T€ ausgedrückt. Dagegen ist die in Prozent ausgedrückte Rendite verschwindend klein. Wenn Sie diese Datenreihe einfügen, klebt sie deshalb zunächst auf einer Geraden am Boden. Dann klicken Sie sie mit der rechten Maustaste an, wählen den Kontextmenübefehl *Datenreihen formatieren....*und anschließend die in Abbildung 12.10 markierte Option der Achsenauswahl.

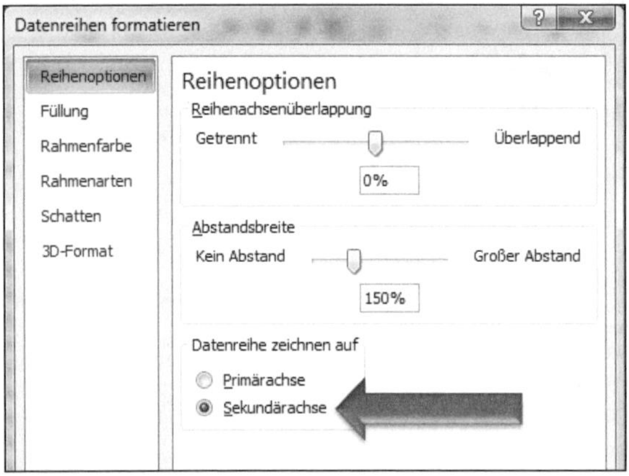

Abbildung 12.10: Zweiten Diagrammtyp mit anderem Maßstab auf Sekundärachse darstellen

Daraufhin erscheint im Diagramm auf der rechten Seite die sekundäre Y-Achse. Excel skaliert die Achse automatisch so, dass die Datenreihe, der die sekundäre Achse zugeordnet ist (dies können auch mehrere Datenreihen sein), die Zeichnungsfläche des Diagramms ausnutzt. Die Skalierung kann dann genauso manuell justiert werden wie bei der Primärachse.

Standardmäßig verläuft die sekundäre X-Achse am oberen Rand des Diagramms. Wir haben diese Einstellung noch so geändert, dass sie durch den 0 %-Punkt verläuft. Klicken Sie die sekundäre Y-Achse mit der rechten Maustaste an, wählen Sie den Kontextmenübefehl *Achsen formatieren...*, und aktivieren Sie unter den *Achsenoptionen>Horizontale Achse schneidet* die Option *Achsenwert:0.*

12.4 Jetzt wird gezockt: Aktienkursprognose

Vergangene Aktienkurse zu analysieren ist schön und gut. Noch schöner wäre es, könnte man zukünftige Kurse vorhersagen. Dies mit Sicherheit zu tun, ist mit Sicherheit unmöglich. Trotzdem weisen Kursverläufe gewisse Charakteristika auf, aus denen sich Wahrscheinlichkeiten möglicher Kursentwicklungen ableiten lassen. Die wichtigsten statistischen Kennzahlen, die wir im Folgenden benötigen, sind:

- Erwartungswert μ = arithmetisches Mittel
- Standardabweichung σ
- Normalverteilung
- Korrelation

Alle in Bezug auf die Basisgröße logarithmische Rendite R_{ln}. Das arithmetische Mittel wird mit der Funktion MITTELWERT berechnet. Aus ihm resultiert die aus dem Betrachtungszeitraum abgeleitete, erwartete Rendite.

Die Standardabweichung ist ein Streuungsmaß, das besagt, wie weit die einzelnen Messwerte vom Mittelwert abweichen. Man bezeichnet σ auch als Volatilität des Wertpapiers. Je größer die Standardabweichung ist, desto größer ist das Risiko der Anlage. Excel stellt mehrere Funktionen für σ zur Verfügung, wir können uns auf diese beschränken:

=STABWN(Zahl1; Zahl2;...)

Berechnet die Standardabweichung ausgehend von der Grundgesamtheit. Die Standardabweichung ist ein Maß dafür, wie weit die jeweiligen Werte um den Mittelwert (Durchschnitt) streuen.

In Abbildung 12.12 sehen Sie eine Beispielrechnung. In Spalte A stehen die zu bewertenden Messwerte. Der Mittelwert beträgt:

```
B2:= MITTELWERT($A$2:$A$8)
```

In Spalte C ist das Streuungsmaß zu erkennen. Es zeigt, wie stark die Differenzen zwischen einzelnen Messwerten und Mittelwert nach oben und unten ausschlagen. Würde man diese Differenzen einfach addieren, würden sie sich logischerweise auf 0 wegsaldieren, das würde nichts aussagen. Deshalb quadriert man zunächst die Abweichungen

```
D2: =C2^2
```

bildet davon die Summe

```
D9: SUMME(D2:D8)
```

teilt das Ergebnis durch die Anzahl der Messwerte und zieht schließlich von diesem Zwischenergebnis die Quadratwurzel:

```
E9(s):=WURZEL(D9/7) = 2,82842712474619
```

Alle Zwischenschritte von Spalte B bis D werden von der speziellen Excel-Funktion abgearbeitet:

```
=STABWN(A2:A8) = 2,82842712474619
```

E9 | fx =WURZEL(D9/7)

	A	B	C	D	E
1	**Werte**	**Ø => μ**	**$\Delta = W_X - \mu$**	**Δ^2**	**σ**
2	1		-5,0	25,0	
3	4		-2,0	4,0	
4	5		-1,0	1,0	
5	6	**6**	0,0	0,0	
6	7		1,0	1,0	
7	9		3,0	9,0	
8	10		4,0	16,0	
9				56,0	**2,82843**

Abbildung 12.11: Berechnung der Standardabweichung

Nach der sogenannten Random-Walk-Theorie erfolgen kurzfristige Kursschwankungen zufällig. Auch wenn man langfristige, strukturelle Wachstumstrends prognostizieren kann, für die Mikroebene gelten diese nicht.

Zufällig ja, aber nicht chaotisch, auch der Zufall folgt bestimmten Gesetzmäßigkeiten. Man geht davon aus, zumindest nach dem Black-Scholes-Modell, dass Aktienrenditen normalverteilt sind.

Was bedeutet denn normalverteilt? Verwechseln Sie das nicht mit gleichmäßig verteilt. Weil alle Lottozahlen mit der gleichen Wahrscheinlichkeit gezogen werden können, sind sie gleichmäßig verteilt, aber eben nicht normalverteilt.

In unserer Welt tendiert die große Masse zur Mittelmäßigkeit. Nur die wenigsten sind extrem schlau, dumm, dick, dünn usw. Alle Messgrößen, die so ticken, sind annähernd normalverteilt. Bildet man einen solchen Zusammenhang grafisch ab, erhält man die berühmte Glockenkurve nach Gauß.

Wie kann man denn jetzt am einfachsten prüfen, ob die Kursschwankungen unserer Aktie wenigstens annähernd normalverteilt sind? Man teilt die Schwankungen in Häufigkeitsklassen auf (Abbildung 12.12).

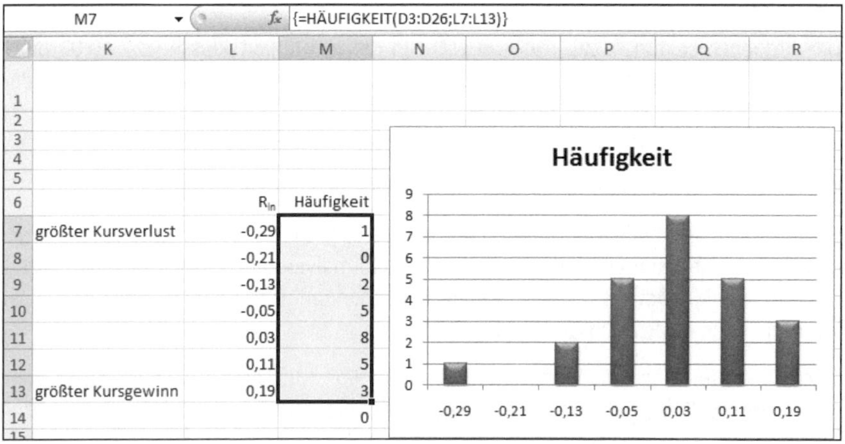

Abbildung 12.12: Häufigkeitsverteilung von Kursrenditen

Zunächst benötigen Sie eine Zahlenskala, über die Sie die Häufigkeitsklassen definieren. Da wir nur 25 Messpunkte haben, beschränken wir uns auf sieben Häufigkeitsklassen, die zwischen dem kleinsten und dem größten Messpunkt liegen. D3:D26 enthält die logarithmischen Renditen.

```
L7: =MIN(D3:D26)
```

```
L13: =MAX(D3:D26)
```

Die Klassen dazwischen werden so gewählt, dass die Werte immer gleich große Abstände aufweisen:

```
L8: =($L$13-$L$7)/6+L7
```

wird bis L12 kopiert. So sind die Klassen in Schritten von ca. 0,08 eingeteilt. Nun greifen wir zur Funktion

HÄUFIGKEIT(Daten;Klassen)

welche die Anzahl Messpunkte je Klasse liefert. Markieren Sie dazu M7:M13 auf einmal, und schreiben Sie:

```
M7:M13: {=HÄUFIGKEIT(D3:D26;L7:L13)}
```

und schließen Sie die Eingabe mit [Strg]+[⇧]+[↵] ab. Dadurch wird eine über den ganzen Zellbereich zusammenhängende Matrixformel (mit den geschweiften Klammern) erzeugt.

Das Ergebnis ist nun so zu interpretieren: In der Häufigkeitsklasse von +0,03 bis -0,05 steht eine 8. D.h., achtmal war eine Rendite größer als –0,05 und kleiner oder gleich +0,03. Wer sich mit der Funktion HÄUFIGKEIT schwertut, könnte auch mit einer Alternative zur gewünschten Klasseneinteilung kommen:

```
M7:=ZÄHLENWENN($D$3:$D$26;"<="&L7)-ZÄHLENWENN($D$3:$D$26;"<="&L6)
```

wird bis M14 kopiert. Spalte M fügen wir nun als Datenreihe in einem Säulendiagramm ein. Nun ja, für einen eindeutigen Beweis auf Normalverteilung sind es eventuell einfach zu wenige Datenpunkte. Trotzdem ist schon unbestreitbar zu erkennen, dass wesentlich mehr Messpunkte zur Mitte tendieren.

Wir haben nun sogar die Möglichkeit, abhängig von Mittelwert und Standardabweichung unserer Aktienrenditen den idealtypischen Verlauf der Normalverteilung abzubilden (Abbildung 12.13).

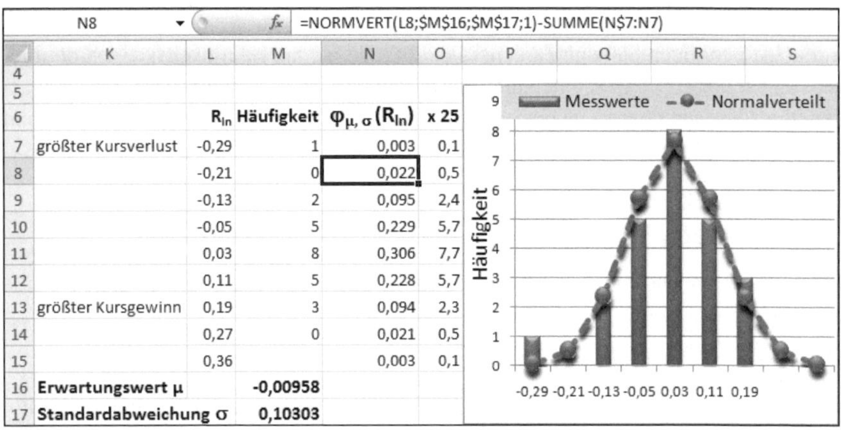
N8 =NORMVERT(L8;$M$16;$M$17;1)-SUMME(N$7:N7)

	K	L	M	N	O
4					
5					
6		R_{ln}	**Häufigkeit**	$\varphi_{\mu,\sigma}(R_{ln})$	**x 25**
7	größter Kursverlust	-0,29	1	0,003	0,1
8		-0,21	0	0,022	0,5
9		-0,13	2	0,095	2,4
10		-0,05	5	0,229	5,7
11		0,03	8	0,306	7,7
12		0,11	5	0,228	5,7
13	größter Kursgewinn	0,19	3	0,094	2,3
14		0,27	0	0,021	0,5
15		0,36		0,003	0,1
16	**Erwartungswert μ**		**-0,00958**		
17	**Standardabweichung σ**		**0,10303**		

Abbildung 12.13: Kursrenditen sind normalverteilt.

```
M16: =MITTELWERT(D3:D26)
M17: =STABWN(D3:D26)
```

Um aus den beiden Kennzahlen die Normalverteilung abzuleiten, benötigen wir eine neue Funktion:

=NORMVERT(x ; Mittelwert ; Standabwn ; Kumuliert)

Gibt die Normalverteilung für den angegebenen Mittelwert und die angegebene Standardabweichung zurück. Diese Funktion hat sehr viele Anwendungsgebiete innerhalb der Statistik, so unter anderem auch Testen von Hypothesen.

Alle benötigten Parameter kennen wir bereits. *Mittelwert* und *Standabwn* warten in M16 und M17 auf Abruf. Die x-Werte, von denen die Wahrscheinlichkeiten gefragt sind, sind unsere Häufigkeitsklassen in Spalte L. Wichtig ist, dass wir keine Einzelwahrscheinlichkeiten benötigen, sondern kumulierte Wahrscheinlichkeiten der Klasse. Also wird der Parameter *kumuliert* auf 1 gestellt.

```
N7: =NORMVERT(L7;$M$16;$M$17;1)
```

ermittelt die Wahrscheinlichkeit aller Werte kleiner oder gleich –0,29.

```
N8: =NORMVERT(L8;$M$16;$M$17;1)-SUMME(N$7:N7)
```

berechnet die Wahrscheinlichkeit aller Werte kleiner oder gleich –0,21 abzüglich aller Wahrscheinlichkeiten der vorherigen Klassen. Damit bleibt das Intervall von > –0,29 bis –0,21. N8 wird dann bis N15 kopiert. Die „nackten" Wahrscheinlichkeiten müssen jetzt noch mit der Anzahl Datenpunkte multipliziert werden, um richtig skaliert im Chart mit der tatsächlichen Messwerthäufigkeit vergleichbar zu sein.

```
O7:= N7*25
```

wird ebenfalls nach unten kopiert. Die Werte der Spalte O fügen wir nun dem Chart als Linie hinzu. Und siehe dar, die Messwerte passen relativ gut zur idealen Normalverteilung.

Wenn wir diese Normalverteilung nun als Faktum hinnehmen, stellt sich als Nächstes die Frage, wie zukünftige Kursentwicklungen simuliert werden könnten. Für eine Simulation, die zufällige Prozesse abbilden soll, benötigen wir natürlich:

Zufallszahlen!

Dafür kennen wir die Funktion ZUFALLSZAHL(). Doch ist diese Funktion in unserem Fall brauchbar? Nein, zumindest nicht direkt. Mit der Funktion können wir wunderbar Lottozahlen ziehen, doch diese sind, wie gesagt, gleichmäßig verteilt, aber nicht normalverteilt. Wenn wir den Kursverlauf damit simulieren würden, hätten wir mit gleicher Wahrscheinlichkeit Kursgewinne von + 30 % und von 0 %, doch das ist unrealistisch.

Wie generiert man normalverteilte Zufallszahlen? Es gibt zwei Möglichkeiten:

- Mit einem Add-In Zufallszahlengenerator
- Per Formel

Im ersteren Fall wählen Sie die *Excel-Optionen>Add-Ins>Verwalten: Excel-Add-Ins>Gehe zu...*, und setzen Sie dort den Haken bei *Analyse-Funktionen*. Nun wird unter der Registerkarte *Daten* in der Gruppe *Analyse* ein Schaltfläche *Datenanalyse* verfügbar. Nach einem Klick darauf können Sie im zugehörigen Dialogfeld den Eintrag *Zufallszahlengenerierung* auswählen. Stellen Sie das darauffolgende Formular ein, wie in Abbildung 12.14 zu sehen ist. Im gewählten Ausgabebereich erscheinen dann die Zufallszahlen. Schön ist, dass Sie in dem Formular auch andere Verteilungen, wie Gleichverteilung, Bernoulli, Binomial oder Poisson, auswählen können. Allerdings berechnen sich die Zufallszahlen im Gegensatz zur Formellösung nicht neu, wenn eine Neuberechnung in der Tabelle ausgelöst wird. Je nach Anwendungsfall kann das ein Vorteil oder ein Nachteil sein.

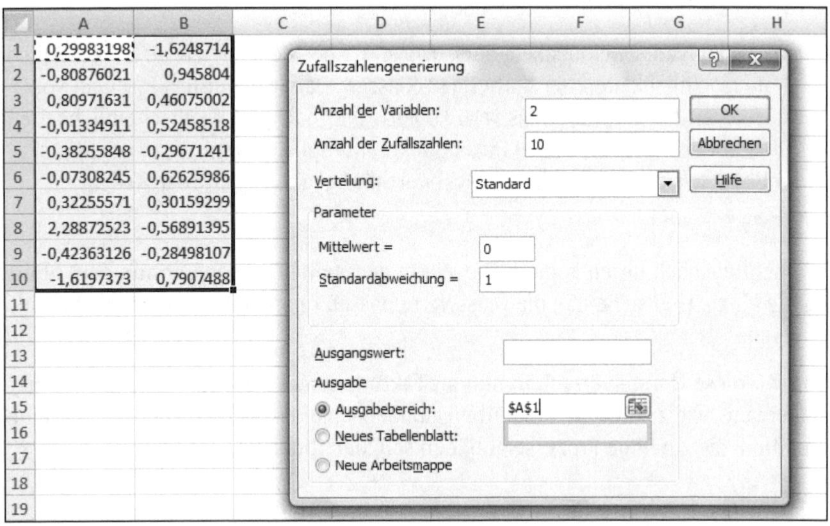

Abbildung 12.14: Add-In zur Erzeugung von Zufallszahlen mit verschiedenen Verteilungen

Die Formellösung führt über die Umkehrfunktion zu NORMVERT.

=NORMINV(Wahrsch ; Mittelwert ; Standabwn)

Die Excel-Hilfe sagt dazu:

Gibt Quantile der Normalverteilung zurück.

Sagt dem Laien nicht sehr viel. Und schön wäre auch ein Hinweis, dass mit der Funktion normalverteilte Zufallszahlen generiert werden können. Und zwar indem sie mit der normalen Funktion ZUFALLSZAHL kombiniert wird:

=NORMINV(ZUFALLSZAHL() ; Mittelwert ; Stabwn)

erzeugt solche Zufallszahlen, mit denen wir den prognostizierten Kursverlauf unserer Aktie simulieren können (Abbildung 12.15).

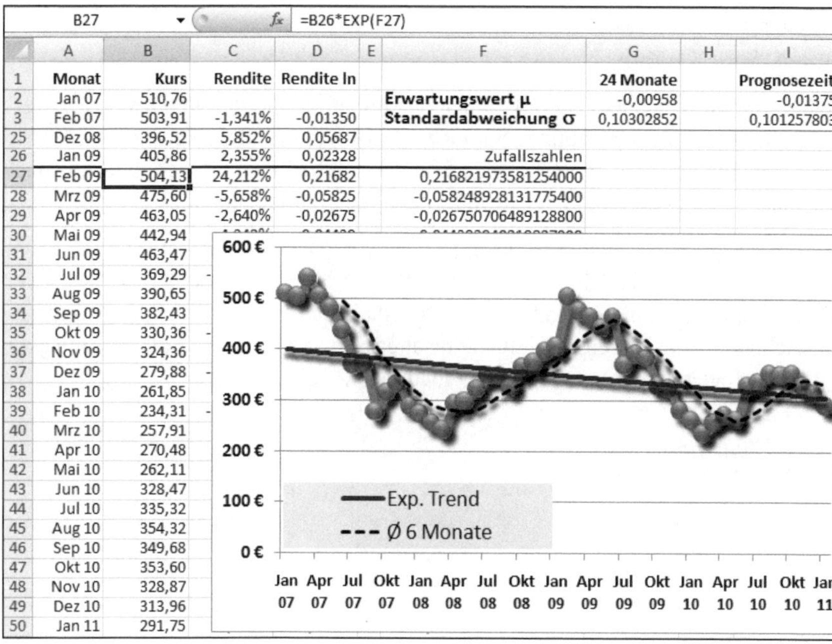

B27 =B26*EXP(F27)

	A	B	C	D	E	F	G	H	I
1	Monat	Kurs	Rendite	Rendite ln			24 Monate		Prognosezeit
2	Jan 07	510,76				Erwartungswert μ	-0,00958		-0,01375
3	Feb 07	503,91	-1,341%	-0,01350		Standardabweichung σ	0,10302852		0,101257803
25	Dez 08	396,52	5,852%	0,05687					
26	Jan 09	405,86	2,355%	0,02328		Zufallszahlen			
27	Feb 09	504,13	24,212%	0,21682		0,216821973581254000			
28	Mrz 09	475,60	-5,658%	-0,05825		-0,058248928131775400			
29	Apr 09	463,05	-2,640%	-0,02675		-0,026750706489128800			
30	Mai 09	442,94							
31	Jun 09	463,47							
32	Jul 09	369,29							
33	Aug 09	390,65							
34	Sep 09	382,43							
35	Okt 09	330,36							
36	Nov 09	324,36							
37	Dez 09	279,88							
38	Jan 10	261,85							
39	Feb 10	234,31							
40	Mrz 10	257,91							
41	Apr 10	270,48							
42	Mai 10	262,11							
43	Jun 10	328,47							
44	Jul 10	335,32							
45	Aug 10	354,32							
46	Sep 10	349,68							
47	Okt 10	353,60							
48	Nov 10	328,87							
49	Dez 10	313,96							
50	Jan 11	291,75							

Abbildung 12.15: Aktienkursprognose mit normalverteilten Zufallszahlen

Der Prognosezeitraum soll die nächsten 24 Monate ab Februar 2009 umfassen. Ab F27 benötigen wir die Zufallszahlen aus:

```
F27:=NORMINV(ZUFALLSZAHL();MITTELWERT($D$2:$D$26);STABWN($D$2:$D$26))
```

Die prognostizierten Kurse ergeben sich dann aus:

```
B27:=B26*EXP(F27)
```

herunter kopiert bis Zeile 50. Um das Ergebnis zu begründen, ermitteln wir auch vom Prognosezeitraum die Renditen.

```
C27:= B27/B26-1
D27:=LN(B27/B26)
```

Auch der Mittelwert und die Standardabweichung werden wieder erhoben:

```
I2: =MITTELWERT(D27:D50)
I3:= =STABWN(D27:D50)
```

Bei unseren beispielhaften Zufallszahlen passen die simulierten Kennzahlen Mittelwert und Standardabweichung recht gut zu den Ausgangsdaten. Natürlich haben Sie keine Gewähr, dass das immer so ist, schon gar nicht können Sie sich darauf verlassen, dass sich Ihre Depots in der Realität nach diesem Modell planen lassen.

Im Übrigen muss der Prognosezeitraum nicht die gleichen Zeitabstände umfassen wie die Basisdaten. Sie können zum Beispiel auch die Tageskurse der nächsten vier Wochen simulieren. In dem Fall müssen Sie lediglich Erwartungswert und Standardabweichung an die kürzeren Zeitabstände anpassen. Die Random-Walk-Theorie geht dabei von folgenden Annahmen aus (Abbildung 12.16):

$$\mu_2 = \frac{Zeitraum_2}{Zeitraum_1} \cdot \mu_1$$

$$\sigma_2 \approx \sqrt{\frac{Zeitraum_2}{Zeitraum_1}} \cdot \sigma_1$$

Abbildung 12.16: Änderung von Erwartungswert und Standardabweichung bei anderem Betrachtungszeitraum nach der Random-Walk-Theorie

Mit Zeitraum ist nicht die Anzahl der Messpunkte gemeint. Wenn Sie aus 24 Basismonaten zwölf Prognosemonate ermitteln wollen, dürfen Sie μ und σ nicht umrechnen. Bei der Prognose von Tageskursen rechnen Sie wie folgt um:

Ein Jahr hat ca. 250 Börsentage, das sind 20,8333 Tage im Monat. Die erwartete Tagesrendite beträgt ergo

```
1 / 20,8333 = 0,048
```

der Monatsrendite. Die Volatilität (Standardabweichung) eines Tages beträgt

```
WURZEL(0,048) = 0,219089023002066
```

des Monats.

12.5 Chance-Risiko-Optimierung mit Aktienportfolios

Handel mit Aktien oder anderen Wertpapieren bedeutet immer ein Abwägen von Chance und Risiko. Jeder rational handelnde Marktteilnehmer geht ein höheres Risiko immer nur für eine zusätzliche Chance auf höhere Rendite ein.

12.5.1 Angsthase, Zocker oder Narr?

Folgende Abbildung 12.17 zeigt in Form der schwarzen Pfeile die Indifferenzgeraden verschiedener Charaktere abhängig von Chance und Risiko.

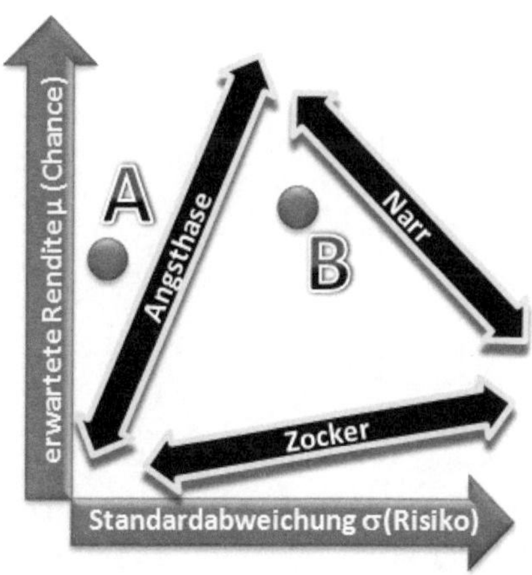

Abbildung 12.17: Chance-Risiko-Indifferenzgeraden verschiedener Charaktere

Die Pfeile sind folgendermaßen zu interpretieren: Der vorsichtige Anleger (Angsthase) verlangt eine überproportional höhere Rendite, um ein weiteres Risiko einzugehen.

Alle Aktien mit Chance-Risiko-Kombinationen, die auf dem steil nach oben laufenden Pfeil liegen, erachtet er als gleichwertig (indifferent). Aktie A würde er akzeptieren, B liegt unter seiner Indifferenzgeraden und wäre ihm deshalb zu riskant. Der risikofreudige „Zocker" ist für eine nur geringe Chance auf eine höhere Rendite bereit, ein übermäßig hohes Risiko einzugehen. Deshalb verläuft sein Pfeil flach, aber immer noch steigend. Er würde Aktie B der Aktie A vorziehen. Aktie A würde er aber auch akzeptieren, da sie über seiner Geraden liegt.

Nur bei einem irrational handelnden Anleger hat der Pfeil eine negative Steigung (Narr). Er verzichtet auf Rendite für ein zusätzliches Risiko.

Egal ob vorsichtig oder risikofreudig, durch die Kombination verschiedener Aktien in einem Portfolio ist es möglich, Chance und Risiko zu optimieren.

B10 {=MEHRFACHOPERATION(;E4)}

	A	B	C	D	E	F	G	H
1		Aktie A	Aktie B					
2	μ	5,50%	3,50%					5,10%
3	σ	1,50%	0,50%		Aktie A	Aktie B	Σ	1,30%
4					80,00 €	20,00 €	100,00 €	
5	R t_1	4,00%	3,00%		83,10 €	20,77 €	103,87 €	3,8%
6	R t_2	7,00%	4,00%		88,60 €	22,15 €	110,75 €	6,4%
7	Korrelation:		+1,000					
8		σ		μ				
9	Anteil A	1,30%		5,10%				
10	100	1,50%	100	5,50%				
11	90	1,40%	90	5,30%				
12	80	1,30%	80	5,10%				
13	70	1,20%	70	4,91%				
14	60	1,11%	60	4,71%				
15	50	1,01%	50	4,51%				
16	40	0,91%	40	4,31%				
17	30	0,80%	30	4,11%				
18	20	0,70%	20	3,90%				
19	10	0,60%	10	3,70%				
20	0	0,50%	0	3,50%				

Abbildung 12.18: Chance und Risiko von Portfolio mit zwei Aktien

Abbildung 12.18 zeigt zwei Aktien, die über zwei Perioden (t_1, t_2) unterschiedliche Renditen gebracht haben; siehe den Bereich B5:C6.

Zwei Renditen genügen, einen Mittelwert μ und eine Standardabweichung σ zu ermitteln.

```
B2: =MITTELWERT(B5:B6)
B3: =STABWN(B5:B6)
```

wird nach C2:C3 kopiert. Wir nehmen an, dass die 100 € in G4 in einem bestimmten Verhältnis, z.B. 80/20, auf die Aktien A und B aufgeteilt werden, um ein Portfolio zu bilden.

```
E4:80
F4:=G4-E4
G4:100
```

Nach der ersten Periode sind die 80 € von Aktie A auf

```
E4*EXP(B5) = 83,26 €
```

und die 20 € von Aktie B auf

```
F4*EXP(C5) = 20,61 €
```

angewachsen. Wegen der unterschiedlichen Renditen hat sich das 80/20-Verhältnis leicht verschoben. Durch Umschichtung soll die ursprüngliche Relation wieder hergestellt werden. Dies erreichen wir durch die Array-Formel:

```
E5: {=SUMME($E4:$F4*EXP($B5:$C5))*E$4/$G$4}
```

Die SUMME-Funktion addiert erst einmal beide Wertentwicklungen zusammen und stellt dann über den Faktor E$4/$G$4 die ursprüngliche Relation wieder her. Die Formel wird bis F6 kopiert. In G5:G6 werden beide Kurse addiert.

```
G5: =+E5+F5
```

Danach wird die Rendite des kompletten Depotwertes kalkuliert:

```
H5: =LN(G5/G4)
```

dito H6. Als Zielgrößen erhalten wir den Erwartungswert und die Standardabweichung des Gesamtportfolios.

```
H2: =MITTELWERT(H5:H6)
H3: =STABWN(H5:H6)
```

Die Werte liegen jetzt irgendwo zwischen denjenigen der einzelnen Aktien, das ist noch keine Sensation.

Das nächste Ziel ist es, σ und μ für alle Portfoliokombinationen von 100/0 bis 0/100 zu ermitteln und in einer Rendite-Risiko-Grafik zu visualisieren. Dazu eignet sich das Feature MEHRFACHOPERATION (MOP) bestens. Schreiben Sie die Aktienanteile von A ab A10 abwärts in Zehnerschritten. Zehnerschritte nur deshalb, um das Prozedere übersichtlich zu halten. Es ergeben sich dadurch elf verschiedene Kombinationen. In B9 übernehmen Sie die Standardabweichung:

```
B9: =H3
```

Selektieren Sie A9:B20 und wählen *Daten>Datentools>Was-wäre-wenn-Analyse> Datentabelle*

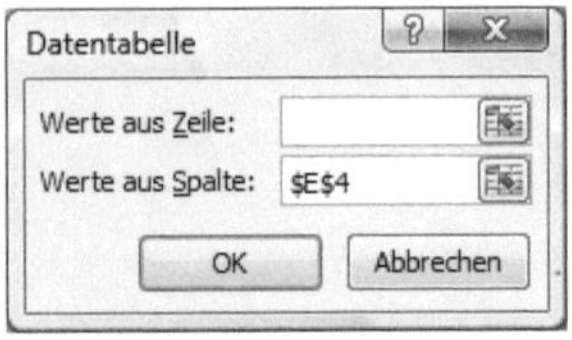

Abbildung 12.19: Veränderbare Zelle der Mehrfachoperation: Aktienanteil A

E4 ist die veränderbare Input-Größer der MOP. Sie erhalten nun in B10:B20 die elf verschiedenen Standardabweichungen. Das Gleiche wird in C9:D20 für die durchschnittlichen Renditen wiederholt.

Erzeugen Sie ein Punkt(XY)-Diagramm mit einer Datenreihe, die B10:B20 als x-Werte und D10:D20 als y-Werte enthält. Als Krönung der ganzen Arbeit betrachten wir Abbildung 12.20.

Chart 1 ist noch nicht besonders spektakulär. Kaufen wir Aktie A, haben wir eine höhere Rendite, aber auch ein höheres Risiko. Aktie B ist sicherer, aber dafür muss auf Rendite verzichtet werden. Alle Kombinationen aus A und B liegen auf einer Gerade dazwischen, was uns auch nicht vom Hocker reißt. Welches Portfolio zu bevorzugen wäre, liegt an der Risikofreudigkeit des Anlegers. Liegt seine Indifferenzgerade genau auf der Datenreihe, sind ihm alle Varianten gleich recht. Der Angsthase tendiert eher zu B und der Zocker eher zu A.

In Chart 2 links unten wird es jetzt erst spannend, hier wird erst der Benefit der Portfoliotheorie deutlich. Was hat sich eigentlich an der Ausgangssituation geändert? Nicht viel. Lediglich die Renditen der Aktie B von 3 % und 4 % sind zeitlich vertauscht.

Doch die Auswirkungen sind gewaltig. Die Gerade schlägt plötzlich einen Haken nach links. Angsthase macht einen Luftsprung vor Entzückung. Es offenbart sich ein Portfolio mit einer Rendite über der von Aktie B und einem Risiko, das fast gegen 0 geht. Mit 20 % Aktie A und 80 % Aktie B sind 3,91 % Rendite bei nur 0,09 % Risiko zu erwarten. Hier hat eine wirkliche Optimierung von Chance und Risiko stattgefunden. Was hat dies ermöglicht? Das Zauberwort heißt:

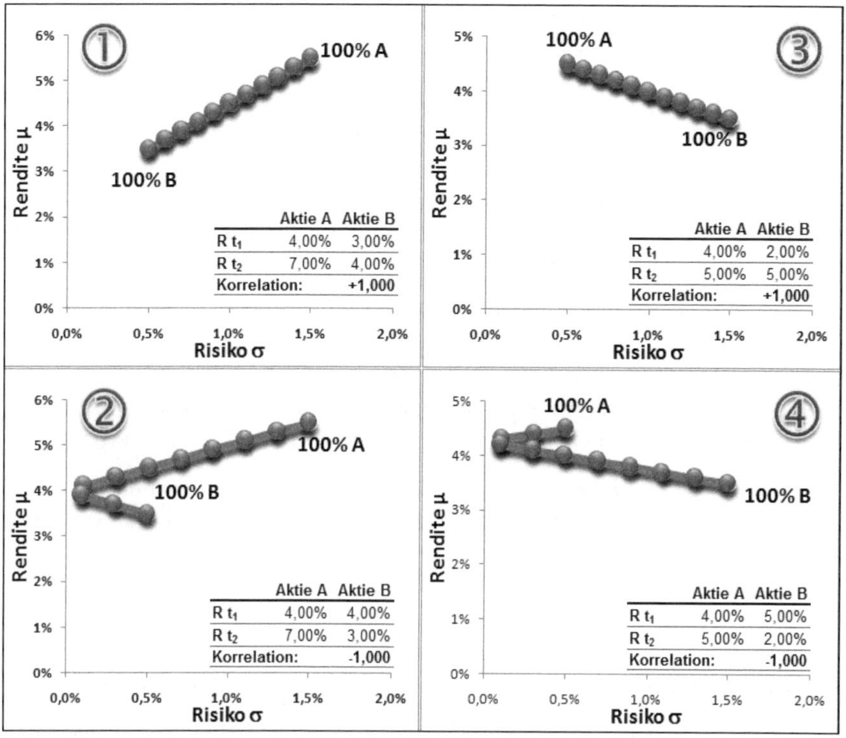

Abbildung 12.20: Chance-Risiko-Optimierung nach der Portfoliotheorie

Korrelation

Bevor wir näher darauf eingehen, schauen wir uns noch die Charts 3 und 4 auf der rechten Seite an. In Chart 3 erntet Aktie B keinen Pfifferling. A bringt mehr Rendite bei geringerem Risiko. Nur Herr Narr würde sich für Aktie B entscheiden. Doch selbst in diesem Extremfall kommt Aktie B zum Zuge, wenn lediglich seine beiden Renditen 2 % und 5 % zeitlich vertauscht werden. Wir erhalten wieder ein Portfolio 60/40 mit ordentlicher Rendite und fast vollständig eliminiertem Risiko.

Was unterscheiden nun die Charts 2 und 4 von den Charts 1 und 3? Die negative Korrelation. Ermittelt wurde sie über:

```
C7: =KORREL(B5:B6;C5:C6)
```

Hinter der Funktion steckt die Berechnung:

```
C7:{=SUMME((B5:B6-B2)*(C5:C6-C2))/ANZAHL(B5:B6)/(B3*C3)}
```

In Worten: Die Abweichungen der Renditen der Aktie A zu ihrem Mittelwert werden mit selbigen von Aktie B multipliziert. Von diesen Produkten wird die Summe gebildet und das Ergebnis durch die Anzahl der Renditen je Aktie (hier nur 2) dividiert. Dieses Zwischenergebnis kennt man auch als sogenannte Kovarianz. Diese Kovarianz wird dann noch durch das Produkt beider Standardabweichungen (B3*C3) dividiert, um zum Korrelationskoeffizienten zu gelangen.

Wichtig zu merken ist eigentlich nur: Der Korrelationskoeffizient kann einen Wert zwischen +1 und –1 annehmen und drückt die Abhängigkeit der einen Datenreihe von der anderen ab. Macht Ihr Hund immer genau das, was Sie vormachen, sind Sie positiv korreliert (+1). Macht er immer genau das Gegenteil, korrelieren Sie negativ (–1). Ist es ihm völlig schnuppe, was Sie sagen, besteht eine Korrelation von 0.

Nach der Portfoliotheorie können Sie das Rendite-Risiko-Verhältnis nur dann optimieren, wenn eine möglichst niedrige bzw. eine negative Korrelation vorliegt. Die Aktien sollten sich möglichst insofern ergänzen, dass in den Perioden, in denen die eine schwächelt, die andere den Schub gibt und umgekehrt. Genau dies ist in Abbildung 12.20 in den Charts 3 und 4 der Fall.

12.5.2 Die Guten ins Töpfchen – die Schlechten ins Kröpfchen

Wir bleiben beim Thema, nur diesmal mit einem komplexeren, aber praxisnäherem Beispiel. Wir haben drei Aktien, deren Renditen über einen Zeitraum von fünf Perioden analysiert werden.

F4 | {=SUMME($F3:$H3*EXP($B4:$D4))*F3/$I3}

	A	B	C	D	E	F	G	H	I	J
1			Renditen			Portfolio mit Umschichtung				
2		A	B	C		Aktie A	Aktie B	Aktie C	Σ Anteile	Σ Rendite
3						100	0	0,00	100,00	
4		9,84%	5,72%	13,98%		110,34	0,00	0,00	110,34	9,84%
5		-16,99%	10,54%	-9,10%		93,10	0,00	0,00	93,10	-16,99%
6		20,07%	4,88%	-4,88%		113,79	0,00	0,00	113,79	20,07%
7		14,11%	-10,01%	26,24%		131,03	0,00	0,00	131,03	14,11%
8		10,01%	14,66%	3,77%		144,83	0,00	0,00	144,83	10,01%
9										
10	μ	7,41%	5,16%	6,00%						7,41%
11	σ	12,75%	8,36%	12,84%						12,75%

Abbildung 12.21: Portfolio mit drei Aktientypen

Zu Abbildung 12.21 müssen wir nicht mehr so viel sagen, die Logik ist die gleiche wie im vorherigen Fall, nur diesmal mit Kursen der Aktien A, B, C im Bereich B4:D8 und den Kennzahlen bzgl. Chancen und Risiken in den Zeilen 10 und 11. In F3 bis H3 steht die Zusammenstellung des Portfolios, wobei nur die ersten beiden unabhängig sind und der Aktienanteil C mit

```
H3: =100-F3-G3
```

die Restgröße darstellt. Unsere Formel zur anteiligen Wertentwicklung inklusive Umschichtung können wir problemlos auf drei Aktien erweitern:

```
F4:{=SUMME($F3:$H3*EXP($B4:$D4))*F3/$I3}
```

bis H8 kopiert. In Spalte I ergibt sich die Wertentwicklung des Gesamtportfolios und daneben dessen Rendite.

```
I4: =SUMME(F4:H4)
J4: =LN(I4/I3)
```

Und schließlich die Essenz ...

```
J10: =MITTELWERT(J4:J8)
J11:= STABWN(J4:J8)
```

... Chance und Risiko, Yin und Yang des Gesamtportfolios. Nun sollen wieder alle möglichen Kombinationen des Aktienportfolios in Zehnerschritten durchexerziert werden. Bei zwei Aktien war das trivial, es gab nur die elf Alternativen

```
100/0 ; 90/10 ; 80/20 ;…; 0/100
```

Bei drei Aktien geht das nicht so leicht, jetzt müssen wir sogar in den Bereich der Kombinatorik reinschnuppern. Abbildung 12.22 zeigt, wie alle Kombinationen aufzulisten sind.

	K	L	M	N
1				
2		A	B	(C)
3	1	100	0	0
4	2	90	0	
5	2	90	10	
6	3	80	0	
7	3	80	10	
8	3	80	20	
9	4	70	0	
10	4	70	10	
11	4	70	20	
12	4	70	30	
13	5	60	0	

Abbildung 12.22: Kombinatorik zur Portfoliobildung

Spalte L:N zeigt alle möglichen Aktienanteile der Aktien A–C. Um das Ganze nicht manuell zu tippen, sondern über eine kopierbare Formel hinzubekommen, muss man sich den Algorithmus klarmachen. In Spalte L kommt die 100 einmal vor, die 90 zweimal, die 80 dreimal und so fort. Da hilft eine Hilfsspalte A mit 1 x 1, 2 x 2, 3 x 3 usw.

```
K3: =WENN(ZÄHLENWENN(K$1:K2;K2)=K2;K2+1;K2)
L3: =(11-K3)*10
```

In Spalte M wird wiederholt bei 0 begonnen zu zählen, und jedes Mal wird der Wert 10 weiter nach oben gezählt, bis wieder bei 0 begonnen wird, also:

```
0; 0-10; 0-10-20; 0-10-20-30; 0-10-20-30-40;…
```

Das vermag die Formel

```
M3: =ZÄHLENWENN(K$1:K2;K3)*10
```

zu verallgemeinern. Achten Sie bei den ZÄHLENWENN-Formeln genau auf die Dollar-Setzung. Nur noch der Vollständigkeit halber folgt die Residualgröße des Aktienanteils C:

```
N3: =100-L3-M3
```

K3:M3 wird bis Zeile 68 kopiert (66 Portfolios gibt es). Spalte N benötigen wir in den weiteren Berechnungen nicht mehr, da in der folgenden Mehrfachoperation der Aktienanteil von A und B variiert wird. C ergibt sich dann selbstverständlich.

Das war die Vorarbeit, um mit MEHRFACHOPERATION (MOP) wieder alle Mittelwerte und Standardabweichungen zu sammeln und in einem Chancen-Risiko-Chart zu zeigen. Jetzt wird es aber doch noch mal ein bisschen kompliziert, wie Abbildung 12.23 zeigt.

Bei drei Aktien haben wir zwei Input-Größen, die durch die MOP variiert werden müssen (Aktie A und B – Aktie C ergibt sich als Rest). Die zwei Zielgrößen μ und σ bleiben gleich, unabhängig von der Aktienanzahl. Eine solche MOP wird normalerweise in einer zweidimensionalen Matrix dargestellt aber das lässt sich nicht direkt in einem Diagramm darstellen. Deshalb machen wir über eine Stringverkettung aus zwei Dimensionen nur noch eine. (Und zwar nach dem gleichen Prinzip, nach dem wir dies auch schon mal in Kapitel 10 über multidimensionale MOPs getan haben.)

O3 | f_x {=MEHRFACHOPERATION(;N2)}

	I	J	K	L	M	N	O	P	Q
1									
2	Σ Anteile	Σ Rendite				100-0	0,12752;0,07407	σ	μ
3	100,00			100	0	100-0	0,12752;0,07407	0,127520	0,074070
4	110,34	9,84%		90	0	90-0	0,1217;0,07344	0,121700	0,073440
5	93,10	-16,99%		90	10	90-10	0,11074;0,07328	0,110740	0,073280
6	113,79	20,07%		80	0	80-0	0,11686;0,07264	0,116860	0,072640
7	131,03	14,11%		80	10	80-10	0,10453;0,0726	0,104530	0,072600
8	144,83	10,01%		80	20	80-20	0,09483;0,07216	0,094830	0,072160
9				70	0	70-0	0,11316;0,07168	0,113160	0,071680
10		**7,41%**		70	10	70-10	0,09947;0,07175	0,099470	0,071750
11		**12,75%**		70	20	70-20	0,08808;0,07142	0,088080	0,071420
12				70	30	70-30	0,08015;0,07071	0,080150	0,070710
13				60	0	60-0	0,11077;0,07056	0,110770	0,070560
14				60	10	60-10	0,0958;0,07073	0,095800	0,070730
15				60	20	60-20	0,08269;0,07053	0,082690	0,070530

Abbildung 12.23: Mehrfachoperation mit zwei Unbekannten (Aktie A und B) in einer Dimension: „Two in One"

N2 ist die Input-Zelle, in die Sie *100-0* schreiben. Bedeutet: Portfolio im Verhältnis 100-0-0.

Die Zellen F3:G3, welche die Anteile für Aktie A und B widerspiegeln, holen sich jetzt aus N2 ihren Anteil:

```
F3: =LINKS(N2;FINDEN("-";N2)-1)*1 => 100
G3: =TEIL(N2;FINDEN("-";N2)+1;3)*1 => 0
```

Ab L3:M3 abwärts stehen alle Portfoliokombinationen von Aktie A & B, deren Entstehung wir in dem kleinen Kombinatorik-Exkurs erklärt haben. In Spalte N werden beide Werte verknüpft.

```
N3: =L3&"-"&M3
```

Sie sind nach unten zu kopieren bis L68. In O2 verketten wir beide Zielgrößen Mittelwert und Standardabweichung. Das hat den Vorteil, dass wir beides in nur einer MOP abbilden können.

```
O2: =RUNDEN(J11;5)&";"&RUNDEN(J10;5)
```

Die Rundung ist nicht notwendig, sondern dient nur der Übersichtlichkeit. Jetzt selektieren Sie N2:O68 und wählen *Daten>Datentools>Was-wäre-wenn-Analyse>Datentabelle*

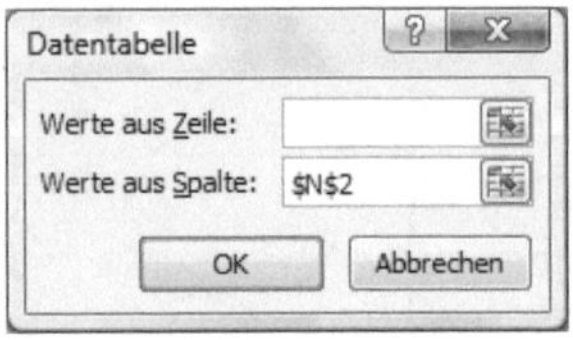

Abbildung 12.24: Veränderbare Zelle der Mehrfachoperation

Excel ist dann so frei, Ihnen von O3 bis O68 die verketteten Mittelwerte und Standardabweichungen zu kredenzen. Diese müssen Sie dann wieder aufsplitten, um sie als x-Werte und y-Werte im Punkt(XY)-Diagramm benutzen zu können:

```
P3: =LINKS(O3;FINDEN(";";O3)-1)*1
Q3: =TEIL(O3;FINDEN(";";O3)+1;99)*1
```

kopiert bis Zeile 68. Spalte P und Q als Datenreihe im Chart lässt dann die hübsche Portfolio-Wolke in Abbildung 12.25 entstehen.

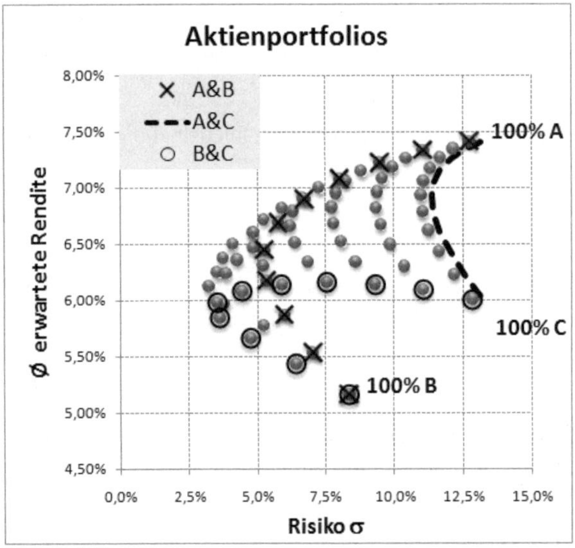

Abbildung 12.25: Chance-Risiko-Matrix aller Portfolios

Zur Orientierung zeigt die gestrichelte Linie alle Portfolios, an denen nur die Aktien A und C beteiligt sind. Die mit X markierten lassen Aktie C außen vor, und die eingekreisten beinhalten nur die Aktien B und C. Alle übrigen Portfolios beinhalten Anteile aus allen drei Aktien. Schön und gut, aber welche Portfolios sind denn jetzt wirklich zu empfehlen?

In dieser Portfolio-Wolke existiert ein erlauchter Kreis, den man als effizient bezeichnet. Dazu zählen alle Punkte, die ein rational handelnder Mensch je nach Höhe seiner Risikoaversion auswählen würde. Ob Angsthase oder Zocker, manche Portfolios würde keiner von beiden auswählen, höchstens der irrationale „Narr“. –100 % C kann nicht gut sein, denn es gibt Portfolios, die sowohl rentabler als auch sicherer sind.

Geometrisch kann man ein effizientes Portfolio so beschreiben: Zeichnet man von dessen Punkt aus einen Pfeil nach oben und einen Pfeil nach links, darf kein anderes Portfolio im resultierenden Quadranten liegen. Abbildung 12.26 demonstriert dies.

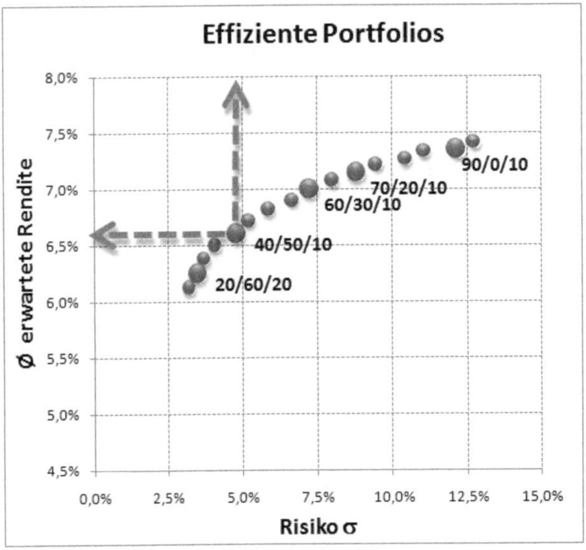

Abbildung 12.26: Effiziente Portfolios

Alle effizienten Portfolios liegen am linken oberen Rand der Portfolio-Wolke. Der vorsichtige Anleger mit steiler Indifferenzgeraden würde wohl eher die Kombis 20/60/20 oder 40/50/10 bevorzugen. Der Zocker steht eher auf 70/20/1 oder 90/0/10.

Wenn Sie kein Lineal zur Hand haben, ist es vielleicht mühselig, die effizienten Portfolios mit bloßer Kraft der Augen abzulesen. Sie ahnen es bereits: Natürlich lassen sie sich auch rechnerisch herauspicken. Abbildung 12.27 zeigt es.

	L	M	N	O	P	Q	R	S
1								
2			100-0	0,12752;0,07407	σ	μ		
3	100	0	100-0	0,12752;0,07407	0,127520	0,074070	0	
4	90	0	90-0	0,1217;0,07344	0,121700	0,073440	0	
5	90	10	90-10	0,11074;0,07328	0,110740	0,073280	0	
6	80	0	80-0	0,11686;0,07264	0,116860	0,072640	1	
7	80	10	80-10	0,10453;0,0726	0,104530	0,072600	0	
8	80	20	80-20	0,09483;0,07216	0,094830	0,072160	0	
9	70	0	70-0	0,11316;0,07168	0,113160	0,071680	4	
10	70	10	70-10	0,09947;0,07175	0,099470	0,071750	1	
11	70	20	70-20	0,08808;0,07142	0,088080	0,071420	0	
12	70	30	70-30	0,08015;0,07071	0,080150	0,070710	0	
13	60	0	60-0	0,11077;0,07056	0,110770	0,070560	7	
14	60	10	60-10	0,0958;0,07073	0,095800	0,070730	2	
15	60	20	60-20	0,08269;0,07053	0,082690	0,070530	1	

Abbildung 12.27: Identifikation der effizienten Portfolios in Spalte R

Die Spalten L bis Q haben wir bereits erklärt. Sie sind Basis für die Erhebung aller Portfolios. Neu dazu kommt die Spalte R, welche dem Abschnitt seinen Namen gibt und die Spreu vom Weizen trennt.

```
R3: {=SUMME(WENN(($Q$3:$Q$68>Q3)*($P$3:$P$68<P3);1))}
```

Die Formel liefert die Anzahl der Portfolios, die sowohl rentabler als auch sicherer sind als jenes der aktuellen Zeile. Ist die Zahl 0, ist das aktuelle Portfolio effizient. In dem Fall ist jedes andere Portfolio entweder unrentabler oder riskanter. Filtern Sie nun die Spalte R nach der 0, und Sie sehen nur noch die effizienten Portfolios. Geschafft!!!

12.5.3 Es kann nur eines geben: optimales Solver-Portfolio

Jetzt gehen wir noch einen Schritt weiter. Wir wollen nicht nur wissen, welche Portfolios alle infrage kommen, sondern wir suchen: The one and only!

Also das, zumindest aus der subjektiven Sicht eines Anlegers, optimale Portfolio. Gleichzeitig wollen wir die Restriktion aufheben, die Aktienanteile immer nur in Schritten von 10 % (oder 1 %) planen zu können. Wie sähe es aus, wenn die Aktienanteile beliebig teilbar wären?

Um das herauszufinden, bemühen wir den Problemlöser, sprich: Excel-Solver. Die Zielwertsuche haben Sie bereits kennengelernt. Mit ihr ermittelt man über eine veränderbare Zelle einen Zielwert.

Der Solver ist sozusagen die Ausbaustufe der Zielwertsuche. Er kann mit vielen Unbekannten jonglieren und unter Berücksichtigung von Nebenbedingungen wesentlich komplexere Aufgaben lösen als die Zielwertsuche. Der Solver ist ein Add-In und muss deshalb erst über *Excel-Optionen>Add-Ins>Verwalten: Excel-Add-Ins>Gehe zu...* aktiviert werden. Danach steht er auf der Registerkarte *Daten* ganz rechts in der Gruppe *Analyse* zur Verfügung.

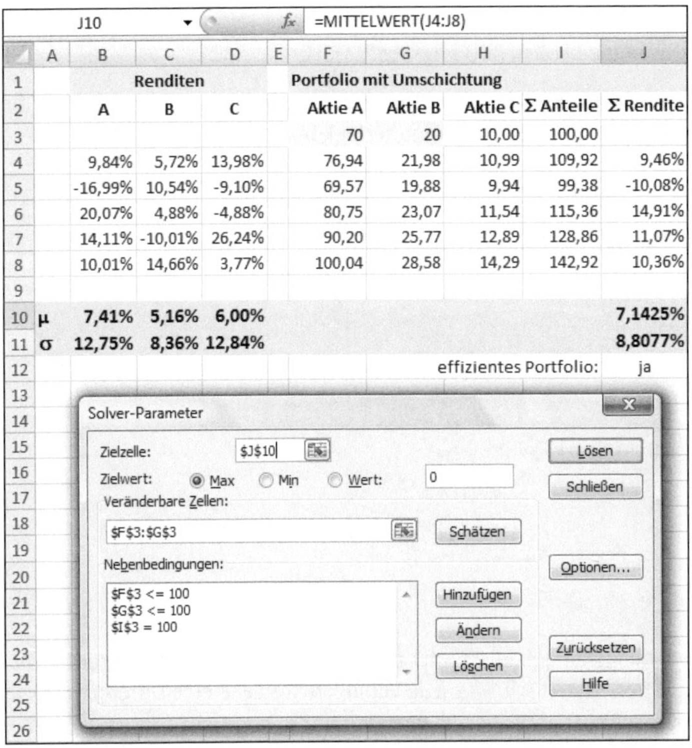
J10 =MITTELWERT(J4:J8)

	A	B	C	D	E	F	G	H	I	J
1			Renditen			Portfolio mit Umschichtung				
2		A	B	C		Aktie A	Aktie B	Aktie C	Σ Anteile	Σ Rendite
3						70	20	10,00	100,00	
4		9,84%	5,72%	13,98%		76,94	21,98	10,99	109,92	9,46%
5		-16,99%	10,54%	-9,10%		69,57	19,88	9,94	99,38	-10,08%
6		20,07%	4,88%	-4,88%		80,75	23,07	11,54	115,36	14,91%
7		14,11%	-10,01%	26,24%		90,20	25,77	12,89	128,86	11,07%
8		10,01%	14,66%	3,77%		100,04	28,58	14,29	142,92	10,36%
9										
10	μ	7,41%	5,16%	6,00%						7,1425%
11	σ	12,75%	8,36%	12,84%						8,8077%
12								effizientes Portfolio:		ja

Abbildung 12.28: Einstellungen des Solvers, um ein optimales Portfolio zu finden

Abbildung 12.28 zeigt das effiziente Portfolio 70/20/10, von dem ausgehend das optimale Portfolio gefunden werden soll. Folgende Angaben sind im Solver auf jeden Fall zu hinterlegen:

- Veränderbare Zellen `F3:G3`: Legt die Aktienanteile für A und B fest (C bekommt den Rest)

Über die Schaltfläche *Hinzufügen* können Sie Nebenbedingungen definieren, damit die veränderbaren Zellen vom Solver nicht wahllos variiert werden, sondern sich an bestimmte Regeln halten. In dem Fall lauten die Regeln:

- F3 darf nicht größer sein als alle Anteile: `F3 <= 100`
- G3 darf nicht größer sein als alle Anteile: `G3 <= 100`
- Alle Anteile zusammen sollen 100 ergeben: `I3=100`

Der Solver verwendet ein iteratives Verfahren zur Lösungsfindung, das Sie über die Schaltfläche *Optionen-* noch weiter konfigurieren können (Abbildung 12.29).

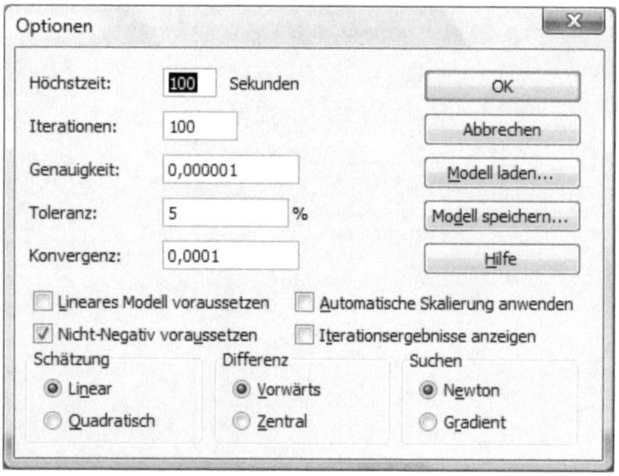

Abbildung 12.29: Solver-Optionen

Für unseren Anwendungsfall genügt es, hier das Kontrollkästchen *Nicht-Negativ voraussetzen* zu aktivieren. Damit wird für jede veränderbare Zelle eine Untergrenze von 0 festgelegt. Negative Aktienanteile schließen wir aus.

Das Allerwichtigste ist die Definition der Zielzelle bzw. die Zielfunktion, die dahinter steht. Dies ist auch nicht so einfach, zumindest nicht eindeutig. Hier muss man die Frage beantworten können, was man überhaupt erreichen will. Infrage kommt zum Beispiel

- Maximiere meine erwartete Rendite in J10 (wie in der Abbildung)
- Minimiere mein Risiko in J11

Wenn Sie den Bezug auf die Zielzelle im dafür vorgesehenen Feld eingetragen haben, müssen Sie dem Solver noch sagen, was er damit machen soll. Denn von selbst kann er nicht riechen, dass J10 zu maximieren ist und J11 zu minimieren. Also wählen Sie eine der drei Optionen:

- Max
- Min
- Annäherung an einen vorgegebenen Wert.

Wenn Sie dann auf *Lösen* klicken, fängt der Solver an zu arbeiten und bietet Ihnen kurz darauf ein Ergebnis an. Wenn Sie es akzeptieren, werden die veränderbaren Zellen entsprechend geändert. Lehnen Sie das Ergebnis ab, bleibt alles beim Alten.

Das Ergebnis mit größter Rendite oder kleinstem Risiko zu suchen ist in diesem Beispiel etwas zu banal. Wir erkennen auch ohne Solver, dass die größte Rendite bei 100 % A und das kleinste Risiko bei 100 % B zu finden ist.

Abbildung 12.30 schlägt deshalb eine subtilere Zielfunktion vor.

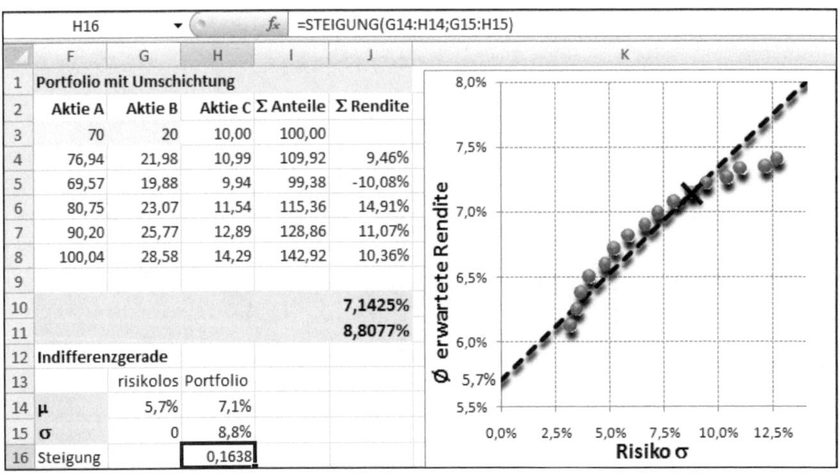

H16 =STEIGUNG(G14:H14;G15:H15)

	F	G	H	I	J
1	Portfolio mit Umschichtung				
2	Aktie A	Aktie B	Aktie C	Σ Anteile	Σ Rendite
3	70	20	10,00	100,00	
4	76,94	21,98	10,99	109,92	9,46%
5	69,57	19,88	9,94	99,38	-10,08%
6	80,75	23,07	11,54	115,36	14,91%
7	90,20	25,77	12,89	128,86	11,07%
8	100,04	28,58	14,29	142,92	10,36%
9					
10					7,1425%
11					8,8077%
12	Indifferenzgerade				
13		risikolos	Portfolio		
14	μ	5,7%	7,1%		
15	σ	0	8,8%		
16	Steigung		0,1638		

Abbildung 12.30: Ausgangssituation

Wir definieren willkürlich eine Indifferenzgerade, welche die Rendite-Risiko-Präferenz eines Anlegers widerspiegeln soll. Der Anleger erwartet beispielsweise eine risikolose Mindestverzinsung von 5,7 %. Das Ausgangsportfolio 70/20/10 mit 7,14 % Rendite und 8,81 % Risiko durchläuft seine Indifferenzgerade, er sieht es also als gleichwertig an.

Alle Portfolios unterhalb der Linie wären für ihn inakzeptabel, die darüber liegenden würde er bevorzugen. Bei der Auswahl des allerbesten Portfolios kann ihm der Solver behilflich sein, wobei u.a. zwei Zielfunktionen denkbar wären.

Zunächst bestimmen wir die Steigung der Indifferenzgeraden:

`H16: =STEIGUNG(G14:H14;G15:H15) = 0,163774454803491`

Diese Funktion bestimmt die Steigung aus den zwei Koordinatenpunkte

`G14:G15: 5,7%/0` (Risikolose Anlage)

`H14:H15: 7,14%/8,81%` (Ausgangsportfolio)

Als Zielfunktion könnte man dem Solver nun `Max:=H16` vorgeben. Dies wäre der Punkt, der unter Annahme des fixierten, risikolosen Basiszinssatzes die höchste Renditesteigung im Verhältnis zum Risiko darstellen würde. Das Ergebnis sehen wir in Abbildung 12.31.

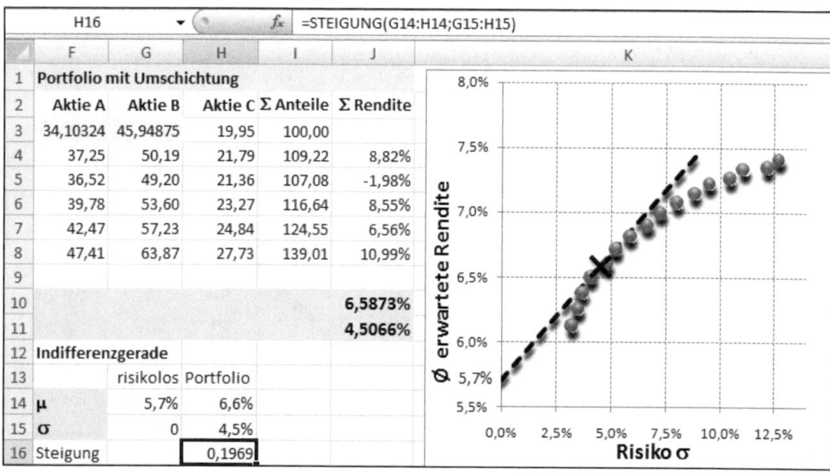

H16 =STEIGUNG(G14:H14;G15:H15)

	F	G	H	I	J
1	Portfolio mit Umschichtung				
2	Aktie A	Aktie B	Aktie C	Σ Anteile	Σ Rendite
3	34,10324	45,94875	19,95	100,00	
4	37,25	50,19	21,79	109,22	8,82%
5	36,52	49,20	21,36	107,08	-1,98%
6	39,78	53,60	23,27	116,64	8,55%
7	42,47	57,23	24,84	124,55	6,56%
8	47,41	63,87	27,73	139,01	10,99%
9					
10					6,5873%
11					4,5066%
12	Indifferenzgerade				
13		risikolos	Portfolio		
14	μ	5,7%	6,6%		
15	σ	0	4,5%		
16	Steigung		0,1969		

Abbildung 12.31: Zielfunktion 1: Maximierung der Steigung

Die Steigung beträgt an diesem Punkt 0,1969 bei Portfolioanteilen von rund 34,1/45,9/20. Unter dieser Zielfunktion wäre dies das optimale Portfolio.

Ebenso könnte man den Solver anweisen, die Indifferenzgerade so weit wie möglich nach oben parallel zu verschieben. Dann würde man die Steigung als Konstante annehmen, und der risikolose Basiszins würde sich verschieben. Abbildung 12.32 zeigt, dass das optimale Portfolio dann an einer etwas anderen Stelle liegt.

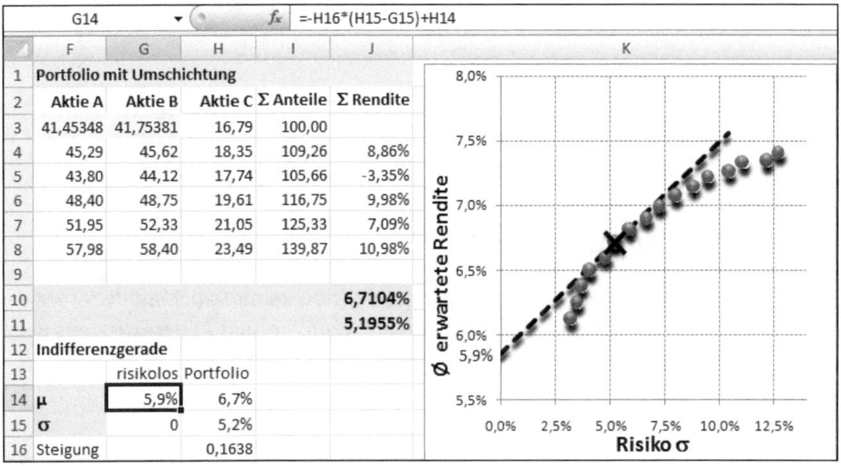

G14 =-H16*(H15-G15)+H14

	F	G	H	I	J
1	Portfolio mit Umschichtung				
2	Aktie A	Aktie B	Aktie C	Σ Anteile	Σ Rendite
3	41,45348	41,75381	16,79	100,00	
4	45,29	45,62	18,35	109,26	8,86%
5	43,80	44,12	17,74	105,66	-3,35%
6	48,40	48,75	19,61	116,75	9,98%
7	51,95	52,33	21,05	125,33	7,09%
8	57,98	58,40	23,49	139,87	10,98%
9					
10					**6,7104%**
11					**5,1955%**
12	Indifferenzgerade				
13		risikolos	Portfolio		
14	μ	5,9%	6,7%		
15	σ	0	5,2%		
16	Steigung		0,1638		

Abbildung 12.32: Zielfunktion 2: Maximierung der risikolosen Rendite (Y-Achsenschnittpunkt)

Der Kniff im letzten Fall besteht darin, die Zellen G14 und H16 zu ändern. In H16 wird die konstante Vorgabe der Steigung nun hart eingegeben. Der risikolose Basiszins ist nun die Zielgröße (Merke: Die Zielzelle enthält stets eine Formel):

```
G14: =-H16*(H15-G15)+H14
```

In den Solver-Parametern müssen Sie im Feld *Zielzelle* nur den Bezug auf H16 durch G14 ersetzen, ansonsten bleibt alles wie zuvor. Das optimale Portfolio setzt sich diesmal im Verhältnis 41,5/41,7/16,8 zusammen.

Fazit: Die Einstellungen der Solver-Parameter sind sehr überschaubar. Die Schwierigkeit besteht darin, das Excel-Modell mit geeigneter Zielfunktion aufzubauen und Nebenbedingungen zu definieren, die es dem Solver ermöglichen, eine Lösung zu finden. Der Solver ist nicht für alle Aufgabenstellungen geeignet. Manchmal liefert er keine oder unsinnige Ergebnisse und dann besteht die Schwierigkeit darin zu unterscheiden, ob entweder

- die Solver-Parameter verkehrt sind

oder

- das Excel-Modell falsch aufgebaut ist

oder

- die Aufgabenstellung schlicht ungeeignet ist.

12.6 Das Auge isst mit

Ein Excel-Buch, das sich mit Aktienkursen beschäftigt, kommt auch an dem speziell dafür vorgesehenen Diagrammtyp nicht vorbei. Wenn Sie sich Aktienkurse aus dem Internet besorgen, liegen sie häufig in folgender Struktur vor:

- Datum
- Volumen
- Eröffnungskurs
- Höchstkurs
- Tiefstkurs
- Schlusskurs

Excel hat einen Diagrammtyp vorgesehen, der genau diese Struktur abbilden kann. Abbildung 12.33 zeigt ein Beispiel dazu.

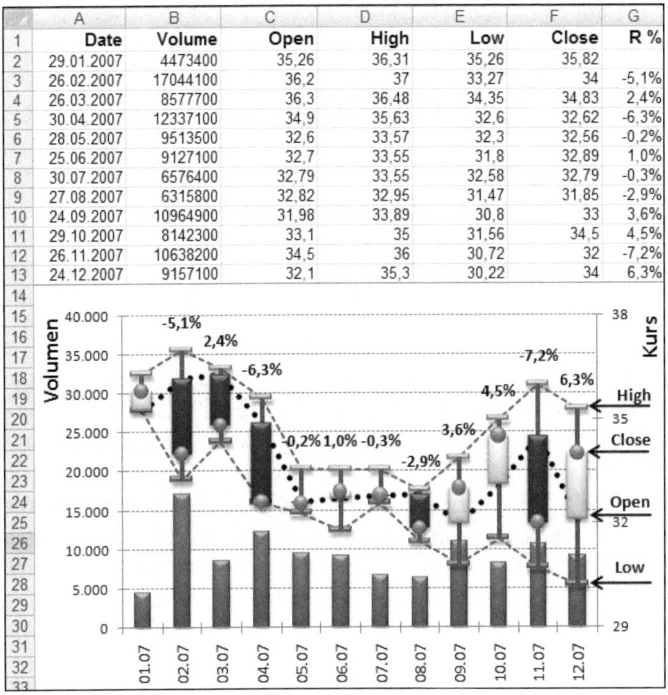

	A	B	C	D	E	F	G
1	Date	Volume	Open	High	Low	Close	R %
2	29.01.2007	4473400	35,26	36,31	35,26	35,82	
3	26.02.2007	17044100	36,2	37	33,27	34	-5,1%
4	26.03.2007	8577700	36,3	36,48	34,35	34,83	2,4%
5	30.04.2007	12337100	34,9	35,63	32,6	32,62	-6,3%
6	28.05.2007	9513500	32,6	33,57	32,3	32,56	-0,2%
7	25.06.2007	9127100	32,7	33,55	31,8	32,89	1,0%
8	30.07.2007	6576400	32,79	33,55	32,58	32,79	-0,3%
9	27.08.2007	6315800	32,82	32,95	31,47	31,85	-2,9%
10	24.09.2007	10964900	31,98	33,89	30,8	33	3,6%
11	29.10.2007	8142300	33,1	35	31,56	34,5	4,5%
12	26.11.2007	10638200	34,5	36	30,72	32	-7,2%
13	24.12.2007	9157100	32,1	35,3	30,22	34	6,3%

Abbildung 12.33: Beispiel eines Aktienkurs-Diagramms

Zu finden ist dieses Chart auf der Registerkarte *Einfügen* in der Gruppe *Diagramme* im Dropdownmenü zur Schaltfläche*Andere Diagramme.*

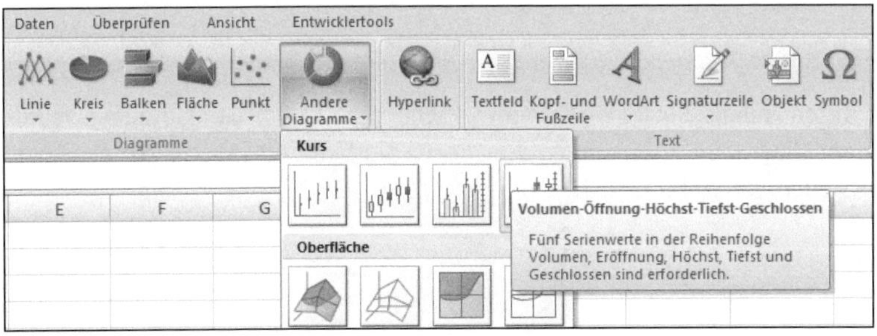

Abbildung 12.34: Kursdiagramme befinden sich unter *Andere Diagramme.*

Es gibt insgesamt vier Untertypen, von denen nur der letzte alle der im Beispiel gezeigten Datenreihen besitzen. Die anderen drei sind abgespeckt:

- Höchst-Tiefst-Schlusskurs
- Öffnung-Höchst-Tiefst-Geschlossen
- Volumen-Höchst-Tiefst-Geschlossen
- Volumen-Öffnung-Höchst-Tiefst-Geschlossen (Abbildung 12.33)

Die beiden Typen, die das Volumen in Balkenform anzeigen, beinhalten automatisch Sekundärachsen, da das Volumen und die Kurse in einem ganz anderen Maßstab vorliegen.

Wenn Sie den Datenbereich der Abbildung 12.33 von A1:F13 selektieren und dann das Chart erstellen, sind schon alle Elemente vorhanden, die benötigt werden. Diese wie Orgelpfeifen aussehenden Gebilde bestehen aus vier Datenreihen, die alle unabhängig voneinander formatiert werden können. Höchst- und Tiefstkurs haben im Beispiel waagerechte Balken und gestrichelte Verbindungslinien bekommen. Die blauen Punkte markieren die Schlusskurse. Auch sie könnten mit Linien verbunden werden. Die schwarzen und weißen Balken kennzeichnen die Spannweite zwischen Eröffnungskurs und Schlusskurs. Wurde in einer Periode höher geschlossen als eröffnet, liegt der blaue Punkt am oberen Ende der weißen Spannweite. Befindet er sich am unteren Rand, wird die Spannweite schwarz dargestellt. Auch das kann natürlich nach Gusto formatiert werden. Die Open-Punkte befinden sich immer am gegenüberliegenden Ende der Spannweite und sind im Beispiel durch die schwarzen Pünktchen verbunden.

Die %-Angaben oberhalb der Orgelpfeifen gehören nicht zum Standard des Diagrammtyps. Dafür haben wir in Spalte G die Rendite bezogen auf den Schlusskurs ergänzt.

```
G3: =F3/F2-1
```

wird nach unten kopiert. Spalte G wird nun als sekundäre X-Achse missbraucht. Würde man diese im Diagramm anzeigen, ergäbe das wenig Sinn. Alle Werte auf der Achse wären durcheinander (Abbildung 12.35).

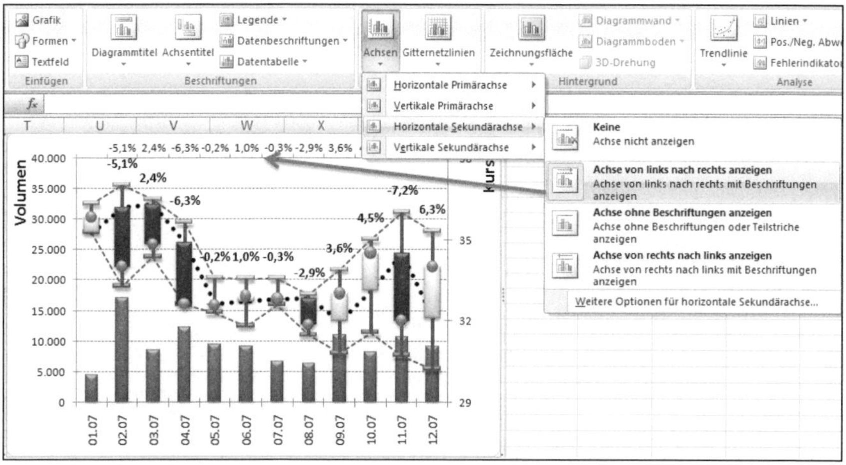

Abbildung 12.35: Trick, um Kursrenditen neben den Datenpunkten anzuzeigen (1)

Also blenden wir die sekundäre X-Achse wieder aus. Die Pointe ist, nun die Datenreihe der Höchstkurse zu nehmen und Datenbeschriftungen einzufügen.

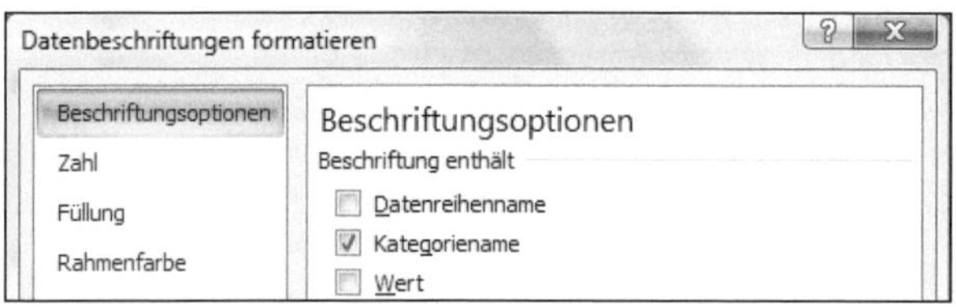

Abbildung 12.36: Trick, um Kursrenditen neben den Datenpunkten anzuzeigen (2)

Haken bei *Kategoriename* gesetzt, und schwups, die Renditen werden im Diagramm angezeigt.

Sollten Ihnen meine Aussagen zu klar gewesen sein, dann müssen Sie mich missverstanden haben. (Alan Greenspan, Ex-Vorsitzender der US-Notenbank)

Kapitel 13

Finanzmathematik mit VBA

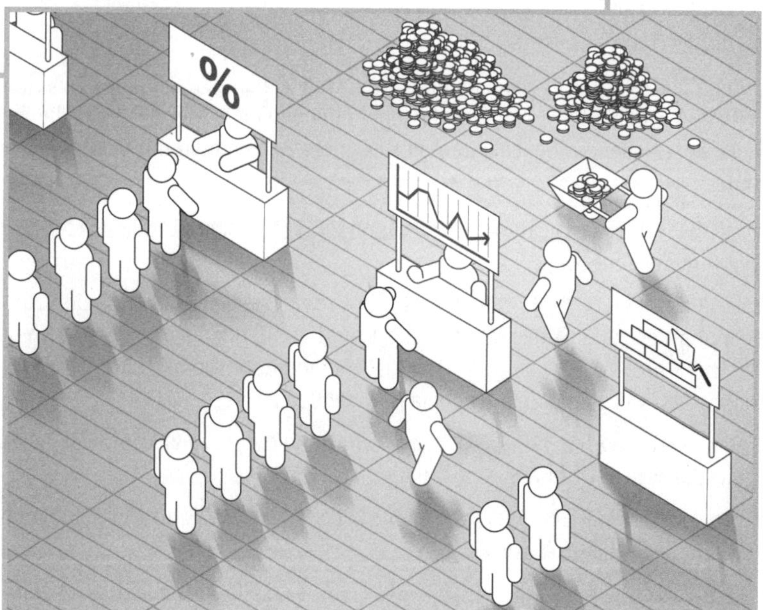

Durch die Verbindung mit der Programmiersprache Visual Basic für Applikationen wird aus Excel eine noch flexiblere, universellere Entwicklungsumgebung. Auch als Formelliebhaber muss man das eingestehen: Manche Prozesse sind ohne Automatisierung nicht oder nur sehr umständlich zu bewerkstelligen.

Mit Makros können Sie viel Zeit und Nerven sparen und durch manuelle Tätigkeiten entstehende Fehlerquellen vermeiden. Finanzmathematik ist eine Disziplin, die naturgemäß auch ohne Visual Basic-Programmierung auskommt. Das heißt aber nicht, dass Sie beim Entwickeln von VBA-Projekten auf finanzmathematische Berechnungen verzichten müssen.

13.1 Entdecke die Möglichkeiten

Mit

```
=ZW(5%;10;100;0;1)
```

berechnen Sie den Endwert regelmäßiger, verzinster Zahlung. Kann diese Berechnung auch mit VBA durchgeführt werden? Ja, logo, dumme Frage. Mehr Pep hat die Frage: Wie viele verschiedene Möglichkeiten gibt es, diese Berechnung mit VBA zu bewerkstelligen?

1. `Range("A1").FormulaLocal = "=ZW(5%;10;100;0;1)"` schreibt die Excel-Formel ZW(...) in die Zelle A1.
2. `Debug.Print VBA.FV(0.05, 10, 100, 0, 1)` verwendet eine VBA-Funktion zur Berechnung des zukünftigen Wertes und bringt das Ergebnis in einem Testfenster (*Ansicht>Direktfenster* [Strg+G]). FV ist die englische Übersetzung zu ZW. (Die Angabe von `VBA.` kann auch weggelassen werden.)
3. `MsgBox Evaluate("FV(5%,10,100,0,1)")` wertet die Excel-Funktion ZW aus und bringt das Ergebnis im Meldungsfenster.
4. `MsgBox [FV(0.05,10,100,0,1)]` wertet die Excel-Funktion ZW aus. Eckige Klammern ersetzen die Evaluate-Anweisung.
5. `MsgBox WorksheetFunction.FV(0.05, 10, 100, 0, 1)` *WorksheetFunction* wird als Container für Excel-Funktionen verwendet, die aus VBA aufgerufen werden können.
6. `MsgBox Application.FV(0.05, 10, 100, 0, 1)` *Application* fungiert hier ebenso als Container für Excel-Funktionen.

7.
```
For x = 1 To 10
ZW = (ZW + 100) * 1.05
Next
```

   `MsgBox ZW` verwendet eine Schleife, um den Endwert zu berechnen.

8. `MsgBox 100 * (1.05 ^ 10 - 1) / 0.05 * 1.05` Mathematische Berechnung des Endwertes mithilfe des mathematischen Endwertfaktors.

9. `? 100 * (1.05 ^ 10 - 1) / 0.05 * 1.05` Dies ist die gleiche Formel wie zuvor, jedoch ohne Umweg über eine Sub in das Direktfenster geschrieben. Das Ergebnis erscheint unter der Formel nach Betätigen der Eingabetaste.

Kurzum: Es sind viele Möglichkeiten! Alle VBA-Anfänger müssen sich jetzt leicht überfahren fühlen. Bevor wir alle Neune genau erklären, beginnen wir erst mal mit Lektion 1 – sozusagen dem Faustkeil der Programmierung:

13.2 Der Makrorekorder

Der Makrorekorder ist eine geniale Erfindung, die es Ihnen ermöglicht, ohne Vorkenntnisse programmierte Automation in Ihre Excel-Anwendungen zu bringen. So wie Sie mit einem Kassettenrekorder Musik aufnehmen, halten Sie mit dem Makrorekorder häufig verwendete Befehlsketten fest, um sie später per Tastenkombination oder Schaltfläche bequem abrufen zu können.

In Excel 2007 besteht das erste Programmierabenteuer schon mal darin, die VBA-Entwicklungsumgebung zu finden. Wählen Sie dazu die – im Zweifelsfall immer einschlägige – Schaltfläche *Office*, dann die *Excel-Optionen*, und dann müssen Sie in der Kategorie *Häufig verwendet* das Kontrollkästchen *Entwicklerregisterkarte in der Multifunktionsleiste anzeigen* aktivieren (Abbildung 13.1).

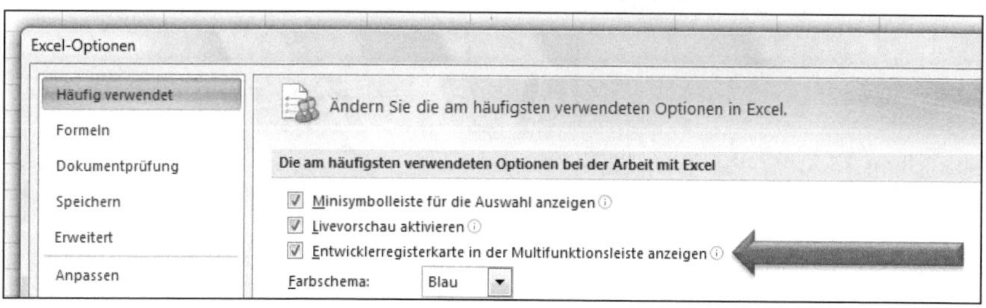

Abbildung 13.1: Aktivierung der Entwicklungsumgebung

Dadurch wird Ihnen die in Abbildung 13.2 gezeigte Registerkarte zur Verfügung gestellt, in der alles vereint ist, was das Programmiererherz begehrt. Unter anderem auch der Makrorekorder. Mit der Schaltfläche *Visual Basic* am linken Rand oder [Alt]+[F11] gelangen Sie in die VBA-Entwicklungsumgebung.

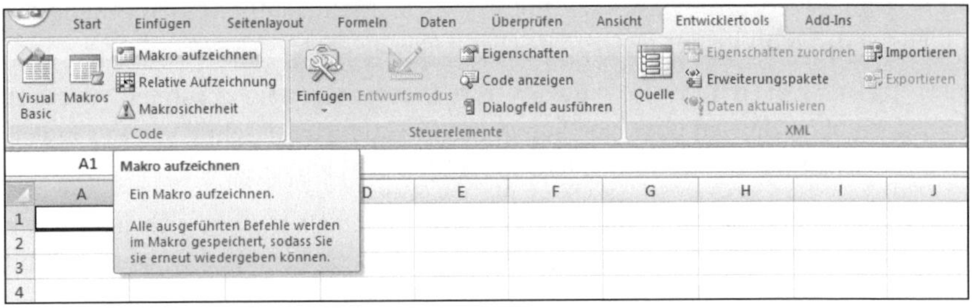

Abbildung 13.2: Verfügbare Entwicklertools in der Multifunktionsleiste

Um beim Thema Finanzmathematik zu bleiben, eignet sich als erstes Versuchsobjekt die Zielwertsuche sehr gut. Wir erinnern uns an die Fünffaltigkeit der Rentenrechnung (Abbildung 13.3).

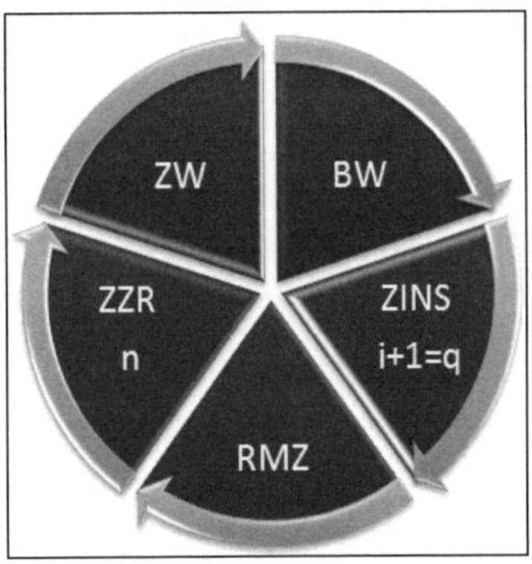

Abbildung 13.3: Fünffaltigkeit der Rentenrechnung

Sie möchten einen kleinen Renditerechner entwickeln, der einen der fünf Größen als Zielwert und die übrigen vier als Eingabeparameter auswählt. Die fünf Werte stehen in C3 bis C7 in einer Excel-Tabelle (Abbildung 13.4). Die Zellen sind benannt, wie in Spalte B beschrieben. Alle Zellen sind Eingabezellen ohne Formeln. Dazu kommt in C8 die Fälligkeit f als Eingabezelle, die nur die Werte 0 (= nachschüssig) oder 1 (= vorschüssig) annehmen kann. Die Zelle C11 wird als Zielwert bezeichnet und enthält die alles entscheidende Formel:

```
C11: =zw-ZW(i;n;rmz;bw;f)
```

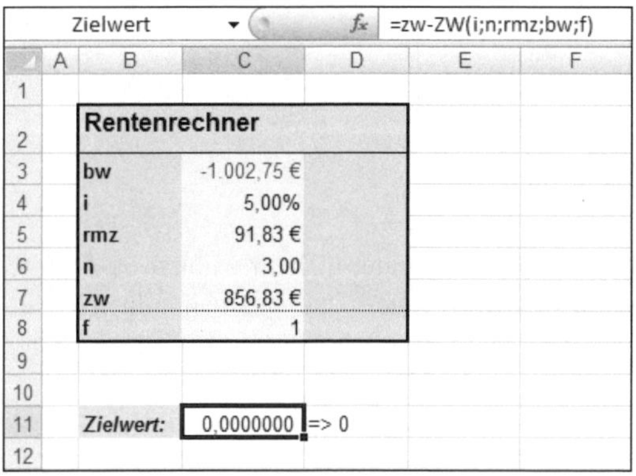

Zielwert | =zw-ZW(i;n;rmz;bw;f)

	A	B	C	D	E	F
1						
2		Rentenrechner				
3		bw	-1.002,75 €			
4		i	5,00%			
5		rmz	91,83 €			
6		n	3,00			
7		zw	856,83 €			
8		f	1			
9						
10						
11		*Zielwert:*	0,0000000	=> 0		
12						

Abbildung 13.4: Rentenrechner mit Zielwertsuche und wechselnder Zielzelle (1)

In C11 tritt ZW einmal als Eingabezelle (C7) auf und einmal als berechnete Zielgröße, die sich aus den Eingabeparametern ergibt. C11 liefert dann 0, wenn alle Eingabezellen rechnerisch zueinander passen. Die Pointe an C11 ist die, dass, sobald einer der fünf Werte geändert wird, ein zweiter ebenfalls geändert werden muss, damit in C11 wieder die 0 steht. Beispielsweise wird n auf 4,0 gestellt. Wie muss sich i ändern, damit alle Werte in Einklang stehen?

Dazu verwenden wir die Zielwertsuche. Bevor wir dies tun, starten wir den Makrorekorder, um die Aktion aufzuzeichnen. Klicken Sie in der Registerkarte *Entwicklertools* auf die Schaltfläche *Makro aufzeichnen*. Im folgenden Dialog weisen Sie dem Makro einen Namen zu und klicken auf *OK*.

Abbildung 13.5: Dialog zum Aufzeichnen von Makros

Schreiben Sie in Zelle C4 (enthält die Laufzeit n) eine 4. Dann wählen Sie *Daten>Datentools>Was-wäre-wenn-Analyse>Zielwertsuche...* und nehmen folgende Einstellungen vor:

- Zielzelle: $C$11
- Zielwert: 0
- Veränderbare Zelle: $C$4

Mit *OK* bestätigen. Das Ergebnis müsste dann so aussehen wie in Abbildung 13.6.

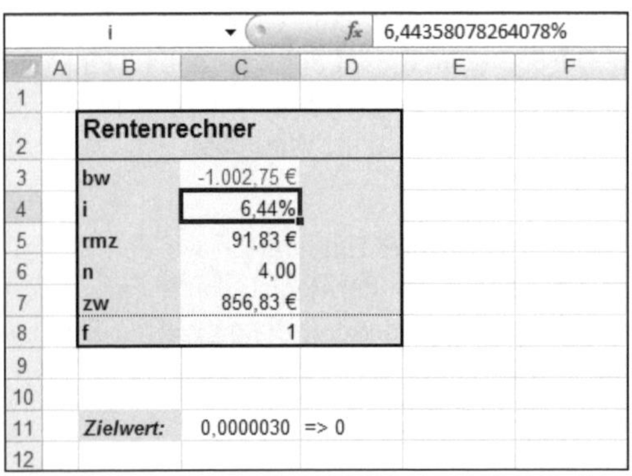

i | fx 6,44358078264078%

	A	B	C	D	E	F
1						
2		Rentenrechner				
3		bw	-1.002,75 €			
4		i	6,44%			
5		rmz	91,83 €			
6		n	4,00			
7		zw	856,83 €			
8		f	1			
9						
10						
11		*Zielwert:*	0,0000030	=> 0		
12						

Abbildung 13.6: Rentenrechner mit Zielwertsuche und wechselnder Zielzelle (2)

Die 3 an sechster Nachkommastelle der Zielzelle C11 zeigt die Unschärfe der Zielwertsuche. Sie ist ja nur eine Näherungslösung. Davon abgesehen ist das Sextett in C3:C8 wieder aufeinander abgestimmt, denn es gilt:

```
0 =zw-ZW(i;n;rmz;bw;f)
0=856,83-ZW(0,0644358078264078;4;91,83;-1002,75;1)
0=856,83-856,83 (gerundet)
```

Beenden Sie nun die Makroaufzeichnung durch Betätigen der entsprechenden Schaltfläche auf der Registerkarte *Entwicklertools* (Abbildung 13.7).

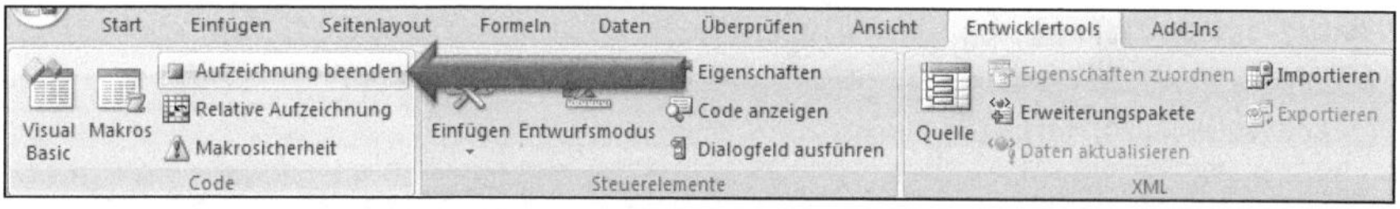

Abbildung 13.7: Schaltfläche zum Beenden der Makroaufzeichnung

Jetzt wollen wir uns das Ergebnis der Makroaufzeichnung ansehen. Klicken Sie auf die Schaltfläche *Makros*, um den Dialog in Abbildung 13.8 zu öffnen.

Abbildung 13.8: Dialog zum Auswählen von Makros

Dort sehen Sie eine Liste aller vorhandenen Makros, zumindest das soeben aufgezeichnete Makro namens *Zielwertsuche*, das Sie auswählen. Dann betätigen Sie die Schaltfläche *Bearbeiten*. Sie gelangen in die Entwicklungsumgebung und sehen den aufgezeichneten Code.

Der Rekorder hat eine sogenannte Sub-Prozedur erstellt, die mit der Bezeichnung `Zielwertsuche` beginnt und mit der `End Sub`-Anweisung abgeschlossen wird.

```
Sub Zielwertsuche()
'
' Zielwertsuche Makro
' Makro aufgezeichnet von Jens Fleckenstein
    Range("C6").Select
    ActiveCell.FormulaR1C1 = "4"
    Range("C7").Select
    Range("C11").GoalSeek Goal:=0, ChangingCell:=Range("C4")
End Sub
```

Alle Zeilen, die mit einem Hochkomma beginnen, werden nicht ausgeführt, sondern enthalten Kommentare des Programmierers zu Dokumentationszwecken. Vier Arbeitsschritte hat der Rekorder aufgezeichnet:

1. Selektion der Zelle C6
2. Eintragen einer 4 in die Zelle
3. Bestätigen mit [↵], wodurch die Zelle C7 selektiert wird
4. Ausführen der Zielwertsuche

Fertig ist unser erstes voll funktionstüchtiges Makro, das nun jederzeit immer wieder aufgerufen und ausgeführt werden kann.

Die Entwicklungsumgebung

Damit Sie sich in der VBA-Entwicklung (die sich übrigens in XL2007 nicht geändert hat) zurechtfinden, sehen Sie in Abbildung 13.9 die wichtigsten Bestandteile.

Die Baumstruktur auf der linken Seite ist der sogenannte Projekt-Explorer ([Strg]+[R]), der alle in der aktuellen Anwendung geladenen Komponenten anzeigt. Darunter ist das Eigenschaftenfenster ([F4]) zu sehen, über das man Informationen von Excel-Objekten in Erfahrung bringt. Dazu später mehr. Auf der rechten Seite sehen Sie verschiedene Modultypen. Solange sich Ihre Programmieraktivitäten nur auf das Aufzeichnen und Abspielen von Makros beschränkt, benutzen Sie nur die allgemeinen Module. In diesem Fall hat Excel ein allgemeines *Modul1* angelegt und das Makro dort hineingeschrieben.

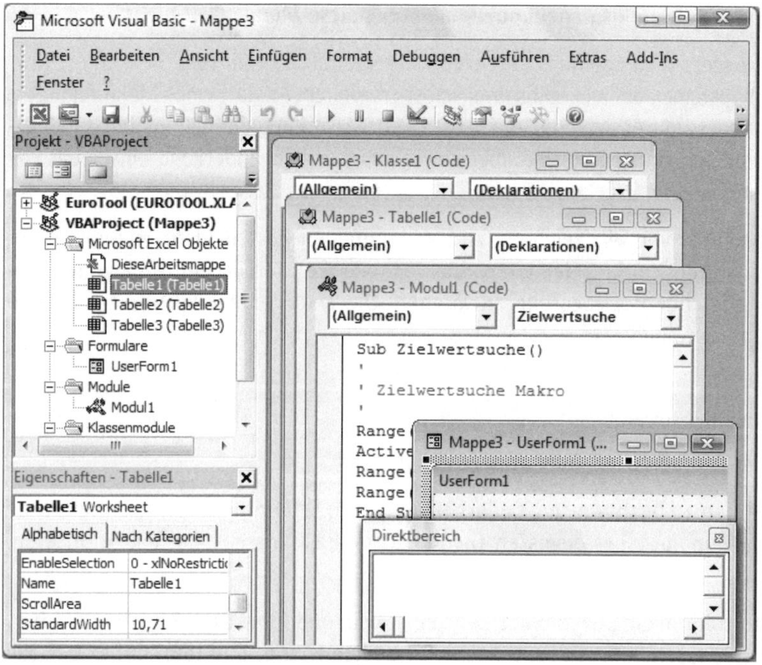

Abbildung 13.9: Bestandteile der VBA-Entwicklungsumgebung

Sehr wichtig zum Lernen ist das Direktfenster, das über den Menüpunkt *Ansicht* oder `Strg`+`G` anzeigbar ist. Dort können über die `Debug.Print`-Anweisung Befehle und Berechnungen direkt zum Testen ausgewertet werden.

Auf die anderen Modultypen wie Tabellenmodul (*Tabelle1*), Userform (*UserForm1*) oder Klassenmodul (*Klasse1*) gehen wir später ein.

13.3 Vom Aufzeichnen zum Programmieren

Ein Makro aufzuzeichnen hat noch nicht viel mit Programmierung zu tun. Der Rekorder ist nur ein außerordentlich nützliches Hilfsmittel, um Programmierung zu lernen. In anderen Entwicklungsumgebungen haben Sie diese Möglichkeit nicht.

Microsoft Access wird ebenfalls durch VBA unterstützt, dort müssen Sie sich die Programmierbausteine aber viel mühsamer selbst erarbeiten. Anstatt eines Makrorekorders gibt es in Access nur Assistenten, die Ihnen bei der Erstellung der häufigsten Standardmakros behilflich sind. Diese sind aber längst nicht so flächendeckend einsetzbar wie der Makrorekorder in Excel oder Word.

Der erste Schritt vom Aufzeichnen zu Programmieren besteht darin, die einzelnen Anweisungen des aufgezeichneten Makros wie Puzzleteile umzuplatzieren, zu ergänzen oder überflüssige Teile zu löschen. Die erste Schwierigkeit besteht also darin, herauszufinden:

- Was fehlt?
- Was ist überflüssig?
- Was muss umplatziert oder angepasst werden?

Um die Fragen zu beantworten, bedarf es ein wenig Erfahrung, Experimentierfreude und die Aneignung eines gewissen theoretischen Basiswissens. Zurück zu unserem Beispiel:

Das Makro trägt in eine bestimmte Zelle eine 4 ein und führt dann eine immer identische Zielwertsuche aus. Das ist natürlich ziemlich witzlos und total unflexibel. Die Anforderung an unseren Renditerechner ist folgende:

1. Es wird eine der sechs Eingabezellen (inklusive Fälligkeit) variiert.
2. Es wird eine der übrigen Zellen als veränderbare Zelle definiert (exklusive Fälligkeit).
3. Das Makro führt die Zielwertsuche durch. Die Zielzelle ist mit C11 immer die gleiche, aber die veränderbare Zelle muss sich flexibel auf das einstellen, was der Benutzer zuvor als veränderbare Zelle ausgewählt hat.

Wie muss das Makro angepasst werden, um diese Anforderungen zu erfüllen?

Um es kurz zu machen: Die ersten drei Anweisungen sind schon mal überflüssig. Weder muss das Makro C6 oder C7 auswählen, noch soll es eine 4 in eine Zelle schreiben. Dies macht der Anwender selbst. Die Musik spielt in der vierten Anweisung, die wir uns noch mal näher ansehen:

```
Range("C11").GoalSeek Goal:=0, ChangingCell:=Range("C4")
```

Diese Anweisung bildet die Zielwertsuche ab.

- `Range("C11").GoalSeek` bestimmt die Zielzelle C11.
- `Goal:=0` bestimmt den Zielwert 0.
- `ChangingCell:=Range("C4")` bestimmt die veränderbare Zelle.

Mehr brauchen wir an dieser Stelle über den Code nicht zu wissen. Die ersten beiden Teile können so bleiben. Den dritten Teil müssen wir irgendwie ändern. Wir wollen nicht, dass das Makro immer C4 als veränderbare Zelle auswählt, sondern der Benutzer soll sich eine der Zellen C3:C7 aussuchen, und diese Information muss an das Makro weitergegeben und von ihm entsprechend verarbeitet werden.

Warum gehört C8 (die Angabe der Fälligkeit) nicht zu den möglichen veränderbaren Zellen? Weil diese Zelle nur die Werte 0 (nachschüssig) oder 1 (vorschüssig) annehmen darf. Die Zielwertsuche wäre mit dieser veränderbaren Zelle überfordert, da sie sich dem richtigen Wert nicht iterativ annähern könnte (vgl. Kapitel 8).

Jetzt gibt es sehr viele Möglichkeiten, den Benutzer die gewünschte Zelle aus dem Bereich C3:C7 auswählen zu lassen. Dialoge, Zellen, Steuerelemente usw. usw. Wir entscheiden uns jetzt einmal für sogenannte Optionsfelder.

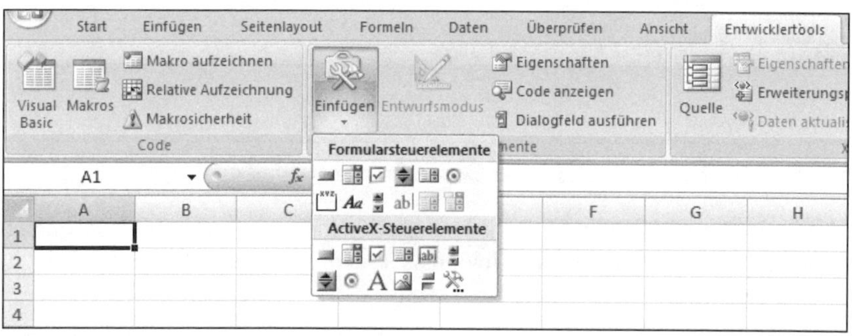

Abbildung 13.10: Schaltfläche zum Einfügen von Steuerelementen

Auf der Registerkarte *Entwicklertools* existiert die Schaltfläche *Einfügen*, die alle Steuerelemente in zwei Gruppen beherbergt:

- Formularsteuerelemente
- ActiveX-Steuerelemente

In früheren Excel-Versionen gab es zu beiden Gruppen eigene Symbolleisten, zum einen die *Formular-Symbolleiste* und zum anderen die *Steuerelemente-Toolbox*.

Die *Formularsteuerelemente* sind leichter zu bedienen, deshalb werden wir damit beginnen. Die *ActiveX-Steuerelemente* sind für fortgeschrittene Programmierer wesentlich komfortabler. Dazu kommen wir später.

Platzieren Sie fünf Optionsfelder über den Zellen D3:D7. Als Erstes löschen Sie die Beschriftung der Felder, diese wird nicht benötigt. Starten Sie den Dialog zum Formatieren der Optionsfelder, und wählen Sie in der Registerkarte *Steuerung* für alle fünf Felder als Zellverknüpfung die Zelle D9 aus (Abbildung 13.11). Ansonsten müssen Sie nichts weiter einstellen.

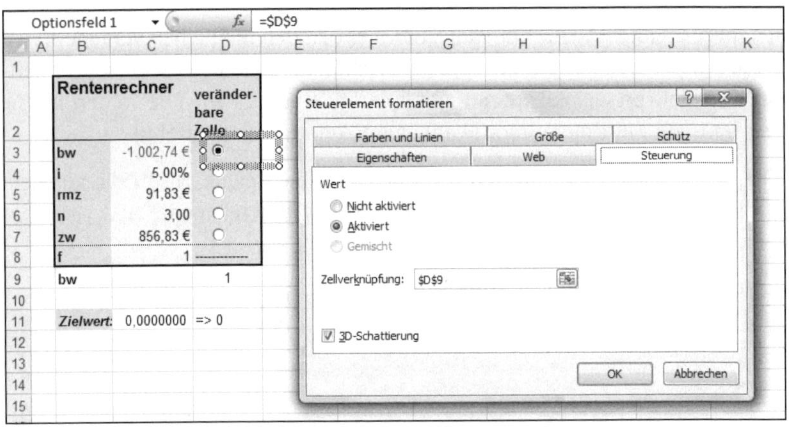

Abbildung 13.11: Rentenrechner über Optionsfelder steuern

Jedes Optionsfeld weist nun bei Klick der Zelle D9 einen der Werte zwischen 1 und 5 zu, dem ersten in der dritten Zeile (bw) eine 1, dem zweiten in der vierten Zeile (i) eine 2 und so fort.

Nun muss die Makro-Anweisung so angepasst werden, dass der Wert in D9 maßgeblich für die veränderbare Zelle der Zielwertsuche ist. Wenn in D9 eine 1 steht, ist C3 die veränderbare Zelle. Allgemein gilt:

Veränderbare Zelle: ="C"&D9+2

Steht in D9 eine 3, ergibt sich:

```
="C"&3+2="C5"
```

C5 (rmz) wird damit zur veränderbaren Zelle. Das Ganze als VBA-Anweisung:

```
Range("C" & Range("D9").value + 2)
```

Damit lautet das komplette einzeilige Makro:

```
Sub Zielwertsuche()
Range("Zielwert").GoalSeek Goal:=0, ChangingCell:=Range("C" & Range("D9") + 2)
End Sub
```

Jetzt macht das Makro genau das Richtige, was wir wollen. Allerdings weiß das Makro noch nicht, **wann** es dies tun soll. Naheliegend wäre es, das Makro in dem Moment ausführen zu lassen, in dem ein Optionsfeld selektiert wird. Nicht nur Schaltflächen, sondern fast allen Steuerelementen und auch Bildobjekten können Makros zugewiesen werden – so auch den Optionsfeldern. Wählen Sie dazu im Kontextmenü den dazu passenden Eintrag *Makro zuweisen*, und selektieren Sie im nachfolgenden Dialog das richtige Makro gemäß Abbildung 13.12.

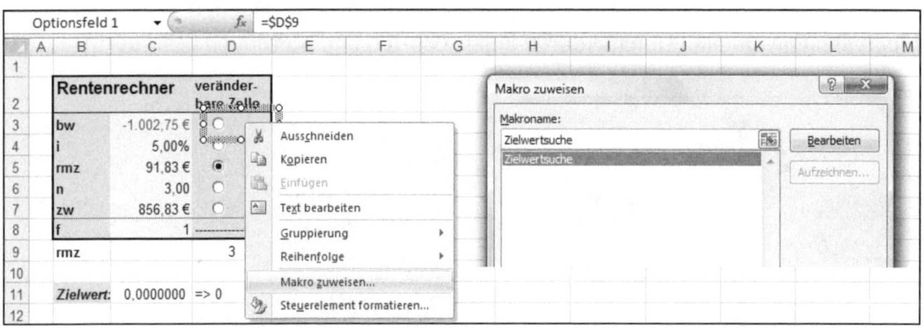

Abbildung 13.12: Optionsfeldern Makros zuweisen

Herzlichen Glückwunsch. Sie haben ihre erste kleine, VBA-unterstützte Anwendung programmiert. Im weiteren Verlauf des Kapitels werden wir einen ähnlichen, aber wesentlich komfortableren Zinsrechner mit einer Userform programmieren und dabei die Möglichkeiten näher durchleuchten, mit denen man finanzmathematische Berechnungen direkt in VBA durchführen kann. Doch zuvor ackern wir uns noch durch ein wenig theoretisches Basiswissen.

13.4 Allgemeinbildung – was Sie wissen müssen

Dank des Makrorekorders und der sprechenden Syntax gibt es kaum eine andere Programmiersprache, die Sie so leicht und autodidaktisch lernen können wie Excel-VBA. Trotzdem ist es zu empfehlen, sich einen Wälzer von z.B. Michael Kofler oder Peter Monadjemi zu besorgen und durchzuarbeiten, um ein tiefes und umfassendes Verständnis der Bausteine und deren Zusammenhänge von VBA zu erlangen.

Dieses Buch kann ein solches VBA-Kompendium nicht ersetzen. Wir konzentrieren uns auf ein paar ausgewählte Beispiele, die insbesondere für den finanzmathematisch orientierten Excel-Programmierer interessant sind, und legen dabei nur die notwendigsten Grundlagen.

13.4.1 Visual Basic für Applikationen (VBA)

Seit der Version 5 aus dem Jahr 1993 wird Excel durch VBA unterstützt. Schon seit Excel 2000 ist VBA 6.0 die in mittlerweile vielen Anwendungen eingesetzte Version.

Die Programmiersprache teilt sich in verschiedene Bausteine auf, die sogenannten Objektbibliotheken. Die VBA-Bibliothek selbst ist sozusagen der Kern, der in allen Anwendungen zur Verfügung stehen muss, die durch VBA unterstützt werden (Abbildung 13.13). Darüber hinaus besitzt jede Anwendung ihre eigenen Bibliotheken, in denen die individuellen Objekte durch Eigenschaften und Methoden gesteuert werden.

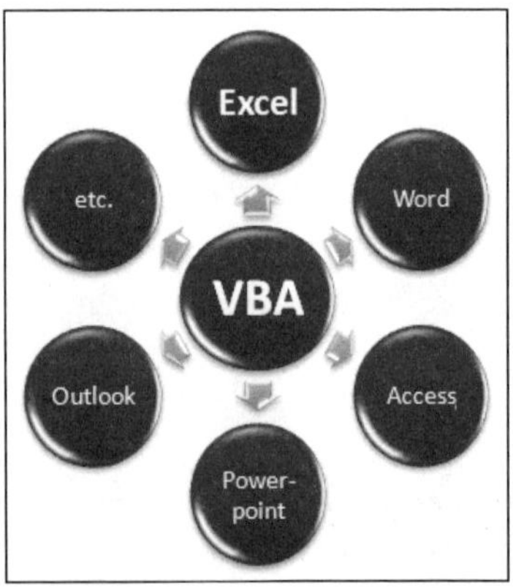

Abbildung 13.13: VBA-Kern und unterstützte Applikationen

13.4.2 Applikationsübergreifende Komponenten

Ob in Excel, Word oder wo auch immer: Diese Sprachbausteine von VBA ticken überall gleich.

Prozedurtypen

Wenn Sie VBA-Code in ein Modul schreiben, kann dieser nur ausgeführt werden, wenn Sie ihn in die Hülle einer Prozedur packen. Die beiden wichtigsten Prozedurtypen sind:

1. Sub
2. Function

(Dann gibt es auch noch Property-Prozeduren, aber die werden wir in diesem Buch nicht behandeln.)

Die genaue Syntax einer Sub-Prozedur lautet gemäß Excel-Hilfe:

```
[Private | Public] [Static] Sub Name [(ArgListe)]
 [Anweisungen]
End Sub
```

Die Angaben in Klammern sind optional, sodass die Mindestanforderung an die Hülle der Prozedur diese ist:

```
Sub Name()
End Sub
```

Der Zusatz *Private* oder *Public* deklariert den Gültigkeitsbereich der Prozedur. *Public* bedeutet, dass die Prozedur auch von anderen Modulen aus aufgerufen werden kann. Dies ist der Standardwert, der angenommen wird, wenn nichts angegeben wurde. Bei *Private* existiert die Prozedur nur innerhalb des Moduls. Das ist so ähnlich wie mit Excel-Namen, die im Standard für die ganze Arbeitsmappe gelten, aber die man auch quasi „Private" auf eine einzelne Tabelle beschränken kann. Eine *Private Sub* lässt sich auch nicht über den Dialog *Makro* (Alt+F8) zum Ausführen eines Makros aufrufen. Solche Prozeduren erfüllen spezielle Aufgaben, die den Endanwender nichts angehen und die nur von anderen Programmbestandteilen ausgeführt werden dürfen.

Eine Function-Prozedur sieht sehr ähnlich aus:

```
[Public | Private] Function Name [(ArgListe)] [As Typ]
[Anweisungen]
[Name = Ausdruck]
End Function
```

Eine Function-Prozedur kann eigentlich alles, was eine Sub-Prozedur auch kann. Sie hat aber eine ganz entscheidende, zusätzliche Aufgabe, ihren Rückgabewert. Dieser Rückgabewert verhält sich so wie bei Excel-Funktionen und besitzt einen Datentyp, der durch die Ergänzung `[As Typ]` angegeben werden kann (aber nicht muss). Wird er nicht angegeben, verwendet VBA den Datentyp *Variant*. Der Function wird ihr Rückgabewert aber nicht von Geisterhand zugeflüstert, sondern Sie müssen ihn ihr zuweisen. Mit

```
[Name = Ausdruck]
```

geschieht dies. Diese Zuweisung muss mit den übrigen Anweisungen der Function nichts zu tun haben. Auch wenn sie ganz weggelassen wird, wird alles andere trotzdem anstandslos ausgeführt. Nur der Function fehlt dann eben ihr Rückgabewert. Ein Beispiel:

```
Sub Aufruf()
MsgBox WochentagHeute
End Sub
Private Function WochentagHeute() As String
WochentagHeute = Format(Date, "dddd")
Range("A1").Value = "Morgen ist " & Format(Date + 1, "dddd")
End Function
```

Die Sub-Prozedur ruft die Function auf. Innerhalb der Function finden zwei voneinander völlig unabhängige Vorgänge statt. Die Function erhält als Rückgabewert den heutigen Wochentag. Die zweite Anweisung schreibt einen anderen Text in die Zelle A1. Das hätte genauso gut eine Sub-Prozedur machen können. Schließlich gibt die Sub *Aufruf* in der Messagebox den Rückgabewert der Function aus.

Sehr wichtig zu wissen ist natürlich auch, wie Prozeduren aufgerufen bzw. ausgeführt und wie dabei Argumente übergeben werden. Solange wir uns in der Testphase befinden, helfen uns folgende Tasten

- F5 – führt ein Makro vollständig aus.
- F8 – führt ein Makro schrittweise aus.
- F9 – setzt einen Haltepunkt in der aktiven Makrozeile.

Weiterhin kann eine Prozedur die andere aufrufen. Im letzten Beispiel war dies ja bereits der Fall. Die Sub *Aufruf* hat die Function *WochentagHeute* aufgerufen. Genauso gut könnte die Function auch eine Sub aufrufen. Richtig spannend wird es, wenn sich eine Prozedur rekursiv selbst aufruft. Auch das ist möglich und in bestimmten Fällen sehr nützlich. Allerdings kann es knifflig werden, und man muss aufpassen, keine Endlosschleife auszulösen.

Wie bei einer Excel-Funktion, können auch Prozeduren Argumente besitzen, die bei Aufruf übergeben werden. Zum Beispiel:

```
Sub Aufruf()
Dim Datum As String
Datum = InputBox("Bitte Datum eingeben (TT.MM.JJJJ)")
MsgBox WochentagVonDatum(Datum)
End Sub
Private Function WochentagVonDatum(Datum As String)
WochentagVonDatum = Format(DateValue(Datum), "dddd")
End Function
```

Diesmal kann der Tag selbst in einer Input-Box ausgewählt werden, von der dann der Wochentag bestimmt wird.

Übrigens, Formular-Schaltflächen und fast alle Zeichnungsobjekte können über den Befehl *Makro zuweisen...* aus dem Kontextmenü Sub-Prozeduren zugeordnet werden, nicht aber Functions. Die ActiveX-Steuerelemente, zum Beispiel Befehlsschaltflächen, sind hingegen in der Lage, Functions aufzurufen.

Im Abschnitt über Ereignisprozeduren werden wir noch einmal auf die Themen Aufruf & Übergaben zu sprechen kommen.

Variablen

Variablen sind Platzhalter, die Daten speichern können, um sie zu einem späteren Zeitpunkt beliebig oft wieder abrufen oder ändern zu können. Wie kleine Gehirnzellen, nur zuverlässiger. Apropos Zellen, Excel-Zellen in einer Tabelle übernehmen im Grunde auch die Aufgabe von Variablen. Mit

```
[A1] = 123
```

erhält die Zelle A1 der sichtbaren Tabelle den Wert 123, und mit

```
MsgBox [A1]
```

kann er wieder abgerufen werden. Lässt man die eckigen Klammern weg

```
A1 = 123
```

passiert fast das Gleiche, nur man sieht nichts. Denn diesmal wird der Wert nicht in eine Zelle geschrieben, sondern in eine Variable, für die VBA irgendwo im Hintergrund, im Arbeitsspeicher einen Platz(halter) besorgt.

Im Unterschied zur „Tabellenvariablen", sprich Excel-Zelle, unterliegt die VBA-Variable keiner Namenskonvention. Excel-Zellen besitzen die Namen

A1 bis XFD1047576 (früher IV65536).

VBA-Variablen können dagegen auch:

```
Helmut
```

oder

```
Rzt4rt36tr3tr
```

heißen. (Durch das praktische Feature der Excel-Namen gilt das natürlich auch für Excel-Zellen.)

Die Daten, die in Excel-Zellen erfasst werden können, unterscheiden sich hinsichtlich des Datentyps:

- Wert
- Text
- Wahrheitswert
- Fehlerwert
- Bereich
- Matrix/Array

Der Excel-Anwender braucht sich nicht weiter darum zu kümmern. Die Zellen sind so flexibel, dass sie immer jeden beliebigen Datentyp aufnehmen können. Es sei denn, dies ist durch die Datenüberprüfung explizit eingeschränkt.

In VBA wird bei der Variablendeklaration vor Verwendung deren Datentyp festgelegt. Dies verfolgt vor allem den Zweck, nicht mehr Speicherplatz zu verbrauchen, als notwendig ist. Bei großen, rechenintensiven VBA-Projekten kann das einen riesigen Unterschied ausmachen. Es leuchtet ein, dass eine Variable, die nur den Wert `true` oder `false` annehmen kann (Datentyp boolean), weniger Speicher benötigt als Schillers Glocke, die auch in einer einzigen Stringvariablen gespeichert werden könnte.

VBA kennt natürlich alle Datentypen, welche die Excel-Zelle kennt. Darüber hinaus ist der Datentyp *Wert* in VBA in viele Untertypen aufgeteilt. Die wichtigsten sind:

- *Byte* für Ganzzahlen von 0 bis 255
- *Long* für Ganzzahlen von –2.147.483.648 bis +2.147.483.647 (lt. Peter Monadjemi gibt es in 32-Bit-Betriebssystemen keinen Grund mehr, den kleineren Datentyp *Integer* zu verwenden).
- *Double* für Fließkommazahlen mit einer Rechengenauigkeit von 15 Stellen und einer Obergrenze von 10^308. Dieser Datentyp entspricht der Rechengrenze einer Excel-Zelle, deshalb geben wir uns mit halben Sachen wie den Datentypen *Single* oder *Currency* (liegen irgendwo zwischen Long und Double) nicht ab.
- *Date* ist ein spezieller Datentyp für Datumsangaben. Da sie Datumsangaben auch mit Long berechnen können (Tage werden ja ab dem 01.01.1900 als Ganzzahlen durchnummeriert), ist *Date* nur notwendig, wenn Sie noch weiter in die Vergangenheit gehen wollen. *Date* beginnt schon beim 01.01.100.
- *Decimal* ist ein spezieller Datentyp, der die Rechengenauigkeit auf 28 Stellen erhöht.

Über allen Datentypen steht der Datentyp *Variant*, der Joker, der immer eingesetzt wird, wenn Sie keine Lust hatten, einen anderen Typ zu deklarieren. Funktioniert auch, aber braucht halt den meisten Speicherplatz.

Konstanten

Konstanten sind auch Platzhalter, doch die in ihnen gespeicherten Daten sind in Stein gemeißelt und sollen sich während der Programmlaufzeit nicht ändern. Mit der Excel-Welt kann man das am besten vergleichen mit einem Namensbezug, zum Beispiel Ust, der sich auf

```
=19 %
```

bezieht. Wann immer Sie in einer Formel den Ausdruck

```
=Ust
```

verwenden, wird der dahinter stehende Wert von 0,19 gezogen. In diesem Fall fungiert dieser Name als Konstante.

Excel liefert eine Vielzahl vordefinierter Konstanten, welche die Programmierung aussagekräftiger und damit komfortabler machen. Ein Beispiel

```
Application.Calculation = -4135
```

sagt nicht viel aus, und die kryptische Zahl irritiert.

```
Application.Calculation = xlCalculationManual
```

Aha, da klingelt's. Mit dieser Anweisung wird der Berechnungsmodus der Anwendung auf manuell umgeschaltet. *xlCalculationManual* ist eine sprechende Konstante, hinter welcher der Wert –4135 steht. Wenn Sie das nicht glauben, schreiben Sie die Zuweisung

```
[A1] = xlCalculationManual
```

und in der Zelle A1 erscheint der ominöse Wert –4135. Oder Sie schauen im VBA-Editor im Objektkatalog nach (in der Symbolleiste die offene Schachtel mit den Symbolen drüber).

Datentyp *Bereich* und Objektvariablen

In der Excel-Welt lohnt es sich, Bereichen einen eigenen Datentyp zuzuschreiben. So gibt es ja Funktionen, die Bereiche zurückgeben. Das ist ein bisschen schwer zu begreifen, wenn damit nicht die Werte gemeint sind, die hinter dem Bereich stehen, sondern die Bereiche selbst als Objekt. In VBA ist ein Bereich kein eigener Datentyp, sondern einer von vielen Objekttypen. Was Objekte sind, müssen wir noch genauer durchleuchten. Vorab nur so viel: Ungefähr so, wie Sie in Excel einem Bereich einen Namen geben können, gibt es in VBA auch Variablen, denen man Bereiche zuordnen kann – Objektvariablen:

```
Dim myRange as Range
```

Bei der Zuweisung besteht aber ein Unterschied zu anderen Variablen, sie beginnt mit dem Schlüsselwort *Set*:

```
Set myRange = Range("A1")
```

Nun können Sie alle Eigenschaften und Methoden (was das ist, müssen wir auch noch klären) des Bereiches direkt über die Objektvariable ansprechen. Beispielsweise liefert

```
MsgBox myRange.Rows.Count
```

die Anzahl Zeilen, die *myRange* umfasst. Range ist nicht der einzige Objekttyp in VBA. Auch andere Objekttypen können Sie in Objektvariablen packen. Dazu später mehr.

Feldvariablen (Arrays)

Eine Feldvariable (Array) besteht aus einer Reihe von Untervariablen gleichen Namens, die selbst bestimmte Datentypen wie Zahl, Text oder Wahrheitswert enthalten. Eine einzelne Untervariable des Feldes wird über einen Index angesprochen. Standardmäßig beginnt der Index bei 0. Bei Deklaration kann man aber explizit einstellen, dass er bei 1 beginnt. Alternativ setzen Sie die Zeile

Option Base 1

an den Anfang des Moduls.

```
Dim Jahreszeit(1 To 4) As String
```

definiert ein Array mit vier Untervariablen, die alle vom Datentyp Text sind. Das erste Glied wird mit dem Index 1 eingesprochen. Die Wertzuweisung erfolgt über:

```
Jahreszeit(1) = "Frühling"
Jahreszeit(2) = "Sommer"
Jahreszeit(3) = "Herbst"
Jahreszeit(4) = "Winter"
```

Einzelne Elemente des Arrays lassen sich mit

```
MsgBox "Ich habe " & Jahreszeit(1) & "sgefühle"
```

auslesen. Folgendes Makro zeigt die wichtigsten Tricks zu Datenfeldern:

```
Sub Datenfeld()
Dim Jahreszeit As Variant
Dim x As Long
Jahreszeit = Array("Frühling", "Sommer", "Herbst", "Winter")
For x = LBound(Jahreszeit) To UBound(Jahreszeit)
    Debug.Print Jahreszeit(x)
Next
ReDim Preserve Jahreszeit(1 To 5)
Jahreszeit(5) = "Fasching"
Debug.Print Jahreszeit(5)
End Sub
```

Mit der Array-Funktion kann ein komplettes Datenfeld an eine Variant-Variable übergeben werden. Mit den Funktionen *LBound* und *UBound* können die Grenzen des Feldes bzw. die Anzahl Elemente ermittelt werden. Das ist nützlich, um alle Elemente des Feldes in einer Schleife abzufragen. Schließlich hat *ReDim Preserve* die Aufgabe, ein Feld zu redimensionieren, im Beispiel zu erweitern, ohne die vorhandenen Einträge zu löschen. Nach der Redimensionierung kann das Feld den fünften Eintrag „Fasching" aufnehmen.

Gültigkeitsbereich von Variablen

Variablen und Konstanten, die Sie definieren, besitzen ein bestimmtes Herrschaftsgebiet, in dem sie von anderen Programmteilen erkannt werden. Infrage kommen hierbei:

- die Prozedurebene
- die private Modulebene
- die öffentliche Modulebene

Wenn Variablen außerhalb einer Prozedur definiert werden, müssen sie stets im Modulkopf stehen, vor den Prozeduren. Innerhalb der Prozedur sollte man dies auch tun, ist aber theoretisch kein Muss. Ein Beispiel:

```
Dim Var As Long 'Dim = Private
Public pubVar As Long

Sub Aufruf()
Dim x As Long
x = 1
Var = 2
pubVar = 3
Meldung
End Sub

Sub Meldung()
MsgBox x 'Leerstring
MsgBox Var '=2
MsgBox pubVar '=3
End Sub
```

Nach Start des Makros *Aufruf* werden drei Variablen bestückt und danach das Makro *Meldung* gestartet, um zu sehen, welche Variablen im zweiten Makro erkannt werden.

Die Variable *x* wird nicht erkannt, da sich ihr Gültigkeitsbereich auf das Makro *Aufruf* beschränkt. Sobald dieses Makro durchlaufen ist, wird der Wert der Variablen im Arbeitsspeicher gelöscht.

Die Werte von *Var* und *pubVar* bleiben dagegen erhalten, da sie für das gesamte Modul gelten. Da *pubVar* mit *Public* deklariert wurde, gilt sie sogar für das gesamte Projekt, könnte also auch von anderen Modulen aufgerufen werden. Deklarationen mit *Dim* oder *Private* beschränkt die Gültigkeitsebene von *Var* auf das aktuelle Modul.

Operatoren

Euklids Axiome haben sich auch in der VBA-Welt manifestiert, und so ergibt

```
((1 + 2) / 3) * 4 ^ 5 - 6 = 1018
```

genau wie in Excel. Neben diesen mathematischen Operatoren gibt es den Mod-Operator, der so ähnlich funktioniert wie die Funktion REST. Aber Vorsicht, es gibt kleine, aber feine Unterschiede:

```
=REST(14;6) => 2
14 Mod 6  => 2
```

ist identisch, aber:

```
=REST(3,5;2) => 1,5
3.5 Mod 2 => 0
```

nicht. `Mod` und `\` sind Ganzzahldivisionsoperatoren, siehe VBA-Hilfe. Was das Gleichheitszeichen bedeutet, ist nicht unbedingt selbstverständlich:

```
If a = 1 Then a = 2
```

Hä? Wenn a gleich 1 ist, dann ist a gleich 2. Scheint auf den ersten Blick unlogisch und ist einer der Gründe, warum VBA von Proggern anderer Sprachen manchmal belächelt wird. In VBA übernimmt das Gleichheitszeichen bei gleicher Syntax zwei Aufgaben.

`if a = 1` ist eine Gleichheitsprüfung, die *true* oder *false* liefert.

`then a = 2` ist eine Zuweisung, d.h., der Wert der Variablen wird von 1 auf 2 geändert. Das Gleichheitszeichen als Vergleichsoperator kann auch in den Kombinationen

- <= kleiner oder gleich
- >= größer oder gleich

auftreten. Und dann gibt's da natürlich noch:

- < kleiner als
- > größer als
- < > ungleich

Texte werden mit Like vergleichbar gemacht.

- "12" = "1*" ergibt *false*, aber
- "12" Like "1*" ergibt *true*.

Um Texte zu verknüpfen, greift man wie in Excel gewohnt auf das kaufmännische & zurück.

Mit dem *Hochkomma* kommentiert man Text aus. D.h., jeder Text, der nach dem Hochkomma steht, wird vom Programm ignoriert:

```
MsgBox 2 * Application.Pi * r 'Hier wird ein Kreisumfang berechnet
```

Mit dem Unterstrich wird es ermöglicht, die gleiche Anweisung, die eigentlich in eine Zeile gehört, in zwei Zeilen aufzuteilen, um die Lesbarkeit zu erhöhen. Vor dem Unterstrich muss allerdings ein Leerzeichen stehen. Der Makrorekorder macht oft davon Gebrauch. Umgekehrt ist es möglich, mit einem Doppelpunkt getrennt, mehrere Anweisungen in eine Zeile zu schreiben.

Dann wären da noch die logischen Operatoren:

And liefert nur *Wahr*, wenn beide Argumente *Wahr* sind.

Or liefert nur *Falsch*, wenn beide Argumente *Falsch* sind.

Eqv liefert nur *Wahr*, wenn beide Argumente gleich sind.

Xor liefert *Wahr*, wenn beide Argumente unterschiedlich sind.

Not negiert einen Wahrheitswert.

Quizfrage: Was wird bei

```
MsgBox False Xor True Xor False Xor False
```

gemeldet?

Wahr.

Denn aus der ersten, linken Prüfung ergibt sich *True*, und es bleibt:

```
MsgBox True Xor False Xor False
```

Daraus wird

```
MsgBox True Xor False
```

und schließlich

```
MsgBox True
```

Verzweigungen

Die Verzweigung ist vielleicht der erste Schritt zur künstlichen Intelligenz des Computers. Ihm fehlt zwar dadurch immer noch die Lernfähigkeit, aber er kann auf unterschiedliche Situationen unterschiedlich reagieren und Entscheidungen treffen. Natürlich ist diese Intelligenz nur vorgegaukelt, denn hinter den Entscheidungen stecken wieder Programmierer, also (quasi) Menschen.

Die einfachste Verzweigung ist die *if then else*-Anweisung. Wenn Sie schon mal mit der WENN-Funktion in Excel gearbeitet haben, kapieren Sie diese Anweisung sofort. Zuerst findet eine Wahrheitsprüfung statt. Abhängig vom Ergebnis dieser Prüfung führt das Programm dann die *then*-Verzweigung durch – andernfalls die *else*-Verzweigung. Dies genügt bereits, um mit der Intelligenzbestie PC ein Gespräch zu führen. Optisch führt dies zu den Meldungsfenstern in Abbildung 13.14.

```
Sub SmallTalk()

If MsgBox("Geht es Ihnen gut?",vbYesNo+vbQuestion)=vbYes Then
    MsgBox "Wie schön für Sie!", vbExclamation
Else
    MsgBox "Das tut mir aber leid!", vbCritical
End If
End Sub
```

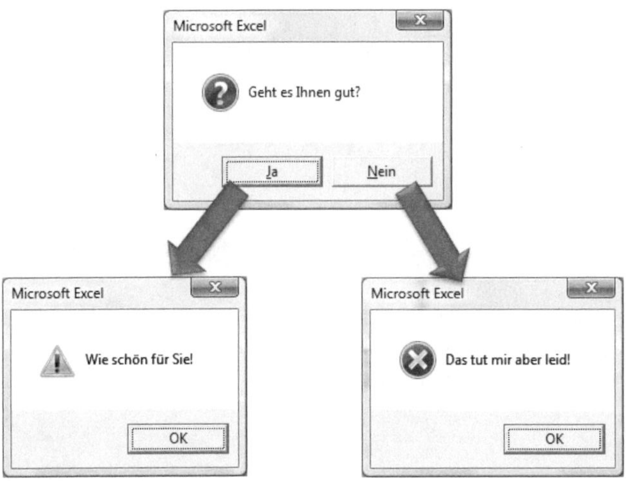

Abbildung 13.14: Verzweigungen ermöglichen „Small Talk" mit dem PC.

Der PC geht im Beispiel nicht so richtig auf Sie ein. Würde er sich wirklich für Sie interessieren, hätte er im negativen Fall auch „Warum nicht?" fragen und verschiedene Antwortmöglichkeiten anbieten können. Damit entstehen verschachtelte Verzweigungen – so wie ja auch WENN-Funktionen verschachtelt – bzw. Mehrfachverzweigungen durch die *Select Case* -Anweisung – abgebildet werden können.

Mit einer InputBox anstatt einer MsgBox können Sie vom Anwender auch eine Auswahl aus mehr als zwei Alternativen treffen (Abbildung 13.15) und ihn mit dem Makro *Mehrfachauswahl* unterschiedlich darauf reagieren lassen.

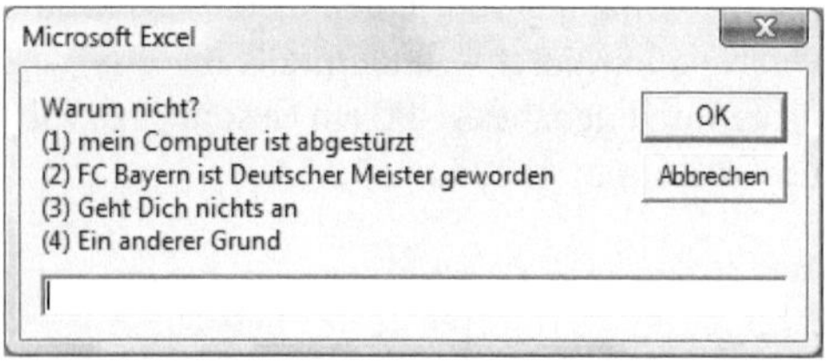

Abbildung 13.15: Mehrfachverzweigung für tiefgründigere Gespräche

```
Sub Mehrfachverzweigung()
Dim Auswahl As Long
Auswahl = InputBox("Warum nicht?" & vbCrLf & _
"(1) Mein Computer ist abgestürzt" & vbCrLf & _
"(2) FC Bayern ist Deutscher Meister geworden" & vbCrLf & _
"(3) Geht Dich nichts an" & vbCrLf & _
"(4) Ein anderer Grund")
Select Case Auswahl
 Case 1
  MsgBox "Dann fahre ihn wieder hoch!"
 Case 2
  MsgBox "Nächstes Jahr wird's hoffentlich die Eintracht."
 Case 3
  MsgBox "Ich wollte Dir nicht zu nahe treten."
 Case Else
  '...
End Select
End Sub
```

Select Case funktioniert hier so wie die Excel-Funktion WAHL, ist aber wesentlicher flexibler, da die verschiedenen Verzweigungen nicht mit 1, 2, 3 ... durchnummeriert sein müssen, sondern es sind auch Zahlenintervalle oder Textbedingungen möglich, z.B.:

```
Select Case InputBox("Bitte einen Buchstaben eingeben")
Case "a"
'...
```

Der Text in der vorletzten InputBox ist übrigens eine zusammengesetzte Zeichenkette. Mit der Konstanten `vbCrLf` wird ein Zeilenumbruch erzeugt, und das `& _` ermöglicht zur besseren Lesbarkeit eine Fortführung der Anweisung in der nächsten Zeile.

Eine weitere Alternative stellt die *If-then-ElseIf*-Anweisung dar, die ein Zwischending zwischen verschachtelter *If-* und *Select Case*-Anweisung ist. Auf obiges Beispiel bezogen, würde das wie folgt aussehen:

```
If Auswahl = 1 then
  MsgBox "Dann fahre ihn wieder hoch!"
ElseIf Auswahl = 2 then
  MsgBox "Nächstes Jahr wird's hoffentlich die Eintracht."
ElseIf Auswahl = 3 then
  MsgBox "Ich wollte Dir nicht zu nahe treten."
Else
'...
End if
```

Schleifen

Schleifen sind die niemals müde werdenden, fleißigen Arbeitsbienen der Programmierung, die schon so manchen Arbeitsplatz wegrationalisiert haben. Sie sorgen dafür, dass der gleiche Programmteil Tausende oder Millionen Male durchgeführt wird, um z.B. alle Zellen einer Spalte oder alle Elemente einer Auflistung oder eines Datenfeldes abzuarbeiten.

Das Prinzip der Schleifen passt sehr gut in die Welt der Folgen und Reihen, die wir bei den finanzmathematischen Grundlagen kennengelernt haben. Wie wir gelernt haben, basiert die (Zinses-)Zins- und Rentenrechnung auf arithmetischen und geometrischen Folgen und Reihen, die in einem funktionalen Zusammenhang mit den natürlichen Zahlen 1, 2, 3 ... n stehen. Folgende Definitionen haben Sie in Kapitel 6 kennengelernt:

geometrische Folge

$$g_n = g_1 \cdot q^{n-1} \qquad g_n = g_{n-1} \cdot q$$

geometrische Reihe

$$s_n = \sum_{i=1}^{n} g_1 \cdot q^{i-1} \qquad s_n = g_1 \cdot \frac{q^n - 1}{q - 1}$$

Abbildung 13.16: Definition von geometrischer Folge und Reihe

Eine VBA-Schleife ist geradezu prädestiniert dazu, dieses Prinzip höchst anschaulich abzubilden. Folgendes Makro spiegelt die Bildung einer geometrischen Folge und Reihe wider.

```
Sub GeometrischeFolgeundReihe()

n = 3
q = 1.1
Gn = 10 '=G1
Sn = Gn
For i = 1 To n
    Debug.Print Gn & " - " & Sn
    Gn = Gn * q
    Sn = Sn + Gn
Next
End Sub
```

Die Schleife `For i = 1 to n` steht für eine endliche Folge der natürlichen Zahlen bis n. G_n ist das n-te Glied der geometrischen Folge und S_n die Summe der ersten n Glieder. Alle Anweisungen innerhalb der *For-Next*-Zeilen werden so oft wiederholt, bis der Zähler `i`, der bei jedem Durchlauf um 1 erhöht wird, den Wert `n` erreicht hat. (Über den Schlüsselwert `Step` kann der Zähler auch eine andere Schrittweise als 1 erhalten.)

Die `Debug.Print`-Anweisung überträgt die ersten drei Glieder von Folge und Reihe an das Direktfenster:

```
10 - 10
11 - 21
12,1 - 33,1
```

Der arithmetische Fall unterscheidet sich lediglich durch die Addition `Gn + d` statt der Multiplikation `Gn * q`:

```
Sub ArithmetischeFolgeundReihe()

n = 5
d = 1
Gn = 1 '=G1
Sn = Gn
For i = 1 To n
    Debug.Print Gn & " - " & Sn
    Gn = Gn + d
    Sn = Sn + Gn
Next
End Sub
```

Die Ausgabe im Direktfenster sieht diesmal so aus:

```
1 - 1
2 - 3
3 - 6
4 - 10
5 - 15
```

Die eben gezeigte *For-Next*-Schleife zeichnet sich dadurch aus, dass die Anzahl Durchläufe vor dem Start der Schleife feststeht. Im Gegensatz dazu gibt es noch die *Do-Loop*-Schleife, bei der sich die Anzahl Durchläufe erst zur Laufzeit ergibt. Paradebeispiel ist das Abarbeiten aller Dateien eines Verzeichnisses:

```
Sub Dateiname()

Dim Dat as string
Dat = Dir(ThisWorkbook.Path)
Do While Dat <> ""
    Debug.Print Dat
    Dat = Dir    'Übergibt den nächsten Dateinamen
    Z = Z + 1
Loop
MsgBox "Der Ordner enthält " & Z & " Dateien."
End Sub
```

`Dir` ist eine Funktion, die den Namen einer Datei des angegebenen Pfades (hier Pfad des aufrufenden Workbooks `Thisworkbook.Path`) ermittelt. Beim ersten Aufruf ist es die erste Datei. Beim erneuten Aufruf

```
Dat = Dir
```

greift die Funktion `Dir` automatisch auf die nächste Datei zu. Die Schleife wird nun so lange durchgeführt, bis ein Dateiname gefunden wird, ergo der Dateiname ungleich "" ist.

`Z = Z + 1` ist ein Zähler, mit dem man nach Ablauf der Schleife die Anzahl gefundener Dateien protokolliert hat und in der `MsgBox` ausgeben kann. Diese Anzahl war vor Schleifenbeginn nicht bekannt, deshalb eignet sich die `For-Next`-Schleife hier nicht.

Sprungmarken und Fehlerroutinen

Normalerweise klappert ein Makro ja alle Anweisungen von oben nach unten ab. Mit der Anweisung *GoTo* und der entsprechenden Sprungmarke können Sie den nächsten Prozedurschritt aber an eine beliebige andere Stelle beamen:

```
Sub ZickZack()

GoTo eins
zwei: MsgBox 2
GoTo drei
eins: MsgBox 1
GoTo zwei
drei: MsgBox 3
End Sub
```

... bringt erst die Meldung 1, dann 2 und schließlich 3, obwohl sie in anderer Reihenfolge im Code stehen. Solche Sprünge können bei komplizierten Makros ganz schön Verwirrung stiften und die Übersichtlichkeit verschlechtern. Unter Programmierern ist die *GoTo*-Anweisung ziemlich verpönt.

Trotzdem hat aber *GoTo* dennoch seine Daseinsberechtigung, und zwar bei Fehlerroutinen. Da der Programmauflauf vom Entwickler nicht immer zu 100 % vorhergesagt werden kann, sondern auf Ereignisse von außen reagiert, können bei Abarbeitung eines Makros Laufzeitfehler auftreten. Ein Beispiel:

```
Sub Multiplikation()

MsgBox [A1] * [A2]
End Sub
```

... setzt voraus, dass in A1 und A2 kein Text steht, sondern Zahlen. Falls doch in einer der beiden Zellen ein Text vorhanden ist, erscheint die Meldung aus Abbildung 13.17.

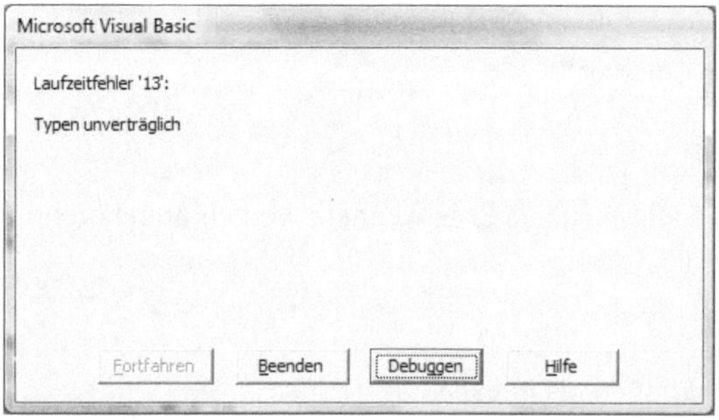

Abbildung 13.17: Laufzeitfehler wg. unverträglicher Datentypen

Und der VBA-Editor springt hervor. Solche Fehler kann man oft nicht sicher ausschließen, aber man kann sie besser kontrollieren, und zwar indem man folgende Fehlerroutinen in den Code einbaut:

```
Sub Multiplikation()

On Error GoTo ende
MsgBox [A1] * [A2]
Exit Sub
ende:
MsgBox "Das war wohl nix!", , Err.Description
End Sub
```

Sobald ein Fehler auftaucht, springt die Prozedur zur Sprungmarke und bringt eine kontrollierte Meldung, ohne debuggen zu wollen und ohne in den VBA-Editor zu springen. Sie können hier eine eigene Meldung erscheinen lassen oder die offizielle Fehlerbeschreibung (siehe dazu die Excel-Hilfe zum *Err-Objekt*).

VBA-Functions

Die VBA-Bibliothek enthält eine große Menge an Programmbausteinen, die zum Teil redundant zu den Excel-Funktionen sind. Von daher sind sie vor allem in anderen Office-Produkten, die VBA unterstützen, besonders nützlich. Was nicht heißen soll, dass sie in Excel überflüssig sind. Aber wenn Sie in der Excel-Welt VBA programmieren, können Sie zur Not auch auf die Excel-Funktion, z.B. zur Berechnung eines Barwertes, zurückgreifen. Aber dank der VBA-Functions können Sie dies sogar in der eher „mathematikfeindlichen" Word-Welt tun.

Die MsgBox und die InputBox sind zum Beispiel auch Functions der VBA-Bibliothek. Das lässt sich dadurch beweisen, dass die Bibliothek mit angegeben werden kann.

```
Sub VBA_Functions()
Zahl = VBA.InputBox("Bitte Zahl eingeben")
VBA.MsgBox Zahl
End Sub
```

Folgende Funktionskategorien, die wir auch aus Excel kennen, werden angeboten:

- Datentypumwandlung
- Datum/Uhrzeit
- Mathematik (viel weniger Funktionen als in Excel)
- Finanzmathematik
- Information
- Text

Funktionen wie SUMME oder einfache statistische Auswertungen wie MAX, MIN oder gar Berechnung der Standardabweichung fehlen gänzlich.

Darüber hinaus bietet die VBA-Bibliothek noch andere Bausteine, zu denen Excel selbst mit keinem Pendant aufwarten kann und die deshalb natürlich besonders nützlich sind. Zum Beispiel kann man mit den Functions der *FileSystem*-Klasse beliebige Dateien und Verzeichnisse manipulieren (Dateien kopieren und löschen, Verzeichnisse anlegen etc.).

13.4.3 Excel-spezifische Objekte

Im Schnelldurchlauf haben Sie jetzt die wichtigsten Bestandteile des VBA-Werkzeugkastens kennengelernt. Diese Werkzeuge sind in allen Programmen, die VBA unterstützen, gleich. Nun beschäftigen wir uns mit den Objekten, die im jeweiligen Programm gesteuert werden sollen. Diese Objekte sind in allen Office-Anwendungen unterschiedlich.

Objekte und ihre Eigenschaften und Methoden

Excel besteht aus über 200 Objektklassen, die man im Objektkatalog in der Excel-Bibliothek finden kann (Abbildung 13.18).

Sie alle beinhalten einen Bauplan für Objekte, die daraus erzeugt werden können. Vergleichen wir eine Objektklasse mit dem Rezept in einem Kochbuch. Wie wäre es mit rheinischem Sauerbraten mit Rotkohl und Klößen? Das Rezept des gesamten Gerichtes wäre die übergeordnete Objektklasse. Braten, Rotkohl und Klöße haben jede für sich eine eigene Rezeptur, können also auch als drei untergeordnete Objektklassen verstanden werden. Diese Objektklassen, die Rezepte, sind nur abstrakte Baupläne. Da kann man noch nicht reinbeißen. Erst wenn das Rezept wirklich zubereitet wird, entstehen die konkreten Objekte. Der Braten wird eingelegt, die Klöße in Form gebracht usw. Alles, was getan werden muss, um diese Objekte zu bearbeiten, waschen, einlegen, kneten, schneiden, sind Methoden. Merke: Methoden tun etwas. Schließlich weist das Gericht bestimmte Eigenschaften auf. Farbe, Temperatur, Geschmack, Konsistenz, Fettanteil, Brennwert etc. Eigenschaften sagen etwas darüber aus, wie etwas ist.

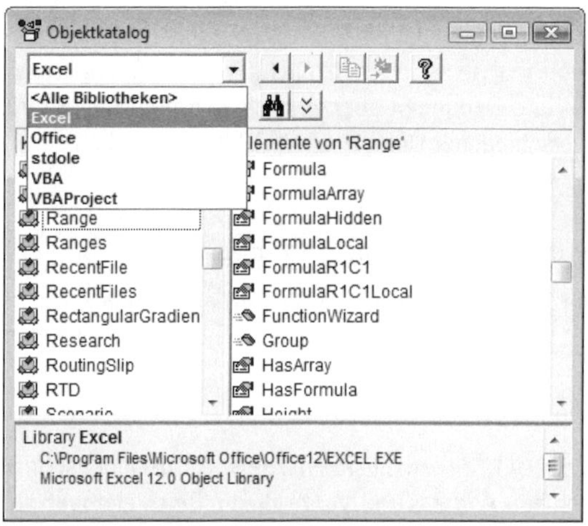

Abbildung 13.18: Objektkatalog

In der Excel-Welt sind die allerwichtigsten Objekte die der Abbildung 13.19.

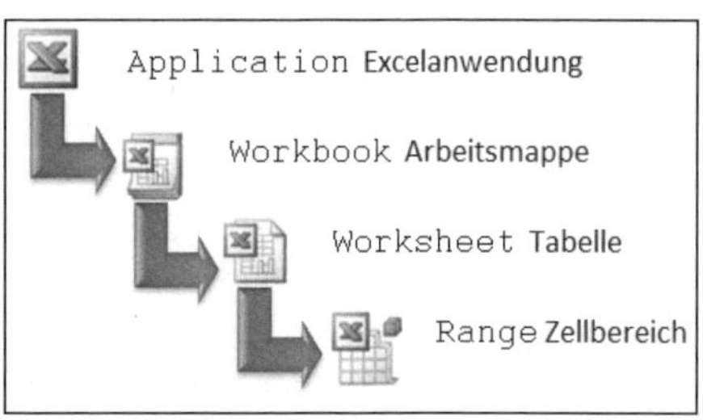

Abbildung 13.19: Hierarchie der wichtigsten Excel-Objekte

Wie das Schaubild zeigt, sind die Objekte hierarchisch angeordnet. Die Anwendung beinhaltet eine oder mehrere Arbeitsmappen. Jede Arbeitsmappe kann viele Arbeitsblätter umfassen, und ein Arbeitsblatt besitzt natürlich unzählige Zellen. Genau sind es:

Siebzehnmilliardeneinhundertneunundsiebzigmillionenachthundertneunundsechzigtausendeinhundertvierundachzig

Wir wissen jetzt von der Existenz dieser Objekte, nun braucht es Schnittstellen, um sie manipulieren zu können. Diese Schnittstellen sind die Eigenschaften und Methoden.

Objekteigenschaften

Die ureigenste Eigenschaft der meisten Objekte ist ihr Name. Wenn uns ein Objekt seinen Namen nennt, haben wir schon mal seine Existenz nachgewiesen. Klingt trivial, gehört beim Makroprogrammieren und Debuggen aber zum elementaren Repertoire. Hier wird die *Name*-Eigenschaft verschiedener Objekte an Variablen übergeben:

```
a = Application.Name 'Microsoft Excel

b = Workbooks(1).Name 'Name der ersten Arbeitsmappe der Anwendung

c = Worksheets(1).Name 'Name der ersten Tabelle der aktiven Arbeitsmappe

d = Cells(1, 1).Address '$A$1

e = Cells(1, 1).Value 'Zellwert von A1
```

`Cells(1, 1)` repräsentiert die Zelle A1. Zellen besitzen keine *Name*-Eigenschaft, dafür aber die speziellen Eigenschaften *Address* und *Value*, die im Beispiel abgefragt wurden. Eigenschaften können nicht nur abgefragt, sondern zum Teil auch verändert werden. Aber nicht alle, der Zelle `Cells(1,1)` (= A1) können Sie logischerweise nicht die *Address*-Eigenschaft X10 zuweisen.

```
a = 3
Cells(1,1).Value = a
```

Hier wird der Wert der Variablen a der *Value*-Eigenschaft der Zelle A1 zugewiesen. Wir haben gelernt, dass Variablen Datentypen besitzen. Zwischen Variablen und Eigenschaften können Daten hin und her geschoben werden, da liegt es nahe, dass Eigenschaftswerte auch Datentypen besitzen. Die *Address*-Eigenschaft hat z.B. den Datentyp *String*, die *Value*-Eigenschaft ist vom Typ Variant, der Joker. Denn sonst wäre es ja nicht möglich, beliebige Einträge in eine Zelle zu schreiben. Viele Eigenschaften nehmen nur die Werte *True* oder *False* an. Es wimmelt in Excel geradezu von Eigenschaften. Wenn Sie in den Excel-Optionen an diversen Stellen Häkchen setzen oder entfernen, ändern Sie True-/False-Eigenschaften des *Application-* bzw. des *ActiveWindow*-Objektes. Einfach mal den Makrorekorder einschalten und ausprobieren:

```
With Application
    .DisplayFormulaBar = False
    .ShowWindowsInTaskbar = False
End With
With ActiveWindow
    .DisplayHorizontalScrollBar = False
    .DisplayVerticalScrollBar = False
    .DisplayWorkbookTabs = False
    .AutoFilterDateGrouping = False
End With
With ActiveWindow
    .DisplayGridlines = False
    .DisplayHeadings = False
    .DisplayOutline = False
    .DisplayZeros = False
End With
Application.DisplayFunctionToolTips = False
Application.ShowChartTipNames = False
Application.ShowChartTipValues = False
```

Im Objektkatalog werden zu allen Objektklassen die passenden Eigenschaften angezeigt.

Zugriffseigenschaften

Angenommen, Sie haben in der Anwendung viele Arbeitsmappen mit sehr vielen Tabellenblättern geöffnet und möchten eine ganz bestimmte Zelle D10 manipulieren, zum Beispiel die *Locked*-Eigenschaft der Zelle (diese legt fest, ob eine Zelle gesperrt ist oder nicht). Wenn das zufällig eine Zelle in der aktiven Tabelle ist, genügt:

```
Range("D10").Locked = False
```

Wenn es sich aber weder um die aktive Zelle noch die aktive Mappe handelt, müssen Sie VBA den genauen Weg weisen, indem die komplette Objekthierarchie abgebildet wird.

```
Workbooks("Mappe1.xls").Sheets("Tabelle3").Range("D10").Locked = False
```

Theoretisch gehört vor `Workbooks` noch `Application`. Aber das können Sie weglassen, solange Sie sich innerhalb der aktiven Anwendung bewegen. Die Eigenschaft (hier *Locked*) bezieht sich immer auf das letzte Objekt in der Anweisung, in dem Fall `Range("D10")`. Was macht eigentlich der Befehl Range? Um das herauszufinden, setzen Sie die Einfügemarke in den Text und drücken [F1]. Dann sagt die Excel-Hilfe:

Worksheet.Range-Eigenschaft

Gibt ein Range-Objekt zurück, das eine Zelle oder einen Zellbereich darstellt.

Das ist etwas verwirrend. Hier ist von *Range*-Eigenschaft die Rede, obwohl *Range* doch ein Objekt ist. Man spricht dann von Zugriffseigenschaften, die das Objekt referenzieren, das dahinter steht. Da hier etwas getan wird, nämlich zugegriffen, wäre Zugriffsmethode vielleicht etwas intuitiver zu verstehen. Sei's drum, nehmen wir es einfach so hin und stören uns nicht weiter daran.

Mit *Workbooks()* und *Sheets()* verhält es sich ebenso, das sind auch Zugriffseigenschaften welche die Objekte dahinter referenzieren.

Methoden

Methoden tun etwas. Bezogen auf unseren rheinischen Sauerbraten wäre einlegen, Klöße kneten, schneiden, würzen etc. Methoden. Die Sub-Prozeduren oder Functions, die Sie schreiben, sind im Grunde auch Methoden, nur sind sie an kein Objekt gebunden. Methoden von Excel-Objekten sind zum Beispiel:

`Sheets("Tabelle2").Activate` 'aktiviert eine Tabelle

`Range("C3").Select` 'selektiert Zelle

`Range("A1").ClearContents` 'löscht Zellinhalte

`Selection.EntireColumn.Insert` 'fügt Spalte ein

`Workbooks.Add` 'legt neue Arbeitsmappe an

`ActiveWorkbook.SaveAs Filename:="C:\Mappe1.xls"` 'speichert die Mappe

`Application.Calculate` 'führt eine Neuberechnung durch

`Application.Quit` 'beendet die Excel-Sitzung

Sie können auf den ersten Blick erkennen, dass es sich hier nicht um Eigenschaften handelt, da keine Zuweisung stattfindet. Eine Anweisung mit einer Methode kommt in der Regel ohne Gleichheitszeichen aus. Bei der Eigenschaft wird immer das Gleichheitszeichen benötigt, um zu lesen oder zu schreiben (zuzuweisen).

Eine Ausnahme bilden die benannten Argumente. Methoden sind letztlich nichts anderes als Prozeduren, also erwarten Sie zum Teil auch Argumente. In der *SaveAs*-Methode des Workbooks ist dies der Fall. Wenn diese Methode eine neue Datei speichern soll, muss sie natürlich gesagt bekommen, wohin. Deshalb erwartet sie das Argument `Filename`.

Das Benennen der Argumente ist nicht nötig, erhöht nur die Transparenz der Programmierung und hat den Vorteil, dass die Argumente nicht in der richtigen Reihenfolge stehen müssen.

Bei den VBA-Functions könnte man die Argumente auch benennen, was aber unüblich ist. Wahrscheinlich, weil es ja bei Excel-Funktionen auch nicht gemacht wird.

```
a = VBA.InStr(Start:=1, String1:="Text", String2:="x")
```

Wann braucht man eigentlich die Klammern und wann nicht? Die MsgBox ist ja eine Function (eigentlich könnte man auch sagen: Methode) der VBA-Bibliothek:

```
VBA.MsgBox "Geht's Dir gut?", vbYesNo
```

Liefert eine Meldung mit den Buttons *Ja* und *Nein*. Bei dieser Anweisung geht aber der Rückgabewert flöten. Wir bekommen also nicht mit, ob der Anwender *Ja* oder *Nein* gedrückt hat. Soll der Rückgabewert abgefangen werden, braucht es die Klammern und ein Gleichheitszeichen für eine Zuweisung:

```
Antwort = VBA.MsgBox("Geht's Dir gut?", vbYesNo)
```

In der Variablen *Antwort* steckt nun der Wert für Ja oder Nein, mit dem jetzt nach Belieben weitergearbeitet werden könnte.

Ereignisse

Laut Wikipedia ist ein Ereignis wie folgt definiert:

Ein Ereignis (von althochdeutsch: irougen = vor Augen stellen, zeigen) findet immer dann statt, wenn etwas passiert oder sich etwas verändert. In der Regel geht ein Ereignis mit der Veränderung eines Zustands einher bzw. ist deren Auslöser.

Diese allgemeine, schlichte Definition trifft es genau auf den Punkt und ist auch auf die VBA-Welt bestens anwendbar. Durch die Zuweisung einer Eigenschaft oder die Ausführung einer Methode passiert etwas bzw. ändert sich ein Zustand.

Im Sinne von VBA sind solche Aktionen oder Zustandsänderungen Ereignisse, wenn mit sogenannten Ereignisprozeduren darauf reagiert werden kann. Diese Prozeduren sind wiederum dazu in der Lage, andere Programmteile aufzurufen.

Beispielsweise ist das Öffnen der Arbeitsmappe ein Ereignis, dem Sie bestimmte Aktionen folgen lassen können, wie das Erscheinen einer Begrüßungsmeldung o.Ä.

Ereignisse sind objektbezogen, d.h., die Arbeitsmappe besitzt Ereignisse und jede Tabelle. Dummerweise besitzen einzelne Zellen keine steuerbaren Ereignisse, was einer der Gründe ist, warum es nützlich sein kann, mit Userformularen und Steuerelementen zu arbeiten.

Steuerelemente besitzen jede Menge Ereignisse. Das naheliegendste Ereignis ist der Klick auf eine Befehlsschaltfläche.

Ereignisse werden nicht in ein allgemeines Modul geschrieben, sondern in die Objektmodule (Klassenmodule), zu denen sie gehören. In Abbildung 13.20 sehen Sie auf der linken Seite den Projekt-Explorer mit den Einträgen *DieseArbeitsmappe* und *Tabelle1* bis *Tabelle3*. Wenn Sie darauf doppelklicken, öffnen sich rechts die Objektmodule, die zur Arbeitsmappe bzw. einer der Tabellenblätter gehören (Abbildung 13.20).

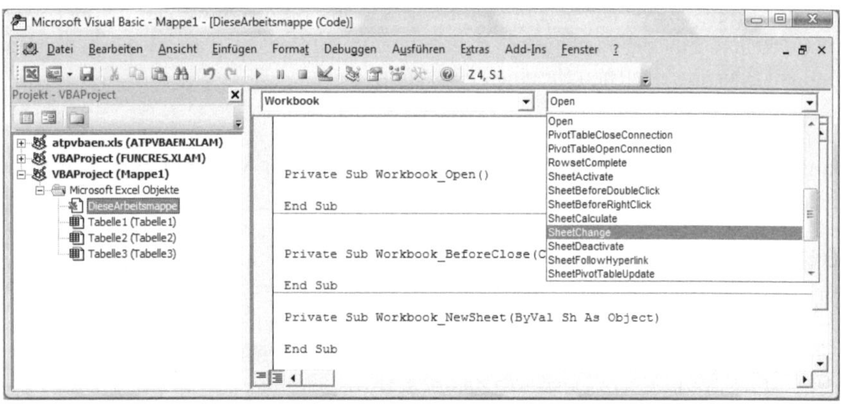

Abbildung 13.20: Ereignisauswahl in Workbook-Modul (DieseArbeitsmappe)

Die Ereignisprozeduren haben einen fest definierten Kopf, der nicht manuell eingetippt werden, sondern über das rechte Auswahlfeld gewählt werden kann. Dieses Auswahlfeld zeigt immer die Liste an Ereignissen, die zum links ausgewählten Objekt (in der Abbildung das Workbook) zur Verfügung stehen.

- `Workbook_Open` wird ausgeführt, wenn die Arbeitsmappe geöffnet wird.
- `Workbook_BeforeClose` wird ausgeführt, bevor die Mappe geschlossen wird.
- `Workbook_NewSheet` wird ausgeführt, wenn in der aktuellen Arbeitsmappe ein neues Tabellenblatt hinzugefügt wird.

Die Ereignisse sind also in der Regel sehr aussagekräftig. Man kann sich eigentlich schon denken, bei welcher Aktion sie ausgeführt werden. Jeder Code innerhalb der Ereignisprozedurhülle wird ausgeführt. Dies können entweder direkte Anweisungen sein oder aber nur der Aufruf anderer Makros. Im Abschnitt über Userforms werden wir noch genauer auf Ereignisse eingehen.

Dies soll jetzt erst einmal genug Theorie gewesen sein. Als Nächstes sollen einige finanzmathematisch orientierte Anwendungsbeispiele folgen. Just do it!

13.5 Alles meins – eigene Funktionen definieren

In Kapitel 3 haben Sie die unglaubliche Funktionsvielfalt Excels kennengelernt. Obwohl Sie dieses Angebot niemals komplett ausschöpfen werden, kann es trotzdem sinnvoll sein, sich selbst neue VBA-Functions zu basteln.

13.5.1 Zielsetzung

Eine VBA-Function ist ein Makro mit Rückgabewert, das in der VBA-Umgebung genau wie eine Sub-Prozedur verwendet werden kann. Im Gegensatz zur Sub steht sie aber ebenfalls im Funktionskatalog von Excel zur Verfügung (es sei denn, sie wurde mit *Private* deklariert) und kann deshalb sogar in Excel-Zellen zum Einsatz kommen.

Wenn mir schon ohnehin so viele Excel-Funktionen zur Verfügung stehen, warum sollte ich mir dann die Mühe machen, noch mehr Funktionen zu produzieren? Im Wesentlichen gibt es dafür zwei Gründe:

1. Erweiterung des Funktionsumfangs um VBA-spezifische Eigenschaften und Methoden.
2. Vereinfachung der Syntax und damit Verbesserung des Bedienungskomforts

Die Excel-Funktionen sind hauptsächlich darauf ausgerichtet, Daten zu berechnen und zu manipulieren. Wenn es aber darum geht, Eigenschaften von Excel-Objekten oder dem Betriebssystem abzufragen, ist der Funktionskatalog nur sehr spärlich aufgestellt. Mit den Funktionen ZELLE und INFO ist das Thema bereits erschöpft. Schon das bloße Abfragen des aktuellen Tabellennamens verlangt mit der Funktion ZELLE einige Klimmzüge. Mit VBA-Functions können Sie dagegen so gut wie alles abfragen, was das Herz begehrt. Hier einige Beispiele:

- Auslesen von Zelleigenschaften, z.B. Hintergrundfarbe als Hexadezimalzahl, die Formel der angegebenen Zelle oder sogar den Text eines Zellkommentars:

```
Function Hintergrundfarbe(c As Range) As String
Hintergrundfarbe = VBA.Hex(c.Interior.Color)
End Function

Function ZellFormel(c As Range, Z1C1_Schreibweise As Boolean) As String
If Z1C1_Schreibweise Then
    ZellFormel = c.FormulaR1C1Local
Else
    ZellFormel = c.FormulaLocal
End If
End Function

Function Kommentar(c As Range) As String
Kommentar = c.Comment.Text
End Function
```

- Spezielle VBA-Functions, zu denen es keine Excel-Entsprechungen gibt, z.B. Dateigröße der Arbeitsmappe, zu welcher der angegebene Bezug gehört oder der aktuelle Windows-User

```
Function DateiGrösse(Bezug As Range) As Long 'Datei muss gespeichert sein
DateiGrösse = VBA.FileLen(Bezug.Parent.Parent.FullName)
End Function

Function BenutzerName()
BenutzerName = Environ("Username")
End Function
```

- Eigenschaften der Excel-Anwendung selbst, u.a. die, die man in den Excel-Optionen einstellen kann, z.B. die maximale Anzahl Schritte im Iterationsmodus:

  ```
  Function MaxIterationen()
  MaxIterationen = Application.MaxIterations
  End Function
  ```

- Eigenschaften anderer Excel-Objekte, zum Beispiel alle Auflistungen, die sich mit der *Count*-Eigenschaft zählen lassen. Folgende Function zählt die vorhandenen Szenarien der zu *Bezug* gehörenden Tabelle:

  ```
  Function AnzahlSzenarien(Bezug As Range) As Long
  AnzahlSzenarien = Bezug.Parent.Scenarios.Count
  End Function
  ```

Diese Funktionen verwenden Sie nun genau wie Standardfunktionen.

```
C1: =KOMMENTAR(A1)
```

würde den Text des Kommentarfeldes der Zelle A1 in die Zelle C1 schreiben.

13.5.2 Die Finanzabteilung von VBA

Was die Finanzmathematik betrifft, kommt eher das zweite Argument – Verbesserung des Bedienerkomforts – zum Tragen. Alle Berechnungen können mit Excel selbst erledigt werden, VBA liefert auf diesem Gebiet keine zusätzlichen Funktionalitäten. Trotzdem kann es praktisch sein, Funktionsbausteine nach VBA auszulagern, um schneller darauf zuzugreifen.

Solange man sich im Rahmen bestimmter Standardberechnungen bewegt, muss man auch keine Räder neu erfinden, sondern kann auf fertige Funktionen zurückgreifen. Dabei lassen sich wiederum drei unterschiedliche Ansätze verfolgen:

- Finanzmathematische VBA-Functions
- WorksheetFunction-Objekt
- Evaluate-Methode

Die VBA-Bibliothek enthält ein Modul Namens *Financial*, das eine Reihe finanzmathematischer Funktionen besitzt, zu denen es identische Excel-Funktion gibt, die Ihnen nach Lektüre der vorangegangenen Kapitel bestens vertraut sein sollten. Deshalb können wir uns hier auf eine Übersetzung der Funktionsnamen beschränken:

Deutsch(XL)	**Englisch(VBA)**	**Berechnung**
BW	PV	Barwert konstanter Zahlungen
DIA	SYD	Arithmetisch-degressive Afa
GDA	DDB	Geometrisch-degressive Afa
IKV	IRR	Interner Zinsfuß
KAPZ	PPMT	Tilgungsanteil der Periode
LIA	SLN	Lineare Afa
NBW	NPV	Barwert individueller Zahlungen
QIKV	MIRR	Modifizierter interner Zinsfuß
RMZ	PMT	Regelmäßige Zahlung (Annuität)
ZINS	RATE	Verzinsung konstanter Zahlungen
ZINSZ	IPMT	Zinsanteil der Periode
ZW	FV	Zielwert konstanter Zahlungen
ZZR	NPER	Laufzeit konstanter Zahlungen

Sehr nützlich ist auch das *WorksheetFunction*-Objekt. Dieses Objekt stellt einen Container da, der die meisten Excel-Funktionen beinhaltet, um sie direkt im VBA-Code zu verwenden. Manchmal kann es verwundern, was in VBA so alles **nicht** direkt berechnet werden kann. Zum Beispiel gibt es noch nicht einmal eine Function oder Methode, um die Summe eines Bereiches oder der Elemente eines Arrays zu ermitteln. Zu Fuß müsste man wirklich über eine Schleife alle Elemente einzeln aufaddieren. Mit dem Zugriff auf *WorksheetFunction* ist das natürlich wesentlich komfortabler:

```
WorksheetFunction.Sum(Range("A:A"))
```

liefert die Summe aller Zellen in Spalte A. Auch um die Position eines Elementes in einem Array aufzuspüren gibt es keine VBA-Function. Also machen wir uns die Excel-Funktion VERGLEICH zunutze:

```
feld = Array("eins", "zwei", "drei")
MsgBox WorksheetFunction.Match("zwei", feld, 0)
```

... meldet 2, da der Text „zwei" an zweiter Position im Feld gefunden wird.

Alle finanzmathematischen VBA-Functions haben auch Entsprechungen in der Worksheetfunction-Sammlung. Darüber hinaus sind zum Beispiel auch `ISPMT` (Zinszahlungen), `VDB` (geometrisch-degressive Afa mit Methodenwechsel) und `DAYS360` (Zinstage) enthalten, die es nicht als VBA-Function gibt.

Neu in XL2007 ist die schöne Dokumentation der einzelnen WorksheetFunctions (Abbildung 13.21). Die gab es vorher nicht. Und sogar sämtliche ehemaligen Add-In-Funktionen (z.B. NOMINAL, EFFEKTIV/Effect; XINTZINSFUSS/Xirr) sind in die *WorksheetFunction*-Sammlung aufgenommen worden.

```
MsgBox Format(WorksheetFunction.Nominal(0.05, 12), "0.00%")
```

meldet 4,89 %.

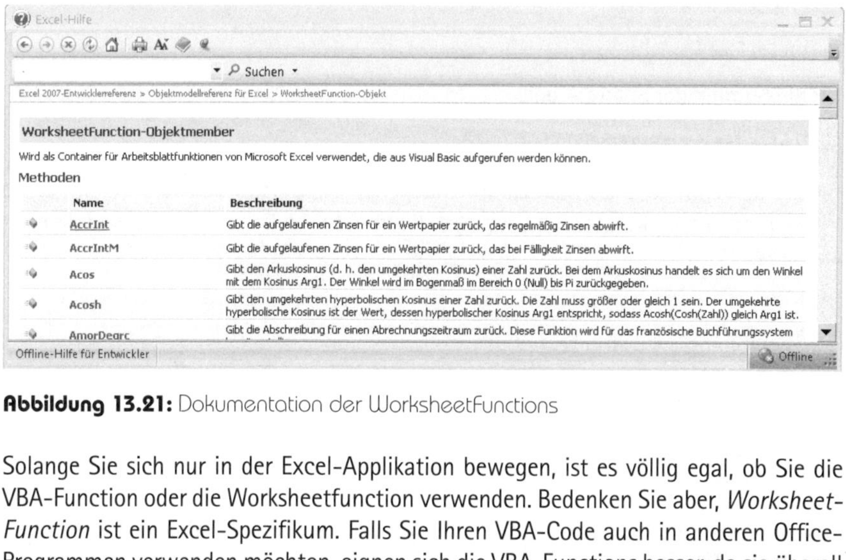

Abbildung 13.21: Dokumentation der WorksheetFunctions

Solange Sie sich nur in der Excel-Applikation bewegen, ist es völlig egal, ob Sie die VBA-Function oder die Worksheetfunction verwenden. Bedenken Sie aber, *WorksheetFunction* ist ein Excel-Spezifikum. Falls Sie Ihren VBA-Code auch in anderen Office-Programmen verwenden möchten, eignen sich die VBA-Functions besser, da sie überall erkannt werden. Um die WorksheetFunctions auch in Word zu nutzen, müsste man dort einen Verweis auf die Excel-Bibliothek herstellen und im Hintergrund eine Excel-Applikation starten. Sonst würde Word die Anweisung nicht verstehen.

Als dritten Weg steht Ihnen die *Evaluate*-Methode zur Verfügung. Auch diese äußerst nützliche Methode ist das Eigentum von Excel, nicht von VBA. Sie steht also in anderen VBA-unterstützten Programmen nicht zur Verfügung. Nach dem Motto: Name ist Programm wertet sie alles aus, was sie in die Finger kriegt. Sie besitzt nur ein Argument, das eine Zeichenkette erwartet. Der Hilfetext ...

Diese Methode konvertiert einen Microsoft Excel-Namen in ein Objekt oder in einen Wert.

... ist vollkommen irreführend. Ignorieren Sie ihn einfach. Die Methode ist stattdessen ein Formelparser, der aus

```
Evaluate("(1+2)*4/2")
```

das Ergebnis 6 macht. Klingt auf den ersten Blick nicht spektakulär, aber wenn Sie schon mal ohne Excel-Methoden versucht haben, in VBA einen Formelparser zu stricken, wissen Sie, wie nützlich diese Methode ist. Das Schöne ist, sie wertet auch alle Excel-Formeln aus. Z.B.

```
Evaluate("SUM(A:A)")
```

für die Summe der Spalte A oder

```
Evaluate("FV(5%,10,100,0,1)")
```

für die Berechnung eines finanzmathematischen Zielwertes. Zu *Evaluate* gibt es im Übrigen noch eine Kurzform mit eckigen Klammern. So können Sie einen Zellbezug auch mit

```
[A1]
```

angeben oder die Ausdrücke

```
[1+2]
```

oder

```
[FV(5%,10,100,0,1)]
```

auswerten lassen. Die Schreibweise mit eckigen Klammern ist aber völlig starr und nur zu empfehlen, wenn sich die Berechnung zur Laufzeit nicht variabel anpassen muss. Die Argumente können nämlich nicht über Variablen gefüllt werden:

```
a = 100
MsgBox [FV(5%,10, a ,0,1)]
```

erzeugt einen Laufzeitfehler.

Erst wenn Sie Berechnungen verwirklichen wollen, die nicht mehr über den Standard zu realisieren sind, müssen Sie Funktionen von der Pike auf selbst programmieren.

13.5.3 Zielwert Spezial

Angenommen, Sie möchten eine Zielwertberechnung, für welche die Funktion ZW zuständig wäre, um eine Zahlungsdynamik und arithmetische, unterjährige Verzinsungen erweitern. Natürlich lässt sich das mit Excel rechnen, aber Sie werden immer relativ kompliziert aussehende Formeln bemühen müssen. Alternativ können Sie aber eine Function definieren, z.B. ZWS (sprich: „Zielwert Spezial"), die Sie genau wie ZW an beliebigen Stellen einer Arbeitsmappe aufrufen können; nur mit dem Unterschied einiger zusätzlichen Argumente.

Function ZWS(Zinssatz As Double, Zinsperioden As Long, RMZ As Double, Barwert As Double, AnzahlZahlungen As Long, Optional Fälligkeit As Boolean, Optional RMZWachstum As Double)

```
Dim n As Long, p As Long
Dim Kapital As Double
Dim TempZins As Double
Dim i As Double 'Verrechnungszins

If AnzahlZahlungen < 1 Then
 ZWS = "#ZAHL!"
 Exit Function
End If
i = Zinssatz / AnzahlZahlungen

Kapital = Barwert

 For n = 1 To Zinsperioden ' =Zinseszinsperioden
    For p = 1 To AnzahlZahlungen
        If Fälligkeit Then
            Kapital = Kapital + RMZ
            TempZins = TempZins + Kapital * i
        Else
              TempZins = TempZins + Kapital * i
            Kapital = Kapital + RMZ
        End If
    Next p
    Kapital = Kapital + TempZins
    TempZins = 0
    RMZ = RMZ * (1 + RMZWachstum)
 Next n
ZWS = Kapital
End Function
```

Die Zeilennummern zu Beginn der Anweisungen sind nicht notwendig, erleichtern nur die folgende Dokumentation. Im Funktionskopf stehen nach dem Funktionsnamen alle Argumente, welche die Funktion erwartet. Durch den Zusatz *Optional* können Sie dafür sorgen, dass die Funktion auch rechnet, wenn die entsprechenden Argumente nicht angegeben wurden. VBA würde dann in dieser Prozedur für alle als Zahlen deklarierten Argumente 0 annehmen und für die *Fälligkeit* FALSCH.

Die Argumente, die auch bei der klassischen ZW-Funktion benötigt werden, sind:

- Zinssatz As Double
- Zinsperioden As Long
- RMZ As Double
- Barwert As Double
- Fälligkeit As Boolean

Neu in der Spezialvariante sind:

- AnzahlZahlungen As Long
- RMZWachstum As Double

AnzahlZahlungen bestimmt die Anzahl der Zahlungen mit einfacher Verzinsung innerhalb einer Zinseszinsperiode. *RMZWachstum* ist ein Prozentsatz, der die regelmäßigen Zahlungen wachsen lässt. Und zwar immer mit der ersten Zahlung zu Beginn einer neuen Zinseszinsperiode.

Zu Beginn der Function werden die benötigten Variablen deklariert, die nicht bei Funktionsaufruf übergeben werden. In Zeile 1 findet eine Plausibilitätsprüfung statt. Je Zinsperiode muss mindestens eine Zahlung erfolgen, ansonsten liefert die Function einen Fehlerwert, und die Berechnung wird mit der *Exit Function*-Anweisung abgebrochen.

Das Argument *Zinssatz* erwartet den Jahreszins, deshalb muss in Zeile 5 der Zinssatz je Zahlungsperiode ermittelt und an die Variable *i* übergeben werden.

Kapital ist die Variable, in der während der gesamten Prozedur das aktuelle Vermögen fortgeschrieben wird. Zu Beginn entspricht es dem *Barwert*, der in Zeile 6 übergeben wird.

Als Nächstes beginnen zwei ineinander verschachtelte *For-Next*-Schleifen. Die äußere Schleife – von Zeile 7 bis Zeile 20 – durchläuft alle *n* Zinseszinsperioden. Die innere Schleife – von Zeile 8 bis Zeile 16 – durchläuft alle *p* Zahlungen innerhalb einer Zinseszinsperiode.

In der *p*-Schleife werden nur zwei Anweisungen ausgeführt. Welche zwei, das entscheidet die *Fälligkeit*-Prüfung in Zeile 9. Im vorschüssigen Fall wird in Zeile 10 dem Kapital die aktuelle Zahlung zuaddiert. Dann wird in Zeile 11 das Kapital verzinst. Da innerhalb der p-Schleife kein Zinseszinseffekt gewünscht ist, werden die Zinsen nicht dem Kapital zuaddiert, sondern in der Variablen *TempZinsen* zwischengespeichert. Im nachschüssigen Fall, bei dem die Zeilen 13 und 14 zum Zuge kommen (statt 10 und 11), werden die gleichen Berechnungen durchgeführt, nur in der anderen Reihenfolge. Dadurch wird jede Zahlung *RMZ* einmal weniger verzinst.

In Zeile 16 wird der Fahrstuhl bedient, und die Schleife beginnt in Zeile 8 einen neuen Durchlauf. Nachdem alle Perioden p abgearbeitet wurden, geht es weiter mit den drei Anweisungen der n-Schleife.

In Zeile 17 erfolgt die Zinsverrechnung, d.h., die Zinsen werden dem Kapital gutgeschrieben. In Zeile 18 wird der Zwischenspeicher der arithmetischen Zinsen wieder gelöscht. In Zeile 19 wird die regelmäßige Zahlung um die angegebene Wachstumsrate *RMZWachstum* erhöht. Zeile 20 beamt die Prozedur nach Zeile 7 zum Start des nächsten *n*-Schleifendurchlaufs.

Zu guter Letzt wird in Zeile 21 die Variable *Kapital* an den Funktionsnamen *ZWS* übergeben. Ansonsten hätte die Function keinen Rückgabewert, und die ganze Berechnung löste sich in Wohlgefallen auf.

Um zu überprüfen, ob das jetzt alles geklappt hat, füttern wir eine Tabelle mit Beispielszahlen und lassen unsere Funktion darauf los (Abbildung 13.22).

A16 =ZWS(i;n;rmz;bw;p;f;rmzW)

	A	B	C	D	E	F	G	H
1	Zinssatz i	9%		p				
2	Zinsperioden n	5		6	100,00	9,0		
3	RMZ	100,00		5	100,00	7,5		
4	BW	1000		4	100,00	6,0	einfache Zinsen	
5	Anzahl Zahlungen p	6		3	100,00	4,5	(arithmetisch)	
6	F	1		2	100,00	3,0		
7	RMZ-Wachstum	5%		1	100,00	1,5		
8								
9				n				
10				4	631,50	891,41		
11				3	663,08	858,70		
12				2	696,23	827,19	Zinseszinsen	
13				1	731,04	796,83	(geometrisch)	
14				0	767,59	767,59		
15	**Probe:**			Endwert RMZ		4.141,73		
16	5.680,35447492			Endwert BW		1.538,62		
17	5.680,35447492			ZW		**5.680,35**		

Abbildung 13.22: Test der benutzerdefinierten Funktion ZWS

Im Bereich B1 bis B7 stehen alle benötigten Input-Größen. Die Zellen sind in üblicher Weise benannt. Mit diesen Beispielzahlen liefert unsere Funktion den Endwert:

```
A16: =ZWS(i;n;rmz;bw;p;f;rmzW) = 5680,35447492
```

Um nochmals nachzuvollziehen, was da eigentlich gerechnet wurde, verproben wir die Prozedur tabellarisch. In E2:E7 stehen die sechs Zahlungen innerhalb einer Zinseszinsperiode. In Spalte F wir die einfache Verzinsung ermittelt:

```
F2: =E2*$B$1/6*D2
```

wird bis F7 kopiert. E10 enthält die sechs Zahlungen zuzüglich Zinsgutschrift.

```
E10: =SUMME(E2:F7)
```

Dieser Wert wächst in jeder Periode um den Faktor RMZ-Wachstum:

```
E11: =E10*(1+$B$7)
```

wird bis E14 kopiert. Die Beträge in E10:E14 werden nun geometrisch bis an das Ende der Gesamtlaufzeit verzinst:

```
F10: =E10*(1+$B$1)^D10
```

wird bis F14 kopiert und dann summiert:

```
F15: =SUMME(F10:F14)
```

Nun fehlt noch die n-fache Aufzinsung des Anfangskapitals BW.

```
F16: =bw*(1+zinssatz)^n
```

Et voilà, das Endergebnis

```
F17: =+F15+F16 = 5680,35
```

stimmt mit der VBA-Function überein. Und wer drauf steht, kann es auch „all -in one" mit einer Matrixformel erledigen:

```
A17: {=SUMME(rmz*(p+(p-1+2*f)/2*i)*(1+rmzW) ^(ZEILE(INDIREKT("1:"&n))-1)*(1+i)^
(n-ZEILE(INDIREKT("1:"&n))))+bw*(1+i)^n}
```

13.5.4 Verwaltung eigener Funktionen

Vorteil der VBA-Lösung ist der komfortable Zugriff. Wenn die Function einmal definiert ist, kann sie immer wieder an beliebigen Stellen verwendet werden, ohne eine Tabelle erstellen bzw. Gehirnschmalz in eine doch recht komplizierte Formel stecken zu müssen und eventuell neue Fehler zu machen. Der Komfort wird noch dadurch erheblich verbessert, dass Sie für Ihre finanzmathematischen Functions eine eigene Kategorie erzeugen und sie dort einbinden können. Mit der Anweisung

```
Application.MacroOptions Macro:="Mappe1!ZWS", Description:="Zielwert Spezial:
Erweitert die normale ZW-Funktion um Zahlungsdynamik und arithmetische
Verzinsungen", Category:="Finanzen Spezial"
```

wird eine solche Kategorie erzeugt. Das Ergebnis sehen Sie beim Aufruf des Funktionskataloges (Abbildung 13.23):

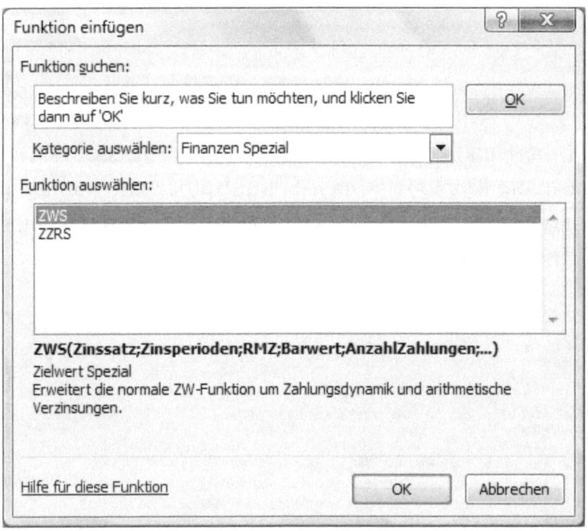

Abbildung 13.23: Eigene Funktionen in den Funktionskatalog eingliedern

Wie bei jeder Standardfunktion können die Argumente über den Funktions-Assistenten bequem gefüllt werden (Abbildung 13.24).

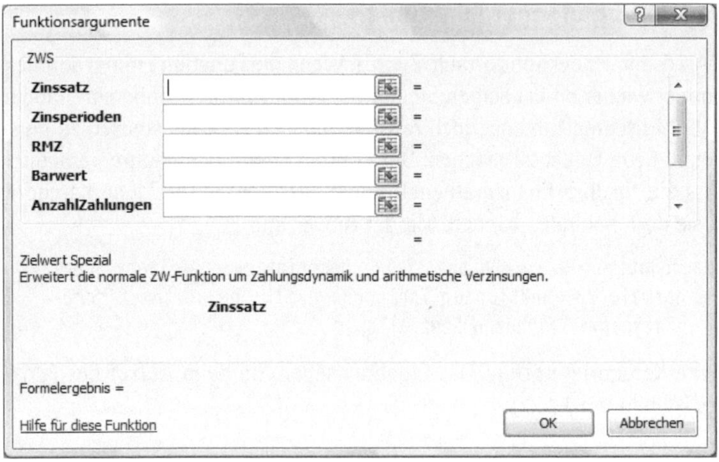

Abbildung 13.24: Dialog zur Eingabe der Funktionsparameter

Die Zuordnung im Funktionskatalog wird allerdings beim Schließen der Excel-Anwendung aufgehoben. Damit die Funktionen beim nächsten Start wieder richtig eingeordnet sind, müssen Sie sie in die *Workbook_Open*-Ereignisprozedur einbinden. Führen Sie dazu im Projekt-Explorer einen Doppelklick auf *DieseArbeitsmappe* aus, und schreiben Sie in das sich öffnende Modul den Code gemäß Abbildung 13.25.

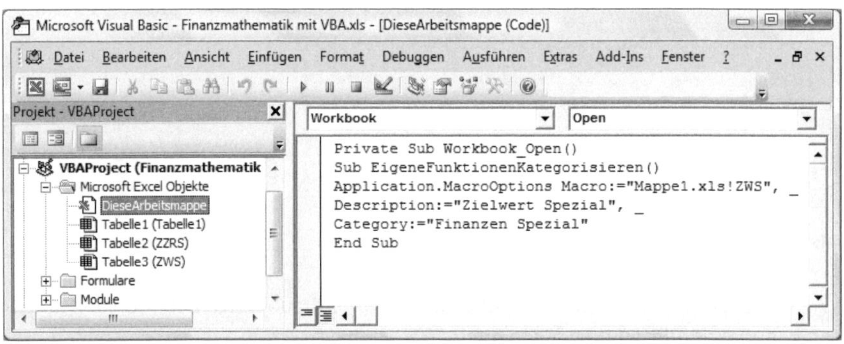

Abbildung 13.25: Makro, mit dem eine Funktion in eine eigene Funktionskategorie eingebunden wird

Wo werden die Functions nun sinnvollerweise abgelegt? Grundsätzlich haben Sie folgende Möglichkeiten:

1. Nur in den individuellen Arbeitsmappen, in denen sie benötigt werden.

   Vorteil: Die Functions stehen in den Dateien immer zur Verfügung, auch wenn Sie sie jemand anderem per Mail schicken.

   Nachteil: Sie müssen die Functions einmal in ein Modul der Arbeitsmappe reinkopieren oder eine andere Datei als Vorlage benutzen, welche die Functions enthält.

2. In einer *.xlam*-Datei (Excel-Add-In)

   Sie können die Datei unter dem Dateityp *.xlam* speichern und dann über *Excel-Optionen>Add-Ins...* einbinden.

   Vorteil: Bei jedem Start der Excel-Anwendung stehen die Functions in allen Arbeitsmappen zur Verfügung

   Nachteil: Wenn Sie die Arbeitsmappen per Mail weitergeben, fehlt dem Empfänger das Add-In, und er kann die Formeln nicht mehr lesen. Damit handeln Sie sich das gleiche Problem ein, das bis XL2003 die zusätzlichen Analysefunktionen hatten.

3. In Personl.XLS

   Dies ist eine ausgeblendete Datei, die bei Start von Excel mitgeladen werden kann und ihnen häufig benötigte Makros immer zu Verfügung stellen soll. Beim Makroaufzeichnen können Sie diese Datei auch als Speicherort für die Aufzeichnung auswählen.

   Hier besteht das gleiche Weitergabeproblem wie bei den Add-Ins.(in XL2007 heißt diese Datei PERSONAL.XLSB)

4. In einer Mustervorlage

   Speichern Sie die Datei mit den Functions unter dem Dateiyp *.xltm* ab. Dann können Sie nach dem Excel-Start aus dieser Vorlage eine neue Mappe erzeugen, falls diese die Functions benötigt.

   Vorteil: Komfortabler Zugriff wie bei Add-In, aber ohne deren Weitergabeprobleme.

   Nachteil: keine (?)

13.5.5 Laufzeit Spezial

Ob Formellösung oder VBA-Function, das ist sicher Geschmacksache. Für welche Lösung würden Sie sich bei folgender Aufgabenstellung entscheiden? Wir gehen vom gleichen Zahlenbeispiel aus wie bei Zielwert Spezial. Jetzt soll die Laufzeit (Anzahl Zahlungen) bestimmt werden, zu der sich eine vorgegebene Vermögenssumme angespart hat. Für diesen Anwendungsfall gibt es die Excel-Funktion ZZR. Doch wenn mehr Zahlungstermine als Zinstermine vorkommen und die Zahlungen auch noch dynamisch steigen, ist ZZR genauso überfordert wie ZW.

Wie lässt sich die Berechnung am schnellsten so umstellen, dass die gesuchte Größe Zielwert (ZW) durch die gesuchte Anzahl an Zahlungsperioden ausgetauscht wird?

Die Formellösung umzustellen wäre ein Kraftakt. Die tabellarische Lösung mithilfe der Zielwertsuche umzustellen, geht auch nicht ohne Weiteres. (Nach n auflösen bringt's nicht, dann würde das Ergebnis nur bei ganzzahligen Zinsperioden passen.)

Erstaunlich unkompliziert erscheint hier die VBA-Lösung. Wir ersetzen die *For-Next*-Schleife durch eine *Do-Loop*-Schleife und müssen ansonsten nur ganz geringfügige Anpassungen gegenüber der ZWS-Function vornehmen. Do Loop ist ja immer dann gefragt, wenn die Anzahl Durchläufe ex ante nicht bekannt ist. Bei der Bestimmung der Laufzeit ist dies ja der Fall. Die Schleife soll so lange weiterarbeiten, bis die Vermögenssumme erreicht ist.

```
Function ZZRS(Zinssatz As Double, RMZ As Double, Zielwert As Double, Barwert As Double, AnzahlZahlungen As Long, Fälligkeit As Boolean, RMZWachstum As Double)

Dim n As Long, p As Long
Dim Kapital As Double
Dim TempZins As Double
Dim i As Double

If AnzahlZahlungen < 0 Then
ZZRS = "#ZAHL!"
Exit Function
End If
i = Zinssatz / AnzahlZahlungen
Kapital = Barwert
Do While Kapital < Zielwert And n < 100
  n = n + 1
  p = 0
  Do While p < AnzahlZahlungen And (Kapital + TempZins) < Zielwert
```

```
11       p = p + 1
12       If Fälligkeit Then
13           Kapital = Kapital + RMZ
14           TempZins = TempZins + Kapital * i
15       Else
16           TempZins = TempZins + Kapital * i
17           Kapital = Kapital + RMZ
18       End If
19   Loop
20   Kapital = Kapital + TempZins
21   TempZins = 0
22   RMZ = RMZ * (1 + RMZWachstum)
23 Loop
24 ZZRS = (n - 1) * AnzahlZahlungen + p
End Function
```

Die Parameter der Funktion ZZRS (sprich: ZZR-Spezial) gleichen denen von ZWS, nur dass die Anzahl *Zinsperioden* weggefallen und dafür *Zielwert* dazugekommen ist.

Die Variablendeklarationen sind identisch zu ZWS. Auch an der Gültigkeitsprüfung der Zeilen 1 bis 4 hat sich nichts geändert. Die Zuweisungen der Zeilen 5 und 6 werden auch wieder benötigt.

Neu wird's in Zeile 7. `Do While` hält die Schleife so lange in Gang, bis das aufsummierte Kapital noch nicht den gewünschten Zielwert erreicht hat: `Kapital < Zielwert`. Die zusätzliche Prüfung n < 100 beinhaltet die Festlegung einer Obergrenze. Bei `Do-Loop`-Schleifen läuft man leicht Gefahr, in eine Endlosschleife reinzulaufen. Dies wird mit einer Obergrenze vermieden. Wenn also selbst nach 100 Jahren das Endkapital nicht erreicht ist, bricht das Makro ab („Junge, du wirst es nie schaffen!").

`Do-Loop`-Schleifen haben im Gegensatz zu `For Next` keinen Zähler, der automatisch bei jedem Durchlauf 1 hochzählt. Deshalb muss man in der Regel selbst Zähler einbauen, wie in Zeile 8 zu sehen ist. In Zeile 9 wird der Zähler der inneren `Do-Loop`-Schleife zurückgesetzt.

Die äußere Schleife von Zeile 7 bis 23 durchläuft wieder die Zinseszinsperioden. Die innere Schleife von Zeile 10 bis 19 simuliert die Zahlungen innerhalb einer Zinseszinsperiode. In der inneren Schleife werden zu dem Kapital, das mit dem Zielwert verglichen wird, noch die temporären, einfachen Zinsen addiert. Denn diese sind zwar selbst nicht zinsbringend, aber bei Kapitalauszahlung zu dem entsprechenden Zeitpunkt gehören sie natürlich zum Gesamtvermögen.

Zeile 11 zählt die Zahlung p um eins hoch. Die Zeilen 12 bis 18 stellen die Kapitalverzinsung und Entwicklung abhängig von der Fälligkeit dar, exakt wie bei der Funktion ZWS.

Auch die Zeilen 20 bis 22 in der äußeren Schleife kommen gleichermaßen in ZWS vor. Hier erfolgt die Zinsgutschrift, und die temporären Zinsen werden gelöscht. Und die Zahlungen werden an die mögliche Dynamik angepasst.

In Zeile 24 erhält die Funktion ihren Rückgabewert, der abhängig von den Zählerständen von n und p ist.

```
(n - 1) * AnzahlZahlungen
```

Berechnet die vollen Zinsperioden, die vergangen sind.

```
+ p
```

Addiert dann noch die übrigen arithmetisch verzinsten Perioden. Da hier einfach die Zählerstände addiert werden, ist das Ergebnis natürlich immer ganzzahlig und aufgerundet.

Um die Funktion testen zu können, werden wir jetzt doch nochmals eine tabellarische Lösung basteln und mit dem Ergebnis von ZZRS vergleichen (Abbildung 13.26).

J1 =ZZRS(i;rmz;G1;bw;p;f;rmzW)

	A	B	C	D	E	F	G	H	I	J	K
1	**Einzahlung**	**Zinskapital**	**Zinsen**	**Endkapital**		Endwert	2900,00		erreicht nach	15	Perioden
2	100,0	1100,00	16,50	1116,50							
3	100,0	1200,00	18,00	1234,50							
4	100,0	1300,00	19,50	1354,00							
5	100,0	1400,00	21,00	1475,00							
6	100,0	1500,00	22,50	1597,50							
7	100,0	1600,00	24,00	1721,50							
8	105,0	**1826,50**	27,40	1853,90							
9	105,0	1931,50	28,97	1987,87							
10	105,0	2036,50	30,55	2123,42							
11	105,0	2141,50	32,12	2260,54							
12	105,0	2246,50	33,70	2399,24							
13	105,0	2351,50	35,27	2539,51							
14	110,3	**2649,76**	39,75	2689,51							
15	110,3	2760,01	41,40	2841,16							
16	110,3	2870,26	43,05	2994,46							
17	110,3	2980,51	44,71	3149,42							
18	110,3	3090,76	46,36	3306,03							
19	110,3	3201,01	48,02	3464,29							
20	115,8	**3580,06**	53,70	3633,76							
21	115,8	3695,82	55,44	3804,96							
22	115,8	3811,58	57,17	3977,89							
23	115,8	3927,34	58,91	4152,57							
24	115,8	4043,11	60,65	4328,98							
25	115,8	4158,87	62,38	4507,12							
26	121,6	**4628,67**	69,43	4698,10							
27	121,6	4750,22	71,25	4890,91							
28	121,6	4871,77	73,08	5085,53							
29	121,6	4993,32	74,90	5281,98							
30	121,6	5114,87	76,72	5480,26							
31	121,6	5236,43	78,55	5680,35							

Zinssatz i	9%
Zinsperioden n	5
RMZ	100,00
BW	1000
Anzahl Zahlungen p	6
F	1
RMZ-Wachstum	5%

Abbildung 13.26: Test der benutzerdefinierten Funktion ZZRS

Die Zahlungen in Spalte A:

```
A1:100
A2:=A1
```

In jeder p-ten Zeile erfolgt die Dynamik:

```
A8: =A7*(1+rmzW)
```

In Spalte B steht das zinsbringende Kapital:

```
B2: =A2+bw
B3: =+B2+A3
```

Und in jeder p-ten Zeile erfolgt die Zinsgutschrift:

```
B8:=B7+A8+SUMME(C2:C7)
```

Die Zinserträge stehen in Spalte C:

```
C2: =B2*i/6
```

kann durchgängig nach unten kopiert werden. In Spalte D steht das Endkapital:

```
D2:D7: =B2+SUMME(C$2:C2)
```

Die Formel wird in Blöcken von sechs Zeilen (bei sechs Zahlungen je Zinsperiode) kopiert und der Bezug in der SUMME-Funktion angepasst:

```
D8:D13: =+B8+SUMME(C$8:C8)
```

usw. Spalte D enthält folglich das zinsbringende Kapital aus Spalte B zuzüglich aller noch nicht gutgeschriebenen Zinsen aus Spalte C.

Nach wie vielen Zahlungen wurde nun das Kapital von 2.900 € erreicht bzw. überschritten? Aus Spalte D können wir dies nun über die Formel

```
J1: =VERGLEICH(G1;D2:D31;1)+WENN(ZÄHLENWENN(D2:D31;G1)=0;1)
=15
```

ablesen. Das Ergebnis stimmt mit unserer Function überein:

```
J1: = ZZRS(i;rmz;G1;bw;p;f;rmzW) = 15
```

13.6 Mundgerecht und formvollendet

Bei Softwareentwicklungen besteht ein Zielkonflikt zwischen Flexibilität auf der einen Seite und Integration/Beherrschbarkeit (Neudeutsch „Usability") auf der anderen Seite. Excel bietet wahrscheinlich die denkbar größte Flexibilität, und mit keinem anderen Werkzeug können Sie dermaßen schnell auf Ad-hoc-Anforderungen reagieren.

Andererseits bietet diese Flexibilität natürlich auch Risiken, weil die Anwender jede Menge unkontrollierten Unsinn treiben können. Bei ERP- (z.B. SAP) oder Datenbanksystemen besteht die Gefahr in diesem Umfang nicht, da die Benutzer durch ganz restriktiv eingeschränkte UIs (User Interfaces, Benutzerschnittstellen) und Front Ends (sichtbarer Teil eines Programms) geknebelt werden. Dies führt zu einer hohen Kontrolle und Standardisierung des Systems – auf Kosten der Flexibilität.

Auch in Excel kann man zumindest in einem gewissen Rahmen dem Benutzer die Programmbausteine, die er benötigt, mundgerecht servieren und damit eine größere Kontrolle erwirken. Ein erster Schritt sind die zuvor beschriebenen benutzerdefinierten Funktionen, die als kleine Programmpakete dienen, um den Bedienungskomfort des Benutzers zu erleichtern.

Ein weiterer Schritt in diese Richtung stellen die *Userforms* dar. Angenommen, Sie haben eine Excel-Tabelle mit nur zwei Zellen C3 und C5, in die Eingaben gemacht werden sollen. Alle anderen Zellen sind gesperrt, und die Tabelle ist mit einem Blattschutz versehen (Abbildung 13.27).

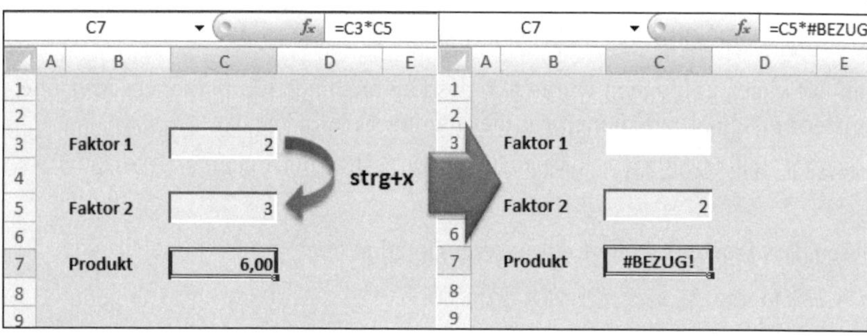

Abbildung 13.27: Die Tastenkombination [Strg]+[X] kann auch in geschützten Tabellen Formeln zerstören.

Jemand will den Wert von C3 nach C5 kopieren und wählt versehentlich den Shortcut [Strg]+[X] statt [Strg]+[V] und fügt in C5 mit [Strg]+[V] ein. Dadurch wird der Tabellenaufbau, u.a. der Formelbezug in C7, zerstört. Der Blattschutz ist aktiv und die Zelle C7 gesperrt, aber gegen eine solch extreme Fehlbedienung ist kein Kraut gewachsen (außer Sie unterdrücken die Tastenkombination [Strg]+[X] mit der `Application.OnKey`-Anweisung).

In den allermeisten Fällen werden Sie solche Lücken mit Recht in Kauf nehmen, aus reiner Aufwand-Nutzen-Abwägung. Sie können schließlich nicht Tausende Excel-Dateien absichern wie Fort Knox.

Für besonders heikle Dateien bieten aber Userforms die Möglichkeit, Eingaben besser zu kontrollieren. Bezogen auf obiges Beispiel könnte die direkte Eingabe in die Zellen C3 und C5 verboten und über die Userform durchgeführt werden. (Wären C3 und C5 gesperrt, wäre ein Ausschneiden von C3 und Einfügen in C5 nicht möglich.)

Dazu kommt, dass auf Ereignisse von Textfeldern oder anderen Steuerelementen in Userforms viel differenzierter reagiert werden kann als auf Zellen. Zellen selbst besitzen eigentlich gar keine Ereignisse. Es gibt nur vier Ereignisse von Tabellen, die mit Zellmanipulationen in Zusammenhang stehen:

- `Worksheet_Change(ByVal Target As Range)` wird ausgelöst, wenn sich irgendein Zellwert ändert.
- `Worksheet_SelectionChange(ByVal Target As Range)` wird ausgelöst, wenn sich die Zellselektion ändert.
- `Worksheet_BeforeDoubleClick(ByVal Target As Range, Cancel As Boolean)` wird bei Doppelklick auf irgendeine Zelle ausgelöst.
- `Worksheet_BeforeRightClick(ByVal Target As Range, Cancel As Boolean)` wird bei Rechtsklick auf irgendeine Zelle ausgelöst.

Die Betonung liegt auf *„irgendeine"*.

D.h., das Ereignis gilt grundsätzlich für alle Zellen der Tabelle. Über die Variable `Target` erfahren Sie, welche Zelle(n) das Ergebnis ausgelöst hat bzw. haben, und können individuell darauf reagieren. Das folgende *Change*-Ereignis macht zum Beispiel Meldung, welche Zelle(n) gerade geändert wurde(n):

```
Private Sub Worksheet_Change(ByVal Target As Range)
MsgBox "Zelle " & Target.Address & " wurde geändert"
End Sub
```

Angenommen, Sie möchten diese Meldung nur erhalten, wenn die Zellen C3, X10 oder Z20 geändert wurden. Wenn eine der Zellen A5, B8, D9 geändert wurde, soll eine andere Aktion ausgeführt werden, bei den übrigen Zellen gar keine. Mit diversen Prüfungen und `Select Case`-Anweisungen können Sie dies innerhalb der einen `Worksheet_Change`-Prozedur verifizieren. Arbeiten Sie mit Steuerelementen in einer Userform, haben Sie im Gegensatz dazu den Vorteil, dass jedes Element seine eigenen Ereignisse besitzt, auf die individuell reagiert werden kann.

Doch nun wollen wir endlich unsere erste Userfom programmieren. Ziel ist es, einen Rentenrechner zu bauen mit den gleichen Funktionalitäten wie zu Beginn des Kapitels, wo er mit automatisierter Zielwertsuche gesteuert wurde. Diesmal sollen diese Funktionalitäten über eine Userform zur Verfügung gestellt werden.

Starten Sie die VBA-Entwicklungsumgebung, und wählen Sie *Einfügen>UserForm*, wie in Abbildung 13.28 zu sehen ist.

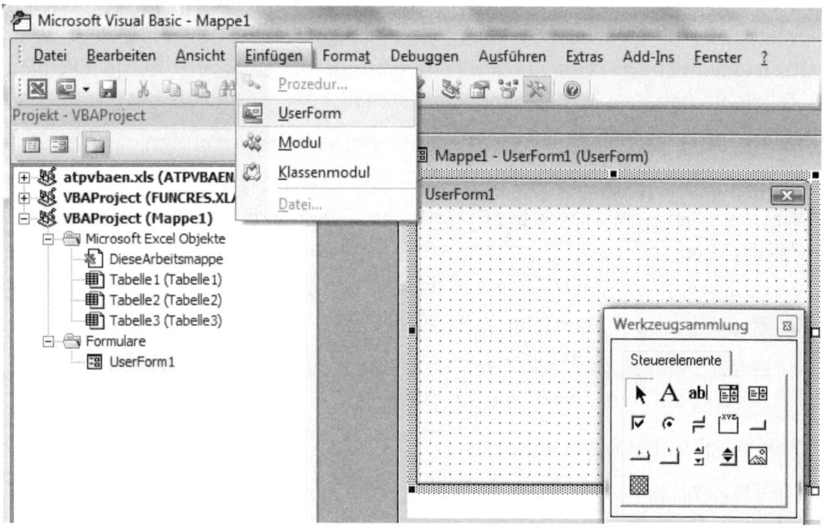

Abbildung 13.28: Anlegen einer Userform

Daraufhin wird im Projekt-Explorer im aktuellen VBA-Projekt (= aktuelle Arbeitsmappe) ein Ordner *Formulare* erzeugt und darunter die neue *UserForm1*. Selbige ist in einem Fenster rechts zu sehen.

So wie Sie in einem Modul mit [F5] ein Makro ausführen können, können Sie jetzt mit [F5] die Userform ausführen. Die noch nackte Userform wird dann über die zurzeit aktive Tabelle gelegt. Im Standard werden Formulare modal aufgerufen, das bedeutet, solange sie geöffnet sind, haben sie die Herrschaft über die aktuelle Applikation. Weder die aktuelle Tabelle noch die Multifunktionsleiste können manipuliert werden, solange die Userform geöffnet ist. Dies gewährleistet eine erheblich höhere Kontrolle über den von Ihnen entwickelten Programmablauf.

13.6.1 ActiveX-Steuerelemente

Über das Symbol *Werkzeugsammlung* erhalten Sie eine Auswahl der wichtigsten Steuerelemente, die in die Userform eingebunden werden können. Darüber hinaus gibt es noch unzählige andere Steuerelemente, doch das sind andere Geschichten, und sie sollen ein andermal erzählt werden. Die Elemente der Werkzeugsammlung entsprechen den ActiveX-Steuerelementen, die Sie auch in Excel unter der *Multifunktionsleiste>Entwicklertools* einbinden können. Folgende fünf Steuerelemente sehen wir uns genauer an, da wir sie in unserem Zinsrechner benötigen:

- Bezeichnungsfeld (`Label`)

  Bezeichnungsfelder bezeichnen andere Steuerelemente oder zeigen Daten an. Die wichtigste Eigenschaft ist `Caption`, hinter welcher der angezeigte Wert oder Text steht.

- Textfeld (`Textbox`)

  Ein Textfeld kann die gleichen Aufgaben erfüllen wie ein Bezeichnungsfeld. Darüber hinaus ist das Textfeld aber zur Laufzeit editierbar und dient damit als Eingabefeld, ähnlich wie eine Excel-Zelle. Die wichtigste Eigenschaft der Textbox ist `Value`, also die in ihr gezeigten Daten.

  Steuerelemente unterscheiden sich nicht nur hinsichtlich ihrer Eigenschaften, sondern auch bezüglich der Ereignisse, auf die sie reagieren können. Bezeichnungsfeld und Textfeld sehen sich beispielsweise recht ähnlich, aber Letzteres kann auf 16 verschiedene Ereignisse reagieren, das Label nur auf acht.

- Befehlsschaltfläche (`Commandbutton`)

  Eine Befehlsschaltfläche besitzt natürlich auch eine Caption-Eigenschaft, die ihre Beschriftung anzeigt. Das herausragende Merkmal ist bei diesem Objekt aber keine Eigenschaft, sondern ihr `Click`-Ereignis. Am liebsten wird sie halt gedrückt.

- Optionsfeld (`Optionbutton`)

  Optionsfelder treten immer im Rudel auf. Aus einer Gruppe von Optionen – über die `GroupName`-Eigenschaft werden sie gruppiert – kann immer nur ein Element aktiv sein. Dieses Element trägt den Wert *WAHR*, der über die `Value`-Eigenschaft gesetzt oder gelesen werden kann. Alle übrigen Elemente der Gruppe stehen auf *FALSCH*. Falls in Ihrer Anwendung mehrere Optionen aktiv sein dürfen, müssen Sie sie anderen Gruppen zuweisen oder stattdessen mit Kontrollkästchen (ein weiterer Steuerelementtyp) arbeiten. Nur schade, dass es keine Eigenschaft gibt, die angibt, welches Optionsfeld einer Gruppe gerade ausgewählt ist.

- Kombinationsfeld (`Combobox`)

  Das Kombinationsfeld ist das komplexeste und leistungsstärkste Steuerelement in unserem Quintett und verdient deshalb etwas mehr Aufmerksamkeit. Die Combobox lässt sich als visuelles Datenfeld verstehen. Wenn Sie noch nicht wissen, was ein Datenfeld/Array ist, sollten Sie noch einmal ein paar Abschnitte zurückblättern, sonst haben Sie Probleme, die Funktionsweise dieses Steuerelementes zu kapieren.

So übergeben Sie ein komplettes Datenfeld an ein Kombinationsfeld:

```
Dim feld as variant
feld = Array("a", "b", "c")
Me.ComboBox1.List = feld
```

Genauso gut können Sie die Elemente einzeln übergeben:

```
Me.ComboBox1.AddItem "a"
Me.ComboBox1.AddItem "b"
Me.ComboBox1.AddItem "c"
```

In beiden Fällen ist das Datenfeld nullbasiert. Das bedeutet, dass das erste Element mit dem Index 0 angesprochen wird. Ein Element der Liste wird von der Combobox angezeigt. Der Wert dieses Elementes kann mit der `Value`-Eigenschaft abgefragt werden:

```
MsgBox ComboBox1.value
```

An welcher Position das Element steht, liefert der Befehl

```
MsgBox ComboBox1.ListIndex
```

Wenn wir, wie im obigen Beispiel, die Combobox mit *a*, *b* und *c* gefüllt haben und a wird angezeigt, dann liefert *ListIndex* den Wert 0.

Nicht nur der aktuell angezeigte Wert kann abgefragt werden, sondern auch ein beliebiger anderer der Liste, und zwar mit:

```
MsgBox ComboBox1.List(2)
```

was „c" liefern würde; genau wie man eben auch Elemente eines Datenfeldes abfragen würde. Und ein solches Element kann nicht nur ausgelesen, sondern auch überschrieben werden:

```
ComboBox1.List(2) = "d"
```

Auch die Position des aktuell angezeigten Elementes kann nicht nur abgefragt, sondern auch geändert werden:

```
ComboBox1.ListIndex = 2
```

Nützlich ist es auch, die Anzahl verfügbarer Einträge zu ermitteln. Dies geschieht mit:

```
Anzahl = ComboBox1.ListCount
```

Und um zu demonstrieren, dass eine Combobox im Grunde wirklich nichts anderes ist als ein Datenfeld mit Komfort – die Anzahl finden wir auch so:

```
Anzahl = UBound(ComboBox1.List)
```

`UBound` ist eine Funktion, die den größten verfügbaren Index eines Datenfeldes liefert.

Eine Combobox kann auch mehrspaltig sein. In dem Fall sind noch die Eigenschaften `BoundColumn` und `ColumnCount` wichtig. Als Beispiel füllen wir ein zweispaltiges Datenfeld und übergeben es an die Combobox:

```
Dim feld(0 To 2, 0 To 1)
feld(0, 0) = "00"
feld(0, 1) = "01"
feld(1, 0) = "10"
feld(1, 1) = "11"
feld(2, 0) = "20"
feld(2, 1) = "21"
```

Vor der Übergabe muss die Combobox auf zwei Spalten dimensioniert werden:

```
ComboBox1.ColumnCount = 2
Me.ComboBox1.List = feld
```

Bei mehreren Spalten stellt sich die Frage, welche Spalte die maßgebliche für die `Value`-Eigenschaft ist. Diese Spalte bezeichnet man auch als die gebundene Spalte. Justiert wird sie über:

```
ComboBox1.BoundColumn = 2
```

Jetzt dürfte Sie aber nicht mehr überraschen, dass natürlich auch in der mehrspaltigen Combobox über

```
MsgBox ComboBox1.List(1, 1)
```

jedes beliebige Element abgefragt werden kann.

Bestimmte Eigenschaften besitzen alle der genannten Steuerelementtypen. Dazu zählen u.a. Eigenschaften für:

- Formate: ForeColor, BackColor, Font.Size, Visible
- Positionierung: Top, Left, Height, Width
- Steuerung: Enabled, Locked

Eine vollständige Auflistung der Eigenschaften finden Sie, wenn Sie im Objektkatalog die Bibliothek *MSForms* aufrufen, denen die ActiveX-Steuerelemente untergeordnet sind. Die Eigenschaft der *Userform* selbst finden Sie auch in dieser Bibliothek.

13.6.2 Nebenbei: Funktionen unsichtbarer Steuerelemente nutzen

Wie beim anderen Geschlecht sollte man auch bei Steuerelementen nicht die inneren Werte unterschätzen. Sie bieten zum Teil Fähigkeiten, die man sich zunutze machen kann, ohne dass das Steuerelement je in Erscheinung tritt. Da fallen uns zwei Beispiele zum Datenfeld ein. Wie beschrieben, erfüllt ein Kombinationsfeld Aufgaben eines Datenfeldes mit einigen Fähigkeiten, die dieses nicht aufzuweisen hat. Zum Beispiel ist es nicht möglich, bei einem Datenfeld ein Element einfach rauszunehmen. Man würde in dem Fall ein neues Datenfeld nehmen, das um ein Element niedriger dimensioniert ist und alle Elemente einzeln überträgt bis auf das eine, das man auslassen möchte.

Das Kombinationsfeld hat weniger Problem damit, in diesem ist nämlich die `RemoveItem`-Methode integriert. Also missbrauchen wir ein Kombinationsfeld als Datenfeld und nutzen diese Fähigkeit aus, ohne uns für ihre visuellen Vorzüge zu interessieren.

Legen Sie eine Userform und ein allgemeines Modul an. Auf die Userform platzieren Sie eine *Combobox1*. In das allgemeine Modul schreiben Sie:

```
Sub ElementInArrayLöschen()
Dim Feld As MSForms.ComboBox
Dim x As Long
Set Feld = UserForm1.ComboBox1
Feld.List = Array("eins", "zwei", "drei")
Feld.RemoveItem 1
For x = LBound(Feld.List) To UBound(Feld.List)
    Debug.Print Feld.List(x)
Next
Unload UserForm1
End Sub
```

Damit haben Sie mit minimalem Code ein Datenfeld realisiert, dem Sie nach Belieben Elemente hinzufügen oder wegnehmen können, ohne es zu redimensionieren. Userform und Combobox bleiben unsichtbar im Hintergrund. Wenn Sie die Userform am Ende der Sub nicht „Unloaden", bleibt die Combobox gefüllt.

Noch effektiver kann ein anderes Steuerelement zum Einsatz kommen, wenn es um das Sortieren eines Datenfeldes geht. Es gibt keine Standardmethode, um ein Datenfeld zu sortieren. Natürlich findet man im Netz unzählige handgestrickte Sortieralgorithmen, z.B. *Bubblesort* oder den extrem schnellen *Quicksort*, die Sie einbauen können, um ihr Array zu sortieren.

Doch hier zeigt sich mal wieder, dass die Excel-Küche (in dem Fall eher Windows-Großküche) viel besser ausgestattet ist, als man für möglich hält. Platzieren Sie auf Ihrer Userform ein *ListView*-Steuerelement. Zuvor müssen Sie es über *Extras>Zusätzliche Steuerelemente* und mit einem Haken bei *Microsoft ListView Control, version 6.0* aktivieren. Dies ist ein Standard-Steuerelement von Windows, das zum Beispiel auch im Datei-Explorer zur Darstellung der Dateien verwendet wird. Es steckt in der Datei MSCOMCTL.OCX, die eigentlich auf jedem Windows-Rechner verfügbar sein müsste.

Nach der Aktivierung steht das neue Steuerelement in Ihrer Werkzeugsammlung zur Verfügung, und Sie können es auf die Userform ziehen. Folgender Code nimmt dann Werte der Spalte A in das Steuerelement auf und gibt sie sortiert an Spalte B weiter.

```
Sub ListView_Sort()
Dim liste As ListView
Set liste = UserForm1.ListView1
For x = 1 To 3000
    liste.ListItems.Add Text:=Cells(x, 1)
Next
liste.Sorted = True
```

```
For x = 1 To 3000
    Cells(x, 2).Value = liste.ListItems(x).Text
Next
liste.ListItems.Clear
End Sub
```

Der ganze Sortieralgorithmus steckt in der Zeile:

```
liste.Sorted = True
```

Kürzer geht's wohl nimmer. Mit der Eigenschaft `SortOrder` kann man dann noch bequem die Sortierrichtung umdrehen. Das *ListView*-Objekt hat noch viele andere, vor allem visuelle Eigenschaften und Methoden, die wir aber für diesen Zweck nicht brauchen, denn das Objekt tritt ja nie optisch in Erscheinung. Die Sortierung über das *ListView* ist übrigens kaum langsamer als ein rekursiver Quicksort, aber wesentlich schneller als ein Bubblesort.

13.6.3 Steuerelemente des Zinsrechners

Zurück zum Hauptthema. Abbildung 13.29 zeigt, welche Steuerelemente wir auf unserer Userform platzieren.

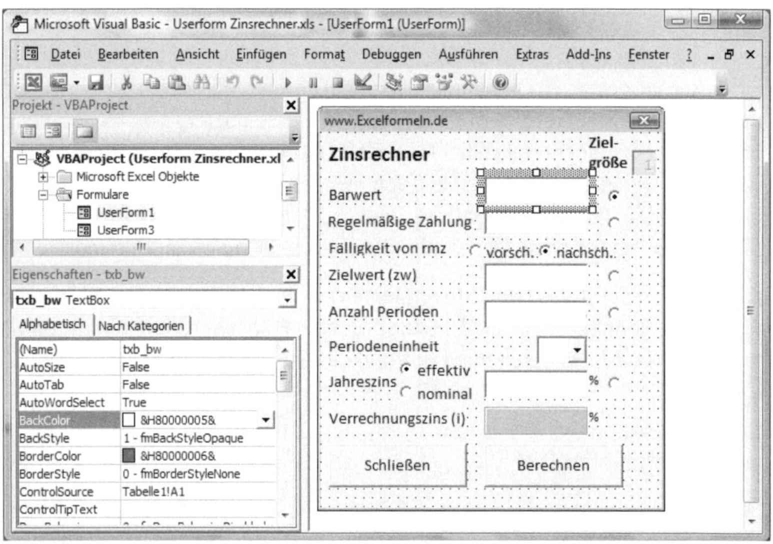

Abbildung 13.29: Platzierung von Steuerelementen in der Userform

Die Userform beinhaltet insgesamt zehn Bezeichnungsfelder (*Labels*), eine für die Überschrift *Zinsrechner* und neun andere, welche die Eingabefelder und Optionsfelder bezeichnen. Bei ordentlicher Programmierung geben Sie allen Steuerelementen einen Namen. Nur bei den Labels sparen wir uns das, da diese im Programmcode nirgends angesprochen werden. Sie behalten dann den durchnummerierten Default-Namen, der automatisch bei Platzierung der Elemente auf der Userform vergeben wird:

Label1; Label2; Label3; usw.

Den Textfeldern weisen wir sprechende Namen zu, die wir in das Eigenschaftenfenster in der linken unteren Ecke eintragen. In diesem Fenster werden immer die Eigenschaften des gerade aktiven Objektes angezeigt, in dem Fall der Abbildung 13.29 das Eingabefeld des Barwertes. Es bietet sich an, dem Namen eines Elementes ein Kürzel voranzustellen, das seinen Typ identifiziert, bei einer Textbox zum Beispiel *txb*. Dies ist aber kein Muss. Die Namen sämtlicher Textfelder lauten:

- *txb_bw* (Barwert)
- *txb_rmz* (regelmäßige Zahlung)
- *txb_zw* (Zielwert)
- *txb_zzr* (Anzahl Perioden)
- *txb_Jahreszins*
- *txb_i* (Zins je Zinsverrechnung)

Für die Eingabe der Fälligkeit hätte man auch ein Textfeld nehmen können, aber viel besser eignen sich natürlich zwei Optionsfelder, da die Fälligkeit nur zwei Zustände – vorschüssig oder nachschüssig – annehmen kann. Die beiden Optionsfelder haben die Namen

- *optVorS*
- *optNachS*

Die beiden Optionsfelder werden über die Eigenschaft

```
.GroupName = Fälligkeit
```

von den übrigen Optionsfeldern der Userform abgegrenzt. Diese Zuweisung kann auch manuell im Eigenschaftenfenster vorgenommen werden.

Jetzt soll die Funktionalität gegenüber unserem tabellarischen Zinsrechner zu Beginn des Kapitels noch um zwei Kleinigkeiten erweitert werden. Über das Kombinationsfeld (Combobox)

- *cboPeriodenEinheit*

soll der Benutzer über die Abkürzungen *J, Q, M, T* auswählen können, ob die Zahlungen und Zinsverrechnungen je Jahr, je Quartal, je Monat oder täglich erfolgen sollen. (Um es nicht zu kompliziert zu machen, sind Zahlungs- und Zinsperioden identisch.)

Falls eine kleinere Periode als die jährliche (J) ausgewählt wurde, weichen Jahreszins und Zins je Periode natürlich voneinander ab. Wie die Umrechnung von eingegebenem Jahreszins auf den Verrechnungszins erfolgen soll, bestimmen die zwei Optionen:

- *optEff*
- *optNom*

Die Gruppe dieser beiden Optionsfelder nennen wir *Zins*.

Jetzt resümieren wir erst noch einmal. Wir bilden hier die berühmte Fünffaltigkeit

BW – ZINS – RMZ – ZZR – ZW

unter Berücksichtigung der *Fälligkeit* ab. Wir haben längst gelernt, dass die gleichlautenden Excel-Funktionen alle das gleiche finanzmathematische Modell durchleuchten, nur jede mit anderer Zielgröße. Der Anwender soll sich nun in der Userform eine Zielgröße aussuchen, die dann abhängig von allen anderen Eingabefeldern bestimmt wird.

Welche Zielgröße dies ist, bestimmt der Anwender über die fünf Optionsfelder am rechten Rand der Userform. Sie sind benannt als:

optOutput1, optOutput2, optOutput3, optOutput4, optOutput5

Wenn alles eingestellt wurde, soll die Neuberechnung über die Schaltfläche

- *cdbCalculate*

erfolgen. Und wenn Sie keine Lust mehr auf Finanzmathematik haben, schließen Sie die Userform über die Schaltfläche

- *cdbClose*

Damit ist das Layout der Userform abgeschlossen. Die Steuerelemente sind alle schön platziert und benannt, aber sie bewegen sich noch keinen Millimeter.

13.6.4 Programmierung der Userform

Nun kommen wir zur eigentlichen Programmierung, die sich in drei Teile untergliedern lässt.

1. Variablen auf Modulebene der Userform (Eigenschaften des Userform-Objektes)
2. Die Ereignisprozeduren von Userform und Steuerelementen
3. Sonstige Sub- und Function-Prozeduren (Methoden des Userform-Objektes)

Zum Code-Fenster gelangen Sie entweder per Klick mit der rechten Maustaste auf die Userform im Projekt-Explorer und Auswahl von *Code anzeigen* im Kontextmenü oder durch Aufruf des Menübefehls *Ansicht>Code*.

Um ein wenig Struktur in den Userform-Code zu bringen, gruppieren wir ihn auch in den drei Kategorien. Zunächst kommen zwei Variablen:

```
Private lngPerioden As Long  'Perioden pro Jahr
Private bolF As Boolean
```

In die erste wird abhängig von der Periodeneinheit *"J", "Q", "M", "T"*, die über die Combobox ausgewählt wurde, einer der Werte 1 (Jahr), 4 (Quartale), 12 (Monate) oder 365 (Tage) geschrieben. Wozu, das sehen wir später. Über zwei Optionsfelder wurde ja die Fälligkeit festgelegt. Diese Information wird an *bolF* mit vorschüssig = *true* und nachschüssig = *false* übergeben.

Als Nächstes kommen die Ereignisprozeduren, die entscheiden, wann etwas passiert. Das erste Ereignis ist bereits der Aufruf der Userform mit `Userfom.Show`. Dadurch wird folgendes Ereignis ausgelöst:

`Private Sub UserForm_Initialize()`

```
cboPeriodenEinheit.List = Array("J", "Q", "M", "T")
cboPeriodenEinheit.ListIndex = 0'erster Eintrag "J" sichtbar
lngPerioden = 1'=jährliche Zahlung
End Sub
```

Hier werden alle Starteinstellungen vorgenommen, die dem Anwender präsentiert werden sollen, aber nicht direkt in das Eigenschaftenfenster (F4) eingetragen werden. Zum Beispiel empfiehlt es sich, für jede Gruppe der Optionsfelder einen Default-Wert festzulegen. Beim Start unseres Zinsrechners wird die Zielgröße 1 voreingestellt und eine nachschüssige Fälligkeit angenommen. Dies könnte man auch über das Initialize-Ereignis festlegen, ist aber nicht nötig, da die Value-Eigenschaft (= *true*) auch im

Eigenschaftenfenster eingestellt werden kann. Dies gilt auch für Textfelder, falls zum Beispiel auch ein Default-Zinssatz vorgegeben werden soll.

Die Initialisierungen in unserem Code bestücken das Kombinationsfeld und nehmen jährliche Zahlungen als Standardwert an.

```
Private Sub cboPeriodenEinheit_Change()

Select Case cboPeriodenEinheit.Value
Case "J"
    lngPerioden = 1
Case "Q"
    lngPerioden = 4
Case "M"
    lngPerioden = 12
Case "T"
    lngPerioden = 365
End Select
i_berechnen 'berechnet den Verrechnungszins neu
End Sub
```

Dies ist das Ereignis, das auf die Änderung der Periodeneinheit über die Combobox reagiert. Abhängig von der Auswahl wird die Variable *lngPerioden* geändert. Mit der am Ende aufgerufenen Prozedur `i_berechnen` wird der Verrechnungszins neu berechnet. Diese „Methode" wird nach den Ereignisprozeduren erläutert.

```
Private Sub optnachS_Click()

bolF = False
End Sub
```

```
Private Sub optVorS_Click()

bolF = True
End Sub
```

Die Optionsfelder für die Fälligkeit ändern bei Click den Wert von *bolF*.

```
Private Sub optEff_Click()

i_berechnen
End Sub
```

```
Private Sub optNom_Click()

i_berechnen
End Sub
```

```
Private Sub txb_Jahreszins_Change()
i_berechnen
End Sub
```

Änderung der Optionsfelder *optEff/optNom* und der Wert des Jahreszinses haben Einfluss auf den richtigen Verrechnungszins. Deshalb soll dieser ggf. direkt angepasst werden. Bei Textfeldern kann dazu das *Change*-Ereignis genommen werden.

```
Private Sub optOutput1_Click()
txb_Output = 1
End Sub
Private Sub optOutput2_Click()
txb_Output = 2
End Sub
Private Sub optOutput3_Click()
txb_Output = 3
End Sub
Private Sub optOutput4_Click()
txb_Output = 4
End Sub
Private Sub optOutput5_Click()
txb_Output = 5
End Sub
```

Das Textfeld *txb_Output* fungiert hier als kleiner Zwischenspeicher, der bestimmt, welche der fünf potenziellen Zielgrößen das Ergebnis der Berechnung werden soll. *txb_Output* ist in der Userform in der rechten oberen Ecke platziert. Wenn ein Textfeld, wie hier der Fall, nicht zur manuellen Eingabe gedacht ist, kann man seine Eigenschaft *Locked = true* und die Eigenschaft *Enabled = false* setzen. Der Wert wird dann grau angezeigt und kann nicht geändert werden.

```
Private Sub cdbClose_Click()
Unload Me
End Sub
```

```
Private Sub cdbCalculate_Click()
Berechnen
End Sub
```

`Unload Me` sorgt dafür, dass beim Klicken auf die *Schließen*-Schaltfläche die Userform den Abgang macht. Der andere Schalter ruft die Prozedur *Berechnen* auf.

Die Ereignisprozeduren beinhalten naturgemäß selbst wenig Code. Sie weisen nur einigen Variablen Werte zu oder rufen andere Prozeduren auf, in denen die Musik spielt. Die Prozedur *Berechnen* ist die eigentliche „Engine", die Methode der Userform, welche die finanzmathematische Operation ausführt.

Bewusst haben wir den Funktionsumfang des Zinsrechners so gewählt, dass die integrierten Standardfunktionen von VBA damit klarkommen. Nur so bleibt die Prozedur *Berechnung* überschaubar. In der Realität können Sie den Renditerechner natürlich beliebig erweitern und mit eigenen Funktionen bestücken, z.B. ZIELWERTSPEZIAL(ZWS) oder LAUFZEITSPEZIAL(ZZRS), die Sie im Laufe des Kapitels kennengelernt haben.

```
Private Sub Berechnen()
Dim dblZins As Double
On Error GoTo ende

 Select Case txb_Output
  Case 1
   txb_bw = VBA.PV(txb_i/100,txb_zzr,txb_rmz,txb_zw,bolF)
  Case 2
   txb_rmz = VBA.Pmt(txb_i/100,txb_zzr,txb_bw,txb_zw,bolF)
  Case 3
   txb_zw = VBA.FV(txb_i/100,txb_zzr,txb_rmz,txb_bw,bolF)
  Case 4
   txb_zzr = VBA.NPer(txb_i/100,txb_rmz,txb_bw,txb_zw,bolF)
  Case 5
   dblZins = VBA.Rate(txb_zzr,txb_rmz,txb_bw,txb_zw,bolF)
   If optNom Then
      txb_Jahreszins = dblZins * lngPerioden * 100
   Else
      txb_Jahreszins = ((1+dblZins)^lngPerioden-1)*100
   End If
 End Select
```

```
20 Exit Sub
21 ende:
22 MsgBox "So nicht, mein Freundchen!"
End Sub
```

Zeile 2 leitet eine Fehlerroutine ein. Erzeugt die Prozedur einen Fehler, weil z.B. in einem Textfeld ein nicht berechenbarer Wert steht, kommt die Meldung in Zeile 22, und die Berechnung bricht ab. Die *Select-Case*-Anweisung von Zeile 3-19 subsummiert die fünf verschiedenen Berechnungsalternativen abhängig von der ausgewählten Zielgröße. Bei allen fünf Berechnungen greift eine der einschlägigen Funktionen:

- PV: Barwert
- Pmt: regelmäßige Zahlung
- FV: Zielwert
- NPer: Laufzeit
- Rate: Zinssatz

Bei jeder Berechnung wird das Ergebnis an das ihm zugeordnete Textfeld übergeben. Im letzteren Fall entspricht das Ergebnis dem Verrechnungszins. Abhängig vom Wert des Optionsfeldes *OptNom* wird dann noch in den Zeilen 14–18 der Verrechnungszins in den Jahreszins umgerechnet.

Beachten Sie, dass nach Excel-Logik (genau wie bei den Funktionen BW, ZW, RMZ etc) der Zielwert ZW mit negativem Vorzeichen dargestellt wird. Wir haben dies in den Berechnungen der Userform auch so belassen.

Zu guter Letzt fehlt nur noch die Nebenrechnung des Makros *i_berechnen*, das in einigen Ereignissen aufgerufen wurde und das aus den aktuellen Einstellungen in der Userform den richtigen Verrechnungszins ausrechnet (Umrechnung Nominalzins <=> Effektivzins):

```
Private Sub i_berechnen() 'Ermittelt den Verrechnungszins

On Error Resume Next
If optEff = True Then
  txb_i.Value=((1+txb_Jahreszins/100)^(1/lngPerioden)-1)*100
Else
  txb_i.Value = txb_Jahreszins / lngPerioden
End If
End Sub
```

Damit ist der Renditerechner im Prinzip fertig. Wir betrachten uns ein Zahlenbeispiel in Abbildung 13.30.

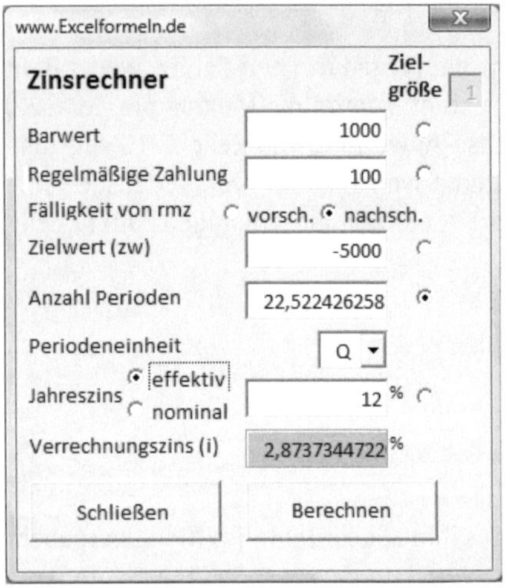

Abbildung 13.30: Userform des Zinsrechners in Aktion

Funktional ist der Zinsrechner nun komplett. Das heißt aber nicht, dass es nicht noch Optimierungspotenzial gäbe. Zum Beispiel können Sie die *ControlSource*-Eigenschaft der Options- und Textfelder nutzen, um die eingetragenen Zahlen im Zinsrechner nicht zu verlieren. Denn die Userform leert diese Felder beim Schließen. Im Eigenschaftenfenster (F4) können Sie unter *ControlSource* bei jedem Element eine Zelladresse einer Excel-Tabelle angeben, in welcher der letzte Wert beim Schließen der Userform abgelegt wird.

13.6.5 Optimierte Textfelder

Im Gegensatz zur Excel-Zelle weisen die Textfelder einen unschönen Nachteil auf: Ihnen fehlt ein einheitliches Zahlenformat. In Abbildung 13.30 wurden folglich bei der Berechnung der Zielgröße *Laufzeit* alle Nachkommastellen gezeigt. Noch doofer ist es, wenn bei Werten nahe 0 wegen Excels Rundungsproblemen Werte wie 3,3729E-14 erscheinen.

Mit welchem Trick man sich in dem Fall behelfen kann, zeigt die Mini-Userform in Abbildung 13.31.

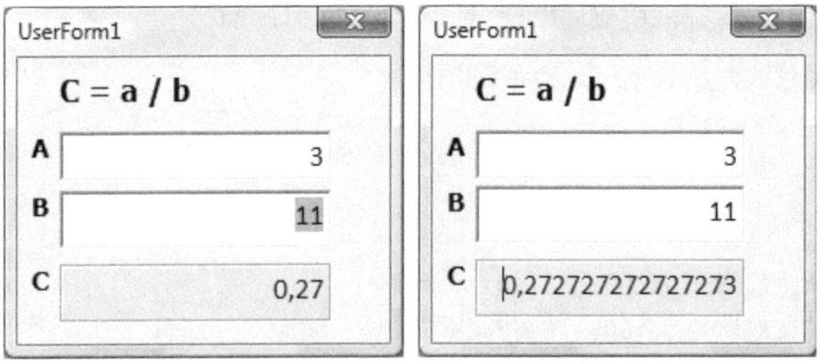

Abbildung 13.31: Zahlenformate in Textfeldern einstellen

Die Form besteht lediglich aus drei Textfeldern. Textfeld C enthält die Division aus A geteilt durch B. Sobald A oder B geändert werden, soll sich C sofort neu berechnen. Das Ergebnis von C soll mit zwei Dezimalstellen angezeigt werden. Gleichwohl soll das Ergebnis richtig berechnet werden. D.H., wenn es ein Feld D gäbe, das sich auf C bezieht, dürfte nicht der gerundete Wert herangezogen werden, sondern der genaue mit allen Nachkommastellen. Wenn Textfeld C aktiviert wird, soll die richtige, unformatierte Zahl erscheinen, und sobald C wieder verlassen wird, soll die Zelle formatiert werden. Wie geht das? Den vollständigen Code der Userform sehen Sie hier:

```
Private Sub UserForm_Initialize()
 TextBox_A.Tag = 0
 TextBox_B.Tag = 0
End Sub

Private Sub TextBox_A_Change()
TextBox_A.Tag= IIf(IsNumeric(TextBox_A.Value),TextBox_A.Value,0)
Kalkulation
End Sub

Private Sub TextBox_B_Change()
TextBox_B.Tag= IIf(IsNumeric(TextBox_B.Value),TextBox_B.Value,0)
Kalkulation
End Sub

Private Sub TextBox_C_Enter()
TextBox_C.Value = TextBox_C.Tag
End Sub
```

```
Private Sub TextBox_C_Exit(ByVal Cancel As MSForms.ReturnBoolean)
TextBox_C.Value = Format(TextBox_C.Tag, "#,##0.00")
End Sub

Private Sub Kalkulation()
If TextBox_B.Tag <> 0 Then
  TextBox_C.Tag = TextBox_A.Tag / TextBox_B.Tag
  TextBox_C.Value = Format(TextBox_C.Tag, "#,##0.00")
Else
  TextBox_C.Value = "Div/0!"
  TextBox_C.Tag = "Div/0!"
End If
End Sub
```

Der entscheidende Trick ist die *Tag*-Eigenschaft, zu der die Excel-Hilfe kurz und bündig sagt:

Tag: Speichert zusätzliche Informationen über ein Objekt.

Sie fungiert also wie eine Variable, ein kleiner Zwischenspeicher, nur dass er, im Gegensatz zu anderen Variablen, an seinen „Wirt", das entsprechende Textfeld, gebunden ist. Und mit diesem Zwischenspeicher kann auch gerechnet werden, vorausgesetzt bei Initialisierung der Userform wird er auf 0 gesetzt.

Wenn sich der Wert der Textfelder A und B ändert, wird ihr Wert (*Value*-Eigenschaft) an den *Tag*-Zwischenspeicher weitergereicht. Nebenbei wird dabei mit der VBA-Funktion *IsNumeric* geprüft, ob der Wert überhaupt eine zulässige Zahl ist, nur dann wird er an *Tag* übergeben. Danach wird die Kalkulation aufgerufen.

In der Prozedur *Kalkulation* erfolgt die Berechnung primär über die *Tag*-Eigenschaft. Das Ergebnis wird dann in einem zweiten Schritt formatiert und an die sichtbare *Value*-Eigenschaft übertragen.

Vorteilhaft ist nun, dass die Textfelder auf so viele verschiedene Ereignisse unterschiedlich reagieren können. Wir machen uns hier die Ereignisse

- *Enter* – bei Aktivierung des Textfeldes
- *Exit* – bei Verlassen des Textfeldes

zunutze. Bei Aktivierung wird der unformatierte Wert sichtbar, und bei Verlassen wird er wieder formatiert. Dabei geht der unformatierte, korrekte Wert eben nicht verloren, sondern versteckt sich im Hintergrund und macht sich einen schönen *Tag.*

13.6.6 Optimierte Ereignisse mit ControlGroup-Klasse

Auf der einen Seite eröffnet es uns sehr flexible Möglichkeiten, dass jedes Steuerelement einer Userform eigene Ereignisse hat, auf die individuell reagiert werden kann. Andererseits kann es auch nervig sein, wenn Sie eine Vielzahl gleichartiger Elemente haben, die auf bestimmte Ereignisse nahezu identisch reagieren sollen. Dann müssen Sie nämlich für jedes Steuerelement ein separates Ereignis definieren. Bei unserer Userform trifft dieser Umstand auf die Optionsfelder der Zielgröße zu. Die Ereignisprozedur lautete:

```
Private Sub optOutput1_Click()
txb_Output = 1
End Sub
```

... und das Ganze fünfmal für jedes Optionsfeld. Fünf sind noch zumutbar, aber stellen Sie sich fünfzig Optionen mit fünfzig Ereignissen vor. Und wenn dann je Steuerelement nicht nur ein, sondern eine Handvoll Ereignisse Code auslösen sollen, wird die Schar an Ereignisprozeduren enorm groß.

Nun ist es möglich, eine Objektklasse zu programmieren, die eine Auflistung von Steuerelementen anspricht, und alle Mitglieder der Auflistung reagieren auf die einmal definierte Ereignisprozedur gleichermaßen.

Erzeugen Sie über den Menübefehl *Einfügen>Klassenmodul* ein Klassenmodul, und bezeichnen Sie es als *clsOptionsbuttons*. Im Eigenschaftenfenster (F4) können Sie dies einstellen. In das Modul schreiben Sie den Code:

```
'clsOptionsbuttons
Public WithEvents Zielgröße As MSForms.OptionButton
Private Sub Zielgröße_Click()
UserForm1.txb_Output = CLng(Right(Zielgröße.Name, 1))
End Sub
```

Das Userform-Modul unseres Zinsrechners passen Sie wie folgt an:

```
'Userform1
Private optButtons() As New clsOptionbuttons
```

... kommt in den Deklarationsteil von *UserForm1*. Am Ende des Moduls ergänzen Sie folgende Prozedur:

```
Sub OptbuttonsZuordnen()
Dim x As Long
ReDim optButtons(1 To 5)
For x = 1 To 5
Set optButtons(x).Zielgröße = Controls("optOutput" & x)
Next
End Sub
```

Sie fügt die fünf benötigten Optionsfelder der Auflistung *optButtons* zu und weist ihnen damit gleichzeitig das *Click*_Ereignis von Zielgröße zu, das im Klassenmodul definiert wurde. Die Prozedur *OptbuttonsZuordnen* rufen Sie bei Initialisierung der Userform auf:

```
Private Sub UserForm_Initialize()
OptbuttonsZuordnen
...
```

Die fünf individuellen Ereignisse der Optionsfelder löschen Sie nun, da sie überflüssig geworden sind. Bei einem Klick auf eines der fünf Optionsfelder wird nun *Zielgröße_Click* angestoßen und der erste Buchstabe von rechts (= Nummer von *optOutput*) des aufrufenden Optionsfeldes an *txb_Output* übergeben.

13.7 Tuning von Excel-Features

Mit VBA können Sie auch alle möglichen Excel-Features manipulieren.

Ob Diagramme, Filter, Pivot-Tabellen oder was auch immer das Herz begehrt, jedem dieser Excel-Objekte können Sie mit VBA Ihre ganz persönliche Note aufdrücken und es an ihre individuellen Bedürfnisse anpassen. Aber denken Sie daran: Jede Entfernung vom Standard birgt natürlich auch Risiken. Alle beruflich eingesetzten Eigenentwicklungen müssen geprüft, dokumentiert und gewartet werden. Und wenn Sie morgen erkranken, muss eventuell ein Nachfolger in der Lage sein, Ihre Spielereien zu übernehmen.

Welche Excel-Features, die sich mit VBA aufpeppen lassen, kann man in der Finanzmathematik gut gebrauchen? Da fallen uns Folgende ein:

1. Die Zielwertsuche haben wir bereits mit dem Makrorekorder untersucht.
2. Mehrfachoperationen (MOP) stecken in der *Table*-Methode, die der *Range*-Objektklasse angehört.
3. Das Managen von Szenarien lässt sich mit der Objektklasse *Scenario* recht nett frisieren.

13.7.1 Mehrfachoperationen

Die *Table*-Methode gibt nicht sonderlich viel her. Sie können damit lediglich mit der Anweisung

```
Range("MOP_Bereich").Table _
RowInput:=Range("Zeilenkriterium"), _
ColumnInput:=Range("Spaltenkriterium")
```

die Mehrfachoperation erzeugen, die Sie auch manuell erzeugen könnten. Der Befehl funktioniert natürlich nur, wenn *MOP_Bereich* so konfiguriert ist, wie die MOP das verlangt. Daran sind ja drei Bedingungen geknüpft:

1. Erste Spalte muss die Varianten des Spaltenkriteriums beinhalten.
2. Erste Zeile muss die Varianten des Zeilenkriteriums beinhalten.
3. Schnittpunkt links oben muss die Zielgröße enthalten.

Also wenn Sie schon die MOP per VBA ausführen, können Sie bei der Gelegenheit auch die Konfiguration der Tabelle mit verhackstücken. Ein Beispiel:

In B1:B5 stehen die Input-Größen einer Investitionsrechnung. Der daraus resultierende Zeitstrahl wird in A8:B23 abgebildet. Spalte A enthält den Zeitpunkt t, und der Zahlungsstrom ergibt sich aus:

```
B8:=B1
B9:=B2
B10:= WENN(A10>$B$3;0;B9*(1+$B$4))
```

B10 wird nach unten kopiert. Ziel ist es, aus dieser Zahlungsreihe den Nettobarwert zu ermitteln:

```
B6: =NBW(B5;B9:B23)+B8
```

Als Nächstes soll eine Mehrfachoperation durchgeführt werden, die den Nettobarwert für verschiedene Laufzeiten und Zinssätze durchrechnet.

Dem Bereich D3:J16 wurde der Name *MOP_Bereich* vergeben. Abbildung 13.32 zeigt bereits das fertige Ergebnis der MOP. Wie sie manuell erzeugt wird, haben wir bereits in Kapitel 10 erläutert.

B6 | fx | =NBW(B5;B9:B23)+B8

	A	B	C	D	E	F	G	H	I	J
1	Anfangsinvestitioı	-1000								
2	Rückflüsse	120			kalkulatorische Zinssätze					
3	Laufzeit	10		-42,04	4,0%	4,5%	5,0%	5,5%	6,0%	6,5%
4	Anstieg Rückflüsse	2%		80	-294,0	-311,8	-329,0	-345,5	-361,4	-376,7
5	kalk. Zinssatz	6%		90	-205,8	-225,8	-245,1	-263,6	-281,5	-298,8
6	NBW	-42,04		100	-117,5	-139,8	-161,2	-181,8	-201,7	-220,9
7	t			110	-29,3	-53,8	-77,3	-100,0	-121,9	-143,0
8	0	-1.000,00		120	58,9	32,3	6,6	-18,2	-42,0	-65,0
9	1	120,00		130	147,2	118,3	90,5	63,6	37,8	12,9
10	2	122,40		140	235,4	204,3	174,3	145,5	117,6	90,8
11	3	124,85	Rückflüsse	150	323,7	290,3	258,2	227,3	197,4	168,7
12	4	127,34		160	411,9	376,4	342,1	309,1	277,3	246,6
13	5	129,89		170	500,2	462,4	426,0	390,9	357,1	324,5
14	6	132,49		180	588,4	548,4	509,9	472,7	436,9	402,4
15	7	135,14		190	676,7	634,4	593,7	554,5	516,8	480,4
16	8	137,84		200	764,9	720,4	677,6	636,4	596,6	558,3
17	9	140,60								
18	10	143,41								
19	11	0,00								
20	12	0,00								

Abbildung 13.32: Mehrfachoperation per VBA erstellen

Per VBA lässt sich die vollständige Tabelle inklusive Zeilen- und Spaltenkopf mit folgendem Code erzeugen:

```
Sub MOP()

Dim SpalteVon As Double, SpalteBis As Double, spalten As Long
Dim ZeileVon As Double, ZeileBis As Double, zeilen As Long
Dim AdresseOutput As String, x As Long, rng As Range
1 Set rng = Range("MOP_Bereich")
2 zeilen = rng.Rows.Count
3 spalten = rng.Columns.Count
4 SpalteVon = 80
5 SpalteBis = 200
6 ZeileVon = 0.04
7 ZeileBis = 0.065
8 AdresseOutput = "B6"
9 rng.Cells(1, 1).Formula = "=" & AdresseOutput
10 For x = 2 To Zeilen 'Spaltenkriterium
11    rng.Cells(x, 1).Value = _
   SpalteVon + (SpalteBis - SpalteVon) * (x-2) / (zeilen - 2)
12 Next
```

```
13 For x = 2 To Spalten 'Zeilenkriterium
14    rng.Cells(1, x).Value = _
   ZeileVon + (ZeileBis - ZeileVon) * (x-2) / (spalten - 2)
15 Next
16 Range("MOP_Bereich").Table _
   RowInput:=Range("B5"), _
   columnInput:=Range("B2")
End Sub
```

Das Einzige, dass das Makro voraussetzt, ist die Definition des Namensbereiches *MOP_Bereich*. Dieser kann aber komplett leer sein, da die Voreinstellungen von Zeilen und Spaltenkopf im Makro erledigt werden.

In Zeile 1 wird *MOP_Bereich* zunächst an eine Objektvariable übergeben. In den Zeilen 2 und 3 werden dann die Höhe und die Breite des Bereiches abgefragt. In den Zeilen 4 bis 8 werden die Intervalle von Spalten- und Zeilenkriterium sowie die Adresse der Zielgröße (hier B6) definiert. Diese Werte könnte man auch mit Input-Boxen abfragen oder an Zellen knüpfen, in denen sie stehen. Ab Zeile 9 wird dann die Tabelle gefüllt.

Die erste *For-Next*-Schleife füllt die erste linke Spalte, die das Intervall der Rückflüsse enthält. Die zweite *For-Next*-Schleife füllt die erste Zeile mit den Zinssätzen.

In Zeile 16 wird dann die eigentliche *Table*-Methode ausgeführt, die in den Bereich E4:J16 die Formel

```
{=MEHRFACHOPERATION(B5;B2)}
```

schreibt. Denkt man noch einen Schritt weiter, könnte man auf die *Table*-Methode auch ganz verzichten und durch weitere *For-Next*-Schleifen ersetzen. Diese Schleifen müssten für alle Zellen im Datenbereich die aktuelle Rückfluss-Zinssatz-Kombinationen in B2 und B5 eintragen und das dann resultierende Ergebnis in die entsprechende Zelle schreiben. Gesagt – getan. Also, Zeile 16 löschen und folgenden Code dafür einsetzen:

```
Application.Calculation = xlCalculationAutomatic
For x = 2 To spalten
 For y = 2 To zeilen
  Range("B2").Value = rng.Cells(y, 1)
  Range("B5").Value = rng.Cells(1, x)
  rng.Cells(y, x).Value = Range("B6").Value
 Next
Next
```

Damit haben Sie Ihre zu 100 % auf Eigenbau basierte Mehrfachoperation. Nun sind der Kreativität keine Grenzen gesetzt. Ohne die *Table*-Methode sind sie an keinen Tabellenaufbau und keine Anzahl veränderbarer Zellen und Zielgrößen mehr gebunden.

13.7.2 Szenario-Managers Assistent

Der Szenario-Manager hat gegenüber der MOP den Vorteil, bis zu 32 veränderbare Zellen verarbeiten zu können. Was dabei total stört, ist aber, dass jedes Szenario einzeln eingegeben werden muss.

In Abbildung 13.33 sehen Sie in A1:B5 ein minimalistisches Modell, in dem irgendetwas berechnet wird, zum Beispiel ein interner Zinssatz. Nun sollen für die Zahlungen in B1:B4 verschiedene Szenarien angenommen und berechnet werden. Die konkreten Szenarien wurden bereits im Bereich D1:I5 niedergeschrieben.

B5 | fx =IKV(B1:B4;0)

	A	B	C	D	E	F	G	H	I
1	Periode 1	-100		**Szenarien**					
2	Periode 2	30		Name	Kommentar	B1	B2	B3	B4
3	Periode 3	50		eins	Worst Case	-110	20	30	
4	Periode 4	40		zwei	Base Case	-100		60	30
5	**IKV**	**9,3%**		drei	Best Case	-90	80		40
6									

Abbildung 13.33: Szenarien mit VBA verwalten

Es gibt die drei Szenarien *Worst Case*, *Base Case* und *Best Case*. Die Namen stehen in Spalte D, die Bezeichnung oder irgendein anderer Kommentar in Spalte E und ab Spalte F die veränderbaren Zellen. In der ersten Zeile, F2:I2, stehen die Adressen der veränderbaren Zellen und darunter die angenommenen Werte. Insgesamt gibt es vier veränderbare Zellen, aber nicht jedes Szenario verändert auch alle vier möglichen Zellen. Da die Zelle G4 leer ist, ändert *Base Case* die veränderbare Zelle B2 nicht.

Nun sollen die drei Szenarien mit dem Szenario-Manager verwaltet werden. Wir haben aber keine Lust, alle Szenarien einzeln einzugeben. Also rufen wir Szenario-Managers Assistenten (Abbildung 13.34).

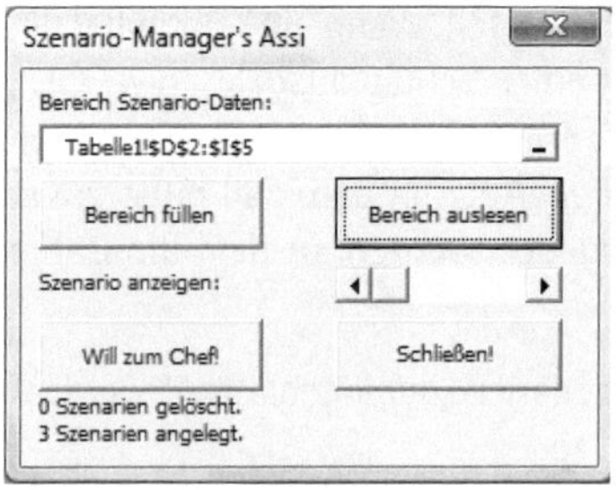

Abbildung 13.34: Eigene Userform zur Unterstützung des Szenario-Managers

In dem ersten Textfeld, genau genommen ist es ein *RefEdit*-Steuerelement, wählen wir den Szenario-Bereich D2:I5 aus. Dann klicken wir auf *Bereich auslesen*, und links unten erscheint in einer kleinen Statusmeldung:

0 Szenarien gelöscht

3 Szenarien angelegt

Wenn Sie nun auf die Schaltfläche *Will zum Chef!* klicken, erscheint der herkömmliche Szenario-Manager mit allen drei erzeugten Szenarien (Abbildung 13.35).

Abbildung 13.35: Dialog Szenario-Manager

Der Assistent kann noch mehr, nämlich genau das Gegenteil. Wenn eine Datei bereits eine Reihe von Szenarien enthält, können diese auf einen Schlag ausgelesen werden, um sie alle auf einmal zu bearbeiten und dann ggf. erneut einzulesen. Die Szenarien auszulesen geht über die Schaltfläche *Bereich füllen*. Auch in dem Fall muss zuvor mit dem *RefEdit*-Steuerelement ein Bereich angegeben werden, in dem die Daten aufgelistet werden sollen.

Mit dem Schieberegler können darüber hinaus alle Szenarien „durchgeblättert" werden.

Bevor Sie jetzt vergeblich in der Multifunktionsleiste nach diesem Assistenten suchen: Den gibt es nicht, sondern den haben wir selbst gebastelt. Und so geht's:

Zunächst zu den beiden Steuerelementen, deren Funktion wir noch nicht beschrieben haben:

- Bereichsauswahl (`RefEdit`)

Dieses Objekt verhält sich ähnlich wie ein Textfeld. Sie können auch irgendeinen Text hineinschreiben. Seine Zweckbestimmung ist es aber, eine Zelladresse zu beinhalten. Und es weist dabei eine besondere Eigenschaft auf. Die Zelladressen müssen nicht eingetippt werden, sondern können mit der Maus selektiert werden. Wenn Sie über den Funktions-Assistenten Formelargumente füllen, bekommen Sie auch solche *RefEdit*-Felder angeboten.

Das *RefEdit*-Objekt gehört nicht zu den Standardelementen der Werkzeugsammlung. Im VBA-Editor finden Sie im Menü *Extras* den Befehl *Zusätzliche Steuerelemente* Dort können Sie, ähnlich wie Excel-Add-Ins, zusätzliche Steuerelemente aus einem schier unerschöpflichen Vorrat Ihrer Werkzeugsammlung hinzufügen. Eines davon nennt sich *RefEdit.Ctrl*, das sich in einer *REFEDIT.DLL*-Datei verbirgt. Aktivieren Sie diesen Eintrag, und das Steuerelement ist in Ihrer Werkzeugsammlung verfügbar.

- Schieberegler (`Scrollbar`)

Dieses Element ist nichts anderes als ein visueller Zähler, der natürliche Zahlen in einem definierten Intervall darstellt. Die Grenzen des Intervalls werden über die *Min*- und die *Max*-Eigenschaft des Objektes festgelegt. Die aktuelle Zahl kann über die *Value*-Eigenschaft abgefragt oder eingestellt werden. Der Abstand zwischen zwei Zahlen beträgt im Standard 1, kann aber über die *LargeChange*-Eigenschaft geändert werden. Dies muss stets eine Ganzzahl sein.

Erzeugen Sie eine neue Userform mit folgenden Steuerelementen:

- *RefEdit1* (RefEdit-Control für die Bereichsauswahl)
- *cmdB_BereichFüllen* (Schaltfläche, um Szenarios auszulesen)
- *cmdB_BereichAuslesen* (Schaltfläche, um Szenarios zu erzeugen)
- *cmdB_zumChef* (Schaltfläche, um zum Szenario-Manager zu wechseln)
- *cmdB_Close* (Schaltfläche, um die Userform zu verlassen)
- *ScrollBar1* (Schieberegler, um Szenarien nacheinander anzuzeigen)
- *lblMessage* (Bezeichnungsfeld, welches das Löschen und Erzeugen von Szenarien dokumentiert; als Alternative zur Messagebox)
- Zwei Labels zur Beschreibung – Ihre Namen sind wurscht.

Folgende Ereignisprozeduren werden benötigt:

```
Private Sub cmdB_BereichAuslesen_Click()
DeleteScenarios
BereichAuslesen
End Sub
```

DeleteScenarios ist eine Prozedur, die zunächst alle vorhandenen Szenarien löscht. *BereichAuslesen* erzeugt dann die neuen Szenarien anhand des angegebenen Tabellenbereiches.

```
Private Sub cmdB_BereichFüllen_Click()
BereichFüllen
End Sub
```

Plottet alle vorhandenen Szenarien in den angegebenen Tabellenbereich.

```
Private Sub ScrollBar1_Change()
On Error Resume Next
lblScenarioNr.Caption = ScrollBar1.Value
ActiveSheet.Scenarios(ScrollBar1.Value).Show
End Sub
```

Hier wird der Wert der *ScrollBar* mit der Auflistung aller vorhandenen Szenarien verknüpft, um diese per Schieberegler sichtbar machen zu können. *On Error* unterdrückt einen Fehler, falls keine Szenarien vorhanden sind.

```
Private Sub cmdB_zumChef_Click()
Unload Me
Application.Dialogs(xlDialogScenarioCells).Show
End Sub
```

Diese Schaltfläche schließt den Assistenten und wechselt zum Szenario-Manager. *Dialog* ist eine eigene Objektklasse, welche die integrierten Excel-Dialogfelder beinhalten. *Dialogs* ist eine Auflistung, mit der man auf all diese Dialoge zugreifen kann.

`MsgBox Application.Dialogs.Count` liefert die Anzahl aller verfügbaren Dialoge.

`Application.Dialogs(305).Show` zeigt den 305. Dialog. „Zufällig" ist das der Szenario-Manager, denn hinter der Konstanten *xlDialogScenarioCells* steckt der Wert 305.

```
Private Sub cmdB_Close_Click()
Unload Me
End Sub
```

... schließt den Assistenten. Nun folgen die Prozeduren zum Löschen, Erzeugen und Auslesen der Szenarien – die drei „Methoden" der Userform:

```
Sub DeleteScenarios()
Dim x As Long
Dim cScenarios As Long
1 cScenarios = ActiveSheet.Scenarios.Count
2 For x = cScenarios To 1 Step -1
3    ActiveSheet.Scenarios(x).Delete
4 Next
5 Me.lblMessage.Caption = cScenarios & " Szenarien gelöscht."
End Sub
```

Dies ist die einfachste Prozedur. In Zeile 1 werden alle vorhandenen Szenarien gezählt und an eine Variable übergeben. Diese Variable bestimmt die Anzahl Schleifendurchläufe, die danach folgt. Die *For-Next*-Schleife durchläuft dann alle Szenarien. Das x-te Szenario wird jeweils in Zeile 3 gelöscht. In der letzten Zeile erfolgt dann die Mitteilung über ein Bezeichnungsfeld, wie viele Szenarien gelöscht wurden.

Die nächste Prozedur *BereichAuslesen* erzeugt die Szenarien aus dem angegebenen Tabellenbereich. In den Zeilen 8–10 wird der in *RefEdit* ausgewählte Bereich ausgelesen und an eine Objektvariable übergeben. Die Zeilenanzahl des Bereiches bestimmt die Anzahl Szenarien. Die Spaltenanzahl bestimmt die Anzahl verschiedener veränderbarer Zellen, die es in alle Szenarien gibt. Ein Szenario darf zwar nur 32 veränderbare Zellen haben, da die veränderbaren Zellen aber nicht bei allen Szenarien identisch sein müssen, kann der Szenariobereich natürlich weit mehr als 32 Zellen aufweisen. Logo!?

In den Zeilen 11–13 erfolgt eine Gültigkeitsprüfung des Szenariobereiches. Denn das Ganze funktioniert nur, wenn die Daten in dem erwarteten Format vorliegen. Diese Gültigkeitsprüfung könnte noch weiter ausgebaut werden. Zum Beispiel könnte man noch prüfen, ob alle Adressen der veränderbaren Zellen gültig sind.

Danach folgen in den Zeilen 14 und 15 zwei ineinander verschachtelte *For-Next*-Schleifen. Die äußere Schleife vollführt für jedes anzulegende Szenario einen Durchlauf. Die innere Schleife füllt dann alle Daten eines jeden Szenarios.

```
Sub BereichAuslesen()

1 Dim Feld() As Variant
2 Dim rngScenarios As Range
3 Dim CountScenarios As Long
4 Dim CountChangingCells As Long
5 Dim x As Long, y As Long, z As Long
6 Dim strChangingCells
7 Dim actualValue As Variant
8  Set rngScenarios = ActiveSheet.Range(RefEdit1.Value)
9  CountScenarios = rngScenarios.Rows.Count - 1
10 CountChangingCells = rngScenarios.Columns.Count - 2
11 If rngScenarios.Cells(1, 1).Value <> "Name" Or _
    rngScenarios.Cells(1, 2).Value <> "Kommentar" Then
12  Exit Sub
13 End If
14 For y = 2 To CountScenarios + 1
15  For x = 3 To CountChangingCells + 2
16   actualValue = rngScenarios.Cells(y, x).Value
17   If actualValue <> "" Then
18    z = z + 1
19    ReDim Preserve Feld(1 To z)
20    Feld(z) = actualValue
21    strChangingCells = strChangingCells & _
       Application.ConvertFormula( _
       rngScenarios.Cells(1, x).Value,xlA1, xlR1C1, 1) & ", "
22   End If
23  Next x
24  strChangingCells = Left(strChangingCells, _
    Len(strChangingCells) - 2)
```

```
25  ActiveSheet.Scenarios.Add _
      Name:=rngScenarios.Cells(y, 1), _
      Comment:=rngScenarios.Cells(y, 2), _
      ChangingCells:=strChangingCells, _
      Values:=Feld
26 strChangingCells = ""
27  z = 0
28 Next y
29 Me.lblMessage.Caption = CountScenarios & " Szenarien angelegt."
30 ScrollBar1.Max = CountScenarios
End Sub
```

In Zeile 16 wird jede Zelle des Datenbereiches (im Beispiel F3:I5) an die Variable *ActualValue* übergeben. In der nächsten Zeile wird dann geprüft, ob die Zelle überhaupt einen Wert enthält. Falls nicht, wird sie beim aktuellen Szenario auch nicht als veränderbare Zelle ergänzt. Falls doch, wird in Zeile 18 der Zähler z eins hochgezählt und der Wert an das Array *Feld* übergeben.

In Zeile 21 wird eine Zeichenkette erzeugt, die alle Adressen der veränderbaren Zellen eines Szenarios enthält. In der Tabelle hatten wir die Bezüge in der Form B1, B2 usw. dargestellt. Bei Erzeugung neuer Szenarien verlangt VBA aber die sogenannte R1C1-Schreibweise. Mit der *ConvertFormula*-Methode werden deshalb die Bezüge in diese Schreibweise konvertiert.

Nachdem die innere Schleife zum ersten Mal verlassen wurde, sind wir in Zeile 24 angekommen. Die Zeichenkette in *strChangingCells* hat dann die Gestalt

```
R1C2, R2C2, R3C2
```

In Zeile 24 wird dann noch das störende Komma ganz rechts (inkl. Leerzeichen) abgeschnitten. In Zeile 25 wird dann endlich das aktuelle Szenario mit der *Add*-Methode angelegt. Wie man sieht, wird im Argument *ChangingCells* die zuvor erzeugte Zeichenkette übergeben. Im Argument *Values* werden alle Werte des Szenarios in Form des Arrays-Felds auf einen Schlag übergeben.

In den Zeilen 26 und 27 wird der Zähler z und die Zeichenkette der Zelladressen für das nächste Szenario auf 0 zurückgesetzt bzw. gelöscht. Zu guter Letzt folgt eine Statusmeldung über die Anzahl angelegter Szenarien, und die Reichweite der Bildlaufleiste, mit der später alle Szenarien durchgeblättert werden können, wird an diese Anzahl angepasst.

Die letzte Methode, die wir beschreiben, gibt die Daten aller vorhandenen Szenarien im angegebenen Tabellenbereich aus:

```
Sub BereichFüllen()
Dim x As Long, z As Long
Dim spalte As Long
Dim rngScenarios As Range
Dim c As Range
Dim rngCells As Range
Dim sh As Worksheet
ReDim arrCells(1 To 1)
Set sh = ActiveSheet
Set rngScenarios = sh.Range(RefEdit1.Value).Cells(1, 1)
For x = 1 To sh.Scenarios.Count
 Set rngCells = sh.Scenarios(x).ChangingCells
 For Each c In rngCells
  If z = 0 Then
   z = z + 1
   arrCells(z) = c.Address(0, 0)
  Else
   If IsError(Application.Match( _
     c.Address(0, 0), arrCells, 0)) Then
    z = z + 1
    ReDim Preserve arrCells(1 To z)
    arrCells(z) = c.Address(0, 0)
   End If
  End If
 Next c
Next x
rngScenarios.Value = "Name"
rngScenarios.Offset(0, 1).Value = "Kommentar"
For z = 1 To UBound(arrCells)
 rngScenarios.Offset(0, 1 + z).Value = arrCells(z)
Next z
For x = 1 To sh.Scenarios.Count
 z = 0
 Set rngCells = sh.Scenarios(x).ChangingCells
 rngScenarios.Offset(x, 0).Value = sh.Scenarios(x).Name
 rngScenarios.Offset(x, 1).Value = sh.Scenarios(x).Comment
 For Each c In rngCells
  z = z + 1
```

```
37  spalte = Application.Match(c.Address(0, 0), _
    rngScenarios.Resize(1, UBound(arrCells) + 2), 0)
38  rngScenarios.Offset(x, spalte - 1).Value = _
     sh.Scenarios(x).Values(z)
39 Next c
40 Next x
End Sub
```

In den Zeilen 10 bis 24 werden zwei ineinander verschachtelte Schleifen abgearbeitet, deren einzige Aufgabe das Sammeln aller Adressen der veränderbaren Zellen im Array *arrCells* darstellt. Das ist deshalb so mühsam, weil die Szenarien unterschiedliche Zellen benutzen können, aber auch viele doppelte vorkommen können, die aussortiert werden müssen. Die innere Schleife ist eine *For-Each-Next*-Schleife, die alle Zellen aus dem Bereich *rngCells* einzeln durchläuft. *rngCells* ist eine Objektvariable, die alle veränderbaren Zellen eines Szenarios enthält.

Die *If*-Prüfung in Zeile 13 lässt nur die allererste Zelle durch. In dem Fall steht der Zähler z auf 0. Alle weiteren Zellen müssen durch die Prüfung in Zeile 17. `Iserror(Application.Match)`... liefert *Wahr*, wenn die Zelle neu ist. Nur dann wird sie dem Array ergänzt. *Match* entspricht der Excel-Funktion VERGLEICH, welche die Position des Suchkriteriums innerhalb eines Bereiches oder einer Matrix zurückgibt.

Ab Zeile 25 wird begonnen, den Szenariobereich zu füllen, zunächst mit Überschriften. In der Schleife von Zeile 27–29 wird das Array, das alle veränderbaren Zellen gesammelt hat, in die erste Zeile des Bereiches geplottet.

Ab Zeile 30 wiederholt sich die Doppelschleife, von denen die äußere Schleife alle Szenarien durchläuft und die innere alle veränderbaren Zellen eines jeden Szenarios. Alle *Values* müssen in den Datenbereich geschrieben werden, wobei in Zeile 37 zunächst die richtige Spalte gefunden werden muss.

```
rngScenarios.Resize(1, UBound(arrCells) + 2)
```

... steht für die erste Zeile des Szenariobereiches, der die Zelladressen enthält. In dem Bereich wird die Adresse der aktuellen Zelle c gesucht und ihre Position an die Variable *Spalte* übergeben. Damit steht die Spaltenposition fest.

Die Zeile, in die der aktuelle *Value* geschrieben werden muss, ergibt sich ganz einfach aus dem aktuellen Wert von x – vollendet in Codezeile 38.

Kapitel 14

Finanzmathematisches Glossar

Symbol/Abkürzung	Bedeutung
bw	Barwert
zw	zukünftiger Wert
n	Laufzeit oder Nutzungsdauer
zzr	Anzahl Zahlungszeiträume (=n)
p	Periode
i	Zinssatz (Dezimalzahl < 1)
q	1+i
rmz	regelmäßige Zahlung
Z	Zahlung
E	Einzahlung
A	Auszahlung
K	Kapital
K_0	Kapital zum Zeitpunkt t_0 (=Kapitalwert)
K_n	Kapital zum Zeitpunkt t_n (=Endwert)
t	Zinstermin / Zeitpunkt
f	Fälligkeit (0=nachschüssig, 1=vorschüssig)
AHK	Anschaffungsherstellungskosten
σ	Standardabweichung / Risiko
μ	Mittelwert / Erwartungswert
S	$=\sigma$
M	$=\mu$
RW	Restwert
r	Abschreibungsbetrag
e	Eulersche Zahl 2,781...
g	Glied einer Folge
d	Differenz
D	Duration
Σ	Summe
IKV	interne Kapitalverzinsung
MOP	Mehrfachoperation

Abbildung 14.1: Symbol- und Abkürzungsverzeichnis

Abrechnung

Häufig vorkommender Parameter bei Wertpapierfunktion. Dies ist der Stichtag, zu dem ein Wertpapier bewertet (z.B. Kurs, Rendite) wird.

Abschreibungen

Wertverlust durch Verschleiß/Abnutzung von Vermögensgegenständen (Afa = Absetzung für Abnutzung). Afa-Methoden bauen mathematisch gesehen zum Teil auf der Zinsrechnung auf.

Agio

Aufschlag auf den Nennwert eines Wertpapiers, wenn `Kurs > Nennwert`, der in € oder Prozent angegeben wird.

Amortisationsdauer

Die Zeit (= *Payback Period*), die benötigt wird, bis die Auszahlungen für eine anfängliche Investition durch daraus entstehende Einzahlungen (i.d.R. ohne Berücksichtigung von Zinseffekten) gedeckt werden.

Annuität

Eine gleichbleibende regelmäßige Zahlung zur Tilgung einer Anfangsschuld oder zum Aufbau eines Endvermögens:

```
=-RMZ(i;n;BW;ZW;f)=(ZW-BW*q^n)*(q-1)/(q^n-1)/(1+i*f)
```

Annuitätenfaktor

Mathematische Formel zur Berechnung einer Annuität und gleichzeitig der Kehrwert des Barwertfaktors:

```
rmz = bw * Annuitätenfaktor
= bw * -RMZ(i;n;1;0;f) = bw * q^n*(q-1)/(q^n-1)/(1+i*f)
```

Aperiodische Zahlungen

Zahlungen, die nicht regelmäßig (z.B. eine Zahlung p.a.) erfolgen.

Arithmetische Folge

Folge von Zahlen, bei denen die Differenz zweier benachbarter Folgenglieder konstant ist.

Explizite Darstellung: $g_n = g_1 + (n-1)*d$

Rekursive Darstellung: $g_n = g_{n-1}+d$

Arithmetische Reihe

Folge von Zahlen, deren Glieder die Summe der ersten n Glieder (Teilsumme) einer arithmetischen Folge sind.

Arithmetische Verzinsung

Verzinsung ohne Zinseszinseffekt. Einfache Verzinsung.

Barwert

Gegenwartswert (Present Value) zukünftiger Zahlungen zum Zeitpunkt t_0. Um den Barwert einer in t_n fälligen Zahlung zu erhalten, muss diese n Perioden abgezinst werden.

```
=BW(i;n;rmz;-zw;f) =zw/q^n-(rmz*(q^n-1)/i*(1+i*f))/q^n
```

Barwertfaktor

Mathematische Formel zur Berechnung eines Barwertes aus gleichbleibenden, regelmäßigen Zahlungen:

```
bw = rmz * Barwertfaktor
=rmz*-BW(i;n;1;0;f)= rmz*(q^n-1)/i*(1+i*f)/q^n
```

Bildungsgesetz

U.a. funktionaler Zusammenhang zwischen den natürlichen Zahlen und arithmetischen/geometrischen Folgen und Reihen.

Degressive Afa, arithmetisch

Jährliche Afa-Beträge sinken um einen konstanten Betrag.

r_p = (AHK-RW_n)*(n+1-p)/ (n/2*(1+n))

Degressive Afa, geometrisch

Jährliche Afa-Beträge sinken um einen konstanten Prozentsatz r%.

RW_p = AHK*(1-r%)^p

Disagio

Abschlag auf den Nennwert eines Wertpapiers, wenn `Kurs < Nennwert`, der in € oder Prozent angegeben wird.

Diskontieren

Eine Zahlung abzinsen.

$K_0 = K_n / (1+i)^n$

Duration

Durchschnittliche Kapitalbindungsdauer eines Wertapiers oder einer Zahlungsreihe. Je größer die Duration eines Wertpapiers ist, desto größer ist sein Zinsänderungsrisiko.

$K_0 = Z_1/q+Z_2/q^2+...+Z_3/q^n$

$D = (Z_1/q*1+Z_2/q^2*2+...+Z_3/q^n*n) / K_0$

Effektivzins

Effektiver Jahreszinssatz. Dieser stellt die als jährlicher Prozentsatz anzugebenden Gesamtkosten eines Kredits dar. Die Preisangabenverordnung verpflichtet die Geldgeber zur Angabe eines Effektivzinses und schreibt die Berechnungsmethode sowie die in die Berechnung einzubeziehenden Kostenbestandteile vor. Einzubeziehen sind danach insbesondere Agio, Disagio, Nominalzins, Bearbeitungsgebühren, Kreditvermittlungskosten und Prämien für Restschuldversicherungen. Mathematisch entspricht er dem internen Zinsfuss der tatsächlichen Zahlungsströme des Kreditnehmers.

Effizientes Portfolio

Eine Gruppe von Vermögensgegenständen (z.B. Wertpapiere), die in einem bestimmten Mischverhältnis stehen und bei einer Änderung des Mischverhältnisses nicht gleichzeitig die Renditeerwartungen des Portfolios erhöhen und dessen Risiko mindern kann.

Einfache Verzinsung

Verzinsung ohne Zinseszinseffekt. Arithmetische Verzinsung.

$K_n = K_0*(1+i)*n$

Emission

Zeitpunkt, zu dem ein Wertpapier ausgegeben (emittiert) wird.

Endwert

Zukunftswert (Future Value) zukünftiger Zahlungen zum Zeitpunkt t_n. Um den Endwert einer in t_p fälligen Zahlung zu erhalten, muss diese (n-p) Perioden aufgezinst werden.

```
=-ZW(i;n;rmz;BW;f)=BW*q^n+rmz*(q^n-1)/i*(1+i*f)
```

Endwertfaktor

Mathematische Formel zur Berechnung eines Endwertes (zw) aus gleichbleibenden, regelmäßigen Zahlungen

```
zw = rmz * Endwertfaktor
= rmz * -ZW(i;n;1;0;f) = rmz*(q^n-1)/i*(1+i*f)
```

Eulersche Zahl

Benannt nach dem schweizer Mathematiker Leonhard Euler (1707–1783). Irrationale Wachstumszahl 2,71828182845905... mit unendlich vielen Nachkommastellen, die in vielen mathematischen Prozessen, z.B. stetiger Verzinsung, eine Rolle spielt. Excel-Funktion: `=EXP(1)`

exponentiell

Das Wachstum oder der Zerfall eines Bestandes wird als exponentiell bezeichnet, wenn sich der Bestand pro Zeiteinheit um einen festen Prozentsatz des jeweiligen augenblicklichen Wertes ändert. Der relative Zuwachs pro Zeiteinheit (Wachstumsrate) ist konstant. Den Zinseszinseffekt bezeichnet man demnach als exponentielle Verzinsung (= geometrische Verzinsung).

Fälligkeit

Häufig vorkommender Parameter bei finanzmathematischen Funktionen mit zwei unterschiedlichen Bedeutungen. Bei Wertpapierfunktionen ist damit der Stichtag gemeint, an dem ein Wertpapier zurückgezahlt wird. Bei Funktionen der Rentenrechnung wird mit Fälligkeit angegeben, ob regelmäßige Zahlungen nachschüssig oder vorschüssig erfolgen.

Folge

Zahlenfolge, die in einem funktionalen Zusammenhang zur Menge der natürlichen Zahlen steht.

Gegenwartswert

Barwert

Geometrische Folge

Folge von Zahlen, bei denen der Quotient zweier benachbarter Folgenglieder konstant ist.

Explizite Darstellung: $g_n = g_1 * q\text{^}(n-1)$

Rekursive Darstellung: $g_n = g_{n-1} * q$

Geometrische Reihe

Folge von Zahlen, deren Glieder die Summe der ersten n Glieder (Teilsumme) einer geometrischen Folge sind.

Geometrische Verzinsung

Exponentielle Verzinsung. Verzinsung mit Zinseszinseffekt.

$K_n = K_0 * (1+i)\text{^}n$

Interne Kapitalverzinsung

Interner Zinsfuß

Interner Zinsfuß

Der Zinssatz, bei dem der Kapitalwert einer Zahlungsreihe den Wert 0 annimmt. (= Effektivzinssatz).

Zinssatz i, für den gilt:

$K_0 = Z_1/q + Z_2/q\text{^}2 + ... + Z_3/q\text{^}n = 0$

mit $q = 1 + i$

Investitionsrechnung

Methoden zur Beurteilung von Sach- oder Finanzinvestitionen. Sie unterscheiden sich in statische Verfahren (z.B. Amortisationsrechnung) und dynamische Verfahren (z.B. Kapitalwertmethode, Methode des internen Zinsfußes).

Iteration

Berechnung in mehreren Schritten mit Rückkoppelungseffekt. Das Ergebnis eines Iterationsschrittes wird als Ausgangswerte des jeweils nächsten Schrittes genommen. In Excel gibt es einen speziellen Modus zur Aktivierung iterativer Berechnungen (*Excel-Optionen>Formeln>Berechnungsoptionen*).

Kaufmännische Zinsformel

Formel zur Berechnung tagesgenauer Zinsen

```
Zinsen = Kapital * Zinssatz * Tage / ( 100 * 360)
```

mit

```
Zinssatz = i * 100
```

Kapitalwert

Net Present Value (Barwert) von Zahlungsströmen.

$K_0 = Z_1/q+Z_2/q^2+...+Z_3/q^n$

Kapitalwertmethode

Verfahren der dynamischen Investitionsrechnung zur Beurteilung von Sach- oder Finanzinvestitionen. Eine Investition gilt dann als lohnend, wenn ihr Kapitalwert zum kalkulatorischen Zinsfuß positiv ist. Beim Vergleich mehrerer alternativer Investitionen ist diejenige mit höherem Kapitalwert lohnender.

Korrelation

Kennzahl, die zwischen –1 und +1 liegt und die Abhängigkeit einer Datenreihe von einer anderen ausdrückt. Die Verkaufszahlen für Sonnencreme und Badehosen korreliert positiv. Zwischen Sonnencreme und Regenschirmen besteht eine negative Korrelation.

Kubische Gleichung

Gleichung der Form $y = ax^3+bx^2+cx+d$

Kurs

Barwert eines Wertpapiers zum Abrechnungstag.

```
Nennwert +- Agio/Disagio = Kurs.
```

Laufzeit

Anzahl Perioden (= n = zzr) einer Zahlungsreihe. Bei regelmäßigen Zahlungen gilt:

```
=ZZR(i;rmz;bw;-zw;f)
=LN((zw*i+rmz*(1+i*f))/(bw*i+rmz*(1+i*f)))/LN(q)
```

Lineare Abschreibung

Abschreibungsmethode mit jährlich konstantem Abschreibungsbetrag.

$R = (AHK - RW_n) / n$

Logarithmische Rendite

Wegen ihres Symmetrieverhaltens beliebte Rendite bei Aktienkursrenditen.

`R = LN(Kurs2/Kurs1).`

Symmetrische Rendite bedeutet: `LN(Kurs2/Kurs1)+LN(Kurs1/Kurs2)=0`

Methode des internen Zinsfußes

Verfahren der dynamischen Investitionsrechnung zur Beurteilung von Sach- oder Finanzinvestitionen. Der interne Zinsfuß ist der Zinsfuß, bei dem der Kapitalwert den Wert 0 annimmt.

nachschüssig

Regelmäßige Zahlungen fallen am Ende einer Betrachtungsperiode an.

Näherungsverfahren

Verfahren, um mathematische Probleme annähernd zu lösen, weil eine exakte Lösung nicht oder nur sehr aufwendig möglich ist. Ein praktisches Werkzeug dafür ist Excels Zielwertsuche.

Natürliche Zahlen

Positive Ganzzahlen 1, 2, 3, 4 ... Sie bilden das Fundament der Finanzmathematik.

Normalinvestition

Zahlungsstrom, der in der ersten Periode eine Auszahlung enthält. Alle weiteren Perioden enthalten nur noch Einzahlungen. Eine solche idealtypische Investition (mit nur einem Vorzeichenwechsel der Zahlungen) kann nur einen internen Zinsfuß besitzen. Der Kapitalwert ergibt sich hierbei durch:

$K_0 = -A_0 + E_1/q + E_2/q\text{^}2+...+E_n/q\text{^}n$

Nominalzins

Zinssatz, der sich auf den Nominalbetrag eines Darlehens oder den Nennbetrag eines Wertpapiers bezieht. Da er keine Gebühren, Agio, Disagio etc. berücksichtigt, weicht er i.d.R. vom Effektivzinssatz (interner Zinsfuß) ab.

Normalverteilung

Verteilung, die durch die Gauß'sche Glockenkurve beschrieben wird. Sie besagt, im Wesentlichen, dass die meisten Messwerte einer Datenerhebung zum Mittelwert streben. Nur wenige "Ausreißer" weichen extrem weit vom Mittelwert ab.

Polynom

Gleichung der Form: $y= a_1+ a_2x+a_3x^2+a_4x^3+...+a_nx^{(n-1)}$

Portfolio

Eine Gruppe/Sammlung von Vermögensgegenständen, z.B. Immobilien oder Wertpapieren.

pq-Formel

Formel zur Auflösung quadratischer Gleichungen der Form:

x^2+px+q=0

Die Gleichung hat folgende zwei Lösungen für x:

$x_{1,2}$= -p/2+-WURZEL((p/2)^2-q)

Quadratische Gleichung

Gleichung der Form $y = a*x^2+b*x+c$

Regelmäßige Zahlung

Annuität

=RMZ(i;n;BW;-ZW;f)= (ZW-BW*q^n)*(q-1)/(q^n-1)/(1+i*f)

Reihe

Folge von Zahlen, deren Glieder die Summe der ersten n Glieder (Teilsumme) einer Folge sind.

Rente

Im finanzmathematischen Sinn eine regelmäßige Zahlung (z.B. zum Verzehr eines Kapitalstockes).

Sensitivitätsanalyse

Sie untersucht den Einfluss von Input-Faktoren auf bestimmte Output-Faktoren (Ergebnisgrößen). Je empfindlicher eine Ergebnisgröße auf Änderungen eines Input-Faktors reagiert, desto schwerwiegender wirken sich zum Beispiel Fehleinschätzungen des Input-Faktors aus.

Sparfaktor

Mathematische Formel zur Berechnung einer Sparrate.

```
Sparrate = zw * Sparfaktor
=zw * -RMZ(i;n;0;1;f) = zw* -i/(q^n-1)*(1+i*f)
```

Standardabweichung

Maß, das angibt, wie weit einzelne Werte W_x einer Messreihe um ihren Mittelwert M streuen.

$$M = (W_1+W_2+W_3+...+W_n) / n$$
$$S = (((W_1-M)^2+(W_2-M)^2+(W_3-M)^2 +...+ (W_n-M)^2) / n) ^ 0{,}5$$

Stetige Verzinsung

Exponentielle Verzinsung mit unendlich kleinen Zinsperioden.

$$K_1 = K_0 * e * i = K_0 * EXP(1) * i$$

Stückzinsen

Erwirbt ein Käufer ein Wertpapier, das regelmäßig Zinsen abwirft, zwischen zwei Zinsterminen, stehen dem Veräußerer die anteiligen Zinsen zu, die seit dem letzten Zinstermin angefallen sind.

Szenario

Ein Szenario ist die Beschreibung möglicher und unsicherer, zukünftiger Entwicklung eines Modells unter alternativen Rahmenbedingungen. Für die Rahmenbedingungen definiert man eine Bandbreite zwischen dem bestmöglichen Fall („Best Case") und dem schlechtmöglichsten Fall („Worst Case"). Den Erwartungswert in der Mitte bezeichnet man als „Base Case".

Tilgungsplan

Tabellarische Darstellung einer Darlehensschuld. Detaillierte Anzeige von Restschuld, Zinsanteil, Tilgungsanteil und Annuität in jeder Periode.

Varianz

Standardabweichung im Quadrat.

Volatilität

Höhe der Schwankung (Standardabweichung) von Finanzmarktparametern wie Aktienkursen und Zinsen. Die Volatilität ist dient als Risikomaß.

vorschüssig

Regelmäßige Zahlungen fallen zu Beginn einer Betrachtungsperiode an.

Zahlungsfälligkeit

Zeitpunkt der regelmäßigen Zahlung (vorschüssig oder nachschüssig).

Zins(satz)

```
Kapital * Zinssatz = Zins
```

Zinseszins

Geometrische/exponentielle Verzinsung. Zinsen werden dem Kapital gutgeschrieben und sind in der Folgeperiode selbst auch zinsbringend.

Zinsfälligkeit

Zeitpunkt, zu dem Zinsen dem Kapital gutgeschrieben werden (i.d.R. am Ende einer Zinsperiode).

Zinsmethoden

Tagesgenaue Zinsen beinhalten einen Bruchteil der Jahreszinsen. Welcher Bruch genau das ist, hängt von der Zinsmethode ab. Sowohl im Nenner als auch im Zähler kann entweder je Monat konstant mit 30 Tagen oder mit der tatsächlichen Anzahl gerechnet werden. So ergeben sich folgende von Excel unterstützte Zinsmethoden:

- act/act – tagesgenau
- act/360 – Eurozinsmethode
- act/365 – Englische Zinsmethode
- 30/360 – Deutsche Zinsmethode

Zinsperiode

Zeitraum zwischen zwei Zinsterminen t_1 und t_2

Zukünftiger Wert

Endwert. Future Value.

```
=-ZW(i;n;rmz;BW;f)=BW*q^n+rmz*(q^n-1)/i*(1+i*f)
```

Stichwortverzeichnis

Symbole

#NAME? 65

A

Ableitung 281, 291
Abrechnungsdatum 303
Abschreibungen 358
Abzinsen 313
Abzinsung 241
ActiveX-Steuerelement 424, 471
Add-In 18, 64, 463
AfA 358
Agio 303
Allgemeines Modul 421
Altersvorsorge 256
Amortisation 322
Amortisationsdauer 323
Ampelfunktion 48
Analysefunktionen 18
Annuität 230, 239, 335
Anschaffungskosten 358, 367
Ansparphase 256
Aperiodische Zahlungen 235, 306
ARCCOS 274
Argumente 19
Arithmetisch-degressiv 360
Arithmetische Folge 194, 209, 439
Arithmetische Reihe 196, 230
Array 160, 433
Aufrufende Zelle 152
Aus Auswahl erstellen 150, 223
AutoAusfüllen 203
Autoausfülloptionen 196

B

Barwert 202, 240
Base-Case 344
Basis 305
Bedingte Formatierung 46, 189
Befehlsschaltfläche 471
Benutzername 452
Berechnungsreihenfolge 163
Best-Case 345
Bezeichnungsfeld 471
Bezug 26
Bezugszeitpunkt 202
Bildlaufleiste 356
Bildungsgesetz 199, 220
Bildungsregel 17
Binärzahl 39
Black-Scholes-Modell 384
BW 243
BW-Funktion 221, 225

C

Cardanische Formeln 274
Cashflow 367
Chance 334, 392
Color 452
Combobox 472
Commandbutton 471
ControlGroup-Klasse 487
COS 274

D

Darlehen 240
DATEDIF 212
Dateigröße 452

Datenanalyse 72, 388
Datenbalken 47
Datentypen 23, 430
Datenüberprüfung 53, 147
Datum 60, 204
Degressiv 360
DIA 361
Direktfenster 421
Disagio 302
Diskontieren 286, 313
Diskontierung 241
Do-Loop-Schleife 441
Duplikate 237
Duration 326
Dynamik 258
Dynamisch 186
Dynamische Bezüge 152
Dynamische Datenreihen 156
Dynamische Zahlungen 233

E

EFFEKTIV 277
Effektivzins 276
Effektivzinsmethode 212
Effektivzinssatz 377
Effizientes Portfolio 401
Eigenschaft (VBA) 446
Eigenschaftsfenster 420
Einfache Rendite 373
Einfache Verzinsung 209
Emission 56
Endkapital 229
Endwert 202, 223, 414
Englische Zinsmethode 212
Ereignis (VBA) 449, 469
Erwartungswert 383
Eulersche Zahl 222, 377
Eurozinsmethode 212
Evaluate 455
EXP 377
Extrempunkt 287, 292

F

Fälligkeit 56, 207
Fälligkeitsdatum 302
FALSCH 177
Farbskalen 47
Fehlerroutine 442
Fehlerwert 26
Feldvariable 433
Folge 192
Formelauswertung 35
Formularsteuerelemente 424
For-Next-Schleife 441
Function 427, 451
Funktions-Assistent 462
Funktionskatalog 461

G

Galois, Évariste 275
Gauß, Carl Friedrich 199, 361, 384
GDA 363
Geometrisch-degressiv 362
Geometrische Folge 194, 216, 362, 439
Geometrische Reihe 196, 220
Glockenkurve 384
GoTo 442
Gültigkeit 189

H

Harmonische Reihe 195
Häufigkeitsklassen 385

I

if-then-else 437
IKV 283, 314, 366, 380
INDEX 353
Indifferenzgerade 394

Inflation 258
Inkrement 197
Input 334
Interner Zinsfuß 283, 379
Investitionsrechnung 366
Investitionszins 319
Iteration 296, 423
Iterationsverfahren 279

K

Kalkulationszins 286
Kapitalverzehr 256
Kapitalwert 312
Kapitalwertmethode 311
Kaprekarzahl 37
KAPZ 246
Kaufmännische Zinsformel 212
KKLEINSTE 237
Klassenmodul 487
Koeffizient 287
Kombinationsfeld 472
Komplexe Zahlen 274
Konstanten 152, 431
KORREL 395
Korrelation 383, 395
Kredittilgungsplan 263
Kubische Gleichung 272
KUMKAPITAL 247
KUMZINSZ 247
KURS 304
Kurs 302
Kursdiagramm 408

L

Label 471
Laufzeit 222, 229, 250, 464
Laufzeitfehler 442
LBound 433
LIA 360
Lineare Abschreibung 359
Liquidationserlös 367
Liste 266
Listobject 266
ListView-Steuerelement 475
LN 377
Logarithmische Rendite 373
Logarithmusfunktion 222

M

MacroOptions 461
Makro aufzeichnen 417
Makrorekorder 298, 415
Marktzins 302
Mathematische Operationen 165
Matrix 25, 160
Mehrfachoperation 334, 393, 489
Methode (VBA) 448
Methode des internen Zinsfußes 311
Methodenwechsel 364
Modifizierter interner Zinsfuß 311
Monatsletzter 206
Monatszins 209

N

Nachschüssig 207, 220
Näherungsverfahren 281, 296, 338
Namen 146, 189
Namen definieren 149
Namen übernehmen 150
Namens-Manager 155, 223
NASD 212
Natürliche Zahlen 193, 253
Natürlicher Logarithmus 222
NBW 286, 313
Newton, Isaac 279, 338
NOMINAL 277
Nominalverzinsung 302
Nominalwert 302
Nominalzins 276

Normalinvestition 313, 359
Normalverteilung 383
NORMINV 389
NORMVERT 387
Nullstellen 276, 287
Nutzungsdauer 359

O

Objektklasse 444, 487
Objektvariablen 432
Operatoren 435
Optionales Portfolio 402
Optionsfeld 423, 472
Output 334

P

Parameter 19
Pay-off-Periode 322
Periode 207
Polynom 275, 286
Portfolio 391
Portfoliotheorie 394
pq-Formel 270
Preisangabenverordnung 276
Preserve 433
Private 427
Projekt-Explorer 420
Prozenttilgung 250
Public 427

Q

QIKV 319
Quadratische Gleichung 270

R

Random-Walk-Theorie 384
ReDim 433
RefEdit-Steuerelement 494
Regel-Manager 52
Regelmäßige Zahlung 221, 229
Regressionsrechnung 287
Reihe 192
Reinvestition 318
Reinvestitionszins 319
Relativer Kursgewinn 373
RENDITE 305
Rendite 315
Rente 256
Rentenbarwertfaktor 242
Rentenplan 220
Rentenrechnung 220, 416
Restwert 358
Risiko 334, 391
RMZ 229
RMZ-Funktion 221, 225
Rückgabewert 19

S

Schaltjahr 207, 215
Schätzwert 281, 284
Schieberegler 494
Schleifen 439
Scrollbar 494
Sekundärachse 381, 411
Select Case 438
Sensitivitätsanalyse 334, 350
Solver 403
Sondertilgung 263
Sortieralgorithmus 475
Spaltennummer 182
Sparbetrag 230
Sparbuch 235
Sparplan 220, 227
Spiegelfunktion 294
STABWN 383
Standardabweichung 383
Statische Bezüge 152

Statische Investitionsrechnung 322
Steigung 282
Stetige Verzinsung 376
Sub 427
SUMMEWENN 238, 307
Symbolsätze 47
Szenario 343
Szenariobericht 346
Szenario-Manager 343, 492

T

Table-Methode 489
TAGE360 214, 238
Tag-Eigenschaft 486
Tagesgeldkonto 235
Tagesgenaue Zinsen 211
TARGET-Methode 212
Teilauswertung 31
Teilsumme 195, 199
Text 24
Textfeld 471
Tilgung 230, 239
Tilgungsanteil 246
Tilgungsplan 220, 245
Tilgungsrechnung 220
Tornado-Diagramm 350
Trendfunktion 375
Trendlinie 287

U

UBound 433
Uhrzeit 60
Ungewissheit 334
Unterjährig 226
Userform 468
US-Methode 212

V

Variablen 429
VDB 364
Verzweigung 437
Vorlagen 262
Vorschüssig 207, 224
vorschüssige Zinsverrechnung 248

W

WAHR 177
Wahrheitsprüfung 437
Wahrheitswert 25, 177
Was-wäre-wenn-Analyse 252, 296, 334, 344
Wendepunkt 287, 293
Wertpapiere 301
Wiederanlage 317
WorksheetFunction 454
Worst-Case 344

X

XINTZINSFUSS 306

Z

Z1S1-Bezugsart 153
Zahl 24
Zahlenfolge 192
Zahlenformat 58
Zahlungsperioden, abweichend 230
Zahlungstermine 235
ZEILE 253
Zeilennummer 182
Zeit 202
Zeitstrahl 202, 253, 284
Zielwert 457
Zielwertsuche 252, 296, 416
ZINS 278
Zinsanteil 246
Zinsen 208
Zinseszins 216

Zinskondition 235
Zinsmethode 212, 235, 305
Zinsperioden 202
Zinssatz 270
Zinsschuld 301
Zinstage 214, 305
Zinsverrechnung 236
ZINSZ 246
Zufallszahlen 388
Zukünftiger Wert 202
ZW 227
ZW-Funktion 221, 225, 260, 301, 414, 457
ZZR 229, 250
ZZR-Funktion 222, 225, 464